中国城市规划设计研究院城市交通研究分院　编

印迹卅伍

中规院交通院三十五周年论文集

U0376311

中国建筑工业出版社

图书在版编目（CIP）数据

印迹卅伍——中规院交通院三十五周年论文集 / 中国城市规划设计研究院城市交通研究分院编. —北京：中国建筑工业出版社，2017.7

ISBN 978-7-112-20976-7

Ⅰ.①印… Ⅱ.①中… Ⅲ.①城市规划 — 交通规划 — 文集 Ⅳ.① TU984.191-53

中国版本图书馆CIP数据核字（2017）第160208号

责任编辑：石枫华　李玲洁　兰丽婷
版式设计：京点设计
责任校对：焦　乐　李美娜

印迹卅伍——中规院交通院三十五周年论文集
中国城市规划设计研究院城市交通研究分院　编
*
中国建筑工业出版社出版、发行（北京海淀三里河路9号）
各地新华书店、建筑书店经销
北京京点图文设计有限公司制版
北京顺诚彩色印刷有限公司印刷
*
开本：880×1230毫米　1/16　印张：27¼　字数：1066千字
2017年7月第一版　2017年7月第一次印刷
定价：278.00元
ISBN 978-7-112-20976-7
　　（30564）

编委会

目 录
Contents

轨道交通与公共交通 　　173

步行和自行车交通 　　271

道路与交通工程设计 　　315

区域交通规划

城镇密集地区城镇空间与交通规划问题探讨

Urbanized Space and Transportation Planning in Intensively Developed Township Areas

孔令斌

经过改革开放30多年的城镇建设，在中国城镇密度较高的地区，积聚了大量的人口与产业，各城市的都市化空间突破中心城区在市域发展，中心城区的城镇职能外溢到市域和区域，区域内的城镇之间社会经济活动密集，城镇关系密切，形成了超级都市化地区。城镇密集地区成为中国城镇化的主战场，也是中国经济参与国际竞争的主要所在。所以，其城镇空间发展虽打破了传统的城乡（或城郊）"二元"发展模式，但在管理与体制上严重滞后，仍然沿用城郊分治的"二元"管理体制，致使城镇密集地区发展中城镇空间与区域交通的矛盾重重。

第一，城镇发展空间不再只限于中心城区，新的城镇空间格局和经济组织模式使城市空间、城市活动延展到整个区域，造成与城乡管理体制之间的冲突日益严重。同样，城市交通问题随着都市化地区延伸从中心城区向外扩散，城乡分治的管理体制和以行政辖区为单元的投资、建设、管理机制，使不同行政区之间的协调发展矛盾日益凸显。而区域内突破中心城区的城市空间拓展，在形成城市空间连绵的同时，也引发了中心城区外城镇化地区交通建设标准的争论。

第二，城镇空间与交通发展在中心城区有完善的规划与实施机制，而区域内则是空间规划与交通规划割裂，并缺乏有效的规划实施机制。不同的行业管理部门根据自身的管理特点，从国家和省、市等不同的视角编制了大量的区域性空间与交通发展规划，试图协调、解决城镇密集地区发展中城镇空间拓展、产业经济组织和交通系统之间的矛盾，如经济区发展规划、城镇发展规划、产业发展规划、不同的交通专业规划等等。但诸多规划在处理交通与城镇空间、经济的发展关系上均受到管理体制的限制，缺乏协调和整合的平台。以城镇为核心的规划缺乏实施机制，而专业部门规划缺乏对城镇空间发展的理解，导致规划目标各异，综合交通规划最终沦为增量规划，反而加剧了城镇密集地区发展中建设无序、空间发展无序、管理无序的局面，空间、交通、环境等方面协调的问题层出不穷。

第三，城镇密集地区虽然发展迅速，但由于管理体制缺陷，对其空间与交通的研究多数还停留在以"城郊二元"交流为基础的层面，缺乏深入研究和探索其内部活动规律与特征的机制。一方面是从交通系统各个层面开展了针对城镇密集地区的研究和发展实践，提出了很多理念，如"城际轨道（铁路）"、"区域公交一体化"、"同城"、"交通圈"等等；另一方面是公路、铁路等专业交通规划以城市行政区为单元的规划手法始终没

有太大改变。

第四，传统规划中，中心城区按照城市交通为主导目的建立城市交通系统，而市域和区域内按照对外交通为主导目的建立区域和对外交通系统。在呈连绵态势的城镇空间扩张下，区域交通城市化（目的）和城市交通区域化（特征）态势显现，城市交通目的与传统对外交通目的的混杂，针对城市和对外两种目的的出行而形成泾渭分明的两种交通设计和管理标准在城镇密集地区失效。在"区域交通公交化"、"同城化"理念下，针对城镇密集地区打造通勤一体化的交通系统大行其道。城市交通概念无节制地在城镇密集地区扩张，城市公共交通系统、道路系统跨界衔接需求迅速增加，传统承载对外交通的高等级道路系统大都被改造成为城市道路，甚至出现城际轨道交通（铁路）系统也试图挤入公交系统运行的范畴等等。城市交通系统的过度延伸，引导跨界异地居住大增，职住快速分离，区域内城镇的通勤交通出行距离随城市交通系统延伸的尺度越来越长，使城市空间无序蔓延、扩张，区域交通需求迅速增加，交通组织效率急剧下降。

近年来，各地都从机制调整入手，不约而同地以大城市为基础进行行政区划调整，以缓解城镇密集地区发展中存在的各种需要协调的问题，并作为规划整合的基础。但是，由于大部分规划都采用了以城市行政区为单元的规划手法，大城市发展空间拓展的同时带来了更严重的城市空间无序蔓延，城镇空间与交通之间的矛盾反而更加严重。

究其原因，城镇密集地区的问题源自城镇化和城镇空间的扩张，因此必须从城镇发展的角度出发，探求城镇密集地区空间与产业组织的活动规律，放弃一味以能力扩张、满足需求为中心的交通系统规划思路，引入交通优先和有效组织社会经济运行的原则，打破固有的以中心城区或者以城市行政辖区为发展单元的思维来寻求解决问题的思路与方案。

首先，城镇密集地区综合交通系统规划单元不能是传统行政边界区分的城市，而是以区域职能划分的功能区。在区域城市化（空间）和城市区域化（职能）的发展格局下，一方面以行政边界划分的各个城市都承担着不同的区域职能，以职能划分的"市"与以行政边界划分的"城"分离，关联性降低。在区域和城市多中心的空间格局下，区域职能分散在各城市不同的功能分区内，服务腹地不同，联系要求各异；另一方面，区域城市化的结果和城市各功能区区域职能的承担，使城市中各种目的的区域联系交通需求大幅度增加，同时区域中一定范围内呈现城市交通需求的特征。高效组织区

域联系交通是各城镇区域职能发挥的关键，也是城市高效率运行的关键。同时区域城镇各功能地区对外交通组织由于区域交通需求的增加和城镇化地区大尺度的扩张，以城市为单元组织对外交通的效率迅速下降。因此，区域交通规划需要将以城市行政边界区分的"城市"划分为基于不同区域职能功能区，并作为城镇密集地区的规划单元。不同单元作为传统规划中的"城市"对待，建立基于功能区单元的区域和对外交通系统，联系其"职能的腹地"，根据其交通需求特征确定交通系统的组织要求。

其次，通过对出行目的的引导实现区域交通引导区域城镇空间发展。因此，区域交通系统需要按照空间引导原则针对出行目的构建。一方面，避免将通勤交通在区域内泛化，有效控制区域内的出行距离，城市交通组织应以功能区为单元控制在一定的范围内；另一方面，交通规划应将交通目的作为规划核心，通过交通目的确定交通基础设施的功能、建设、管理、价格、服务水平和运营标准应以交通目的为基础制订，通过交通政策对不同交通目的的出行距离、分布、总量进行激励和限制，并且在城市和区域的空间和功能布局规划中得以体现，进而达到引导空间的目标。

第三，区域交通规划须将协调交通运行的体制与机制作为重点。不同的体制与机制导致产生不同布局的区域交通系统，也将形成不同的区域空间。实质上，国内外城镇密集地区的交通系统都是在特定的体制与机制下形成的。投资、建设和管理的事权，决定了交通设施规划、建设和管理的决策控制范围。目前，中国城镇密集地区依然是以城市行政区为

单位的投资和建设体制，一味强调"同城"规划的交通系统，在投资、建设和管理上必将遇到行政边界影响，导致实际的交通设施布局、组织、运输效率等即使在当前最好的协调机制下也只能做到形似而神异，如"城市公交一体化"理念下通过边界换乘进行衔接的公共交通系统等，这不仅是服务水平上的损失，更重要的是对区域交通可达性的改变，从而使空间引导的走向偏离规划。近年来，位于城镇密集地区的中心城市边界地区的大量居住区开发，某种程度上就是这种交通系统规划的结果。因此，区域综合交通系统规划的第一步就是对机制和体制进行规划，接下来的才是设施、管理与交通组织规划。体制规划中应充分发挥中央和省级政府在区域协调中的作用，提升中央和省级政府在区域投资、管理、运营中的作用，作为区域性交通设施的规划和实施者。

城镇密集地区区域交通规划既不同于传统的城市交通规划，也不同于传统的市域和对外交通规划。对交通目的的规划既是区域交通规划与空间规划的结合面，也是交通设施规划、交通组织和运营及管理的核心。区域内投资、建设和管理的机制与体制是规划的重要制约因素之一，是规划的本底。规划需要在一定协调机制下进行，重点解决事权交叉范围的规划问题。而所有这一切的规划单元需要从以边界划分的"城市"中跳出来，在以功能区为单元的基础上进行。

作者简介

孔令斌，男，山西阳泉人，博士，教授级高级工程师，副总工程师，主要研究方向：交通规划，E-mail: konglinb@caupd.com

长江经济带城镇交通发展战略

Urban Transpovtation Development Strategy for Yangtze Rriver Economic Zone

孔令斌

长江历来是连接中国东中西的重要纽带和经济组织的重要走廊，也是中国水网最发达的长三角地区内部交流的主通道，更是崇山峻岭包围的西南地区对外沟通的咽喉。自古以来，其便捷的航运交通使沿岸城市成为国家的交通要冲和区域经济交流的组织者，造就了上海、南京、武汉、重庆、安庆、九江、岳阳、宜宾等一批相互间经贸往来频繁又辐射全国的经济重镇。得天独厚的自然交通条件促进流域内的人口与经济要素聚集，形成了在中国不同的历史时期都承担重要使命、一直繁荣不衰的长江城镇带与经济带。改革开放前，长江是中国资源调配、计划经济组织的重要依托；沿海城市对外开放后，长江成为沿海城市经济组织、辐射内陆的重要组织通道；进入 21 世纪，长江又成为中国沿海产业转型、向内陆转移的主要支撑和沿海、西部双向开放面联系的重要纽带，进而也成为中国城镇发展和经济改革的主要实验场。

当今，发达的交通系统促进了长江流域内城镇化和经济的快速发展，在国家新型城镇化和双向开放的背景下，上下游城市在面对不同的发展机遇和开放挑战的同时，也形成一些沿岸城市共有的特征。本期关注长江经济带不同区段的城市和区域性交通的发展，从全国、区域和城市的尺度上探讨长江经济带交通与经济、城市的关系。

在国家层面，长江在国家交通运输组织中占有重要地位，是沿海开放和向西开放的组织纽带，沿江城市一直是中国对外贸易最发达的地区，同时也是国内区域客货运交通的主要组织枢纽。

在区域层面，长江不同区段的交通条件差异显著。下游地区是中国经济、贸易和交通最发达的长三角地区，是沿海开放的重点地区；中游是中部崛起的战略地区；上游是西部开放的核心，也是中国对外联系条件较差的西南地区。在这些区段开展以长江为媒的大规模综合交通建设，进一步加强了沿线城市的交通优势，促进不同区段城市间的交流和互动，对于提升长江通道在国家经济组织中的地位、促进经济带的整合和发展具有重要作用。

而在城市层面，长江作为东西向的大动脉，与全国性和区域性的南北交流通道交叉，形成一系列辐射范围不同的水陆联运枢纽。近年来在国家区域政策下，近半数的国家级开发区落户长江流域内的城镇，成为国家区域管理体制和区域经济组织的改革、创新实验场。同时，优越的条件也使长江沿线城市成为城市和经济扩张速度最快的地区。因此，研究城市综合交通与城镇空间、城市经济、区域管制发展的互动关系，促成交通与城市、交通与经济的良性发展，既是区域内城镇发展的需要，也是国家改革试验的需要。

长江经济带的交通研究是交通系统的规划问题，也是城市发展、经济组织和区域政策问题，既是国家战略，也是城市战略，需要从不同视角、不同尺度、不同层面展开研究与探索。

作者简介

孔令斌，男，山西阳泉人，博士，教授级高级工程师，副总工程师，主要研究方向：交通规划，E-mail:konglinb@caupd.com

国家尺度空间运输联系特征与区域发展趋势

Nationwide Spatial Transportation Connection Characteristics and Regional Development Ten-dencies

李潭峰　全　波

摘　要：空间运输联系反映了地理单元间的经济联系，是考察区域间相互作用的重要依据。首先，基于全国和省域层面运输联系数据，对中国区域尺度运输生成、增长、交流特征进行分析。结果显示，国家尺度空间运输联系呈现明显的分区差异特征：东部沿海地区面向全国的中心地位突出，运输联系呈现明显的区域化态势；中部地区受沿海经济中心吸引影响，运输联系处于离散状态；西南地区表现出与经济封闭性相对应的边缘且相互孤立的运输特征；全国层面呈现明显的以沿海为中心、以中部地区为主要腹地的大尺度物流运输特征。在此基础上，利用新经济地理学理论从外源导向的经济特征、距离约束、运输成本的变动三方面解析空间运输联系特征的形成机理。最后，从交通角度对川渝、中三角地区未来发展态势进行展望。

关键词：空间运输联系；新经济地理学；区域化；中心—外围；客运；货运

Abstract: As an important indicator of regional interactions, spatial transportation connection reflects the economic relations of geographical units. Based on national and provincial transportation connection data, the paper first analyzes the characteristics of transportation generation, growth and exchanges among different regions in China. Results show that nationwide spatial transportation connection exhibits significant regional differences. Eastern coastal area demonstrates a central position towards the entire country and its transportation connection shows clear regionalization; transportation connection of central China is well dispersed under the impact of coastal economic centers; southwestern China shows marginal and isolated characteristics of transportation connection, which is corresponding to its relative economic closure. Overall, the entire nation exhibits the characteristics of large-scale logistics transportation with the coastal area as the core and the central area as the major supplement. Based on the new economic geography theory, the paper discusses the mechanism of spatial transportation connection in three aspects: external source-oriented economic characteristics, distance constraints and transportation cost. Finally, the paper outlines the future transportation development in the Sichuan-Chongqing region and the central delta area.

Keywords: spatial transportation connection; new economic geography; regionalization; center-periphery; passenger transportation; freight transportation

0 引言

空间运输联系指在自然、社会、经济诸要素综合作用下，区域间通过运输设施进行旅客和货物交流产生的相互联系与作用[1]。空间运输联系是经济联系的有机组成部分，从一个侧面反映了区域经济发展水平、区域内产业结构以及区际经济差异等特征，是研究区域空间结构特征和演化的重要方区域空间结构特征和演化的重要方式。

关于空间运输联系的研究贯穿改革开放以来中国区域发展的不同阶段。20世纪90年代前后，沿海开放格局初步形成，对空间运输联系基本规律的研究是重点，文献[2-4]较早开展了空间运输联系的相关研究，文献[1]详细分析了其概念、特征、研究方法和基本规律（生成、增长、分布和交流）。1999年以后，中国进入区域协调发展战略全面实施阶段，对沿海城镇密集地区的研究较多，文献[5]探讨了20世纪90年代中国区际货流联系的变动趋势，分析了国内联系和国外联系在沿海海港的空间同构性；文献[6-8]分别探讨了长三角、珠三角、京津冀地区空间运输联系特征。

经过30年的改革开放，当前全国层面的空间结构、经济导向都发生了重大变化，有必要进一步通过空间运输联系特征研究，判断中国区域发展特征和未来趋势。本文利用空间运输联系理论和实证分析方法，对全国层面的空间运输联系特征、形成机理等进行研究，解析中国区域交通发展的阶段特征和未来发展趋势，为顺应不同政策导向下区域发展的新变化提供支撑。

1 国家尺度空间运输联系特征

1.1 沿海地区空间运输联系的区域化特征明显

交通物流成本提升、内需市场扩大、外出人口回流等影响因素，加快了区域产业重组，经济活动从全球化转向区域化的趋势日趋明显[9]。反映在运输特征上主要体现为三个方面：首先，运输活动在部分区域高强度集聚，而且区域具有较强开放性；其次，区域具备相对独立的全球化对外交流平台；第三，区域内部联系强度高，内部联系占主导地位。从客货运输强度、对外运输分布和内部运输比例等方面看，区域化态势率先在沪苏浙皖显露，京津冀、粤—湘南—桂东、川渝地区正在发育形成。

1）国家层面分区差异化运输特征。

从2000年以来分区域客货运特征变化看，沿海地区在国家经济中的主导地位不断增强，并呈现进一步强化的态势。

从客运特征看，东部客运量所占比例由2000年39.7%增至2010年47.5%，客运增长率远高于其他区域（见图1），2010年年人均旅次远超过中西部地区和东北地区（见图2），

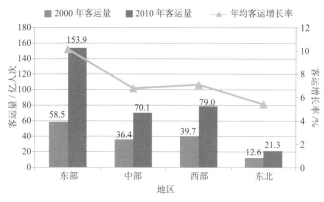

图 1　2000～2010 年分区域客运量
资料来源:《中国统计年鉴》(2001～2011 年)

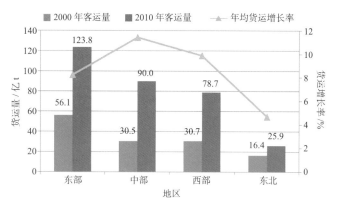

图 3　2000～2010 年分区域货运量增长
资料来源:《中国统计年鉴》(2001～2011 年)

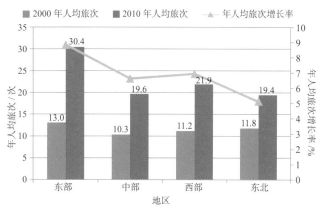

图 2　2000～2010 年分区域人均旅次
资料来源:《中国统计年鉴》(2001～2011 年)

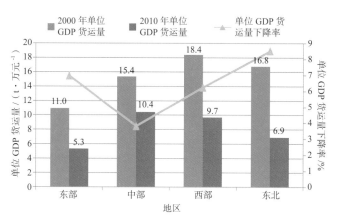

图 4　2000～2010 年分区域单位 GDP 货运量
资料来源:《中国统计年鉴》(2001～2011 年)

并呈现更高的增长速度,反映出经济社会的高度发达带来东部地区更为旺盛的客运需求。

从货运特征看,经济的发展使各区域货运量均产生较大幅度增长,东部货运量仍显著领先于其他地区;中西部地区增速相对较高,尤其是中部地区,已超过东部,成为货运量增速最快的区域,见图 3。从单位 GDP 货运量看,各地区均有较大幅度下降,尤以东北地区、东部地区明显,反映出东部沿海地区在经济发展水平和产业结构层次的领先地位,以及东北老工业基地产业结构调整的显著成效,见图 4。

同时,省际间及区域间的经济开放性提升明显,相应带来客运区域化和货运分散化态势。客运距离方面,与其他地区增长态势相反,东部地区有所减小(见图 5),且区域内城际间短距离需求增加明显,反映出围绕经济中心城市的一体化区域正在形成。陆路货运运距方面,各地区均有较大幅度增加,受沿海经济辐射和物流枢纽吸引,中部地区运距仍为各区域最高,达 277km(铁路＋公路),而仅次之的东北地区运距达 261km,东部地区的货运运距亦达到 238km,反映出东部地区省际间及与邻近中部腹地间的产业协作加强,物流活动范围明显扩大,见图 6。

2)沿海地区全球化对外交流平台的区域化。

相对独立的对外开放体系和国际交流平台是区域化形成

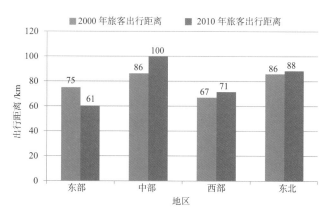

图 5　2000～2010 年分区域客运距离
资料来源:《中国统计年鉴》(2001～2011 年)

的重要条件之一,其中,门户机场、国际物流枢纽等交通要素资源是关键。2000 年以来,伴随沿海地区经济的高速增长,沿海港口和枢纽机场也呈现高速增长态势,并呈现以长三角、珠三角、京津冀为核心的区域化格局。

航空方面,中国大陆对外航空联系的区域重心在东部,国际航空枢纽的层次性更加分明,北京、上海、广州作为内陆三大国际航空门户枢纽的地位得到强化,年国际旅客吞吐量超过 700 万人次,面向所有通航国家、全方位扇面辐射

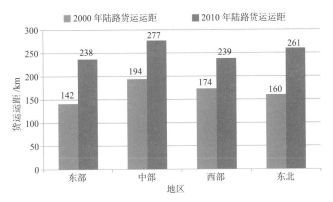

图6　2000～2010年分区域陆路货运运距

资料来源:《中国统计年鉴》(2001～2011年)

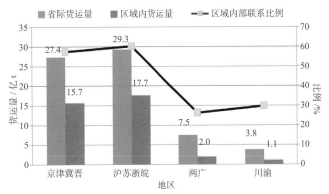

图7　2008年分区域对外货运量与区域内货运量

资料来源:根据《全国公路水路运输量专项调查资料汇编》(2010版)中2008年公路、水运货运数据,以及《中国交通年鉴2009》中2008年铁路货运数据绘制

的航线网络更为完善。北京、上海和广州三大城市机场客运吞吐量、国际旅客吞吐量、货邮吞吐量分别占全国总量的30.7%、53.5%和73.6%。

港口方面,形成长三角、珠三角、环渤海三大港口群。2010年,上海、宁波—舟山、连云港、天津、大连、青岛、深圳、广州、厦门等9大港口占全国国际航线集装箱吞吐量的91.4%,其中上海、宁波—舟山、深圳国际航线集装箱吞吐量大于1000万TEU。

3)沿海地区内部交通活动的区域化。

从省际货运联系强度特征看,沿海地区沪苏浙皖、京津冀、粤—湘南—桂东等三大区域省际联系强度显著高于其他地区,其中,沪苏浙皖是省际联系最为密切的区域。

进一步分析区域内部联系比例,沪苏浙皖的内部联系比例达60%左右,是区域内货运联系比例最高的地区,反映出明显的区域化特征;而京津冀晋区域次之,其内部联系比例也超过55%,考虑到晋冀间高比例煤炭运输的特征,京津冀间货运联系强度显著弱于沪苏浙皖区域;两广、川渝地区虽然客运联系强度较高,但货运联系强度和内部联系比例均不高,见图7。

1.2　全国层面的中心—外围关系和大尺度物流特征

在沿海三大城镇群显现区域化态势的同时,中国以沿海为中心、以中部地区为主要腹地的大尺度物流运输特征凸显。

1)东部与中部呈现明显的与"中心—腹地"经济关系相吻合的货运特征。

反映在各省区货运的平均运距上,整体呈现"东部较低,中部、西北、东北较高,西南较低"的态势。同时,分省区货运内部出行比例分布呈现"东部经济中心地区较低,中部、西北、东北地区处于全国平均值,西南部省份、新疆较高"的格局。

东部省市既是制造业中心亦是消费中心,面向产业链环节和流通环节的物流距离相对较短、运输成本相对较低;而与邻近省市间经济活动区域化特征在逐步加强,尤其是沪苏浙皖地区,跨省货运比例较高。

受沿海经济中心吸引影响,河南、湖北、湖南、江西等中部省份运输联系处于离散状态,物流内聚力不强,平均运距较高。沿海地区是中部各省对外联系的首位方向,中部四省相互间货运联系比例均不足对外联系总量的35%,均低于与东部沿海省份间的联系强度,见图8。

受对外运输条件和中心城市辐射能力制约,重庆、四川、贵州、云南等西南省市经济活动具有较强的封闭性,运输联系处于边缘且相互孤立状态,内部运输比例较高,货运距离相对较低。三省一市对外联系总量不高,相互间的货运量占对外货运总量的比例为28%～45%,高于与东部沿海地区间的联系强度,见图9。而省际间的产业分工与协作关系尚未建立,亟须从完善运输网络、降低物流成本入手,促进区域经济活动一体化。

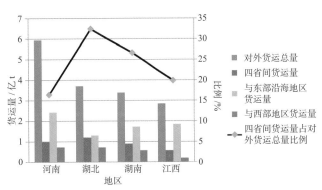

图8　2008年中部四省对外货运量分布(公路+铁路+水运)

资料来源:根据《全国公路水路运输量专项调查资料汇编》(2010版)中2008年公路、水运货运数据,以及《中国交通年鉴2009》中2008年铁路货运数据绘制

2)以长江为轴线,自东向西呈现"中心—外围"物流特征。

以长江为轴线进一步分析,自东向西各省市平均运距呈较为明显的波浪式分布,长三角和川渝地区为较低的两端;省市内货运量比例则呈现逐步升高、省际开放性逐步降低的特点,见图10。

以上海市为核心,形成一个强烈向心的发展圈层,且长三角地区向中部辐射能级随着距离的增加而衰减;与中部其他

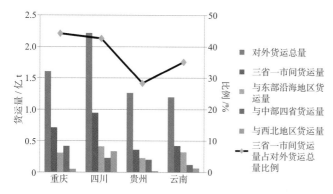

图9　2008年中部四省对外货运量分布（公路＋铁路＋水运）

资料来源：根据《全国公路水路运输量专项调查资料汇编》（2010版）中2008年公路、水运货运数据，以及《中国交通年鉴2009》中2008年铁路货运数据绘制

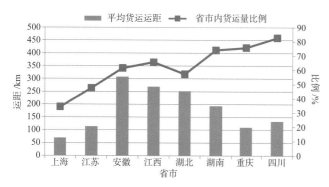

图10　长江沿线省市货运平均运距与省市内货运量比例

资料来源：根据《全国公路水路运输量专项调查资料汇编》（2010版）中2008年公路、水运货运数据，以及《中国交通年鉴2009》中2008年铁路货运数据绘制

省区不同，安徽与长三角的一体化态势明显，表现出与长三角间运输比例较高、运距较长的特征。

中部湖北、江西、湖南表现出腹地化的运输效应，运输距离显著高于两端的长三角和成渝地区，反映出中部地区在国家外源导向经济特征下，外向型经济发展动力不足并逐步成为东部发达地区腹地的现状特征。

西南川渝地区省际货运交流比例不高与滞后的对外运输条件不无关系，所呈现出的低运距，是受运输成本制约、产业在较小空间尺度上分散布局的结果。其代价是产业规模效应难以发挥和产业链区际整合难度大。另一方面，距东部制造业中心遥远以及对外运输条件不便在一定程度上保护了西南地区内部经济的相对独立性。

3）大尺度物流特征。

中国以沿海地区为制造业中心，以全国为消费腹地的经济布局模式，使面向流通环节的物流活动半径很大，单边空载现象突出，消耗在流通环节的时间和费用较多。

中国是世界上除美国以外物流运距最高的国家之一。2010年中国国内陆路货运平均运距达301km。在美国，横跨美洲大陆桥货运比例较高，而中国在东、中、西、东北地区人口分布相对均衡的情况下，物流运距过高，反映出产业布局与人口分布的严重不协调性。

2　空间运输联系特征的形成机理

空间运输联系上，沿海地区的区域化和全国层面的中心—外围特征可以从三个方面解释。

2.1　外源导向的经济特征

中国现状东、中、西部不平衡发展格局的形成可以归结为三大因素：首先，在外需导向经济背景下，中西部地区呈现"边缘化"交通区位，1990～2000年沿海港口建设和东部高速公路率先发展，进一步确立了沿海地区的交通区位优势和制造业中心的地位；其次，中西部地区内部交通运输系统严重滞后，2000年中国高速公路通车里程达1.6万km，56%集中在东部地区；第三，以沿海发达地区为目的地由西向东的大规模人口流动，使中西部地区城市人口增长缓慢、中西部地区制造业发展缺乏较强的需求支撑。

从2000年以来的发展态势看，在外源导向经济特征不变的情况下，现状东、中、西的梯度格局难以很快扭转。2010年，进出口贸易90%以上集中在沿海地区，与2000年相比仅下降不足2%，其中长三角、广东、京津冀等三大区域合计占77.3%，长三角地区（苏浙沪）的集中度有增无减，占全国进出口贸易总额的比例由2000年27.0%增至2010年36.6%。

2.2　距离约束下的中心—外围经济空间分异

在以外源为主、内需为次的经济特征下，新经济地理学将"中心—外围"模型应用在中国的城市体系中，可以解释中部地区的离散发展以及西南地区的封闭性特征。文献[10]发现：在外需导向型经济时代，到枢纽港口（上海港、香港港）和中心城市（上海、香港）的距离与中国城市经济增长率之间呈现出理论所预测的"⌣"形曲线，即距离港口越近（200～300km以内），城市越靠近国外市场，市场潜力越大，越有利于经济增长；距离枢纽港口400～800km的城市，市场潜力被中心城市吸引而出现经济发展的洼地；但距离远到一定程度之后（1200～1600km），国外市场就不那么重要，距离港口远的城市更可能发展国内和区域贸易，增加本地市场潜力，从而有利于当地经济增长；城市到枢纽港口的距离继续增大之后，到达国内外市场的交通成本均增加，本地市场潜力较小，从而不利于经济长期增长。

依据"中心—外围"模型，在中国特有的空间尺度下，中部地区处于沿海地区辐射力的边缘，西南地区则因距离沿海地区遥远而自成一体。这种区域格局的改变有赖于内需市场的扩张和内陆国家中心城市的培育。在内需规模扩张及内陆国家中心城市辐射能级扩大的趋势下，受运输成本约束，川渝、中三角（武汉—长沙—南昌）等城镇群有望逐步摆脱沿海经济吸引的影响，引领生产要素区域化重组，成为支撑中国相对均衡发展的战略支点。

2.3 运输成本变动引发产业集聚和扩散

从区域层面看,当区域经济发展到一定阶段,交通运输网络改善引发运输成本降低,导致产业扩散效应,即在更大的空间范畴形成关联性很强的经济活动区域。换言之,降低中心城市产业集聚度、完善区域内专业化分工体系,也是降低区域整体运输成本的有效途径。近年来,沿海三大城镇群内部高速公路网、城际铁路网的建设,大大降低了区域运输成本,并通过城镇群内产业集聚与扩散、区域内专业化分工来影响城镇群空间结构的演化。

从国家层面看,随着国家运输网络逐步完善和区际运输成本降低,长三角、珠三角等沿海发达地区仍然是产业集聚区,但中西部交通走廊沿线地区逐步成为产业集聚的重要选择。2004~2007年,上海、江苏与广东的制造业转移与扩散,使中国制造业整体上表现为扩散的趋势[11],而承接制造业扩散的省份恰恰是北部沿海地区与长江沿线地区。其中,长江成为中国对外开放格局中的重要新兴轴线,除沿海省市外,2010年对外进出口贸易总额大于200亿美元的省市包括沿边的黑龙江及长江沿线的安徽、江西、湖北、四川。

因此,完善国家和区域层面交通网络、降低运输成本,是支撑国家和区域层面产业集聚和扩散的基础条件。首先,应形成区域化的对外开放门户体系,以及沟通人口、城镇密集地区的低成本运输通道;其次,区域尺度运输网络的完善也是区域内产业链衔接和商贸流通活动的重要依托。

3 交通要素作用下的区域发展趋势

按照中心—外围理论,一个具有初步制造业优势的地区只要保持与其他地区较高的运输效率、较高的制造业人口数量,则该地区的制造业中心地位将不断被强化和巩固[12]。从中国东、中、西部地区的交通条件看,东部沿海地区制造业中心不断巩固的前提条件仍然具备。2008年金融危机以来,随着内需市场的扩大和高速公路网、快速铁路网、航空网络的逐步完善,支撑内陆地区区域化的交通条件已经初步显现,综合人口基础、产业发展和交通发展态势,川渝地区和长江中游地区是中西部最有可能和潜力走向区域化的地区。

3.1 川渝地区的区域化趋势展望

川渝地区的快速崛起是中国当前城镇空间格局演变的突出现象,反映在交通发展中,港口、机场吞吐量快速增长是川渝地区近年来发展的突出亮点,成都、重庆共同形成国家航空第四极态势凸显。港口是区域物流组织的门户,重庆港承载了西南地区70%的煤炭出港、45%的外贸集装箱中转以及70%的汽车滚装运输。

川渝地区另一个亮点是进出口贸易的迅速上扬,国际物流通道的多元化和扩容吸引了外向型产业的集聚和壮大。以重庆市为例,2000~2012年,重庆国际物流量年均增长

14%,其中航空48.1%的增长尤为突出。川渝地区的区域化态势是在距沿海地区较远、与外界联系不便背景下发育的,受东部吸引较小而能自成一体。川渝地区运输成本仍显著高于沿海,以四川为例,2013年物流成本占GDP比例为18.7%[13],高于全国18%的平均水平[14]。究其原因,主要有三个方面:1)内需市场处于培育和快速增长阶段,体现为嵌入型和资本/技术密集型主导的工业结构,以及跨省外出的人口流动是城镇化的主体;2)向西开放处于起步阶段,相对沿海"边缘化"的区位未根本改变,2012年重庆仍有97.7%的国际货物吞吐量通过江海联运;3)内部一体化程度不高,区域尺度交通网络不完善,城际铁路网处于起步阶段。

川渝地区欲成为带动国土均衡开发的"第四极",除取决于国家向西开放战略的实施和区域城镇化进程外,交通系统需要两方面的提升:一方面,全面提升川渝地区的对外开放平台,其中,国际航空枢纽和国际物流中心的建设是关键;另一方面,对外通道打通后,川渝地区内部自组织性面临转变,构建以"城际铁路+市郊铁路"为骨架的低成本、集约化的区域交通网络是未来发展的重要任务。

3.2 关于中三角区域化的初步思考

中三角地区具备优越的人口、制造业基础和运输成本优势,存在区域化的基础和潜力。在内需导向下,综合运输成本优势向中西部中心城市扩展,以武汉市为中心的中三角地区面向国内市场的成本洼地优势凸显。但中三角地区交通发展仍处于快速发展的初期,区域化的交通条件尚不完备,突出反映在门户功能弱、内部交通发展呈现离散化态势。围绕武汉、长株潭、昌九三大城镇群分别完善区域维度交通网络,强化中部全国性综合交通枢纽建设,逐步培育枢纽国际化能力,是近期中三角区域交通发展的主要任务;远期则逐步实现区域内交通系统的一体化整合。

4 结语

国家尺度的中心—外围关系和大尺度物流特征,与以东部沿海为制造业中心、以中西部为外围的经济活动和产业分布现状格局密切相关,是在国家和区域交通系统不完善情况下形成的。随着中国内需市场的扩大和交通设施建设逐步进入区域协调发展阶段,中西部地区高速公路、高速铁路和航空网络等日趋完善,中国区域经济将由传统的东部沿海引领转向区域一体化发展。反映在空间层面,沿海发育与内陆培育并重,有望促成多中心地理格局下的"经济活动区域化"格局。

一方面,以沿海三大核心城镇群为中心,国际空港、枢纽港口功能进一步强化,以高铁、城际铁路、高速公路为主的区际、区内交通系统不断完善,进一步促进各类经济要素在更广的范围内合理流动与优化配置,持续推进以长三角、珠三角、京津冀为主的"经济活动区域化"态势不断增进、

范围有序扩展。

另一方面，内需导向下综合运输成本优势向内陆中心城市扩展，在人口、资源相对富集、产业基础较好的川渝、中三角等地区，将可能促成以重庆、武汉等内陆国家中心城市为中心的"经济活动区域化"。

致谢

文中部分数据源自项目组郝媛、陈莎的分析，在此表示感谢。

资助项目

中国工程院项目"中国特色城镇化道路发展战略研究"。

参考文献

[1] 张文尝，金凤君，等．空间运输联系：理论研究·实证分析·预测方法 [M]．北京：中国铁道出版社，1992．

[2] 张文尝．我国客流的影响因素及其地区差异的研究 [J]．地理学报，1988，43（3）：191-200．

[3] 金凤君．我国空间运输联系的实验研究：以货流为例 [J]．地理学报，1991，46（1）：16-25．

[4] 金凤君．运输联系与经济联系共存发展研究 [J]．经济地理，1993（1）：76-80．

[5] 周一星，杨家文．九十年代我国区际货流联系的变动趋势 [J]．中国软科学，2001（6）：85-89．

[6] 李平华，于波．改革开放以来长江三角洲经济结构变迁与城际联系特征分析 [J]．经济地理，2005，25（3）：362-365．

[7] 曹小曙，阎小培．珠江三角洲客、货运量的空间演化研究 [J]．人文地理，2002，17（3）：66-685．

[8] 刘昕，吴永平，付鑫．京津都市圈空间运输联系的分布特征研究 [J]．公路交通科技，2006，23（10）：155-158．

[9] 李晓江．"钻石结构"——试论国家空间战略演进 [J]．城市规划学刊，2012（2）：1-8．

[10] 许政，陈钊，陆铭．中国城市体系的"中心—外围模式" [J]．世界经济，2010（7）：144-160．

[11] 王非暗，王珏，唐韵，范剑勇．制造业扩散的时刻是否已经到来？[J]．浙江社会科学，2010（9）：2-10．

[12] 范剑勇，杨丙见．美国早期制造业集中的转变及其对中国西部开发的启示 [J]．经济研究，2002（8）：66-73．

[13] 四川省发展与改革委员会，四川省统计局，四川省现代物流协会．2013年四川省物流运行情况报告 [EB/OL]．2014[2014-03-20]．http://www.scdrc.gov.cn/dir45/177379.htm.

[14] 国家发展改革委，国家统计局，中国物流与采购联合会．2013年全国物流运行情况通报 [EB/OL]．2014[2014-03-20]．http://www.stats.gov.cn/tjsj/zxfb/201403/t20140306_520357.html.

作者简介

李潭峰，山东沂水人，博士，工程师，主要研究方向：交通规划，E-mail：tucky@sina.com

首都区域视角下环首都圈综合交通规划框架研究

Comprehensive Transportation Planning Framework for the Capital City's Economic Development Ring

全 波 陈 莎 黄 洁

摘 要：为了抓住国家建设"首都经济圈"和北京市建设"世界城市"的战略契机，促进首都区域的整体发展，提出以"对接融合、绿色高效"为方向的环首都绿色经济圈综合交通发展框架。对环首都圈战略内涵加以解读和首都区域交通发展现状进行分析，在借鉴国际大都市地区交通发展经验的基础上，确立"引领环首都圈与北京市同城化发展，合理分担北京市区域交通组织职能和压力"的发展目标。提出构筑分圈层、分区域与北京市同城化的交通网络，重构区域内对外运输通道和枢纽布局，以首都区域整体的、更加强大的交通辐射能力支撑北京市"世界城市"发展需求，提升外围地区发展的交通区位优势，促成北京市与环首都圈的联动、融合发展。

关键词：交通规划；首都区域；环首都圈；同城化

Abstract: To seize the opportunity brought by the national development strategy for an economic development ring surrounding the capital city and for making Beijing as a worldly city, this paper proposes an integrated transportation development planning framework for the capital city region focusing on "connecting, mixing, efficient and green". Based on the understanding of the development strategy and the current existing transportation development in the capital region, the paper promotes the parallel development of the capital city and the surrounding economic ring to best balance transportation demand within the region based on some mega city transportation development experiences in other countries. It also proposes the transportation network at both district and the integrated city and regional level and to strengthen the capital city transportation connecting capability to other regions in China. To truly become a worldly city, it is important to have a strong transportation system in both capital city and its surrounding areas.

Keywords: transportation planning; capital region; Beijing economic ring; urban integration

0 引言

环首都圈包括环绕北京市的张家口、承德、廊坊、保定4个地级市。其中，前沿地带为四市中与北京市紧邻的广阳、安次、三河、大厂、香河、固安、涿州、涞水、涿鹿、怀来、赤诚、丰宁、滦平、兴隆、承德县等15个县（区、市），总面积3.34万 km²，见图1[1]。

国家"十二五"规划明确提出了"首都经济圈"战略，环首都圈是首都经济圈不可或缺的重要组成部分，在保障和服务首都、提升区域发展水平、改善环境品质、提高京津冀世界级城镇群的国际竞争力等方面具有重要战略地位。为促进首都经济圈加速崛起，推动河北省环首都地区跨越发展，河北省住房和城乡建设厅于2011年组织编制完成了《环首都绿色经济圈总体规划》。其中，立足首都区域、借鉴世界大都市地区交通发展经验、科学布局环首都圈综合交通体系，是实现环首都圈战略的重要议题。

1 环首都圈战略的提出

1）环首都圈与北京市的发展存在显著"断层效应"，亟须发挥首都区域辐射带动作用。

作为发达大都市的边缘地区，环首都圈具有与北京市一

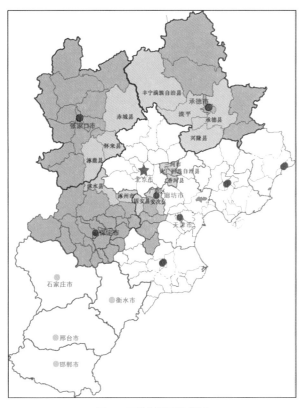

图 1　环首都圈区域范围

体化发展的区位优势和空间条件，但当前地域的接壤并没有带来与北京市在经济、社会方面的融合。2009年环首都圈人均GDP2.1万元，仅为北京市的1/4；城镇化率39.9%，低于河北省（43.7%）和全国的平均水平。北京市已进入后工业化发展时期，而环首都圈地区尚处于资源型产业主导、要素驱动的工业化初级发展阶段。北京市与环首都圈之间产业发展的"断层效应"显著，衔接能力不强，对接与合作仅停留在房地产开发等单一层面。

2）北京市发展面临新形势和新问题，区域协调发展诉求增强。

后金融危机时代，中国站至世界舞台前列，首都区域将担负更重、更多的全球性和国家级事务，北京市适时提出了建设"世界城市"的目标。这一目标的实现，不能单单依靠北京市孤立地自我发展，还需要世界级城镇群的区域支撑，实现区域共同繁荣。

目前，北京市城市发展面临人口规模快速增长、资源环境压力不堪重负、交通拥堵严重、空间品质和宜居水平不高等发展困境，迫切需要走向区域，寻求区域层面的协调发展和互利共赢。

3）立足首都区域的环首都圈战略。

环首都圈战略的本质是紧紧抓住北京市建设"世界城市"、打造"首都经济圈"的历史机遇，利用首都平台，扩大环首都圈对外开放，通过服务首都、接轨北京，实现融入首都和自我超越，与北京市共同构筑具有世界影响力的高度城市化地区，即首都区域。

据此，环首都圈发展战略目标确定为：首都功能转移重要承接地和协作区，北京市"世界城市"建设的重要组成部分；京津冀地区新的增长极及区域协作示范区；河北省经济社会发展的战略引擎和国际化的前沿地区。

2 首都区域视角下的环首都圈综合交通发展目标

2.1 交通发展现状与问题

1）首都门户功能高度集中于北京市中心城区，环首都圈功能提升受阻。

现状以北京市为中心，形成五大综合交通廊道，即京津（京沪）、京石（京广、京昆）、京张（京藏）、京承（北京—承德—沈阳）、京唐（京沈）。高速公路、干线铁路均呈现以北京市为中心的放射式布局，区域间联系乃至环首都圈各城镇间联系均需绕经北京市。大型铁路场站集中设置于北京市中心城区，周边四市也缺乏自有机场服务，环首都圈地区对外联系过分依赖北京市综合交通枢纽。

目前，首都承担的不同层面交通组织功能过多、过重，北京市中心城区及其主要放射式通道上的压力难以疏解；首都区域内地区间联系功能薄弱；由于缺乏综合交通枢纽培育，环

首都圈地区的功能提升和发展受到限制。

2）以国道、省道干线公路为主的交通布局模式，难以适应北京市与环首都圈地区同城化发展的需求。

北京市部分城市职能已开始疏散至环首都圈东部、南部的廊坊、燕郊（三河市）、香河、大厂、涿州等地，但环首都圈地区与北京市的交通联系仍然依靠国道、省道干线公路，内部交通网络连通性差，过境交通与区域性联系交通混杂。虽然北京市至周边地区的常规公交服务得到扩展，其中至燕郊的公交930路高峰小时发车频率高达60班次以上，但是受道路布局的限制，公交客运能力的拓展难以满足庞大的联系交通需求。北京市近郊新城缺乏面向环首都圈辐射的综合交通枢纽，环首都圈各城镇与北京市新城间的联系较为松散，而与北京市中心城区的联系较为紧密。

2.2 国际大都市地区交通发展经验借鉴

巴黎、东京、纽约等世界城市均依托中心城区形成了面积超过1万km²、人口规模达到千万量级、人均GDP超过5万美元、辐射半径达到50～70km的大都市圈[2-3]，见图2。

大都市圈由内到外均呈现"均质化团状→带状连绵→轴线点状"的空间发展形态。其中，均质化团状以城市交通网络为支撑，带状连绵以轨道交通市郊快线与快速道路为支撑，而轴线点状则主要以国家及区域级交通网络为支撑。部分多层级交通网络复合走廊沿线呈现长距离的连绵发展态势。

在交通发展策略上，世界城市均采取公交优先发展和交通需求引导策略。在对外放射走廊上高度重视布设轨道交通和市郊铁路系统，在50～70km圈层内，世界城市均设有上千千米的轨道交通和市郊铁路运送进出中心城区的客流[2-3]。

2.3 综合交通发展目标

借鉴国际大都市地区交通发展经验，针对环首都圈现状交通问题，将环首都圈综合交通发展目标确定为以下两个方面：

1）引领环首都圈与北京市同城化发展。以畅达、绿色、高效为方向，加强集约化交通设施（市郊铁路等）布局，完善区域内交通网络，协调地区间交通运营机制，形成环首都圈与北京市同城化的交通体系。

2）合理分担北京市区域交通组织职能和压力，支撑北京市"世界城市"建设。立足首都区域，重构国家与区域运输通道及枢纽布局，实施首都门户功能外延，在提升环首都圈主要城镇为首都区域门户的同时，以更强的交通集聚和可达能力提升首都区域面向京津冀城市群及更大层面的辐射能级。

3 环首都圈综合交通规划框架

3.1 分圈层建立同城化交通体系

以距天安门的距离半径为基础，考虑北京市空间布局重心向东、向北偏移及轴向发展的特点，将首都区域依次划分

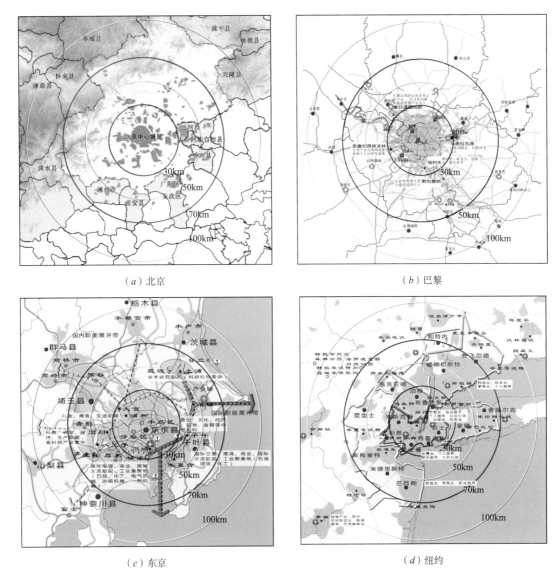

（a）北京

（b）巴黎

（c）东京

（d）纽约

图2　同尺度下环首都地区空间构成比较

为通勤圈、同城化发展圈、城际间紧密协作圈、京津冀北统筹发展区，见图3和图4。统筹考虑不同圈层的功能衔接和交通系统布局，提出以下分圈层的交通发展框架：

1）通勤圈——半径30km以内，以及距东四环、北四环30km范围以内。

通勤圈涵盖北京市近郊各新城（通州、顺义、亦庄、大兴、房山、昌平、门头沟），以及廊坊北三县的燕郊、大厂西部地区。该圈层是首都功能的核心布局区域，空间发展将逐步由"中心城—近郊新城"的走廊型空间结构向网络化空间结构转变。针对通勤交通需求，该圈层将布局与北京市中心城一体化的城市交通系统，注重轨道交通快线、市郊线的布设和中心城区快速道路系统的延伸，着力促进近郊新城的发展。

2）同城化发展圈——通勤圈外推20~25km，主要发展轴外推30km左右。

同城化发展圈以半径50km圈层为基础，并将京津、京石、京张、京承、京唐/京秦发展轴再适度向外推移，涵盖北京远

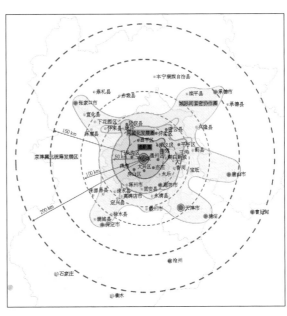

图3　首都区域分圈层划分

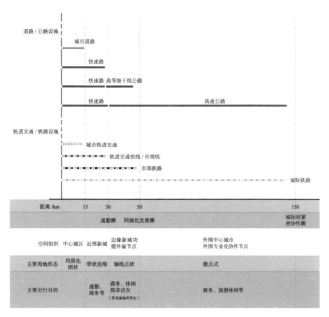

图4 分圈层交通设施规划布局思路

郊新城（怀柔、平谷、延庆、密云），市域南部各镇及廊坊北三县地区（除燕郊、大厂西部地区）、廊坊市区、固安、涿州等。该圈层交通系统追求与通勤圈的一体化构筑，加强北京市郊铁路向主要城镇的延伸（见图5），保持各城镇功能的综合性和相对独立性，并注重高等级干线公路与北京市中心城区骨干道路的对接，着力实现圈层内部交通系统与区域对外交通系统的分层布设和组织。

3）城际间紧密协作圈。

城际间紧密协作圈以半径70km为基础，沿放射式发展轴延伸至半径150km左右，涵盖京承轴向的兴隆、滦平至承德，京张轴向的怀来、涿鹿、下花园、宣化至张家口，京石轴向的高碑店、定兴、涞水、易县、徐水、满城至保定，廊

坊市域的永清、霸州等。该区域将接受首都的产业和服务辐射，承接首都产业转移和建立区域协作，与首都保持密切的商务和物流联系。

该圈层主要依托城际交通系统（高速公路、区域城际铁路、国家高速铁路），沿北京六条放射式综合交通廊道，散点式衔接外围中心城市与布局专业化协作节点，并在京承、京张、京昆（北京—保定）轴线积极推进旅游一体化服务建设。

4）京津冀北统筹发展区。

京津冀北统筹发展区以半径150～200km圈层为基础，涵盖首都周边天津、廊坊、唐山、秦皇岛、保定、张家口、承德的市域，并将邻近北京但不在放射式综合交通廊道上的赤城、丰宁、承德县、涞源等地纳入。该圈层依托以上三圈层，尤其是依托城际间紧密协作圈主要城镇的发展和辐射带动作用，统筹区域协调发展，协同提高首都区域的区域竞争力、资源环境承载力和文化影响力，推动京津冀北地区均衡化发展。

在交通系统建设上，以主要布局于以上三圈层的城际快速交通系统（高速公路、区域城际铁路、国家高速铁路）为基础，注重干线公路系统的衔接和网络化布局，提升主要镇区、景区的可达性，积极推进区域旅游一体化服务建设。

3.2 重构国家及区域运输通道

1）高速公路——网络结构由"环放"演变为"环放＋通道"。

规划增强环首都圈高速公路在组织国家及区域运输中的大通道作用，并推动环首都圈主要城镇由"外延地区"提升为"门户地区"，增进环首都圈城市和产业的发展，见图6。

① 密涿高速衔接京承高速（G45的一段）、京哈高速（G1）与京港澳高速（G4），成为东北至华北、华中的过境通道，并提升沿线廊坊、固安、涿州等市县的交通区位。

② 建议京沪高速向北延伸，衔接密涿高速，成为东北至

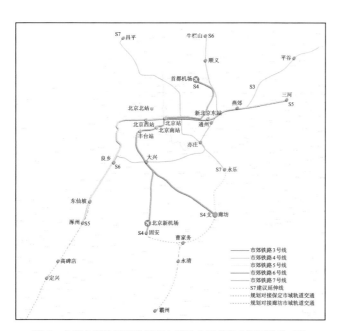

图5 北京市郊铁路延伸及其与周边市域轨道交通网络的对接

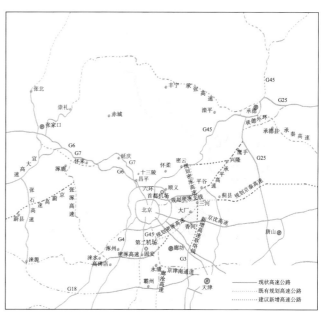

图6 首都区域高速公路网络规划布局

华东的过境通道，并由此强化国家运输通道对廊坊北三县地区的服务。

③ 张承高速衔接京藏、京新高速与承秦、承唐高速，成为国家西北地区北部出海的过境通道。

④ 密涿高速衔接京港澳高速、京哈高速、京承高速，成为河北省域山前传统城镇发展带（秦皇岛—唐山—廊坊—保定—石家庄）城镇间及承德与廊坊、保定、石家庄间联系的主要通道。

⑤ 张涿高速成为张家口与省域中南部城镇联系的通道。

2）国家高速铁路与快速铁路——以北京市中心城区为极核的六向放射式布局。

在首都圈布局的国家高速铁路主要包括京沪高铁、京广高铁、京沈高铁、京九客专，快速铁路主要包括基于京包快速铁路客运通道的京张城际和衔接沈阳—秦皇岛客运专线的京唐城际。布局仍着重体现以北京市中心城区为极核的六向放射态势，功能向环首都圈疏解有限。

3）区域城际铁路——由单核放射式结构演变为网络化结构。

在首都区域规划布局的城际铁路包括京津城际、京石城际、京唐城际、京张城际。规划还将利用京沈高铁、京九客专分别开行京承、北京—衡水城际铁路，由此城际铁路网络呈现单核多站（北京站、北京南站、北京北站、丰台站等）六向放射式布局。在此基础上，规划建议增添京石城际、京津城际、京唐城际、京沈高铁间的联络线，即涿州—第二机场—廊坊—北三县—首都机场/顺义，促成区域城际铁路网络布局由单核放射式结构向网络化结构发展，有助于首都功能向外疏解和外围主要节点城市的功能集聚和发展，见图7。

4）国家能源运输通道——向首都外围地区转移。

结合国家及区域高速公路网络、铁路网络规划，京津冀

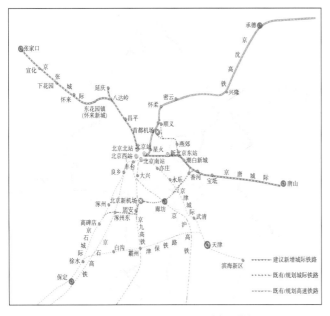

图7 首都区域城际铁路网络的布局优化

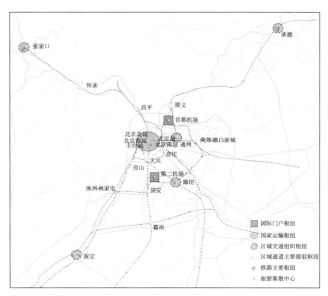

图8 首都区域综合交通枢纽布局

北区域能源运输通道规划的基本思路为提高铁路运输能力，改善煤运出海运输结构；能源运输通道整体向首都外围地区转移，并形成多通道的运输局面，北部与唐山、秦皇岛等港口相接，南部与天津、黄骅等港口相接。

3.3 综合交通枢纽布局向环首都圈扩散

规划将国家及区域层面的综合交通枢纽按职能划分为国际门户枢纽、国家运输枢纽、区域交通组织枢纽、区域通道主要接驳枢纽四类，见图8。

国家及区域运输通道的外移使区域交通组织枢纽合理外移至环首都圈地区，有效分解了北京市中心城区的区域交通组织职能和压力，同时有效提升了环首都圈地区，尤其是廊坊、燕郊—潮白新城、涿州、固安面向区域的可达性和辐射能力，增进了产业和城市功能的集聚。

3.4 分区域交通整合发展

环首都圈15个县（市、区）基于不同资源、交通区位及发展现状，与北京间的产业关联差异明显，交通系统的对接、建设呈现不同特点。规划将环首都圈划分为东南部的北京交通一体化发展区和西北部的首都休闲旅游扩散区，见图9。

1）东南部——北京交通一体化发展区。

东部廊坊北三县融入北京东部发展带，成为首都东部国际与区域门户的重要组成部分。其中，燕郊—潮白新城与通州新城一体化发展，促进北京中心城区通勤交通系统适度延伸。南部廊坊、固安、涿州地区加强与北京南部新城的功能联系并积极承接首都第二机场的功能辐射，成为首都南部国际与区域门户的重要组成部分。

2）西北部——首都休闲旅游扩散区。

怀来、涿鹿、赤诚、兴隆、滦平，连同保定市的涞水西部山区等虽在首都同城化发展圈外，但可整体列入首都休闲

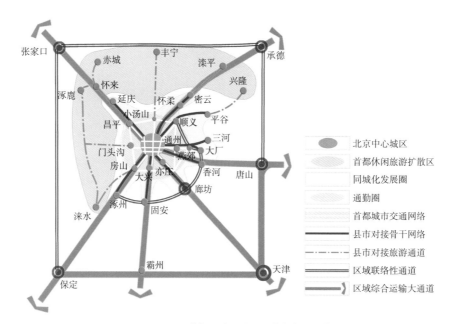

图9 环首都圈分区域交通整合发展示意

旅游扩散区内,融入北京山区旅游和特色发展计划,统筹城乡,加强旅游休闲廊道和旅游服务体系的建设,形成一体化发展的首都区域大旅游圈。

4 结语

目前,北京、上海、广州等千万人口以上的特大城市均面临人口、环境压力不堪重负,交通拥堵严重,空间品质亟须提高等问题,迫切需要立足更大的区域共同应对,并达成更高的城市发展目标。其中,交通系统的构建必须打破现有以国家、省域运输通道及公路客运为主的交通模式,借鉴巴黎、东京、纽约等大都市地区的交通发展经验,着力构筑引领区域对接融合、引导区域空间重组的新型同城化交通网络。

基于此,本文结合环首都圈综合交通规划实践,提出首都区域同城化交通体系构筑的主要框架性思路,即立足首都区域,重构对外运输通道及枢纽布局,在减轻北京市区域交通组织压力的同时,提升外围地区发展的交通区位优势;分圈层、分区域完善交通网络,注重郊区铁路等集约化运输方式

的布局,促成北京市与环首都圈的联动、融合发展。

参考文献

[1] 中国城市规划设计研究院.环首都圈绿色经济圈总体规划 [R].北京:中国城市规划设计研究院,2011.

[2] 北京市交通委员会,北京市交通发展研究中心.透视北京交通——北京交通若干战略问题剖析 [R].北京:北京市交通委员会,北京市交通发展研究中心,2010.

[3] 陆锡明,王祥.国际大都市发展战略 [J].国外城市规划,2001(5):17-19.

[4] 北京市人民政府.北京城市总体规划(2004—2020 年)[R].北京:北京市人民政府,2004.

[5] 陈秉钊.反思大上海空间结构——试论大都会区的空间模式 [J].上海城市规划,2011(1):9-15.

作者简介

全波,男,湖北钟祥人,硕士,高级工程师,主要研究方向:交通规划,E-mail:quanb@caupd.com

上海区域交通发展策略研究
Shanghai Regional Transportation Development Strategy

赵一新　吕大玮　李　斌　蔡润林　叶　敏

摘　要：区域一体化发展是城市连绵地区发展的必然规律，以区域协调发展的视角审视和制定城市区域交通发展战略是城市参与区域竞争、充分融入区域的必然选择。通过趋势预测、案例借鉴、横向类比等方法，提出以区域一体化和均衡服务的视角合理布局铁路通道和枢纽，构建上海五向通达的铁路网络强化区域枢纽地位，建设浦东铁路枢纽提供均衡的铁路服务；从分工协作的视角优化航空枢纽的功能，在上海浦东和虹桥合理分工的基础上，加快建设浦东机场的城际铁路系统加强与区域的对接；从转型提质的视角制定航运枢纽发展路径，促进上海航运枢纽向高端航运服务的转型，加快国际航运中心功能的完善。

关键词：区域交通；发展战略；高速铁路枢纽；航空枢纽；航运枢纽；上海

Abstract: With the integration and coordination among cities within megalopolis, it is necessary for cities to develop regional transportation strategies to facilitate its cooperation and participation into the regional competition. Based on trend prediction, case studies and the analogy approach, this paper proposes to plan railway corridors and transit terminals from the perspective of regional integration and balanced service, including developing effective railway network in Shanghai to enhance its regional functionalities and building Pudong railway terminal to provide balanced service. To optimize the functionality of air transportation hub, the paper emphasizes not only the coordinated development of Shanghai Pudong and Hongqiao Airports but also the effective connection of intercity railway system in Pudong Airport. Finally, the paper proposes development strategies for Shanghai air transportation hub to facilitate its development reform and functionalities improvement.

Keywords: regional transportation; development strategy; high-speed railway hub; air transportation hub; shipping hub; Shanghai

0　引言

区域交通设施建设是推进城镇密集区发展的重要手段。以航空、高速铁路、高速公路、城际轨道交通为主的快速交通方式逐渐成为城镇间相互联系的主要手段。这些区域交通设施依据运行速度、接驳方式、建设条件、服务功能等自身所具备的特性打破了人们原有的空间尺度概念，也改变了城镇发展方式、联系形式、空间组织等既有的区域城镇布局。如上海虹桥枢纽的建设既实现了航空、高速铁路、城际铁路、城市轨道交通等多种交通方式的集成，提高了交通转换的效率，也为城市发展提供了新的契机。依托虹桥枢纽建设的商务区将成为上海面向长三角的新城市功能区。

长三角地区作为全国三大城镇密集地区之一，区域一体化发展的要求十分迫切。如何科学合理地布局区域交通设施、协调区域职能分工越发受到关注。本文基于以上背景并结合对上海市综合交通系统的研究初步探讨区域视角下的交通发展策略。

1　区域视角下交通发展的认知

1.1　交通一体化发展的重要性

长三角作为高端服务业、先进制造业发展的重要基地，其空间组织的支撑需要高标准的一体化交通系统服务。良好的运输、中转和辐射的功能是支撑区域发展的保证。交通系统的布局也将影响区域空间职能的集聚和扩散。

一体化的交通系统要求以多层次交通网络的服务标准和城镇空间结构布局为依据，针对不同地区的交通需求，明确各交通系统的功能定位和发展趋势。

1.2　区域快速铁路的重要性

高速铁路和城际铁路的快速发展将对长三角地区的区域交通一体化发展产生重要影响，将进一步完善长三角地区的空间形态，显著改变未来交通系统的格局，并引导区域城镇化走上高效、集约发展的道路。

高速铁路和城际铁路的大容量、高速度、舒适性和安全性极大地缩短了区域内城际间的一次通行时间，加强了城市间主要服务行业、核心功能的交流；加速了突破行政区的经济羁绊，促进了区域内资源的优化配置和整合，引导产业、休闲、居住等功能在空间上的再分配；大大提高了人们进行活动选择的自由度，使得原本局限于一个城市范围内的活动内容，扩大到可以在区域内任意城市间进行。利用一体化的城际铁路系统，可以有效引导都市区分片组团式发展，并促进新兴城镇的有序发展[1]。

1.3　综合交通枢纽的重要性

综合交通枢纽是不同交通方式转换的重要基础设施，是衔接区域交通和城市交通、提高系统运行效率的关键。上海虹桥枢纽成功地把多种交通方式整合一体，大大提高了区域交通效率，并依托优越的交通区位优势成为上海面向长三角发展的商务新区，实现了城市功能和交通枢纽的良好结合。

上海进一步完善和强化区域交通枢纽的功能不仅对巩固和加强自身区域交通核心的地位意义重大，也对促进区域一体化的城市功能布局具有十分重要的意义。

2 长三角区域交通发展特征

长三角地区的社会经济发展使区域交通向城市延伸、城市交通向区域拓展的趋势越发明显。区域城镇职能、产业布局的协同发展，使得区域交通逐渐呈现出新的特征。

2.1 区域交通需求增长旺盛

随着社会经济的发展以及区域一体化的进一步完善，区域交通需求量仍将持续增长。区域内客运分布将呈现由沪宁通道、沪杭通道、沪湖通道和沿海通道组成的多通道、网络化发展的态势。根据预测，至2020年，以上海为核心的区域交通需求总量将增加一倍，不同方向上将进一步均衡。其中，沪宁通道交通量需求达到2.81亿人次·a⁻¹，占39.4%；沪杭通道交通量需求达到1.64亿人次·a⁻¹，占23%；沿海北通道交通量需求1.1亿人次·a⁻¹，占15.4%；沿海南通道交通量需求0.81亿人次·a⁻¹，占11.4%；沪湖通道交通量需求0.77亿人次·a⁻¹，占10.8%[2]。

2.2 从多极到网络的转变

经历了改革开放30年的发展，长三角地区已经由上海的单极中心形态发展成为由上海、杭州、南京等城市共同组成的多极中心形态。未来随着区域一体化发展，产业协作和城市分工使区域内各城市之间的交流更加频繁，商务、通勤交通等需求将迅速增加并拓展到整个区域交通组织上。中心集中化的区域交通组织已经不适应区域网络化发展的要求。在传统沪宁、沪杭、杭甬区域通道的基础上，宁杭、通苏嘉与沿海和沿江通道等新兴通道的建设，促使长三角地区加速进入区域交通网络化时代。长三角地区的区域交通特征也将实现由多级向网络的转变（见图1）。

2.3 国家门户功能发展要求的强化

长三角地区作为中国最为成熟的门户地区，打造洲际核心门户是国家参与国际竞争而赋予长三角的责任，是长三角今后一段时间重大战略性交通资源协调发展，对外及区域内部网络发展的主要目标之一。上海作为长三角地区的核心城市承担国家的门户功能责无旁贷，上海空港和海港是发展门户功能最重要的载体，上海建设国际航运中心的城市发展战略目标也与这一功能相呼应。

2.4 从高速公路向高速铁路时代的转变

高速公路在长三角地区社会经济快速发展的20多年中起到了十分重要的作用。长三角地区高速公路网的建设已经完成规划的80%，主干网络基本形成。但是，随着公路机动化水平的提高和公路交通量的快速增加，使得高速公路在安全、快速和高效等方面正逐渐失去优势。近几年，高速铁路和城际铁路的发展为区域交通提供了一种新的更便捷、更舒适的选择。2010年开通运行的沪宁城际铁路客流增长迅猛，现已出现高峰期超饱和运行的状况。铁路主管部门将城际铁路的审批权下放到省级政府，更将加快其在长三角地区的发展。目前，长三角地区的高速铁路和城际铁路网络规划的建成率只有30%，沪通铁路、通苏嘉城际铁路、湖苏沪城际铁路都在积极推进过程中，未来的发展潜力巨大[3]。

2.5 城际通勤需求快速增长的转变

随着长三角地区区域分工协作的进一步完善以及城际高速铁路网络的建设，符合城市1h出行时间要求的通勤圈范围将大幅度扩展。根据国外相关城市连绵地区的区域交通发展经验，以商务出行为主的区域交通有向通勤交通转变的可能和趋势。届时，通勤交通必将突破城市行政区划的束缚，在满足出行时间和出行成本的要求下，能够提供安全、舒适和快捷交通服务的地区有可能实现通勤交通的联系。目前，上

图1 长三角地区交通由多极到网络的转变[2]

海与周边地区的区域通勤交通客流特征已经初现端倪，如上海与昆山花桥通过轨道交通 11 号线的延伸，实现了区域通勤交通的联系。

3 上海区域交通系统发展对策

3.1 区域铁路通道的构建

随着长三角交通一体化的发展和城际通勤客流需求的逐渐增加，包括高速铁路和城际铁路在内的区域铁路的战略性功能越发凸显，并凭借其快速、舒适、安全、高效等优势成为未来城际联系的主要手段[4]。传统的沪宁、沪杭和杭甬形成的"之"字形铁路通道为长三角地区的发展起到了十分重要的支撑作用。上海位于该传统通道的核心枢纽位置，强化了其在区域发展中的核心地位。但是，2013 年 7 月宁杭铁路的开通使长三角地区的铁路网络演变为三角形的结构，均衡了上海、杭州和南京作为区域中心城市的地位和作用。

上海应在区域铁路网络化均衡发展的趋势下，通过铁路通道的建设强化，巩固和提升自身枢纽地位和作用。在既有沪宁、沪杭铁路通道的基础上，上海应构建长三角沿海南北主线，连接连云港、南通以及宁波；构架沪湖通道，连接湖州、铜陵以及中西部地区的城市，以实现上海与南通、宁波、湖州以集约化方式的 1 h 交通联系，从而极大提升上海作为区域门户的影响力。最终，形成以上海为中心五向通达的区域铁路网，覆盖长三角地区主要城市，推动整个长三角经济区协调发展（见图 2）。

3.2 区域铁路枢纽的完善

2010 年 7 月 1 日，上海虹桥火车站的启用标志着上海市铁路枢纽建设的巨大成就，也形成了由上海虹桥、上海站和上海南站组成的三个主枢纽格局。随着区域交通发展逐渐进入高速铁路时代，铁路枢纽对城市发展越发重要。近几年，上海铁路枢纽的建设主要集中在浦西地区，三个主枢纽提供了强大的区域服务功能，也为本地区和长三角区域的高度融合奠定了基础。但是，人口和用地均占全市 30% 的浦东地区却没有铁路服务。经测算，浦东地区由于缺乏铁路枢纽服务而造成的出行时间价值损失每年为 20 亿元[2]。

浦东地区主要承担了第二产业和居住功能为主的城市职能。上海市六大产业基地中的四个位于浦东，分别为石油化工、装备、微电子和船舶制造产业基地。而以发展第三产业为主的现代服务业区，浦东地区只有 3 处，仅占全市的 20%。浦东地区的发展依然面临着缺乏综合性城市服务功能的困局。并且，由于上海向浦东地区的发展与对接长三角区域存在一定区位上的偏离，使之在区域一体化发展趋势下处于不利局面。浦东地区铁路和枢纽的建设，能够促进其城市综合功能的提升，提高融入长三角区域的便捷度，是影响浦东乃至上海发展的重大战略决策，也是支持上海自贸区发展的具体举措。

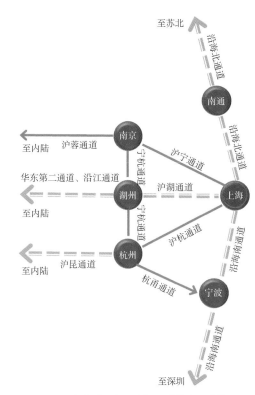

图 2　上海"五向通达"区域铁路通道[3]

结合浦东地区产业结构升级的趋势和要求，浦东铁路枢纽站的选址应尽量与现有城市建成区结合，实现城际站点与周边土地开发的良性互动；可结合迪士尼项目选址设置浦东铁路枢纽站，在为浦东地区居民提供便捷的城际铁路服务的同时，促进浦东地区更好地融入长三角区域，为发展高端服务产业提供有力的设施保障。

同时，结合区域城际铁路与门户机场的优势，进一步发挥上海浦东机场的门户作用，将区域城际铁路延伸至浦东机场，增设浦东地区铁路辅站。通过城际铁路，将浦东机场的国际航空服务推向长三角。利用城际铁路多条连接线，使浦东融入长三角城际网，连接浦东机场与长三角主要都市区，增强浦东机场对长三角的辐射能力，最终形成浦东地区一主一辅的铁路枢纽格局。

3.3 区域航空枢纽的完善

从长三角地区来看，上海在国际航空客、货运吞吐量上全方位领先于区域其他机场，优势明显。2010 年，上海浦东、虹桥两机场旅客吞吐量达到 7188 万人次，占长三角区域航空旅客吞吐量的 71%；货物吞吐量达到 371 万 t，占长三角区域航空货物吞吐量的 88%。相比杭州萧山机场和南京禄口机场，上海航空客运吞吐量相当于杭州的 4 倍、南京的 5 倍。国际客流方面，2010 年上海国际客流已经突破 2000 万人次，而同期杭州和南京的国际客流仅为 195 万人次和 100 万人次，差距较大。目前，长三角地区已经形成了以上海为龙头的航空枢纽体系[5]。

预计到 2020 年，浦东机场年旅客吞吐量将达到 8400 万人次（见图 3），年货运吞吐量将达到 700 万 t；虹桥机场年旅客吞吐量将达到 3600 万人次，年货运吞吐量将达到 100 万 t。

上海的航空客运量虽然在长三角地区占据绝对优势，但与国际门户地区的航空服务相比还有较大差距。以纽约、东京为例，两地的年航空客运量已稳定在 1 亿人次左右，领先于上海地区（见图 4）。国际客流方面，2010 年纽约地区国际客流已达到 3300 万人次，而上海虽有世博会等重大因素，国际客流仍只有 2000 万人次。2010 年上海都市区人均航空乘次约为 1.5 次，远低于纽约的 5.5 次、巴黎的 6.7 次以及东京的 2.6 次。

根据国际经验，长三角地区和上海的航空发展依然具备强劲的增长势头。但是浦东机场的区位条件和集疏运系统建设现状与长三角核心枢纽机场的要求依然存在差距。从地理位置来看，浦东机场远离上海中心城，并且与长三角地区的联系十分不便。从交通基础设施来看，浦东机场没有城际铁路服务，并且远离国家高速公路运输大通道。设施上的不足造成浦东机场的可达性较差。从中心城交通衔接来看，浦东机场依靠轨道交通 2 号线和磁浮线均不能直达中心城，旅客需要换乘一次（见图 5）。所以，集疏运系统衔接不畅限制了浦东机场服务水平的进一步提升，未来急需进一步改善衔接条件以更好发挥其门户机场功能。

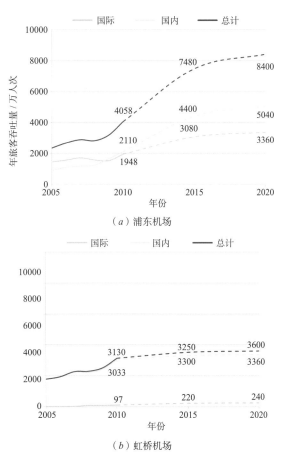

（a）浦东机场

（b）虹桥机场

图 3 上海机场航空客运量预测[2]

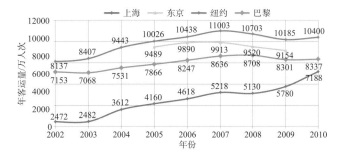

图 4 上海、东京、纽约、巴黎航空客运总量对比[2]

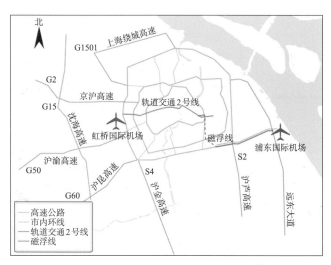

图 5 浦东机场、虹桥机场衔接方式示意[2]

另一方面，浦东和虹桥两机场之间的联系也十分不便。道路联系虽有快速路系统，但受城市交通拥堵的影响无法满足准时的要求。而大运量、准时的轨道交通联系两机场的时间超过 90 min，使旅客转换效率大幅度降低。从浦东和虹桥两机场的分工分析，虹桥以国内为主，浦东兼顾国际和国内，两机场之间将存在较多的旅客转换需求，提高两机场的联系效率十分关键。

针对上海航空系统存在的不足和发展要求，航空枢纽的发展策略是在上海形成以浦东机场为主，面向国际、国内全方位发展，兼顾客货运输；以虹桥机场为辅，利用有限的跑道

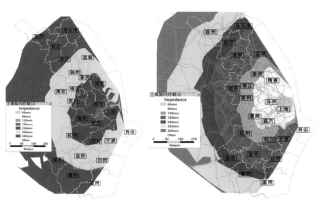

图 6 城际铁路引入浦东机场的可达性分析[2]

资源，专注发展航空客运，结合航空公司基地布置，承接部分国际航线。未来应构筑机场轨道快线，串联浦东机场、浦东铁路枢纽、迪士尼、中心城及虹桥枢纽等城市主要功能节点，保证浦东和虹桥机场之间 30 min 到达。此外，长三角城际铁路系统也应通过浦东地区铁路网和铁路枢纽的建设连接浦东机场，使浦东机场航空服务能够更便捷地延伸至长三角主要地区，增强浦东机场对江浙地区的服务能力。经测算，浦东机场引入城际铁路后，其可达性将大幅提升，120 min 出行圈将覆盖长三角大部分区域，实现由长三角的背颈向龙头的转化（见图 6）。

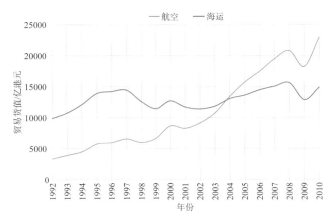

图 7 1992 ~ 2010 年香港航空、海运贸易货值 [6]

3.4 国际航运枢纽的转型

近几年，上海航运枢纽发展迅猛，特别是集装箱吞吐量增长迅速。上海集装箱吞吐量已经成为世界第一，并且保持年均 16% 的增长率。集装箱吞吐量与社会货运量的物流指数增长速度明显高于世界其他地区 [6]。

从区域角度来看，上海港、宁波 - 舟山港以及南京以下长江港口共同组成了长三角集装箱港口体系。2010 年，长三角港口群集装箱吞吐量达到 4 834 万 TEU，其中上海港集装箱吞吐量 2907 万 TEU，宁波 - 舟山港集装箱吞吐量 1314 万 TEU，南京以下长江港口集装箱吞吐量 613 万 TEU。

但是，从国际航运中心的发展历史来看，集装箱吞吐量的增长并不是港口发展的唯一路径。作为长三角航运体系的龙头，上海航运枢纽的发展也不应该仅仅关注集装箱吞吐量的增长。以中国香港港口为例，从 1972 年第一个集装箱码头建成，经历了 20 年的快速发展，香港成为亚太航运中心，但是海运对于本地贸易贡献的比例逐步被航空超过（见图 7），同时航运的附加值正在提高；2004 年以来海运进出口货值增长率超过了港口集装箱吞吐量增长率（见图 8）。香港港口将低端的实物贸易功能转移到深圳、广州等地，保留了高端实物流动和航运金融服务等高附加值的功能，实现了从"金字塔"向"圣诞树"的转移（见图 9）[6]。

现代航运体系的构建是上海港口实现可持续发展的关键。从国际著名港口的发展经验来看，港口的吞吐量不可能一直保

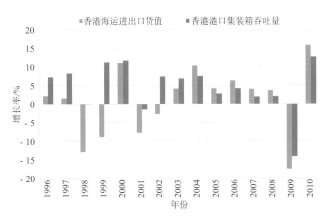

图 8 1996 ~ 2010 年香港集装箱吞吐量增长率与货值增长率对比 [6]

持增长，航运相关服务业的发展是港口生命的进一步延续。航运金融、船舶交易、船舶代理、航运咨询等各类航运服务体系是航运产业升级的主要发展方向。借鉴香港航运枢纽转型的经验，上海航运枢纽的发展可以考虑从物流中心向供应链管理中心转型。供应链管理就是指在满足一定的服务水平条件下，为了使整个供应链系统成本达到最小，进行的产品制造、转运、分销及销售的管理方法。供应链管理与供应链本身可以实现在空间上分离，从而促进上海实现由"有形贸易中心"向"无形贸易中心"的转型，同时也促进了金融中心与航运中心的建设。上海可以依托港口业务，重点在北外滩、陆家嘴和外高桥等地

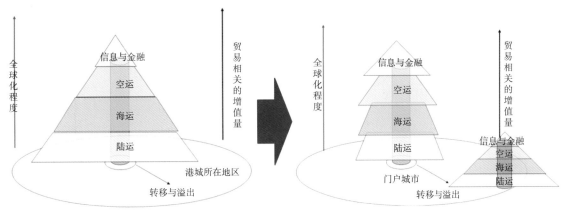

图 9 香港港口发展模式变化 [6]

长三角区域港口集装箱吞吐量现状与预测 表1

港口名称	2010 年		2015 年		2020 年	
	吞吐量 / 万 TEU	区域所占比例 /%	吞吐量 / 万 TEU	区域所占比例 /%	吞吐量 / 万 TEU	区域所占比例 /%
上海港	2907	60	3600	54	3780	48
宁波 - 舟山港	1314	27	2010	30	2520	32
南京以下长江港口	613	13	1110	16	1580	20
区域总量	4834		6720		7880	

资料来源：文献 [3]。

区发展航运服务集聚区，发挥上海航运交易所已有优势，在航运服务集聚区形成具有示范作用的航运服务产业。

基于转型的港口发展路径分析，上海港口的集装箱吞吐量将继续在区域内保持领先，并不断提升港口层次。一方面，上海港口集装箱吞吐量将继续向宁波 - 舟山港转移，在区域所占比例将进一步下降至 50% 左右；另一方面，保持平稳的增长态势，至 2020 年上海港口集装箱吞吐量将达到 3780 万TEU（见表 1）。

4 结语

在区域一体化发展的背景下，承载区域职能的交通系统构建对加强和巩固城市在区域中的地位将起到十分重要的作用。上海作为长三角地区的核心城市，不仅要完善自身的区域交通系统功能，更要学习国际先进经验，充分发挥区域龙头的引领作用，强化对长三角地区的辐射和带动作用。上海区域交通的发展策略应该在完善区域通道建设的基础上，加强铁路、航空和航运枢纽对区域和城市的支撑和服务功能。

参考文献

[1] 段进. 国家大型基础设施建设与城市空间发展应对：以高铁与城际综合交通枢纽为例 [J]. 城市规划学刊，2009（1）：33-37.

[2] 中国城市规划设计研究院. 长三角区域交通一体化发展研究 [R]. 上海：上海市城乡建设和交通委员会，2012.

[3] 中国城市规划设计研究院. 加强长三角区域间交通衔接和上海市区域间交通衔接研究 [R]. 上海：上海市规划和国土资源管理局，2014.

[4] 欧心泉，周乐，张国华，李凤军. 城市连绵地区轨道交通服务层级构建 [J]. 城市交通，2013，11（1）：33-39.

[5] 刘武君. 航空枢纽规划 [M]. 上海：上海科学技术出版社，2013.

[6] 王辑宪. 中国港口城市的互动与发展 [M]. 南京：东南大学出版社，2010.

作者简介

赵一新，男，北京人，硕士，副院长，教授级高级工程师，主要研究方向：城市综合交通规划，E-mail: bill_zh@163.com

城镇化视角下的湖北省域交通体系规划思路

Thoughts of the Traffic System Planning of Hubei Province from the Perspective of Urbanization

李潭峰

摘　要：在国家经济重心回归内需市场和沿海产业向内陆转移背景下，交通优势条件越来越成为中西部地区城镇发展的关键要素，特别是交通系统的快速化、网络化将对省域城镇化进程、城镇体系组织和产业布局与发展产生重大影响。新一轮湖北省域交通体系规划以开放性视野、层次化组织、差异化发展为基本思路，重点围绕促进区域竞合发展的开放式交通网络、适应城镇差异性特征的系统组织及支撑不同层级城镇发展的"节点"功能整合等三方面，整体构建与省域城镇化、城镇体系联动发展的综合交通体系。

关键词：交通规划；省域城镇体系规划；城镇化；湖北

Abstract: Against the backdrop that China's economic focus returns to the domestic demand market and coastal industries transit to inland, advantageous traffic conditions are increasingly becoming key factors for the urban development in central and western regions. In particular, the motorization and networking of the traffic system will exert a great impact on the urbanization process, urban system organization, industrial distribution and development of a province. Adhering to the basic ideas of open horizon, gradational organization and differentiated development, the new round of traffic system planning of Hubei Province focuses on three aspects, including an open traffic network that promotes regional competition, cooperation and development, a system organization that adapts to urban distinctiveness, and an integration of 'node' functions that supports the development of different levels of towns, so as to build a holistic traffic system that achieves coordinated development with the urbanization and urban system of the province.

Keywords: traffic planning; provincial urban system planning; Urbanization; Hubei

0　引言

2011 年我国城镇化率超过 50%，这是中国社会结构的一个历史性变化[1]，在城镇化转型的关键时点，各省份陆续开展了新一轮的省域城镇体系规划工作。同时，国家和区域交通系统正处于高速铁路、城际铁路、高速公路为主体的大规模基础设施建设时期，这为交通与城镇的联动发展提供了机遇。在高速交通系统支撑下，省域发展越来越依赖区域发展，同时，城际交通系统布局将引导新一轮以城镇群、城镇密集区为重点的省域城镇空间结构调整。

城镇化与国家高、快速交通系统的同步快速发展亦对省域交通体系规划提出了新的要求：一方面，要求强化区域交通发展，打破"以区论区"，局限于行政区划内的传统方式[2]；另一方面，要求省域交通组织模式向多层次、差异化转变，以适应城镇群、城镇密集区、大都市区的发展态势。

本文结合"湖北省城镇化和城镇发展战略规划"（以下简称《规划》）[3]项目的开展，从规划背景、规划视角、规划重点等方面探讨城镇化视角下省域交通体系规划的思路与方法。

1　城镇化空间发展态势

过去 10～20 年，湖北省处于城镇化快速发展时期，从"一主两副"到"两圈一带"的全面开发，从中心城市率先发展到中心与外围联动协调，湖北省的区域格局和城镇体系不断完善和优化，但区域发展不平衡、国家轴线带动力弱等问题仍突出存在。在国家经济重心回归内需市场、高快速交通系统建设、区域一体化发展等新形势下，湖北迫切需要优化区域和省域城镇体系格局，促进区域之间和城市之间联动协调发展局面的形成。

1.1　区域态势："长江中游城镇集群"的新形势

在国家空间格局趋向相对均衡发展的背景下，中部的大武汉地区是珠三角、长三角、京津冀、成渝 4 个核心城镇群外，最具有国家战略意义的地区之一[4]。然而，中部各省的单一城镇群规模尚小、能级不够，难以作为国家增长极发挥空间支点作用。在此背景下，《全国主体功能区规划》（国发 [2010] 46 号）将湖北武汉城市圈、湖南环长株潭城市群和江西鄱阳湖生态经济区共同组成的"长江中游地区"作为全国层面的重点开发区域，基于此，逐渐形成了"长江中游城市集群"的发展思路。以三大省会城市为主导、围绕核心城市和交通走廊进行产业调整和经济、基础设施协同发展，共同培育中部地区国家增长极，将成为包括湖北在内的长江中游地区三省空间结构变化的长期趋势。

1.2　城镇特征：省域城镇中心体系的逐步完善

从十年来湖北省人口集聚特征看，省域人口向特大城市和县级单元两端集聚的特征明显，而大城市和中等城市空间集聚作用偏弱。1999～2009 年，特大城市武汉人口增速超过全省平均增速 0.2 个百分点[3]，大城市和中等城市人口增速显著低于全省平均水平，县级城镇人口增长占全省人口增长总量的 50.4%，增速显著高于其他各级城市。发挥不同层级城镇的集聚作用是未来省域城镇化的长期任务，这要求未来交通系统与不同层级城镇发展需求相匹配,并针对关键城镇个性化发展需求提出相应的交通发展指引。

1.3 空间特征:省域空间由非均衡向均衡

湖北的省域空间发展的梯度特征明显,省域自东向西,在自然地形条件、城镇化与工业化发展水平、城镇空间发展模式等方面,都表现出一定的差异性。2003年版湖北省域城镇体系规划[5]中,提出围绕武汉、襄阳、宜昌"一主两副"构建都市连绵区和大都市区。经过近十年的发展,"一主两副"的空间格局基本形成,三个中心城市占全省人口的33%,占全省经济总量的55%,但省域发展不均衡问题仍突出存在。

为促进省域城镇空间的均衡、差异发展,2000年以来,湖北省先后出台了武汉城市圈、鄂西生态文化旅游圈、湖北长江经济带、汉江流域开发等区域发展战略。在未来省域交通发展指引中,必须要充分考虑这种空间差异性,分地区、分类型加以规划指引。

2 综合交通规划视角

2.1 传统规划视角

传统城镇体系规划的重点是"三结构一网络"[6],主要局限于省、市、县等单一行政区范围内,与当前跨区域的大都市区、城市密集区、城市群、城市集群的发展态势不相适应。反映在交通规划中,这种模式存在一定的局限性,主要体现在以下四个方面:

1)注重省域内部的网络规划,对区域交通发展的关注不够,对新形势下的区域交通需求的考虑不足,不能适应当前区域竞合发展的趋势。

2)在城际出行需求向差异化、层次化特征转变背景下,缺乏对大都市区、城镇密集区、城市群多层次交通系统的考虑。

3)重视对省域整体交通发展的规划应对,缺乏对省域不同分区城镇的差异化交通发展指引。

4)注重宏观交通布局,缺乏与不同层级城镇发展的关联。

2.2 与城镇化空间发展协调的规划视角

在城镇化发展的新形势下,湖北省域交通体系规划重点围绕促进区域开放,引导省域城镇空间差异化组织及支撑不同层级城镇协调发展等三个方面展开,体现区域、省域、城市三位一体的规划视角。

区域层面,应对国家区域战略格局调整、沿海产业转移趋势及全球化等外部环境变化,强化国家和区域运输通道在湖北的布局,突出国家运输走廊与省域城镇走廊的联动布局,带动省域中心城市枢纽功能提升。

省域层面,立足自然地理条件、城镇发展的空间差异特征,强化对省域不同分区交通发展的差异化引导,重点构建城镇群、城镇密集区多模式、多层次的城际交通系统。

城市层面,服务各级城镇人口集聚、产业发展和城市功能定位,以强化重要城市通道布局、提升交通枢纽功能为着眼点,促进不同层级城镇协调发展。

3 湖北省综合交通体系规划实践

基于区域、省域、城市三位一体的规划视角,支持湖北省域城镇发展和城镇空间结构调整,《规划》提出"交通网络构筑发展区位、交通枢纽提升城市功能、交通服务带动城镇联动"的规划策略,体现了对支撑湖北区域开放、引导省域城镇空间协调组织、提升重要城市功能等3个层次问题的解答。

3.1 促进区域竞合发展的开放式交通网络

区域协调是本轮省域城镇体系规划的重要内容,这要求

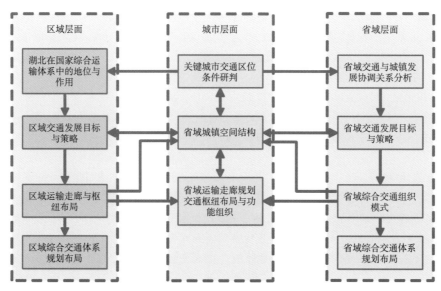

图1 规划技术路线

交通规划既优化省域范围内的交通资源配置，又形成与周边融会贯通的开放式交通格局。本次规划从大区域、城市集群和都市区三个层面，构建湖北面向区域的开放式交通网络。

大区域层面，完善湖北与周边地区区际综合运输通道格局。客运方面，重点加强与关中和皖中城镇群的运输通道布局，构筑"承东启西，接南纳北"的国家客运大通道（图2）。货运方面，重点打通沿江快速货运通道，构筑"六纵两横"的国家货运主骨架（图3）。

城市集群层面，面向长江中游地区腹地，突出以航空港、航运中心为核心的区域枢纽功能整合和城际交通系统的延伸对接，引领和培育中部地区的国家增长极（图4、图5）。

都市区层面，强化高端交通资源在武汉、襄阳、宜昌、荆州等门户和中心城市的集聚，促进形成带动省域均衡发展的"多极化"区域枢纽格局，支撑建设引领省域经济参与全球化竞争的都市区发展空间（图6）。

3.2 引导省域开发的分区域、多层次系统组织

因地制宜选择城镇化空间发展路径是湖北近期和未来城镇化发展的重要指向，本次规划基于省域城镇空间的差异性，提出了多层次组织、分地区整合的省域综合交通组织思路。

1）多层次运输系统组织

多层次交通组织主要体现在基于轴带发展特征的运输走

廊和枢纽规划。根据沿线城镇聚集特征和通道功能判断，《规划》将省域干线运输系统分为主干综合运输通道、次干综合运输通道和复合型城际快捷运输系统等三个层次，并提出相应的交通设施配置策略。

主干综合运输通道依托国家运输通道布局，与省域骨干城镇走廊相契合，突出客运专线、高速公路的支撑，实现与国家主要区域的快速通达；次干综合运输通道辅助主干运输通

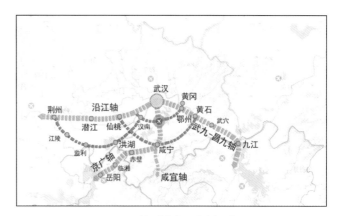

图4 武汉南部枢纽规划示意

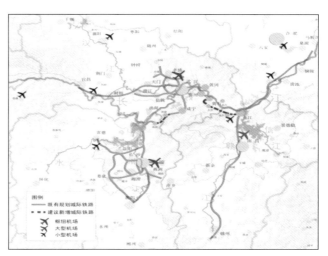

图5 长江中游地区城际铁路网规划布局

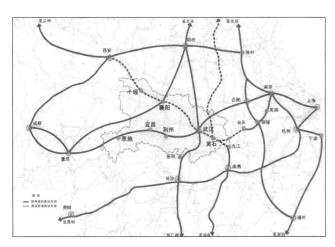

图2 武汉—西安、武汉—九江—南昌、武汉—皖江城市带—南京客运专线规划示意

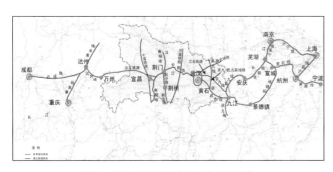

图3 沿江快速货运铁路通道规划示意

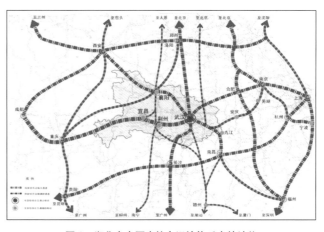

图6 湖北省在国家综合运输体系中的地位

道共同形成覆盖省域的骨干运输通道网络，强调高速公路建设和铁路扩容，促进省域大中城市集聚发展；复合型城际快捷运输系统主要针对人口、城镇密集的武汉圈和长江经济带地区，以高速公路、城际铁路等方式为主导，实现国家通道与城际走廊的协调布局，引领城镇密集地区一体化发展。

同时，《规划》将省域枢纽分为全国性主枢纽、全国性辅助枢纽、区域性枢纽、地区性枢纽四个层次。不同层次枢纽功能上形成差异、互补的层次格局，空间布局上与城镇体系相匹配（图7）。

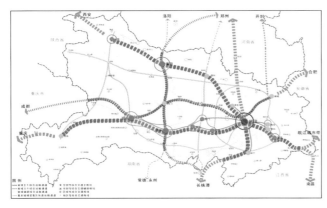

图7 省域综合交通运输组织体系

2）基于分区差异的交通整合策略

本次规划提出了基于分区差异的交通整合策略，针对武汉圈、鄂西平原地区、鄂西山区三类处于不同发展阶段的地区分别提出交通引导的要求。目前开发强度已经很高的武汉城市圈交通发展重点是"门户"枢纽功能升级和交通一体化发展；鄂西平原地区重点是加强廊道建设和枢纽功能提升；鄂西山区重点是增强各城镇、旅游景区交通连通度，建立旅游交通组织体系。

3.3 不同层级城镇"节点"功能整合

结合湖北不同层级城镇交通发展面临的问题和发展需求，在区域和省域交通系统规划中，突出以中心城市为依托强化湖北门户枢纽功能，以地级市、省辖市等大中城市为主要节点构建"内畅外联"、开放型的运输网络，以县城及重点镇为基础建立"通城达乡"的交通网络，通过交通设施的合理配置，引导和支撑中心城市、大中城市、县城等不同层级城镇发展。

中心城市层面，《规划》在突出武汉中部门户枢纽功能的基础上，同步强化襄阳、宜昌-荆州区域性门户枢纽功能的建设。大、中城市层面，《规划》通过强化客运专线、铁路干线、高速公路等交通系统的服务和网络构筑，有效提升了黄石、

天-仙-潜、十堰等大中城市的交通区位。县级城市层面，交通发展的要点是扩大高速公路网、铁路网覆盖，加大对县级城市基础设施建设的支持力度。《规划》实现县县通高速，省域通铁路的县城比例达到了82%，尤其提高了鄂西圈旅游景区干线公路、铁路通达水平。

4 结语

在城镇化和快速交通发展的新形势下，省域交通体系规划应重点突出区域开放性视野，同时更加关注省域城镇发展的个性特征。

1）树立区域开放的规划视野，立足大区域范围谋划运输通道布局。依托区域强化核心都市区通道布局与枢纽功能，重点发挥国家、区域交通走廊与省域城镇走廊的聚合效应，形成带动省域均衡发展的"多极化"区域枢纽格局。

2）把握省域城镇空间差异特征，建立与城镇差异性特征相适应的综合交通组织体系。基于自然地理条件、城镇发展的空间差异特征，强化对省域不同地区交通发展的差异化引导，以城镇群、城镇密集区为重点构建多模式、多层次的综合交通体系。

3）形成交通与产业、城镇联动的思维，促进不同层级城镇功能定位、产业发展和交通体系的整合。以支撑省域整体城镇发展为目标，发挥重要城市"节点"的整合作用，形成中心城市、大中城市、县城等不同层级城镇协调发展的省域综合交通体系。

参考文献

[1] 温家宝. 2011年政府工作报告 [R]. 2012.3.5.

[2] 刘玉亭，顾朝林，郑弘毅. 新世纪我国城镇体系规划的基本思路及完善途径 [J]. 城市规划，2001，25（7）：27-30.

[3] 中国城市规划设计研究院. 湖北省城镇化与城镇发展战略规划（2010-2030）评审稿 [R]. 2011.

[4] 李晓江. "钻石结构"——试论国家空间战略演进 [J]. 城市规划学刊，2012，2：1-8.

[5] 湖北省城市规划设计研究院. 湖北省城镇体系规划(2004-2020)[R]. 2004.

[6] 谢涤湘，江海燕. 1990年以来我国城镇体系规划研究述评 [J]. 热带地理，2009，29（5）：460-465.

作者简介

李潭峰，男，山东沂水人，博士，主要研究方向：交通规划，E-mail: tucky@sina.com

面向新型城镇化的长江流域城际客运体系战略

New Urbanization Development Strategies for Intercity Passenger Transportation System in the Yangtze River Valley

苏　腾　李　晗

摘　要：城际客运体系的构建是长江流域城市实现工业化和新型城镇化的重要前提。首先对发达国家三类城际客运体系结构模式和中国客运体系结构发展历程进行了总结，并基于新型城镇化要求与基本国情，提出长江流域应构建可持续发展、多层级协调的新型城际客运体系，以高速铁路与航空为双核驱动，以普通铁路与公路为基础。然后分析了高速铁路在产业和人口转移方面的巨大引领作用，并指出航空运输对于全球化时代城市群形态的构建、内部产业分工协作不可或缺，同时阐明了长江流域对高速铁路及航空运输的强劲需求。最后提出城际客运交通与城市之间，以及各城际客运交通方式相互之间应加强联系、无缝衔接。

关键词：交通规划；城际客运体系；新型城镇化；长江流域；高速铁路；航空运输

Abstract: The development of intercity passenger transportation system is important for cities located in the Yangtze River Valley to achieve industrialization and new urbanization. This paper first summarizes the three intercity passenger transportation systems in developed countries and the development of passenger transportation system in China. With the requirement of new urbanization and current development status in China in mind, the paper proposes a sustainable multi-level intercity passenger transportation system for the Yangtze River Valley, which takes high-speed railway and air transportation as the development engine, and traditional railway and highway as the foundation. Facing the huge demand of high-speed railway and air transportation in the Yangtze River Valley, the paper discusses the leading role of high-speed railway in industrial development and population shift, as well as the importance of air transportation for land use development in urban cluster and internal industrial production chain in the globalization era. Finally, the paper emphasizes that it is necessary to improve the connection and effective transfer between intercity and intra-city transportations, and among different intercity travel modes.

Keywords: transportation planning; intercity and intra-city passenger transportation system; new urbanization; the Yangtze River Valley; high-speed rail; air transportation

0　引言

2013年中央城镇化工作会议在明确指出工业化与城镇化是实现现代化的两大引擎的同时，再一次强调要注重中西部地区城镇化，加强中西部地区重大基础设施建设和引导产业转移[1]，而2014年政府工作报告中更是明确提出要依托长江黄金水道，建设长江经济带，推进由东向西、由沿海向中西部内地梯度发展。覆盖四川、重庆、湖北、湖南、江西、安徽、江苏、上海等省市的长江流域已成为实现产业转移、推进中西部新型城镇化建设的主战场。

经济学家艾伯特·赫希曼的不平衡增长理论认为，欠发达地区发展道路是一条"不均衡的链条"，应首先选择具有战略意义的产业部门投资，例如建设社会基础设施，可以带动整个经济发展[2]；而美国经济学家W. W. 罗斯托更进一步地认为在经济发展的各个时期，交通运输的作用不尽相同，但总是以适宜的形式成为各个时期经济发展的前提条件和表现特征[3]。

在"新四化"和长江经济带建设的战略背景下，区域交通运输设施的规划建设无疑会对长江流域的工业化和新型城镇化发展起到关键作用，而在"以人为本"的核心指导思想下，长江流域城市在交通发展战略中应着重提升对人的运输服务，打造可持续发展的城际客运结构，构建多层次的城际客运体系，逐步提升对产业转移和新型城镇化发展的推动力，积极应对日益突出的环境保护问题。

1　国内外城际客运体系结构特征

一般来说，城际客运体系结构是指各种运输方式完成的旅客运输在整个运输体系中的比重，包括四种主要运输方式：铁路、航空、公路以及水路运输。现阶段发达国家在经历工业化时代之后，已逐步形成了较为稳定的、符合各自社会需求的城际客运体系结构，而中国仍在不断变化之中。

1.1　国外发达国家城际客运体系结构模式

本文采用较具综合性的旅客周转量指标来定量反映城际客运体系结构。从不同运输方式完成的旅客周转量占全方式旅客周转量的比例来看，现阶段国外发达国家城际客运体系结构大体可以分为以下三类模式（见图1）。

1）西欧模式。

德国、英国、法国等西欧传统发达国家，基于其国土面积及人口密度均相对较小、经济高度发达、城市化水平较高的国情，形成了相似的城际客运体系结构。以德国为例，公

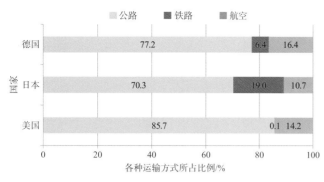

图1 2010年德、日、美三国城际客运体系结构比较
资料来源:《2013年国际统计年鉴》

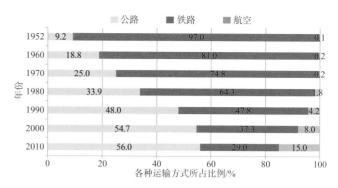

图2 新中国成立以来中国城际客运体系结构演化
资料来源:《2011年中国统计年鉴》

路运输在旅客运输中居主导地位,占比接近80%,航空运输则处于次要地位,铁路运输在国内旅客运输中的相对地位最低,仅为6.4%。

2)日本模式。

第二次世界大战以后日本经济高速发展,用几十年的时间实现了工业化,但其人口密度相对较大且自然资源匮乏,在这一基础上,其城际客运体系结构中虽然公路运输也居于主导地位,但仍有近1/3的旅客运输通过铁路和航空来完成,尤其铁路运输比例接近20%。

3)美国模式。

美国的城际客运体系结构是一种二元化的"私人汽车+飞机"模式,以私人汽车为主要运输工具的公路运输占据绝对主导地位,航空运输为辅助,而铁路运输的作用几乎可以忽略不计。美国模式可谓独一无二,对资源特别是能源具有很大依赖性。这主要是因为美国国土面积大、人口密度小、经济高度发达且崇尚自由化的生活、出行方式。

1.2 中国城际客运体系结构发展历程

新中国成立以来,随着中国社会经济的发展,城际客运体系结构发生了巨大变化,从各种运输方式完成的旅客周转量来看,运价水平高但时效性强的公路和航空运输得到了迅速发展,地位显著上升,客运比例分别从新中国成立之初的9.2%和0.1%增长到2010年的56%和15%;铁路运输虽然保持了一定的增长,但在客运体系结构中的比例持续降低,从占全方式客运90%的绝对主导地位下降到不足30%,见图2。

60年来中国城际客运体系结构变化趋势与发达国家演变基本一致,究其原因,最主要就在于中国经济的快速发展,使旅客运输需求特征及需求结构发生变化。新中国成立以来,特别是改革开放以来,人均收入水平不断提高,这必然对旅客运输体系产生巨大影响。一方面,旅客对时间价值的认识水平不断提高,越来越重视出行时间的节约;另一方面,旅客作为消费者的支付能力大大提高,在出行中对舒适、快捷的要求必然越来越高。这些都导致旅客在选择运输方式时,越来越倾向于时效性强、舒适度高的运输方式。

但是,中国幅员辽阔、人口基数大、资源相对紧张的基本国情有别于发达国家,这就要求国家在城际客运体系结构去集约化的发展趋势下,应在宏观层面进行适当调控,不能一味走发达国家的老路子。而中国长江流域地区的现实状况与发展要求,同样要求其在城际客运交通建设中提出适合自身的发展战略。

2 新型城镇化对城际客运交通发展的要求

与传统城镇化相比,新型城镇化更加关注人的全面发展,更加注重土地等资源的集约利用,由此对城际客运交通发展提出了新的要求,具体体现在三个方面:

1)以人为本。新型城镇化要求在推动农村人口向城镇人口转移的同时,着力实现农村转移人口的市民化,实现从农村生产生活方式向城市生产生活方式的转变。人口集聚特征的变化和社会生产生活方式变革必将导致城际客运需求特征的演变,3亿左右的农民转变为城镇居民,势必带来国际、区际、城际间客运需求总量的快速增长,同时居民出行需求更加多样化、高频率、多层次,对客运服务的安全性、快捷性和舒适性也会提出更高要求。

2)优化布局。新型城镇化要求把城市群作为主体形态,促进大中小城市和小城镇合理分工、功能互补、协同发展。由于分工与合作广泛,从出行次数上看,城市与城市之间的需求联系逐步增强:一是在经济全球化背景下,城市群与全球城市之间的人员交换趋于频繁;二是在经济区域化形势下,各大城市群之间以及城市群内部城际客运联系更加紧密。从出行目的上看,日常的商务、公务出行将取代传统的探亲访友成为主导;随着居民生活水平的不断提高,旅游、休闲出行也将日益增长。从出行方式选择上看,快速、高效的高速铁路、航空将成为中长距离城际出行的首选。

3)生态文明。新型城镇化要求着力推进绿色、低碳发展,尽可能减少对自然的干扰和损害,节约利用能源,这就意味着在城际客运交通设施建设中,应在满足需求的基础上,尽量加大对更为绿色、更为低碳、更有利于社会可持续发展的交通方式的投入,构建集约化的城际客运交通体系。

3 长江流域概况与城际客运方式选择

3.1 基本概况

长江流域是指长江干流和支流流经的广大区域，横跨中国东部、中部和西部三大经济区，共计19个省市，流域总面积180万km²，见图3。自古人类伴水而居，除源头地区外，长江流域历来是中国人口稠密地区，城市密度也基本与东部沿海地区相当，尤其是流域内的四川盆地、江汉平原与长江中下游平原等地。

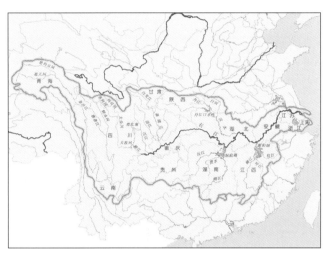

图3 长江流域示意图

资料来源：百度百科

《全国主体功能区规划》的"两横三纵"城市化战略格局中，长江流域内布局有长三角、皖江、长江中游、成渝、黔中、滇中等六大城市化地区，其城际间空间尺度跨度极大，从100km以内到2000km不等。依托长江黄金水道，流域内各城市间经济交流较为频繁，而现状城际客运交通设施分布不均，呈东密西疏的态势，未来发展潜力巨大。

3.2 城际客运方式选择

在旅客对运输时效性和舒适性要求持续提高的趋势下，公路与航空运输以及出现较晚的高速铁路运输将会成为更具竞争力的客运方式。在新型城镇化战略要求下，人口基数大、人均资源紧张的现状不允许长江流域客运体系结构选择以私人汽车为主导的西欧、美国模式，而应该选择一种比日本模式更加集约与可持续的结构模式，更加注重铁路与航空。

铁路作为最为集约化的运输方式，其单位客运周转量的能耗仅为航空运输的1/11，公路运输的1/22[4]，同时其在中国客运体系中历来占据相当重要的地位，1995年时任国务院总理李鹏在《人民日报》发表的《建立统一的综合交通体系》中指出，中国的交通运输业应该以铁路为骨干，公路为基础。高速铁路技术的成熟与应用更使铁路运输克服了时效性和舒适性欠佳的短板，可充分满足800～1000km以内城际出行需求。目前，长江流域东西两端的长三角以及成渝地区的高速铁路建设正处于大力发展阶段，而中部相对滞后，但从城镇分布密度上来看，中部与东西两端差距很小，对网络化的高速铁路设施需求同样十分强劲，高速铁路运输在整个长江流域的客运体系中也应当发挥骨干作用。

在中国国土面积广阔的基本国情下，长江流域国家地理中心区位意味着流域内城市与中国其他地区的里程往往达到1000 km以上；同时，长江流域大跨度的带状结构也使流域内部分城市之间的空间距离较远。航空运输的时效性非常适合较长距离出行，同时其单位客运周转量能耗仅为公路的一半，这与长江流域承东启西的发展要求以及积极参与全球化分工合作的诉求非常契合。

4 长江流域城际客运体系发展战略

在新的时代背景和发展要求下，长江流域城市应当以可持续发展、多层次协调作为城际客运体系的发展战略，大力发展高速铁路，积极完善航空运输网络，构建以高速铁路和航空运输为双核驱动，以普通铁路和公路运输为基础的综合客运体系。高速铁路和航空运输在引导产业、人口转移，推动工业化和新型城镇化建设中的关键性作用，以及在中国潜在的巨大需求潜力，已经得到充分体现。

4.1 高速铁路引领城际客运新秩序

高速铁路在国外已不算新事物、新技术，1964 年世界第一条高速铁路——日本东京至大阪东海道新干线即已投入运营。中国在高速铁路建设方面起步较晚，但在技术上较国外有了进一步更新，速度更快、发展更为迅速，截至2012 年底，投入运营的高速铁路及客运专线已有 36 条，总里程达 1.3 万km。引领时代变革的高速铁路网络的发展极大促进了生产要素在更广阔空间上重新布局，为沿线经济社会发展带来了重大机遇，在引领产业和人口转移的方面表现尤为突出。

4.1.1 出行需求强劲

目前，中国铁路客运量尚不及德国，只是日本的 1/12，日本国民人均每年坐火车 70 多次，德、法在 13 次以上，而中国仅为 1.4 次。巨大的差距显示了中国铁路运输潜力巨大，长江流域地区在高速铁路运输需求方面更是十分强劲。2012 年贯穿长江流域的沪汉蓉高速铁路武汉至宜昌段通车后，日均旅客发送量从 3 万人次迅速增至 5.5 万人次，国庆、春节等客流高峰期甚至达 10 万人次。汉宜动车平均每 30 min 发车一趟，两趟列车最短发车间隔仅为 5min，旅客运送量在全国已开通运行的城际铁路中排名居前。虽然与此同时，公路客运遭到重创，武汉至宜昌的公路旅客量下降八成，武汉至荆州下降七成，但这对于绿色、集约化出行方式的打造无疑益大于弊。

4.1.2 引领产业与人口转移

1）日本新干线。

新干线被日本人比喻为"经济起飞的脊梁"，给日本经济带来了巨大影响，特别是由其串联起来的太平洋沿岸各城市增长更为迅速，造就了"太平洋工业带"，极大推进了日本工业化的实现。1996 年新干线沿线所有城市的财政收入增加至 1975 年的 2.5 倍，同期非新干线沿线城市仅增加至 1.9 倍；新干线沿线城市的工商企业数量增加至 1975 年的 1.49 倍，而非新干线沿线地区只增加至 1.15 倍。另外，新干线运营后，沿线如京都、广岛、静冈等中小城市旅游相关产业高速增长，1964 ~ 1979 年的平均增速高达 55%[5]。

在吸引人口方面更能体现出具有丰富层次的城际客运体系特别是高速铁路所带来的巨大优势。如图 4 所示，在既无新干线又无高速公路经过的地区中，高达 39% 的地区人口呈下降趋势，仅 3% 的地区人口有所增加；在只有高速公路通过的地区中，人口增加地区的比例上升至 13%，人口减少地区比例下降至 16%；而在既有新干线同时又有高速公路的地区中，更多的地区人口出现了增加。同时，拥有高速铁路及高速公路的地区就业岗位的增长也大大高于只有高速公路的地区，见表 1。

2）中国高速铁路。

近年来，中国刚刚步入高速铁路大力建设期，但其对沿线城市产业发展产生的重要作用已初步显现。以位于长江流域的皖北地区为例，自 2011 年、2012 年京沪高速铁路、合蚌客运专线（京福高速铁路组成部分）开通以来，高速铁路沿线城市产业转向相对密集，制鞋、纺织、新材料等劳动密

集型企业纷纷来到皖北；沿京沪线宿州、蚌埠、淮南三市利用省外资金占全省比例由 2008 年的 15.9% 上升至 2012 年的 21%，明显高于无高速铁路经过的亳州市、阜阳市，见图 5。武广高速铁路的开通更是为珠三角地区的产业转移提供了便利路径，自武广高速铁路 2009 年开通至今，同属于长江流域的湘南共承接产业转移项目 2000 多个，占湖南全省总量近四成。

伴随产业的崛起，人口也出现向高速铁路经过城市回流的趋势。仍以皖北地区为例，京沪高速铁路通车后，蚌埠外出务工人数由 65 万下降至 50 万，宿州回流人口占外出人口的比例也由 2009 年的 20% 上升至 2012 年的 23%；而亳州、阜阳农村劳动力外出量及其占总人口的比例持续稳定上升。

4.2 航空助力城市群产业协作

在国家明确以城市群建设为主要抓手推动新型城镇化建设的今天，长江流域不论是在国家"两横三纵"城市化

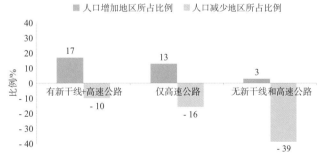

图 4 有无高速铁路 / 高速公路人口增加或减少地区个数占总地区的比例

资料来源：维基百科

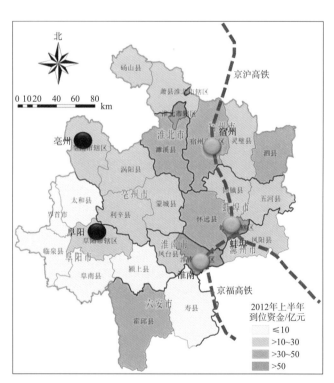

图 5 2012 年上半年皖北各城市吸引省外资金情况

资料来源：安徽省统计局网站

1981 ~ 1985 年日本新干线或高速公路通过地区信息交换产业的就业增长情况（%）　　表 1

行业名称	新干线与高速公路同在地区	只有高速公路地区
商业	42	12
信息产业、调查、广告	125	63
研发或高等教育	27	21
政治机构	20	11
银行业	27	28
房地产业	21	3

战略格局中已有明确规划的五大城市群，还是其他具有发展潜力的城市群区域，若想在全球化时代背景下加强产业承接吸引力，优化城市群产业分工，打造高效、有活力的城市群，就必须要加强与国内各大中心城市以及全球城市的交通联系，而航空以其覆盖全球的运输能力和高时效性，必然成为加强这一交通联系的优先选择。纵观发达国家城市群地区，大都形成了从航空客运到产业分工高效合作的网络。

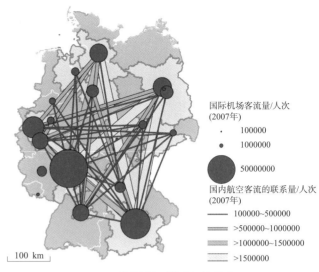

图6　德国城市群航空运输联系
资料来源：维基百科

4.2.1　国外城市群地区产业分工与航空运输

1）北美五大湖城市群。

北美五大湖城市群是世界六大城市群之一，位于北美五大湖沿岸，从芝加哥向东到底特律、克里夫兰、匹兹堡以及加拿大多伦多和蒙特利尔，集中了20多个人口100万以上的特大城市，是北美重要的制造业区。在美国境内的城市群部分内部产业分工明确，芝加哥作为城市群中心城市，金融、会展业发达，底特律、圣路易斯则以汽车制造为主导产业，其他城市在产业上也分工明确且联系紧密，见表2。在美国二元化的城际客运体系结构下，航空运输承担了该城市群内部和城际客运中几乎所有的长距离出行。美国境内五大湖城市群共计拥有三个大型和五个中型枢纽机场以及若干个小型枢纽、支线机场，大中型枢纽机场间距仅为180 km，在如此高的布局密度下，近年来各机场旅客发送量虽有所起伏，但长期稳定在较高水平。

2）德国城市群。

德国城市群是世界六大城市群之一的欧洲西北部城市群的重要组成部分，德国在全球化时代卓越的经济表现是以11个大都市区为经济载体的，大都市区以法兰克福等6个核心城市和斯图加特等6个次中心城市为基础，产业分工明确，相互间的航空运输联系（尤其是空间距离较远的都市区）十分紧密（见图6），同时，各大都市区与欧洲各国乃至世界范围具有高度的航空交通可达性。德国城市群大中型机场间距约200km，各大城市机场的年旅客吞吐量均达到或接近千万人次级别，见表3。

2010年德国城市群主要城市概况　表3

城市	主导产业	航空旅客吞吐量/万人
法兰克福	银行、金融和化学工业	5301
慕尼黑	科学研发、汽车制造、生物制药业	3474
柏林	文化与高新技术产业	2232
杜塞尔多夫	钢铁工业、服装业等	1898
汉堡	飞机制造、机械制造、港口业	1296
科隆	军工、重工业、矿产业	985
斯图加特	汽车制造业、电子机械制造业等	923

资料来源：维基百科。

4.2.2　长江流域航空网络亟待完善

当前，长江流域航空运输发展较为滞后，网络亟待完善，不论是整体机场的布局密度还是单个机场的服务能力，都已无法满足参与全球化竞争的主观要求和旅客长距离出行的客观需求。

2010年北美城市群主要城市概况　表2

城市	人口/万人	GDP/亿美元	主导产业	航空旅客发送量/万人	
				2000年	2010年
芝加哥	946.1	5320	金融业、会展、制造业、印刷出版业、食品加工业等	3384	3217
底特律	429.6	1977	汽车制造业	1733	1564
圣路易斯	281.3	1297	电子仪表工业、汽车制造和飞机制造业等	1528	604
克利夫兰	207.7	1056	钢铁工业、机器制造业等	627	459
匹兹堡	235.6	1158	钢铁工业	987	400
辛辛那提	213.0	1006	机器制造业	858	519
印第安纳波利斯	175.6	1052	食品加工业、汽车零部件制造业等	383	372

资料来源：维基百科。

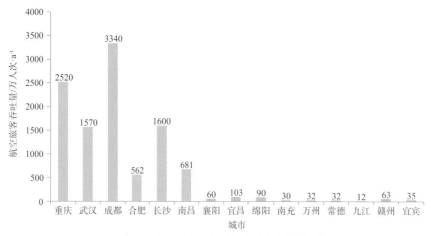

图7 2013年长江流域部分城市航空客运量

资料来源：中国民用航空局网站

1）空间布局密度。

长江流域机场分布不均，中西部省份机场数量较少，地域服务范围不广，密度为 0.24 个·万 km^{-2}，仅为美国平均密度值的 1/20，甚至落后于一些发展中国家，例如巴西、印度等。机场数量难以满足未来社会经济发展的要求，对于长江流域城市群建设、积极参与全球化竞争十分不利。

2）机场服务能力。

长江流域既有机场数量有限，服务能力较差，旅客吞吐量更是无法与发达国家相比。长江流域年旅客吞吐量在 500 万人次级别以上的大中型机场大多位于省会城市，其平均间距达到 500km 以上，相比于美国、德国等城市群地区差距巨大。中西部许多中等城市甚至是副省级城市的航空客运量受制于机场航站楼建设和航线资源的严重滞后，长期位于比较低的量级，旅客日益增长的长距离出行需求难以得到满足，见图7。以作为湖北省域副中心城市的襄阳为例，其刘集机场多年来基础设施建设滞后，飞行区等级仅为 4C 级，且开通航线仅有北上广深 4 城市，每年约有 1/3 的旅客需借道武汉天河机场出行，2011 年刘集机场旅客吞吐量仅为 19.6 万人次。而在 2012 年襄阳市大力推进机场扩建工作后，通航城市扩大到 10 个并收到了立竿见影的效果，旅客吞吐量发展迅猛，2012 年有了翻番的增长，达 40 万人次；2013 年继续保持高速增长，全年完成 60 万人次旅客运输[6]。

5 强化客运体系与城市衔接

在多层次城际客运体系结构中，能否实现城际客运与城市以及各客运方式之间的无缝衔接，是关系到整个体系运转效率能否最大化、能否引导旅客选择集约化方式出行的关键因素。

首先，城际客运交通的各类场站，尤其是高速铁路站应与城市核心功能区（如会展区、现代服务区、文化旅游区等）紧密联系，最便捷地满足城市旅客出行需求，支撑城市功能区发展与建设。以法国巴黎 TGV 高速铁路为例，圣拉扎尔和拉·德芳斯两大高速铁路站分别坐落于第八区和拉·德芳斯区核心位置。前者是整个巴黎都市区的制高点，为行政、商业、旅游及文化中心，是巴黎最热闹、游客最多的区域，总统府、皇宫、香榭丽舍大道、巴黎歌剧院、玛德莲教堂等均位于车站 1 km 服务半径以内；后者则是巴黎首要的中央商务区，各大办公区、酒店同样位于车站 1 km 服务半径以内。

其次，城际客运交通应与城市内部交通加强衔接，尤其是地铁等公共交通方式，提高城市不同片区、不同收入阶层旅客的城际出行效率，避免出现城市外部高效联系、城市内部低效集散的情形。

最后，各城际客运方式之间应加强衔接。不同城际客运方式适宜的出行距离有区别也有交叉，所以各类客运方式存在着竞争，但更多的是合作，应该通过相互之间的衔接来实现互补，降低有换乘需求旅客的出行难度，吸引更大范围内的客源。

6 结语

在环保问题日益重要的今天，如何能够在保证经济增长的同时尽量减少对资源的掠夺和对环境的破坏，是长江流域地区乃至国家层面制定城际客运体系发展战略时必须面对的问题。作为集约化的旅客运输方式，高速铁路及航空运输在引领产业、人口转移以及支撑城市群发展方面具有突出优势，这对于长江流域内陆城市承接东部沿海地区产业转移、实现新型城镇化建设非常必要，同时长江流域地区对高速铁路及航空出行的巨大需求也已彰显。大力发展公共交通早已成为城市内部交通发展战略的主旋律，而针对城市相互间的客运交通联系，应当选择一种可持续发展、多层级协调的城际客运体系作为发展战略，以高速铁路、航空为双核驱动长江流域城市发展。

参考文献

[1] 新华社. 中央城镇化工作会议举行，习近平作重要讲话 [EB/OL].
[2013-12-15]. http://pic.people.com.cn/n/2013/1215/c1016-23842831.
html.

[2] Albert Otto Hirschman. 经济发展战略 [M]. 曹征海. 北京：经济科学
出版社，1991.

[3] Rostow W W. 经济增长的阶段 [M]. 郭熙保，译. 北京：中国社会科
学出版社，2001.

[4] 王文勇. 交通运输的能源消耗 [J]. 公路运输文摘，2004，41（9）：22.

[5] 高柏. 高铁与中国 21 世纪大战略 [M]. 北京：社会科学文献出版社，
2012.

[6] 张如彬，董志海，孙莹，等. 襄阳都市区城镇体系规划 [R]. 北京：
中国城市规划设计研究院，2013.

作者简介

苏腾，男，山东肥城人，硕士，工程师，主要研究方向：交通规划，
E-mail:su1san@163.com

世界级城市群目标下京津冀机场群发展策略

Airports Development Strategies in Beijing-Tianjin-Hebei, a World-Class Cluster of Metropolitan Areas

郝 媛 全 波

摘 要： 京津冀机场群在航空资源和需求分布上极度不均衡，北京首都机场门户枢纽功能相对薄弱，不足以支撑京津冀打造世界级城市群的发展目标。结合世界级城市群的机场群发展经验，应对未来京津冀城市发展要求和航空需求的增长趋势，判断北京新机场建设对京津冀主要机场发展态势的影响，并从区域协同和提升国际门户功能两个角度研究未来京津冀机场群格局。最后，强调对京津冀机场发展进行主动调控，实现北京首都机场、北京新机场、天津滨海机场、石家庄正定机场四个主要机场的差异化发展，并强化提升机场综合交通枢纽功能。

关键词： 机场群；主动调控；差异化发展；机场综合交通枢纽；京津冀

Abstract: Due to the imbalanced resources and demand among airports in Beijing-Tianjin-Hebei region, the current Beijing airport is weak in gateway functionality, which cannot support the goal of developing world-class cluster of cities. Learning from the experience of airport cluster development in world class metropolitan areas and considering future regional development and air travel demand growth, this paper discusses the impact of new Beijing airport on the main airports development in Beijing-Tianjin-Hebei metropolitan areas. The paper predicts the future airports developments in Beijing-Tianjin-Hebei metropolitan areas based on the perspectives of regional coordination and enhancing international gateway functionality. Finally, the paper emphasizes the importance of actively regulating the development and differentiating functionalities of the four major airports in Beijing-Tianjin-Hebei metropolitan areas, and strengthening intermodal transportation at all airports in the region.

Keywords: airport cluster; active regulation; differentiating development; airport integrated terminal; Beijing-Tianjin-Hebei

现状京津冀机场群呈现北京首都国际机场单极集聚格局，首都机场能力饱和、服务水平下降，天津滨海国际机场、石家庄正定国际机场发展受到严重制约。北京大兴国际机场（以下简称"北京新机场"）是建设在北京市大兴区和河北省廊坊市交界的超大型国际机场，其建成对未来京津冀机场格局可能产生的影响引起业界多种估计。一方面，未来京津冀航空市场是否会形成以北京双机场为核心的新一轮集聚态势；另一方面，北京新机场建成之前被认为是天津、石家庄机场发展的宝贵窗口期，而其建成之后津、石两机场的发展前景令人担忧。未来的京津冀将以建设世界级城市群为目标，这对构建与京津冀城镇空间和功能布局相匹配的京津冀机场群提出新的要求。针对以上背景，本文重点研究未来京津冀机场群格局如何支撑世界级城市群建设。

1 当前机场群格局不支撑京津冀协同发展

1.1 首都机场单极集聚的航空发展格局

京津冀航空资源呈现首都机场单极集聚格局。2011年京津冀人均航次（航空客运量/常住人口）0.88次·人$^{-1}$，略高于长三角的0.78次·人$^{-1}$和珠三角（不含港澳）的0.74次·人$^{-1[1-2]}$，但从三大城市群主要城市的人均航次来看，津、石两市的人均航次远低于北京及长三角、珠三角城市（见图1）。津、石机场的航空需求份额低。2014年，北京、天津、河北省各机场航空客运量的比例是83:11:6，而长三角地区的沪、苏、浙航空客运量比例约为61:15:24。

天津机场货运受首都机场影响明显。2014年，首都机

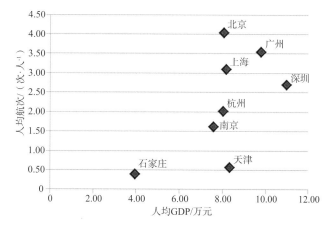

图1 三大城市群主要城市人均航次与人均GDP的关系
资料来源：数据根据文献[1-2]整理得到

货邮吞吐量为179.98万t，居全国第2位；天津机场货邮吞吐量23.3万t，居全国第13位。首都机场货运航班频次高达每周165班次，且拥有往来日韩、美洲、欧洲等区域的完善航线网络；天津机场货运航班频次仅为首都机场的1/2，且主要以日韩、欧洲航线为主，缺乏美洲航线。天津约有70%的货物流入北京或经北京中转，1/3的货邮吞吐量由大韩航空运往仁川机场中转。

1.2 首都机场国际枢纽功能有待提升

首都机场的国际航空枢纽地位仍有待提升，中转组织功能亟待培育。2010年，首都机场客运中转比例为7%，与大型国际枢纽机场20%～30%的客运中转比例差距显著。2014年，首尔仁川机场客运中转比例为16%（2014年仁川机场国际客

运市场中国旅客比例达 23.9%），货运中转比例约为 45%，对中国航空客货运输产生明显分流。

首都机场的地面综合交通枢纽功能和对区域服务的便利性远不如希思罗、史基辅、法兰克福等国际枢纽机场。首都机场位于北京市东北部，偏离区域内主要城镇联系走廊，主要通过高速公路实现对外联系，与区域城际铁路网络衔接十分不便，对冀中地区广大航空需求市场的服务效率偏低。

2 世界级城市群的机场群匹配要求

2.1 世界级城市群核心城市需要就近服务的国际枢纽机场

世界级城市群均拥有规模庞大、体系完整的机场群。航空门户是城市群开放度的重要指标，世界级城市群的核心城市航空门户枢纽功能突出，通常拥有 2～3 个大型机场，且均有一个主要负责国际航班的机场（见表 1）。

伦敦和纽约世界级城市群主要机场功能定位及运输量　表 1

城市群	大型机场	功能定位	2013 年旅客吞吐量 / 万人次	世界排名
伦敦城市群	伦敦希思罗机场	英国第一大机场	7240（2014 年）	3
	伦敦盖特威克机场	英国第二大机场	3810（2014 年）	37
	伦敦斯坦斯特德机场	以国内航班及去往欧洲各国的航班为主	1800	
	曼彻斯特机场	英国第三大机场	2212	
纽约城市群	纽约肯尼迪机场	纽约最主要国际机场	5042	19
	纽约纽瓦克机场	美国第 10 繁忙机场	3502	40
	纽约拉瓜拉迪亚机场	以国内航班和加拿大航班为主	2672	59
	波士顿洛根机场	美国 20 个最繁忙机场之一	3024	54
	巴尔的摩马歇尔机场	美国第 24 繁忙机场	2250	69
	华盛顿杜勒斯机场	美联航公司的主要枢纽	2180	73
	华盛顿里根机场	以国内航线为主	2039	78

资料来源：根据文献 [2] 和各机场官网数据整理得到。

世界级城市群的核心城市都有就近服务自身的枢纽机场，一般距市中心约 30km。世界前二十大机场（按旅客吞吐量排名）与核心城市的距离为 20km 左右，中国年旅客吞吐量在 1000 万人次以上的机场与城市的距离也基本不超过 30km。纽约与费城相距 130km，纽约周边 20km 半径内有 3 个规模相当大的国际机场，但费城仍然有自己的国际机场，且客流量和国际航线数量均很高。对于两市共用机场，如达拉斯 - 沃思

堡国际机场是美国德克萨斯州达拉斯和沃思堡共同所有的民用机场，距离两市均不超过 30km，为全美第四大机场，2014 年旅客吞吐量为 6352 万人次。

2.2 明确的分工是机场群协调发展的前提

区域多机场系统、一市多场是应对城市群地区航空需求快速增长的必然结果。为了促进城市和机场的协调发展和机场群的规模效应，通常需要政府连同民航局、航空公司和其他利益相关者对机场分工进行主动干预 [3-4]。在大伦敦地区 5 个机场中，英国机场管理集团（BAA）负责运营或管理其中的 4 个，并按照通航区域划分机场功能，实现各机场的高度专业化和差异化发展。大纽约地区按照航空公司划分机场功能，其中，纽约肯尼迪机场作为最主要的联外机场，是捷蓝航空、美国航空、达美航空的枢纽机场；纽瓦克自由国际机场主要由美联航运营；而拉瓜拉迪亚机场不设置航程 2400km 以上的航线。

2.3 大型机场布局引导城市群交通网络优化和潜力节点区位提升

大型机场已经成为带动区域发展的重要节点和区域交通网络构建中的重要枢纽。一方面，大型枢纽机场所在区域成为越来越具有吸引力的商业区位和潜在的经济增长中心。全球大型机场相继发展临空经济，使机场周边成长为当地经济的核心乃至全球经济产业链的重要节点。例如，达拉斯—沃斯堡国际机场和史基辅机场区域成为全球总部经济的集聚区和重要战略控制点 [5]，而迪士尼等大型设施的选址布局也将靠近大型机场作为重要考虑因素。另一方面，国际上枢纽机场逐渐承担了世界级城市群区域交通网络中的组织中心功能。欧洲国家的大型枢纽机场如史基辅机场、法兰克福机场已经成为全国乃至欧洲铁路网络中的组织枢纽，法兰克福机场等多个大型枢纽机场均已接入欧洲高速铁路网络 [6]。

3 支撑世界级城市群的京津冀机场群发展态势

3.1 城市群发展促使航空需求增长和重分布

京津冀城市群的航空需求呈稳定增长态势。京津冀人均航次从 2000 年 0.25 次・人⁻¹ 增长至 2011 年 0.88 次・人⁻¹，2000～2014 年，天津、石家庄航空客运量增速均高于三大城市群主要机场的客流增速 [2]。然而，与航空大国相比中国航空需求还有较大的差距。中国年人均航次仅约为美国的 1/17，年航空客、货运周转量分别约为美国的 1/5 和 1/4；2010 年，中国人均航空快件量仅为 1.75 件・人⁻¹，远低于美国的 26 件・人⁻¹ 和日本的 25 件・人⁻¹[7]。在全球航空业快速发展的背景下，中国客、货航空需求面临巨大的发展潜力。据民航部门预测，京津冀区域 2020 年航空客、货运需求量分别约为 1.9 亿人次和 578 万 t，2040 年将分别达到 2.85 亿人次和 885 万 t[9]。

天津自贸区的设立将为天津航空市场带来新的需求。首

先，自贸区的设立有助于提升天津机场对国内和国际旅客的吸引力。据统计，2012年杰布阿里自由区为迪拜机场贡献了24%的旅客吞吐量[8]。其次，自贸区将促进航空物流的发展，例如上海设立自贸区后，东方航空旗下物流公司正在积极申请成为上海市政府跨境电子商务的挂牌试点单位。

京津冀以打造世界级城市群为目标，围绕北京功能疏解、产业转移、京津冀协同发展的战略部署，将突出强调三地的错位发展，转变以北京为中心放射式的组织体系，形成京津石三中心格局[9]。世界级城市群的重要指标之一是拥有多个国际性对外交通枢纽和层次分明的枢纽体系。对于京津冀机场群，一方面要形成以首都机场、北京新机场、天津滨海机场、石家庄正定机场为主体，以若干支线机场和通用航空基地为支撑的、相对均衡的区域航空枢纽布局；同时，又要强化首都机场和北京新机场大型国际航空枢纽功能。

3.2 北京新机场不能替代天津滨海机场功能

北京新机场虽备受瞩目，但其建成之后，天津滨海机场仍是服务天津本地客流对外联系和国际交流最为便捷的机场。

国际上大多数大型机场均以本地客流为主要服务对象。德国法兰克福机场可谓空铁联运的经典案例，虽然空铁联运带来100～300km范围内远途客流的快速增长，在进出机场交通方式中铁路集疏运比例由1999年9%提升至2004年18%，但是50km半径内客源占40%以上，50～100km半径内客源约占20%，即100km半径内客源仍占60%[6]。中国长三角地区的苏南硕放机场为无锡、苏州两市共用，距离两市分别为15km和25km，虽然无锡到达上海虹桥机场十分便捷且时间仅需30min（约100km），但苏南硕放机场仍然呈现客流快速增长态势，无锡和苏州本地客流需求支撑了其发展。

即使未来京津冀城际轨道交通网络进一步完善，天津市区与北京新机场的联系仍需要较长时间，超出了商务旅客承受能力。从天津中心城区或滨海新区出发，选择轨道交通方式前往北京新机场，至少需要提前2.5～3h，选择私人小汽车方式则需提前更多时间（见表2）。而滨海机场与天津中心城区、滨海新区距离分别为14km和31km，至天津滨海机场的时间提前量则小得多。

天津距离北京130km，作为京津冀核心城市和国家中心城市，天津需要提升航空门户功能及在京津冀国际航空市场

的功能和作用。机场国际门户功能的强弱与机场群管理模式、机场至核心城市的距离、区域内国际航空需求总量及分布等因素有关。

4 京津冀机场群的发展策略

4.1 京津冀机场群分工面临调控机遇

北京首都机场日趋饱和，北京新机场启用前天津、石家庄机场将迎来航线网络完善和航空需求发展的机遇期，北京新机场建成后将促成客流在区域中的重分布。

在多机场系统中，当首位机场饱和时，其他机场可获得快速发展机会。比较典型的是伦敦希思罗机场与盖特威克机场[10]。希思罗机场目前有2条跑道，盖特威克机场有1条跑道，两机场各自提出扩建需求。2010年以来，希思罗机场已经接近运力极限，2014年航班起落470695架次，仅比上年增长0.2%，在航空公司采用大型飞机执飞的情况下，年旅客吞吐量达7340万人次，比上年增长了110万人次；而盖特威克机场2014年旅客吞吐量为3810万人次，比上年增长了270万人次。

当前，首都机场每天约有400个航班时刻需求得不到满足，而与此同时，天津机场客流绝对增量在2013年以后已基本接近首都机场客流绝对增量（见图2）。天津、石家庄机场通过空铁联运、设置异地航站楼、低成本航空票价优惠等策略加强对区域客流的吸引，石家庄正定机场2014年空铁联运客流约占机场航空客流总量的4%，其中北京客源比例达40%[11]。

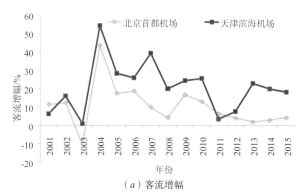

（a）客流增幅

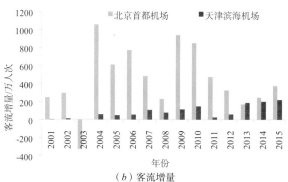

（b）客流增量

图2 北京首都机场和天津滨海机场客流增长情况对比

天津中心城区和滨海新区到达北京新机场的时间提前量 表2

出发地区	轨道交通耗时（城市交通时间＋购票候车时间＋城际轨道交通乘坐时间＋办理乘机手续时间）/min	私人小汽车方式耗时（城市交通时间＋车辆高速公路运行时间＋办理乘机手续时间）/min
天津中心城区	30+30+28（115km）+60=148	30+90+60=180
滨海新区	30+30+52（167km）+60=172	20+120+60=200

北京新机场建成初期，将会促成京津冀地区客流重分布，待各机场分工逐渐明确后，京津冀航空市场将进入趋于稳定的协调发展期。长三角地区各机场运输需求受上海浦东机场的影响曾经历从需求重分布到逐渐稳定的过程。浦东机场1999年9月通航，通过政府、航空公司、机场等多方面对航线、航班的协调，浦东机场航线网络和需求快速形成规模。浦东机场通航后至2003年间，上海虹桥机场、南京机场、杭州机场客流增速均呈下降态势，但2004年以后，浦东机场客流增长速度基本与区域其他机场趋于一致（见图3）。

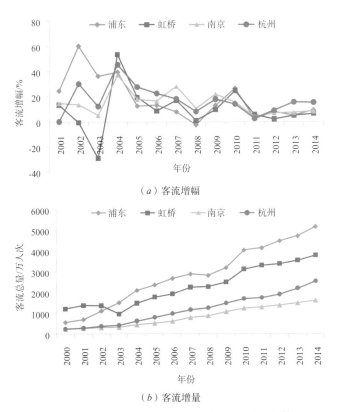

（a）客流增幅

（b）客流增量

图3　上海浦东机场对长三角其他主要机场的影响 [2]

4.2　对京津冀机场群分工进行主动调控

世界级城市群形成分工合理的机场群大多是主动调控的结果。主动调控的目标一是体现区域协同，促进机场群对京津冀相对均衡的服务和对潜力地区的带动，避免出现航空资源在北京双机场继续过度集聚的局面；二是提升强化，集中打造能参与国际竞争、体现大国门户功能的国际机场。2015年初，中国民用航空局发布《关于印发京津冀机场航线航班网络优化实施办法的通知》[12]，是政府对京津冀航空资源实施主动调控、采取实质性动作的标志。北京新机场建成后，其服务腹地与石家庄机场、天津机场均有重叠，因此，北京新机场建成后对津、石机场的政策扶持必须持续，才能保证津、石机场在区域中的竞争力不被过分削弱。

首先，应强化首都机场和北京新机场大型国际航空枢纽功能。北京作为中国首都，政治、文化、国际交往和科技创新中心，应具备与大国首都相匹配的航空枢纽国际竞争力，参与世界航空体系竞争。首都机场和北京新机场在满足北京及区域不断增长的航空客货运需求的基础上，应当着力提升双机场参与世界航空竞争的能力，增强中国的航空公司在跨国联盟中的战略地位。首都机场仍是服务北京客流最便捷的机场，未来应以提升国际竞争力为主要使命，重点完善洲际航线网络，打造国际中转枢纽。北京新机场在服务北京的基础上，拓展区域服务功能，形成区域门户型机场和国内中转枢纽。

其次，应支撑天津对外开放，提升滨海机场国际门户功能。拓展天津滨海机场国际、国内航空枢纽功能，协同构筑以京津为核心的特大城市地区三大门户机场格局，共同提升区域航空国际竞争力[13]；打造天津滨海机场成为区域枢纽机场，以及面向东北亚、东南亚、南亚的国际机场；做强天津机场航空货运枢纽功能，打造中国北方国际航空物流中心。

第三，应充分发挥石家庄正定机场低成本航空和货运优势，将其发展成为京津冀南部的枢纽机场，以及华北地区航空货运及快件集散中心。

4.3　强化机场综合交通枢纽功能

未来京津冀地区应强化机场集疏运网络建设，打造综合交通枢纽。以建设"轨道上的京津冀"为契机，将北京首都机场、北京新机场、天津滨海机场、石家庄正定机场纳入区域城际铁路网络，实现空铁联运[9, 13-14]。北京新机场拥有服务京津冀区域的区位优势，应实现与京津冀区域内所有设区城市的城际铁路通达；首都机场、天津滨海机场应实现与城际铁路的连通，实现首都机场对北京市域北部及承德方向、天津滨海机场对京津走廊及环渤海方向腹地的快捷通达；进一步优化石家庄正定机场与京广高铁以及规划京石城际铁路的便捷衔接。

5　结语

为打造京津冀世界级城市群，支撑京、津双城定位，要求提升北京首都机场、北京新机场、天津滨海机场国际、国内航空枢纽功能，协同构筑以京津为核心的特大城市地区三大门户机场格局。城市群核心城市一般都应有就近服务自身的枢纽机场，北京新机场不能替代天津滨海机场作为天津对外联系枢纽，而天津滨海机场的国际枢纽功能需要提升。同时，支撑京津冀由以北京为中心放射组织格局向京津石三中心组织格局的转变，需提升石家庄正定机场功能并将其打造成为京津冀南部的枢纽机场。

世界级大城市群形成分工明确、规模效应突出的机场群大多是政府干预的结果，京津冀机场群也应实施主动调控。京津冀主要机场应强化机场地面综合交通枢纽建设，并发展成为区域交通网络的重要组织节点。同时，还需重点完善北京首都机场、北京新机场、天津滨海机场、石家庄正定机场与城际铁路网络的衔接。

参考文献

[1] 中华人民共和国国家统计局 . 地区数据 [EB/OL]. [2015-04-20]. http://data.stats.gov.cn/.

[2] 中国民用航空局发展计划司 . 从统计看民航 2014[M]. 北京：中国民航出版社，2014.

[3] 王铁钢，杨屹，张晓妍，王建宙 . 国际化城市多机场系统及其对北京新机场的启示 [J]. 中国民用航空，2010（3）：42-44.

[4] 刘旭龙 . 京津冀区域机场系统协调发展研究 [D]. 保定：河北大学，2014.

[5] 曹允春 . 临空经济：速度经济时代的增长空间 [M]. 北京：经济科学出版社，2009.

[6] 秦灿灿，徐循初 . 法兰克福机场的空铁联运 [J]. 交通与运输，2005（12）：46-49.

[7] 戈锐，范幸丽，张玮 . 我国航空货运市场发展趋势探析 [J]. 综合运输，2014（4）：37-41.

[8] 中国民航报 . 观察：自由贸易区将为上海带来新的民航机会 [EB/OL]. [2013-09-04].http://www.caacnews.com.cn/newsshow.aspx?idnews=230386.

[9] 仝波，李鑫 . 京津冀区域交通一体化 [R]. 北京：中国城市规划设计研究院，2013.

[10] 民航资源网 . 希思罗客流增速不敌盖特威克 [EB/OL]. [2015- 01- 06]. http://www.hangkong.com/2015/0116/9212.html.

[11] 民航资源网 . 备战春运正定机场站高铁增班"空铁联运" [EB/OL]. [2014-12-09].http://news.carnoc.com/list/301/301213.html.

[12] 中国民航局 . 民航局出台京津冀机场航线航班网络优化实施办法 [EB/OL]. [2015-01-12]. http://www.caac.gov.cn/A1/201501/t20150112_70959.html.

[13] 仝波，李鑫 . 面向京津冀一体化的天津区域交通发展策略研究 [J]. 城市规划，2014，38（8）：15-22.

[14] 张国华，郝媛，周乐 . 大型空港枢纽区域集疏运网络优化方法 [J]. 城市交通，2010，8（4）：33-40.

作者简介

郝媛，女，博士，高级工程师，主要研究方向：城市交通规划，E-mail: hao_silvia@163.com

中国铁路客运枢纽发展回顾与展望

A Review of Railway Terminals Development in China

王 昊 倪 剑 殷广涛

摘 要： 随着中国新一代高铁枢纽的陆续建成，简单的站前广场换乘模式逐渐让位于全天候、无障碍、人车分行的换乘空间接驳模式。新型枢纽的空间特征、核心价值与局限性亟待总结。基于国内外铁路客运枢纽发展历史与背景的研究，将铁路客运枢纽按照空间特征分为三种类型：传统铁路客运站、铁路交通综合体和客站城市综合体。从客流需求变化、城市发展背景、运营管理差异三方面详细分析国内外铁路客运枢纽空间模式选择的影响因素。结合中国高铁建设机制的变迁，提出未来中国铁路客运枢纽的发展方向：大城市高铁枢纽应强化与城市空间的衔接，加强与城市商业功能的有机结合，由铁路交通综合体向客站城市综合体转型；中小城市高铁枢纽应采取更加灵活、集约、经济的形式，谋求特色产业与枢纽交通功能的结合。

关键词： 铁路客运枢纽；高速铁路；换乘空间；铁路交通综合体；客站城市综合体；建设运营体制

Abstract: With new high-speed railway terminals being built in China, the simple conventional passenger transfer pattern taking place at public square in front of stations has been gradually replaced by all weather, and disabled accessible new transfer facilities that separates passengers' movement from vehicles. It is time to summarize the spatial characteristics, core values and limitations of the new terminals. Based on the studies on the historical development of railway terminals both at home and abroad, the paper divides railway terminals into three categories considering their spatial characteristics: traditional railway stations, railway only transfer facilities, and comprehensive urban passenger transfer station complex. Factors affecting railway terminals spatial development are discussed in three aspects: change in passenger demands, urban development background, and differences in operation and management. Based on the change of railway construction the paper provides suggestions on future development of railway terminals in China. High-speed railway terminals in large cities should strengthen the connection with urban land use development and commercial functions and change from railway transfer only to comprehensive urban passenger station complexes. High-speed railway terminals in small and medium-sized cities should focus on the integration between local industries and transport functions of terminals providing more flexible, intensive and economic services.

Keywords: railway terminals; high-speed railway; transfer space; railway only transfer facilities; comprehensive urban passenger transfer station complex; construction and operation mechanism

0 引言

随着中国四纵（京沪、京广、京哈、沪深）、四横（徐兰、沪昆、青太、沪汉蓉）客运专线系统网络的逐渐成形，以及京津冀、长三角、珠三角等城镇群城际客运网络的建设，武汉东站、郑州东站、北京南站、天津西站等一批新型铁路客运站陆续建成并投入使用。与历史上的铁路客运站相比，这些新型枢纽不仅建设规模巨大，在空间组织方面也形成新特征。各类交通设施的一体化换乘极大地提升了出行便捷性与舒适性。然而，高昂的运营成本为新型铁路客运枢纽的可持续发展带来挑战。未来，新型铁路客运枢纽建设的主战场将从大城市向中小城市转移，该建设模式的核心价值亟待整理总结，以便推广。

此外，2014 年《国务院办公厅关于支持铁路建设实施土地综合开发的意见》（国办发 [2014]37 号）印发，标志着中国铁路建设与运营体制的重大调整。高铁枢纽建设将更多引入市场元素，与城市发展对接。有必要对高铁枢纽建设的历程进行梳理，对未来转型方向进行预判。

1 铁路客运发展历程

文献 [1] 总结世界范围内铁路客运的三个发展阶段。

1）兴起与发展期：1825 年~ 20 世纪 30 年代。

铁路作为工业革命的伟大发明之一，与马车相比，无论在速度还是舒适性方面都具备显著的竞争优势，催生铁路建设迅猛发展。20 世纪初，世界轨道交通建设总里程已达 127 万 km。中国的铁路发展滞后于发达国家。1916 年，美国铁路总里程达 40.8 万 km，而直至 1931 年，中国铁路总里程仅为 1.4 km[1]。中国铁路快速发展时期延续至 20 世纪 80 年代初，当时铁路在中国对外交通中的分担率约为 27%[2]。

2）衰退期：20 世纪 40 年代后期~ 70 年代。

随着机动车和航空客运的普及，铁路客运的优势逐渐丧失。时间敏感度高的旅客逐渐转移至航空和长途汽车客运系统，铁路在交通运输体系内的地位和分担率不断下降。中国铁路客运在对外交通客运总量中的比例一度从 1978 年 32.1%

下降至 1998 年 6.9%[2]。

3）复苏期：20 世纪 80 年代至今。

高速技术和信息技术重新为铁路系统带来便捷性和舒适性。目前，高铁的运营时速已达 300km·h[-1]，超过普通汽车一倍以上，达到亚音速喷气客机的 1/3。由于高铁客站比机场更靠近城市中心，人们乘高速列车可以节省市内接驳时间并避免换取登机牌及繁复的安检程序。因此，在 1000km 范围内，乘高铁比乘飞机消耗的总时长更少，票价也更低。1000km 范围对应 3h 以内出行时间，因此，高铁在该区间重新获得相对于航空的比较优势[3]。

在全球化浪潮下，发达国家的产业结构正经历由第二产业向第三产业转变。高铁以客运为主的运输方式与上述经济转型背景相结合，迅速在商务出行领域，尤其是 2~3 h 的中短距离旅行中占据优势。欧洲之星（Eurostar）自 1995 年开始运营至 2006 年，欧洲铁路旅客人数增长至 33%，而航空运输分担率由 70% 降至 41%，其他运输方式由 30% 降至 27%[4]。在此背景下，高铁枢纽及周边地区获得新的增长机遇，同时也面临发展转型。

2 铁路客运枢纽的历史变迁与类型差异

铁路客运枢纽建设模式的转变与上述铁路发展的盛衰交替密切相关，可以分为客站与枢纽两个阶段，传统铁路客运站、铁路交通综合体及客站城市综合体三种类型（见图 1）。下文将具体分析这三种类型的形成背景及空间特征。

2.1 以广场为核心的传统铁路客运站

1830 年，随着英国利物浦—曼彻斯特铁路线的开通，最早的铁路客运站诞生[5]。当时，城市交通仍处于马车时代，人是铁路客运站换乘的主体，车站与周边地区设计的挑战是构建雄伟和谐的城市景观而非复杂难解的交通功能。因此，传统铁路客运站及站前区基本只包括广场与站房两部分，例如法兰克福中央车站、纽约中央车站以及北京站。在这一传统模式中，铁路客运站的站台、站房和换乘交通所在的广场基本处于同一平面，各种交通方式的到发及换乘功能都在一个平面内发生和组织。

小汽车的迅速增长给传统火车站 + 广场模式带来巨大挑战。由于长途汽车、出租汽车、公共汽车等交通方式均聚集在站前广场，站前的交通组织日趋混乱。与此同时，随着铁路客运的衰落，铁路周边地区也逐渐沦为城市发展避之唯恐不及的混乱死角，政府的资金投入只能缓解压力，无法提升发展。在这样的实践背景下，无怪乎脱胎于前汽车时代的火车站设计理论 150 年来始终围绕广场展开。甚至以铁路发展见长的日本，1994 年论述铁路客运站换乘设施布局的著作仍然名为《未来的站前广场》[6]。可见，铁路客运枢纽理论与技术发展的滞后是铁路客运衰落的必然结果。

2.2 场站一体化的铁路交通综合体

中国高铁建设正值城镇化快速发展时期，线路平直、拆

图 1 铁路客运枢纽发展历程

迁量小的工程技术诉求与城市拓展新区的战略一拍即合。2005～2020年兴建及计划兴建的1066座铁路客运站中[7]，超过50%是位于新区的新建站或改建站。这为中国探索铁路客运枢纽的新形式提供了丰富的案例。铁道部的计划经济体制也为上述探索设定了与国外截然不同的前提。

中国大型高铁枢纽可以称作铁路交通综合体，其突出特点是：换乘空间与广场分离，建筑综合体内以交通功能集聚为主，与城市功能及空间较少衔接（见图2）。具体可概括为三个空间特征和一个枢纽标准：

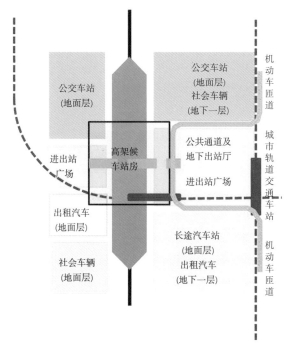

图2　中国大型高铁枢纽典型布局模式

1）空间特征一：建筑规模巨大的立体站房。

大型枢纽通过性列车少，噪声震动干扰较少，因此多采用上跨式候车大厅和立体布局模式，将铁路站台下方的空间作为出站大厅及公共通道，同时兼容商业设施和交通换乘的联系空间。这样的布局有利于进出站流线的立体分离，有效缩短旅客的上车流线，也使城市跨铁路的人行联通更加便捷。体量可观的高架站房更凸显建筑的宏伟壮丽。值得注意的是，规模巨大的候客空间与中国庞大的铁路运量、烦琐的安检和票检制度直接相关。国外多采用灵活检票，铁路客运站虽然也会采用立体布局，但高架候客厅并不多。

2）空间特征二：独立匝道解决机动车到发。

利用匝道集散机动车的做法来源于机场，比较早期的成功案例是南京铁路客运站。由于将机动车到发交通经由匝道引导至高架层，使得南京站的出站层可以直接通过广场望向玄武湖，给人留下深刻而美好的第一印象。为提供更多的落客空间，匝道不断升级换代，逐渐演变出垂直于铁路站台的匝道形式（天津西站、杭州东站等）和环形的落客匝道（北

京南站、上海南站等）。作为变式，天津站和深圳北站等采用地下匝道的形式解决机动车到发，避免上跨式匝道对景观和行人的影响。

3）空间特征三：城市轨道交通与铁路客运站便捷换乘。

随着中国特大城市轨道交通规划与建设的逐渐成熟，大型高铁枢纽均细致考虑与城市轨道交通的无缝衔接。铁路与城市轨道交通间率先打破部门利益壁垒。城市轨道交通落位于立体站房空间内，换乘不必再通过外部空间及广场，便捷性与舒适度大幅提高。

4）枢纽标准：全天候、无障碍、人车分行的换乘空间。

通过上述技术处理，中国大型高铁枢纽换乘舒适度明显提升，这实际上得益于一类新型空间的涌现。该空间取代站前广场衔接铁路与各类交通方式、组织人行换乘的半室内化换乘空间，具有全天候、无障碍、人车分行的空间特征。冬暖夏凉的半室内化换乘环境使乘客在换乘过程中可以避免日晒雨淋，是谓全天候。通过合理设计的坡道、自动扶梯与电梯，为残疾人以及携带行李的旅客提供方便舒适的体验，是谓无障碍。乘客利用这一空间，可以完全回避与机动车流线的交织，杜绝尾气与噪声干扰，是谓人车分行。随着换乘空间的兴起，传统的站前广场交通换乘功能明显弱化，仅作为防灾疏散和城市活动空间而存在。

换乘空间的出现标志着铁路客运站摆脱依赖广场组织换乘行为的传统模式。换乘空间可以被视为客运站转型为枢纽的空间标志（见图3）。换乘空间为各种交通方式提供搭接与转换的物质载体。当然，由于部门利益统合的程度不同和技术方案的差异，中国铁路客运枢纽中的换乘空间形态、规模和连接程度有所区别。大多数省会级以上的新建枢纽通过换乘空间，将铁路客运站与城市轨道交通、出租汽车、小汽车换乘功能衔接在一起，但与公共汽车站，尤其是长途汽车客运站的衔接关系仍显不足。上海虹桥站、上海南站、深圳罗湖口岸铁路客运站等枢纽通过细致的空间设计，将包括旅游服务中心在内的各项功能和几乎所有交通方式融合在一个立体空间内，形成无缝衔接的一体化换乘空间。

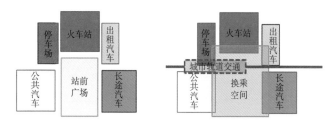

（a）传统铁路客运站　　　（b）铁路交通综合体
图3　换乘空间是铁路客运站转型为枢纽的空间标志

必须说明的是，虽然中国大型高铁枢纽创造了枢纽的新标准和铁路交通综合体这一全新的建设形式，但由于理论总结滞后于高铁车站的建设进度，中小城市的车站仍然停留在

传统铁路客运站时代。虽然站房高大雄伟，但乘客出站后难免遭遇日晒雨淋和人车混行之苦。

2.3 站城一体化的客站城市综合体

国外现代铁路客运枢纽的转型同样受到高速铁路技术发展的刺激，但由于发展目标和理念的差异，其枢纽的空间形态呈现出与中国截然不同的特征，并据此形成以城市功能为先导的客站城市综合体。在发展目标方面，国外新建高铁枢纽的首要任务并不只是满足交通功能，还包括带动城市复兴与融合。法国里尔站规划目标明确提出"建设一座城市，而不仅仅是一个火车站"；德国柏林中央车站作为东西统一的标志性建筑之一，肩负着融合东西柏林空间发展的重任。同样重要的是，作为成熟的市场经济国家，国外高速铁路及枢纽的建设与运营，常常经过更为精细的产业策划和财务测算，高铁枢纽作为城市中的一个发展项目，其建设与运营无法长期依靠政府补贴。

客站城市综合体的空间特征为换乘空间与广场分离，综合体内融合城市功能与交通功能，与城市空间实现一体化连通，其特色主要体现在三个方面：

1）运营市场化。

运营市场化是国内外枢纽建设模式差异的根本原因。欧洲及日本的高铁以及与高铁接驳的其他交通方式，大多已转化为公司化运营，枢纽建设运营主体将物业开发与枢纽运营利益的一体化作为首要目标。在这样的经营理念指导下，高铁与其他轨道交通方式在建设条件方面并无特权，在设计手法上也没有更多的神秘感或特例要求，建设和运营商会在保证交通功能的前提下，充分利用交通设施带来的道口经济效益，多渠道筹集建设资金，提升项目的商业地产价值。运营机制的市场化使国外高铁枢纽综合体的商业策划成熟细致，各利益相关方的谈判也更正规。上述价值取向和管理机制能有效杜绝空间浪费，也会对交通组织方式的公交化、交通场站的集约化运营提出更高诉求。

2）功能集成化。

出于对集约利用空间的重视，国外及中国香港地区的高铁枢纽多采用交通与城市功能合为一体的集成化空间形态。例如，日本京都站交通换乘空间上方，不仅叠加伊势丹购物中心、电影院等服务全市的商业设施，还通过建筑空间的巧妙设计，承载室内城市广场、空中花园等功能。大阪站结合高铁枢纽布置包括商业、商务、酒店甚至医疗功能的高层建筑，总建筑面积约 38.8 万 m^2（见图 4）。这些枢纽遵循城市大型综合体设计的普遍原则，其主体空间对行人及城市完全开放；包括高铁在内的交通功能布局在综合体底部，在建筑立面上并没有高铁站房这一独立的要素，交通设施及其他功能之间也没有刻意的空间分割。

能够实现上述空间目标，与集约的交通换乘方式不无关系。第一，准公交化的运营方式使国外铁路候车空间大大减少；

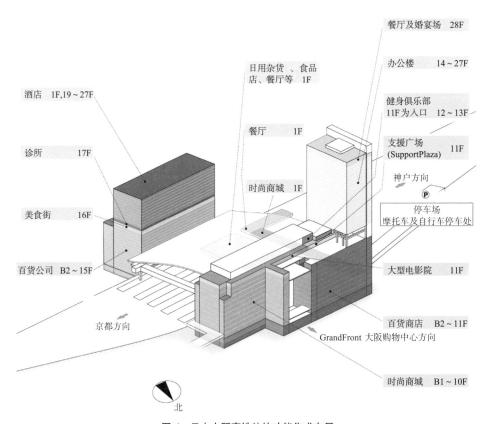

图 4 日本大阪高铁站的功能集成布局

资料来源：根据 http://osakastationcity.com/common/pdf/floor_foreign.pdf 图片翻译

第二，国外高铁枢纽的轨道交通分担率较高，如日本车站普遍高达80%[8]，地面交通设施的空间需求相应减少；第三，由于长途汽车、公共汽车等大型车辆大多为市场化运管，运营公司出于租金考虑，会尽量以最少的上落客位完成接驳功能，并将车辆养护、停车甚至调度的职能置于城市外围租金低廉的地区。枢纽交通接驳空间因此大幅降低。在交通设施集约布置的前提下，城市功能与高铁接驳功能集成化的开发方式，不仅合理发挥了城市重要交通区位的土地价值，商业物业租售收入也为维护枢纽设施的高品质运营提供经济基础。

3）空间宜人化。

国外及中国香港地区的高铁枢纽综合体，在空间设计中首先考虑与城市周边步行空间无缝衔接，强调行人的便捷到达，弥合而不是割裂城市空间。为此，常通过管道化的车行系统，尽量将机动车流引入地下，实现隐形化交通。在建的香港西九龙火车站将过境交通与集散交通通过不同高程的匝道埋设于地下；通过在基地的各个方向设置二层连廊或宽阔的二层平台，使基地内的公共空间和周边已建成的九龙交通城等物业紧密衔接，将基地与西九龙滨海文化区连为一个整体（见图5）[10]。柏林雷尔特站将高铁站台置于地下二层，过境道路采用长距离下穿方式通过枢纽核心区，通过隐形化交通措施，尽量将地面空间留给城市与行人；其站前广场主要作为城市广场存在，定期承担各种城市庆典活动。

此外，国外客站城市综合体的建筑形式力求与周边建筑肌理相协调，并不强调自己作为大尺度交通建筑的独特性。例如，柏林雷尔特车站外观如同亲切的商业设施，日本的枢纽综合体多以高层塔楼确立地标形象。

图5 西九龙火车站通过二层连廊和周边环境建立人行连接[9]

3 铁路客运枢纽功能空间变异的影响因素

通过上述分析可以看出，国内外高铁的建设均引起铁路客运枢纽空间的质变。其影响因素可分为客流需求的内因、城市发展的外因以及运营管理的差异三个方面。

3.1 客流需求变化

普速列车发展的中后期，时间敏感度高的旅客被航空与公路客运吸引，铁路客流构成中低收入人群比例更大。高速铁路的出现彻底改变了铁路的客流特征。250 km·h^{-1}以上的运行速度使铁路在与航空的竞争中重新获得比较优势。由于铁路客运站距城市中心较近，安全检查程序简单，且几乎不受天气变化影响。与航空客运相比，2～3 h的行程范围内，乘坐高铁更加方便舒适，准点率和可靠性更强。因此，高铁重新获得了对商务客流的吸引力，铁路旅客构成重新出现高端化趋势。

普速铁路（以下简称"普铁"）时代，乘坐火车出远门是特殊性事件，以旅游观光为主的出行很少会重复光临特定地点，旅客在短期内频繁到发同一个铁路客运站的情况并不多见。因此，传统铁路客运站作为典型的一次性博弈场所，很容易诱发非诚信交易行为。喜好低价产品的旅客和短期博弈机制相结合，使得传统铁路客运站容易成为假冒伪劣产品云集的场所。而高铁吸引的商务客流常会在特定时段内频繁往返于两地高铁车站，为高铁枢纽建立了重复博弈的可能性；同时，这些以中产阶级为主的客流更加信赖品牌产品而非一味追求低价。消费群体的变化逐步扭转了铁路客运站劣币驱逐良币的发展趋势，为高铁枢纽与城市中高端功能的有机融合提供基础。二者的特征差异见表1。

从普铁时代到高铁时代，列车的高速运行显著拉近了城市之间的时间距离。在中国东部地区，相邻副省会以上等级城市之间的平均时间距离已从20世纪70年代3h缩短至2014年1.5h。受到快捷的车内旅行时间的影响，旅客对市内接驳时间的预期进一步缩短，同时，也对枢纽换乘的便捷性、舒适度提出新的要求。

高铁客流的商务化和高端化，是高铁枢纽以换乘空间取代站前广场的基础，也是国外城市商业功能与交通空间融合并实现客站城市综合体的基础。

3.2 城市发展背景

高铁蓬勃发展的时期正是发达国家产业逐步从第二产业转向第三产业为主的阶段。国外高铁枢纽能够实现与商业、商务功能密切结合的站城一体化发展，不仅是因为高铁的使用者以商务客流为主，也因为这样的开发顺应信息、投资、广告服务、银行、娱乐、研发等第三产业功能的空间扩张需求。

20世纪八九十年代，国外大规模新区建设接近尾声，城市更新及城市再开发理念兴起。随着城市扩张，传统铁路客运站的区位价值逐渐提升，结合高铁车站改造，提升功能价值与城市空间的项目常常成为城市更新的理想选择。法国里尔站、日本六本木车站综合体、日本新宿站南口再开发项目均属于这一类型。在以城市土地私有制为主的背景下，高铁

高铁与普铁客运特征对比 表 1

时期	出行目的	乘客特征	出行特征	枢纽与城市的时空关系	乘客需求
普铁时代	探亲访友、工作、上学	收入水平多样化	长时耗、低频率；短期博弈机制为主	城市之间旅行时间长，市内接驳时间相对较短	时间敏感度低，顺利、安全地完成出行
高铁时代	商务活动、旅游观光、通勤（一周往返一次）、工作、探亲访友	与航空竞争的高端商务客流增多	短时耗、高频率；长期博弈机制逐渐形成	城市之间旅行时间缩短，由于城市规模扩大，市内接驳时间更显漫长	时间敏感度高，高品质的枢纽环境，换乘便捷舒适

枢纽更新项目首先是一个典型的城市综合开发项目，其规模不会很大，也常为渐进式开发。例如，大阪站的综合开发已持续 20 年以上，目前还在持续向周边地区延伸。

与国外类似，中国第三产业的崛起使很多城市将高铁枢纽周边地区定位为以商务、商业为主的高铁新城，例如南京南站、郑州东站、济南西站、天津西站等。由于中国高铁站多选址于新区，周边用地充裕，城市土地的统一收储制度为高铁周边地区的大规模建设提供极大便利。与此同时，原铁道部受体制制约，并未考虑利用高铁枢纽建设获取城市开发的溢价，解决交通换乘问题几乎成为唯一目标。因此，中国高铁带动的产业集聚体现在枢纽周边几平方千米的范围内，距离枢纽 500～800m 的核心区内则以低附加值的交通功能为主。

总之，高铁时代枢纽建设模式的选择，不仅受到技术理念的影响，也受到产业发展背景、城市发展阶段、城市用地产权制度及铁路建设经营体制的影响。

3.3 运营管理差异

在成熟的市场经济背景下，欧洲与日本的高铁公司无论采用何种管理机制，对单个枢纽项目的建设与运营都会首先保证建设资金可收回，且持续运营不亏损。相对完善的多主体参与制度和比较充裕的规划建设周期，也为上述目标的实现提供保障。在上述共识基础上，国外枢纽的建设不仅深入细致地开展商业策划工作，也更注重分期实施。经过上述考虑，充分结合城市商业功能的客站城市综合体形式就成为必然的选择。在市场竞争环境下，确实很难想象完全由交通功能构成的项目能够持续取得商业回报。

中国的高铁枢纽建设中，唯一接近上述建设组织模式的案例是上海虹桥枢纽。由于在规划前期就明确定位为一个综合开发项目，虹桥枢纽的规划设计方案是在对项目的投融资模式、项目公司的治理模式和运营管理模式等进行充分考虑的基础上整合而成，不但保证了枢纽各项功能的优化与融合，更保证了项目运营的可持续性[8]。

由于建设体制迥异于国外，中国大部分高铁枢纽缺乏对收回建设成本和保障长远运营的充分考虑。铁路建设方的建设目标仅局限于解决铁路客运交通问题；而城市政府更看重的是铁路枢纽周边城市可支配用地的发展建设，对于枢纽空间是否浪费、财务上是否可持续没有考虑的权利和义务。

表面看来，中国大型高铁枢纽普遍采用铁路交通综合体的模式是出于设计理念的差异，但其深层原因则存在于运营管理体制方面。这也解释了为何中国高铁枢纽普遍采用规模宏大、以交通功能为主的铁路交通综合体模式，而国外十分少见。

4 中国铁路客运枢纽现状问题和改进方向

通过换乘空间的建构，中国铁路客运枢纽完成了化蛹为蝶的嬗变。但是，从使用者的体验、枢纽与周边城市功能的衔接关系以及枢纽运营的可持续性方面评价，仍有不足之处。为应对更加市场化的发展前景以及建设项目向中小城市转移的趋势，有必要进一步优化与提升高铁枢纽的空间布局和功能组合。

4.1 模式缺陷及改进建议

1）从以人为本、公交优先的理念出发，强化与城市空间的衔接。

中国高铁枢纽普遍采用高架匝道的交通组织方式，虽然方便小汽车使用者的到发与换乘，但也会诱增旅客对机动交通的依赖，进一步增加周边城市道路的交通压力，危及片区整体交通安全。正因为对高铁的客流集散模式有清醒的认识，欧洲与日本在高铁枢纽的换乘模式中更强调城市轨道交通的作用，而对于机动交通，普遍采用远引路径和减少停车场配置等限制性措施。同时，在保留周边支路网及步行系统连通性的基础上，国外高铁枢纽会增添新的步行系统和公共空间，使高铁枢纽周边地区采用步行方式进出枢纽建筑成为最好的出行体验。

为切实贯彻以人为本的理念，改善与城市的空间关系，本文提出以下建议：①借鉴国外及中国天津站、罗湖口岸、深圳北站等枢纽的先进经验，采用下穿方式处理机动交通，将地面空间让给行人与环境；②结合未来的城市修补工作，梳理优化枢纽及周边步行系统，并将这一系统延伸至周边社区；③尽可能增加枢纽周边地区的路网密度，提高支路网的贯通性，在增加片区交通容量与安全性的同时，使轻装出发的旅客可以选择在较远离枢纽的地区下车，采用步行方式到达枢纽并在步行过程中享受城市环境和设施；④严格限制枢纽长时间停车设施的供给，提高机动车停车收费标准，切实营造公交优先的出行环境。

2）从设施可持续运营的角度出发，加强与城市商业功能的有机结合。

中国已建成的高铁枢纽中除上海虹桥枢纽外，很少做过详细的商业策划，即使引入商业功能也仅为满足乘客需求而非枢纽设施的可持续维护与运营。目前，中国某些规模巨大、设施高端的高铁枢纽已经出现日常维护资金短缺的状况，为此某些枢纽为减少维护费用，采用减少开行电梯、在夏季停开空调等被动节约措施。

2013年3月，原铁道部改组为中国铁路总公司。2014年《国务院办公厅关于支持铁路建设实施土地综合开发的意见》（国办发 [2014]37号）的发布，显示出中央财政力图摆脱铁路建设运营债务包袱的决心。结合对PPP模式的探索，中国高铁枢纽的功能优化也面临新的转变。

新建高铁枢纽与城市商业功能的结合需注意：①从城市地区发展的角度出发，将高铁枢纽作为一个能够自我持续运营的城市综合开发项目来考虑，不应仅满足于解决交通功能或追求短期形象目标；②对枢纽的建设和投融资体制进行前期研究，在良好运营管理的基础上才能制定出经济、可持续运营的方案；③分期对枢纽的建设与运营成本进行分析与校核，并基于此开展详细的产业策划和招商等工作；④为保证枢纽地区健康发展，应加强对项目与参与主体收益的透明化监管。

对于已建成的枢纽，可以视运营管理情况，引入社会资金，重组商业功能，优化枢纽内部空间。位于城市中心的枢纽地区也可以积极利用铁路沿线的低强度开发用地，启动如新宿站南口地区和大阪站的城市再开发项目。总之，有机结合城市商业功能是枢纽未来可持续发展的重要方面，而这样的结合注定是个持续的过程。

4.2 中小型高铁枢纽的改善建议

未来，中国更多新建的高铁枢纽会出现在中小城市。这些城市经济发展水平相对不高，对枢纽可持续运营的挑战也随之增加。因此，中小城市的高铁枢纽在坚持实现换乘空间这一枢纽标准时，应采取更加灵活、集约、经济的形式，而不应生搬硬套大型枢纽的建设模式。在某些情况下，连接各种交通方式的雨棚、与景观紧密结合的坡道同样可以实现全天候、无障碍的效果，甚至是创造枢纽空间特色的有效工具。

同时，随着区域内各城市产业分工的一体化，凭借高铁带来的时间优势，临近特大城市的中小型高铁枢纽、城际铁路枢纽地区将获得更多与临近特大城市进行分工协作的机会。这一优势对上述地区推进与特大城市错位发展的特色产业提供助力。高铁枢纽结合特色功能的一体化发展也将成为中小型高铁枢纽建设的新趋势。

5 结语

受到高铁技术升级的影响，国内外铁路客运枢纽均获得更新换代的机会。客流的高端化、商务化使普铁时代简单的

站前广场换乘模式让位于全天候、无障碍、人车分行的换乘空间接驳模式。国内外的大型高铁站都借此从传统的铁路客运站发展成为综合客运枢纽。同时，客流的商务化也为高铁枢纽与城市商业、商务等功能的结合提供基础。中国的铁路交通综合体模式主要整合各种交通功能，实现场站一体化，但与城市功能及空间相对割裂。国外的客站城市综合体模式在保证交通和换乘功能的基础上，将城市功能与枢纽功能整合在一个建设项目内，实现了枢纽的综合开发与可持续运营。

随着中国铁路与场站建设运营体制的不断变革以及PPP投融资模式的引入，中国铁路客运枢纽也将面临新的转变。强化与城市空间的衔接、加强与城市商业功能的有机结合，将成为中国大型枢纽功能提升与空间改善的新方向。另一方面，灵活设置换乘空间，在区域一体化背景下谋求特色产业与枢纽交通功能的结合，将成为中小型城市高铁枢纽发展面临的新课题。

参考文献

[1] 王晓刚. 国外高速铁路建设及发展趋势 [J]. 建筑机械，2007（3）：30-36.

[2] 中华人民共和国国家统计局. 中国统计年鉴 2014[R/OL]. 2015[2015-08-01]. http://www.stats.gov.cn/tjsj/ndsj/2014/indexch.htm.

[3] 曹炳坤. 21 世纪高速铁路纵横世界 [J]. 创新科技，2005（10）：44-45.

[4] 王昊，胡晶，赵杰，等. 铁路发展及铁路客站建设对城市发展的影响 [R]// 郑健，王惠臣，徐尚奎，等. 现代化新型铁路客站经济社会功能及价值的研究. 北京：铁道部经济规划研究院，2010：330-433.

[5] Wikipedia. Train Station[EB/OL]. 2015[2015-08- 01]. http://en.wikipedia.org/wiki/Train_station.

[6] 丰田城市交通研究所. 未来的站前广场 [R]. 建设部城市交通工程技术中心，译. 丰田：三河印刷株式会社，1994.

[7] 铁道部经济规划研究院. 新型铁路客站情况介绍 [R]. 北京：铁道部经济规划研究院 2009.

[8] 刘武君. 重大基础设施建设项目策划 [M]. 上海：上海科学技术出版社，2010.

[9] 香港铁路有限公司（MTR）. 广深港客运专线：香港段西九龙总站设计简介 [R]. 香港：香港铁路有限公司（MTR），2012.

[10] 邹歆. 基于铁路乘客出行特征的枢纽集散交通研究 [D]. 北京：中国城市规划设计研究院，2010.

作者简介

王昊，女，北京人，硕士，高级城市规划师，主要研究方向：铁路综合交通枢纽、轨道交通沿线规划设计、TOD，E-mail: 675526495@qq.com

城市连绵地区轨道交通服务层级构建

Service Hierarchy of Rail Transit in Megalopolis

欧心泉　周　乐　张国华　李凤军

摘　要：面向城市连绵地区构建与之适应的轨道交通系统，关键在于提供具有针对性的服务层级，满足区域范围内不同的出行需求，应对出行链的复杂性和多样性。从城镇群、都市区、中心城市三个层面分析城市连绵地区的典型空间形态，并探讨与之对应的城际出行、城郊出行、城市内部出行活动特征。提出构建差异化的轨道交通层级，即区域轨道交通、市域轨道交通、市区轨道交通，重点探讨各个层级轨道交通的构成、作用、线路技术特征等，以及不同层级的衔接关系。

关键词：交通规划；轨道交通；服务层级；城市连绵地区；区域轨道交通；市域轨道交通；市区轨道交通

Abstract: To develop effective rail transit system in megalopolises, it is important to establish a clear service hierarchy to meet travel demands within different regions with comprehensive and diversified characteristics of trip chains. By analyzing the typical spatial structure of megalopolis at three levels: urban cluster, metropolitan area, and major city, this paper discusses the corresponding characteristics of intercity travel, travel in suburban areas and within cities. Then the paper proposes a service hierarchy of rail transit including regional rail, metropolitan railway, and urban rail transit. The paper also elaborates the component, functionality, and technology characteristics of different rail transit levels, as well as the connection between the three levels of rail transit.

Keywords: transportation planning; rail transit; service hierarchy; megalopolis; regional rail; metropolitan railway; urban rail transit

0　引言

城市连绵地区（Megalopolis）是对连片的都市区集聚并衍变成为有机整体的描述。自 20 世纪 50 年代文献 [1] 研究美国东北海岸城市聚集现象并提出城市大范围连绵发展的概念以来，城市连绵地区在全球范围内已广泛出现。这些地区不断聚集各类生产和生活要素，成为全球社会与经济最具活力的区域。2010 年，中国约 43.4% 的 GDP 贡献自城市连绵地区，如京津冀、长三角、珠三角、成渝等，相比 2000 年提高近 5 个百分点 [2]。

作为城镇化的高级形式，城市连绵地区引发所在区域资源的重新组合，带来活动效率的大幅提升，形成一些相较其他地区不同的典型特征。在此类地区构建全面、协调的公共交通系统，特别是大容量的轨道交通系统，已成为实现可持续发展的共识。而考虑其空间结构和出行活动的差异性，面向城市连绵地区构建与之适应的轨道交通系统，关键在于提供具有针对性的服务层级，满足区域范围内不同的出行需求，应对出行链的复杂性和多样性。本文从城市连绵地区空间形态的分析切入，判断不同背景下出行活动的诉求，继而衍化得到与之对应的"区域轨道—市域轨道—市区轨道"服务层级构建模式。

1　城市连绵地区典型空间特征

城市连绵地区作为大尺度范围内城市群体的拓展与联合，从不同的层面考察，具有不同的空间形态和结构特征。

1.1　城镇群的多核星云形态

从城市连绵地区整体层面观察，通过合作与竞争，区域

范围内密集的活动要素可实现资源配置的集中与分散，促使活动的承载者——城市群体，在向心与离心的双重趋势下，空间上构筑形成以枢纽为主导的多核星云形态。经过长期的磨合与演变，连绵地区的城市根据自身的比较优势开展广泛的分工协作，结构上体现为特色鲜明、功能镶嵌的"马赛克"组织 [3]。典型案例如美国东北海岸城市连绵地区，纽约作为经济中心和航运中心存在，华盛顿表现鲜明的政治特色，费城、巴尔的摩等则承担区域的产业职能 [4]，见表 1。

美国东北海岸核心城市典型职能　　　　表 1

职能	纽约	华盛顿	费城	波士顿	巴尔的摩	里士满
政治		○				
商业	○	○				
教育				○		
科技		○		○		
交通	○		○			
制造业			○		○	○

1.2　都市区的圈层扩散结构

都市区是构成城市连绵地区的基本单元。围绕富有生命力的枢纽城市，相关要素持续同化，城市的规模和尺度不断生长。与此同时，不同区位根据其接受都市核心辐射及自身设施服务的不同，结合主导产业繁荣与更替等周期性影响，人口和产业分布往往沿都市的拓展半径趋于异化，形成空间上圈层扩散的梯度结构。在东京都市区，千代田区、中央区和港区构成其城市核心，都属其他 20 区围绕核心形成内部圈

东京都市区圈层人口、产业分布　　表2

圈层	面积/km²	人口/万人	岗位/万个	昼夜人口差额/万人	产业布局
城市核心	42	35	250	208	服务、批发零售、金融保险、出版服务、批发零售、出版、机械制造电气制造、农业
内部圈层	580	804	471	85	
外部圈层	1 565	405	149	−37	
通勤圈层				−256	

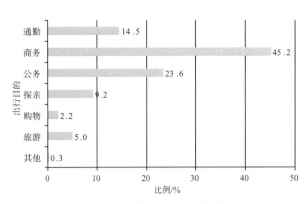

图1　京津城际间出行目的分布

层，市部、郡部和岛部环抱内部圈层组成外部圈层，远郊市、县分布四周形成通勤圈层并与都市区发生通勤联系[5-6]。东京都市区圈层人口、产业分布见表2[7]。

1.3　中心城市的强大集聚势能

中心城市作为城市连绵地区的发展极核，处于都市区的内层。历史的发展和传承使得其具备成熟的基础设施和完善的服务功能，能够充分满足现代专业分工下的规模集聚要求。中心城市通过对外辐射，影响并带动周边地区，体现都市在城市连绵地区范围内的功能定位。一些发展成熟地区受产业转移和优势扩散的影响，中心城市的职能在特定时期可能出现一定程度的弱化，但作为发展的高地，都市核心的极化效应毋庸置疑。纽约的曼哈顿以60km²（7.5%的面积）创造纽约全市71%的GDP；东京的都心三区以42km²（2%的面积）吸纳东京都近1/4的就业人口；巴黎的核心区以9km²（8.5%的面积）解决巴黎市30%的就业[5]。

2　连绵态势下的多样化出行诉求

面向多样的空间形态和结构特征，围绕"通商、通勤、通行"等核心活动，城市连绵地区存在多样化的出行需求。

2.1　日常化的城际出行

城市与城市之间的旺盛出行是城市连绵地区出行活动区

别于其他区域的主要特征。由于广泛的分工与合作，结构与功能独立的个体城市在城市连绵地区已不复存在，在区域活动主导的组织模式中，城市与城市的依存度提高，城际间的需求联系增强，相互的人员交换和货物流通趋于频繁。城市连绵地区不仅具备庞大的城际出行量级，其出行结构与其他区域也存在差异。

1）出行目的。日常的商务、公务出行取代传统的探亲、访友成为主导，调查发现，京津冀核心城市北京与天津间的商务出行已接近其出行总量的50%，见图1[8]。

2）出行服务。出行者对时效性和舒适性的要求越来越高，根据城市连绵地区的尺度，200～300km距离的活动往往要求单日内实现往返，"即到即走"和"朝发夕归"成为习惯。

3）出行分布。出行者的行为不再局限于特定的地区或者时间，分布更加随机和分散。但是，通勤联系的城市间则存在明显的早晚高峰现象。

2.2　通勤化的城郊出行

城市与郊区之间的出行是城市连绵地区出行活动的重要组成。随着都市规模的扩大与产业发展的更迭，大量人口和岗位迁往都市的外围，见图2[9]，而以服务业为代表的新一轮主导产业兴起使中心城市的活力得以持续。在相互吸引的作用下，城市与郊区的联系越发紧密，城、郊间的大量通勤

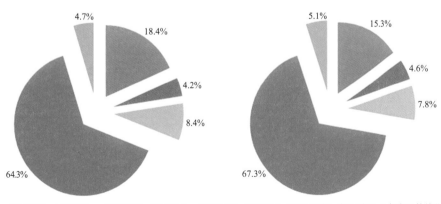

（a）1990年　　　　　　　　　（b）2000年

■城区居住—城区就业　■城区居住—郊区就业　□郊区居住—城区就业　■郊区居住—郊区就业　■都市区外就业

图2　费城都市区居住—就业空间分布

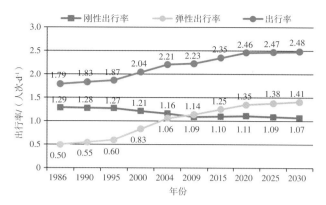

图3　上海市常住人口出行率增长趋势

需求成为都市发展过程中的典型现象。

根据通勤的要求，这种城、郊间的出行存在明显的高峰性和潮汐性，大量人群在清晨或傍晚呈特定方向流动成为都市空间形态下的固有特征，而且在相当长的时间内难以改变。随着都市尺度的扩大，城、郊间的通勤距离和通勤时间也不断增加，在纽约、东京等大都市区，部分人群居住和就业的距离已达到50 km甚至更多[10]。

2.3　丰富的城市内部出行

城市内部出行是城市连绵地区出行活动的基础。一般而言，地区的出行活动强度与其经济活力呈正相关关系，中心城市由于汇聚大量的生产与生活设施，能够为居民出行提供丰富的原动力。此外，伴随城市的发展和生活水平的提升，通勤、通学等刚性出行率趋于下降，商务、休闲等弹性出行率趋于上升，见图3[11]。

中心城市的出行活动在空间分布上也趋于丰富：核心区功能分区的细化导致其对区内交通服务的覆盖性和可达性提出更高要求；组团间吸引力的提升诱发跨组团的长距离出行增加；城市边缘地带的发展促使外围片区间的联系增多等。

3　面向城市连绵地区的轨道交通服务层级

由于城市连绵地区空间结构与出行特征的差异化要求，其轨道交通服务层级的构建应服务有别、功能清晰。

3.1　区域轨道交通层级

区域轨道交通作为城市连绵地区轨道交通服务的顶层系统，承担核心城市之间以及与外部腹地城市间的联系。通过提供高速、高效的公共交通出行服务，区域轨道交通立足满足城际间大规模的人员流动和交换需求，是区域枢纽城市连绵发展的黏合剂和催化剂。

区域轨道交通的线路系统可由高速客运专线（国家级）、城际骨干线路（区域级）、普通干线铁路等构成，见图4[12]。

随着轨道交通装备技术的发展和出行者对时效性的要求，高速轨道交通逐渐成为区域轨道交通线网构建的主导，速度达到250～350km·h⁻¹或者更高的线路和机车得以广泛运用。中国高速铁路、日本新干线、德国ICE和法国TGV即为该层级轨道交通系统的典型代表。

对城市连绵地区而言，区域轨道交通由于注重通过性的要求，体现为点到点的联系，线路途经城市并形成相对独立的对外交通枢纽。鉴于高速运营的需要，其设站间距通常大于10 km（200km·h⁻¹动车组加减速周期的走行距离即已达到9km）。此外，区域轨道交通的服务品质也应有别于旧式普通铁路，在城际出行日常化的背景下，多采用公交化的运营模式，缩短发车间隔至10～20min，并提供高效的集疏运衔接和高水平的出行服务体验。

3.2　市域轨道交通层级

市域轨道交通作为城市连绵地区轨道交通服务的中间系统，主要承担中心城市与都市区外围的联系。相比其他层级的轨道交通系统，市域轨道交通突出对都市区范围内连绵城镇组团的服务，可以说，通勤是其功能的核心，协调为布局的关键。

通勤联系方面，通过引导公共交通走廊沿线居住、商业、产业用地的布置，市域轨道交通于城、郊之间形成辐轴式的格局，在提高都市区集约发展水平的同时，也提供良好的出行服务，如巴黎RER线路，东京通勤铁路，纽约、伦敦的市

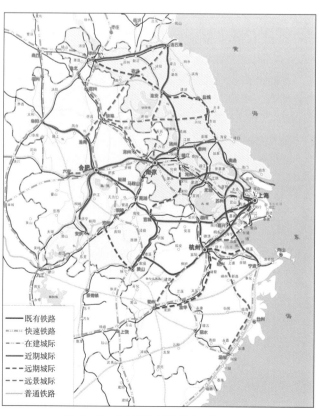

图4　长三角地区区域轨道交通线网规划

郊铁路等。

协调关系方面，市域轨道交通的存在更多是为填补区域轨道交通与市区轨道交通之间的服务空白，同时还承担着联系并统筹都市区范围内下层级轨道交通网络的职能，使之成为统一的整体。在都市区边界附近，不同都市区的市域轨道交通通过互联互通，能够为连绵成带发展的都市之间提供以连通为目的、就近出行为诉求的跨区轨道交通服务。

考虑都市区范围的通达性要求，同时出于对相关时间目标的控制，市域轨道交通的速度往往高于中心城市内部的轨道交通系统。通过选取城轨快线、郊区铁路等制式，调整并扩大设站间距(中心城区1.5～2.0km，城镇稀疏地区5～10km)，其运营速度为60～80km·h^{-1}。布局上，市域轨道交通可以采用"干线＋支线"的模式(见图5)，消除都市区范围内需求分布的不均匀性，扩大线网的覆盖范围。

图5 "一线多支"的市域轨道交通布局（巴黎RER线网）

3.3 市区轨道交通层级

市区轨道交通即传统意义的城市轨道交通。作为城市连绵地区轨道交通服务的基础系统，其注重并服务中心城市的内部联系。鉴于城市核心区开发密集，考虑线网可达性的需要，市区轨道交通的设站间距通常较小（平均0.8～1.5km），运营速度也相对较低（30～40km·h^{-1}），结合服务客流的量级和沿线环境的要求，可以灵活选用地铁、轻轨、有轨电车等多种制式。

市区轨道交通线网布局追求通畅、便捷，线路多结合建筑体设站以实现交通设施与用地开发一体化，香港地铁青衣站和西九龙站即为典型代表。同时，考虑线网形态和服务功能的不同，市区轨道交通可以进一步细分为骨干线、补充线、联络线：骨干线支撑城市的空间结构，服务客流主要走廊；补充线在骨干线的基础上加强对重要片区的服务覆盖；联络线则分布在相对外围的片区，主要弥补轨道交通服务的缺失。

此外，一些城市在打造市区轨道交通系统的过程中，通过采用动力优异的车型（广州地铁3号线120 km·h^{-1}的B型车，香港地铁东涌线135 km·h^{-1}的A型车）和提高站间距（纽约地铁快线）等办法，形成市区范围内"快线＋普线"的布局和运营模式（见图6），通过差异化的供给，满足中心城市不同目的、不同群体日益丰富的出行需求。

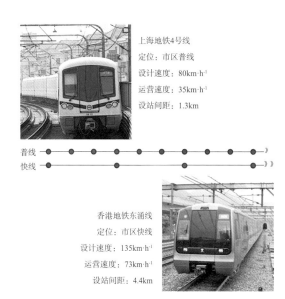

上海地铁4号线
定位：市区普线
设计速度：80km·h^{-1}
运营速度：35km·h^{-1}
设站间距：1.3km

普线 ●———●—●—●—●—●—●—●—●—●—●—●—》

快线 ●———————●————————————●————》

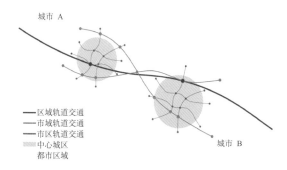

香港地铁东涌线
定位：市区快线
设计速度：135km·h^{-1}
运营速度：73km·h^{-1}
设站间距：4.4km

图6 市区轨道交通典型线路技术特征

3.4 不同层级的衔接

城市连绵地区在关注出行需求的差异性、分层构建轨道交通系统的同时，还需注重出行行为的协同性，加强不同轨道交通层级间的衔接，见图7。

城市 A

——— 区域轨道交通
——— 市域轨道交通
——— 市区轨道交通
▨ 中心城区
▨ 都市区域

城市 B

图7 城市连绵地区轨道交通层级衔接关系

区域轨道交通方面，当采用与下层级轨道交通直通共线的衔接方式时，考虑其实施与运营的独立性，建设成本高昂、技术难度较大、线路组织复杂。建议在区域轨道交通枢纽引入市域轨道交通和市区轨道交通，实现与下层级轨道交通系统的转换衔接。

市域轨道交通方面，考虑其与市区轨道交通的技术差异相对较小，运营和管理可以隶属同一部门，建议灵活选用共线运营和车站换乘的衔接方式。同时，考虑通勤出行的需求，市域轨道交通宜直接深入中心城市就业岗位分布的密集区域，减少多次换乘导致的出行效率降低。市域轨道交通与市区轨道交通的衔接不建议采用单点搭接的模式，宜结合城市客流的分布，选择合适的线路走廊，实现多点多线的联系[13]。

4 结语

城市的连绵发展带来区域生产组织和空间结构的革新，其复杂化与层次化的活动特征要求构建多层级的交通系统与之协调。"区域轨道—市域轨道—市区轨道"的轨道交通服务层级构建模式即为应对该要求而提出。实践方面，美国东北海岸、日本沿海、德国莱茵鲁尔等发达国家城市连绵地区已建立起完备的多层级轨道交通服务系统。中国城市的发展在此方面仍存在缺失，需要破除体制与机制的束缚，摆脱当前过分倚重某种单一类型轨道交通服务（如城际铁路或者城市轨道交通）的倾向，在城市连绵地区形成全面、协调、顺应发展要求的轨道交通服务系统。

致谢

感谢周干峙先生与沈景炎先生在技术构思与工作实践过程中给予的指导和帮助。

参考文献

[1] Jean Gottmann. Megalopolis: Or the Urbanization of the Northeastern Seaboard[J]. Economic Geography, 1957, 33（3）: 189-200.

[2] 李晓江. "钻石结构"：试论国家空间战略演进 [J]. 城市规划学刊，2012（2）: 1-8.

[3] 于峰，张小星. "大都市连绵区"与"城乡互动区"：关于戈特曼与麦吉城市理论的比较分析 [J]. 城市发展研究，2010，17（1）: 46-59.

[4] 郭九林. 美国大都市连绵带的综合考察及启示 [J]. 经济地理，2008，28（2）: 235-238.

[5] 车春鹂，高汝熹，刘磊. 基于国际比较的上海市圈层结构研究 [J]. 上海交通大学学报（哲学社会科学版），2009，17（3）: 36-44.

[6] 冯建超. 日本首都圈城市功能分类研究 [D]. 长春：吉林大学，2009.

[7] Statistics of Tokyo. Tokyo Statistical Yearbook[EB/OL]. 2010[2012-08-16]. http://www.toukei.metro.tokyo.jp/tnenkan/tn-eindex.htm.

[8] 侯雪，刘苏，张文新，胡志丁. 高铁影响下的京津城际出行行为研究 [J]. 经济地理，2011，31（9）: 1573-1579.

[9] United States Census Bureau. Census 2000, Transportation Planning Package[EB/OL]. 2004 [2012-08-20]. http://www.census.gov/mp/www/spectab/specialtab.html.

[10] 朱杰. 美国东北部大城市带人口空间分布特征及产业变动规律 [J]. 国际城市规划，2012，27（1）: 58-63.

[11] 陈必壮，陆锡明，董志国. 上海交通模型体系 [M]. 北京：中国建筑工业出版社，2011.

[12] 中铁第四勘察设计院集团有限公司. 长三角地区城际轨道交通线网规划 [R]. 武汉：中铁第四勘察设计院集团有限公司，2010.

[13] 张国华，周乐，欧心泉，陈丽莎. 苏州市轨道交通线网规划修编 [R]. 北京：中国城市规划设计研究院，2012.

作者简介

欧心泉，男，湖南邵阳人，硕士，工程师，交通运输规划与管理，E-mail:unn1986@163.com

区域快速轨道交通快慢车运营方案的研究

Study on Express and Local Train Operation Program of Regional Rapid Rail Transit

高德辉 胡春斌 宗 晶

摘 要：在分析区域快速轨道交通的概念与特征的基础上，提出快慢车结合运营的 2 种组织模式，并对区域快速轨道交通的越行模式进行利弊分析。结合日本筑波快线的运营模式对金义快速轨道交通运营组织模式进行分析，提出金义轻轨可行的快慢车运营模式和越行站设置方法，最后分析其实施效果。

关键词：区域快速轨道交通；运营模式；快慢车结合

Abstract: Based on analyzing the concept and characteristics of regional rapid rail transit (RRT), this paper puts forward 2 organization modes of combining express trains with local trains, and analyzes advantages and disadvantages of the overpass mode of regional RRT. Combining with the operation mode of Tsukuba Express Line in Japan, the paper analyzes the operation organization mode of Jinyi RRT, puts forward the feasible express and local train operation mode of Jinyi light rail and the setting up method of overpass station, and in the end, analyzes the implementing effects of the mode and method.

Key Words: regional RRT; operation mode; combining express trains with local trains

随着我国城市轨道交通的高速发展，很多大城市轨道交通网络的第一圈层已经比较完善，并逐步向都市区扩展。覆盖都市区的轨道交通线网呈现线路较长、客流特征较为复杂、中长距离出行的乘客比例较大的特点，仅将城市轨道交通线路延伸至都市区的做法无法满足差异化的乘客出行需求，需要根据都市区发展特点建设与之相适应的轨道交通系统。基于目前服务于都市区的轨道交通系统标准和规范不明确的现状，提出区域快速轨道交通的概念与特征，并分析区域快速轨道交通的快慢车结合运营组织模式的利弊，最后结合金义轻轨的研究案例探讨其实施效果和可行性。

1 区域快速轨道交通的概念与特征

1.1 区域快速轨道交通的概念

我国轨道交通网络可以划分为国家干线铁路网络、区域轨道交通网络和城市轨道交通网络 3 个层次。区域轨道交通地位和作用介于国家干线铁路与城市轨道交通之间，在功能和服务水平等方面与后两者既有重合又有区分。目前，我国对区域快速轨道交通并没有明确的定义，也没有建立相关的标准和规范。建设部颁发的《城市公共交通分类标准》CJJ/T 114-2007 将城市轨道交通系统划分为地铁、轻轨、单轨、有轨电车、磁浮系统，自动导向轨道系统和市域快速轨道系统。其中市域快速轨道系统定义为一种大运量的轨道运输系统，客运量约 20 万 ~ 45 万人次·d^{-1}。由于线路较长，站间距也相应较大，市域快速轨道系统适用于城市区域内重大经济区之间中长距离的旅客运输，必要时可不设中间站，因此可选用最高运行速度在 120km·h^{-1} 以上的快速特种车辆，也可选择中低速磁悬浮列车。

区域快速轨道交通系统与上述标准定义的"市域快速轨道交通系统"类似，其差别在于前者服务范围不局限于市域内部，还包括都市区或城市群。区域快速轨道交通是主要承担都市区或市域城镇密集地区中长距离交通出行的快速轨道交通，适用于城市中心区与新区的联系，或者用于满足城镇连绵地区之间中长途客流的需求，最高运行速度约为 120 ~ 160km·h^{-1}。

1.2 区域快速轨道交通的主要特征

与铁路和城市轨道交通相比，区域快速轨道交通具有自身特征 [1]。

1）服务范围。区域快速轨道交通服务范围通常为市域或都市区，这一区域是城镇连绵发展且相对密集的区域。

2）客流组成及特点。区域快速轨道交通主要满足公务、通勤、探亲、旅游等中长距离旅客出行需求，乘客出行距离比城市轨道交通长。

3）线路建设标准。区域快速轨道交通目前缺乏相应的建设标准，只能参考铁路和城市轨道交通的建设标准。

4）运营组织。区域快速轨道交通根据线路的客流特征合理确定发车间隔和运营速度，运营组织比较灵活，可以采用大站直达或站站停的模式，也可以采用单交路或多交路的运营组织模式。

2 区域快速轨道交通运营组织模式分析

2.1 快慢车结合的运营组织模式

目前，我国城市轨道交通线路基本采用传统的站站停运营组织模式，该运营组织模式相对简单，旅客无需换乘，适用于人口密集的中心城区。而区域快速轨道交通连接市区和郊区,线路较长,客流特征复杂,并且长距离出行的乘客比例较大,采用快慢车结合运营模式可以有效提高列车旅行速度,缩短旅客出行时间,达到较好的运营效果。快慢车结合运营组织模式以运输组织适应客流特征为出发点,结合通过能力利用状况和长短交路的组合形式,在开行站站停慢车的基础上同时开行跨站直达快车。快慢车结合的运营组织模式是目前国家干线铁路网普遍采用的列车运行组织模式,根据快车越行组织模式的不同,其运营组织可以分为站间越行和车站越行2种模式。

1)站间越行模式。越行区段须为三线(双向共用越行线)或四线区段,快慢列车在线路的部分区段追踪运行,快车通过越行线越行慢车。

2)车站越行模式。车站越行时要求车站配备侧线,其股道一般包含2条正线和2条侧线。根据快车是否通过侧向道岔进入侧线越行,还可以分为正线越行和侧线越行。从方便运营组织和保障快车运行速度的角度考虑,建议采用正线越行。由于受工程难度和造价的影响,通常城市轨道交通车站很难在每一个可能发生越行的车站设置越行线。因此,通过调整列车在始发站的间隔来改变列车的越行地点,可以保证在合适的车站越行的同时不影响通过能力。

2.2 区域快速轨道交通越行模式的利弊分析

快慢车结合的区域快速轨道交通运营组织模式优缺点分析如下。

1)优点。区域快速轨道交通线开行快车后,能提高列车的旅行速度,缩短旅行时间,为长距离旅客提供更高水平的服务;长短交路的组合适应不同区段的总体客流特征,可以提高列车的运营效率,加快列车车底周转,减少运营车辆数。

2)缺点。①增加施工难度和工程投资。在有越行作业要求的车站设置越行线增加工程投资,如果是地下车站则所追加的投资更大,建议选择地面或高架车站作为越行站。②降低线路通行能力。不越行模式下列车运行图是平行运行图,线路通过能力最大;越行模式下为非平行运行图,线路通过能力降低,客观要求线路设计能力有较大富余。③增加站站停列车的旅行时间。不越行情况下站站停列车的停站时间为上下客所需时间,越行模式下站站停列车会由于越行额外增加停站时间,平均每越行1次约延误3 min[2]。④运输组织复杂。长短交路的组合对运营管理水平要求较高,对运营安全具有一定影响。

2.3 快慢车结合的适用条件

1)客流空间分布特征。适应客流的空间分布特征是快慢车结合运营组织模式设计的基本依据,对于连接城市中心区与市郊边缘区或城市新区的长大线路,全线各站乘降量分布不均衡,应设置快慢车结合的运营组织模式。

2)线路通过能力要求。采用快慢车结合的运营组织模式

对通过能力有一定影响,因此该模式通常适用于中运量的轨道系统,对于大运量的轨道系统建议采用三线或四线的方式。

3)快车停靠站的确定原则。快车停靠车站的选择是确定城市轨道交通快慢车结合并行方案时需解决的主要问题。快车停靠站的确定需综合分析轨道各车站各时段总的客流乘降量特点,尽量将组团中心站、重要换乘站及重要客流集散点确定为快车停靠站。

4)经济性分析。①增加的成本分析。采用快慢车结合的线路必须为三线或四线区段,或者在车站设置越行线,以同时满足慢车停靠和快车通过的功能。在快慢车结合的运营组织模式下,会产生快车对慢车的越行,因而越行站股道配置需要比非越行站多1~2条。与普通岛式单站台车站相比,设置越行车站通常需要增加越行线和1个站台,主要追加成本约为1400万元(地下)或1100万元(高架)[3]。②降低的运营成本分析。在快慢车结合的运营组织模式下,运营公司运营成本的降低主要包括以下2个方面:一方面可以优化车底运用,提高列车装载率,从而提高车辆运用效率、降低运营成本;另一方面可以降低运营成本中的能耗。与慢车相比,快车的牵引与制动工况大大减少,从而极大降低了运行能耗。③提高的便利功能分析。增加越行线后,除组织快车越行提高服务质量外,还带来以下3个便利功能:越行线可以作为折返线满足高峰时加开区间列车的需要;越行线可以作为夜间列车的停留线,减少列车折返段的停车线数量和工程规模;越行线可作为事故列车的临时停留线,减小或避免因事故对正常运营的影响[4]。

3 筑波快线运营模式分析

筑波快线是1条连接日本东京千代田区秋叶原站与茨城县筑波市筑波站的近郊通勤交通线,于2005年8月24日正式通车,由首都圈新都市铁道拥有与经营。筑波快线全长58.3km,设20个车站,列车实行6辆编组,最高速度130 km·h⁻¹,靠近城市中心区为站间距小的地下站,远离城市靠近筑波的车站为站间距较大的高架站,最大站间距6.6 km[5]。由于线路较长,为了提高线路利用率,筑波快线开行直达、区间和站站停等组合列车,将筑波—东京时间缩小至45 min,为沿线城市到东京中心城区提供极大便利。

筑波快线列车分为快速(Rapid,红色)、通勤快速(Commuter-Rapid,橙色)、区间快速(Semi-Rapid,蓝色)与普通列车(Local,灰色)4类,筑波快线车站与运营组织如图1所示。快速电车从秋叶原站运行至筑波站,需时45 min。

1)快速列车。快速列车为最快的车种,其停车站包括:秋叶原至北千住的所有车站、南流山、流山大鹰之森、守谷及筑波站。

2)通勤快速列车。通勤快速列车停车站包括:秋叶原至北千住的所有车站、六町、八潮、南流山、流山大鹰之森、

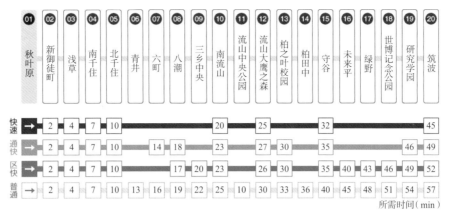

图 1　筑波快线车站与运营组织图[6]

柏之叶学园、守谷、研究学园及筑波站。

3）区间快速列车。区间快速列车介于快速与普通列车之间，与快速列车的区别在于停车方式的不同，区间快速列车比快速列车停站多，但是速度比普通列车快。区间快速列车停车站包括：秋叶原至北千住的所有车站、八潮、三乡中央、南流山、流山大鹰之森、柏之叶学园以及守谷至筑波的所有车站。

4）普通列车。普通列车为最慢的车种，基本上只开行于秋叶原至守谷之间，但清晨与深夜的普通班次可运行秋叶原至筑波全线。

根据筑波快线的配线图，八潮、流山大鹰之森和守谷 3 座车站为越行站，可以办理越行作业。

4　金义快速轨道交通运营组织

4.1　金义轻轨概况

为了打造金华—义乌都市区，为沿线旅客提供快速舒适的公共客运交通服务，金华与义乌市规划了 1 条区域快速轨道交通线路—金义轻轨，全线长 78.7km，设 24 座车站，平均站间距 3.4km。根据轨道交通客流预测，远期高峰小时最大断

面客流量超过 1 万人次·h[-1]，全日客运量超过 30 万人次，平均运距约为 15.8km。远期金义轻轨全日各站点上下车客流量预测如图 2 所示。

4.2　越行站的设置

为了节省金华—义乌的出行时间，提高旅行速度，金义轻轨采用快慢车组合运营方案。在既有的研究中，通常根据列车运行交路安排和运行图铺画计算确定最优的越行站位置。因此，在轨道交通规划阶段时，主要根据城市建设用地条件、工程造价、客流需求等因素设置越行站；在运营阶段时，主要根据越行站的设置调整优化列车运行图，通过合理的运营组织适应越行站的设置。

快慢车结合的区域快速轨道交通系统适用于客流量相对较低的线路，为了减少慢车的等候时间，越行站数量不宜过多。根据客流条件、敷设方式、工程投资等影响因素，越行站适用于选择位于郊区的车站，断面客流量和站点上下客流量小，并且避开地下车站。基于以上分析，金义轻轨设置孝顺和义亭姑塘工业园站为 2 座越行站。金义轻轨越行站设置与快慢车运营示意图如图 3 所示。

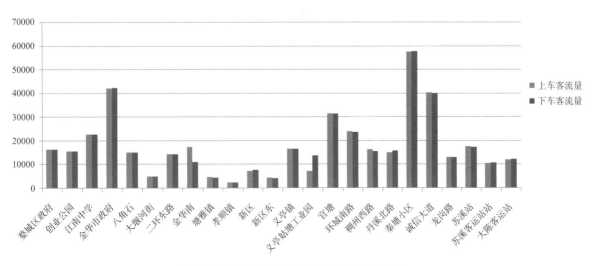

图 2　远期金义轻轨全日各站点上下客流量预测图

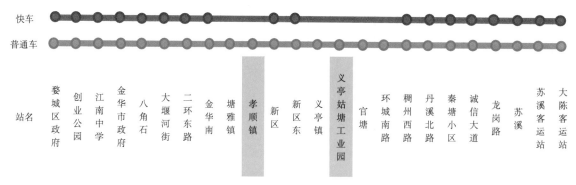

图3 金义轻轨越行站设置与快慢车运营示意图

4.3 实施效果分析

开行越行列车可以缩短直达旅客的旅行时间，提高长途旅客的服务质量；但同时也降低了部分列车的服务质量，主要表现为增加被越行站的旅客候车时间和降低慢车的旅行速度，对慢车的旅客影响较大。因此，在开行越行列车时应综合评价越行方案对旅行时间、通行能力的影响，以确定越行方案的实施效果和必要性。

1）旅行时间节省。通过模拟列车牵引计算，金华—义乌开行最高运行速度120km·h^{-1}的快速列车全程旅行时间约为70min，比慢车节省11min，有助于实现金华—义乌都市区一体化的发展要求，不同速度目标值列车全程旅行时分如表1所示。

快慢车开行比例分别为2∶1、1∶1和1∶2时，可以根据公式分别计算出金义轻轨3种情况下越行方案的最大列车开行对数，分别为16对·d^{-1}、21对·d^{-1}和24对·d$^{-1[7]}$。按照城市轨道交通B型车4辆编组计算，不同快慢车开行比例情况下线路通过能力如表2所示。其中，在快慢车开行比例分别为1∶1和1∶2的情况下，金义轻轨的通过能力可以很好地满足客流需求。

3）可行性分析。金义轻轨越行站采用地面站和高架站的方式，在工程投资上比地下站节省，在投资上可行；金义轻轨客流属于中运量系统，其发车间隔和通过能力可以满足客流需求。因此，快慢车结合的区域快速轨道交通系统在技术上可行，通过运营组织方案优化和合理设置越行站，可以达到较好的运营效果。

5 结语

通过借鉴国内外铁路的运营经验，区域快速轨道交通系统采用快慢车结合的运营组织模式，可以兼顾长距离的快速出行和沿线站站停的旅客出行需求，更具灵活性，适合于分散出行的城镇密集地区，如金华—义乌都市区。区域快速轨道交通系统在线网规划阶段时就需要充分考虑快慢车越行组织的要求，对越行方式和设施进行规划预留，为下阶段轨道交通的建设提供规划依据，为越行组织运营模式创造硬件条件。

不同速度目标值列车全程旅行时分表　表1

最高运行速度／（km·h^{-1}）	全程运行时间／min		节省时间／min
	慢车	快车	
100	83.5	74.4	9.0
120	80.1	69.4	10.7
140	77.6	66.1	11.5

2）通行能力的影响。根据快慢车开行的比例，系统最小行车间隔时间取2min，列车停站时间按0.5min估算，在

不同快慢车开行比例情况下线路通过能力表　表2

快慢车开行比例	最大通行能力／（对·h^{-1}）	理论通行能力／（对·h^{-1}）	可以达到的理论通行能力的比例／%	最小发车间隔时间／min	通行能力／（万人次·h^{-1}）
2∶1	16	30	53	3.7	1.50
1∶1	21	30	70	2.8	1.97
1∶2	24	30	80	2.5	2.26

参考文献

[1] 黄庆潮，池利兵，汤宇轩，胡春斌．区域城际轨道交通功能定位与建设标准 [J]．城市交通，2010，8（4）：60-66．

[2] 中铁第四勘察设计院集团有限公司．我国市郊铁路发展对策研究 [R]．武汉：中铁第四勘察设计院集团有限公司，2011．

[3] 黄荣．城市轨道交通网络化运营的组织方法及实施技术研究 [D]．北京：北京交通大学．2010．

[4] 王印富，雷志厚．城市轨道交通行车组织方法的探讨 [J]．铁道工程学报，2001，72（4）：59-63．

[5] 维基百科．筑波快线 [EB/OL]．（2013-11-26）[2013-12-11].http://zh.wikipedia.org/wiki/%E7%AD%91%E6%B3%A2%E5%BF%AB%E7%B7%9A.

[6] 首都圈新都市铁道株式会社．つくばエクスプレス線 [EB/OL]．（2013-12-1）[2013-12-11]. http://www.mir.co.jp/route_map/akihabara/.

[7] 徐吉庆，陈福贵，汤珏．城市轨道交通越行方案行车组织设计 [J]．四川建筑，2012，32（1）：75-77．

作者简介

高德辉，男，硕士，工程师，E-mail：wolfgo@163.com

城市综合交通体系规划

交通发展的目标：从治堵到综合性的战略安排

The Objectives of Transportation Development: Shifting from Working on Traffic Congestion Reliving Only to a System-Wide Comprehensive Strategy

王 昊

毋庸置疑，交通规划市场的蓬勃发展肇始于不断加剧的城市交通拥堵现象。但是，交通规划及改善措施 真的能减少拥堵吗？国外学者（Taylor，2002；Downs，2004）早已指出，拥堵是经济发展的伴生现象，可以 根治拥堵的唯有经济衰退。在经济不断增长的前提下，新的交通设施供给会吸引新的通过性需求，同时吸引新的城市功能集聚，最终不但不会减少拥堵，反而会使拥堵加剧。但正是在这种越建越堵的过程中，城市经济得以飞速发展。这就像一家吸引人的餐厅，如果一直受人欢迎，即使开设了许多分店、增设了许多座位仍然面临高峰小时有人等座的局面。从这个角度来看，拥堵或者等座不正是一件好事吗？拥堵虽然没有改善，但是扩容功不可没。对于餐厅而言，扩容越多赚钱越多；对于城市也是如此，交通基础设施的扩容，支撑了城市功能的不断演替和重组，促进了经济社会的持续发展。

由此看来，通过交通规划治堵，无异于舍本逐末。那么，什么才是交通发展的根本目标呢？通过对西方各国城市交通发展目标的解读，并结合中国实际，将现阶段中国城市交通的发展目标概括为以下几个方面：

1）效率

寻求交通总体效益的最大化、支撑城市空间结构的战略性调整，是城市交通发展的首要目标。不同的交通规划策略和交通设施布局，对于增加通勤交通的总供给与重组城市空间结构具有不同的效率。交通设施的改善是促进城市经济发展 、提升城市竞争力的关键性举措。据此，伦敦城市交通发展战略"Mayor's Transport Strategy"的开篇就提出：本次战略的首要目标是保持伦敦世界第一的区位优势。

2）公平

合理的交通发展策略关乎城市居民的权益以及城市财富的分配。一方面，通过交通规划提高公共交通的分担比例和服务范围，可以为低收入群体提供更充足的出行机会；而城市道路基础设施的优化和无障碍设计，使得大部分街道可以兼顾各类使用者的需求，成为城市公共空间的有机组成部分，而不只是机动车流高 速通过的"管道"。另一方面，建立在公共交通基础上的商业服务业，能够更好地支撑劳动密集型的小门店 而不是就业稀少的大超市，这样的交通发展模式将通过促进城市就业为低收入群体提供更多发展机会，从而使城市财富得到更公平的分享。

3）环境

城市交通的合理发展是实现可持续发展目标和提升城市生活品质的重要方面。2009 年，伦敦公共交通的分担比例为41%，高于私人机动车 37% 的分担比例，但同期私人机动车排放的 CO_2 占所有出行方式排放总量的 46%，而公交、地铁和火车三项合计仅占 19%。不同交通方式对大气污染的贡献一目了然。因此，城市交通政策的制定和实施，可以通过鼓励公共交通等集约化的出行方式以及提倡步行和自行车交通优先，减少城市交通对大气的污染。同时，城市空气质量的改善也会反过来促进人们更多采用环境友好型的出行方式，最终使城市环境品质的提升进入良性循环的轨道。

4）健康

交通发展规划关乎城市居民健康水平的提高。通过交通政策的引导，减少私人机动交通的使用、降低社区中穿行机动交通的速度，不仅可以减少交通事故对行人安全的威胁，也有助于培养城市居民更加健康的出行习惯。居民通过步行、骑车等日常运动，可以提升健康水平，间接减少城市政府在医疗保障方面的公共支出，这对于以第三产业为主要就业方式的城市而言尤为重要。

当然，由于中国幅员辽阔，城市的发展实际千差万别，具体的交通发展策略与规划手法也应因地制宜。总之，我们需要对城市交通发展的目标进行再认识，交通规划不是治理拥堵的技术手段，而应该是实现城市宏观发展目标的综合性战略安排。

作者简介

王昊，女，北京人，硕士，高级城市规划师，主要研究方向：铁路综合交通枢纽、轨道交通沿线规划设计、TOD，E-mail: 675526495@qq.com

大城市交通发展战略与规划

Transportation Development Strategies and Planning for Metropolis

孔令斌

当前城市和城市交通正处于快速发展时期，小汽车迅猛增长的同时伴随着衍生的能源、环境及城市交通拥堵问题，这已日渐成为城市交通发展的瓶颈。同时，由于中国城市人口密度大，资源短缺远超过西方国家，城市交通不可能满足所有人的所有出行需求，交通集约与节约是当前城市交通可持续发展的唯一选择，可持续发展的价值观应成为公民道德的一部分。

可持续发展的理念体现在城市交通上，就是要求交通系统的发展战略与规划在环境、经济、社会等方面要做到可持续。也就是说，城市交通既要支持当前城市产生的各种交通活动，同时交通建设和运行对环境影响又要小，且能耗低、排放少；交通服务的提供和交通资源的分配既要公平，又能确保城市和城市居民负担得起。

环境可持续即城市交通对资源消耗要少、建设和运行要低碳，如城市发展应少占用土地，优先发展公共交通，要安排更多的居民在公共交通车站附近居住和就业，学校、超市、商店等建在距离居住区近的地方，让人们通勤、通学、购物、娱乐等出行距离更短，可以更多地使用步行和自行车。经济可持续即交通设施建设要符合城市财政能力和经济水平，交通运行成本、价格和政府对交通的补贴要符合成本与效益规律，城市政府和居民要能够支付得起交通设施建设和运行费用，不能过于超前。社会可持续即城市交通资源分配要公平，让能运载更多乘客的公共汽车在道路上优先通行，为给城市和环境贡献大的公共交通、步行和自行车交通创造更舒适的环境，给城市弱势人群，如老人、儿童、残疾人提供良好出行条件，让他们能和其他城市居民一样无障碍活动，以及城市交通要保障城市低收入人群的出行等。

为此，需要建立一个可以切实推行可持续发展的城市交通市场体系，利用市场实现交通资源的优化配置，实现城市交通的可持续发展，不同交通方式市场价格和资源配置应充分体现交通的优先和多样选择。按照对可持续发展的贡献，将不同交通方式对可持续发展的外部影响体现在价格体系和资源分配之中。这需要从交通的管理体制和决策体制进行调整，将不同交通方式的定价、资源配置决策与实际运营分离，以实现从更大的范围衡量不同交通方式对城市的贡献，确定交通市场的空间分配、价格和补贴，只有这样才能体现财务上的可持续和交通发展可持续的统一。如公共交通从整个城市管理的角度和从单纯公共交通运营的角度看待，其成本与效益大相径庭，城市管理者会将交通对土地增值、排放降低等因素考虑在内，而公共交通运营者则主要考虑票款收入与成本支出的关系。目前城市利用行政手段扭曲市场的交通政策，长期看将传递错误的市场信号，未来交通系统回归合理的市场体系的难度和代价将会越来越大。要实现出行的社会公平与可持续仅有市场不够，还需要政府的介入，让城市中的每个人都能享受应有的出行空间与能力，特别是在市场不足的领域，如老人、儿童、残疾人、低收入人群等交往与生活的出行保障。

具有可持续理念的城市交通发展战略与规划对中国现阶段的城市发展尤为重要。本期专题围绕大城市交通发展战略与规划专题，选择上海、天津、广州和武汉等大城市的 7 篇文章，从战略与政策、交通发展模式、综合交通体系规划等方面进行有益的探讨。

作者简介

孔令斌，男，山西阳泉人，博士，教授级高级工程师，副总工程师，主要研究方向：交通规划，E-mail: konglinb@caupd.com

公交优先要紧紧扭住通勤交通

Promoting Public Transit Priority in Commuting Travel

赵 杰

上下班、上下学等通勤交通是整个城市赖以正常运转的重要基础，城市公共交通之所以具有公益性特质，主要因为它是通勤交通这类刚性交通需求的基本保障。因此，公交优先的目标也应直指通勤交通，只有牢牢执住通勤交通的牛耳，才能用好、用足、用准公交优先战略，把解决好通勤交通作为缓解整个城市交通问题的突破口。

特别强调通勤交通，主要在于城市交通资源的有限性，只能分清主次，把资源优先分配给主要矛盾的主要方面，通勤交通就是主要矛盾的主要方面。这体现在：一是通勤交通量大，一般占城市出行总量的60%以上，尽管国外发达国家由于休闲、商务等出行增加，通勤交通有逐步降低的趋势，但其在总出行中依然占据绝对多数；二是规律性强，通勤交通一般联系居住地与工作地，可以通过交通调查准确摸清规律，比较适合公共交通——通过直达或有效换乘进行高效组织；三是时间相对集中，一般主要集中在早晚高峰，这也是城市交通拥堵的主要时段。因此，解决好通勤交通才能有效改善全天交通状况。

在具体策略上，应把公交优先作为系统性优先来实现。也就是说，不仅针对轨道交通、公共汽（电）车本身的优先问题，还要围绕通勤交通保障所涉及的各个方面，包括整体目标、政策导向、土地使用、服务模式、社会风尚以及对公、私小汽车的引导等，均要以公交优先理念为统领，综合运用各种政策和技术手段进行适应性调整或更新。主要包括但不局限于以下方面：

第一，整体目标层面，构建通勤高峰时段不受交通拥堵干扰的公交服务系统，为城市提供基本的通勤保障。政府有责任为居民提供基本的出行保障。在目标设定上，应把保障公交系统准点运行作为核心，务必使公共交通成为城市最为可靠的交通方式之一。政府可以承诺使误点率控制在可接受范围内，并持续通过第三方独立调查进行质量考核，考核的关键性指标就是准点率及使用公共交通带来误工、误学的比例，并使之不断改善，直至市民满意。

第二，在通勤高峰时段，一切社会资源都应该向公共交通倾斜。划定通勤高峰时段，对其他社会车辆实施严格的需求管理，在政策上明确不鼓励私人小汽车作为通勤交通工具使用。可采取系统性扩大公交专用车道、大幅提高高峰时段停车费用等管理措施，降低私人小汽车出行总量，使高峰时段的社会资源尽可能提供给通勤人员。考虑采用差别票价平抑非刚性出行需求，老年人乘公交减免费用的政策可移至非高峰时段实行。

第三，在土地使用规划中，必须坚持以公共交通为导向的开发模式。应使公共交通设施与土地使用的强度和需求相匹配，并与土地使用同步规划、同步审批、同步建设。同时，探索更加适合公共交通和非机动化方式的道路网络与建筑布局形态，从源头上为通勤人员选择公共交通方式提供方便。

第四，强化枢纽功能，建立多样化的公共交通服务网络。除干线外，还要注重布设直通居住社区的支线公交，方便基于家庭的通勤交通。同时，通过差别定价策略，鼓励精细化公交服务，以满足不同层次需求，如快速直达车、定点校车服务、大型企业的通勤车等。

第五，完善步行、自行车网络，鼓励中、短距离通勤交通非机动化。保持和完善安全连续、环境优良的步行和自行车道路网络，鼓励中、短距离通勤交通使用步行或自行车方式，鼓励中学生骑车上下学。自行车在大城市还是公共交通换乘接驳的优良工具，在中小城市更可以成为主体交通方式。

第六，提高信息化服务水平，让公共交通成为适合所有人出行的风尚。制定各层次公交系统运行时刻表，注意换乘设施便利性改进服务和时间衔接，并与互联网或手机结合，实现诱导和查询服务，吸引各阶层人员使用，引领社会风尚。

总之，只有紧紧扭住通勤交通、进行系统研究和重点突破，才能使公交优先战略好钢用在刀刃上，在大城市日益严峻的交通困境中，立马横刀，发挥威力，展现成效。

作者简介

赵杰，硕士，原城市交通所所长，教授级高级工程师，E-mail: zj428407@163.com

城市交通的变革与规范
Urban Transportation Reform and Standardization

孔令斌

摘　要：城市和城市交通正处于一个快速发展和变革的时期，城市交通无论从理念、目标、对象和内涵，还是体系、方法、内容和外延上都在发生着巨大变化，其发展已经进入了一个新阶段。近期，中国城市将很快启动新一轮的长远规划，在新的发展阶段内，城市和城市交通的发展模式都会不同于上一个20年，因此需要在规划理念、发展约束、规划视角、技术手段应用等方面寻求变革，同时又需要在变革中寻求规范，这样才能有效指导规划。为了指导城市新发展阶段的规划工作，《城市综合交通体系规划规范》目前已在编制之中，这是一个必须在规范中体现变革的标准，同时吸收新思想、体现新趋势，守旧将会使新一轮城市发展引向谬误。在这里，将近年来对城市交通发展变革与规范的思考整理出来与读者分享，以期能引发共同思考，为变革时期的规范制订奠定一个良好的基础。

关键词：城市交通；空间规划；存量规划；增量规划；停车政策；轨道交通；公共交通；客运枢纽

Abstract: Urban areas and their transportation systems are undergoing a period of rapid development and reforming. Entering a new development stage, urban transportation is experiencing changes in concept and objectives as well as in system, methodologies, contents and extension. A new round of long-term urban planning will be launched soon in China. The future development principles for cities and their transportation systems will be different from the one used in the last twenty years. To effectively guide the planning, it is necessary to reform planning concept, development constraints and planning techniques, and to standardize the planning and development procedures to reflect reform ideas. The ongoing specification of Urban Comprehensive Transportation Planning is aimed to provide the guidelines for urban planning in the new era. This specification stresses innovation and new ideas that presents the new development trends since the old planning ideologies used in the past could mislead the development in the new era. The papers in this and subsequent issues will share the thoughts on the reform and standardization in urban transportation development in recent years in order to initiate more discussions, which can serve as the basis for the specification development.

Keywords: urban transportation; spatial planning; stock planning; incremental planning; parking policy; rail transit; transit

1　城市空间规划体系中的城市交通规划

城市规划中交通与空间规划的分离，使当前的规划像极了拼图，而原因在于规划体系本就要规划师成为拼图匠。城市空间规划在初期发展中视城市为一个整体，然后逐步将城市交通、对外交通、市政及产业等这些城市空间天然组成部分切割开来，分在不同的体系、部门、单位内完成，然后"纳入"城市规划，这其中影响最大的就是城市交通与城市空间的割裂。城市系统越来越复杂，"拼图"的工作也越来越辛苦，越来越"词不达意"。城市不复杂时，规划师还能对其他专业规划从城市整体发展角度提出指导，后来就只能"纳入"了，城市空间与城市交通"牛头嵌马嘴"的规划也就越来越多。

城市发展需要强有力、综合而有指导作用的规划，从《中华人民共和国城市规划法》到《中华人民共和国城乡规划法》，规划进入城市管理的法律体系后，依法规划、依法建设已经成为城市发展中的共识，也是诟病最多的地方。而物权法的实施，使城市规划与广大市民的财产有了直接联系。据相关研究，城市轨道交通建设使沿线地区的房产快速升值，高者甚至可以达到房屋价格的1/3，而城市交通系统的投资方又主要是中央与地方政府。在市场经济框架内，城市交通和城市空间不再仅仅是设施，而是成为土地的"价值"和资本的构成部分。规划也就不再是单纯的建设计划，还介入了资本

的生产过程，规划作用也发生了蜕变，既是城市的公共政策，也是城市土地资本生产管理法规的组成部分，而投资由政府主导正可以成为引导规划的重要抓手。

城市空间规划体系将活动组织的规划分散在不同的部门和单位，规划作用的变化使这一规划模式越来越不能适应城市的发展。城市空间规划与交通规划"南辕北辙"的现象越来越多。在分割的规划体系下各种编制办法不断出现，均表明编制完成后"纳入"法定的城市规划。城市空间规划在被肢解的同时也变得越来越不严肃，与城市发展对城市规划的要求背道而驰。其结果是在现行的规划体系中综合交通系统"同一空间，同一内容，不同规划"的现象越来越普遍，即城市空间规划体系的法定规划中的交通内容只是不得不有的"规划文本内容构成"，而综合交通规划等相关专业规划才是具体的规划实施内容，专业规划往往要对法定城市空间规划中的相关交通内容进行调整，但调整又往往是在不理解城市空间规划的基础上进行的。在交通上需要城市建设执行的"法（规划）"越来越多，而且还各不相同，城市在组织上变得越来越复杂。

中国城市正处于从空间形态到空间功能的形成期，也是空间建构的关键期。如果不能形成低碳的城市空间组织，城市交通系统只能追随解决城市空间组织不合理造成的交通问题，城市的低碳也就无从谈起。例如当前大城市的新城规划

与实施现状的差异，不能不说这其中有很大成分来自于城市交通与城市空间规划的分离：城市空间规划希望形成相对独立的新城体系，而交通则以解决当前新城与主城的交通联系为重点，即新城规划中城市交通与城市空间的目标从一开始就不一致。

目前要求城市空间规划简化和宏观的呼声也在增多，而首当其冲的就是交通系统等"专业"的内容简化、分离。城市总体规划与详细规划之间的空档越来越大，与专业规划的隔阂越来越大。一体化进行城市空间建构的目标被城市空间规划体系从编制部门化和规划体系层级衔接上割裂开来。在行政与投资体制的挟持下，脱离城市空间规划的专业规划正越来越短视而工程化，追随需求和近期问题的解决；同样，剥离了专业支撑的城市空间规划越来越"虚无"，意图无法传递，成为空中楼阁，城市空间规划与城市交通规划越走越远。

因此，城市规划体系要针对当前中国城市空间建构的发展阶段，保证空间规划在一致的活动组织目标下进行综合，各规划层级之间能准确衔接，形成以空间组织为核心、交通与空间综合的规划体系，使城市空间构建和城市交通问题解决的目标一致。不是将城市交通规划"纳入"，而是需要将城市交通体系规划作为城市空间的组成部分，将交通与空间、用地作为空间组织、城市活动组织一体的两面，空间规划成为真正的规划城市空间活动组织的综合规划，交通系统既是空间组织的保障，也是引导城市空间形成的抓手。在规划体系的层级衔接上，围绕城市空间的构建梳理对交通和其他专业规划的要求，在规划体系中建立规划层级之间的有效传递通道，使专业规划、详细规划成为落实城市宏观空间规划的手段，形成城市总体规划中交通与空间一体化、总体规划与专项规划之间目标一致、传递清晰，总体规划、专项规划与详细规划无缝衔接的规划体系。

如此，城市交通体系规划成为法定规划的组成部分，既体现城市空间与交通系统的一体化，又规范政府的交通投资，通过促进城市空间和交通的配合解决城市发展中的空间和交通问题。

2 城市交通发展目标调整

凡事要有正确的目标，如果规划目标差之毫厘，反映在建设上就可能会谬以千里。城市交通发展目标指导城市规划理念、指标，并最终在城市交通系统规划布局、建设模式和交通投资规模上体现出来。

对于当前的城市交通发展目标，用《城市道路交通规划设计规范》GB 50220—95中的表述最具代表性"满足土地使用对交通运输的需求，发挥城市道路交通对土地开发强度的促进和制约作用"，而城市道路系统发展目标可以看作是上述目标的延伸，即"城市道路系统规划应满足客、货车流和人流的安全与畅通"。目标的核心是"满足需求"。在城镇化和

城市规模快速扩张阶段，"超前建设，满足需求"成为城市交通设施规划建设的核心，并指导了城市快速扩张时期的城市交通建设，有效地解决了城市快速发展中的诸多问题。

目前中国大城市和大城市交通面临的发展环境和特征已与20世纪大不相同。一方面，经过改革开放30多年的快速城镇化和城市建设，许多大城市的建成区规模已经比较大，近几年，城市空间发展从"增量扩张"走向"存量优化"的城市数量不断增多，从增量到存量的快速变化也会反映在城市交通设施的规划与建设上。例如，一些特大城市正在进行的城市总体规划评估中，中心城的骨干道路、轨道交通设施建成率已接近或超过90%，在城市建成区内，超前建设面临既无建设空间、建设成本也难以承受的局面，这意味着以后的需求增长不能再靠建设新设施来满足，用"超前的增量"平衡需求增长的模式很快就会在更多的城市中走到尽头。而城市交通基础设施从增量到存量的发展还有别于用地，城市交通设施到存量阶段不像用地一样还会进行大规模的土地功能调整和更新，设施一旦建设完成，更改的可能性很小。另一方面，机动化的发展仍然在快速增长，城市道路系统拥堵在大城市已经成为"常态"，如果按照"需求满足"的目标进行规划，就意味着还要在既有的城市建成区内建设大量的道路来满足需求，城市无论在空间还是成本上都无法承担。而且，从城市、城市交通发展面临的能源、土地、环境的约束来看，在发展上必须低碳，要突出交通优先，也不能满足所有的需求。不可否认，在新一轮规划中，还会有大量城市处于快速扩张时期，特别是中小城市，还需要基础设施超前规划的指导，但即使这些快速扩张中的城市，也需要在城市交通规划中突出低碳目标。

因此，现在到了对大城市"超前"和"满足"为主导的目标进行调整的时候，需要重新思考不同类别、处于不同发展阶段的城市如何确定合理的发展目标。城市在新的发展环境下，对于需要强调低碳和交通优先的大城市，交通发展需要转换思路，变超前和满足为核心的城市交通发展目标为"支持城市正常运行"。"支持城市正常运行"有两方面的含义：一是城市交通系统要有效率，要与城市空间组织协同；二是城市交通系统不能满足城市所有的需求，对交通需求的响应要有优先次序，优先者要给予鼓励，不同优先次序下交通子系统的交通空间分配满足程度要有差异。

城市交通发展目标调整将直接影响到城市交通系统规划方法与各类指标调整。首先，目标调整意味着综合交通系统内各子系统的关系调整，满足需求的规划下各子系统按照需求增长配置设施的模式不再可行，规划需要指导不同子系统之间的竞争关系，需求管理成为规划的前置因素。其次，目标调整意味着城市交通设施规模的调整，如城市道路系统规划中，既然不是满足需求，那么城市道路设施在规划中就需要考虑拥堵管理，这就需要考虑什么样的道路拥堵指标是规划可以容忍的，而非在道路规划中保证所有的道路畅通。第

三，目标调整意味着"优先"要通过规划指标进行具体落实，交通空间的分配要依照优先次序进行。如大城市的公交优先，应作为优先和鼓励的交通发展方向，在城市道路空间分配中要优先给予保障，保证公共交通运行相比于私人机动交通更有竞争力。第四，既然是保障城市正常运行，就需要对"正常"进行解释，城市交通系统规划需要对城市活动的目的和价值进行区分，不同目的和价值的活动在交通系统规划指标上也要有差异。

因此，城市交通发展目标调整对交通规划的影响是全方位的，尽管现在对这些改变的应对还不成系统，但这种改变的影响其实已经深深影响了近几年的规划。现在到了必须对目标改变的影响进行认真研究和梳理的时候了，否则，规划的理念和目标就成了空中楼阁，规划内容也就必然会背离当前的发展趋势。

3 城市综合交通的存量规划与增量规划

在快速城镇化、大城市带动、以竞争力提升为核心的城市发展政策下，增量规划是必然选择，并且已经成为城市发展和规划的惯性。然而，随着城市发展政策转向对大城市规模的控制，存量规划成为当下一些城市需要直面的问题。

增量规划走向存量规划是一个必然过程。经过改革开放30多年的快速发展，许多城市已经形成了规模可观的建成区，2020年后的规划，即使没有城市发展政策的转向，大部分城市也将进入增量与存量并存的规划时期。但中国对存量规划的研究却比较薄弱，至今在规划编制要求中还没有应对措施，这是当前规划中必须面对却又准备不足的内容。

存量规划首先在用地规划中提出，一些城市在新一轮规划中市域或中心城区将面临用地零增长的约束，尽管用地规模不增长，城市空间功能优化调整仍在大规模进行。根据发达国家城镇发展经验，从城市空间形态定型到城市功能调整基本完善，仍然要有20~40年的时间。但对于城市交通系统则不同，2000年以来，城市经过在交通系统上的大规模投资，许多城市中心城区交通基础设施建设已经基本达到长远规划目标，而交通设施一旦建成，城市交通的框架几乎不可能改变。可以看到，在新一轮规划中，城市用地规划虽然也进入了存量规划阶段，但城市空间构建仍然是主题，城市空间功能调整优化将继续下去，而城市交通系统在框架定型后，新增设施的规模将快速下降，其对城市空间构建带来的城市活动调整的支持和引导也将主要通过服务和政策调整来实现。因此，存量规划的研究对于城市交通规划而言更加迫切，这也是新一轮城市与城市交通发展中必须面对的课题。

存量规划与增量规划相比，差异首先在规划的方向、重点和表达上。当前城市规划和城市交通系统规划主要面向增量规划，规划重点是指导交通设施建设，图纸和文本的描述重点是新增设施，规划中主要通过设施增量提高城市交通系

统的整体能力来平衡需求的增长。对于存量规划，由于设施新增数量很少，规划中主要通过城市交通系统服务和政策调整来响应需求的变化。对于以存量为主的规划而言，如果仍采用面向设施的规划方向和表达方式，现状与规划接近一致，就不能很好地反映存量规划阶段城市交通系统的改变。因此，需要对存量规划中规划的方向和表达方式进行调整，实现由设施规划向服务和政策规划的转变。

其次，由于增量规划和存量规划对需求的响应方式不同，规划绩效评估也有差异。增量规划是"做蛋糕"，通过设施增量来扩大能力，惠及城市中的出行者，进而实现系统绩效的整体改善，近似于帕累托改进，城市中的绝大多数人可以从改进中受益，因此规划的绩效评估主要关注于系统整体，而不关注具体的人群。但存量规划是"分蛋糕"，服务和政策的调整是在既有交通资源的基础上调整分配关系，通过需求管理确定的优先原则来支持和引导城市空间活动组织的调整，系统内的优先和鼓励要以一部分人的损失为基础，交通政策和服务的损益人群分析和协调就成为重要内容，公平将成为存量规划的重要考量。

在新一轮规划中，城市综合交通不会马上进入完全的存量规划，还是增量规划与存量规划并重，多数城市还会以增量规划为主。即使是在存量规划为主的城市，不同子系统中增量规划与存量规划的分量也不同，但存量规划对规划内容和方法的影响需要在新一轮规划中加以考虑毋庸置疑。

4 交通与空间、土地利用的关系

城市交通与空间、土地利用的关系是一个内涵广泛的话题，不仅是中国现阶段城市交通系统规划和城市规划的核心所在，也是当前城市规划中最需要迫切处理好的一对关系。

自20世纪90年代后期以来，中国城市一直处于城市空间与城市交通系统的快速发展时期，也是建立合理而可持续的交通与空间关系的最佳时期。因此，从城市空间与交通规划的不同视角，针对城市交通与城市空间、土地利用关系的研究逐步增多，这体现了城市空间构建时期交通与城市空间、土地利用协调的迫切性。但受制于管理体制上的逐步分离，两者关系的协调在城市规划和城市交通规划中未能明显改善，而且发展越快的大城市越是如此。这种源于空间组织与交通组织的不合拍而导致的空间组织不合理，从而引发的交通运行问题已成为多数大城市当前交通问题中最严重而且难以解决的矛盾。

在下一轮城市规划期内，可以预见中国绝大多数城市仍然处于空间构建和空间优化时期。空间增量发展仍然是多数城市的发展模式，但会有越来越多城市进入空间存量下的优化发展阶段。无论是增量扩张，还是存量优化，可持续而低碳的城市空间组织形成都有赖于城市交通系统的配合和引导，否则空间规划就只能停留在"图纸"上，而空间组织不合理

带来的交通问题也将使交通运行成本大幅度提高，城市组织的效率将会降低，城市为交通与城市空间不协调所支付的额外成本将难以想象，城市运行也不可能实现"低碳"。

城市空间与交通系统协调的目的是从空间布局上使城市活动组织的效率更高而成本更低，即从活动源头进行活动规划。因此两者协调一是降低成本、二是提高移动的能力，即通过空间布局的调整，使完成同样的活动成本更低而效率更高。而要达到这一目的，既要发挥城市交通系统对空间价值的影响，也要考虑空间组织对交通方式、交通组织的影响。

城市空间包含三方面含义：城市规模及空间形态、城市功能组织，以及土地利用与城市活动密度。城市规模及空间形态、城市功能与交通的协调是在城市尺度上讨论交通与城市空间的关系，而城市土地利用与交通的协调则是在走廊与街区尺度上讨论交通与城市用地的关系。下面从三方面探讨城市交通与城市空间的协调发展。

4.1 城市交通系统与城市规模及空间形态

在进入21世纪的15年来，大城市空间发展的主题基本是规模扩张与空间结构调整，这从21世纪初大城市规划中轰轰烈烈的空间战略研究可以体会。与此对应，城市交通系统的发展应该是交通组织方式转变与网络结构调整，但交通专业研究与规划实践却逊色很多。这导致轰轰烈烈的空间战略研究缺少支持与引导的抓手，加上交通与空间管理的割裂，结果是在城镇化和土地财政政策推动下提前实现了空间面积的扩张，而空间结构调整的目标则多数变异与夭折。

就城市规模与城市交通关系而言，城市规模决定城市活动组织方式。随着城市规模从小到大，城市交通系统组织对效率的要求逐步提高，交通机动性组织要求逐步增强。这是目前针对交通与城市空间关系研究比较多的方面，这里重点对城市规模、城市空间形态与交通两个方面进行讨论。

4.1.1 城市规模与交通的关系

首先，无论城市规模大小，城市活动都可以分为两部分：全市性活动和地方性活动。全市性活动是城市不同功能地区相互联系的空间活动，而地方性活动是城市小范围内满足一般性生活需求而进行的活动（在小城市界限相对模糊）。全市性活动的交通组织因城市规模而异，除规模很小的城市在交通组织上类似于特大城市地方性活动的交通组织外，城市规模越大对机动交通效率的要求越高。相比之下，无论地方性活动在不同规模的城市中目的如何变化，其组织原则基本一致，并不随城市规模差异产生较大变化，即地方性活动出行距离短，非机动交通出行比例高，而城市配套越完善的地区，地方性活动的出行距离越短，非机动交通出行比例也越高。因此，地方性活动的交通组织在所有城市中原则基本一致，即非机动交通优先，交通网络的密度也要适应非机动交通组织的要求，尽量减少与全市性活动的冲突，这是地方性活动组织的关键所在。

其次，全市性活动的规模、机动交通效率要求与城市规模密切相关，城市交通规划在满足不同规模城市机动交通效率时采取的策略不同。随着城市规模扩大，机动交通组织要求不断增强：20万人口以下的城市以步行和自行车交通为主导，相当于大城市中地方性活动的交通组织；人口上升至50万人，出现长距离出行，机动交通效率要求开始出现，城市交通组织中机动交通效率要求高的干路系统开始分级，区分主干路层次；人口超过100万人，长距离交通组织的机动交通效率要求提高，部分城市开始规划建设快速路，应对城市交通拥堵成为交通组织核心，公共交通在长距离出行中竞争力增强；人口超过200万人，城市快速路规模扩大，仅靠道路组织交通已不能满足城市空间组织要求，城市轨道交通进入选择范围；而对于人口超过500万人的特大城市，城市空间组织必须依靠多个中心，城市尺度巨大，开始需要高速道路和快速轨道交通系统，并且城市空间组织围绕中心必须实施分区，城市更像是城市组群，而非独立的城市。

第三，由于不同规模城市全市性活动的交通组织方式各异，各种交通方式在不同规模城市的作用也有所差别，典型的是小城市与大城市之间的差别。小城市由于空间尺度小、出行距离短，公共交通在城市交通组织中相对于步行和自行车交通竞争力不强（在电动自行车快速发展下更是如此），公共交通的作用是在城市主要交通走廊提供一种可选择出行方式。当然，私人机动交通除气候原因和特殊出行外也应是一种可选择出行方式，而步行和自行车交通则是城市的主导出行方式。大城市则不同，机动交通和公共交通是城市交通组织的必需，步行和自行车交通只是区域性或者地方性活动的主导交通方式。城市交通方式的作用不同，在交通规划中当然也要区别对待，不能采取一刀切的模式规定城市交通目标与交通组织。

4.1.2 城市空间形态与交通的关系

空间形态变化的选择是出于对城市规模和城市所在地理环境的考虑，如新城、组团城市。因此，城市空间形态选择一方面是为了降低城市空间组织的成本，另一方面是为了塑造良好的城市环境。毋庸置疑，无论选择什么样有别于团状（摊大饼模式）扩展的城市空间形态，城市空间尺度都会超过团状。通过城市空间形态变化扩大城市尺度而获得良好的城市环境容易实现，但要降低城市空间组织成本却不容易，交通与城市空间形态在规划中矛盾的根本也在于此。这也是城市空间规划师与交通规划师分歧最大的地方，交通规划师更多关注城市空间尺度增大带来的交通需求扩大，城市空间规划师则更多关心空间形态变化带来的环境优势，而对于通过空间形态变化谋求城市空间组织成本降低两者考虑都不多。

无论是交通规划师还是城市空间规划师，在规划中都试图利用交通"填平"变化的城市空间形态中的关键断面，所谓的空间形态变化也就成了图纸上的"空间形状"变化。而那些希望改变扩张模式的大城市，无论是在功能组织上还是改变团状城市模式上，利用空间形态变化降低城市运行成本的目标形同虚设，空间形态变化反而成了交通组织的问题。

因此，依据城市规模与地理环境选择的城市空间组织形态，要获得城市运行成本的降低，不是要在形态变化的关键断面上一味加强交通，使其向无差别的团状城市靠拢，而是需要在这些断面及其相联系的交通走廊上实施有别于团状城市的交通组织与管理，提供差异化的服务，使之成为在形状与功能上都真正有别于团状城市的空间形态。

4.2 城市交通系统与城市功能组织

进入 21 世纪以来，城市空间显著的变化除空间形态的扩张和结构调整外，还有城市功能组织的变化。20 世纪末，土地作为资本进入市场，在开启土地财政支持城市开发的同时，也引起城市功能组织的巨大调整。城市功能与土地价值相互作用，城市功能按照土地价值进行重组，并通过不同土地利用布局和开发密度表现出来，城市功能组织与计划经济时的城市相比发生了巨大变化。

城市功能变化可以概括为两方面：1）城市功能重组。由于地租影响，从城市全局看，低价值的土地使用从城市中心迁移至外围（如劳动密集的工业用地），而高价值的土地使用在城市中心聚集（如金融、办公、商业等）；从城市局部看，价值相似、相互兼容的用地相对集中布局（如城市各类园区）。2）社会组织的空间分化。土地价值反映在建筑价值上，是将不同社会属性的企业、居民在空间上区分开来。此外，城市功能重组是一个比较长的过程，不是按照蓝图规划进行突变，其在土地价值作用下，城市功能不断调整直至最终稳定，形成与城市土地价值相对应的功能布局与开发密度。

如前所述，城市交通系统既是城市活动联系的组织者，也是城市土地价值的调节者或者创造者，进而成为城市功能重组的引导者。

从城市活动联系的组织者角度，城市交通系统要契合所组织的城市活动。在城市功能重组下，具有类似兼容性的用地布局集中到一起，使城市不同地区的人口和就业在一定范围内具有相似性，但不同的地区差异很大，因此统计所得的城市平均出行特征只是统计数字而不代表城市某个具体地区的出行特征，平均统计变得没有意义。换言之，城市交通组织要关注不同功能用地的交通组织特征，不能在地方性交通组织中采用全市性的平均指引。

从土地价值调节者和城市功能重组的引导者角度，城市交通系统与土地利用规划要更加关注交通走廊的协调。一方面要提高相互关联的社会活动组织和城市功能组织的便捷性，将关联活动组织在交通走廊内，并强化交通走廊内城市功能和社会活动组织的关联性规划与引导，特别是那些对城市整体交通可达性影响较大的高等级道路与公共交通走廊。另一方面要根据走廊的特征确定合理的城市功能与密度。

此外，城市空间形态和规模不是一夜形成的，城市空间

规划和城市交通规划都要研究其形成的过程，特别是城市交通系统规划更是如此。因为城市交通组织最不利、最艰苦的情形并非出现在规划蓝图形成时，而往往是在交通设施尚不完善的形成过程之中。城市空间规划的蓝图在实现过程中，各部分空间功能也在变化，发展过程中的城市空间组织不是终极蓝图缩小版，而可能是不同的空间组织，如新城发展不同阶段与主城关系，从依附到逐步独立，交通服务与组织也要适应这种演进，同时要预估不同空间形成阶段的交通特征与问题，并提出对应的交通设施、交通服务和交通组织规划。由此也可以看出，城市交通系统规划不能定位于交通设施，交通服务和交通组织必须是规划的重要内容。

4.3 城市交通与土地利用协调

这里重点谈城市交通系统与土地利用协调中交通对土地利用的渗透和交通效率之间的关系，这是目前中国城市交通中问题最大也最难于处理的一对矛盾。城市交通系统对沿线用地的服务需要在影响土地价值和影响交通效率之间平衡，考量其平衡点的关键是城市交通走廊的服务功能与等级。

中国现行城市交通走廊的等级主要基于机动交通的道路定义作为确定交通与用地关系的基础。由于中国城市交通与用地关系建立的实践经验主要来自非机动交通时代，因此许多实际的道路等级与用地关系与以道路等级定义的用地关系在许多城市交通走廊上正好相反，即大量高强度的城市活动布置在了本应对城市用地渗透低的高等级道路两侧，高等级道路成为必须与用地紧密结合的道路，道路两侧高密度的用地布局形成的本地性城市活动组织大大削弱了高等级道路的交通效率，并且成为安全问题丛生地区，这已经成为当前最突出的城市交通问题。

为处理这些交通功能定义与用地功能错位的城市交通走廊的交通效率与用地服务关系，中国城市已经进行了大量实践。总体上，利用城市交通走廊立体空间将不同活动分层组织效果比较好，尽管在安全、方便上还存在诸多问题，但基本实现了效率与用地服务的兼顾，同时也反映了中国用地紧张情况下，必须进行高密度开发的国情，特别是在城市中心地区而利用城市交通走廊平面空间为主将不同尺度活动分离的努力则是重建交通与用地关系，只能在交通效率与用地服务上取其一。

因此，在城市交通规划中需要对此进行反思和总结，并根据中国城市开发特征对城市交通走廊的定义与建设进行调整。一是城市交通走廊的等级应基于走廊的交通功能，将车与客流作为相对独立的因素进行考虑，并根据交通走廊的功能确定机动交通与公共交通的竞争关系，而不是将公共交通完全依附于机动交通为主确定的道路等级上，这样才能既加强公共交通与用地开发关系，也能保障机动交通效率。二是要吸收城市不同尺度活动立体组织的经验与教训，作为交通问题解决手法之一。

城市交通与城市空间、土地利用的关系是多年来城市交通与城市发展的软肋，在当前城市交通与城市空间管理部门分离下，两者有渐行渐远的趋势，城市已经为之付出巨大的代价。在城镇化快速发展时期，迫切需要重塑城市交通与城市空间、土地利用的关系，为低碳城市和城市交通可持续发展奠定基础，这要求在国家相关规范中有明确的指引。

5 城市交通系统发展中的约束和优先

中国城市发展受土地、环境、能源等因素的制约越来越凸显，这已经成为城市与交通发展的硬约束，不能突破。这些约束是城市发展模式选择和发展政策制定的基础与前提，也要求城市必须在约束下寻求可持续发展路径，别无他途。围绕这些制约因素，国家层面已经制定了诸多保障的政策和法规，如耕地红线、城市增长边界、排放指标等。

这些发展要素的约束既影响城市中每个人的行为选择，也影响整个城市达到设定目标的路径和手段。因此，必须调整城市规划的思维和方法才能应对。近年来，城市规划行业将这些约束作为规划城市发展的底线、前提等来思考城市规划方法的调整，已经形成比较完善的规划方法，如将资源环境承载力引入城市规划作为确定城市发展规模和路径的核心控制要素，问题导向与目标导向的规划方法也置于约束之下进行思考。而在城市交通方面，虽然也提出了公共交通优先的发展策略，但由于体制的分割和交通要满足需求的思维惯性，不同交通方式之间的发展协调与整合，尚缺乏在约束框架中从策略到方法的系统思考。

由于城市发展中与交通系统相关的约束是城市和交通发展不能突破的底线，或者说中国城市与交通发展必须选择对环境、土地、能源的低冲击发展模式，因此交通系统不能片面地通过不同方式、不同设施的能力扩张来追求效率提高与解决交通拥堵、停车难等问题，必须将交通规划置于城市发展的约束下，要契合城市高密度、低排放、低能耗的发展模式。落实到交通系统上，首先是交通发展目标的调整，由满足需求下的各系统相对独立扩张，调整为交通系统要保障城市功能正常运转，与目标调整对应的手段与策略是实施优先管理，这是在资源约束的情况下保证城市功能正常发挥、城市活动正常进行的必然选择。

优先管理，应从两个方面考虑。一是综合交通的优先与城市空间的关系要符合城市集约与节约的策略，要符合城市在约束下高密度、低排放、低能耗的空间优化，空间与交通的协调要使城市交通出行距离控制在一定范围内，否则空间与交通关系的混乱，甚至会突破约束下的城市发展目标，如目前解决新城与中心城区交通拥堵问题首要考虑二者的空间组织关系定位，否则新城向卧城转化，交通效率提高促进长距离通勤，城市就不可能做到低碳、集约。同样，出行距离的缩短不仅降低了交通需求，也为步行、自行车等低碳、环保的出行增长提供了可能。二是城市综合交通的系统性协调必须增强，优先管理是协调综合交通系统中优先对象与非优先对象的竞争关系，通过优先引导和鼓励出行者的交通行为转向优先的交通方式。因此，交通系统内的相互关系要作为一个整体考虑，优先是交通系统内部的相对关系协调，需要通过不同方式、设施、服务等相对关系的管理体现优先，也就是通过政府的干预保持城市交通系统中优先交通方式的相对竞争力。如果失去城市综合交通系统内部相对关系的管理，优先也就不能成为优先。如优先策略下公共交通与私人机动交通之间的关系，公共交通的竞争力体现在针对不同交通走廊的私人机动交通运行状况，公交服务指标与私人机动交通相比要有优势，否则保障交通畅通与公共交通优先的争论就不可能厘清。

另外，交通系统的优先管理和协调重心在于交通走廊。由于中国高密度的城市开发，城市的主要交通走廊是城市交通网络干线系统的基础，基本上都是复合的。交通优先方式在这些交通走廊内与其他方式相比的竞争优势如何是能否实现优先的关键所在。如公共交通与私人机动交通在交通走廊内的出行时间比值，既是公共交通是否有竞争力的指标，也是规划公共交通线路的功能与运行指标的确定依据。因此，优先策略下的综合交通系统协调是综合交通规划中既涉及综合交通系统管理，也涉及规划方法调整的关键内容，是综合交通系统规划方法应对发展约束的必然调整。

6 都市区交通、城镇密集地区交通与城市内部交通的关系

随着城镇化发展，城镇的功能布局突破了中心城区的制约，同时交通的改善也使城市之间的关系越来越密切，由此而来的中心城区以外地区与城市中心城区的联系对城市交通影响越来越大，城市与交通规划中最难以处理的是都市区交通和城镇密集地区的区域性交通。

都市区是大城市发展中城市空间突破中心城区范围，在市域、甚至是跨越城市界限布局城市功能，围绕大城市中心城区形成的以城市日常交通联系为主的城镇化地区。近年来，都市区的交通联系随着城镇空间的扩张在许多城市发展迅速，由于其特殊的潮汐性、高峰交通集中等交通特征，以及与城市空间的关系协调比较复杂，同时又受投资、建设、管理和运营标准、行政分割等影响，已经成为大城市最难以解决的交通问题之一，对处于城镇密集地区的大城市更是如此。

城镇密集地区或者称"城镇群（城市群）"，是中国城镇化承载的主体形态和空间。城镇密集地区内由于经济组织、城市功能的区域化，形成了功能交错、联系频繁的城镇关系，反映在交通上就是区域内城镇间联系交通的城市化趋向显著（区域交通城市化），使区域内的主要交通走廊在客流规模、交通运行特征等方面越来越接近城市交通。

突破中心城区在市域和区域内布局城市功能，城市活动与城市交通联系开始延伸到原来是郊区的市域和城镇密集地区空间内。而这些地区原有的管理模式完全不同于城市地区，是中国城乡二元化管理的乡村地区，在交通规划、建设、管理、服务与运营组织上采用的是完全不同于城市的标准，如长途客运、铁路客运等与城市中的公共汽车交通、城市轨道交通等是两套国家标准下的产物。两套标准在设计交通量、交通设施的附属设施、额定载客与容量、交通网络密度、公益程度、交通管理等方面的规定完全不同，如长途客运按照座位核定载客容量，而城市公共交通则按照车厢地板面积核定载客容量。

城市功能在市域与区域内的扩展，随之而来的"城市交通"也延展进入原来的郊外地区，使大城市中心城区外的交通成为城市内部交通、对外交通、乡村交通混杂的地区。原来按照中心城区边界划分城市与郊区、城市内部交通与乡村交通的模式就失效了，不能再指导中心城区外的交通建设，相应地目前在用的相关标准一方面不能指导新的交通形式，另一方面也导致这一地区建设和管理混乱。经过改革开放30多年的城市交通设施建设，中心城区的交通系统已经基本完善，城市交通建设重点正随着城镇建设向市域和区域扩展而转移到中心城区之外。因此，迫切的建设需求与滞后的标准研究、管理模式之间的矛盾日益尖锐。

都市区交通与城镇密集地区区域交通在特征上不同于城市内部交通或者传统的城市对外交通。都市区交通通勤特征显著、高峰集中，与城市内部交通的出行目的构成类似，但交通走廊集中、时间分布很不均衡；密集地区的区域交通则以商务和其他非通勤的经常性联系为主，单位时间内的出行频率高，形成的交通走廊规模大、高峰明显，交通走廊内也面临与城市交通类似的供需矛盾。两类交通都有城市内部交通类似的特征，但与传统的城市对外交通已完全不同。

近年来有部分超大城市迫于都市区交通问题解决的压力已经或正在按照城市交通的标准进行都市区交通建设，或改造已有的郊区交通系统，但效果并不理想。究其原因，都市区交通不同于传统的城市内部交通，按照城市内部交通标准建设的交通系统在高峰期能力严重不足，而平峰期能力严重过剩。区域交通设施即目前的城际交通设施则完全按照传统对外交通的模式进行建设与衔接，只是在运营的密度上提高，以应对高客流规模，已经形成的系统在区域交通组织效率上也都不高。

因此，我们首先需要参照城市交通标准建立真正适应都市区通勤为主和密集地区频繁商务为主的交通新标准，以指导目前在都市区和城镇密集地区的大规模交通建设。这既非城市内部交通系统的延伸，也非传统城市对外交通系统的简单改良，而是新的交通特征和形式，需要新的分类指导。参照城市交通标准的原因在于无论是都市区交通还是区域交通，其供求关系的管理都接近城市交通，因此城市交通的优先管理、高峰应对、交通服务等交通系统管理理念，甚至交通设施建设的理念均可以推及至都市区和城镇密集地区。所不同的只是时间、目的分布的差异。

其次，都市区交通、区域交通与城市内部交通的交通特征因部分相似，可以以共享为基础进行一体化整合。整合应从目前混乱的概念做起，要根据交通特征与交通设施的功能将各种概念、设施定位整合在城市内部交通、都市区交通、区域交通内。特别是与目前城市热衷的市域交通的整合，因功能上完全一致，如果把设施定位为市域，则行政分割的交通组织与区域经济、区域空间组织一体化的矛盾还会更加严重。

第三，要建立都市区交通、区域交通与城市内部交通衔接的新模式。从城市综合交通系统规划的角度，都市区交通与区域交通要融入城市的空间组织，一是要根据不同交通的特征与联系效率要求设定衔接的准则；二是在城市交通规划中要充分估计都市区交通、区域交通对城市内部交通的冲击，特别在连绵的城镇密集地区，在中心城区内运行的交通中都市区交通与区域交通的比例可能会很高。

7 城市停车设施发展及停车政策

长期以来，中国城市内部交通系统和对外交通系统运营最大的差别是市场化程度不同。内部交通设施强调其公共资源的特征，建设投资绝大部分来自政府对运营进行补贴，政府将城市交通设施建设和运营作为公共事务管理，理所当然地成为城市交通系统建设和运行成本的主要承担者，对所有的设施使用者免费提供或进行补贴，而对外交通系统则基本是使用者付费的市场化经营。在机动化快速发展和市场经济环境下，政府把城市交通设施不加区别均作为公共产品，以解决出行难、停车难的思路包揽一切的城市交通发展模式越来越与现代城市交通的发展理念相抵触。当前在许多国家和地区提倡的是私人机动交通使用者付费和绿色交通优先。绿色交通中公共交通优先已经成为国家政策，实行政府购买服务，市场化运营，而私人机动交通管理中的使用者付费则难以在中国城市交通中推行。例如中国城市道路和停车系统长期作为政府提供的公共产品，城市道路中只允许贷款和集资修建的大型桥梁与隧道通过收费还贷，停车系统则通过系统规划、配建指标、价格控制进行管理。目前中国关于交通拥挤收费、停车收费、停车建设中的很多争论皆源于此。

这里重点阐述城市停车设施的发展，因其投资来自政府和开发商，问题尤为突出。目前政府停车发展思路是将停车作为准公共产品提供，一是解决百姓停车难问题，政府主导，千方百计挖掘停车建设用地推进停车设施建设；二是控制停车价格，因停车缺口大而降低对违法行为的管理，这种发展思路已经导致停车发展走入死胡同。一方面，停车因违法免费停车、收费管制、产权和交易等不支持市场化的运行，在政府各种补贴下，停车位开发仍然不具有吸引力，致使城市停车位缺口即使是在限购的城市仍然逐年增加。例如北京市城市总体规划评估中提出现有停车位缺口已经超过200万个，而且还在不断扩大，难以依靠目前的停车政策解决，或者说目前的停车政策导致缺口进一步扩大。另一方面，政府在对停车开发进行土地、税费减免等补贴，同时各类免费停车比例高企。政府对停车的补贴和免费停车位的提供（含违法停车）实质是在补贴私人机动交通，刺激过度出行，这不仅与公共交通优先的发展策略相悖，更是增加了公共交通补贴的负担。

中国城市机动化正处于高速发展时期，停车设施发展现状说明是停车发展政策出了问题，必须进行调整，否则停车问题将成为机动化发展中矛盾的焦点和交通混乱的根源。停车政策的制订一方面要真正能促进停车设施建设，另一方面应有效遏制机动车过度使用。因此，停车设施发展需要尽快从理顺工作端的停车市场化发展入手。首先，调整停车设施的属性，不再作为城市的准公共产品，停车位供给不应是地方政府的义务，私人车辆拥有者应对车辆停放支付全部成本；其次，加强工作端停车违法管理，必须大幅度减少免费停车，让停车价格市场化，通过供需调节停车价格，使停车设施建设与其他土地开发一样有利可图，调动社会资金建设停车设施的积极性；最后，制定合理的停车产权和交易管理规定。而对于住宅端的停车设施，应在社区自治的基础上加强管理，在政府主导下按照市场原则适当补贴，消化既有停车需求，再逐步放开价格的管制。最终实现停车的全面市场化。

如此，政府也应按照停车的属性变化，调整停车规划到建设、管理的思路，按照市场化发展的原则，从指导、参与建设、管理调整到划定禁止停车的范围和停车执法上。

8 城市交通差异性与规划指导指标

改革开放后中国各地区、不同规模的城市以不同的速度快速发展，经过 30 多年后，城市之间发展的差距逐步扩大并显现出巨大差异。发展阶段方面，东部地区部分城市已经进入城市用地零增长的存量优化阶段，多数城市进入存量与增量发展并重、以存量优化为主的发展阶段，而中西部地区许多城市的用地规模还在快速扩张中。城市空间发展方面：1）人口规模差距拉大，快速城镇化催生了人口规模超过 2000 万的超级都市，大城市的数量迅速扩大，特大、大、中、小城市更加丰富；2）随着城市规模扩张，不同规模城市的城市形态也更加多样化；3）处于不同地理环境的城市，土地资源差异导致用地开发强度分化；4）由于不同城市的工业化和城市经济发展路径不同，形成了城市性质与功能各异的城镇；5）从城镇区位和城镇关系看，既有不同成熟度的城镇群，也有相对独立发展的城镇。社会经济发展水平方面，东中西的城市间差距较大，既有富可敌国的特大城市，也有经济相对落后的中小城市。自然环境方面，中国辽阔的国土中，城市处于不同的气候带，有寒冷的东北地区城市，也有处于亚热带的广东、海南等地城市。这些不同均会映射到城市交通的建设和出行特征上，致使城市之间的出行活动、交通运行、设施

水平、交通组织等呈现显著差异。

根据《城市综合交通体系规划规范》前期研究，城市规模、经济水平、空间形态、城市区位，以及地理环境对城市交通出行影响显著。例如城市规模方面，50 万人口以下的城市出行距离短、步行与自行车出行比例较高，而随着城市规模扩大，城市交通出行距离拉长，机动交通比例提升，公共交通优势逐步提高，而且处于城镇密集地区或特大城市附近的城市其出行受邻近大城市的影响更大。城市空间形态影响城市交通组织方式，使不同空间形态的城市在交通出行强度、出行距离分布等特征上显现明显差异，如带状城市的出行距离往往比同规模的城市大，而组团城市虽然平均出行距离与同规模的团状城市相差不多，但出行距离更为离散，表现为长距离出行与短距离出行两极分化。气候影响方面，寒冷地区的城市往往有更高的机动交通出行比例，而且出行季节性变化更大。

随着城市规模扩大，大城市交通出行的差异不仅表现在城市之间，更表现在城市内部不同发展片区之间。这主要源于土地市场化下城市开发模式转变和城市功能重组，表现为以下两个方面：一方面随着城市土地进入资本市场，城市土地体现出资本价值，这种价值直接推动城市建成区土地功能的重组、更新和新区开发，使土地的使用功能与其所在区位的价值相符。一是推动城市内部大规模的用地置换改造，如"退二进三"，位于城市中心区低价值的工业外迁，置换为高价值的服务业；二是推动大规模的新区开发。另一方面是城市开发模式和空间组织模式转变，一是城市的多中心发展，以解决城市空间持续增长和职住分离问题、降低城市交通出行距离，二是在土地价值和开发模式转变下，城市郊区化和价值相近的相容用地集中开发，形成功能各异的园区和城市功能区，如工业园、大学城、金融区、总部基地等。

城市用地功能区的重组使城市不同功能区的交通特征在出行方式、服务水平要求上呈现显著差异，按照城市大平均得到的出行特征不再能代表城市某一地区的特征，平均特征对城市规划和城市交通服务提供的指导意义就大大减弱了。

传统的规划规范中，大量以空间性指标指导规划，这是一种指导规划结果、"授人以鱼"的指导方式。全市平均、一刀切的空间指标以弱化城市之间、城市内部交通的差异为前提，抹杀城市内部的差异，既是千城一面的原因，也使城市交通服务要求与设施提供错位。而城市之间、城市内部的差异分类复杂，如采用空间指标指引，分类就必须繁杂，指导难度增加，甚至会难以实施。

目前城市之间的差异已经成为城市交通规划和交通问题解决方案选择的关键，因此，指导规划结果的单一空间指标（如密度、间距等）管理不能应对，也不能适应城市之间及城市内部差异化发展，需要对指标的形式进行调整，弱化空间指标的作用，由授人以鱼向授人以渔转变，需要寻找与需求关联、不随空间变化的功能性指标（即以交通需求特征和交通功能

为基础确定的规划指标）作为指引，仅将空间性指标作为参考。

9 城市道路系统规划

城市道路系统一直是城市交通规划中的核心内容，其承载的内容与功能繁杂，既是城市的骨架、各种地面交通方式的载体，又是城市用地的界限，体现城市的格局，还是城市风貌的重要标志。

一段时期内《城市道路交通规划设计规范》GB 50220—95（以下简称"95版规范"）积极指导了城市道路系统规划和建设。其特点是在规划中很容易操作，即便是不懂交通规划的城市规划师，也可以快速地按照规范规定的空间指标画出基本的道路网络方案。然而，这也造成规范的分类指导相对较弱，易导致城市空间和交通割裂，忽视本地特征的千城一面，以及均匀的道路网络与不均匀的交通需求错位等现象。

95版规范形成时，城市规模普遍较小，居民出行方式以非机动交通为主，城市中除中心区外，其他地区的交通差异不大，同时整个行业也缺乏必要的定量分析基础。而今天，无论是城市规模、交通方式，还是城市形态、用地构成等，均导致城市之间的活动特征差异大，如果还按照95版规范的指导方式，分类指标将会十分繁杂。这就要求城市和交通规划必须回归到对交通需求本源的分析，以及对需求与交通系统功能相互关系的深入探寻上，从不同城市不同的活动特征入手，规划与城市活动相对应的道路网络，同时还要应对不同城市在环境、土地等因素方面不同程度的制约。因此，应对城市之间的差异成为编制城市道路系统规范的基点。

汽车文明是中国城市文明中注入的新内容，作为小汽车载体的道路系统应将这种文明融入其中，但不应冲击人是城市的主人这一基本原则。而道路系统的发展现状却是随着机动化发展，不断挤压人的活动空间，小汽车交通无处不在，不断侵蚀步行、自行车和城市的商业、货运等活动的空间。城市道路系统应能够有效地处理汽车文明与人的活动，让城市既享有小汽车的效率，又具有人的活动所要求的品质。

因此，城市道路系统需要在继承的基础上从道路分级、规划指标和道路空间分配等方面做出调整，以适应当前城市交通系统的发展特征。

首先，优化道路分级。由于中国现行道路分级体系形成于大规模机动化发展之前，当时机动化交通需求偏低，交通工具的速度差异较小，对道路运行效率分级的要求不明显，道路承载的大部分出行为地方性、中短距离出行活动，各类道路与用地的关系均体现了地方性活动特征，造成实际发展中道路等级概念与规划差异较大，所谓的高等级道路在区域联接性、与用地关系上仍然具有比较明显的地方性道路特点。

从20世纪90年代开始，随着城市扩张和机动化迅速发展，原有道路分级体系的问题越来越突出。由于功能界定不清晰，各级道路都要直接服务用地，不同特征的交通混杂，长距离联接的机动交通组织效率达不到城市社会经济发展的要求；同时又将大量机动交通引入地方性道路上，导致城市运行效率与安全双双失陷，交通拥堵严重。实践中各城市和规划设计人员通过对干路进行不同的分类，如生活性、交通性、景观性、骨干性、一般性、组团间、组团内以及一、二、三级等，试图将联接与集散交通在道路功能上分离开来，提升干路系统的交通效率。

本次《城市综合交通体系规划规范》编制采用与国际上机动化成熟国家"两级三类"道路分类体系接轨的道路分类模式，即承担长距离通过性机动交通出行的干线道路系统与承担地方性活动的地方性道路系统，两级道路之间通过集散道路系统衔接。干线道路系统主要承担机动交通，作为城市机动效率的保障体系，以机动交通的通行能力作为主要指标；地方性道路系统主要承担本地交通，组织短距离、多样性的活动，避免穿越性的交通进入，保证安全、减小干扰，以目的地可达性为主要指标。

其次，调整道路规划指标，干线道路规划用功能性指标替代空间性指标。通过交通需求确定干线道路的规模，丰富干线道路的层次，以适应不同规模、不同交通特征城市的需要，不同城市、城市的不同地区按照交通组织要求，确定差异化的道路指标，体现交通特征的差异。并对不同交通特征所应采用的道路层级进行规定，避免干路层级过少，指导性差，带来宽马路风行的局面。地方性道路则仍然采用以空间指标为主导的规范方式，根据不同城市区域（不同的用地和城市职能的地区）的活动特征来确定城市街道的密度与尺度。在两级道路体系下确定各分类道路的功能、道路交通量等组织要求。

第三，通过道路空间体现绿色交通优先。道路空间要充分考虑各种交通方式的组织与交通安全，公交优先、步行优先要在道路空间分配上予以落实。

通过机动交通对道路进行分级，并不能完全体现公共交通、步行和自行车交通对道路的需求。因此，需要结合公共交通、步行和自行车交通走廊的分级，提出对城市道路空间的要求，在基本道路功能与机动交通需求确定的道路基本红线宽度基础上，根据道路实际的公共交通、步行、自行车服务要求调整道路红线，确定最终的道路红线宽度。如步行或自行车的I级、II级通道，快速公交走廊等，需要在基本红线宽度的基础上附加步行、自行车、公共交通的空间，确保绿色交通的道路空间分配。对于存量规划地区，当道路空间不能同时适应各种交通方式的需求时，则强调道路改造的空间分配应优先满足公共交通与步行交通空间。

总之，中国城市的机动化水平、城市运行和交通的组织方式、交通规划行业的技术水平等都在发生转变，道路系统规划应该符合城市与交通规划目标和理念的变革要求，从道路的功能等级、规划指标、空间分配等多方面进行调整和规范。

10 城市轨道交通规划

近年来城市轨道交通快速发展，目前全国已有 22 座城市开通了城市轨道交通线路，获批建设地铁的城市达到 39 个，投资规模巨大，对城市发展影响深远。城市轨道交通规划是新一轮城市总体规划和综合交通体系规划的主要工作内容之一，是落实土地利用和交通协调发展的重要抓手。在编的《城市综合交通体系规划规范》强调变革中寻求规范，其中的城市轨道交通部分也亟须适应转型变构期的发展形势，理清工作思路，规范规划要点。

第一，转型变构期的城市轨道交通规划。

中国大城市正处于转型变构的关键期，产业转型升级引致人口构成、岗位性质和空间分布的结构性变化，进而引发交通需求特征的结构性变化。城市空间边界随着岗位总体规模扩大不断外延，通勤出行距离随着职住分离加剧不断拉大，通勤出行时间不断拉长并濒临极限。据统计，北京、上海、广州、深圳等城市早晚高峰期公共交通平均出行时间均已接近 1 h。面对严峻的时空紧约束，新一轮城市总体规划将控制城市增长边界作为重要任务，控制出行时间是其中的应有之义和关键环节。

城市轨道交通作为大运量、准时、快捷的公共交通方式，在引导空间发展和控制出行时间等方面具有重要作用。然而实操过程中，城市轨道交通规划受到用地、工程、投资和利益协调等多方面因素的影响，理想方案的达成殊为不易，偏离基本功能要求和规划原则的情况时有发生。城市轨道交通建设是城市发展的百年大计，规划过程中必须坚持原则，守住底线，充分发挥城市轨道交通的优势，实现与城市的协同发展。

第二，城市轨道交通规划的工作思路。

基于时空服务目标，提出轨道交通出行组织的功能要求，指导城市轨道交通线网的规划布局。在诸多影响出行选择行为的因素中，出行时间是最关键的要素。通过多功能层次的轨道交通线网，满足多层次空间组织的出行时间要求，是实现轨道交通和城市空间协同发展的关键。城市轨道交通的线路、车站、换乘衔接等均应围绕缩短出行时间来布设。基于这一基本思路，在编的《城市综合交通体系规划规范》对城市轨道交通的时间目标、功能层次、规模布局做出了具体要求与调整。

第三，城市轨道交通部分要点简析。

1）将出行时间要求作为协调城市轨道交通和城市空间关系的核心要素。分别从城市集中建设区、都市区至城市中心区两个空间层次，提出城市轨道交通出行时间要求。乘客总出行时间分为轨道交通出行时间和站外出行时间两部分，以总出行时间不超过 1 h 为目标，合理控制各部分的出行时间。

2）根据时空服务要求，将城市轨道交通划分为快线和干线两大功能层次。城市轨道交通干线服务于城市集中建设区客运走廊，运送速度和平均站间距相对适中，兼顾出行时间要求和城市集中建设区更高的覆盖要求。城市轨道交通快线服务于都市区客运走廊，运送速度更快，快速串联都市区城市节点。

3）按照城市特征，用轨道交通覆盖的人口、就业岗位规模代替传统的轨道交通线网规模确定。将轨道交通网络布局与 TOD 结合起来，使轨道交通规模确定更合理。

4）城市轨道交通线网规划布局，应实现人口和岗位的良好覆盖。编制城市轨道交通线网规划时，应根据城市规模、空间结构、需求特征和经济条件合理提出人口和岗位的覆盖要求。城市轨道交通车站覆盖范围按步行不超过 10 min 确定，人口和岗位覆盖要求与其密度密切相关，城市（分区）人口和岗位密度越高，应制定更高的覆盖目标。

5）城市轨道交通枢纽应与城市中心结合布局。城市中心区是各类出行最集中的地区，将城市轨道交通枢纽有机嵌入城市中心体系，既能提升地区可达性和交通服务水平，又保障了轨道交通网络的客流效益。城市高密度分区应加密轨道交通车站数量，提升站台乘降能力，实现高峰期客流的高效集散。

11 城市公共交通系统规划

自 2005 年《国务院办公厅转发建设部等部门关于优先发展城市公共交通意见的通知》（国办发 [2005]46 号）发布，到《国务院关于城市优先发展公共交通的指导意见》（国发 [2012] 64 号）及《国家新型城镇化规划（2014 ~ 2020 年）》出台，公交优先作为中国城市与交通发展战略已然确立。在一系列公交优先发展政策的推动下，各城市相继进行改革促进公共交通发展，基础设施投资与建设规模不断扩大，但由于实践过程中对公交优先的认识误区，使变革未给公共交通发展带来实质突破。公共交通系统外部竞争加剧，而内部效能下滑，多层次、广覆盖、高品质的公共交通服务体系难以形成，公共交通在居民日常出行中的分担率不高，对城市发展的引领作用未能发挥。

当前实践中存在的对于公交优先的认识误区主要包括三个方面：（1）就交通论交通，注重公共交通方式自身规模扩张与通行优先，忽视其对城市发展引导、土地集约利用、保护和改善人居环境的重意义；（2）对适合不同类型城市以及城市不同发展阶段的合理的公共交通结构缺乏认识，忽视多方式、多层次公共交通服务体系的建设；（3）公共交通单兵作战，未能合理统筹与小汽车交通、非机动交通的竞争与协作关系，缺乏对小汽车使用的管理以及对步行和自行车交通的环境改善。

这些对公交优先的片面理解使得不少城市的公共交通发展陷入被动，不利于其可持续发展，因此，端正对公交优先的认识显得极为重要。研究表明，城市公交优先发展的核心是提高公共交通的竞争力，引导出行者优先选择；目标是保障均等机会出行，引导城市集约利用土地和节约能源、保护和改善人居环境，建设可持续发展城市；性质是提供均等和高效的公共交通服务，满足大众的多样化出行需求；手段是以市场配置资源为主，发挥政府的调控监管作用。可见，公交优先本质是倡导集节约土地资源、节能减排、改善人居环境等要素于一体的城市交通发展模式。

对于公交优先内涵的科学界定是编制《城市综合交通体系规划规范》（以下简称《规范》）的基础，如何以公共交通优先发展战略为导向，科学合理地提出公共交通系统规划指标，使得规划中能够在资源配置上体现公交优先、强化公共交通对城市发展的引导作用，真正提升公共交通吸引力，继以形成公交优先导向下的城市交通规划与用地规划的良性沟通和互动反馈，为不同类型城市因地制宜规划公共交通系统提供指导，则是本轮《规范》编制过程中公共交通专项研究的切入点和落脚点。

第一，不同类型城市公共交通发展定位与系统构成。一个可持续发展的城市交通系统，应在满足城市居民出行效率的前提下，形成绿色、低碳的出行方式结构。不同类型城市的出行距离分布特性不同，公共交通作为绿色交通方式之一，其优势主要体现在中长距离出行上。此外，轨道交通、公共汽（电）车等运输能力与运输效率较高的集约型公共交通和出租汽车、轮渡、缆车、索道等满足个性化、准个性化出行需求或为特定地区服务的辅助型公共交通等不同公共交通方式，在资源集约利用效率和服务需求特性上存在显著差异，因此，不同城市的公共交通发展定位和系统构成应当具有差异性，其所发挥的功能应与城市发展定位、城市规模以及出行特征相适应。

每一个城市都应提供与其社会经济发展相适应的多元化、高品质公共交通服务。大城市及以上规模城市应明确公共交通作为城市客运交通的发展方向，以大、中运量公共交通为主承担中长距离出行，以步行、自行车为主承担短距离出行和公共交通接驳换乘；在城市公共交通系统构成中，城市集中建设地区宜以大、中运量公共交通构成骨架网络，以普通运量公共交通构成基础网络，以辅助型公共交通为补充；其他地区宜以中运量、普通运量公共交通等方式作为公交服务主体。

第二，集约型城市公共交通服务覆盖要求。从居民出行决策过程分析，要使公共交通成为居民出行的优先选择，首先须保证出行起讫点在公共交通服务的空间范围内，且空间范围的覆盖直接影响公共交通出行过程中的两端接驳时间。提出集约型公共交通服务对人口和就业岗位的覆盖要求，旨在引导公共交通发展与城市用地布局协调，促进公共交通规划与城市用地规划的融合。一方面通过提升公共交通服务空间可达性加强公共交通对居民出行的吸引力，另一方面通过提升人口与就业岗位沿公共交通走廊集聚的要求，促进公共交通引导城市发展、优化用地布局。

第三，不同规模城市公共交通出行时间控制指标。通过137个城市调研数据中现状小汽车与公共交通出行时耗的对比可以发现，公共交通出行时耗普遍高于小汽车。在机动化出行方式中，小汽车是公共交通的主要竞争方式，出行时耗过长是公共交通不具备吸引力和竞争力的主要原因之一，也是公共交通整体服务水平不高的直接体现。

提出公共交通单程出行时间控制指标，作为公共交通相对于小汽车交通是否具备基本竞争力的关键指标，其目的在于倒逼公共交通系统各个层面、各个环节提高服务水平。

城市公共交通作为综合系统，需要统筹各子系统之间的衔接，居民单程公交出行，可能包括不同的公共交通方式，只有各子系统衔接顺畅，才能有效减少乘客换乘时间，改善居民公交出行体验，提高系统综合运输效率。

第四，公共汽（电）车干线布局与路权规划要求。公共交通服务的空间覆盖指标可以保障公共交通出行两端的服务供给和便利性要求，而出行途中的等车时间、车内时间以及换乘时间则需要时间可控性相关指标进行引导与控制。

对车内时间而言，其主要包括基本行程时间和运行损失时间，在规划层面，对于提供大（中）运量、中长距离出行服务的公交干线，站间距和非直线系数对基本行程时间的影响十分显著，运行损失时间则与路权分配形式息息相关。因此，提出公交干线站间距与非直线系数控制要求。城市道路是公共汽（电）车运行的载体，为保证各级公交线路功能的充分发挥，城市道路空间分配应给予其必要、恰当的优先。公交专用车道作为公共交通快速、稳定运行的重要设施保障，在运送客流需求大的中、高客流走廊应成为必备配置，在低客流走廊应结合不同类型城市的实际需求进行设置。

第五，公共汽（电）车发展规模及公交场站规划指标。车辆是公共交通系统健康发展的重要组成，也是场站设施配置的基本依据。公共汽（电）车的拥有量，应综合考虑客运效率、乘坐舒适性和环保要求确定，实现资源合理配置。《规范》以单位标准车日均载客量指标引导客运效率提升，以单位标准车万人拥有量作为保障公交基本服务需求的引导性指标，并通过国内不同规模城市的调研数据分析，以公共交通投资比例较高时期的水平、公共交通服务较好的城市作为参考，确定不同规模城市的公交车辆发展要求。规划指标表述采用"宜"，即表示不要求每个城市同时达到客运效率和乘坐舒适性两个方面的要求，各城市可根据自身发展实际条件进行选择。

场站是公共交通系统正常运转的基本保障。公共汽（电）车场站按功能分为首末站、停车场和保养场三类。其中，首末站兼具满足乘客候车、上下客等公共交通出行需求和公共汽（电）车交通的运营组织调度功能，能否合理布局和有效运转对公共交通服务能力和服务水平的影响巨大。首末站宜设置在居住区、公共服务中心、交通枢纽等主要客流集散点附近，当一定服务范围内的居住人口或就业岗位达到一定规模时，应配建首末站。单个首末站的用地规模不宜低于1000m²，在用地紧张的旧城区，首末站的功能可适当简化，用地规模可适当缩减，也要创造条件力争设置公交首末站，以便为居民提供运能充足、可靠的公交服务。

首末站及停车场用地规模指标根据国内典型城市首末站、停车场发展经验确定，保养场用地规模指标沿用《城市道路交通规划设计规范》GB 50220—95规定。

总之，城市综合交通体系规划中的公共交通系统规划，在战略层面，必须客观把握宏观需求，明确公共交通对不同类型城市发展的作用，确定与城市发展相适应的公共交通构成、定位以及发展目标。在战术层面，以战略目标为导向，从乘客角度，立足微观需求，从公交服务的空间可达性与时间可控性两方面提出具体规划指标，通过对公交出行全过程各环节时间值的管控，实现居民公共交通方式单程出行时耗控制目标；从公共交通系统正常运转的基础设施保障角度，结合城市实际合理确定车辆拥有量、场站布局及用地规模。"正道"加"优术"，上下协作，从而达到提升城市公共交通吸引力和竞争力的目的，真正体现公交优先的本质内涵。

12 城市客运枢纽规划

随着城市规模不断扩大，城市客运交通组织日益复杂。客运枢纽作为城市客运交通系统中的重要环节，反映了城市客运交通、区域交通组织模式的转变。城市客运枢纽通过合理布局及整合不同交通方式，能够有效应对密集型人流的运输需求，促进各子系统之间的高效转换和协调运行。

近年来，城市客运枢纽的规划、设计与建设逐渐成为行业热点问题。由于《城市道路交通规划设计规范》GB 50220—95 未涉及城市客运枢纽的相关条文，《规范》编写力求在城市客运枢纽的分类方法、规划原则、布局要求、用地控制、交通衔接及周边开发等几个方面进行基本规定，重点突出三个问题：

第一，城市客运枢纽的分类。在近年编制的枢纽设计规范及相关学术研究成果中，有按位置特性、交通功能、交通方式、交通组织、布置形式、承担客流性质以及枢纽使用时间范围等多种分类方法。但由于各种分类方法缺乏统一标准，各个分类子项相互嵌套，在实际应用中不够简单明晰，因此对规划、建设等实施层面的指导性不强。《规范》编写中重点突出城市客运枢纽分类的功能导向，同时通过分类来强化对城市用地的控制。城市对外客运枢纽为城市交通集散航空、铁路、公路、水运等对外客流而设置，兼有城市交通衔接换乘功能。城市内部客运枢纽主要承担城市内部各种交通方式的客流集散、换乘功能，根据集散和换乘组织区位与客流特征分为城市集中建设区外的市郊型交通枢纽、集中建设区内城市中心区交通枢纽和边缘区的交通枢纽。各城市可根据自身的规模、发展目标及功能定位，确定相匹配的多类、多级城市客运枢纽体系。该分类强化了城市综合交通体系规划对枢纽空间区位用地和布局的指导性，更加适应新型城镇化对城市不同空间发展的要求。

第二，城市客运枢纽的用地控制。就城市对外客运枢纽而言，现有的技术规范和标准都是以场站用地标准为计算依据，缺乏对换乘集散用地的考虑；而对于城市内部客运枢纽的用地规模而言，可参考的控地标准更是少之又少，使得枢纽用地的落实遇到很大阻碍。城市客运枢纽的用地规模控制需要突出分类、分区引导，同时要鼓励立体开发和混合开发。

因此，《规范》强化了对外客运枢纽除场站设施外不同衔接方式的换乘集散用地的控制，同时针对不同区位，规定不同类型的城市内部客运枢纽（市郊型交通枢纽、城市中心区交通枢纽、城市边缘区交通枢纽）用地的阈值。

第三，城市客运枢纽的交通衔接。《规范》体现了枢纽规划与周边城市空间的结合，主要包含城市客运枢纽交通衔接方面的资源配置要求和枢纽周边地区的土地利用开发。对外客运枢纽方面强调与城市内部公共交通系统的接驳配置要求；城市内部客运枢纽根据其区位体现资源配置差异性，城市中心区强调公共交通和非机动交通导向，城市边缘区和外围新城重点强调公共交通导向的土地开发（TOD），并设置私人汽车和出租汽车停车换乘设施，引导小汽车交通向公共交通转移。

13 结语

在城市交通快速发展与变革的关键时期，《规范》编制除了需要总结经验，也需要不断探索。这一年，《规范》编制组通过本专栏与全国的同行们交流了《规范》编制过程中的一些思考，主要集中在城市交通规划体系、理念、目标、概念、内容、方法、指标等方面的认识。这些内容有些已经成熟，并纳入《规范》之中，有些则还需要理论和实践上的进一步探究。真诚欢迎同行们指教，使《规范》能真正体现在变革中寻求规范和在规范中体现变革的初衷，达到保障城市综合交通体系的可持续发展，促进城市综合交通体系与区域发展、城市空间、土地使用、城市社会经济发展相协调，指导城市交通系统中各子系统协调与健康发展，规范城市综合交通体系规划编制的目的。

参考文献

[1] 孔令斌. 城市发展与交通规划：新时期大城市综合交通规划理论与实践 [M]. 北京：人民交通出版社，2009.

[2] 中国城市规划设计研究院. 城市总体规划改革与创新 [R]. 北京：中国城市规划设计研究院，2013.

[3] 中国城市规划设计研究院. 城市道路级配与相关技术指标研究 [R]. 北京：中国城市规划设计研究院，2014.

[4] 孔令斌. 我国城镇密集地区城镇与交通协调发展研究 [J]. 城市规划，2004（10）：35-40.

[5] 陆锡明，王祥. 上海市快速轨道交通规划研究 [J]. 城市交通，2012，10（4）：1-8.

[6] 刘武君. 一体化、可持续的综合交通枢纽规划 [J]. 城市交通，2015，13（5）：30-35.

[7] 陈小鸿，叶建红，杨涛. 城市公共交通优先发展的困境溯源与路径探寻 [J]. 城市交通，2013，11（2）：17-25.

作者简介

孔令斌，男，山西阳泉人，博士，教授级高级工程师，副总工程师，主要研究方向：交通规划，E-mail: konglinb@caupd.com

城市交通发展模式转型与战略取向

New Strategies in Urban Transportation Development

马 林

摘 要：随着城市交通拥堵、交通污染等问题凸显，以及能源、土地等资源约束，针对城市交通发展模式转型和交通战略的讨论成为社会各界关注的焦点。首先回顾中国不同阶段城市交通发展战略的时代背景和政策导向。从城镇化与城市发展、城市交通小汽车化、城市交通制约因素三个方面，分析城市交通发展面临的严峻形势以及城市交通发展模式转型的迫切要求。提出促进城市交通发展模式转型的战略目标和应遵循的基本原则，并围绕科学决策、协同集成、公交优先、科技创新四个方面提出战略对策建议。

关键词：城市交通；交通战略；发展模式；交通规划

Abstract: Due to the worsening urban traffic congestion and pollution, as well as very limited energy and land resources, reform on urban transportation development patterns and strategies is becoming the focal point of heateddiscussions in China. This paper first reviews the urbantransportation development and corresponding strategiesduring different urban development stages. Then the paperdiscusses the challenges facing urban transportation development and the urgent needs in reforming development patterns in three aspects:urbanization and urban development, motorization, constraints on urban transportation. The paper proposes the long-term development strategies in urban system decision making process, coordinated development, prioritized public transit service, and research innovation.

Keywords: urban transportation; transportation strategies;development patterns; transportation planning

自 20 世纪 80 年代以来，中国城市交通经历了从大规模自行车交通、汽车快速进入家庭，大力发展城市公共交通到建立可持续交通系统的曲折发展过程[1]，在这一过程中，城市交通发展战略取向一直是学者研究和决策者关注的核心。特别是 2000 年以后，随着小汽车交通在城市中快速发展而引发的交通拥堵、交通污染等诸多问题的凸显，以及能源、土地等资源瓶颈的约束，针对城市交通发展模式转型和交通战略的讨论更是成为社会各界关注的焦点。

1 城市交通发展战略与政策回顾

20 世纪 80 年代初，中国城市建设刚刚复兴，城市交通基础设施严重匮乏，城市公共交通落后，乘车难的矛盾十分突出，自行车是绝大多数城市的主要交通工具。1982 年中国城市自行车保有量约为 3500 万辆，人均 0.36 辆，而同期城市机动车保有量不足 200 万辆。自行车交通量大而集中、公交服务水平极低、道路设施严重不足是这一时期城市交通发展的主要矛盾。例如，天津市 1981 年早高峰小时自行车流量超过 2 万辆的交叉口有 22 个，广州市 1982 年高峰小时自行车流量超过 1 万辆的交叉口有 19 个[2]；1985 年底中国 21 个特大城市每万人拥有公共交通车辆仅为 5.69 标台[1]；1985 年中国城市人均道路面积仅为 3.1m²[3]。因此，国家制定的城乡建设技术政策明确了科学确定交通结构，大城市应以公共交通为主、各种交通工具协调发展的战略方向；提出了大城市对自行车应适当控制发展，限制社会团体车、公务车发展，控制高能耗高污染的摩托车发展，有条件的大城市要逐步建设快速轨道交通，积极发展出租汽车等政策[4]。

20 世纪 90 年代中叶，国家颁布实施《汽车工业产业政策》，明确提出到 2000 年汽车总产量要满足国内市场 90% 以上的需要，轿车产量要达到总产量一半以上，并基本满足进入家庭的需要。随着中国汽车工业发展转型，私人小汽车开始进入家庭，对城市交通后来的发展轨迹产生了极大影响，城市中小汽车交通快速增长。同时，中国社会经济的快速发展也加速了城镇化进程，人口向中心城市聚集的趋势十分明显。在城市交通供给严重不足的背景下，如何应对城镇化、城市交通小汽车化所带来的城市交通需求总量激增和需求结构调整的问题，成为当时城市交通战略研究和应用实践的重大课题。中国科学院针对中国城镇化、汽车产业转型发展的趋势，对城市交通相关政策、规划、经济、技术、工程等进行了系统研究[3]，认为中国城市交通要走多元化发展道路，构建现代化多层次的综合交通体系。原建设部与世界银行合作深入探讨了中国城市交通发展的规划、建设和管理的深层次问题[5]，发布了《北京宣言：中国城市交通发展战略》，在发展战略方向上形成的共识——五项原则、四项标准和八项行动，对中国城市交通发展产生了深远影响[6]。这一时期的城市交通战略重点开始转向综合交通体系建设，战略核心开始关注大城市如何引导小汽车合理发展，加快公共交通发展，加强交通需求管理，以及交通发展与城市功能布局及空间结构的关系。例如上海市加快了城市轨道交通系统建设，并采取了宏观调控小汽车发展规模的政策——小汽车牌照拍卖制度。北京市将重点放在了调整城市空间结构、改善公共交通发展环境等方面。

2000 年以来，中国城市交通面临的发展形势更加严峻，小汽车交通进入快速增长期，年均增长率长期保持在 15% 以上。城市规模快速扩张，居民出行距离逐渐加大。为了应对急剧增长的交通需求和缓解城市交通拥堵状况，2001～2006 年中国各城市普遍加大了道路交通设施的投入，主要用于拓宽道路、修建快速路和高架道路等，城市公共交通投资比例仅为14.7%，虽然人均城市交通投资年均增长21%、投资总额占全国GDP的比例由1.92%提高至2.4%，但仍然无法延缓城市交通拥堵的蔓延趋势。为此，国家制定了优先发展城市公共交通的政策[7-9]，2012年，国务院对城市优先发展公共交通进一步明确了树立优先发展理念、把握科学发展原则、实施加快发展政策、建立持续发展机制等要求[10]，为城市交通发展模式转型奠定了政策基础。

2 城市交通发展面临的形势

1）城镇化与城市发展加快，交通需求持续增长。

2011年，中国城镇化率已经达到51.27%，城镇人口首次超过农村人口，达到6.9亿人。在城镇化战略实施过程中，人口向城市特别是大城市快速聚集。由于土地资源的约束，中国城市呈高密度紧凑发展。"严格控制人均建设用地增长"在新国标中得到进一步强化，规定不同气候区的城市规划人均建设用地指标的上下限幅度为65~115 $m^2 \cdot$ 人 $^{-1}$，新建城市（镇）的规划人均城市建设用地指标宜在85.1~105.0 $m^2 \cdot$ 人 $^{-1}$ 内确定[11]。其中，道路与交通设施用地控制在10%~25%，人均不足30 m^2，仅相当于一辆小汽车的停车面积。同时，随着城市中心区改造和新城建设，城市扩张和人口向外围迁移的趋势加快，中心区就业岗位呈显著增长，城市功能集聚和空间扩张并存，交通需求保持旺盛的增长趋势。

2）城市交通小汽车化趋势显著，交通供需矛盾激化。

在汽车产能产量不断攀升、居民购买力提高和相关鼓励政策的作用下，中国大多数城市已进入小汽车快速增长阶段，部分特大城市正在迈入小汽车普及阶段。2012年中国共23个城市的机动车保有量超过100万辆，而北京机动车保有量已突破500万辆，千人保有量达到250辆以上。城市交通小汽车化的发展趋势十分显著，保有量、使用频率呈爆发式增长，小汽车出行比例逐年增大，交通结构持续向小汽车为主的模式转化。相反，公共交通发展缓慢，大城市轨道交通建设滞后，公共交通总体容量不足，服务能力和服务水平与交通需求不适应，城市公交出行分担率普遍在20%以下，公共交通优先发展的内涵和相关政策还有待进一步深化[12]。而且随着小汽车交通出行增多，城市中人行道、非机动车道被逐步蚕食，人的活动空间逐渐丧失。在城市道路交通设施供给增长空间已经不大的情况下，道路交通供需矛盾进一步激化，城市交通拥堵成为一种常态，城市中心城区尤为突出。

3）城市交通制约因素增多，发展模式转型需求迫切。

城市交通是城市社会活动的重要组成和载体，城市的特性和多样化需求决定了城市交通不仅仅是服务于运输的需求，更重要的是营造人性化的城市活动空间[13]。中国城市正处于全球最大规模的汽车进入家庭时期，又面临着城市形态、产业结构的重大调整，城市交通发展既要适应交通需求的增长与结构变化，也要处理好与土地、能源、生态等外部约束条件的关系。特别是在中国城市建设千城一面、交通拥堵不断加剧的情形下，任何期望通过单纯的工程和管理措施能够改变城市交通拥堵状态的想法都是不现实的，出路在于加快推进城市交通发展模式的转变，促进绿色、节能、低碳交通方式的发展[14]。

3 城市交通发展战略取向

3.1 战略目标

城市交通发展模式转型是一个长期的过程，关键在于观念和理念的转变，而交通战略取向既要符合城市交通发展基本规律，更要植根于中国城市发展的时代背景和长远需求。要把支撑中国城镇化发展战略，构建与城市空间布局相适应、与土地使用相融合、与资源环境相协调的城市综合交通体系作为城市交通发展的总目标，切实推进城市交通系统科学规划、城市交通基础设施理性建设、城市交通需求智慧管理，营造以绿色交通为主体、可持续发展的城市交通系统。

3.2 发展理念

针对中国城市和城市交通发展趋势，必须坚持节约资源、服务民生、和谐有序、科学决策的发展理念[15]，鼓励和支持与高密度紧凑城市相匹配的公共性、集约化交通方式发展，强化对小汽车交通需求有序引导和控制，协调不同交通参与者的交通需求、权益和设施安排，加快城市交通信息化、智能化建设，创新城市交通规划、建设与管理的决策机制。

在战略取向上应遵循以下原则：（1）以人为本。营造与人的活动相适宜的交通空间，保障人民群众的交通权益，满足多样化交通需求，促进社会公平和谐。（2）绿色低碳。促进占用资源少、使用效率高、人均排放低的绿色交通系统建设，鼓励绿色、低碳的生活方式。（3）需求管理。优化交通供给与资源配置，加快推动城市交通由个体汽车化发展模式向绿色交通发展模式转变。（4）综合治理。统筹协调城市居住、就业和交通等空间布局，从源头上减少交通生成，科学安排交通设施建设，标本兼治，注重长效。

3.3 战略对策

1）以科学决策为基石，统筹城市与交通发展。

加强城市与城市交通发展的科学决策能力建设，建立完善、公开、共享的城市交通出行基础信息库和交通模型系统，增强交通需求分析的科学性和准确性，为规划决策和工程设计提供依据。进一步理顺城市总体规划、控制性详细规划、城市综合交通体系规划的衔接、传承、互补关系，完善公众参与机制，提高城市规划、交通规划编制的科学性。在城市空间结构调整过程中，处理好与城市功能布局调整、产业结构及布局调整的同步协调推进，减少大规模单一性质土地使用安排，正确处理各类交通设施与周边城市土地开发密度的匹配关系。加强对重大交通基础设施规划建设的论证，引导和支撑城市空间结构调整和土地开发，加快完善建设项目交通影响评价制度和实施机制。

2）以协同集成为主线，构建城市综合交通系统。

应对城市多元化交通需求，统筹城市交通各子系统的协调发展。加强次干路和支路建设，按照"小街坊、高密度"布局要求加快完善道路网络，优化城市道路网功能结构和等级配置，慎重决策城市快速路建设，在路网密集的城市中心区，应避免新建快速道路和高架道路。大城市应加快完善公共交通服务体系，特大城市积极推进多种形式的大运量公共交通系统建设。优化出租汽车发展定位，使其回归特殊需求和高端服务的功能，严格控制发展规模。采取有效措施，加快建设与环境和谐共存的步行和自行车交通系统。谨慎应对小汽车发展，在差别化策略指导下，从时间、空间上对小汽车交通加以引导和调控，科学推进停车场的建设和管理。努力打造绿色交通为主体、多种交通方式相互补充的城市综合交通系统。

3）以公交优先为手段，促进城市交通结构优化。

优先发展城市公共交通不是城市交通发展的战略目标，而是优化城市交通结构、促进城市与交通协调发展的重要手段[16]。要结合城市的发展阶段、规模和布局特点合理确定公共交通的功能定位、发展目标，在投资、财税、用地等各个方面制定具体措施。大城市应将公共交通作为引导城市建设开发的关键要素，贯穿于规划建设之中，加强交通走廊的公交干线建设和重点地区的公交网络建设。特大城市在积极推进城市轨道交通建设的同时，应加快公共汽车网络的优化调整，形成相互配合的公共交通服务网络。在推进公共交通发展的同时，要加强交通需求管理，在政策、经济、用地等方面为公共交通、步行、自行车等绿色交通方式发展提供保障，加快城市交通结构向绿色、节能、低碳的方向转化。

4）以科技创新为支撑，提高城市交通服务效率。

在城市交通规划、建设、管理各个领域加快技术创新和新技术应用，促进城市智能交通系统发展。打破行政管理壁垒，推进交通基础设施信息与交通运行管理信息的集成应用，建设面向公众的交通信息服务系统和面向政府决策的智能化支持系统。加快城市交通信号系统的联网联控技术应用，增强城市道路通行能力。以提升服务效率为目标，普及公共交通智能调度、公交车辆优先通行系统和电子票务系统。

4　结语

城镇化和城市交通小汽车化进程同步快速发展，引发了中国城市交通需求剧增、交通供需严重失衡的矛盾，在土地、能源、生态等外部条件约束下，转变城市交通发展模式，推动城市交通向以人为本、绿色、节能、低碳方向发展，已经迫在眉睫。正确处理城市发展与城市交通发展的关系、树立科学的发展理念、选择切实可行的发展战略，对中国城市交通可持续发展具有极为重要的作用。城市交通发展战略取向既要遵循交通发展的普遍性原则，更要符合城市自身发展的规律和个性。

参考文献

[1] 住房和城乡建设部城市交通工程技术中心，中国城市规划设计研究院. 中国城市交通发展报告 1[M]. 北京：中国建筑工业出版社，2009.

[2] 城市交通运输的发展方向问题研究组. 城市交通运输的发展方向问题综合报告 [R].（四委）之十八，北京：中国城市规划设计研究院，1984.

[3] 周干峙，等. 发展我国大城市交通的研究 [M]. 北京：中国建筑工业出版社，1997.

[4] 中华人民共和国国家科学技术委员会. 中国技术政策：城乡建设 [R]. 国家科委蓝皮书第 6 号，北京：中华人民共和国国家科学技术委员会，1985.

[5] 建设部城市交通工程技术中心. 中国城市交通发展战略 [M]. 北京：中国建筑工业出版社，1997.

[6] 李晓江. 当前城市交通政策若干思考 [J]. 城市交通，2011，9（1）：7-11.

[7] 中华人民共和国建设部. 建设部关于优先发展城市公共交通的意见（建城 [2004]38 号）[EB/OL].2004[2013- 08- 29]. http://news.xinhuanet.com/zhengfu/2004-03/22/content_1378113.htm.

[8] 中华人民共和国国务院办公厅. 国务院办公厅转发建设部等部门关于优先发展城市公共交通意见的通知（国办发 [2005]46 号）[EB/OL]. 2005[2013-08-29].http://www.gov.cn/gongbao/content/2005/content_92902.htm.

[9] 中华人民共和国建设部，中华人民共和国国家发展和改革委员会，中华人民共和国财政部，中华人民共和国劳动和社会保障部. 关于优先发展城市公共交通若干经济政策的意见（建城[2006]288 号）[EB/OL]. 2006[2013-08-29]. http://www.gov.cn/zwgk/2006-12/04/content_461023.htm.

[10] 中华人民共和国国务院. 国务院关于城市优先发展公共交通的指导意见（国发 [2012]64 号）[EB/OL]. 2012[2013-08- 29]. http://www.gov.cn/zwgk/2013-01/05/content_2304962.htm.

[11] GB 50137—2011 城市用地分类与规划建设用地标准 [S].

[12] 陆原，郭晟，曾滢. 关于城市公共交通优先发展实践的思考 [J]. 城市交通，2013，11（2）：13-16.

[13] 简·雅各布斯. 美国大城市的死与生 [M]. 金衡山，译. 南京：译林出版社，2006.

[14] 中国城市规划学会城市交通规划学术委员会. 关于加强大城市交通规划建设与管理工作的建议 [J]. 城市规划，2011，35（2）：15-16.

[15] 王静霞. 加强城市交通规划研究与实践推动城市交通发展模式转变 [J]. 城市交通，2011，9（1）：1-5.

[16] 全永桑. 当前城市交通规划建设领域值得关注的倾向 [J]. 城市交通，2013，11（2）：1-5.

作者简介

马林，男，山东菏泽人，教授级高级工程师，住房和城乡建设部城市交通工程技术中心副主任，主要研究方向：交通规划、交通工程，E-mail:malin@caupd.com

武汉建设国家中心城市的交通发展策略

Transportation Development Strategy for Wuhan towards a National Central City

陈 莎 全 波 叶 峰

摘 要：2011 年，武汉提出了建设国家中心城市的目标，建设交通枢纽城市是其核心职能之一。首先从交通的角度，审视近现代 100 多年间武汉城市地位和功能的演变，提出在特定的经济组织模式下，交通"源流"的变化和交通方式的变革是影响武汉城市发展的重要因素。然后，对经济转型和内需导向背景下，武汉地理中心性的区位特征和长江中游航运中心的交通条件进行分析，从"中部对外门户、物流成本洼地、国家运输中枢"等方面解读武汉建设国家中心城市的交通枢纽内涵。最后，从国际、国家、区域三个层次提出交通发展策略，对重大交通设施布局提出优化建议。

关键词：交通发展策略；长江航运中心；中部崛起战略；国家中心城市；武汉

Abstract: In 2011, Wuhan initiated the goal of developing itself towards a national central city, where transportation terminal development is one of the key functionalities. By reviewing the evolution of modern Wuhan city's sposition and functionalities through transportation development, this paper points out that the change of travel "source" and modes has a significant impact on the development of Wuhan under given economic patterns. In the context of economic transformation and domestic demand-oriented development, the paper analyzes the characteristics of Wuhan as a geographic center and traffic conditions as the shipping center at the middle stream of Yangtze River. The essence of developing Wuhan towards a national central city is discussed in several aspects: central foreign portal, logistics costs depression area, and national transportation terminal. Finally, the paper proposes transportation development strategies from the international, national and regional levels along with suggestions to optimize the layout of major transportation facilities.

Keywords: transportation development strategy; shipping center of the Yangtze River; rising strategy of central China; national central city; Wuhan

0 引言

"国家中心城市"的概念最早由 2007 年住房和城乡建设部编制的《全国城镇体系规划（2006～2020 年）》提出，作为中国城镇体系中的核心城市，承担金融、贸易、管理、文化中心和交通枢纽职能[1]。截至 2012 年，已确立北京、天津、上海、广州、重庆五大国家中心城市。

2011 年，武汉提出了建设国家中心城市的发展目标。在新的社会经济背景下，如何顺势强化区位和交通优势，集聚发展要素和动力，实现大武汉的复兴，是其建设国家中心城市目标的根本所在。

1 武汉综合交通枢纽的历史地位及发展现状

1.1 历史上的国家中心

武汉在近代中国历史上无疑留下了浓墨重彩的一笔，既是中国四大名镇之一，也是内地最大的通商口岸，享有"东方芝加哥"美誉。其具有三大突出职能：

1）门户口岸

1862 年，汉口（1927 年，武昌与汉口合并定名为武汉，文中近代部分均以汉口为研究对象）被辟为对外通商口岸，汉口港迅速成长为仅次于上海的全国进出口贸易大港，进出口贸易总额占全国的 10%。到 1936 年，汉口土货复出口已占全国土货复出口值的 40%，腹地覆盖两湖、川东、黔北、远达陕甘豫晋地区[2]。汉口成为长江中上游地区对外经济联系的门户。

2）交通枢纽

20 世纪初，长江、汉江、京汉、粤汉铁路在武汉交汇，构成中国内陆新的骨干交通网络。中部地区茶叶、桐油、农副产品等土货出口，以及棉毛纺织品、煤油、糖、五金等洋货进口，通过江海联运、远洋直运、水水中转、铁水联运等多种运输方式，经汉口集结、分拨、转运，使其成为中国内陆最为重要的交通枢纽和货物集散组织中枢。

3）生产和流通中心

进出口贸易和货物运输组织的溢出效应推动了汉口新兴工业和专业市场的兴盛，使之成为仅次于上海的第二大金融中心、第二大厂矿企业资本集聚中心、最大的茶叶交易中心等。出口货物需求也影响了中部地区传统的自然经济格局，经济作物的种植面积迅速扩大，农副产品商品化程度提高。

1.2 如今的区域中心

改革开放后，武汉在国家层面的中心地位一度下落，综合交通枢纽功能也更多体现为区域中心。当前，武汉在综合交通枢纽的发展上主要存在以下三方面困境：

1）国际航空客货运输能力不足。

武汉天河机场国际客货运输与沿海枢纽机场相比，仍有较大差距，出入境旅客吞吐量不及同处中部地区的长沙黄花机场。其航空货邮吞吐量和增长势头不及成都双流机场和重庆江北机场，见图 1。成都和重庆大力拓展国际航空货运，与电子产业集群形成良性互动，已成为中西部地区发展外向型经济的典范。武汉航空客货运输面临高铁分流，以及中部地区郑州新郑机场、长沙黄花机场的激烈竞争，迫切需要寻求差异化、特色化的航空发展模式。

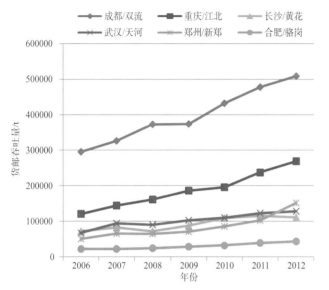

图1　2006～2012年中西部主要机场航空货邮吞吐量

资料来源：根据机场官网数据整理绘制

2）长江航运中心建设处于起步阶段。

武汉新港港口货物和集装箱吞吐量持续增长，2013年分别达到13237.8万t和85.28万TEU。但是，武汉港外贸集装箱运输市场仍处于培育阶段，至上海洋山港的"江海直达"航线在时效性、可靠性、班轮密度等方面优势不明显。同时，港区腹地的拓展受到集疏运系统建设相对滞后、长江翻坝运输能力饱和、航道等级偏低等因素的制约，面向区域的进出口组织功能有待提升。

3）综合运输体系内部缺乏整合协调。

武汉作为中部物流组织枢纽的辐射能级不足，交通优势尚不足以转化为产业集聚优势。一方面，空间错位削弱了物流成本优势，集装箱核心港区（阳逻港）、主要的外向型产业集聚地（东湖高新区）、主要的保税功能区和铁路集装箱中心站（东西湖区）等重要功能节点存在着空间布局的错位，使运输资源过于分散，物流枢纽缺乏整合。另一方面，竞争分流降低了交通运转效率，阳逻港"江海直达"航线还处于培育阶段，铁路集装箱五定班列发展缓慢，公路集卡市场散、小、弱，各运输方式之间联运不足、无序竞争，均无益于综合运输链的形成，也造成设施的极大浪费。

1.3　基于交通视角的城市枢纽地位影响因素分析

对于近代武汉的兴盛，《汉阳府志》评述："非镇之有能也，势则使然耳。"武汉"得中独优、得水独厚"的区位并未因时代的变迁而有所变化。但是，武汉城市地位几经浮沉，从历史上的国家中心下降为如今的区域中心，究其原因，仍然源

于"势"的变化：

1）经济社会背景变化导致交通源和流的变化。

改革开放后，在外向型经济导向发展模式下，国家的经济、产业、政策重心均向东部偏移。东部取代历史上的中部，成为国家生产和消费的中心。货物的起源和流向转变为以东部为生成地，面向全球发送。武汉城市地位在新的全球化经济格局下被边缘化，并逐步失去货物组织中枢功能。

2）交通方式的变革。

全球化背景下的远洋航运发展，加速推动了沿海港口城市的兴盛和内河港口城市的衰落。天津、上海、广州等国家中心城市，均在一定程度上依托航运中心的功能锚固着自己在全球城市体系中的地位。高速公路、快速铁路等内陆运输网络逐步快速化、网络化，同时内河水运萎缩，武汉作为水陆骨干运输通道交汇点的枢纽唯一性被削弱。

3）交通与产业互动关系的变化。

产业体系革新使得货物运输需求趋于多元化。航空运输的时效性、公路的便捷性、铁路的大运量和重载能力，在不同的产业领域体现出优势。武汉依托黄金水道建立的交通优势不复存在。

2　新形势下武汉综合交通发展的机遇

1）经济转型与产业转移，内陆城市迎来后发机遇。

2008年全球金融危机后，面对市场紧缩和竞争加剧的双重压力，中国适时提出以扩大内需为导向的宏观经济战略，加快了经济转型的步伐。产业发展呈现内陆化、本土化的新趋势。沿海外向型产业由以"外贸为主"向"内外兼顾"转变。

在此背景下，长江流域成长为中国对外开放格局中的重要新兴轴线。2012年，全国进出口贸易总额大于200亿美元的省市除沿海、沿边省市外，还包括长江沿线的安徽、江西、湖北、湖南、四川、重庆。中西部城市依托庞大的内需市场和新兴的进出口贸易通道，深度参与全球化竞争。

武汉具有地理中心性的区位优势，是面向国内市场的物流成本洼地。面向国际市场，武汉具有"江海直达"航运优势，具备物流成本导向下的产业转移集聚吸引力[3]。

2）民航运输处于迅速成长期，中部亟待培育门户枢纽。

近10年，中国民航运输迅速成长，尤以航空货运和国际客运为增长亮点。航线网络的城市覆盖面明显铺开，并显著向中、西部城市扩展。民航总局将推进民航运输的"大众化"战略，提出"2030年，中国航空运输市场规模位居世界第一"，"大陆将建成3个以上国际枢纽机场"的目标，中西部将逐步培育起航空门户枢纽。在国家民航运输市场发展的良好预期下，武汉航空发展前景乐观。天河机场航线基础良好，拥有中部地区唯一的洲际直飞客运航线（截至2012年9月），国际航线拓展势头较好。武汉的居中区位和优越的空铁联运条件，为构筑面向国际航运的轴辐式网络，拓展国际航运腹地

奠定了基础。

3）内河水运上升为国家战略，黄金水道复兴。

2007 年以来，内河水运发展呈现恢复态势，内河港口货物吞吐量增长显著快于沿海港口，见图 2。以武汉、重庆为代表的长江中上游港口集装箱运输发展良好，见图 3。2011 年，《国务院关于加快长江等内河水运发展的意见》(国发 [2011]2 号)发布，内河水运发展上升为国家战略，并明确了打造重庆、武汉两大长江航运中心的目标。

内河水运具有低成本、大容量、低能耗、低排放的特点。中国内河货运量是美国的 2 倍，但货运周转量仅为美国的 3/4。在中国综合运输结构中，内河、铁路等集约化、大容量、低成本、低能耗的运输方式在货运结构中的比例偏低，公路运输承担了31% 的货运周转量，但运输费用高达 78%，而内河水运承担了16% 的货运周转量，运输费用仅占 5%。因此，中国内河运输方式在综合运输体系中的地位仍有较大的提升空间，应进一步优化综合运输结构[4]。

近年来，沿海港口与内陆港口之间深化合作，通过资源再配置和优势互补，推动长江成为横贯内陆的骨架性物流大通道，武汉"通江达海"功能得以提升，长江中上游水运组织功能显现。

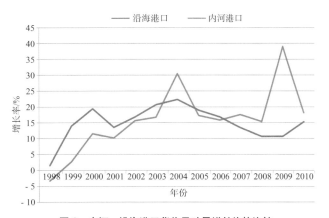

图 2　内河、沿海港口货物吞吐量增长趋势比较
资料来源：根据交通运输部官方网站数据整理绘制

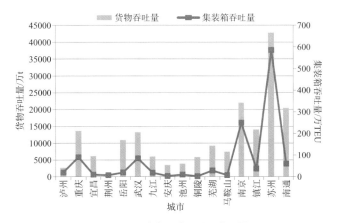

图 3　2013 年长江主要港口货运量
资料来源：根据城市官方网站数据整理绘制

3　对武汉综合交通枢纽地位和作用的再认识

1）引领中部崛起和对外开放，支撑国土均衡发展。

中国城镇化发展以区域梯度开发和城市分层推进为空间脉络，朝着国土相对均衡发展的目标逐步迈进。中部崛起的区域政策必然需要一个国家中心城市，承载国家战略资源投放，集聚稀缺的要素与功能——门户功能、金融中心、国家枢纽等。

从落实国家区域发展政策的角度来说，武汉作为中部崛起政策最为重要的城市空间载体，需要进一步完善要素配给、集聚高端功能，肩负引领中部城镇群、带动长江中游地区、服务中部对外开放的区域空间使命。

2）降低国家物流运输成本，优化货运结构和组织模式。

2009 年，中国物流总费用占 GDP 比例为 18.1%；其中运输费用达到 3.36 万亿元，物流费用比例远高于东亚和欧美发达国家，见图 4。

二产比重高、产销空间分离、运输结构不合理、运输组织空间离散等，均是物流费用高企的原因。在当前外源为主、内生为次的经济时代，中国物流组织呈现以沿海经济中心城市为中心，以中西部地区为主要腹地，以高速公路为主要通道载体，800～1000km 为半径的大尺度、零散化物流运输的特征，物流运输结构和组织模式亟待调整。

中部国家级联运、转运中心是重塑国家物流组织模式的重要支点。武汉距离各大经济区域核心均在 1000km 左右，国土层面的地理中心性突出；同时，长江 I 级和 II 级航道在武汉衔接，未来 6m 深航道疏通工程也将延伸至武汉，航道优势明显。因此，武汉具有建设转运组织中心、打造物流成本洼地的区位优势。

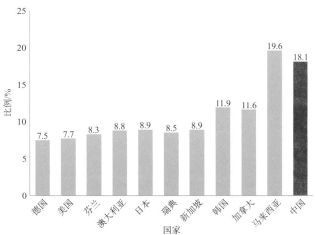

图 4　2009 年部分国家物流总费用占 GDP 比例
资料来源：根据中国物流与采购联合会网站资料整理绘制

4 综合交通体系发展策略

4.1 重点突破，全力提升门户功能

1）以中部国际航空枢纽建设助产业升级、促对外开放。

国际航空运输既是国家中心城市的重要功能，也是内陆城市摆脱区位束缚，直接融入世界经济体系，参与全球产业分工，发展高端制造业的重要支撑。

武汉天河机场应积极建设中部国际航空运输枢纽，加快国际客运市场拓展，完善"干支"结合的航线网络；培育国际客流转运中心和货邮分拨中心；积极引进低成本航空公司和航线；加强机场客货集疏运系统建设；引入城际铁路，衔接武汉站、汉口站，构筑中部地区最为重要的"空-铁"一体化综合交通枢纽。

2）以长江中游航运中心建设塑运输模式、拓市场空间。

武汉新港应完善"江海直达"航线网络；集中打造阳逻-白浒山和军山-金口-纱帽两大集装箱港区，推进阳逻港保税港区建设；实现港区物流服务的规模化供应，吸引临港产业集聚，形成港口腹地互动、国内国际联动的内陆型口岸物流体系[5]，推动与沿海枢纽港的互动发展，构筑面向国际市场的低成本物流大通道。

另外，武汉新港还应完善"水-水转运"体系，见图5。推动长江航道武汉段整治建设，依托长江-江汉运河-汉江-湘江，积极开辟中转航线，加强与宜昌、荆州、武汉、黄石等城市港区、物流园区的衔接，形成以阳逻港为中转港，以襄阳、宜昌、泸州、岳阳为主要喂给港的水-水转运体系，支撑长江中上游地区外向型产业发展。

4.2 整合协调，区位和交通优势转化为流通和产业优势

1）整合多种运输方式，以"多式联运"强化综合运输链形成。

充分发挥长江水运优势，积极构筑以水运为核心的物流组织体系。协调发展港区面向区域的"公-水"、"铁-水"联运体系，拓展港口腹地范围。

重点建设阳逻国家级综合物流枢纽，提高江北铁路级别，

建设与干线铁路直通运行的港区铁路集装箱枢纽站，实现"铁-水"无缝衔接。布局与港口一体化组织的保税区、物流园区、铁路专用线路、集卡短驳道路，打造"江海直达"航线集装箱转运中心。

2）物流与交通设施、商贸、产业联动发展，打造物流成本洼地。

加强物流节点与交通设施、产业布局的资源整合与联动发展，构筑分层级的物流枢纽，有效降低物流成本，夯实流通中心地位，强化产业集聚，见图6。

依托航空、水运门户优势，以及干线铁路和高速公路接驳网络，围绕天河机场和阳逻、白浒山、三江港地区形成国家级物流枢纽，集聚外向型产业、高端制造业。

依托铁路集装箱中心站、汉江航道及大花岭货场、京珠和沪蓉高速公路等区域性交通设施，围绕吴家山、郑店地区形成区域级物流枢纽，集聚大型物流企业、商贸流通市场。

依托东西湖保税物流园区和经济开发区，发挥铁-水联运及公路集散优势，在舵落口、沌口-军山地区形成地区级物流枢纽，形成服务城市货物配送、食品产业、装备制造等产业的高效物流组织中枢。

4.3 空间引导，支撑区域一体化发展和城市功能布局

1）优化高速铁路布局。

建议调整武西客专与沪汉蓉客专共通道并引入汉口站，继续往西经天兴洲大桥引入武汉站，构筑由京广客运专线、沪汉蓉客运专线、福西客运专线组成的"十"字形铁路骨架。以汉口、武汉两大客站锚固客运专线网络，提升两大铁路客

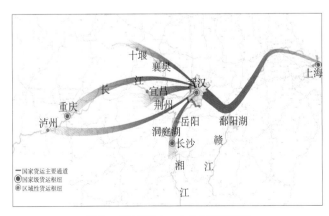

图5 武汉新港水-水转运组织示意

图6 武汉物流组织体系规划

图7 武汉客运专线网络规划

图8 武汉城际铁路线网既有规划

资料来源：根据"武汉城市圈城际铁路网规划"绘制

站的集聚度和运营组织灵活度——均可开行至上海、成都、北京、广州、西安、福州方向的动车组列车；加强列车运行资源的集聚以及多向客流之间的便捷换乘，见图7。同时，将天兴洲通道货运功能外移。

2）优化城际铁路网络布局。

建议新建汉孝铁路至武汉站城际联络线；京广铁路汉口至武昌站区段承担城际功能，以武汉站、武昌站、汉口站、汉阳站、流芳站为主要客站，形成城际铁路环形加放射的互联互通网络布局。实现五个方向城际铁路可同时在长江两岸客站到发，突破长江对城市圈两岸城市之间的通达障碍；城市圈五个方向城市之间均可通过在五大车站的城际列车换乘，实现联通，任意方向客流均可通过最多一次的城际列车换乘到达天河机场；显著提高区域各主要城市间、重要新城间、大型交通枢纽间的通达性，支撑区域性功能节点塑造，推动区域一体化功能整合，促进中心城市功能辐射，见图8和图9[6]。

5 结语

以武汉为核心的中部第五极的崛起，将成为未来中国经济发展的重要支点，与京津冀、长三角、珠三角、成渝城镇群，共同引领国土相对均衡发展。武汉建设国家中心城市是新形势下城市发展新目标、新路径的探索。未来武汉应着重塑造国家和区域运输组织功能，提升生产要素流转效力，形成物流运输成本洼地，促成面向国际和国内市场的产业集聚，推动区域城镇发展。

在这一路径中，武汉综合交通体系的发展重点突显了区

图9 武汉城际铁路线网规划优化方案

域战略视角和城市规划语境下的新导向：（1）由"增加设施供给"向"调整运输结构"转变，强化水运、铁路在运输结构中的地位，构筑低碳、高效的综合运输体系；（2）由"服务客货流通"向"吸引产业集聚"转变，依托"空港、河港"门户地区，以规模化的运输服务集聚"大产业"，服务"大流通"；（3）由"支撑地方经济"向"带动区域发展"转变，加强门户型重大交通设施的区域共建共享和服务能力，依托城际轨道交通系统优化区域和城市空间结构。

参考文献

[1] 王凯，徐辉. 建设国家中心城市的意义和布局思考 [J]. 城市规划学刊，2012（3）：10.

[2] 张珊珊. 近代汉口港及其腹地经济关系变迁（1862—1936）[D]. 上海：复旦大学，2007.

[3] 吴威，曹有挥，梁双波. 区域综合运输成本研究的理论探讨 [J]. 地理学报，2011，66（12）：1607-1617.

[4] 李跃旗. 欧洲集装箱内河运输经验借鉴 [J]. 中国航海，2007（1）：89-92.

[5] 范剑勇，杨丙见. 美国早期制造业集中的转变及其对中国西部开发的启示 [J]. 经济研究，2002（8）：66-73.

[6] 魏东海，陈莎，全波，等. 武汉建设国家中心城市行动规划纲要 [R]. 北京：中国城市规划设计研究院，2012.

作者简介

陈莎，湖南益阳人，女，硕士，工程师，主要研究方向：交通规划，E-mail:chensha_2000@163.com

城镇密集地区交通规划技术方法探讨——以重庆地区为例

Transportation Planning Methodologies for Large Metropolitan Areas: A Case Study in Chongqing - Region

黎 晴 赵 莉

摘 要：围绕重庆地区的三个区域交通规划项目，系统性地回顾和梳理了城镇密集地区交通规划理念的演变过程和规划实践。探讨了国家战略、政策法规及行政体系对规划工作的影响，总结了交通枢纽城市的内涵，归纳了不同层级城镇密集地区交通规划的要点。指出城镇密集地区交通规划作为区域协调的重要依据，深入研究经济、政策、管理机制与规划的相互关系，探寻以区域协作作为核心价值的规划方法是今后研究的主要方向。

关键词：交通规划；综合运输；枢纽；城镇密集地区；重庆

Abstract: Focusing on the three regional transportation planning projects in Chongqing region, this paper systematically summarizes and reviews the evolution of transportation planning principles in large metropolitan areas. The impact of national strategies, policies and regulations, and administrative system on transportation planning is discussed. The essence of developing a hub city as well as key points for different levels of transportation planning in large metropolitan areas is summarized. This paper points out that future research on transportation planning in large metropolitan areas should focus on investigating the interrelations among planning and economy, policy, management mechanisms, and planning methodologies to facilitate coordinated regional development.

Keywords: transportation planning; comprehensive transportation; transit terminals; large metropolitan areas; Chongqing

0 引言

城镇化是未来 10～20 年拉动中国内需最大的潜在动力[1]。作为中国区域经济发展的主体和城镇化进入高级阶段的标志，城镇密集地区的进一步发育和成熟将成为城镇化的主要推力之一。

城镇密集地区交通规划方法仍处于长期实践与探索之中。由于受到产业经济组织关系变革的影响，按照传统的行政边界构建的规划框架已经被逐步打破，以区域一体协调为基准的网络构建成为新形势下交通规划所追寻的目标。本文尝试基于近年重庆地区相关交通规划的实践，总结和梳理此类规划的内涵、规划层级与技术重点。

1 城镇密集地区交通规划技术研究特征

"城镇密集地区"从字面含义理解，是指城镇密集的地区，反映一个地区城镇数量上的集聚程度和质量上的发育程度[2]。具体来说是指城市功能外溢到市域和区域，形成城镇之间社会经济活动密集、城镇关系密切的地区。对城镇密集地区交通规划的研究由来已久，主要集中在三个方面。

1）城镇密集地区交通与空间发展演化关系研究。

国外对交通与城镇群空间结构演化机理的研究较多采用经济地理理论。威廉·阿朗索（William Alonso）的地租理论认为地租和交通成本是区位优势中考虑的重要因素[3]。当交通可达性提高到某一土地利用的地租曲线可以跨越城市边界、覆盖相邻城市时，一个城市所引起的城市活动范围可以延伸到地租曲线可以覆盖的区域，从而引起城市活动范围、方式和组织关系的变化。

2）以城镇密集地区交通特征为基础的交通结构模式研究。

文献 [4] 对都市圈范围不同圈层内的交通特征进行研究，提出根据不同圈层出行特征建设交通设施以及制定相关政策。文献 [5] 针对交通运输、服务和市场三个城镇密集地区聚合要素分析区域交通需求特征，并根据区域城市化和城市区域化的发展趋势，分析城镇密集地区对外交通需求和内部交通需求的特征，提出应按照区域城镇发展中交通需求的变化，从整个交通系统一体化的角度规划相应的交通基础设施，并将其作为区域内城市规划和区域规划的重点内容。此外，还有众多学者和研究人员对快速城镇化地区中新型交通方式（如高速铁路、高速公路等）对城市发展、交通模式改变等方面的影响进行了广泛研究[6-7]。

3）城镇密集地区交通规划方法研究。

传统的公路网规划将城镇分为不同层次的枢纽，通过线网锚固枢纽制定网络规划[8]。随着对区位和交通可达性相互关系认识的加深，规划方法由以增加设施规模为核心转向以提高通道服务水平为核心；在具体的运输方式上，则体现为由高速公路网络向城际铁路网络的转变。现阶段，由于交通协同运作实施的增强，交通枢纽在网络中的地位异常重要，规划重点转向交通枢纽的服务能力和衔接组织。

基于上述分析，对城镇密集地区交通规划理论与方法已形成三点基本共识：①按照时空收敛规律，交通成本和出行时间是影响城镇密集地区空间结构的重要因素；②在以城镇密集地区各个城市为节点的交通网络中，综合交通系统具有明显的层次性，应建立与城镇密集地区空间结构体系相对应的分层、分级交通设施规划布局模式；③作为影响城市参与区域竞争与分工的关键因素，交通枢纽服务能力的提升取决于与城市空间结构的结合程度。

尽管如此，在规划实践过程中对一些问题的认识仍存在较大偏差，包括对规划层次和重点的认识，对诸如"枢纽定位"内涵的进一步理解以及如何投射到方案等。

2 成渝城镇群协调发展规划

2.1 规划背景

成渝城镇群协调发展规划[9]自2007年启动，于2008年形成初稿，是"区域协调"规划在重庆的第一次实践。

当时，业界对城镇密集地区规划已形成一定共识，即"城市是区域的城市"，认为对区域进行统一规划非常必要，但对规划技术方法的探索刚刚开始，对区域层面的交通战略研究重点分歧较大。同时，受到数据收集技术手段的限制，研究工作定性成分较多、定量成分较少。

成渝城镇群协调发展规划的工作目标是认识成都与重庆两大核心城市之间的关系并基于"协调"的目标赋予各自职能。

2.2 技术路线

成渝城镇群协调发展规划中区域交通研究的技术路线为：从分析区域经济背景下成渝地区的战略地位和地区发展背景下综合交通系统的目标入手，把握如何发挥综合交通系统的一体化建设、综合交通系统对于地区经济的促进和支撑作用，以及综合交通系统对于地区城镇空间布局的引导和服务作用三条主线，分析现状和已有规划中的不足，进而制定综合交通系统布局规划方案，并提出近期行动计划，见图1。

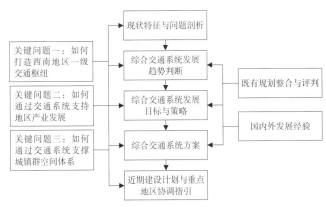

图1 成渝城镇群协调发展规划中区域交通研究技术路线[9]

研究的技术路线力图从综合交通系统自身、交通与产业的关系、交通与城镇群空间布局的关系三方面入手，明确区域发展中交通规划的作为。从规划实践来看，对交通与产业的关系探讨得并不深入，对综合交通系统自身的协调包括设施规模总量与交通结构及其发展方向的研究相对深入，这一部分取得的研究进展在后续研究中得到延续。在交通与城镇群空间布局的

关系中初步提出根据交通条件判断城镇群中各城镇发展潜力的规划手段，发挥了支持城镇群空间规划方案的作用。

2.3 规划结论

1）建设区域性交通枢纽。

编制规划时，很多区域性交通枢纽设施尚未建成，因此提出枢纽建设仍为下一步工作的重点。具体包括：结合铁路客运专线的建设，近期主要形成重庆铁路站、成都铁路站、双流机场、江北机场等区域性交通枢纽设施，促进区域交通组织一体化。

2）完善铁路网络并加快城际轨道交通建设。

为呼应全国城镇体系规划中"成都与重庆共同建设国家一级综合交通枢纽"的设想，并考虑在成都与重庆之间的紧密联系是枢纽功能共享与互补的前提条件，据此提出：推动"公交化"铁路运输模式，在成渝客运专线开行发车频率为0.5～1.0h的列车运输服务，强化成渝走廊城镇之间的交通联系；同时，加快建设成渝城际轨道交通以及与泸州、宜宾的联络线。

3）改善对外通道条件。

从国家一级综合交通枢纽在全国城镇体系中的作用出发，强调成渝地区应改善的通道方向，并提出具体方案。主要包括两个方面：一方面，加强与北面西安市的联系。成渝地区与关中地区在历史上就交流频繁、沟通广泛，随着西部大开发战略的实施，成渝地区作为西南地区的增长极，与作为西北地区增长极的西安地区应该建立更加快捷的联系。此外，该方向也是去往京津冀环渤海地区以及东北地区的通道，在该走廊上布设高速铁路，可以大大缩短成渝地区与首都地区的时空距离。另一方面，增加去往贵阳、珠三角方向的高速铁路，缩短成渝地区与珠三角经济发达地区的时空距离。

2.4 理念创新

1）认识到交通枢纽城市与交通节点城市的差别。

交通节点城市是随着国家交通运输网络的建设，由公路、铁路、水运航道多条运输干线相交而形成。而所谓交通枢纽城市，既要具备四通八达的对外通道，又要具备高效的内部转换设施。交通枢纽城市的能力体现为通道能力与转换能力的总和。

运输方式的转换是运输需求的体现，运输方式的合理转换是提升运输效率的保障。不同的运输方式具有自身技术经济特点，适用范围不尽相同。大量采用公路运输这一高能耗、高成本的运输方式是中国运输结构普遍存在的问题，造成这一问题的原因很复杂，但综合交通枢纽内部多式联运机制与设施的严重滞后是最根本的原因。因此，打造成渝国家一级综合交通枢纽除了大力构造对外联系大通道之外，还要关注多式联运机制的协调与设施的建设。优化运输结构有利于降低能耗和排放、集约利用土地、降低运输成本，对于地处内陆的西部地区尤为重要。

2）对"枢纽城市"建设的内涵进行细分。

重庆建设国家一级综合交通枢纽的任务可以分解为3个

子任务：

① 构筑对外交通大通道。重要的对外交通通道要构筑多层次、多形式的交通走廊。以铁路与公路为主骨架，大力发展航空运输，充分发挥长江干支流的水运功能，形成各种方式协调发展的对外交通大通道。

② 强化多式联运，优化运输结构。规划国家级客运枢纽，强力支撑西部腾飞的商务客流与旅游客流。分层次建设物流园区，构筑多式联运的物流体系，优化运输结构，促进综合运输向节能高效、环境友好方向发展。

③ 协调重大基础设施（机场、港口）共享。以重庆港为主，合理布局成渝城镇群内部港口。协调重庆机场与成都机场的发展定位与功能，促进成渝航空网络的健康发展。

3　重庆交通发展战略

3.1　规划背景

重庆交通发展战略[10]的编制始于 2009 年，此时，区域交通理论研究开始成为学界关注热点，2009～2013 年以"区域交通"为关键词检索到的论文多达 900 多篇。

在区域一体化、区域协调发展广受关注的背景下，重庆市政府提出"一江两翼三洋"的口号，将交通区位提升作为重庆发展战略的重要组成部分。从地缘上来看，尽管与成都同属于成渝地区，但重庆与成都的发展路径显然存在先天条件的差异。重庆在内需拓展的条件上不如成都，转向国际化是其必然选择。

3.2　技术路线

与成渝城镇群协调发展规划不同，重庆交通发展战略是以重庆的整体交通发展为研究主题，对区域交通的考虑主要集中在政策解读以及上位规划的落实。基于务实的角度，从完善重庆市综合交通系统的角度，对重庆所处区域的交通状况及区域交通设施在重庆市域范围内的布局方案进行研究，见图 2。

3.3　规划结论

3.3.1　重庆市的枢纽定位

重庆市定位为国家西部地区的综合交通枢纽与内陆对外开放的门户。

3.3.2　枢纽城市发展策略

1）做大枢纽。提升重庆枢纽地位，扩大枢纽范围，提高枢纽组织效率。

2）扩展通道。协调国家、西部、城镇密集区、市域各个层面通道；形成渝汉、成渝、渝黔、渝西、渝郑、渝昆、渝湘、兰渝等八大高等级国家综合走廊在重庆交汇。

3）优化结构。协调各种交通方式，强化联运，发挥综合运输优势，提升航空、铁路、水运、公路、管道等集约化运输方式比例。

4）均衡市域。均衡布局市域交通运输设施，实现多极带

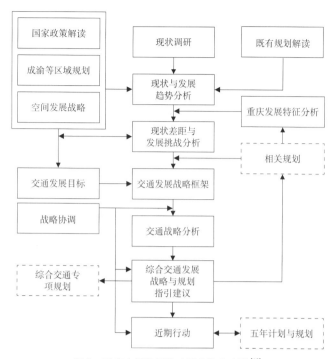

图 2　重庆交通发展战略研究技术路线[10]

动下的统筹发展。

3.3.3　支撑方案要点

1）机场。

机场的发展定位为西南地区重要的大型复合枢纽机场。空港地区建设综合客运枢纽和综合货运枢纽，同时服务于机场和城市。客运枢纽引入渝万城际和 3 条轨道交通线路；建设机场专用高速公路。

规划期内做大江北机场，强化基地、扩展腹地、客货并重，预留远景第二机场。

2）铁路。

市域铁路网络形成"一枢纽十八干线五支线"格局；布局"四主三辅"铁路客站和"三主两辅"铁路货站。

3）水运。

完善市域"一干两支六线"航道网络，形成主城、长寿—涪陵、万州三大港区；主城港区实施"内客外货"，在寸滩、果园、东港、黄磏组织多式联运；结合"两江四岸"促进旅游客运。

4）公路。

对外形成 12 条国家干线公路，市域提升万州、黔江的辐射能力，构建"多层多极"网络；利用空港、铁路站和港口整合公路客货运输枢纽。

5）管道运输。

积极规划、科学选址、适时建设用于长距离传输天然气和油品的新型管道运输网络。

3.4　理念创新

市域是承接枢纽功能的重要实现"载体"，交通系统与市域结构是否耦合直接关系到枢纽的组织效率。在规划手

段上具体表现为：合理安排重大交通基础设施在市域范围的规划布局与衔接组织。在落实重庆市建成国家一级综合交通枢纽城市这一目标时，除了通道增容、优化结构等内容，还增加了市域协调的内容，使枢纽建设的内涵向"落地"更进一步。

4 重庆市城市总体规划深化

4.1 规划背景

此轮重庆市城市总体规划深化[11]始于2013年。在重庆市城市定位由过去的"超大尺度山地城市"调整为本轮"省域构架下的国家中心城市"前提下，规划编制充分考虑区域交通与城市交通的密切关系，并未突出地将区域层面作为相对独立的部分。研究者的视角进一步下沉，从城市的角度思考重庆所处地区的区域交通问题。

4.2 规划结论

规划中区域交通问题的解决策略，从提升开放程度及做强枢纽两个方面提出。

4.2.1 提升开放程度策略

1）打造西部门户型、复合型航空枢纽。规划认为航空是重庆融入世界网络的首要方式，并进一步地认为加强物流运输应是重庆机场国际化的重要途径，应从成渝一体化的角度差异化布局国家航点。

2）打造西部国际物流中心。规划提出国际物流应为航空、水运、铁路、公路及这些方式之间的多式联运组合。

3）打造西部国家运输中心。规划强调要强化以重庆市为中心的运输通道，构筑重庆对外交通的九大综合运输通道。在铁路网络规划中建议建设渝长客专，这清晰地指明成渝地区建立区域级联系的首要方向应为经济发达的东部沿海地区。

4.2.2 做强枢纽策略

1）交通设施与城镇体系有机衔接。增强国家及区域运输通道对区域中心城市及城镇发展带的服务，立足市域，均衡布局和建设综合交通枢纽。

2）交通设施与产业发展有机结合。立足市域，重构重庆大物流发展平台，凸显重庆在川渝、渝黔一体化发展中的区域物流和产业体系组织中心功能。

3）以重庆市主城区为中心构建引领区域一体化的交通网络，形成以重庆市为中心的区域商务活动出行圈。

总体来说，由于重庆市主城区的用地条件受限，在枢纽扩容及带动周边发展的双重需求下，将重庆的客货运输枢纽在重庆市域中重新布局，并在此基础上重新布局公路及铁路的线路走向。

4.3 理念创新

重庆市城市总体规划深化在区域交通设施与城镇空间布局、交通设施与产业的互动关系上做了进一步的研究与方案落实。

与城镇空间布局的互动方面，在以重庆市为核心的大都市圈范围内，调整铁路运输通道及节点的布局或功能，支撑城镇空间布局发展。

产业互动方面，主要通过物流园区的布局及围绕物流园区的货运集散系统优化，使得工业用地具备相应的交通条件，并协调了与城市客运交通系统的关系。

受到重庆市城市定位调整的影响，对重庆国际开放度内容的研究及方案呼应也是本轮城市总体规划深化的主要创新点。

5 对城镇密集地区交通规划方法的认识

5.1 对"大事件"的解读

全国城镇体系规划（2006~2020年）[12]中提出的城市综合交通枢纽分级，对研究区域交通产生重大影响，此后所有区域交通规划均应解读枢纽内涵，分解枢纽建设任务。

《中华人民共和国城乡规划法》颁布后，对法定体系内规划层级的任务做了规定，因此，研究不同规划层级的工作重点也成为项目操作中必须考虑的问题。

重庆两江新区获批后，对重庆的定位提升提供了强有力的政策支撑，在2013年重庆市总体规划深化研究中，重庆的国际开放度成为关注重点。

5.2 对"枢纽"的理解逐步深入

全国城镇体系规划（2006~2020年）首次从强化城市在产业发展和空间布局中的作用出发，提出设立国家综合交通枢纽城市的设想，见表1。

与人们通常印象不同的是，国家综合交通枢纽城市的设立不仅仅从该城市在国家各大交通网络节点的重要性出发，还强调在城市这个节点上的各种交通转换与衔接功能。

全国城镇体系规划（2006~2020年）出台后，本文探讨的三个区域协调战略研究项目均在思考交通枢纽城市的内涵，以及建成交通枢纽城市的步骤与内容，见表2。

自此，建成综合交通枢纽城市的内涵及目标在规划成果中得到完整表达：建成国家综合交通枢纽本身不是一个目标，它的价值体现在实现枢纽定位这一目标的过程中，要重视交通设施对城镇空间布局及产业发展的支撑与引导作用，从而实现城市可持续发展。

5.3 不同层级规划重点逐步明晰

由于研究所处的层面不同，重点要阐述的观点也存在差异。认识差异并在各自的研究层面抓住重点是研究机构需要长期探索的命题。本文所解析的三个规划研究项目明确识别了自身任务，在研究上各有侧重，见表3。

国家综合交通枢纽城市　　　　表1

类型	个数	综合交通枢纽
一级	8	北京—天津、上海、广州—深圳—香港、成都—重庆、武汉、西安、沈阳、郑州
二级	20	石家庄、太原、大连、长春、哈尔滨、南京、杭州、宁波、合肥、南昌、厦门、济南、青岛、郑州、长沙、南宁、贵阳、昆明、兰州、乌鲁木齐
三级	29	呼和浩特、福州、海口、拉萨、西宁、银川、秦皇岛、包头、通辽、锦州、吉林、四平、齐齐哈尔、佳木斯、牡丹江、徐州、连云港、温州、金华、芜湖、洛阳、襄樊、衡阳、怀化、珠海、汕头、湛江、柳州、桂林

资料来源：全国城镇体系规划（2006～2020年）。

关于交通枢纽城市内涵理解的比较　　表2

项目名称	交通枢纽城市内涵	具体的规划手段
成渝城镇群协调发展规划	对外通道扩容，强调多式联运，优化运输结构	提出对西安及贵州方向的客运专线联系
重庆交通发展战略	在通道增容、优化结构的基础上提出"市域均衡"，强化枢纽能力提升的相应内容	强调机场为多方式集合的枢纽；以提升接纳能力为目标梳理铁路枢纽；增加铁路与公路的对外通道；强调水运与管道运输在优化运输结构中的作用
重庆市城市总体规划深化	在上述规划基础上，提升重庆枢纽的国际化内涵，并进一步明晰枢纽功能与城市发展的互动关系	以提升开放程度和增强枢纽能力两方面来汇总方案措施

资料来源：根据文献[9-11]整理。

规划项目的研究视角及工作重点比较　　表3

项目名称	规划视角	规划工作重点
成渝城镇群协调发展规划	强调协调发展，合作及资源共享是主题	重点阐述"协调"的内涵，强调区域交通设施共享，重点讨论了成都、重庆的定位差异及分工
重庆交通发展战略	认为合作中有竞争难以避免，而这一竞争涵盖了航空、铁路、公路及水运	较为侧重综合交通系统自身的完整性
重庆市城市总体规划深化	进一步提出以重庆市为核心统筹区域	侧重交通系统与城市发展的互动关系

资料来源：根据文献[9-11]整理。

由于重庆市城市总体规划深化中的工作重点是呼应城镇空间布局与产业的关系，所以在阐述时并没有按照航空、公路、铁路、水运和管道这五大系统来划分规划内容，而是将枢纽内涵的分解直接对应到规划内容组织。这是规划工作重点在规划方案中表达的一种形式。

6　结语

与城市综合交通体系规划相比，城镇密集地区的交通规划似乎更为简单，因为"需要规划的内容较少"。但事实上，城镇密集地区交通规划需要更多考虑规划技术之外的事物，需要更为深入地理解中国行政体系的运转规律以及财政体制与政府投资活动之间的关系。同时，城镇密集地区交通规划应清晰地辨识什么问题应该放到区域层面来探讨以及需要搭建何种探讨平台，这往往比思考区域之间重要基础设施走廊的走向与定位更为重要与困难。

在今后的区域交通设施规划中需要进一步反思：除了扩大规模、增加设施等规划方案以外，如何在"协调共享"上寻求突破并探寻由此形成的规划方案表达。

致谢

本文在选题及资料采集中得到戴彦欣、全波、李鑫、李潭峰、陈莎、卞长志的帮助，在此表示感谢。

参考文献

[1] 熊争艳.李克强：中国未来几十年最大发展潜力在城镇化 [EB/OL]. 2012[2013-01-28].http://news.sina.com.cn/c/2012-11-29/105125690623.shtml.

[2] 刘荣增.城镇密集区及其相关概念研究的回顾与再思考 [J]. 人文地理, 2003, 18（3）：13-18.

[3] 武进.中国城市形态：结构、特征及其演变 [M]. 南京：江苏科学技术出版社, 1990.

[4] 陈斌, 杨涛.南京都市圈交通圈层演化特征实证研究 [J]. 现代城市研究, 2006, 30（10）：45-51.

[5] 孔令斌.我国城镇密集地区城镇与交通协调发展研究 [J]. 城市规划, 2004, 28（10）：35-40.

[6] 黎晴, 徐泽.城际铁路对城镇密集区空间发展的引导与反馈：宁波2030战略中的区域交通支持 [J]. 城市规划, 2012, 36（8）：92-96.

[7] 孔令斌.城镇密集地区城际轨道交通规划争鸣 [J]. 城市交通, 2009, 7（5）：卷首.

[8] 杨涛.公路网规划 [M]. 北京：人民交通出版社, 1998.

[9] 周乐, 黎晴, 殷广涛, 等.成渝城镇群协调发展规划之专题研究：区域综合交通系统规划研究 [R]. 北京：中国城市规划设计研究院, 2007.

[10] 戴彦欣, 顾志康, 孔令斌, 等.重庆市主城区综合交通规划之交通发展战略规划 [R]. 北京：中国城市规划设计研究院, 2010.

[11] 全波, 李鑫, 陈莎, 等.重庆市城市总体规划深化 [R]. 北京：中国城市规划设计研究院, 2013.

[12] 中国城市规划设计研究院.全国城镇体系规划（2006～2020年）[R]. 北京：中国城市规划设计研究院, 2006.

作者简介

黎晴，女，浙江建德人，硕士，高级工程师，综合交通研究所所长，主要研究方向：综合交通规划，E-mail: Liq@caupd.com

重庆交通特征空间分异和交通发展策略

Spatial Transportation Characteristics and Transportation Development Strategies in Chongqing

陈 莎 全 波 唐小勇

摘 要：动态的交通流数据能较为真实地反映城际关系和城市空间结构，从而为交通资源配置提供依据。首先基于重庆公路客流和车流数据，分析重庆与相邻省市的联系特征，研究重庆面向区域的交通枢纽组织内涵。然后，基于重庆市域内公路客运班线、手机用户信令数据的分析，总结重庆各区县间的联系特征，研究"一区两群"的分区差异和内在组织机理。最后，从枢纽功能提升和分区发展两个方面提出综合交通发展策略。

关键词：交通发展策略；交通量；手机信令数据；城际关系；空间结构；重庆

Abstract: Dynamic traffic flow data can well capture intercity relations and urban spatial structure, thus providing a basis for the allocation of transportation resources. Grounded on passenger flow and traffic flow data from Chongqing highways, characteristics of connection between Chongqing and neighboring provinces and cities are analyzed and the organization of regional transit terminal is also discussed. Then, based on the analyses of highway passenger transit routes and cellular signaling data, the paper summarizes the connection characteristics among various districts in Chongqing and investigates the regional difference and organizational mechanism of "one district two groups". Finally, the paper proposes comprehensive transportation development strategies in terms of terminal functionalities improvement and zoning development.

Keywords: transportation development strategy; traffic volume; cellular signaling data; intercity relations; spatial structure; Chongqing

0 引言

重庆市市域面积 8.24 万 km²，接近浙江省、江苏省的规模，其中大都市区 2.7 万 km²，明显超过北京 1.6 万 km² 和上海 0.63 万 km² 的市域面积。同时，主城区中心地位和集聚效应突出，2010 年以占市域 0.3% 的面积集聚了重庆市 44.8% 的 GDP。因此，重庆市交通组织和设施布局需要充分考虑直辖体制、省域面积和城乡区域差异大的特殊市情。

根据《重庆市城乡总体规划（2007～2020 年）（2014 年深化）》，至 2020 年，市域城镇体系由主城区、2 个区域性中心城市（万州、黔江）、27 个区县城和 500 个左右小城镇构成，形成包括大都市区、渝东北城镇群和渝东南城镇群的"一区两群"城镇格局 [1]。本文对市域对外和内部的车流、人流、客货运输等交通数据进行分析，深入挖掘各个分区的空间组织和城镇结构特征，进一步判断和识别未来交通体系的主要通道、方向、类型及分区组织模式，从而为资源优化配置和交通设施布局提供依据。

1 市域对外交通特征与枢纽功能

1.1 对外公路客运联系特征

公路客流是客运交通流的重要组成部分，能够反映城市间日常人口流动的主要特征 [2]。本文通过客运班线的班次分布来反映实际客流情况。重庆主城跨市域的公路客运联系主要面向成渝城镇群方向，并且呈现轴向联系、圈层递减的特征。泸州、内江、广安与重庆主城的客运班线密度达到 150 次·d⁻¹以上，成为重庆最为主要的客运腹地，见图 1。

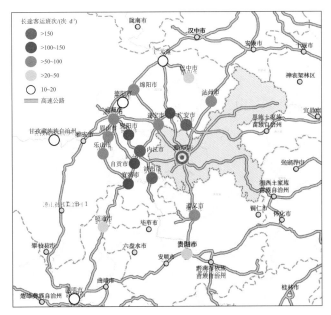

图 1 主城跨市域公路客运班线班次分布

资料来源：根据重庆市交通委员会官方网站公布信息绘制

1.2 高速公路流量分布特征

高速公路对外出入口的车流量数据是城际联系规模和结构最为直观的体现。其客货车流量分布情况显示（见表 1），流量最大的是西向的成渝高速公路和渝遂高速公路，二者流量占市域高速公路对外交通总流量的 42%；其中，客车流量分别占对外客车总量的 22.1% 和 20.3%，货车流量分别占 18.4% 和 22.2%。北向的渝武、渝邻高速公路客车流量较大，客货车比值达到 3 左右，在各方向中客车比例最高；南向的渝黔高速公路货车流量较大，仅次于成渝方向，客货车比仅为 1.53。

2012 年重庆市域高速公路对外出入口客货流量　　　　　表 1

高速公路对外出入口名称	日均客车流量 / 辆	占对外客车总量比例 /%	日均货车流量 / 辆	占对外货车总量比例 /%	客货车比
成渝高速（四川边界—荣昌）	7882	22.1	3 888	18.4	2.03
渝黔高速（贵州边界—崇溪河）	5050	14.2	3 294	15.6	1.53
渝武高速（四川边界—武胜）	6092	17.1	2 078	9.8	2.93
渝湘高速（湖南边界—洪安）	1489	4.2	821	3.9	1.81
渝邻高速（四川边界—邻水）	4400	12.4	1 431	6.8	3.07
遂渝高速（四川边界—书房坝）	7228	20.3	4 686	22.2	1.54
邻忠高速（四川边界—牡丹源）	1933	5.4	2 011	9.5	0.96
邻忠高速（湖北边界—冷水）	1528	4.3	2 928	13.9	0.52

资料来源：根据重庆市交通委员会提供数据绘制。

1.3　重庆面向区域的枢纽功能分析

重庆面向区域不同方向的城市客货运联系强度和特征存在明显差异，凸显出区域关系的分化，也得以判断重庆面向不同区域的枢纽功能。

四川方向是重庆对外交通的主方向。除了传统文化分区的影响，很大程度是由于东侧大巴山脉的阻隔，使得重庆面向华中地区的运输成本过高，一定程度上促使成渝之间形成相对封闭的城镇密集地区与频繁的客货运联系。

重庆与成都之间的城镇联系、产业协作、枢纽服务均较为密切。较高的货车流量数据凸显出成渝之间多层次的经济联系：（1）重庆与成都及轴线上其他城市有一定的产业分工联系，诱发产业链上的货物流动和商务出行；（2）重庆港口在长江上游地区具有较强枢纽地位，是成渝城镇群大宗散货、商品整车等货物组织的中心；（3）成都汇集了较多的物流、电子商务等区域性分拨中心，重庆则位居成都城际配送功能的服务范围之内。

北部的广安、达州等腹地城市工业发展相对落后，与重庆之间的货运联系需求较小，更多呈现出城镇联系和枢纽服务的特征。重庆主城的机场、高铁站、商贸中心等城市高端服务功能和区域性客运枢纽功能对北部城镇有较强的辐射能力。南向的贵州是重庆货流组织枢纽的主要腹地，特别是贵州的资源型货物（如煤炭）通过重庆港口运往东部地区。

总的来看，重庆在成渝城镇群地区具有较强的客货运输组织功能。枢纽功能主要体现在港口、机场、高铁站等区域性交通设施的服务上，与成都之间联动和互补发展的态势明显。

2　市域交通组织特征和分区差异

市域内各区县间联系特征的分析主要依托两方面的数据：一是用于识别区县间人流交换量的手机信令数据；二是每日区县之间公路客运班线密度。通过对上述两项数据的分析，能够判断区县间的联系强度和客流分布情况，识别具有战略意义的城镇密集区域和功能节点。

2.1　主城区对外联系特征

主城区是市域交通发生和吸引的中心，与市域大部分区县之间均存在人流交换量和客运班线服务（见图 2 和图 3）。其中，江津、合川、璧山三区与主城区联系最为紧密，与主城区之间的交换量占其对外交换总量的 60% 以上（见图 4）。另外，三区与主城区之间已存在少量的工作日早晚高峰稳定出行，表明主城通勤交通向这些地区外溢。总的来看，这三个区有依托主城区一体化发展的态势，是主城区功能拓展的主要方向。

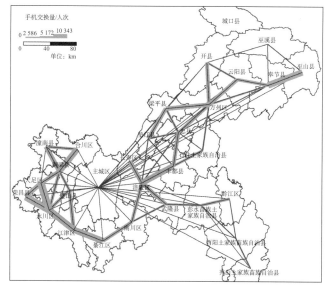

图 2　市域一日手机交换量分布

资料来源：根据重庆联通手机信令数据绘制

2.2　主城区外各区县间联系特征

由于主城区与其他各区县间的联系强度过大，从图面上会掩盖某些特征，因此，将图 2 与图 3 中各区县与主城区之间的数据移除，生成各区县之间的联系分布图（见图 5 和图 6），从而更清晰地判断主城区外各区县之间的联系特征。

主城区以西的潼南、铜梁、大足、荣昌、永川、合川各

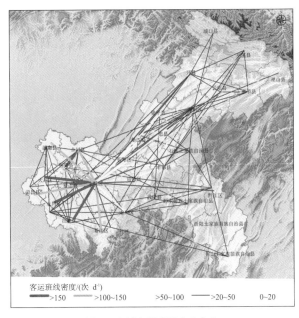

图3　市域客运班线密度分布

资料来源：根据重庆市交通委员会官方网站公布信息绘制

区县之间初步显现网络化态势，彼此之间形成了多向的、较为活跃的联系。主城区以东的涪陵，处于大都市区与渝东北、渝东南城镇群交界的中间区位，与周边区县均有较强的客运和人流联系。

渝东北区县连同大都市区的长寿、涪陵，沿高速公路和长江形成邻近区县之间的紧密联系，呈现出轴向联系特征。渝东南区县间联系松散，强度较低。

涪陵、綦江、永州具备培育成为区域中心城市的潜质。其对外联系强度较高，均达到了2万人次·d⁻¹以上。与江津、合川、璧山不同的是，这三个区县与主城区之间的交换量占比不足40%（见图4），呈现出与周边区县联系为主的特征，对主城区依赖不强。

2.3　节点组织结构分析

基于手机用户的人流交换量数据，对每个区县的首位联系方向和次位联系方向进行抽取（见图7），可反映出节点之间的组织结构关系[3]。

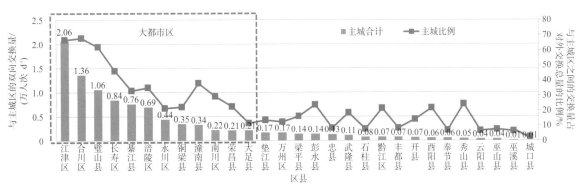

图4　各区县与主城区之间手机交换量

资料来源：根据重庆联通手机信令数据绘制

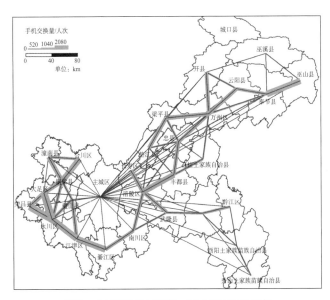

图5　主城区外各区县间一日手机交换量分布

资料来源：根据重庆联通手机信令数据绘制

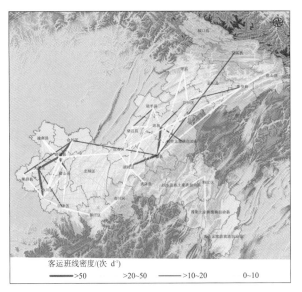

图6　主城区外各区县间客运班线密度分布

资料来源：根据重庆市交通委员会官方网站公布信息绘制

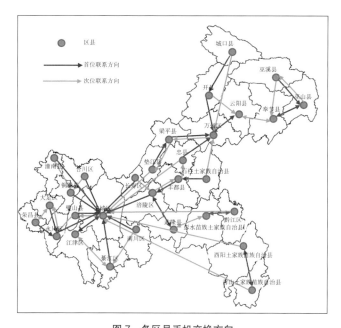

图7　各区县手机交换方向

资料来源：根据重庆联通手机信令数据绘制

主城区是市域内最为重要的枢纽节点，是大都市区内除西南远端的大足、荣昌以外其他10个区县的首位联系方向，同时也是渝东北的垫江、忠县，渝东南的黔江、酉阳、秀山的次位联系方向。永川和涪陵则具有次级枢纽的特征。永川是大足、荣昌的首位联系方向，荣昌和大足互为次位联系方向，永川—大足—荣昌之间形成了内部紧密联系的城镇组群。涪陵是丰都、武隆的首位联系方向，是长寿的次位联系方向。

渝东北区县形成了以万州为中心牵引、组织的区域，万州区有4条首位牵引线，3条次位牵引线，但辐射力有限，主要辐射邻近的云阳、开县、梁平、忠县、石柱等地区。渝东南区县尚未形成明显的区域牵引中心，各区县对外联系以相邻区县和主城区为主。

3　交通发展策略

3.1　枢纽功能提升策略

成渝城镇群是引领国土均衡发展、推动西部城镇化进程和对外开放的重要空间载体[4-5]。重庆和成都形成协同、互补发展的两大国际性枢纽，共同支撑成渝世界级城镇群发展。交通要素是重庆城市发展和产业集聚的重要因素，交通枢纽功能应与经济和产业协调发展。

现阶段，重庆面向国土层面的运输通道尚不健全，限制了枢纽能级的扩大和面向国内市场的拓展。铁路仍处于快速建设期，既有的襄渝、渝黔、渝怀等主要出省铁路通道等级偏低，且处于饱和运行状态。长江三峡船闸设计通过能力为1亿t，而2011年通过货物总量已达1.003亿t，船舶过闸拥堵状况已成常态，特别是对于依赖水运的重庆支柱产业——汽车制造业来说，存在吸引力下降的风险。成渝通道服务能力难以满足日益增长的区域联系需求，也不利于成渝城镇群整体竞争力的提升。

重庆交通枢纽功能的提升，迫切需要构建多方向、多路径的对外通道。重庆应加强建设国际航空枢纽、长江上游航运中心、铁路集装箱运输枢纽，强化大宗货物中转、多式联运优势，积极打造西部地区国际交往、物流门户，并强化西部国家运输网络中心地位，从而突破内陆区位的劣势，进一步推动外向型产业的扩张，同时拓展内需市场。

3.2　分区发展策略

针对市域城镇体系"一区两群"的格局，市域交通体系实施分区发展策略，旨在推进市域相对均衡发展、增强大都市区域竞争力。同时，逐步改变枢纽资源在主城中部槽谷集中布局的现状，完善外围区县区域性交通设施布局。

1）强化成渝走廊，完善干线交通系统网络化布局。

大都市区的渝西各区县在成渝城镇群具有中间性的区位优势，应积极融入成渝轴线，形成参与成渝地区城镇竞争与合作的前沿。要完善渝西地区高速公路与铁路网络化布局，推动主城西部各区县纳入成渝通道，促成网络化城镇地区发育。

2）强化沿江轴线，打造复合型快速通道。

渝东北城镇群应强化沿江交通走廊的建设，着重提升中心城市万州面向区域的服务组织能力。加强沿江高速公路和客货运铁路的布局，建设江北、江南高速公路通道，与渝宜高速形成服务沿江区间及其与主城的多通道便捷联系。依托郑渝客专、渝利铁路、石柱—万州铁路，形成沿江通道铁路客货分线格局。

3）完善干线铁路网布局，提高区域中心城市枢纽地位。

优化渝长客专布局，由重庆北站始发经由涪陵，增强涪陵在成都—重庆—长沙—福州国家通道上的节点区位。优化由重庆西站经由永川的渝昆铁路布局，提升永川在郑渝昆大通道上的节点区位优势；结合大足至合川铁路，使永川成为成渝南线、郑渝昆大通道与渝西城镇间衔接转换的铁路枢纽。

依托沪汉蓉渝、郑渝昆大通道，奠定万州在渝东北及面向川东、鄂西的交通枢纽地位。在渝怀铁路、渝长客专基础上，加快毕黔—黔张常、黔江—恩施等铁路干线建设，构筑黔江面向武陵山区的铁路枢纽地位。

4）优化都市区轨道交通分层布局，引导空间有序拓展。

璧山、江津、合川与主城区形成连片发展，共同承载都市区核心功能。应构建由城市轨道交通系统和市郊铁路系统组成的覆盖连片发展区域的都市区轨道交通系统。城市轨道交通系统主要服务于主城区。市郊铁路覆盖璧山、江津、合川，培育主城区功能外溢和疏解的空间，远期向永川、长寿、涪陵延伸，支撑永川—大足—荣昌、涪陵—长寿两大城镇组群的发展，形成主城区面向成渝城镇群和渝东北、渝东南两翼的战略布局。

4 结语

相比依托城镇人口规模、土地资源、产业分布等静态数据的分析，交通流动态数据能够更加清晰地反映城镇关系和空间结构的内在机理。

成都与重庆两大枢纽的打造，将有利于形成未来世界级城镇群的基本格局，重庆需进一步提升枢纽功能，完善国际性交通要素的配置，优化国家运输通道的布局，打造西部对外开放的高地。交通资源的配置也应更加注重各功能片区的相对均衡发展和区县竞争力的提升。分析表明，在重庆市域"一区两群"的格局下，城镇对外和内部联系需求呈现分化，交通系统应进行差异化的设施布局和组织：重庆主城区是都市区功能的核心载体，应依托机场、港口、铁路集装箱中心站等门户，提升国际枢纽地位；璧山、江津、合川等重点城镇与主城区之间呈现一体化发展态势，应布局市郊铁路引导主城功能拓展；涪陵、永川具有成为区域中心的潜力，应加强区域干线交通设施的通达；渝西城镇呈现网络化发展态势，应借助区域交通系统的完善和网络化布局，深度融入成渝走廊，参与区域竞争；主城区的辐射带动作用沿长江轴向渗透，渝东北城镇群应加强沿江复合交通走廊的建设。

参考文献

[1] 陈怡星，全波，袁刚，等．重庆市城乡总体规划（2007—2020年）（2014年深化）说明书 [R]．重庆：中国城市规划设计研究院，2014．

[2] 罗震东，何鹤鸣，韦江绿．基于公路客流趋势的省域城市间关系与结构研究：以安徽省为例 [J]．地理科学，2012，32（10）：1193-1199．

[3] 罗震东，何鹤鸣，耿磊．基于客运交通流的长江三角洲功能多中心结构研究 [J]．城市规划学刊，2011（2）：16-23．

[4] 金凤君，刘鹤，王岱，许旭．成渝经济区发展的基础、潜力与方向 [J]．经济地理，2011，31（12）：1988-1994．

[5] 陈修颖．长江经济带空间结构演化及重组 [J]．地理学报，2007，62（12）：1265-1276．

作者简介

陈莎，湖南益阳人，女，硕士，工程师，主要研究方向：交通规划，E-mail: chensha_2000@163.com

山地贫困地区城镇化特征与交通发展策略——以湖北省恩施州为例

Urbanization Characteristics and Transportation Development Strategies in Poverty- stricken Mountainous Areas: A Case Study of Enshi Prefecture, Hubei Province

陈彩媛 杨少辉 吴照章

摘 要：山地城镇尤其是山地贫困地区城镇的交通发展是新型城镇化的重点任务之一。以湖北省恩施州为例，对其城镇化发展特征与交通发展策略进行研究。首先分析恩施州地形起伏大、生态敏感性高、贫困问题突出、城镇化发展水平低、城镇布局分散等发展特征。指出恩施州存在交通系统发展缓慢、交通通道单一、交通对旅游发展缺少支撑等困境。在西部大开发、武陵山区扶贫的政策优势，以及全州参与区域经济合作的诉求下，提出恩施州综合交通体系发展应充分重视既有规划、集约利用运输通道、培育多级枢纽体系、构建多层次旅游服务设施的发展策略。

关键词：交通规划；山地贫困地区；城镇化；交通发展策略；湖北省恩施州

Abstract: Transportation development in poverty-hit towns, especially those in mountains areas, is one of the important tasks of new urbanization. Taking Enshi Prfecture in Hubei Province as an example, this paper investigates its urbanization characteristics and transportation development strategies. Enshi Prefecture is situated on a large topographic relief with high ecological sensitivity and poverty. Due to its scattered population settlement, Enshi has very low degree of urbanization. The paper discusses the issues of Enshi transportation development such as slowing development of transportation system with a single traffic corridor, and inadequate transportation support for tourism development. With the preponderance of the development policies on the West and poorly developed Wuling Mountainous Area, and the demand for cooperating Enshi into the regional economic development, the paper proposes strategies for the comprehensive transportation system development in Enshi Prefecture in several aspects: emphasizing existing planning, effectively using transportation corridors, developing multimodal transportation system with a clear service hierarchy, and providing multi-level tourism service facilities.

Keywords: transportation planning; poverty-stricken mountainous area; urbanization; transportation development strategies; Enshi Prefecture

新型城镇化是中国现代化建设的大战略和历史性任务，是中国扩大内需的长期动力之所在。中国作为农业大国，城镇化的发展除了要关注人口导入地的城镇群资源集聚效应，还必须重视人口输出地的小城镇在城镇化进程中的作用[1]。多年来，中国的小城镇发展明显滞后于大城市，其中山地贫困地区的滞后现象尤为显著，其背后存在一系列自然条件、历史发展、经济制度等原因。在当前城镇化发展背景下，针对山地贫困地区，探索综合交通体系发展应对策略具有重要现实意义。本文结合湖北省恩施州综合交通体系构建对其进行探索。

1 恩施州城镇化发展特征

恩施州全称恩施土家族苗族自治州，位于湖北省西南部，东临宜昌、西接重庆，地处湖北长江城镇密集发展带和鄂西生态文化旅游圈交界地[2]，属于国家武陵山集中连片贫困地区[3]，见图1和图2。

1.1 恩施州概况

1）地形起伏大。

恩施州境内山峦起伏，具有典型喀斯特地貌特征。海拔800 m以下的低山占全州总面积的27%，800～1200 m的中低山占43.6%，1200 m以上的高山占29.4%，见图3。总体上，北部、西北部和东南部高耸，中部、西南部地势较低。

2）生态敏感性高。

恩施州处于长江三峡库区水源涵养重要区和武陵山山地生物多样性保护重要区内，是长江支流清江和澧水的发源地，石漠化分布面广、程度深，土壤侵蚀敏感性程度高，生态高度敏感区和生态极敏感区占全州面积的35%，生态中度敏感区约占全州面积的27%，见图4。

3）贫困问题较为突出。

2012年全州贫困人口153.7万人，占全州农业人口的44%和全省贫困人口的1/4，贫困发生率35%。城镇居民和农村居民的人均收入低于湖北省和全国水平[4]，见表1。

2011年恩施州、湖北省和全国城乡居民收入比较　　表1

区域	城镇居民人均可支配收入/元	农村居民人均纯收入/元
恩施州	15058	4571
湖北省	18374	6897
全国	21810	6977

资料来源："恩施州城镇化发展战略与城镇体系规划"报告

1.2 城镇化发展进程

1）城镇化发展水平较低。

中国西部地区的城镇化水平一直以来明显落后于东部地区，从西部大开发战略实施以来才开始加速发展。由于发展时间滞后、发展速度缓慢，西部地区尤其是山地地区的城镇

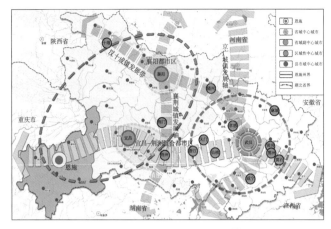

图1 恩施州在湖北省的区位[2]

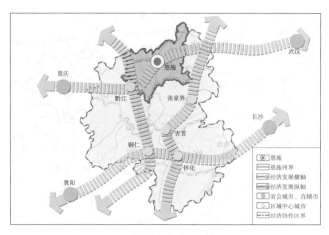

图2 恩施州在武陵山区的区位
资料来源：根据文献[3]绘制

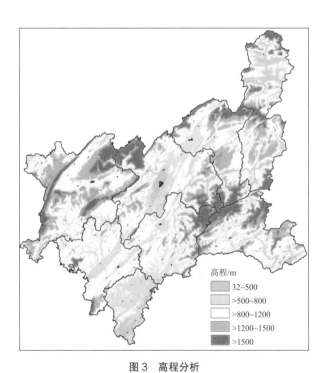

图3 高程分析
资料来源："恩施州城镇化发展战略与城镇体系规划"报告

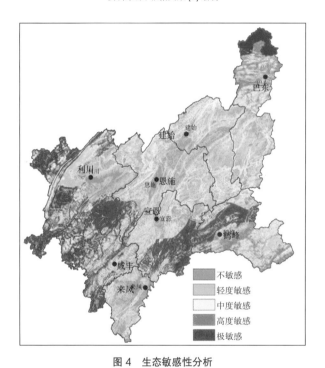

图4 生态敏感性分析
资料来源："恩施州城镇化发展战略与城镇体系规划"报告

化水平显著低于全国平均水平。2011年，恩施州共有户籍人口401万人、常住人口330万人，其中城镇人口107万人。全州城镇化率仅为32.53%，远低于全国51.27%的平均水平。

2）异地城镇化现象突出。

异地城镇化是指由于地区经济差异而产生的大量农村劳动力向发达地区集中的现象。目前，恩施州已经进入人口快速流出时期。根据州域人口数据，2000年州域常住人口与户籍人口基本持平，2011年州域人口净流出71万人。州内农村居民迁徙到珠三角、长三角等东部沿海城市就业的跨省异地城镇化现象显著。

1.3 城镇分布特征

1）城镇规模普遍较小。

受经济发展水平限制，恩施州城镇吸引力不高，导致城镇人口和城镇面积均较小。在全州8个县市中，除了州城恩施市城区人口为23.93万人、利川市城区人口为18.8万人以外，其他县城城区人口规模均为4万~11万人，见图5。此外，全州88个乡镇中，只有一个人口大于5万人的大型镇，小型镇比例约为88%。

2）城镇布局比较分散。

受地形环境等因素的影响，州域内城镇布局较为分散，城镇之间缺乏便捷联系，城镇结构呈现多层次分散的特征：一方面体现为各县市之间联系松散和相对独立，州城恩施市首位度低、中心性不强；另一方面体现为城镇与乡村之间的联系松散，县市对乡镇、农村的辐射能力有限。

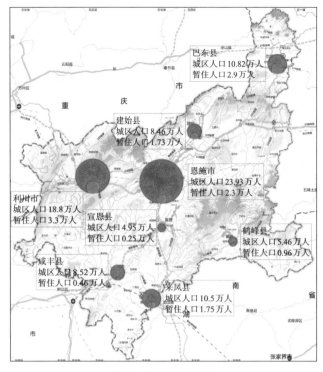

图5 恩施州县市分布

资料来源："恩施州城镇化发展战略与城镇体系规划"报告

2 恩施州交通发展困境

由于恩施州地形复杂，生态敏感，设施建设工程难度大、造价高，作为贫困地区的恩施州及各县市政府投资能力有限，恩施州综合交通体系的发展面临多重困境。

2.1 交通系统建设起点低且发展缓慢

1）区域性交通大通道发展缓慢。

恩施州历史上长期处于封闭落后的状况，交通建设起点极低，造成恩施州交通系统尤其是区域性交通大通道的发展极其缓慢，见图6。直至2009年沪渝高速全线通车，恩施州才结束没有高速公路的历史；2010年宜万铁路建成通车，恩施州才结束没有铁路的历史。2014年渝利铁路通车，恩施州才实现了与重庆的快速铁路联系。

2）航空运输对山地城市的优势未能发挥。

恩施机场设计等级为4C级，机场规模小，是湖北省的支线机场。目前航线数量仅有5条，日航班数量仅有4个，对城市发展服务能力有限。受集疏运系统的限制，机场服务州域的能力更为不足，周边宜昌、万州、黔江等机场的腹地范围均扩展至恩施州。同时，机场位于恩施市区，与城市空间发展矛盾日益突出，机场扩建条件不足。

3）铁路建设选线困难。

宜万铁路的建设经过几建几停，最终于2010年12月建成通车，创造了铁路建设史上多个之最：造价最贵、工程最难、隧道最多、历时最长等。其他如黔张常铁路、安恩张（衡）铁路、

郑渝铁路和恩黔遵铁路等项目已于2008年纳入《国家中长期铁路网规划（调整方案）》，但由于地形条件和投资规模的影响，一直未进入实施阶段。

4）港口发展水平低、建设缓慢。

恩施州的主要航道是长江和清江，依托长江航道的巴东港于2005年被列为湖北省"四主十九重"港口之一，但受到港口建设和集散通道的限制，港口发展缓慢，服务潜力未得到充分发挥。依托清江航道的恩施港总体规划已于2012年获批，并被列为湖北省重要港口，但清江航道受水电开发的影响，通航能力有限，航道整治投资较大，恩施港建设也尚未全面启动。

2.2 交通通道单一且对州域服务不足

1）区域交通通道单一。

恩施州交通区位优势潜力巨大，是成渝地区向东联系长三角地区的必经之地，但目前仅有一条通道即沪汉渝蓉铁路（宜万铁路、渝利铁路）和沪渝高速通往武汉城市圈及长三角地区，通道数量明显不足，缺乏经恩施州联系长株潭城镇群、中原城镇群的区域性通道。此外，恩施州作为武陵山地区的交通枢纽欠缺北向联系关中城镇群、南向联系武陵山中南部地区的通道，交通枢纽地位与交通通道设施不匹配。

2）州域发展借力区域通道受限。

沪渝高速、宜万铁路和渝利铁路的建成通车虽然显著改善了恩施州的交通区位，但这些通道均集中在州域北部，由于州域集散道路等级和数量的限制，东北部的巴东县、南部的宣恩、咸丰、来凤、鹤峰依然很难借力该通道，区域通道服务州域的能力明显不足。

3）州域内部道路等级低且覆盖率不足。

2013年州域内共有2条国道和13条省道（见图7），国省道公路网仅覆盖58个乡镇，覆盖率仅为66%。国省道大多为二级以下公路，县乡公路技术等级更低，造成县市—乡镇—农村的通达性差，出行时耗长，部分乡镇至县城的出行时耗接近3h。

2.3 交通对旅游发展缺少支撑

恩施州内旅游资源较为丰富，包括5A景区1个，4A景区6个，国家自然保护区3个，国家重点文物单位10个，是湖北省"鄂西生态文化旅游圈"的主要组成部分，见图8。由于旅游景点较为分散，且很多景点距县城较远，县城通达景区的道路等级又很低，造成很多景点的交通可达性较差，严重制约了恩施州旅游资源的开发和旅游潜力的发挥。

3 恩施州综合交通体系发展机遇与诉求

3.1 发展机遇

1）交通区位条件逐步改善。

随着沪渝高速、宜万铁路和渝利铁路等区域性通道的打通，

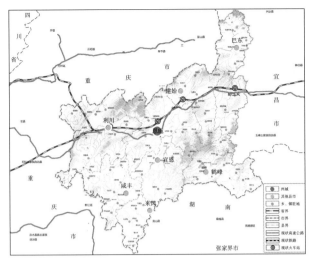

图6 恩施州区域通道现状

资料来源："恩施州城镇化发展战略与城镇体系规划"报告

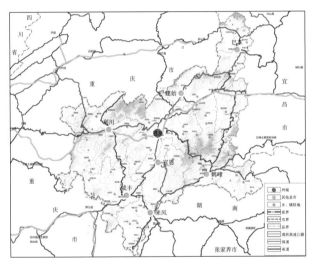

图7 恩施州国省道现状

资料来源："恩施州城镇化发展战略与城镇体系规划"报告

图8 恩施州旅游资源分布

资料来源："恩施州城镇化发展战略与城镇体系规划"报告

恩施州作为国家沪汉渝蓉发展轴带上的区域地位逐渐凸显，成为成渝地区联系东部沿海地区的重要交通节点。恩施州交通区位的提升，对于全州积极融入区域发展，创新开放型经济发展模式，探索内陆开放高地建设的新路径奠定了坚实基础。

恩施州作为"鄂渝湘黔"四省交界点，随着恩来、恩黔、恩建高速的建设，全州经济社会发展将逐渐打破交通瓶颈，迎来前所未有的良好发展机遇，逐步从交通"死角"变为"枢纽"，从湖北的"边缘"变成"前锋"，作为武陵山区交通枢纽的地位将逐步得到体现。

2）宏观政策优势日益显现。

西部大开发政策加快了恩施州城镇化的发展。随着西部大开发政策的进一步深入和落实，恩施州在政策、资金、项目等方面得到的支持力度会越来越大，借助区位优势有望全面打开东西、南北方向的对外通道，州域内部基础设施的改善也将加速，恩施州构建内畅外联的综合交通体系成为可能。

2012年底，李克强总理第二次来到恩施州调研时提出以恩施州为试点，探索移民建镇、扶贫搬迁、退耕还林和产业结构调整相结合的发展之路。《武陵山片区区域发展与扶贫攻坚规划（2011～2020年）》中专门提出"设立武陵山龙山来凤经济协作示范区，大力推进行政管理、要素市场、投融资体制等领域的改革，全面推进城乡统筹、基础设施、公共服务、特色产业、生态建设与环境保护等一体化建设，为区域一体化发展发挥示范带动作用"。恩施州是武陵山经济协作区的重要组成部分（面积约占整个经济协作区的1/3），武陵山片区扶贫政策的落实将为其发展建设提供重要保障。

3.2 发展诉求

1）参与区域合作的诉求。

区域合作是城镇和地区发展的普遍模式，也是未来发展的必然要求，作为贫困地区尤为如此。恩施州自身的资源禀赋优越，素有"华中药库"、"世界硒都"等称号，但是仅依靠自身实力很难将资源优势转化为产业和经济优势。借助周边大城市和城镇群发展，高度参与区域合作，实现区域协调发展，是恩施州经济社会发展的必然需求。这需要州域综合交通体系相应地为恩施州参加区域合作提供基础支撑。

2）恩施州城镇化发展的诉求。

恩施州城镇化进程已呈现加速的态势，异地城镇化虽然能够吸纳一部分就业人口，但本地城镇化对恩施州更具有现实意义。城镇化离不开城和镇的协调发展，提高本地城镇化发展水平需要构建协调的州域城镇体系，提升县市的人口吸纳能力和乡镇的非农就业能力，使县市—乡镇—农村成为高度关联和互补的有机整体。这同样需要州域综合交通体系给予有力支撑，实现县市—乡镇—农村的快捷联系。

3）旅游发展的诉求。

《湖北省经济和社会发展第十二个五年规划纲要》中将恩施州纳入了湖北省"鄂西生态文化旅游圈"，明确了恩施州旅游发展在全省的地位。恩施州政府也十分重视旅游业发展，并将其作为全州最大的经济增长点。旅游产业的发展一方面需要融入区域旅游体系，与长江三峡、神农架、张家界加强合作，开发区域旅游线路；另一方面要强化州域内部旅游资源整合，提升景区交通可达性和服务水平，全面提升州域旅游产业品质。发展旅游业同样需要综合交通体系的大力支持，包括区域旅游通道和州域旅游通道的构建、旅游集散节点的培育等。

4 恩施州综合交通体系发展策略

4.1 充分利用既有规划

对于贫困地区，资金短缺是制约基础设施建设的关键因素[5]，在恩施州这类集中连片贫困地区尤其如此。面对州域交通体系发展的各种诉求，如何突破资金短缺的束缚，提高规划方案付诸实施的可能性，成为交通体系规划首要考虑的问题。根据前文分析，区位和政策优势是恩施州交通体系建设获得支持的突破口，只有充分争取上位资金和项目的支持，交通体系建设才可能取得实质性进展。因此，恩施州综合交通体系发展策略之一是充分利用既有规划，尤其是上位规划。

充分利用既有规划可以最大限度地保持既有规划的延续性，提高其实施的可能性，为恩施州争取上位资金和项目支持提供必要的基础条件。充分利用既有规划不等于照搬既有规划，是在充分继承的基础上根据州域发展情况和需求，进行适当的调整和优化。具体来说，恩施州综合交通体系构建需要对既有规划做出局部调整的内容包括：1）机场搬迁。由于现状机场与恩施市空间布局的矛盾，需要考虑规划期末的机场搬迁选址，从交通的角度对既有规划中的选址进行比选。2）铁路线路局部优化。整合黔张常铁路与渝长客运专线线位，增设咸丰站；统筹考虑沿江铁路与郑渝客运专线的衔接，提升巴东的交通区位。3）协调高速公路规划方案。既有规划中，建安高速的线位存在途经奉节和巫山两个方案，需要根据州域发展需求进行整合；结合州域城镇体系布局，提出高速公路出入口设置建议方案。4）适时启动水运和港口建设。借力长江黄金水道发展的政策优势，加快巴东港的建设进程，启动清江恩施港的建设，研究清江通江达海的可行性。

4.2 集约利用通道

山地地区和生态敏感地区通道资源十分有限[6]，必须集约利用，一方面可以提高通道利用效率，减少对自然环境的切割和破坏；另一方面有利于减少交通建设的工程量和投资。恩施州综合交通体系构建必须把通道的集约利用放在首位，具体的应对策略包括：1）充分利用区域廊道。借助区域通道的建设，重点构建区域通道在州域内部的集疏运系统，加强路网衔接，使区域通道成为州域交通联系的主骨架，见图9。2）构建复合廊道。力争铁路和高速公路共走廊建设，提升走

廊利用效率，如恩黔高速与恩黔铁路共走廊、黔张常高速与黔张常铁路（渝长客运专线）共走廊等。3）构建州域内运输走廊。通过高等级公路串联重要城镇和产业地区，保障重要节点的交通通达性，提高交通系统的可靠性，见图10。

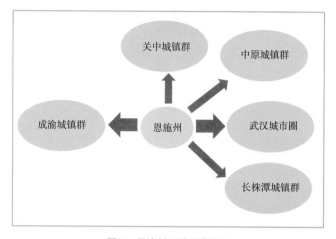

图9 恩施州区域通道格局

资料来源："恩施州城镇化发展战略与城镇体系规划"报告

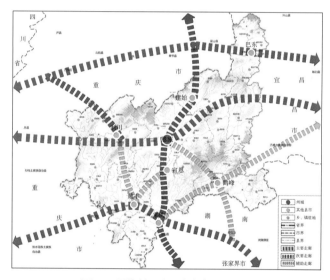

图10 恩施州区域运输走廊组织示意

资料来源："恩施州城镇化发展战略与城镇体系规划"报告

4.3 培育多级枢纽体系

恩施州城镇体系呈现结构扁平、布局分散的特征，建设高等级道路网络的难度较大，因此枢纽体系的培育对于城镇体系的发展具有重要意义。基于此，对于州域运输组织提出分级构建交通枢纽的策略：构建由州域交通主枢纽、州域交通副枢纽、地区性交通枢纽构成的多级综合交通枢纽体系，旨在整合运输需求，改变现状运输节点分散的状况，提高州域的客货运输效率，见图11。各级枢纽定位为：1）州域交通主枢纽：依靠国家、区域性交通走廊交汇和机场、港口等交通设施集中的优势，作为武陵山地区交通组织的中心，承担重要的交通组织功能；2）州域交通副枢纽：依靠交通走廊和区位

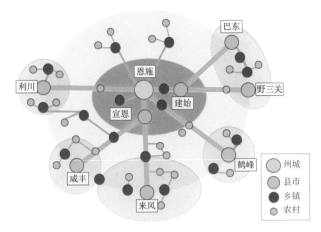

图 11　恩施州交通枢纽组织模式

资料来源："恩施州城镇化发展战略与城镇体系规划"报告

优势，对接周边省份重点发展地区，作为州域交通组织的副中心；3）地区性交通枢纽：依靠交通走廊和州域内的区位条件，承担地区性交通组织功能。

4.4　构建多层次的旅游服务设施

恩施州旅游资源丰富，旅游产业潜力大，但受限于景点布局较分散、距离县市较远等因素，恩施州的旅游产业优势尚未充分展现。为促进旅游与交通良性互动，针对旅游交通组织：1）构建两级旅游通道：包括旅游主通道和旅游次通道。旅游主通道对外衔接区域重要旅游景区和客源地，对内串联州域核心景区，以铁路和高等级公路为主要依托，提高交通联系的便捷性，促进区域旅游合作；旅游次通道对外衔接重要城镇点，对内衔接旅游资源富集地，并与旅游主通道加强衔接，以高等级公路为主要依托，提升景区的可达性，促进州域旅游全面发展。2）构建两级旅游集散中心。结合旅游通道布局，打造旅游集散主中心和旅游集散次中心两级体系，主中心全州的旅游交通组织中心，联系国内旅游客源地；次中心主要承担地区性旅游交通组织。

5　结语

山地城镇的发展长期落后于平原城镇，其交通发展策略也显著区别于平原城镇。在新型城镇化发展的背景下，山地城镇迎来了新的机遇与挑战。本文以恩施州为例，提出在综合交通体系规划中要充分重视既有规划，集约利用运输通道，培育多级枢纽体系，构建多层次旅游服务设施等发展策略。山地地区城镇综合交通体系规划的理论依据较少，未来还需要进一步探索。

基金项目

国家 973 计划课题"公交主导型交通网络的多方式相互作用机理及系统耦合理论"(2012CB725402)；住房和城乡建设部软科学研究项目"城市郊区新城交通体系研究"(2013-K5-32)。

参考文献

[1] 仇保兴. 实现我国有序城镇化的难点与对策选择 [J]. 城市规划学刊，2007（5）：61-67.

[2] 中国城市规划设计研究院. 湖北省城镇化与城镇发展战略规划 [R]. 北京：中国城市规划设计研究院，2013.

[3] 国务院扶贫办. 武陵山片区区域发展与扶贫攻坚规划 [R]. 北京：国务院扶贫办，2011.

[4] 武汉市规划研究院. 湖北恩施全国综合扶贫改革试点城乡建设总体规划 [R]. 武汉：武汉市规划研究院，2013.

[5] 赵万民. 突破西南山地城镇化发展瓶颈：创新规划理论 [J]. 建设科技，2004（13）：20-21.

[6] 黄光宇. 山地城市学原理 [M]. 北京：中国建筑工业出版社，2006.

作者简介

陈彩媛，女，四川隆昌人，硕士，主要研究方向：交通工程、交通规划，E-mail: ccyuanxx@126.com

青岛城市空间的交通结构

Deconstruction of Qingdao Urban Space From the Perspective of Transportation

赵一新　马　清　付晶燕　徐泽州　蔡润林

摘　要: 基于交通特征中出行时耗稳定性的分析,通过国外文献和国内实证的方法,从交通的角度解构青岛的城市空间发展。通过对单中心城市和多中心带状城市的中心有效辐射距离研究,提出了15公里是空间拓展瓶颈的结论。多中心布局城市对于中心之间距离的控制应该以15km为重要衡量指标,并基于此对青岛的多中心空间结构进行了重新优化和完善,为空间战略布局提供了重要的支撑。在出行时耗的稳定性分析的基础上,以出行时间60min作为控制指标,选取适合青岛未来空间拓展的交通方式。交通和空间之间的良好互动为青岛未来的发展奠定了更好的基础。

关键词: 出行时耗;时空约束;空间拓展;青岛

Abstract: Based on travel time stability, one of the traffic characteristics, foreign literature, and domestic empirical studies, this paper analyzes urban space development of Qingdao from the perspective of transportation. It proposes that 15 kilometers is the bottleneck of urban spatial expansion in the light of studies on the effective radiation distance of centers in a single-center or multi-center city. Therefore, the distance between centers in a multi-center city should be within 15 kilometers. According to this indicator, the multicenter spatial structure of Qingdao should be reoptimized and improved, to provide support for spatial layout strategy. Based on travel time stability analysis and the control indicator of 60-minute travel time, appropriate transportation mode for future space expansion in Qingdao should be selected. High-quality interaction between transportation and urban space has laid a better foundation for the future development of Qingdao.

Keywords: travel time; time and space restriction; space expansion; Qingdao

1　引言

城市空间资源的合理分配与布局是城市规划需要完成的主要任务,城市交通系统作为城市发展重要的支撑系统,与城市空间拓展的关系十分紧密。随着国务院对《山东半岛蓝色经济区发展规划》的批复,进一步确立了青岛在山东半岛核心城市的地位。新的发展机遇对青岛市提出了更高的要求,如何整合和优化城市空间布局,提升青岛竞争力是急需解决的问题。受山、海、湾等地形的影响,近20年的发展使得青岛城市空间规模不断扩大,多中心组团之间的交通联系难以有效解决,城市多中心布局的空间结构难以实现。随着青岛向都市区的发展,未来将面临更大的跨越尺度和空间挑战。通过共同编制《青岛城市交通发展战略研究》和《青岛市城市空间发展战略研究》,将从交通和空间两个视角审视青岛,通过交通出行特征和空间发展规律的分析,识别青岛空间拓展的核心要素,并为今后的良性发展提供支撑。

2　青岛城市空间发展的问题甄别

2.1　青岛城市空间发展回顾

1)1995 ~ 2003 年:"东扩、西跨、两点一环"。

1995 年编制的《青岛市城市总体规划(1995 ~ 2010 年)》提出以青岛为主城,黄岛为辅城,环胶州湾发展的"两点一环"空间结构,显示了城市的战略远见和跨越的勇气。在空间发展上,以 1995 年的行政中心东移、城市东扩和 2002 年的港

口西迁、城市西跨为节点,青岛两点布局的空间格局基本形成。这一阶段青岛实现了跨越式发展,跨越胶州湾建设黄岛经济开发区,为产业的发展提供了充足的空间支持。

2)2004 ~ 2007 年:"三点布局、一线展开"。

2004 年,青岛实施了"三点布局、一线展开、生态间隔、组团发展、陆海一体、指状辐射"的发展战略,其核心是依托沿胶州湾和滨海一线,结合滨海公路的建设,打造青、黄、红三大中心城区和琅、胶南、鳌山、田横等滨海城市组团。这一战略从长远来看,无疑具有全局和长远的战略眼光,但是跨越胶州湾和青岛与红岛之间 30km 的出行距离阻碍了空间布局的发展,使得三点布局战略的实施举步维艰。

3)2008 ~ 2010 年:"环湾保护、拥湾发展"。

2008 年,奥帆赛结束之后,青岛陷入了不可避免的"后奥运危机"。在国家严格的土地政策背景下,青岛反思了两翼过早开发带来的低水平建设等问题,意识到环胶州湾发展的生态压力,提出保护和发展并重的战略。在继续"三点布局"的基础上,提出了"环湾保护、拥湾发展"战略,试图集中力量,紧凑发展环胶州湾地区,希望通过胶州湾盐田改造、填海和环湾老工业区改造,将环胶州湾区域规划建设成以轴向发展、圈层放射、生态相间为空间结构的国际化、生态型、花园式的环湾城市组群。

2.2　青岛城市空间发展问题甄别

1)受山、海影响,青岛城市空间的"55°效应",致使城市效率不高。

山体、海湾、城市的组合关系是青岛的主要城市特色，也是青岛区别于其他滨海城市、吸引国内外游客向往的核心资源。但是，这些优势发展到城市空间往外拓展到一定阶段时，也会变成某种劣势。受崂山、胶州湾等自然地形所限，青岛单中心的空间服务效率为55°扇形（图1），仅为平原城市的1/6。也就是说，相比于其他同等规模的城市，青岛的市级公共中心仅仅能发挥其1/6的辐射效应。沿海单中心的布局结构也使青岛的交通系统难以充分发挥作用，并且中心向外辐射通道资源的稀缺性也限制了交通系统对青岛空间拓展的支撑。

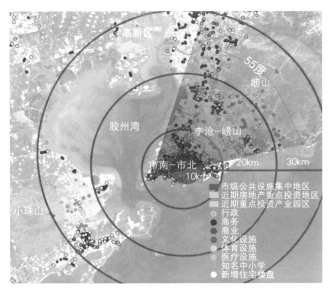

图1　青岛城市空间的"55°效应"示意

2）老城中心难以疏解，新区功能发育不全，多中心布局发展缓慢。

近年来，青岛的产业增量主要向北部高新区和西部黄岛开发区等园区集中，生活居住增量主要向东部崂山和北部李沧、四方集聚，而生活配套中心则集中在市南、市北区域，城市努力实现多中心的布局结构，并按照多中心布局的规划思想引导城市发展。多中心布局不仅有利于城市功能和人口的疏解，也有利于缓解中心城不断增加的交通压力。但是同时也出现了许多问题，老城中心区人口规模持续增加，中心疏解的愿景难以实现，市南区的人口密度已经达到3万人/km^{-2}，造成交通压力持续增长。相反，由于城市服务职能过于集聚于老城中心区，使得外围多中心布局的新区发展缓慢。

3）尺度巨大，空间拓展难以有效衔接，交通设施无法保证城市拓展。

长期以来，青岛历版规划都十分重视环胶州湾区域的发展，并逐步形成将环胶州湾区域作为青岛的中心城区的观念。通过分析发现，环胶州湾的距离长度约为100km，与北京五环路和上海外环路的长度相当（图2）。环胶州湾的巨大空间尺度，造成了青岛市空间难以有效衔接、交通系统无法给予足够的支撑的困境。从青岛空间发展的历程看，这致使城市的发展难以保障足够的效率，城市功能的拓展也举步维艰。

2.3　研究问题的提出

交通系统作为城市发展的重要支撑系统，对促进城市发展起了十分重要的作用，而交通系统本身具有空间性和时间性的特性，并与城市的空间拓展关系密切。能否从交通出行特性的角度解构青岛城市空间拓展的规律，并为城市空间的健康发展提供有效的支撑系统，是青岛城市交通发展战略规划中需要进行的尝试。

3　出行时耗稳定性与空间拓展的规律性研究

3.1　出行时耗的稳定性

国外相关研究表明，城市居民一天出行的平均时耗具有一定的稳定性，虽然居民出行速度和距离有所上升，但出行时耗基本没有变化。出行者一天分配给出行的时间稳定在1h左右。

巴纳斯和戴维斯（Barners and Davis，2001）研究了两个姊妹城市1970~1990年城市居民的出行时耗变化情况，发现自1970年以来，出行速度和距离有所上升，而出行时耗基本上没有变化。帕维斯（Purvis，1994）对于美国旧金山海湾

图2　青岛、北京和上海空间尺度对比

地区1965年、1981年和1990年的调查数据进行了分析,他发现城市居民人均日出行时耗由1965年的0.86h上升至1981年的1.07h,又回落到1990年的1.03h,出行时间基本在1h左右。国外很多学者认为在整个城市居民的平均水平上,出行时耗相对稳定。这也是规划中常使用的1小时交通圈的基本依据。形象地讲,1h的时间是居民日常生活的一个重要时间门槛,国外有的学者用"出行墙"的概念来形容这一现象。

为了验证和说明出行时耗对交通出行的约束和影响,进而发现交通对城市空间拓展的影响,笔者选取国内36个城市,分析城市规模和空间形态与出行距离和出行时耗的关系(表1)。选取城市样本时充分考虑了城市规模、行政等级和布局形态等因素,力求得到普适性结论。城市规模最大为1311km²的北京,最小为44km²的丹阳。城市行政等级涵盖直辖市、省会城市、地级市和县级市。城市布局形态方面,除了深圳、兰州是带状城市,其余城市都呈现单中心或多中心组团发展形态。

36个城市的统计数据显示,机动车的出行距离范围为7～13km,均值9.7km;公交的出行距离范围为7～12km,均值8.0km。城市规模与出行距离存在一定的相关性。交通出行距离不会随着城市规模的扩大而相应提高,而是保持在一定的范围内。36个城市每日出行时耗均在40～80min范围之内,均值为60min左右。与出行距离相比,出行时耗更表现为不会随着城市规模的扩大而相应提高的特性,进一步

验证了出行时耗的稳定性和"出行墙"的存在。

3.2 空间拓展的规律性

交通出行时耗的稳定性显示着在城市空间发展中能够寻找到某种稳定性的因素,从而总结城市拓展中的普遍规律性。

对于典型的单中心布局城市而言,北京城市中心的辐射范围为五环路以内地区,上海城市中心的辐射范围为外环路以内地区。就城市空间尺度而言,北京五环路和上海外环路的当量半径均为15km。虽然在不同方向上,城市发展的水平略有差异,如北京五环路的东部地区比南部地区发展更为成熟,但是超出城市中心15km的地区则发展相对比较滞后,城市中心的辐射带动力大幅度减弱,即城市中心难以辐射到15km外的地区。对于典型的带状布局城市深圳和兰州而言,城市多中心之间的距离均不超过15km。深圳在福田和南山两个中心之间的距离为14km,兰州在城关、七里河和安宁、西固3个中心之间的平均距离为12km(图3)。从单中心城市的中心辐射距离和带状多中心城市的中心间距的规律性可以分析出,城市中心的有效辐射范围受空间距离的约束。10～15km的空间距离可能是城市单中心辐射的有效范围,或者说是多中心城市合理的中心间距。城市中心的辐射距离不会随着城市规模的扩张而无限增长,城市空间尺度超过一定范围,必定要形成新的城市中心。这种现象可以形象地称为"15km现象"。15km可能是城市空间拓展的"发展墙"。

36个样本城市规模和平均出行时耗   表1

序号	城市年份	建成区面积/km²	出行时耗/min	序号	城市年份	建成区面积/km²	出行时耗/min
1	北京(2005)	1311	71.2	19	福州(2008)	177	36.9
2	广州(2005)	895	73.4	20	温州(2006)	170	41.5
3	上海(2005)	886	66.9	21	洛阳(2006)	164	61.1
4	深圳(2008)	813	65.3	22	泉州(2005)	151	45.8
5	东莞(2010)	780	56.3	23	贵阳(2008)	140	86.1
6	南京(2009)	592	81.5	24	临汾(2008)	123	72.0
7	苏州(2006)	413	51.3	25	潍坊(2010)	118	62.4
8	杭州(2000)	367	69.5	26	南昌(2005)	109	71.7
9	郑州(2010)	329	75.7	27	珠海(2010)	106	50.8
10	济南(2005)	326	64.1	28	济宁(2010)	101	64.8
11	合肥(2006)	280	64.3	29	泰安(2010)	93	64.5
12	大连(2004)	258	60.9	30	淄博(2007)	90	55.3
13	长沙(2009)	243	71.1	31	株洲(2007)	82	56.2
14	太原(2009)	238	69.7	32	南阳(2007)	77	64.8
15	厦门(2009)	197	53.0	33	安阳(2005)	73	86.9
16	石家庄(2007)	191	57.2	34	商丘(2010)	59	58.7
17	兰州(2009)	183	63.3	35	莆田(2010)	52	52.7
18	包头(2010)	180	57.5	36	丹阳(2009)	44	53.8

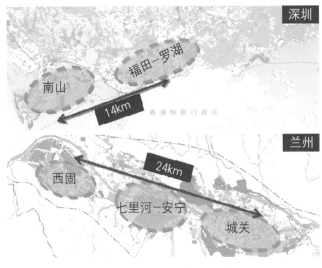

图 3　城市中心有效辐射距离

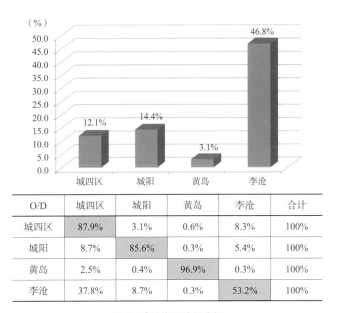

O/D	城四区	城阳	黄岛	李沧	合计
城四区	87.9%	3.1%	0.6%	8.3%	100%
城阳	8.7%	85.6%	0.3%	5.4%	100%
黄岛	2.5%	0.4%	96.9%	0.3%	100%
李沧	37.8%	8.7%	0.3%	53.2%	100%

图 4　李沧出行特征分析

4　时空约束下的发展策略

4.1　受时空约束，"三点布局"难以形成

根据青岛市 2002 年和 2010 年居民出行调查数据，对青岛市各分区中心之间的交通量进行分析，结果显示黄岛、红岛和青岛之间交通联系较弱，尤其是黄岛与青岛和红岛的交通量仅占 2.8%，可以判断从 1993 年就开始开发建设的黄岛具有很强的独立性，尚未融入青岛多中心布局的城市体系中，2004 年城市总体规划提出的"三点布局"结构尚未形成。

基于对"出行墙"和"发展墙"的判断，分别以 60min 为时间约束、15km 为空间约束，分析青岛市空间布局的症结。青岛和黄岛间在 15km 的范围内，但由于受胶州湾的阻隔，在 60min 的合理出行时间内难以实现有效连接。青岛和红岛的空间距离为 30km，现状基于道路出行方式为主的交通系统同样难以保证 60min 内的可达要求。

4.2　突破时空约束，寻找战略支撑

以 15km 的间距作为城市多中心之间的合理空间距离，对青岛进行适当的合并分区后，形成城四区、李沧、城阳、黄岛 4 个分区组团。通过居民出行数据分析可以发现，除李沧外，其余 3 个分区组团的内部出行比例均高于 80%，呈现出较为明显的组团发展特征。而李沧的区内比例仅为 53%，没有明显的集聚功能，尚未形成城市组团中心的作用（图 4）。从空间拓展的连续性和城市中心的有效辐射距离识别出李沧对于青岛空间发展具有重要的战略支点作用。李沧距青岛和红岛均为 15km，其中心地位的缺失，影响了中心城区空间组织的合理构架（图 5）。李沧中心功能发展的滞后致使城市空间缺乏有效的连续性，李沧成为城市空间的"发展墙"。所以，李沧新中心建设是青岛多中心拓展的关键，在空间布局中提升李沧的地位，将其作为青岛城市空间拓展的重要支撑。

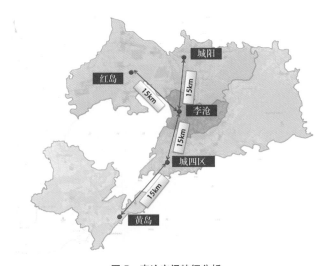

图 5　李沧空间特征分析

2011 年 6 月 30 日，跨胶州湾大桥和海底隧道同时通车，标志着阻隔青岛和黄岛之间的交通屏障初步解除，两者之间的交通出行时耗在 60min 以内。使青岛和黄岛之间紧密联系和协同发展成为可能。但是，面对未来青岛和黄岛之间双心发展的需要，桥隧是否能够满足交通的需要？基于对未来城市发展的分析，笔者对跨湾交通量进行了粗略的预测，结果显示仅靠道路交通难以满足城市发展要求。到规划期末，青岛和黄岛之间的跨区交通量将是全青岛交通需求最大的，高峰小时的客流量将达到 19 万人次·h⁻¹，需要 2 条轨道线、2 条干线公交和双向 12 条车道的交通设施提供服务。现有的桥隧仅仅满足了车行交通的需要，而大量的客流将需要以轨道交通方式来满足。所以，规划建设跨越胶州湾的城市轨道交通是青岛急需解决的战略性设施。目前，经过调整的青岛轨道交通 1 号线规划设计已经跨越了胶州湾，构建了青岛和黄岛之间的便捷联系，并且在 1 号线北侧预留了另一条远期

跨越的轨道交通线路。

4.3 都市区尺度的交通系统选择

为了促进城市的进一步做大做强，向都市区寻求更大的发展空间是青岛的必然选择。对于都市区而言，城市空间的尺度将进一步扩大，如何通过有效的交通系统组织城市空间是青岛面临的重大挑战。

基于交通出行时耗稳定性的判断，在相同时间内高速的交通方式能够达到更远的出行距离，能够使城市辐射的范围更大。对于适合都市区发展的交通方式的选取应该以出行时间为控制指标，即满足组团间出行在 45 ～ 60min 内到达的目标。对于青岛而言，快速的大运量公共交通方式将是支持向都市区拓展的必然选择。规划需要选择一种符合青岛空间发展要求的大运量公交方式。需要旅行速度在 60 ～ 80km/h 的轨道快线方式。轨道快线将是支撑青岛空间拓展的必要手段，都市区交通组织模式将以轨道快线为骨干、交通枢纽为节点，形成轴向联系的交通走廊（图 6）。

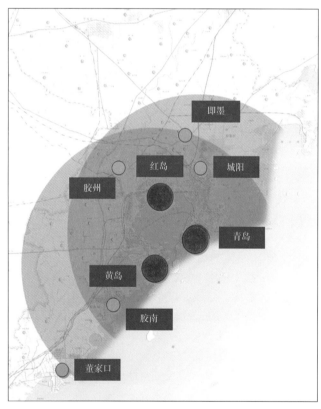

图 6　以青岛和黄岛为中心的轨道快线 45min 覆盖范围

4.4 交通与空间的互动

青岛最新确定的城市空间发展的核心战略为"全域统筹、三城联动、轴带展开、生态间隔、组团发展"。以出行时耗稳定性和空间拓展规律性研究制定的交通战略为空间战略提供了有力的支撑，包括率先打造李沧副中心作为向红岛辐射的支点，按照 15km 间距打造东西海岸的多中心空间布局，以轨道快线 45 ～ 60min 覆盖的范围作为都市区范围划定的依据，并以轨道快线为骨干组织都市区空间使得都市区内所有重要的节点均布局于轨道交通走廊上。以交通战略的分析为基础，以空间规划的语言反映在城市布局中，实现了空间与交通之间的良好互动。

5 结语

通过青岛交通战略和空间战略研究的实践，发现时空约束对城市空间拓展具有十分重要的影响。由山、海、湾、城构筑的青岛大尺度海湾型城市空间的良性拓展必须遵循交通出行的规律，在支撑城市拓展的交通系统的选择上也要以出行时间的约束为主要指标，才能够实现城市的良性发展。战略性空间节点的选取、快速轨道交通方式的确定将为今后青岛的发展奠定良好的基础。

参考文献

[1] 吴子啸，宋维嘉，池利兵，等．出行时耗的规律及启示 [J]．城市交通，2007（1）：20-24

[2] Barnes G，Davis G．Land Use and Travel Choices in the Twin Cities，1958-1990[EB/OL].[2003-01-28]. http://ww.cts.umn.edu/trg/ publications/pdfreport/ TRGrpt6.pdf.

[3] Purvis C. Changes in Regional Travel Characteristics and Travel Time Expenditures in San Francisco Bay Area 1960-1990[J]. Transportation Research Record, 1994,（1466）:99-109.

[4] 徐泽洲，赵一新，马清，等．大尺度海湾型空间结构的青岛交通方式选择 [J]．城市交通，2012（6）：22-27.

[5] 中国城市规划设计研究院．青岛市城市交通发展战略 [Z]. 2011.

[6] 青岛市城市规划设计研究院．青岛第二次交通调查 [R]. 2010.

作者简介

赵一新，男，硕士，中国城市规划设计研究院交通分院副院长，教授级高级工程师，E-mail: zhaoyx@cavpd.com

共建长株潭交通一体化——株洲市城市综合交通体系规划策略与实践

Integrated Transportation Development in Chang-Zhu-Tan: Urban Comprehensive Transportation System Planning Strategy and Practice in Zhuzhou

李长波

摘　要： 中国城市正由个体集中发展向城镇群一体化发展阶段演进，城镇群内交通联系特征也由此发生明显改变，因此，交通规划编制思路应进行相应调整。以株洲市城市综合交通体系规划为例，探讨在长株潭城镇群一体化快速推进背景下，如何立足区域视角统筹考虑株洲交通枢纽定位和重大交通设施布局。针对株洲功能定位、交通设施布局和交通网络协调对接中面临的问题，提出组合、均衡、融合三大规划策略。以长株潭城镇群作为规划切入点，详细阐述株洲交通枢纽规划思路，城际轨道交通、铁路、高速公路布局方案，以及道路、公共交通、绿道等城市间网络对接方案。

关键词： 交通规划；综合交通；交通一体化；城镇群；长株潭；株洲

Abstract: Chinese cities are evolving from single city-oriented development patterns to urban clusters, which cause significant changes in roadway network characteristics within urban clusters. Therefore, it is necessary to adjust the principles of urban transportation planning accordingly. Taking urban comprehensive transportation system planning in Zhuzhou as an example, this paper discusses the functionality of Zhuzhou as a hub city and the layout of key transportation facilities under the rapid development of the urban cluster areas in Chang-Zhu-Tan. Aiming at the problems of functionality, transportation facilities layout, coordination and connection within transportation network in Zhuzhou, the paper proposes three transportation planning strategies: combination, balance and integration. Focusing on the cluster of urban areas in Chang-Zhu-Tan, the paper elaborates transportation terminal planning, layout of intercity rail transit, railway and freeway, as well as roadway, public transit and greenway network connectivity in Zhuzhou.

Keywords: transportation planning; comprehensive transportation; integrated transportation; urban cluster; Chang- Zhu- Tan; Zhuzhou

1　城市发展阶段的演变

中国城市发展正从传统的强化区域中心城市，转向城市联动、协同发展，以城镇群为基本发展单位，注重不同规模城市的统筹协调。城市的组织形态由个体城市独立生长转向在一定空间区域内多个城市集聚互动，并在空间拓展、城市功能、产业组织等方面紧密联系。城镇群区域服务职能不再仅仅集中分布在一两个中心城市，而是不同规模城市分别承担一定职能，城镇群空间结构也由此呈现为"多中心"的格局。与此同时，交通发展特征突出表现为由强化交通枢纽城市的强中心放射转变为城镇群内交通一体化发展，向高速公路、铁路等国家交通专项规划中确定的"通道建设网络化、联系方式快速化"目标迈进[1]，见表1。

城市发展阶段的演变　　　　　表1

组成要素	城市个体集中发展阶段	城镇群一体化发展阶段
组织形态	各个城市发展较为独立	城市集群化，呈现以城镇群为单位的联动发展
结构体系	高首位度，缺乏对中小规模城市的培育	不同规模城市协调发展
经济特征	优势资源集中在中心城市	市场及资源共享
交通特征	强化交通枢纽城市，以其为中心向外放射	城镇群内交通一体化，城际联系密切，通道网络化、方式快速化

续表

组成要素	城市个体集中发展阶段	城镇群一体化发展阶段
城镇体系示意图		

2　城市交通规划思路的转变

随着城市发展阶段的演进和交通特征的改变，传统交通发展模式下的规划思路也面临着转变，主要体现在交通组织、空间范围、时间期限、影响腹地和规划反馈五个方面，见表2。

首先，在交通组织上，从传统的单核集中组织拓展为多核均衡组织，从强调区域中心城市为单一核心转变为在城镇群内构建枢纽体系，以实现在更大范围内合理分担交通功能和均衡布局重大交通设施。其次，在规划空间范围和时间期限上，将立足更大范围、考虑更加长远，规划出发点从单个城市拓展为城镇群整体，并以规划期为基础，从未来30～50年来考虑城镇群的空间演变和交通设施布局。再次，由于城镇群内城市间的联系更加便捷和快速、城际间出行时间更短，使得城镇群内区域交通设施的服务对象和覆盖腹地更广，从服务城市自身为主拓展为城镇群甚至更大的范围。最后，从

城镇群发展背景下交通规划思路的转变　表2

要素	传统思路	拓展思路
交通组织	单核集中：区域中心城市为单一核心枢纽，交通优势资源集中分布	多核均衡：根据城镇群内不同城市的职能、区位等因素构建枢纽体系，实现交通功能合理分担、重大设施均衡分布
空间范围	以单个城市作为规划出发点	以城镇群为规划出发点，立足区域统筹考虑交通枢纽城市的定位和重大交通设施布局
时间期限	以未来20年为规划重点	着眼于未来30~50年城镇群体系的演变，统筹重大交通设施布局
影响腹地	以服务城市自身和市域内城镇为主	面向城镇群整体甚至更大的范围
规划反馈	支持和引导城市空间拓展	注重与城镇群空间布局紧密结合

对规划的反馈来看，城市交通系统不仅对城市的空间布局产生影响，还与城镇群的空间布局密切相关。

3　株洲市城市综合交通体系规划案例解析

本文以株洲市城市综合交通体系规划为例，分析在长株潭城镇群进入区域一体化发展阶段，株洲市如何顺应交通规划编制思路的变化并针对交通一体化发展中面临的问题进行有效应对。

3.1　长株潭城镇群发展概况

长株潭城镇群是湖南省域内人口、城镇分布最为集中、经济发展最具活力的地区。长株潭城镇群以全省约13%的土地和20%的人口，实现了全省43%的GDP，地区城镇化水平达61%，2007年被国家确定为"两型社会"综合配套改革试验区。2010年城镇人口约810万人，2020年规划人口1020万人[2]。

长沙、株洲和湘潭3个城市依托湘江呈品字形分布，且空间距离较近，其中株洲、湘潭距离长沙均为35km，株洲与湘潭之间距离仅为20km，见图1[2]。独特的空间布局形态使得长株潭城镇群在空间尺度、各城市内在联系上明显区别于京津冀、中原城镇群等强中心模式的城镇群，长株潭城镇群空间一体化更加紧密，未来将形成多中心、组合型城镇群，见图2[3]。

多年来长株潭地区自上而下一直致力于区域一体化发展的推进，并且在电信、公共交通一体化等方面取得一定成效，使得市民对于一体化发展具有较强的认同感。从交通调查数据分析可知，株洲市民在长沙居住、就学、消费等态势明显，并且长沙、湘潭成为株洲在湖南省内的主要客运联系方向，占其对外交通量的2/3[1]。

长沙、株洲和湘潭3个城市虽然空间距离较近，但各个城市的特色十分显著，在主导产业方面，长沙工程机械、株洲车辆制造、湘潭冶金均在全国占有重要地位；在城市文化方面，长沙传统历史文化，株洲新兴工业城市文化，湘潭红色文化也各具代表性[3]。

在长株潭范围内，株洲交通枢纽地位显要，其处于沪昆走廊与京港澳走廊的交汇处，是国家南北运输大通道的重要节点，长江以南地区东西运输联系的咽喉，湖南省辐射湘东南、联系赣西地区的"东部门户"。

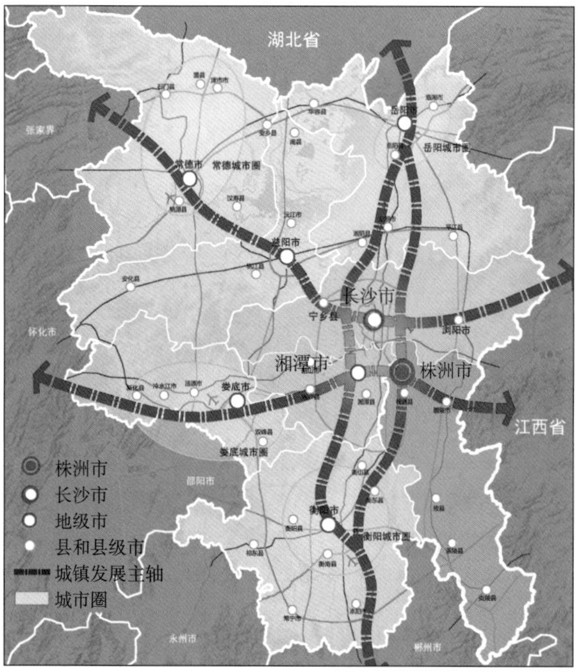

图1　株洲市在湖南省的区位

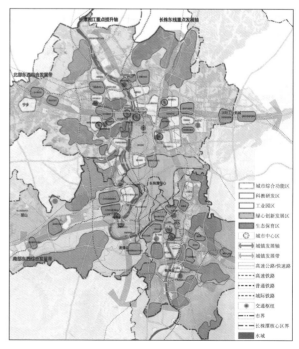

图2　长株潭城镇群区域功能布局

3.2 规划策略

株洲市在推进长株潭交通一体化进程中面临以下核心问题：如何从城镇群整体层面认识株洲交通枢纽的功能，如何立足城镇群优化株洲既有区域交通设施的布局，如何在城镇群内实现城市交通网络对接与区域交通设施共享。株洲作为长株潭城镇群的核心组成部分，对其进行综合交通体系规划编制不能仅从株洲自身的视角来看待交通枢纽功能定位和重大交通设施布局，而应立足区域视角，在城镇群范围内进行统筹考虑。因此，应以城镇群作为规划切入点，对株洲交通枢纽功能定位、重大交通设施布局、相邻城市间对接联系进行重新认识与组织。

针对上述功能定位、设施布局和协调对接中所面临的问题，提出三大规划策略，明确株洲在长株潭交通一体化背景下的交通规划思路。

1）组合策略：着眼长远，基于长株潭城镇群未来"多中心、组合型"的空间演变趋势以及由此带来的城市职能变化，重新认识株洲交通枢纽的功能与定位。

2）均衡策略：注重交通设施空间布局的均衡性，结合城镇布局与城市用地拓展，立足城镇群视角优化区域交通设施布局。

3）融合策略：开放统筹，针对长株潭城镇群空间一体化发展态势，统筹考虑各城市骨干交通系统的构建，突出开放性，注重相邻城市间交通网络对接及区域交通设施共享。

3.3 规划方案

3.3.1 以组合策略认识株洲交通枢纽功能定位

在城镇群空间结构演变和城市职能变化的背景下，交通枢纽城市的功能需要重新认识与定位因此，株洲交通枢纽功能定位应基于长株潭空间结构演变的分析。

在长株潭一体化发展推动下，长株潭城镇群由"长沙单一中心"向"长、株、潭多中心"格局演进，同时由基于单个城市的个体独立枢纽向区域组合型枢纽转变。随着长沙城市功能的外溢和株洲、湘潭城市功能的强化，株洲、湘潭将形成功能互补的组合型枢纽，在长株潭核心区内呈现"南北分置"的空间结构。其中，株洲依托有利的区位条件，将承担长株潭联系东部和南部的职能，成为长株潭南部的核心枢纽。承担该项职能的关键是提升枢纽功能，将服务株洲城市自身的株洲西站、株洲南物流中心提升为面向长株潭的交通枢纽。

1）提升株洲西站为长株潭铁路南站。

现状株洲西站是武广客运专线沿线最大的中间站，为一等站，日办理旅客列车60对，均为通过列车，其中20对为停站通过。处于武广客运专线与沪昆客运专线交汇处的长沙南站是长株潭城镇群内最主要的高铁站，见图3[1]。未来借助长（沙）厦（门）客运专线的规划建设，在株洲西站将形成两条客运专线交汇的格局，并借此在株洲西站增加高铁站始发功能，以提升株洲西站的地位，远景形成长株潭铁路南站。

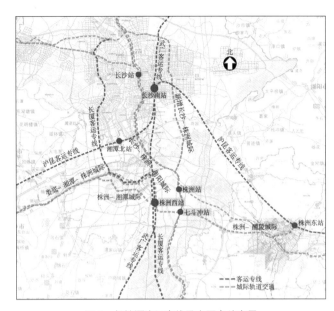

图3 长株潭客运专线及主要车站布局

2）提升株洲南物流中心为长株潭南物流中心。

目前长株潭城镇群内重点打造长沙金霞物流园区，依托优越的交通条件实现多式联运，将其发展成为中南地区重要的国际物流中心，见图4[1]。株洲南物流中心在既有规划中的定位是服务株洲城市自身的物流中心。但是，依托湖塘港区、沪昆高速南线、320国道南线以及铁路货站等多项交通设施的建设，株洲南物流中心可实现公铁水联运，具备与长沙金霞物流园区同样优越的运输集散条件。同时，株洲还占据有利的地理区位，处于长株潭联系华东和华南地区通道的交汇处，自古以来就是交通要冲，未来更是长株潭联系东向和南向的重要地区。

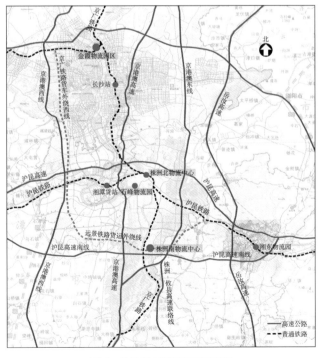

图4 长株潭主要物流园区布局

因此，从株洲自身优势和长株潭整体考虑，将株洲南物流中心定位为长株潭南物流中心，与长沙金霞物流园区相呼应，在长株潭核心区内形成"一北（长沙）一南（株洲）"两大区域物流中心格局。株洲南物流中心将成为衔接醴陵、湘潭等周边城市产业园区，服务长株潭区域南部，辐射湘南、湘中、赣西，形成中南地区重要的现代化综合物流基地。

3.3.2 以均衡策略优化株洲既有区域交通设施布局

交通一体化背景下的重大交通设施布局，应将城镇群整体作为规划立足点，在做强区域中心城市的同时兼顾公平。既有规划中，长株潭城镇群内重大交通设施的布局仍呈现为以长沙市为中心的布局形态，如城际轨道交通网络规划以长沙市为单核心向外辐射，长株潭地区铁路货运外绕线方案仅考虑长沙市城区，长株潭城镇群骨干道路缺乏对株洲等城镇统筹发展的考虑等。因此，针对城际轨道交通、铁路和高速公路布局存在的问题，应打破以长沙市为单核心的思路，紧密结合城镇布局和城市用地拓展，从城镇群统筹发展角度均衡构建交通网络和布局设施。

1）城际轨道交通。

通过增加株洲至湘潭间横向城际轨道交通联络线（见图5[1]），打破目前长沙市单中心城际轨道交通网络布局模式，并在株洲形成湘中东西向城际走廊与湘南南北向走廊的交汇，提升株洲交通枢纽地位。湘中东西向城际走廊的贯通将为沿线娄底、湘乡、湘潭、株洲、醴陵5个城市的联动发展奠定基础，这5个城市占湖南省27%的GDP和33%的人口，将形成湖南省基础产业优化和发展先进制造、高新技术、面向城乡服务的湘中发展轴线。同时，预留未来湘中东西向城际轨道交通从醴陵向东延伸至萍乡，实现长株潭、环鄱阳湖两大城镇群的城际轨道交通对接联系。

另外，在两条城际轨道交通交汇处打造面向区域服务的七斗冲综合客运枢纽，并以此支持和带动株洲城市空间东扩南下发展战略。

2）铁路。

铁路与株洲市城市发展的矛盾日益突出：跨铁路通道不足和拥堵是比较突出的交通问题，跨铁路断面是中心城区交通量最大的断面；编组站、货场和专用线是其两侧城市用地交通联系的屏障；列车通过密度高，平均每3min就有1列列车通过中心城区，铁路沿线噪声及粉尘污染是影响中心城区环境质量改善的关键。另外，城市功能、产业结构与土地利用调整对铁路提出新要求，铁路施最为集中的清水塘片区对铁路运输的需求降低，而城市南部作为未来产业重点发展地区却缺乏铁路设施服务。

因此，基于《长沙（湘潭、株洲）铁路枢纽总图规划》中既有长沙铁路货运外绕线西线方案，充分结合株洲市未来产业用地布局，推动实施株洲市城区内的铁路货运线外绕，远期时机成熟时启动编组站外迁，实现长株潭地区铁路网络合理布局，如图6[1]所示。

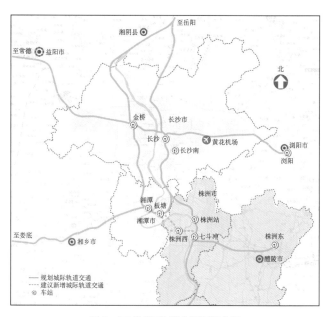

图5　区域城际轨道交通网络布局

图6　区域铁路网络布局

3）高速公路。

株洲市域城镇发展面临的核心问题是株洲市中心城区与攸县等市域南部各县之间缺乏直接联系，均需绕经其他城市。在长株潭城镇群公路网络布局中贯彻统筹城镇发展的原则，从城镇群整体路网格局合理性、现状与规划高速公路的功能分担等方面进行分析，突出强调长珠潭东环线对于株洲市域南部的带动作用，即依托长株潭东环线建议新增株洲—攸县高速联络线，形成贯通长沙—株洲—攸县的高速公路通道，增强长株潭核心区、株洲市区对市域南部各县市的辐射和带动作用，如图7[1]所示。

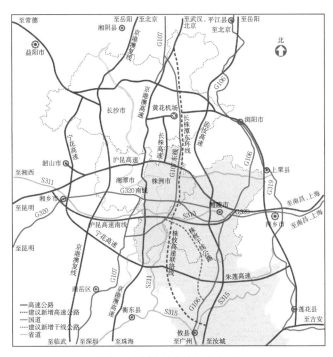

图7 区域高速公路网络布局

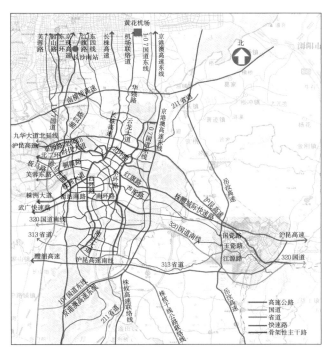

图8 长株潭核心区道路对接示意图

3.3.3 以融合策略实现城市间交通网络对接及区域交通设施共享

长株潭一体化发展使得城市间联系更加紧密且出行方式多样化,株洲市道路交通、公共交通和绿道等城市骨干交通系统的构建需要纳入长株潭一体化框架下考虑,既应体现自身特色和独立性,又要兼顾开放性,考虑与周边城市对接。

1)道路交通对接。

基于株洲市现状道路条件和城市空间形态特点,由外及内分层构建中心城区道路网络,在此基础上强化道路的开放性和延伸性,与周边城市实现高速公路、国省道、城际快速路等多种功能道路的分级对接,见图8和表3。同时,与周边城市管理部门积极沟通联系,强化各级通道的可控性和可实施性。

株洲市与周边城市道路对接规划 表3

城市	现状	既有规划对接道路	规划新增	道路数量/条
长沙	京港澳高速、长株高速、107国道	京港澳高速东线、107国道东线、洞株路	云龙大道西延线、湘芸路北延线、华强路北延线	9
湘潭	沪昆高速、320国道、株洲大道	320国道南线、武广快速路、时代大道、铜霞路	新马东路	8
醴陵	沪昆高速、320国道、313省道、株醴路	沪昆高速南线、320国道南线	南环路东延线	7

2)公共交通对接。

针对长株潭城镇群空间尺度和内在联系的特殊性,将长株潭内部的城际交通联系纳入公共交通范畴,构建由轨道交通、城际公交(联系株洲、长沙、湘潭的公共汽车线路)和出租汽车组成的多方式城际公共交通系统。

① 介于"3+5"城际轨道交通和城市轨道交通技术标准之间,建立长株潭核心区城际轨道交通系统(见图9和表4),服务于长株潭核心区内城镇连绵发展轴带的客运交通联系,以及城市中心与外围组团之间的快速客运联系。

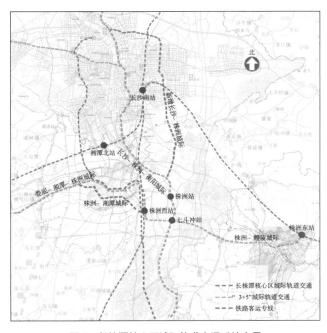

图9 长株潭核心区城际轨道交通系统布局

长株潭地区各级轨道交通系统主要技术指标　表4

轨道交通系统	运营速度 / (km·h⁻¹)	站间距 /km
"3+5" 城际轨道交通	120 ~ 200	5 ~ 10
长株潭核心区城际轨道交通	60 ~ 120	2 ~ 3
城市轨道交通	35 ~ 40	1 ~ 1.5

② 依托城际道路系统构建株洲市主城区与长沙、湘潭主城区间"点到点"直达城际公交服务联系，同时兼顾服务沿线重要乡镇。

③ 满足多元化的出行需求，提供长株潭出租汽车服务，在运营模式上可采用跨界运营和通过枢纽换乘运营两种模式。

3）绿道对接。

在长株潭生态环境规划一体化控制下，以湘江为主廊道、长株潭绿心为核心，依托山体、名胜景区等，构筑覆盖株洲都市区和中心城区、对接周边城市的休闲绿道系统，见图10。同时，保持各级休闲绿道的紧密衔接，实现"城镇群—都市区—中心城区"休闲绿道系统三位一体。

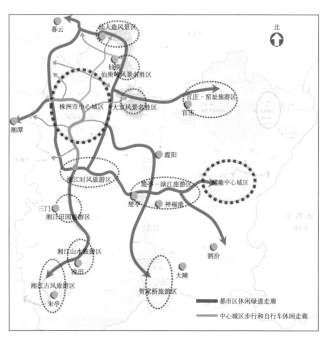

图 10　株洲都市区休闲绿道系统规划

4）区域客运资源共享。

依托长株潭核心区内株洲与长沙、湘潭等相邻城市道路网络、轨道交通网络的对接，建立株洲市与周边城市多层次、多方式的便捷联系，实现周边城市机场、高铁车站等高端客运资源为株洲市所用，见表5。

株洲市与周边城市区域 v 交通枢纽衔接方式规划　表5

交通枢纽	道路联系	轨道交通联系	其他
长沙黄花机场	4 条骨干通道：双高双快	2 条线换乘到达	城市候机楼和专线巴士
长沙南站	3 条骨干通道：一高双快	2 条线换乘到达	
醴陵高铁站（株洲东站）	3 条骨干通道：双高一快	1 条线直达	
湘潭北站	3 条骨干通道：一高双快	1 条线换乘到达	

4　结语

在城镇群一体化发展背景下，城市综合交通体系规划的编制呈现新的技术特点。首先，遵循"共建、组合"思想，在城镇群范围内考虑交通枢纽功能的有效分担，形成"组合型枢纽"。同时在一体化框架下，各个城市骨干交通网络的构建既要内外有别，又要内外衔接。其次，依照"多中心"的空间格局，打破重大交通设施在区域中心城市集中布局的"单中心"规划思路，从城镇群均衡发展的角度优化重大交通设施的布局。最后，需要兼顾"多专业"视角，不能仅从交通系统自身考虑问题，还要与城镇布局、城市空间结构、产业布局紧密结合，使交通规划方案更具合理性和说服力。本文研究内容主要针对"核心城市距离较近、城镇空间连绵发展"类型的城镇群，对于京津冀、长三角、珠三角等"城镇空间尺度大、城镇界限较为明晰"的城镇群则缺乏适用性，今后还需结合不同类型城镇群所处发展阶段、空间结构特点、功能组织特征等，研究城市综合交通体系规划编制的特点与差异。

参考文献

[1] 中国城市规划设计研究院，株洲市规划设计院. 株洲市城市综合交通体系规划 [R]. 北京：中国城市规划设计研究院；株洲：株洲市规划设计院，2012.

[2] 中国城市规划设计研究院. 长株潭城市群区域规划提升（2008—2020）[R]. 北京：中国城市规划设计研究院，2008.

[3] 中国城市规划设计研究院，株洲市规划设计院. 株洲2030 暨株洲市城市总体规划（2006—2020）（2012 年修改）[R]. 北京：中国城市规划设计研究院；株洲：株洲市规划设计院，2012

作者简介

李长波，男，山东利津人，硕士，高级工程师，主要研究方向：城市交通规划，E-mail:licb@caupd.com

城镇密集区综合交通一体化规划——以漳州市为例

Planning for Comprehensive Traffic Integration in City-and-town Concentrated Areas - Take Zhangzhou City as an Example

顾志康

摘　要：城镇密集地区的综合交通规划需要立足于区域，突破行政区划进行一体化规划，以引导区域协调发展。本文以漳州市为例，以厦漳泉都市区为背景，首先介绍了漳州城市和区域概况，然后针对漳州市的港口水运、干线公路、铁路、城市轨道和机场等方面进行交通一体化研究，并提出规划建议和交通发展策略。

关键词：城镇密集区；厦漳泉都市区；综合交通；一体化规划

Abstract: The comprehensive traffic planning in a city-and-town concentrated area should be based on the specific region and break through administrative division in integrated planning, thereby guiding the coordinated development of the area.By taking Zhangzhou City as an example, the metropolitan area of Xiamen, Zhangzhou and Quanzhou as the background, this paper firstly introduces the general urban and regional conditions of Zhangzhou City, studies on the traffic integration of Zhangzhou City in terms of water transport of the port, arterial highway, railway, urban railway and airport, and puts forward planning proposals and traffic development strategies.

Keywords: city-and-town concentrated area; metropolitan area of Xiamen, Zhangzhou and Quanzhou; comprehensive traffic; integration planning

0　引言

城镇密集区的形成与发展，是现代城市化进程的重要特征，也是世界区域经济和城市化发展的重要趋势之一。在我国海峡西岸，厦门、漳州和泉州三市地域邻近、人缘相亲、要素互补，经济总量占全省的50%，是福建省经济社会发展的龙头和引擎。

现状厦漳泉都市区内的经济与人员往来非常频繁，要素的密集度、发展的繁荣度、联系的紧密度，堪称全省之最。厦漳泉同城化发展的主要目标是推动厦漳泉从目前的一般性区域合作、城市联盟向紧密型、实质性、一体化融合的大都市区发展，探索建立共同发展的城市功能区和产业集聚区，加快推进交通设施一体化，促进公共服务共享和资源要素整合，形成协同建设和同城化机制。

漳州市从2010年开始着手编制新一轮的城市总体规划，远期规划年份为2030年。在城市总体规划编制工作中，规划人员的眼光不能局限于漳州市域范围内，应借助厦漳泉同城化的契机，加强区域交通设施一体化规划，促进厦漳泉地区间的融合，以带动整个海西地区城镇群的发展。

1　漳州城市与交通现状

1.1　城市现状

漳州市位于台湾海峡西岸，地处福建东南。东邻厦门、东北与厦门同安区、泉州市安溪县接壤，北与龙岩地区漳平、龙岩永定等县毗邻，西与广东省大埔、饶平县交界，东南与台湾省隔海相望。

漳州市辖有芗城区、龙文区、龙海市、漳浦县、云霄县、东山县、诏安县、南靖县、平和县、长泰县、华安县等二区一市八县。漳州市区包括芗城区和龙文区，漳州开发区位于离市区50km的东部沿海，与厦门岛隔海相望。漳州的临夏区位使得漳州较低的土地开发成本、劳动力成本得到发挥，在招商引资、房地产开发等方面占据一定优势。目前漳州开发区、龙海市等临夏地区是漳州目前经济增长最快的区域。

1.2　交通现状

漳州拥有得天独厚的港口资源优势，有招银、后石、石码、古雷、云霄、东山、诏安七个港区，可形成吞吐能力货运4亿吨、客运840万人次的规模。特别是招银－后石、古雷港条件优良，港湾不淤且避风条件好，水深和锚地条件可满足建设第六代集装箱码头需要。但是目前漳州港口与岸线开发利用不足，与福建省其他地区相比略显滞后。疏港铁路还在建设中，制约着港口的进一步发展。

漳州市域范围内有两条高速公路：沈海高速与厦蓉高速。沈海高速贯穿福建省东部，将福州、泉州、厦门和漳州联系在一起。厦蓉高速从厦门出发，经漳州后向内陆江西方向延伸。国道324和国道319的走向与高速公路类似，构成T字形的国道干线公路网。

漳州市域内已建成的铁路有鹰厦铁路、龙厦高铁和福厦漳高铁，在建的有厦深高铁和港尾铁路（疏港铁路）。鹰厦铁路在漳州境内单线运营，级别较低，客货混用，设计时速仅有80公里。福厦漳高铁的设计时速为200km以上，是福建省内第一条高速铁路，它将厦漳泉都市区与福州都市区紧密地联系在一起。龙厦高铁从福厦漳高铁线上引出，经南靖后至龙岩，并与赣龙铁路相接，设计时速200km，为客货混用的高速铁路。

漳州市域内暂无民用机场，现在的民用航空运输主要依靠距漳州市区约50km的厦门高崎机场以及距南部诏安县约1小时车程的汕头机场。

目前漳州市域交通存在的问题主要为：

1）港口发展缓慢，究其原因一是自身工业发展水平较低，缺乏足够的货源；二是港口集疏运系统薄弱，特别是缺乏疏港铁路，难以组织内陆地区的出海货物到漳州港装船；三是邻近的厦门港吸引力强，周边地区的货物大都从厦门港进出。

2）区域范围内目前仅沈海高速公路联系沿海城镇群。由于厦漳泉都市区正处于经济快速发展时期，高速公路交通量增长明显，局部经常发生拥堵。沈海高速福州至漳州段已于前几年全线扩建，但预计仍难以满足未来需求，必须开辟新的区域高速通道。另外，区域内公路城市化特征明显，过境交通与城市交通相互干扰。

3）福建省的铁路建设以往一直比较薄弱，2010年运营的福厦高铁从开通之日起即经常爆满。实际上福建省素有"八山一水一分田"之称，山多平原少，走廊通道稀缺，交通设施建设成本高，因此适合铁路运输为主的模式。从福厦高铁的运营情况看，其运输能力必然无法满足未来需求，在沿海城镇密集地区规划城际铁路已提上日程。

4）区域内厦门机场是干线机场，服务于整个厦漳泉地区。由于未来厦门机场将搬迁至厦门与泉州的中间，漳州居民至厦门机场的空间距离被拉大。漳州市域内有500万常住人口，同时也有很多旅游资源，是否建设自己的机场也是规划中需要考虑的。

5）在漳州区位优势中，最具优势也是未来对漳州影响最大的是临夏优势，二者之间同城化的基础已初步成型。但是现在从漳州市区至厦门市区只有国道109和沈海高速两条路，与厦门岛一海之隔的漳州开发区至厦门岛只有轮渡一种方式。加强漳厦交通设施一体化建设，对于实现漳厦两地同城化有着重要意义。

2 综合交通一体化规划

2.1 港口水运

规划漳州港首先必须了解厦门港。在《全国沿海港口布局规划》中，厦门港定位为东南沿海的集装箱干线港，以集装箱为主，散杂货为辅。2009年厦门港的集装箱吞吐量排名世界第19名、国内第7名，是东南沿海第一大集装箱港口和中转港。但厦门港一直面临着被城市用地包围、后方作业区和临港工业用地不足的问题，从而影响了其进一步发展。而且随着厦门城市发展和车辆增多，岛内港区的货物集疏运对城市交通的负面影响正逐渐显现。

为了实现跨行政区域经济的优势互补、相互对接，2006年厦门湾内港口实行一体化整合，由新组建的厦门港口管理局统一管理厦门湾内分属厦门和漳州的东渡、海沧、嵩屿、刘五店、客运、招银、后石、石码等港区。2010年漳州东山湾内的港区也并入厦门港，由厦门港口管理局统一管辖厦漳两市行政区划内的所有港区。厦漳港口一体化管理给漳州港带来发展机遇，原厦门港享受的税费、补贴、口岸通关等各项优惠政策可以延伸至漳州港区，原运往厦门港的货物也可以运往漳州港，这为漳州港开拓货源腹地、扩大生产规模提供了很好的机遇。

可以预计，未来厦门岛内港区的货运功能必然会逐步调整至外围港区，而其会以客运、高端航运服务为主。厦门岛内的东渡港区将搬迁改造，大宗散货、远洋集装箱和部分散杂货运输功能要转移到后石、海沧、嵩屿及刘五店港区。同时，重点推进翔安、古雷两大深水港区的建设，适时扩大海沧、招银、东山、石码等港区的规模，促进漳州南部中小港区的起步开发。

在对外招揽业务时，漳州港可以共享厦门港的品牌和税收优惠政策，以吸引更多的货源。未来通过漳厦跨海大桥和厦深铁路，漳州港可以吸引原运往厦门港的货物，针对厦门港集装箱为主的特点，吸引厦门湾北岸的散杂货到南岸港区。

漳州港是大陆距台湾最近的港口之一，具有发展外向型经济的环境和沿海对台的区位优势。在两岸直航背景下，漳州港应积极开展与台湾港口的合作，使自己成为ECFA协议实施后台湾货物进出大陆的承接地，并努力吸引台湾支线港口的国际集装箱在此中转，同时发展对台客运以及滚装运输。

随着漳州港货物吞吐量的增加，其对货物集疏运系统的要求也越来越高。疏港铁路的引入必然改变以往只依赖公路集疏运的局面。根据已有研究，铁路的经济运距大致在200km以上，公路的经济运距在200km以内。换句话说，200km以内应以公路集疏运方式为主，200km以上应以铁路集疏运方式为主。

（1）铁路集疏运

大力发展海铁联运，将漳州港区的疏港铁路接入全国铁路网络中，拓展自身腹地。漳州铁路应加强与内陆集装箱中心站的联系，以发展江西、湖南等货源腹地为主，兼顾其他地区，表现在铁路网络中即龙厦铁路西延，接至京九铁路和京广铁路。

在建的港尾铁路联系后石港区，未来应考虑从港尾铁路上引出一条支线接入作为集装箱主力港区的招银港区。沿海货运专线是规划的联系福建省沿海城镇的货运专用铁路，未来适时建设东山湾各港区的疏港铁路，并接至货运专线。

（2）公路集疏运

纵观世界级的大港口，铁路集疏运比例一般不超过30%，因此未来公路运输仍将是港口集疏运的主力。漳州市域、龙岩、粤东距离漳州港200km以内，均适合公路集疏运。保证疏港公路与区域高速公路网有良好的衔接，漳州以外区域至港口的货运主要通过高等级公路完成。

加强漳州港与市域内各产业园区、物流园区的道路联

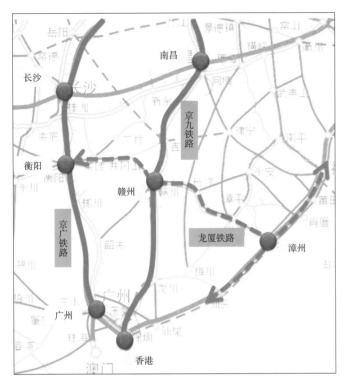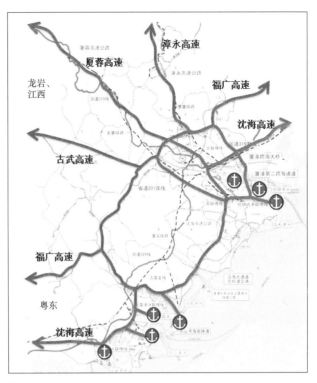

图 1　漳州港铁路和公路集疏运

系。规划专门的疏港公路，分离客货运交通。对于近期无计划建设疏港铁路的港区，应建立港区与附近铁路货站之间的快捷联系，充分发挥公路运输的接驳作用，形成公铁水联运局面。

2.2　干线公路

在厦漳泉城镇密集区内，公路城市化现象比较普遍。中小城镇大都沿干线公路发展而来，部分公路段被当作城市道路使用。即使是漳州市区，国道 109、国道 324、省道 207 和省道 208 也是穿城而过。过境交通与城市交通相互混杂，运输效率降低。

现状沈海高速与厦蓉高速上的交通流也表现出不同的特征。由于沈海高速位于沿海城镇密集区内，其承担了大量的相邻城镇间的联系交通，交通量大且趋于饱和，而厦蓉高速沿线城镇少，道路饱和度较低。

根据功能，规划的干线公路可分为区域干线公路与都市区干线公路。区域干线公路联系区域中的重要城镇，主要承担相距较远城市间的长距离联系交通，组织区域过境交通。都市区干线公路联系都市区内的城市和重要城镇，主要承担相距较近城镇间的中等距离的联系交通。

远期漳州市域高速公路网呈现"一环七射"的布局形态。其中，环城高速公路经过南靖、华安、长泰、龙海、开发区，环绕未来漳州市发展的核心地区；福广高速作为区域干线公路，其走向与沈海高速平行，分担沈海高速的压力，组织长距离的广东—福建一线的过境交通；沈海高速功能转变，未来

更多承担都市区内部的城际功能；厦蓉高速作为区域干线公路，联系厦漳泉与内陆地区。

其他国省道干线公路以满足相距较近城镇联系需求为主，承担都市区干线功能。这些干线公路尽可能从城市外围经过，避免过境交通特别是货车干扰城市交通。都市区干线公路承担少部分城市交通功能，其城区段的横断面可按城市道路标准规划设计。

2.3　铁路与城市轨道

2.3.1　铁路

由于客货分线以及出行差异化的需要，未来区域范围内存在客运专线、普通高铁、城际铁路、货运专线、普速铁路等多种铁路系统。

目前沿海方向上已建成福厦高铁，厦深高铁在建，贯通后即可形成从长三角经海西至珠三角的快速客运通道。该线路时速为 200～250km·h^{-1}，兼顾货运。根据福建省"十二五"规划，未来将建设宁德至漳州的客运专线，时速在 300km·h^{-1} 以上，该客运专线建成后若继续往长三角和珠三角延伸，将会形成贯穿我国东部沿海经济发达地区的一条客运高速通道。沿海客运专线建成后，福厦深高铁将转变为城际功能，沿线可以适当加站，承担中等距离的城际客运任务。同时福厦深高铁仍承担货运功能，在无法满足货运需求时，可启动沿海货运专线的建设。

往内陆方向上，龙厦高铁通过在建的赣龙复线可以联系江西、湖南等地区。龙岩距漳厦约 100km，龙厦高铁完全可

不同铁路线的功能定位和站间距要求　　　　　　　　　　　　　　　　　表1

类别	功能	速度目标值	站间距要求
客运专线	满足省与省之间的长距离客运需求，兼顾省内不同城市间客运联系	运营速度300km·h^{-1}以上	>50km
普通高铁	满足省内不同城镇间的中长距离客货运需求	运营速度200～250km·h^{-1}	>20km
城际铁路	满足厦泉漳龙地区间的客运需求	运营速度120～160km·h^{-1}以上	5～10km
货运专线	满足城镇带内及港口货运需求	设计速度120km·h^{-1}	根据需要设置
普速铁路	满足客货运需求	设计速度80～120km·h^{-1}	根据需要设置

以承担城际功能。龙厦高铁同时承担货运需求，可为厦门湾港区扩大货源腹地。

在福厦高铁客运量趋于饱和的背景下，《海西城镇群城际铁路线网规划》中考虑新建城际铁路，其中R1、R2线加强厦门湾内城镇群的联系，R3线加强漳州沿海地区间的城镇联系。本次规划提出两点建议：一是配合漳州与龙海总规，将城际铁路R3线龙海段并入R2线先期建设，以带动龙海地区的发展，同时R2线改接至漳州南站，加强区域性枢纽的辐射范围；二是城际铁路R3线至云霄后继续延伸至东山和诏安，实现对漳州沿海城镇的全覆盖，同时可以促进东山国际旅游岛的开发。

除新建城际铁路外，还可以考虑利用既有铁路开行漳厦城际列车。未来海西地区的高铁网建成后，鹰厦铁路的运力将得到充分释放，因此可以考虑将鹰厦铁路改造，作为漳厦城际铁路使用。新建的城际铁路R1线上运行的是站站停的列车，而鹰厦铁路上可以开行点到点的直达城际列车，两者互为补充。鹰厦城际线的起终点均位于城市中心区内，如果城际直达列车的时间能够控制在半小时内，则该城际线路对于出行者会有较强的吸引力。

2.3.2　城市轨道

根据漳州市总体规划，远期漳州中心城区分为西边的老城区和东边的角美片区，两片区距离约20～30km，而角美片区与厦门海沧接壤。规划的城际铁路R1线自厦门向西依次穿过漳州角美、老城区，不仅加强漳厦城际联系，同时也可以满足两片区间的出行需求。

厦门远景城市轨道线网由6条线组成，其中轨道3、5号线的终点在漳厦边界处。根据厦门方面的设想，轨道3号线已经预留了往漳州开发区延伸的可能性。厦门城市轨道5号线目前未有计划延伸至角美，但这是条远景线路，现在还未提上日程。未来可考虑让5号线继续向西延伸至角美，与城际铁路1号线换乘。这条延伸线既可以服务于角美片区，也能使城际客流换乘城市轨道进入厦门。

目前国内由于体制机制的问题，跨界城市轨道在投资、建设、运营管理等方面存在问题。但可喜的是，部分地市已经在跨界城市轨道问题上达成一致，并成功实践。比如广佛城际、上海轨道11号线延伸至江苏昆山花桥。漳州市应积极与厦门方面协商，力争实现漳厦城市轨道交通一体化。

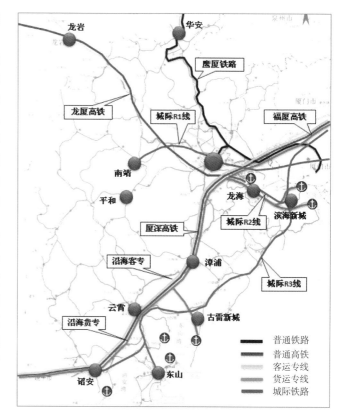

图2　远期漳州市域铁路网建议方案

2.4　机场航空

2.4.1　机场选址

厦门高崎机场是目前厦泉漳龙地区共用机场，旅客吞吐量已突破千万人次，将在2020年前后达到满负荷，并且受用地条件制约无法扩建。厦泉漳龙地区目前总人口约1800万，其中人口最多的泉州市不到1000万，厦门市300万左右。本着区域交通设施共享的理念，建设区域性的枢纽机场已成为共识。《海峡西岸城镇群协调发展规划》中提出在厦门与泉州中间选址建设新枢纽机场，后经多次论证决定在翔安建设新机场。

枢纽机场的搬迁对漳州市来说不利。从漳州市区至翔安机场约80km，按车速80km·h^{-1}估算的话约需1h，如果遇上堵车时间更长。在漳州市区附近规划建设新机场显得十分必要。而对于漳州市域南部地区来说，可以利用新近建设的揭阳潮汕机场。

海西地区由于政治原因，境内多军用机场。然而在当前和平发展及对台交流合作日渐增多的时代背景下，应当注重军用机场资源的合理利用和空域资源的优化配置，以促进军民航协同发展。现状漳州市区附近的石亭军用机场可加以改造利用，该机场距离城区很近，对于时效性要求高的航空乘客来说极为便利。

考虑未来发展，沿海的龙海市、漳州开发区、漳浦将是重点开发地区，市域人口也将向沿海地区集中。因此，也可考虑在龙海市或漳浦县境内进行新机场选址。另外在内陆南靖地区选址建设机场可以更好地服务于世界文化遗产土楼，发展市域西部旅游业，同时兼顾龙岩地区的客源。缺点是偏离城市发展方向，难以服务沿海地区客源。

根据以上分析，建议首选将石亭军用机场改造为军民两用机场，若无法实现，可考虑在沿海的龙海、漳浦一带建新机场。未来区域内将形成以厦门翔安机场、揭阳潮汕机场为枢纽干线机场，漳州机场、泉州晋江机场、龙岩连城机场等支线机场为辅助的干支机场体系。

2.4.2 机场发展策略

高铁和支线机场存在强烈的竞争关系。漳州市至珠三角约 600km，至长三角约 800km，乘坐高铁只需 3～4h，航空并无绝对优势，未来漳州支线机场的发展受到制约。而且支线机场航班较少，厦门枢纽机场由于航班多、航线资源丰富必然会分流部分乘客，因此应控制漳州支线机场的建设规模。

由于漳州机场为支线机场，应注意自身发展策略，与高铁错位竞争，加强与厦门枢纽机场的合作，积极开发货运业务，并适时发展对台直航。

1）适当减少高铁优势区内的航线班次，避免与高铁直接竞争，可增加发往其他干线机场的中转航班。开辟高铁难以覆盖地区的航线，特别是中西部地区。引入支线飞机机型以节省成本，避免运力浪费。

2）与厦门机场开展合作，积极开发航空货运，分担厦门机场货运业务，承担高附加值、时效性要求高的货物及鲜活产品的空运业务。

3）漳州与台湾有深厚的血缘文化关系，未来应积极发展对台直航，建立与台湾机场的联系，争取成为台湾至祖国大陆的中转地。

3 结语

厦漳泉都市区内城镇密集，漳州市编制城市和交通规划必须着眼于区域。目前针对厦漳泉地区编制的规划众多，但由于该地区社会经济处于快速发展时期，而且各地市利益协调工作复杂，规划修编也在不断进行之中。本文从漳州市的角度出发，对区域交通一体化规划进行了探讨，希望能起到抛砖引玉的作用，让更多的人来思考和研究区域交通问题。

参考文献

[1] 漳州市交通局 . 漳州市综合交通发展规划 [R]. 2009.

[2] 铁二院 . 漳州市铁路网发展规划 [R]. 2010.

[3] 铁四院 . 海峡西岸城镇群城际轨道交通规划 [R]. 2010.

[4] 交通运输部规划研究院 . 厦门港总体规划（修编）[R]. 2012.

[5] 同济大学，铁二院 . 厦漳泉大都市区综合交通一体化规划研究 [R]. 2012.

作者简介

顾志康，男，博士，E-mail: zkgu@163.com

滨海专业化旅游城市综合交通体系规划技术方法研究

Research on the method of Seashore Tourism City comprehensive transport system planning

杨保军　张国华　戴继锋

摘　要：通过总结国际滨海旅游城市在综合交通规划建设过程中的经验，在识别旅游交通的交通特征基础上，分析了专业化旅游城市对交通体系的基本要求。以三亚市综合交通规划体系为例，提出了滨海专业化旅游城市综合交通体系面临的关键问题和挑战，以及这些关键问题的解决思路和对策。研究了滨海专业化旅游城市构建综合交通体系规划技术方法。

关键词：交通规划；旅游交通体系；技术方法

Abstract: Through summarizing the development experience of the international Seashore Tourism City transport system, the general demands of tourism city transport system are brought out, based on the analysis of tourism transport features. Taking Sanya as an example, some crucial problems of comprehensive transport system of tourism city are discussed, together with the methods to deal with these problems. The method of Seashore Tourism City transport system planning is also discussed.

Keywords: transport planning; tourism transport system; planning method

0　序言

在当今国际社会经济区域化演变趋势下，城市专业化发展正逐步成为时代主题。越来越多的中小型城市结合自身区位和资源优势，扬长避短，打造专业化城市特色（如物流城市、现代服务业城市、专业旅游城市等），提升自身参与区域性经济融合的竞争力。对应于城市专业化发展要求，客观上城市综合交通系统也需要针对性地调整发展思路与策略。这些城市的城市交通规划思路与手法也相应地面临突破和革新。

当前滨海旅游已逐步成为我国城市经济发展的热点之一，以三亚为代表的滨海城市的成功案例也证明了依据滨海旅游资源打造专业化滨海旅游城市是一条可行的城市发展新模式。随着海南国际旅游岛建设的逐步推进，三亚等著名滨海旅游城市将面临更快的发展，而这些城市旅游交通如何更好地与城市发展相融合的问题也越来越提到日程。

1　滨海专业化旅游城市特征与交通特征分析

1.1　城市特征分析

1.1.1　发展阶段：我国滨海旅游城市发展还处于起步阶段

近代的海滨旅游起源于欧洲。从 18 世纪~19 世纪中叶欧洲出现的海水浴场度假区，到"二战"结束后地中海海滨旅游度假中心的成熟，再到 20 世纪 60 年代在加勒比沿岸、地中海沿岸、夏威夷等海滨城市地区相应形成了以夏季休闲度假为主要目的的滨海旅游度假区，标志着世界滨海旅游由雏形、成长到逐步成熟的发展过程。

国际性滨海旅游城市客观上需要经历起步和不断拓展、逐步形成雏形、最终成型繁荣的发展过程。学者 Butler R. 提出的旅游城市生命周期理论 [2]（图 1），非常适用于滨海旅游

城市成长规律的判断与描述。在国际著名滨海旅游城市中，法国蓝色海岸（尼斯）、澳洲黄金海岸、西班牙太阳海岸（马拉加）、美国迈阿密、夏威夷、墨西哥坎昆等著名国际滨海旅游城市或地区（图 2）已普遍进入到繁荣阶段，这些城市在旅游发展与交通体系构建方面对国内滨海旅游城市的发展都提供了很好的经验。

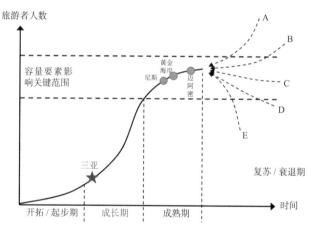

图 1　旅游城市生命周期理论

以三亚为代表的我国滨海旅游城市，经过 20 多年的发展，已经初步呈现出滨海旅游城市的良好发展态势：拥有优良的"3S"资源（阳光、海岸、沙滩）；近 20 年来以专业化旅游城市为核心的发展思路，使城市旅游产业得到快速蓬勃的发展，成为地区主导性产业之一；游客量接待量呈"爆发式"增长，与本地常住人口相比，旅游人口接待规模已不容忽视。但同时也必须注意到，我国的滨海旅游城市总体上仍处于成长期。与国际著名滨海旅游城市相比，在国际游客比重（三亚不足5%）、城市基础设施、旅游服务设施和质量、社会环境等方

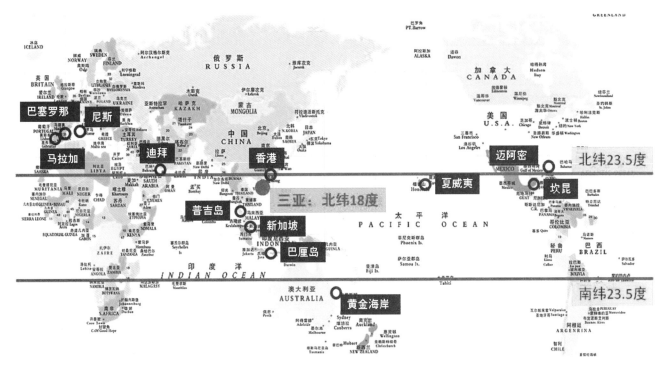

图 2　国际著名的滨海旅游城市

面的较大落差，决定了我国的滨海旅游城市还要面临漫长的国际滨海旅游发展道路（表 1）。

1.1.2　空间形态：带状组团空间结构及滨海交通走廊布局

国际性滨海旅游城市虽然尺度、规模各有差异，但大部分城市空间布局沿海岸线呈现带状组团布局的基本特征，这是滨海旅游城市空间布局上的基本形态。带状组团布局有利于充分利用海岸线的资源，更好地促进旅游业的发展，同时也正是由于滨海地区土地资源的紧张，也为旅游交通的组织带来了较大的挑战，因此大多数滨海旅游城市对于滨海交通走廊格外重视，尤其是各组团之间的快速联系性通道，包括高速公路、铁路、轨道交通等。通过对滨海交通体系的建设，促进了旅游产业的繁荣和更好发展（图 3～图 5）。

三亚也体现了典型的滨海带状城市布局特征，与国际著名滨海旅游城市相比，三亚的海岸线跨度更大（东西

100km），滨海地区由于山体的阻隔，蜂腰和瓶颈地段尤其突出，因此滨海地区交通体系建设问题也就更加紧迫。

1.1.3　旅游与城市：旅游主导的城市发展

滨海旅游城市发展经验显示，随着旅游专业化程度的不断提高，旅游产业链逐步延伸完善，旅游相关产业成为城市产业主导。以美国迈阿密城市发展为例，其背靠北美大陆，位于佛罗里达半岛的最南端，拥有丰富的海岸旅游资源，迈阿密的城市旅游发展进入成熟阶段，仅仅从城市用地构成上来看，旅游休闲相关的用地比例就高达城市用地比重的 69%（表 2 的前 2 项），可以说迈阿密城市即旅游，旅游也即是城市，城市发展与旅游发展高度融合，互为促进，目前旅游业已经成为迈阿密的经济支柱，2008 年也因旅游业的发展和城市环境的突出成绩被《福布斯》评为"美国最干净的城市"。

国际性滨海专业化旅游城市发展现状对比　　　　　　　　　　　　　　　　　　　　　　　　　表 1

城市	自然资源		旅游主导性		旅游人口规模	
	气候带	海岸资源	经济比重	岗位比重	游客接待量	外籍游客比重
迈阿密	热带	一流	30%	40%	1040 万人次	30%～40%
夏威夷	热带	一流	20%	33%	760 万人次	80% 以上
蓝色海岸（法国）	亚热带	一流	30%	40%	400 万人次	20%～25%（非欧盟国籍）
黄金海岸（澳大利亚）	亚热带	一流			450 万人次	75%
太阳海岸（西班牙）	亚热带	一流			950 万人次	34%（非欧盟国籍）
三亚	热带	一流	14%	40%	845 万人次 *	5%

注：旅游接待量数据为在三亚旅游委发布的星级宾馆过夜游客数基础上根据实际调查校核得出。

图例 ——— 过境交通性通道 ——— 城市生活性通道 ——— 滨海旅游休闲通道

图 3　西班牙太阳海岸空间分布情况（海岸线跨度 45km）

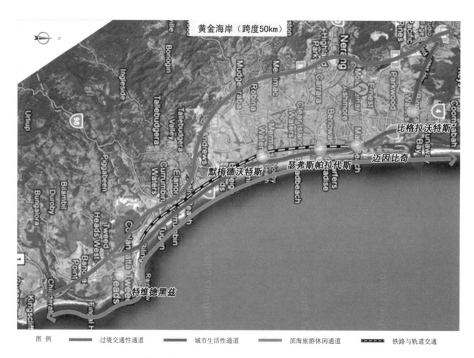

图例 ——— 过境交通性通道 ——— 城市生活性通道 ——— 滨海旅游休闲通道 ┅┅┅ 铁路与轨道交通

图 4　澳洲黄金海岸空间布局情况（海岸线跨度 50km）

图例 ——— 过境交通性通道 ——— 城市生活性通道 ——— 滨海旅游休闲通道 ┅┅┅ 铁路与轨道交通

图 5　法国蓝色海岸空间布局情况（海岸线跨度 70km）

迈阿密城市用地比例构成　　　表 2

编号	用地类型	面积 /hm²	比例 /%
1	公园 / 休息	789632	51.0
2	滨水空间	278006	18.0
3	未开发地区	135272	8.7
4	居住	109475	7.1
5	交通、设施	87295	5.6
6	农业	61573	4.0
7	内陆水域	40966	2.6
8	工业	17531	1.1
9	商业办公	14790	1.0
10	公共机构	14182	0.9
	总量	1548722	100.0

对于我国滨海旅游城市而言，目前这些城市正处于发展阶段，但是旅游已经成为这些城市发展的主导产业，旅游相关产业也从传统的餐饮、住宿、门票等逐步向休闲、会展、娱乐业转移。在这种形势下，如何进一步抓住旅游产业链、打造城市旅游特色成为城市发展成败的关键。

从总体上看，由于旅游业的推动，传统的一二产已逐渐让位于三产。三亚经济的发展具有其独特性，它直接跳过工业化发展阶段，进入第三产业为主导的发展阶段。近 7 年来，三亚经济每年以 15% 左右高速增长，其中第三产业对经济增长的平均贡献率高达 45% 左右，第一产业和第二产业对经济增长的贡献率则分别为 30% 和 25% 左右。从产业结构上看，旅游业成为三亚的支柱产业，尤其自 2004 年以来呈现跨越式发展。旅游收入年均增长 30% 以上，远高于全国（10%）和世界（6%）平均水平。

随着旅游产业的快速发展，城市建设方向主要以满足旅游发展需要为导向。城市土地利用按照土地价值的高低，优质资源（滨水、环山、市中心）向附加值最高的旅游业倾斜。从 1988-2008 年间三亚滨海地区设施的变化发展来看，旅游产业生长成为城市更新的最核心动力，城市功能空间逐步呈现"由山到海、由城市到旅游"的分层化发展格局。

1.2　旅游交通特征分析

1.2.1　基本特征：观光旅游向度假休闲旅游转变

我国滨海旅游城市正在逐渐走向成熟阶段，游客交通特征也发生着深刻的变化，最基本的特征是游客正在从传统的观光旅游向度假休闲游转变，这一变化趋势可以通过三亚与其他著名国际滨海旅游城市游客平均停留时间的对比得出初步结论（表 3）。

在观光旅游向度假休闲旅游转变过程中，游客交通特征表现出了独有的特征，与传统的城市居民出行活动差异较大，旅游交通呈现"散客化、高出行率、高机动化"的基本特征。

1）散客化。

在从观光旅游向度假休闲旅游转变的过程中，旅游交通的"散客化"趋势非常明显。从三亚市 2009 年与 2005 年调查结果可以看出，2009 年"跟团旅游"游客比重不足总体的 1/4，而 2005 年这一比重超过了 50%（表 4）。随着"散客化"趋势的不断加强，游客对于高舒适度的交通方式需求日益提升，在高服务水准的公共交通体系尚未建立之前，个体机动化交通方式有逐渐成为旅游交通主体的趋势。

团客比重发展变化情况表　　　表 4

年份	2005 年	2009 年
团客比重	52.46%	24.04%
旅游大巴比重	48%	29%

2）高出行率。

滨海旅游城市游客出行率普遍高于城市居民水平，三亚游客人均出行率为 4.96 次·d⁻¹，远高于本地居民日人均出行率 2.98 次·d⁻¹。在从观光旅游向休闲度假游转变的过程中，出行率将不断降低。但在城市旅游发展进入成熟阶段之前，这种较高出行率的旅游交通基本特征还将继续保持一定的阶段。

游客出行包括生活性出行和游览性出行，生活性出行指购物、就餐等出行，出行率为 3.29 次·d⁻¹，游览性出行率则为 1.67 次·d⁻¹。游客的生活性出行呈现了与本地居民出行相近的特征，包括交通方式、交通时耗、交通距离等基本情况。

3）高机动化。

从旅游服务要求方面看，观光、度假休闲的活动性质客观地决定了游客对旅途交通方式的舒适性方面有较高的要求。从三亚交通调查的结果看（图 6），包括出租车、公交车、旅游车及酒店车等在内的游客机动化出行方式占据绝对主导地位（83.3%），而居民出行则以步行和公交方式为主（两者总比重占 55%）。

国际滨海旅游城市人均停留时间比较　　　表 3

	法国蓝色海岸		西班牙太阳海岸	美国		东南亚		墨西哥坎昆	三亚
	尼斯	戛纳		迈阿密	夏威夷	巴厘	普吉		
年游客量 / 万人	400	250	950	1040	762	166	500	327	约 845
人均停留时间 /d	7.4	7.3	11.8	6.1	9.2	9	4.7	4.7	2.83

1.2.2 时间特征：交通需求季节性变化明显

滨海旅游城市往往由于天气、气候以及游客来源地等多方面因素，呈现明显的季节性特征，尽管这种季节差异性逐年有下降的趋势，但仍将长期存在。以三亚市为例，2008年按照月日均的游客数量来看，最高峰月日均游客达到了12万人，而最低的月份日均仅6.3万人，游客的季节变化非常明显（图7）。而在旅游高峰时段，尤其是春节黄金周期间，单日的游客数量最高达到了15.5万人。

由于交通需求的季节性变化非常明显，因此在旅游高峰季节，城市所承受的交通需求压力明显高于普通季节。旅游高峰时段，三亚河东、河西区当日旅游人口甚至超过了本地居民，旅游交通出行量也远远高过城市交通出行量（表5）。

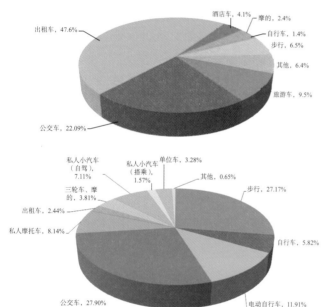

图6　三亚中心城区游客（左）与居民（右）出行方式结构图

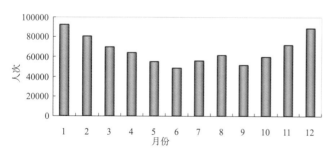

图7　三亚游客随月份变化情况

三亚河东、河西区范围人口与交通需求的季节性变化特征　　表5

	普通季节	高峰季节
河东、河西区常住居民人口	约14.5万人	
日均接待游客数	6.3万人	15.5万人
旅游出行量／次：城市出行量／次	1:2	3:2
旅游交通量／pcu：城市交通量／pcu	3:5	2:1

由于大量外来游客的进入，因此滨海旅游城市往往呈现了"小城市尺度、大城市负荷"的特征。例如在旅游高峰时段，三亚单位交通设施的所服务的人口数量已经超过北京、上海等大城市的水平，交通压力非常大（表6）。

三亚与国内大城市道路交通负荷水平对比　　表6

		每万平方米道路服务人数
北京		2900
上海		3000
三亚	不考虑旅游人口	2000
	旅游平峰季节	2600
	旅游高峰季节	3300

1.2.3 空间特征：中心城区交通需求过度集中

滨海旅游城市最具吸引力的旅游资源集中在滨海地区，拥有丰富滨海一线资源的滨海地区成为开发热点，也是游客最集中的地区。而在滨海地区，由于我国滨海旅游城市发展目前处于成长阶段，由于历史原因，往往形成"以中心城区为旅游服务功能集核，东西两侧旅游组团带状分散、功能单一"的发展态势，这也为旅游交通组织带来了难题。

从三亚的实际情况来看，目前周边的亚龙湾、天涯海角、南山等旅游景区、度假区的餐饮、购物等服务还需要依靠中心城区来满足，周边组团、景区对中心城区服务的高度依赖性造成了整个滨海地区向心性交通联系需求特征显著。调查表明，现状西部功能组团（天涯海角、南山、海坡景区）人均日进城次数为1.5次·人$^{-1}$·d^{-1}，东部功能组团（亚龙湾、森林公园、海棠湾）人均日进城次数为1.0次·人$^{-1}$·d^{-1}（图8）。与此同时，军事用地和自然山体的阻隔以及对山体、水源、生态、农田的保护要求，客观造成了贯穿滨海地区的通道资源十分紧缺，海棠湾、亚龙湾、海坡等片区与中心城区相互间的交通联系均存在通道的瓶颈问题。

1.3 滨海专业化旅游城市的综合交通系统发展需求

1.3.1 发展高效率、快捷化的综合交通运输体系

可达性是支撑地区旅游发展的重要因素，因此综合交通运输系统的发展是本地区旅游业蓬勃发展的根本保障。纵观世界滨海旅游的发展历史，长距离交通运输技术的革新与发展客观上极大刺激和推动了滨海旅游产业的逐步兴起。

自18世纪末~19世纪中期是整个国际滨海旅游的雏形期。这一时期欧洲开始出现的滨海度假雏形，主要集中于生态环境优良、陆路交通方便的贵族聚集地区。受制于交通工具发展的局限，这类度假区一般位于大城市的周边，以大城市作为客源地，如服务于海牙的斯赫维宁根、服务于巴黎的南部城市多维尔。

至19世纪末，铁路运输逐步在世界范围内兴起。铁路运

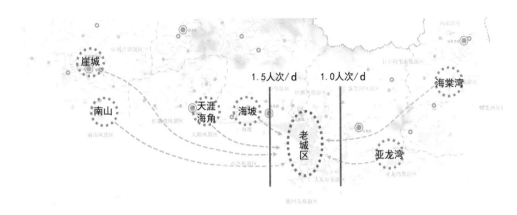

图8　三亚滨海地区出行联系布局特征图

输技术的进步拉近了各地区间的交通距离，从而带动了滨海地区的旅游产业发展，世界滨海旅游逐渐拉开序幕，进入起步/拓展期。这其中美国迈阿密就是很好的例子。位于美国佛罗里达南部临海的迈阿密，由于交通不便而长期相当落后的，鲜有定居者，原本优越的自然地理条件仍不为外人所知。1896年佛罗里达东海岸铁路开启了迈阿密历史的新篇章，地区游客迅速增加，并带动整个南佛罗里达地区成为北美重要的旅游目的地。

20世纪30～60年代航空运输的发展进一步推动海滨旅游城市向成熟期发展。例如迈阿密，由于空中交通技术的改进为国际性旅游创造了客观条件，在接待大量北部游客的同时，迈阿密还吸引了大量来自拉美、加勒比、欧洲、加拿大、亚洲的游客。伴随着航空运量的不断提升，到2000年国际游客占迈阿密游客总数的48%，标志着迈阿密从地区性城市到国际性城市的转变。

对于正在快速发展中的我国滨海旅游城市而言，构建包括航空、高铁、港口、邮轮在内的综合交通运输体系是支撑这些城市尽快向成熟期发展的重要基础。

1.3.2　构建高品质、差别化的城市公共交通体系

海滨旅游城市进入成长期后，旅游客流规模迅速增长。旅游人口的季节性涌入、散客化趋势带来机动化需求提升，都极大增加了海滨旅游城市的交通负荷。在这个发展过程中，公共交通的发展逐渐被重视起来，大力发展公共交通成为各海滨旅游城市在经历从自发生长模式向国际化转变的进程中的重要一步。

国际性海滨旅游城市非常注重客运系统的复合型发展，包括尼斯、摩纳哥、马拉加、黄金海岸、迈阿密等在内的国际著名滨海旅游城市，均建立了包括城市公交、现代有轨电车、租赁车服务、出租车、专业化旅游公交在内的一系列城市客运系统来服务旅游出行（图9）。

1.3.3　营造舒适宜人的交通运行环境

对于国际知名海滨旅游城市而言，旅游经济已经全方位地渗透城市生活的方方面面，形成了城市生活和国际旅游融为一体的和谐发展格局。这种"融合性"在交通方面表现为：

城市交通以旅游服务支撑为核心任务来进行规划组织，并已形成了多层次、多样化的综合性交通服务网络，能够良好地承担游客和城市居民的交通出行需求，海滨旅游城市的交通系统不能仅仅满足出行需求，更着重展现可欣赏、可游览、宜生活的城市面貌，打造具有海滨旅游城市独特气质的生活方式。具体体现为如下几个方面：

首先，海滨旅游城市的交通应展现出"鲜明的国际旅游形象"，从设施规模及景观服务方面需要按照特殊的标准进行规划建设。旅游出行行为本身也是游客旅游活动的一个重要组成部分。加强旅游出行过程中的游览性和观赏性，是提升旅游服务的重要方面。从丰富多彩的特色旅游交通产品化建设，注重道路交通组织与景观的和谐发展，到完备的慢行服务设施供给和完善的旅游客运服务体系，充分体现国际旅游城市"交通融入旅游"的发展思路。

其次，趋于"全方位覆盖"的旅游交通服务理念也渗透至整个城市交通系统中。滨海旅游作为旅游行为的一类较为高端的方式，其旅游活动行为要求提供全方位、全过程的高品质服务。对于专业化、国际性的海滨旅游城市而言，旅游产业的开发均渗透到城市全域，相应地高品质的旅游交通服务也需要实现包含旅游活动各个环节、各种方式的全方位覆盖。

最后，强调"专业化、高品质"的旅游交通设施标准。国际知名海滨旅游城市均要求其城市交通系统满足专业化、高品质的交通服务要求。例如海滨旅游城市更强调机场与旅游度假区之间的衔接交通联系，这显示出旅游服务性机场的专业化特色；而一些海滨旅游城市则高度追求城市公共交通系统服务的便捷舒适性，如尼斯，体现出对游客出行较高服务品质要求的回应。

2　滨海专业化旅游城市综合交通规划建设的核心问题

通过对滨海旅游城市发展特征的分析，可以看出滨海旅游城市交通发展面临四个方面的挑战。第一是滨海旅游城市建设

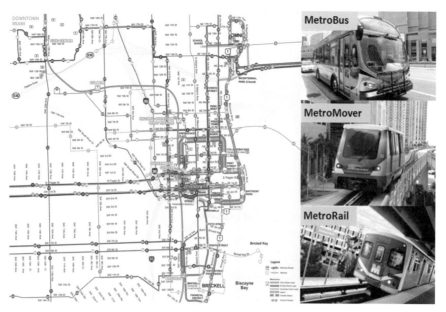

图 9 迈阿密多样化的旅游公共客运服务网络

标准和合理建设规模的问题，这是回答滨海旅游城市交通规划如何进一步完善定量分析工作的基础；第二是对外交通体系的构建问题，这是解决滨海旅游城市可进入性的问题，是滨海旅游城市更好发展的前提；第三是交通体系构建问题，解决游客如何更好地在城市内活动、游览的问题；最后是滨海地区交通组织问题，这是滨海旅游城市交通发展的特色和重点问题。

2.1 建设标准与合理设施规模问题

目前的传统交通发展模式注定无法应对我国滨海旅游城市的国际化发展要求。我国滨海旅游城市面临城市机动化快速发展、旅游交通需求快速发展的双重压力，在快速发展过程中，外来游客的人数在特定时段接近甚至超过城市人口的数量。如果城市交通基础设施仅仅按照规范中规定的标准进行建设，明显已经无法适应旅游交通的需求，但是如果高峰旅游交通和城市交通人口总和来配置城市交通资源，明显存在设施过剩的问题，因此需要认真研究在游客比重较高，季节性波动较大的前提下交通设施建设的合理标准和规模。

2.2 对外交通体系问题

国际化旅游发展方向客观上要求海滨旅游城市／地区具备快速、便捷的对外交通可达性，因此国际知名海滨旅游城市均构建起极其发达的开放式对外交通网络。并且，由于具备快捷舒适、服务面广、品质高端等突出优点，航空在这些海滨旅游城市对外交通体系中均发挥着核心作用。国际著名的海滨旅游城市无一例外的均强调航空运输系统，尤其是国际航空网络的构建。

2.3 交通体系构建的问题

国际化旅游城市发展目标需要专业化旅游交通服务体系

支撑，因此滨海旅游城市在构建城市综合交通体系的过程中，尤其需要重视专业化旅游交通服务体系的构建。所以需要研究如何转变现状以常规交通系统服务旅游的局面，构建多样化、专业化的旅游交通设施体系。因此如何推行国际专业化旅游交通系统建设和服务标准，打造高品质、特色化旅游交通服务，实现"交通即旅游"的概念目标，充分展现滨海旅游城市风貌和形象标识，是滨海旅游城市在发展中面临的另外一个核心问题。

2.4 滨海地区交通组织问题

滨海旅游城市普遍呈现带状分散组团式的发展格局，在交通通道资源稀缺的背景下，分散组团格局下的用地开发模式直接决定了滨海旅游走廊上交通联系需求特征。另一方面，滨海岸线尺度与用地空间布局也客观要求在滨海地区整体交通组织模式方面有针对性的考虑。因此，在滨海地区范围内，如何选择合理的用地开发模式，构建怎样的交通网络组织模式，满足滨海地区长距离交通联系需求，突破旅游组团间联系通道瓶颈，有效支撑和引导滨海地区组团式格局发展需要，是关系到未来滨海旅游城市发展的重要问题之一。

3 滨海旅游城市交通规划技术体系

3.1 技术思路

旅游交通问题往往渗透到专业性滨海旅游城市交通的各个方面。无论是城市产业结构、人口构成等城市特征方面，还是交通需求结构、交通供给要求等交通特征方面，城市的发展都与旅游要素密不可分。因此，全面提升对旅游交通的研究理应成为解决滨海旅游城市旅游交通和城市交通发展关系问题的核心着力点。

滨海旅游城市交通规划应该突破常规技术体系和方法，将旅游交通的特征和规律的研究贯穿规划始终，即包括规划范围确定、交通调查方案、交通建模分析、交通发展战略研究、交通系统规划、近期规划等均充分考虑旅游交通问题，形成如图 10 所示的滨海旅游城市交通规划技术框架，实现旅游交通和常规城市居民交通的高度融合。

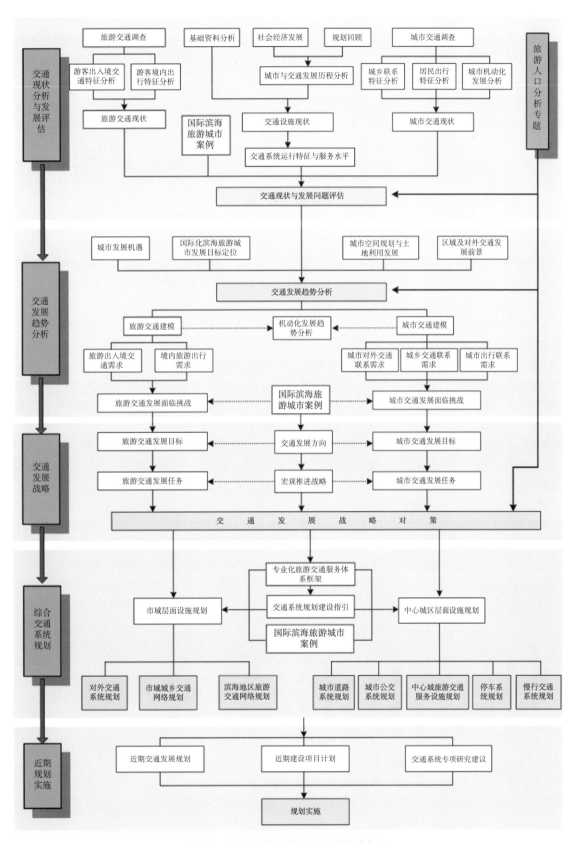

图 10　滨海旅游城市交通规划技术框架

3.2 设施标准与合理规模的研究

对于滨海旅游城市而言，设施建设标准与合理规模的问题是确保大部分时段的交通需求都能满足，同时有不会造成设施浪费的问题。

3.2.1 当量人口思路的提出

城市交通设施规模目前均以城市规划人口为对应关系来制定标准，但是对于滨海旅游城市而言，规划人口规模到底应该如何确定，不能简单依据常住人口与外来游客之和。主要原因是外来游客和本地居民在利用交通设施的强度上存在较大的差异，因此按照简单二者加和势必造成交通设施的不足。

三亚交通规划工作中提出了当量人口的概念，将外来游客按照出行强度、出行距离、出行方式等方面的差异，折算成当量城市人口，进而与常住人口加和，以得到的总当量人口作为交通系统设施规模计算的依据。具体而言，三亚规划年中心城区瞬时旅游人口9万人，考虑旅游人口高峰季节不均衡系数，以及中心城区对城区外围旅游人口的吸引量，中心城区高峰季节旅游当量人口为21万，中心城区规划人口为50万人，则中心城区的规划当量总人口为71万人（规划50万本地人口+21万旅游当量人口），中心城区交通系统需求分析按照71万当量人口进行计算。

3.2.2 设施校核标准的确定

对于滨海城市这种交通需求季节性波动非常明显的城市，规划方案中的设施规模需要进行宏观评估和校核。充分考虑旅游交通需求的季节性变化影响，应遵守如下原则：1）交通设施供给应确保旅游交通与城市交通基本需求的满足。2）在满足基本需求基础上，交通设施供给应能够满足全年大部分时间的交通出行需求。基于该思路，将总体交通需求划分为三类，第一类是刚性需求，即常住人口和最低日均旅游人口的交通需求，这是总体交通设施规模的底线；第二类是临时需求，是旅游最高峰日常住人口和当日旅游人口的交通需求，对于三亚而言就是春节黄金周游客最高峰日的总体交通需求，需要采取临时的交通管理和应急组织对策来满足；第三类是弹性需求，介于临时需求和刚性需求之间，满足全年大部分时段的交通需求，一般来讲是常住人口和日均游客最高峰的交通总需求，交通设施宏观校核标准应该在该需求的基础设定。

基于上述思路，以三亚市为例，建议以全年旅游最高峰日需求总量（居民+游客）的95%作为交通设施供给校核的标准，基本能够满足全年大部分时段的交通需求，从图11可以看出，设施校核线位于年日均总需求之上，并可以保证春节黄金周7天中的3天的交通需求。

3.3 构建以机场服务为核心的对外交通体系

对于国际性海滨旅游城市而言，良好的可进入性是保持旅游业持续高速发展的先决条件。正因如此，绝大多数国际著名海滨旅游城市均构筑起多元化的对外交通体系，从国际著名旅游城市发展经验来看，便捷的航空服务一直是这些城市对外交通体系的核心，这些城市均想方设法发挥航空运输优势，从机场的设施容量、航班数量以及服务水平等方面尽可能为游客提供充足的交通服务。表7中归纳了国际著名滨海旅游城市航空服务的基本情况，总体呈现了两个基本特征：

1）这些城市均拥有至少2条跑道，机场平均容量在2000万人次以上，航空设施容量、运输能力都大大超出了自身城市人口的需求，规模庞大的机场设施是这些城市旅游经济的发展的重大支撑。

2）这些城市的机场距离中心城区的距离都非常的近，一般为10～20km，这是保证游客能够快速进出城市的重要因素，也是保证滨海旅游城市机场高服务水平的关键之一。

三亚凤凰机场只有一条跑道，设施容量只能满足600～800万人次·年$^{-1}$的吞吐需求，2010年底机场旅客吞吐量已经超过900万人。三亚凤凰机场的现有场址由于用地等方面的限制因素，已无新建第二条跑道的可能。因此如何能够建立服务水平较高的航空服务，成为三亚市对外交通体系的核心任务。

具体而言，首先尽可能挖掘凤凰机场的设施潜力。需要通过扩建航站楼、停机坪、工作区及机场相关附属设施等措施，可发

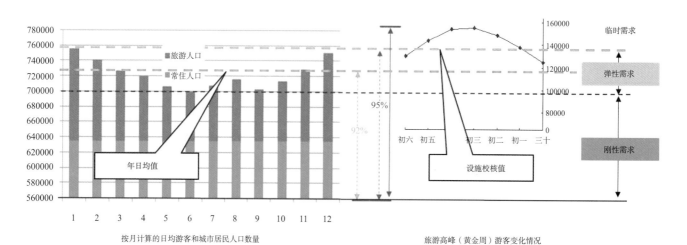

按月计算的日均游客和城市居民人口数量　　　　　　　　旅游高峰（黄金周）游客变化情况

图11　三亚设施校核标准研究

国际著名海滨旅游城市的主要机场情况 表7

城市	机场城市核心区的距离	机场概况	运输能力
美国迈阿密	13km	迈阿密地区共5个机场，2个国际机场，3个支线机场，其中迈阿密国际机场是美国第三大机场、美洲航空公司的主要集散地和最大单一国际门户	迈阿密国际机场3条跑道，第4条修建中
法国尼斯	7km	法国第三大机场	2条跑道，4E级机场
澳洲黄金海岸	25km	黄金海岸机场，布里斯班机场可以为黄金海岸提供服务	布里斯班机场1条2342m跑道黄金海岸机场1条582m跑道
美国夏威夷	5km	5个国际机场；6个岛间机场；99%游客乘飞机至夏威夷	檀香山国际机场4条主跑道、1条辅助跑道
			希洛国际机场2条跑道
			科纳国际机场1条跑道
			茂宜机场
			考爱岛机场2条跑道；1条直升机跑道
西班牙马拉加	8km	西班牙第四大机场	即将开通第2条跑道
墨西哥坎昆	13km	墨西哥第二大国际机场	2条跑道
阿联酋迪拜	20km	国际性航空枢纽；全球最繁忙机场	2条跑道
葡萄牙法鲁	4km	葡萄牙的重要国际机场	1条跑道

挥单条跑道的最大容量，最大程度的满足不断增长的航空需求。

其次，确保凤凰机场尽快融入区域综合运输体系。建议尽快协调三亚市境内海南岛西环高铁线位方案，先行西延东线城际铁路至凤凰机场并设站（图12），实现凤凰机场与高铁之间的便捷联系，提升凤凰机场的集散服务。建议进一步加强凤凰机场和美兰机场之间的协作，实现美兰机场在三亚的异地候机服务。目前海南岛的东环城际铁路已经在海口美兰机场设站，实现了高铁与机场之间的便捷换乘（图13），应该尽可能发挥美兰机场与高铁的顺畅衔接的作用，为三亚的出岛游客提供便捷的服务，美兰机场的进岛客流也可通过高铁实现快速到达三亚旅游目的地（图14）。

图12 东环高铁向西延伸连接凤凰机场并设站

图14 海南岛东环城际铁路与美兰机场、凤凰机场之间的便捷联系

图13 美兰机场与东环城际铁路之间的关系

最后，全力推进第二机场相关研究，争取尽快启动建设工作。第二机场需要能够提供3500～4000万人次·a⁻¹的服务能力，至少按照2条跑道建设。机场选址应该距离中心城区20km的范围内，建立多元化的集疏散系统，规划大容量公共交通设施，实现与旅游景区的便捷联系。

3.4 打造专业旅游交通服务体系

3.4.1 构建"全程、全域、全方式"的专业旅游交通服务体系

滨海旅游城市作为专业旅游城市，如何更好为游客提供旅游交通服务，不能简单照搬国内传统旅游风景区的思路。随着城市旅游职能进一步加强，旅游区域的进一步扩展，以往滨海一层皮式的旅游发展而形成的旅游交通服务理念需要更新，旅游交通服务理念需要扩展到"全程、全域、全方式"，构建专业的旅游交通服务体系。

"全程"即游客从进入城市到离开城市，从游览性出行到生活性出行都予以充分关注，提供全程的高品质交通服务。

"全域"是指滨海城市旅游将呈现两个明显的全域化特征。首先是景区、景点的全域化。例如三亚的旅游景区从沿海逐渐向内陆扩散，一系列内陆旅游景区的发展将推动三亚从沿海旅游型转向全域旅游型，山地风情游将成为未来三亚旅游发展新的增长点。其次是全域景区化，旅游将不仅仅局限在传统意义的风景名胜区，而是更多的向商业区，向城市中心区扩展，城市将成为旅游功能的重要载体。相应的旅游交通服务也不能仅仅关注滨海的某几个风景区、度假区周边的交通服务，而是要扩展到市域。

"全方式"是指游客的每类出行都是集合了各种方式。需要把各种交通方式统一通盘考虑，注意内外交通的衔接和各种交通方式之间的协调，才能提供优质的旅游交通服务。

3.4.2 道路交通体系

在构建全程、全域、全方式的专业旅游交通服务体系思想的指导下，城市交通体系思路上都要进行相关的调整。以三亚市为例，应学习国外著名旅游城市的先进经验（图15），坚持提高密度，而非增加宽度道路的道路建设理念，核心区道路不宜过宽，主次干路原则上不超过 4 车道，部分特别重要的交通性主干路和外围过境道路可考虑 6 车道。

3.4.3 道路景观

道路景观是城市景观系统的重要组成部分，也是城市旅游风貌的重要组成部分，对于滨海旅游城市而言，道路景观也是交通体系不可分割的一部分。道路景观不简单等同于等于绿化，而是由多种要素共同协调营造而成良好视觉和体验效果。道路横断面方面，主干道和次干道优先考虑机非隔离的三幅路形式，且在机非隔离和人行道上栽植行道树。对于道路沿线的关键节点，需要充分利用道路交叉口和街边公

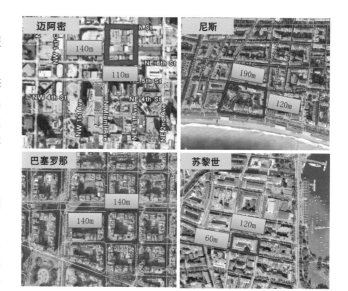

图15　国际著名滨海旅游城市都采取小街坊、密路网的总体格局

园绿地等空间，设计道路景观节点，增加道路景观性。

3.4.4 慢行交通体系

慢行交通对于滨海旅游城市而言，是最能体现城市风貌和城市特色的方面，因此慢行交通系统是打造专业旅游交通服务的重点工作。

滨海空间是慢行交通设计的重点地区，需要优先保证慢行，通过连续的沙滩，形成系统的慢行空间，和景点结合，串联滨海酒店、宾馆、酒吧等商业设施（图16）。同时在山区内打造独立慢行系统，主要满足运动健身、远足野营等个性化旅游需要。

3.5 分层化组织滨海交通，落实由快到慢的交通组织策略

3.5.1 滨海地区总体交通组织

拥有"3S"资源的海岸线是滨海旅游城市的核心资源带，从功能布局来看，滨海地区往往形成"滨海旅游带 – 城市功能区 – 山区腹地"的典型空间格局。滨海旅游走廊的交通组织必须在保障交通通达性的同时充分强调集约性发展。对于我国的滨海旅游城市，应借鉴国际上的成功案例，强调滨海走廊方向的并行交通系统通道的构建，基于滨海大运量客运系统强化滨海公共客运服务及慢行空间打造，形成沿海岸线方向"由山到海、由快到慢、由城市到旅游"的分层化交通走廊布局（图17、图18）。滨海地区北侧靠近山边建设绕城高速公路，环岛

图16　三亚滨海地区慢行交通布局模式

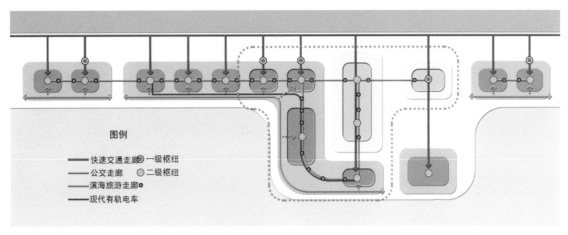

图17　滨海旅游交通组织模式图

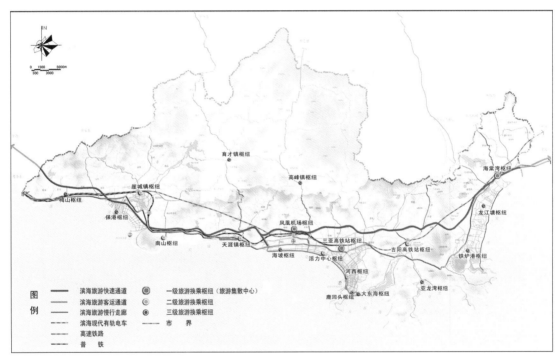

图18　三亚滨海地区交通设施布局方案

高速铁路，形成快速交通走廊，满足长距离交通的联系需求，交通上强调"快"；山与海之间是城市生活功能区，形成国道、省道、干线交通为主的客运服务走廊，满足组团间生活性交通联系需求，交通上强调"达"；海边时旅游功能集中的地区，规划建设高档次的旅游交通服务设施，包括滨海现代有轨电车的建设，优化慢行交通环境，提升滨海交通品质等。

3.5.2　滨海现代有轨电车的建设

规划期内滨海岸线旅游开发跨度将大幅度增长，滨海旅游空间的跨越式发展导致游客出行距离的提升，滨海地区旅游发展进程迫切要求快速客运系统通道的支撑和引导。通过构建滨海现代有轨电车的建设，可以高效、集约地组织滨海跨区交通联系，为滨海"纯化"慢行旅游空间的打造提供有利条件（图19）。诸多国际知名海滨旅游城市发展实践证明，

滨海现代有轨电车系统不仅作为城市客运交通网络的骨干系统，更因为其舒适性和技术先进性而成为旅游城市形象标志和旅游产品（图20）。

4　结语

我国的滨海专业化旅游城市旅游发展处于成长期，旅游交通呈现出与城市交通完全不同的规律和特征，因此对于滨海旅游城市与交通发展存在较大的特殊性，滨海旅游城市发展也面临极大的挑战，具体包括设施规模和合理标准的问题、对外交通体系的问题、专业旅游服务体系构建的问题以及滨海地区交通组织问题。

在三亚实际交通规划工作中，笔者在设施规模研究中提

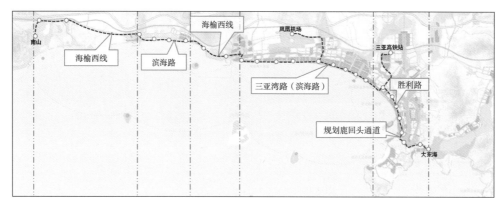

图19 三亚滨海现代有轨电车线路建议方案

图20 现代有轨电车的建设有利于滨海地区旅游品质的整体提升

出了当量人口的思路，构建了以航空为核心的对外交通体系，提出建设"全程、全域、全方式"的专业旅游服务体系的目标，并借鉴国际著名旅游城市的发展经验，确定了滨海地区的分层化组织的总体对策。可为当前城市专业化发展背景下的综合交通体系规划技术工作提供有益的借鉴。

参考文献

[1] 中国城市规划设计研究院. 三亚市城市综合交通规划 [R]. 北京: 中国城市规划设计研究院, 2011.08.

[2] 中国城市规划设计研究院. 三亚市老城区综合交通整治 [R]. 北京: 中国城市规划设计研究院, 2010.03.

[3] Butler, R. Tourism.environment and sustainable development[J]. Environment Conservation, 1980（18）: 201-209.

[4] 杜恒, 马俊来, 戴继锋等. 国际滨海旅游城市交通系统特色与启示. 中国大城市交通规划研讨会论文集 [C]. 北京: 中国工程院土木、水利与建筑工程学部, 中国城市规划学会城市交通规划学术委员, 2010.11.

作者简介

杨保军, 男, 中国城市规划设计研究院院长, 教授级高级城市规划师, E-mail: yangbj@caupd.com

专业旅游城市综合交通规划技术方法研究——以三亚市为例

Comprehensive Transportation Planning in Tourism City: A Case Study in Sanya

戴继锋　杜　恒　张国华

摘　要：为完善专业旅游城市的综合交通规划技术体系，通过总结国外专业旅游城市在综合交通规划建设过程中的经验，在识别旅游交通特征的基础上，分析专业旅游城市对交通体系的基本要求。针对专业旅游城市交通规划面临的关键问题和挑战，指出应将旅游交通特征和规律的研究贯穿综合交通规划始终，实现旅游交通与城市居民常规交通高度融合，进而提出综合交通规划技术体系框架。以三亚市为例，重点探讨了专业旅游城市交通设施合理规模的确定，以及交通设施规划基本思路。

关键词：交通规划；旅游交通；技术方法；专业旅游城市；交通特征

Abstract: To improve the methodology of comprehensive transportation planning in tourism city, this paper discusses the tourist travel characteristics and requirements for a corresponding transportation system, through learning experience from other tourism cities around the world in comprehensive transportation planning and development. Aiming at the problems and challenges facing tourism city's urban transportation planning, the paper points out that tourism travel characteristics and patterns should always be considered in comprehensive transportation planning to promote the coordination of tourism traffic and daily commuting traffic. The paper also presents a framework of comprehensive transportation planning for tourism city. Taking Sanya as an example, the paper elaborates the reasonable development of transportation facilities and basic transportation facility planning schemes in tourism city

Keywords: transportation planning; tourism transportation;methodologies; tourism city; travel characteristics

随着中国城镇化进程不断加快，专业化发展正逐步成为城镇化进程的主旋律。越来越多的城市开始关注其独特的自然风光、人文资源带给城市发展的支撑，并以此为基础打造以景区景点为核心、以旅游产业为主体的专业化旅游发展道路。对应于城市专业化发展要求，城市综合交通体系也需要针对性地调整发展思路与策略，相应的城市交通规划思路与方法也面临突破和革新。

1 专业旅游城市及旅游交通

1.1 专业旅游城市特征

1.1.1 旅游与城市：旅游主导的城市发展

文献[1]提出的旅游城市生命周期理论较好地阐述了专业旅游城市的成长过程，见图1。在国际专业旅游城市中，法国蓝色海岸（尼斯）、澳大利亚黄金海岸、西班牙太阳海岸（马拉加）、美国迈阿密和夏威夷、墨西哥坎坤等城市或地区已普遍进入成熟期，中国多数旅游城市目前还处于成长期。

国际专业旅游城市发展经验显示，随着旅游专业化程度的不断提高，旅游相关产业将成为城市主导产业。以美国迈阿密为例，目前旅游产业已经成为其经济支柱，仅从城市用地构成上来看，旅游休闲相关的用地比例高达城市用地的69%（见表1），城市发展与旅游发展高度融合，2008年迈阿密因旅游产业的发展和城市环境的突出成绩被《福布斯》评为"美国最干净的城市"。

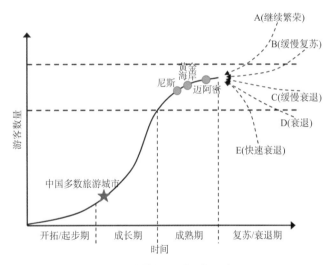

图1　旅游城市生命周期理论

迈阿密城市用地构成		表1
土地使用类型	面积/英亩	比例/%
公园/休闲用地（Park/Recreational）	789 632	51.0
海滨水域（Coastal Water）	278 006	18.0
待开发用地（Undeveloped）	135 272	8.7
居住用地（Residential）	109 475	7.1
交通设施用地（Transportation/Communication/Utilities）	87 295	5.6
农业用地（Agriculture）	61 573	4.0

续表

土地使用类型	面积/英亩	比例/%
内陆水域（Inland Waters）	40 966	2.6
工业用地（Industrial）	17 531	1.1
商业与办公用地（Commercial and Office）	14 790	1.0
公共设施用地（Institutional）	14 182	0.9
合计	1 548 722	100.0

对于处在成长期的中国旅游城市，旅游正逐渐成为其发展的重要产业，旅游相关产业也从传统的餐饮、住宿、门票等逐步向休闲、会展、娱乐业转移。以三亚市为例，其经济的发展具有独特性，直接跳过工业化进入第三产业为主导的发展阶段。7 年来，三亚经济每年以 15% 左右高速增长，其中第三产业对经济增长的平均贡献率高达 45% 左右，旅游产业生长成为城市更新的最核心动力[2]。

1.1.2 旅游与交通：旅游交通主导的交通体系

旅游交通有自身的发展特性和基本规律，对于专业旅游城市而言，旅游交通占据了城市交通的主导地位。城市综合交通体系的构建，应该从旅游交通的规律和特征入手，研究如何将旅游交通和城市交通更好地衔接，以达到促进旅游产业发展的目的。

旅游交通需求的季节性变化非常明显，在旅游高峰季节，城市所承受的交通需求压力明显高于普通季节。以三亚市旅游交通为例，旅游高峰时段老城核心区游客数量已经超过居民数量，而游客交通量更是达到居民交通量的 2 倍（见表 2），交通负荷强度上，三亚也超过北京、上海等大城市，呈现小城市规模、大城市负荷的典型特征[3]。

三亚河东、河西区人口与交通需求的季节性变化特征　表 2

项目	普通季节	旅游高峰季节
河东、河西区常住人口/万人	约 14.5	
日均接待游客数量/万人	6.3	15.5
游客出行量：居民出行量	1：2	3：2
游客交通量：居民交通量	3：5	2：1

1.2 旅游交通特征

1.2.1 基本特征：观光旅游向度假休闲旅游转变

国际著名旅游城市的旅游发展特征是从观光旅游向度假休闲旅游转变，主要表现为游客人均停留时间增加。与国际专业旅游城市相比，以三亚为代表的国内专业旅游城市游客人均停留时间仍然较低，见表 3[4]。随着中国专业旅游城市逐渐走向成熟期，其旅游特征也将体现为从传统的观光旅游向度假休闲旅游转变。与此同时，游客出行与城市居民出行活动差异较大，呈现散客化、高出行率、高机动化的基本特征。

1）散客化。

在观光旅游向度假休闲旅游转变的过程中，旅游交通的"散客化"趋势非常明显。三亚市 2005 年"跟团游客"比例超过 50%，而 2009 年这一比例不足 25%。随着"散客化"趋势的不断加强，游客对于高舒适度的交通方式需求日益提升，在高服务水准的公共交通体系尚未建立之前，个体机动化交通方式有逐渐成为旅游交通主体的趋势。

2）高出行率。

游客出行率普遍高于城市居民，三亚游客人均出行率为 4.96 次·d^{-1}，远高于本地居民人均出行率 2.98 次·d^{-1}。在观光旅游向休闲度假旅游转变的过程中，出行率将不断降低。但在城市旅游发展进入成熟期之前，这种高出行率的基本特征还将继续保持一定阶段。

3）高机动化。

从旅游服务要求方面看，观光、度假休闲的活动性质客观地决定了游客对交通方式的舒适性方面有较高要求。从三亚市交通调查的结果看，包括出租汽车、公共汽车、旅游车、酒店车等在内的游客机动化出行方式占绝对主导地位（83.3%），而居民出行则以步行和公交方式为主（二者总比例为 55%）。

1.2.2 时间特征：交通需求季节性变化明显

受天气、气候以及游客来源地等多方面因素影响，旅游城市往往呈现明显的季节性特征，尽管这种季节差异性有逐年下降的趋势但仍将长期存在。三亚市 2008 年按月日均游客数量来看，最高峰月日均游客数量达到了 12 万人，而最低的月份日均仅为 6.3 万人，季节变化非常明显。

1.2.3 空间特征：游客出行分布与居民出行分布差别极大

游客出行主要集中在宾馆、酒店以及旅游资源集中地区，而居民出行主要集中于传统的中心城区。游客主要活动区域集中在滨海地区，而居民主要在老城及周边地区活动，见图 2。

国际专业旅游城市游客数量和停留时间对比　　表 3

旅游城市	法国蓝色海岸		西班牙太阳海岸	美国		东南亚		墨西哥坎昆	中国三亚
	尼斯	夏纳		迈阿密	夏威夷	巴厘岛	普吉岛		
年游客数量/万人	400	250	950	1 040	762	166	500	327	约 845❶
人均停留时间/d	7.4	7.3	11.8	6.1	9.2	9	4.7	4.7	2.83

❶ 在三亚市旅游发展委员会发布的星级宾馆过夜游客数量基础上根据 2009 年调查校核得到。

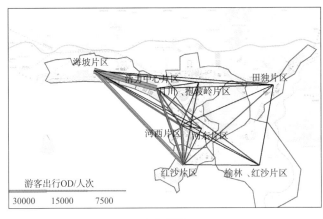

（a）游客

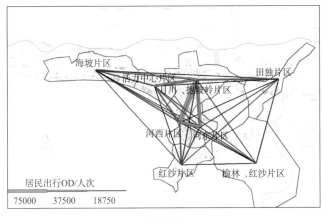

（b）居民

图2 中心城区游客和居民出行空间分布

2 专业旅游城市交通规划面临的挑战

1）专业化的旅游交通规划技术体系尚未建立。

现阶段处于成长期的专业旅游城市，城市与旅游发展存在阶段性的"二元化"落差。在交通系统方面，多数城市的交通发展模式没有将旅游交通与常规城市交通区别对待。虽然多样化的旅游交通服务已经初步建立，但无差别化的交通系统组织模式必然影响旅游交通服务水平的提升。

专业化旅游城市发展目标需要专业化的旅游交通服务体系支撑。因此在构建城市综合交通体系的过程中，需要研究如何转变现状以常规交通系统服务旅游的局面，构建多样化、专业化的旅游交通体系。围绕"交通即旅游"的目标，建立旅游交通规划技术体系，是专业旅游城市在发展中面临的核心挑战。

2）专业旅游城市设施配置标准延续传统思路。

传统交通发展模式注定无法应对专业旅游城市的国际化发展要求。中国专业旅游城市面临城市机动化快速发展、旅游交通需求快速增长的双重压力，外来游客数量在特定时段接近甚至超过城市人口数量。如果城市交通基础设施仅仅按照规范中规定的标准进行建设，则无法适应旅游交通的需求，但是如果按照高峰旅游交通和城市交通人口总和来配置城市交通资源，明显存在设施过剩的问题，因此，需要认真研究

在游客比例较高、季节性波动较大的前提下交通设施建设的合理标准和规模。

3）对旅游交通与旅游服务重视不足。

与国际专业旅游城市相比，中国旅游城市在旅游服务方面有较大差距。国际专业旅游城市的旅游经济已经全方位地渗透城市生活的方方面面，形成城市生活和国际旅游融为一体的和谐发展格局。这种"融合性"在交通方面表现为：城市交通以旅游服务支撑为核心任务进行规划组织，并已形成了多层次、多样化的综合性交通服务网络，能够良好地承担游客和城市居民的出行需求；除此以外，交通系统更着重展现可欣赏、可游览、宜生活的城市面貌，同时有利于打造具有专业旅游城市独特气质的生活方式。

3 专业旅游城市综合交通规划技术方法

3.1 规划技术体系框架

旅游交通问题渗透到专业旅游城市发展的各个方面，无论是城市产业结构、人口构成等城市特征，还是交通需求结构、交通供给要求等交通特征，城市的发展都与旅游要素密切联系。因此，全面提升对旅游交通的研究理应成为解决专业旅游城市旅游交通与城市交通发展关系问题的着力点。

专业旅游城市综合交通规划应该突破常规技术体系和方法，将旅游交通特征和规律的研究贯穿规划始终，规划范围确定、交通调查方案、交通建模分析、交通发展战略研究、交通系统规划、近期规划等均应充分考虑旅游交通问题，形成专业旅游城市综合交通规划技术框架（见图3），实现旅游交通与城市居民常规交通高度融合。

3.2 设施合理规模

对于专业旅游城市而言，设施建设标准与合理规模的确定应确保满足大部分时段的交通需求，同时又不会造成设施浪费。

3.2.1 "当量人口"的提出

传统规划工作中，城市交通设施规模标准均以规划人口为基础来制定，但是对于专业旅游城市而言，规划人口规模不能简单依据常住人口与外来游客数量之和来确定。主要原因是外来游客与本地居民在利用交通设施的强度上存在较大差异，简单按照二者加和势必造成交通设施浪费。

三亚市综合交通规划中提出了"当量人口"的概念。以城市居民出行强度为基准，按照不同的出行方式，计算游客与城市居民出行强度的比值；将游客数量乘以该比值后，得到游客对应的当量城市居民人口数量；将该当量人口与实际的常住人口加和得到总当量人口，用总当量人口作为交通系统设施规模计算的依据。

3.2.2 设施校核标准的确定

针对专业旅游城市交通需求季节性波动非常明显的特征，

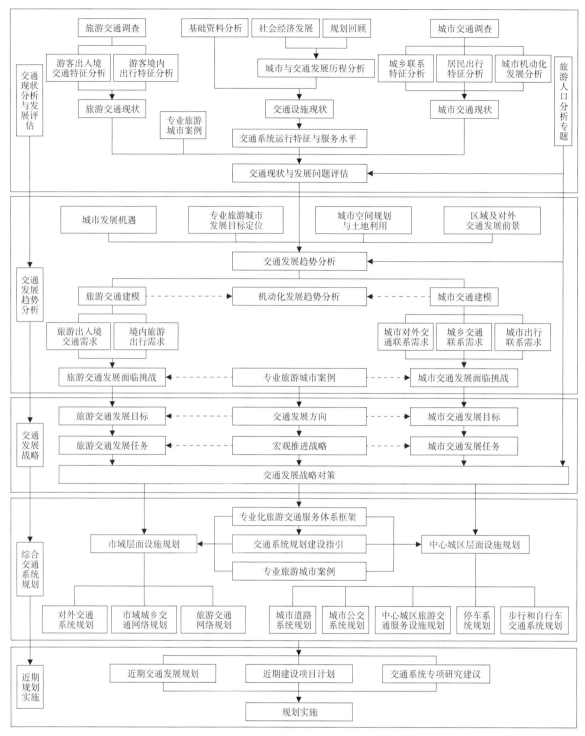

图3 专业旅游城市综合交通规划技术框架

规划方案中的设施规模需要进行宏观评估和校核。充分考虑旅游交通需求的季节性变化影响，设施校核标准的确定应遵循如下原则：（1）交通设施供给确保旅游交通与城市交通基本需求的满足；（2）交通设施供给能够满足全年大部分时间的出行需求。基于该原则，将交通需求划分为三类：（1）刚性需求，即常住人口和最低月日均旅游人口的交通需求，这是总体交通设施规模的底线；（2）临时需求，是旅游最高峰日常住人口和当日旅游人口的交通需求，对于三亚而言即春节黄金周游

客最高峰日的总体交通需求，需要采取临时的交通管理和应急组织对策来满足；（3）弹性需求，介于临时需求和刚性需求之间，满足全年大部分时段的交通需求。交通设施宏观校核标准应以弹性需求为基础确定。

以三亚市为例，如果选择年日均旅游人口和居民人口数量作为校核值（图4中绿色虚线所示），则旅游高峰月份（当年11月至第二年3月）的交通需求均处于饱和状态，交通压力极大。如果以全年旅游最高峰日需求的95%作为

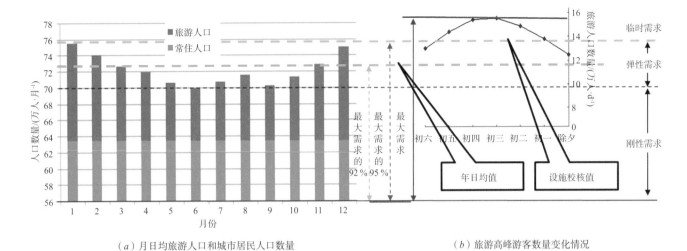

（a）月日均旅游人口和城市居民人口数量　　　　　　　　　　　（b）旅游高峰游客数量变化情况

图4　三亚市交通设施校核标准值的确定

交通设施校核标准（图4中蓝色虚线所示），则能够满足大部分时段的交通需求（该校核值高于旅游人口和城市居民人口数量），并可以保证春节黄金周中2~3 d的交通需求。因此，三亚市交通设施的校核标准按照最高峰需求的95%确定，满足了交通的刚性需求和弹性需求，对于高峰时段超出设施校核值的部分交通需求可按照临时需求的原则进行应急管理。

3.3　交通设施规划基本思路

3.3.1　构建以航空服务为核心的对外交通体系

对于国际专业旅游城市而言，良好的可进入性是保持旅游产业持续高速发展的先决条件。便捷的航空服务一直是绝大多数国际专业旅游城市对外交通体系的核心。表5中归纳了国际专业旅游城市航空服务的基本情况，总体呈现两个基本特征：1）航空设施容量、运输能力都大大超出自身人口的需求，规模庞大的机场设施是这些城市旅游经济发展的重要

支撑。2）机场与城市核心区的距离都非常近，一般为10~20 km，这是保证游客能够快速进出城市的重要因素，也是保证专业旅游城市机场高服务水平的关键之一。

三亚凤凰机场只有1条跑道，设施容量仅能满足600~800万人次·a⁻¹的吞吐需求，2011年底机场旅客吞吐量已经超过1 000万人次。机场现有场址由于用地等方面的限制因素，已无新建第二条跑道的可能。因此，如何建立服务水平较高的航空服务是三亚对外交通体系的核心任务。

首先，尽可能挖掘机场的设施潜力。通过扩建航站楼、停机坪、工作区及机场相关附属设施等措施，发挥单条跑道的最大容量，最大限度地满足不断增长的航空需求。

其次，确保机场尽快融入区域综合运输体系。规划加强凤凰机场和海口美兰机场之间的协作，实现美兰机场在三亚的异地候机服务。目前海南岛的东环城际铁路已经在美兰机场设站，实现了高铁与机场之间的便捷换乘，美兰机场进岛客流也可通过高铁快速到达三亚，见图5。

国际专业旅游城市主要机场情况　　　　　　　　　　　　　　　　　表5

城市	机场与城市核心区距离 /km	运输能力
美国迈阿密	13	迈阿密国际机场3条跑道，第4条跑道修建中
法国尼斯	7	蓝色海岸机场2条跑道，4E级机场
澳大利亚黄金海岸	25	布里斯班机场1条2342m跑道 黄金海岸机场1条582m跑道
美国夏威夷	5	檀香山国际机场4条主跑道、1条辅助跑道 希洛国际机场2条跑道 科纳国际机场1条跑道 茂宜机场1条跑道 考爱岛机场2条跑道；1条直升机跑道
西班牙马拉加	8	马拉加机场1条跑道，即将开通第2条跑道
墨西哥坎昆	13	坎昆国际机场2条跑道
阿联酋迪拜	20	迪拜国际机场2条跑道

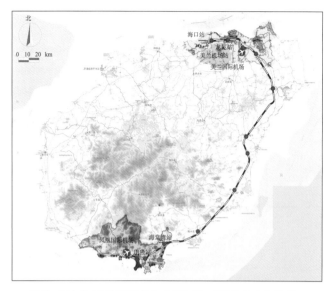

图5 海南岛东环城际铁路与美兰机场、凤凰机场之间的联系

最后,全力推进第二机场相关研究,争取尽快启动建设工作。第二机场需要能够提供3500~4000万人次·a^{-1}的服务能力,至少按照2条跑道的运输能力建设。机场选址应该距离城市核心区20km的范围内,并规划大容量公共交通设施,实现与旅游景区的便捷联系。

3.3.2 构建"全程、全域、全方式"的专业旅游交通服务体系

如何更好地为游客提供旅游交通服务,不能简单照搬中国传统旅游风景区的思路。随着城市旅游职能进一步加强、旅游区域的进一步扩展,旅游交通服务理念需要扩展到"全程、全域、全方式",构建专业的旅游交通服务体系。

"全程"即游客从进入城市到离开城市,从游览性出行到生活性出行都予以充分关注,提供全程的高品质交通服务。

"全域"是指专业旅游将呈现两个明显的全域化特征。首先是景区、景点的全域化。例如三亚的旅游景区从沿海逐渐向内陆扩散,一系列内陆旅游景区的发展将推动三亚从沿海旅游型转向全域旅游型,山地风情游将成为未来三亚旅游发展新的增长点。其次是全域景区化,旅游将不仅仅局限在传统意义的风景名胜区,而是更多地向商业区、向城市中心区扩展,城市将成为旅游功能的重要载体。相应的旅游交通服

务也不能仅仅关注某几个风景区、度假区周边,而是要扩展到市域。

"全方式"是指游客的每类出行都集合了多种交通方式。只有把各种交通方式通盘考虑,注意内外交通的衔接和各种交通方式之间的协调,才能提供优质的旅游交通服务。

3.3.3 打造高密度、小尺度、兼顾在途感受的道路交通体系

在构建"全程、全域、全方式"的专业旅游交通服务体系思想的指导下,城市交通体系规划思路要进行相应调整。应学习国外著名旅游城市的先进经验,坚持提高密度而非增加宽度的道路建设理念。

道路景观是城市景观系统和城市旅游风貌的重要组成部分,对于专业旅游城市而言,也是综合交通体系不可分割的一部分。道路景观不应简单等同于绿化,而是由多种要素共同协调营造而成的良好视觉和体验效果。

3.3.4 构建分区差异、宜人舒适的步行和自行车交通系统

步行和自行车交通最能体现专业旅游城市的风貌和特色,因此,步行和自行车交通系统是打造专业旅游交通服务的重点工作。

以三亚市综合交通规划为例,滨海空间是步行和自行车交通设计的重点地区,通过连续的沙滩形成系统的步行和自行车空间,与景点结合,串联滨海酒店、宾馆、酒吧等商业设施,见图7。同时在山区内打造独立的步行和自行车交通系统,主要满足运动健身等个性化旅游需求。

4 结语

中国的专业化旅游城市发展处于成长期,旅游交通呈现与城市交通完全不同的规律和特征,交通发展面临极大的挑战,具体包括专业旅游交通体系的建立、设施合理规模、对外交通体系以及专业旅游服务体系构建等问题。实践表明,传统的以研究和满足本地居民交通需求为主的交通规划思路和方法无法适应专业旅游城市的交通发展需求。本文对旅游交通发展规律进行了探索,提出了一些适合专业旅游交通发展的思路和对策,这些研究和探索还处于起步阶段,需要不断的丰富和完善。

图6 三亚市滨海地区步行和自行车交通布局模式

参考文献

[1] Butler W Richard. Tourism，Environment，and Sustainable Development[J]. Environmental Conservation，1991，18（3）: 201-209.

[2] 中国城市规划设计研究院. 三亚市城市综合交通规划 [R]. 北京: 中国城市规划设计研究院，2011.

[3] 中国城市规划设计研究院. 三亚市老城区综合交通整治 [R]. 北京: 中国城市规划设计研究院，2010.

[4] 杜恒，马俊来，戴继锋，等. 国际滨海旅游城市交通系统特色与启示 [C] // 中国工程院土木，水利与建筑工程学部，中国城市规划学会城市交通规划学术委员. 中国大城市交通规划研讨会论文集. 北京: 中国城市规划学会城市交通规划学术委员，2010: 281-291.

作者简介

戴继锋，男，吉林柳河人，硕士，高级工程师，高级工程师，主要研究方向: 交通规划，E-mail:daijif@caupd.com

对中小城市总体规划中交通强制性内容的思考——以青海省平安县为例

Discussion of Transportation Mandatory Requirements in Urban Planning for Small–Medium Cities:
A Case Study in Ping'an County, Qinghai

杨少辉　覃　晖　张　洋

摘　要：通过分析城市总体规划的编制要求和存在的问题，研究城市总体规划中交通强制性内容的编制落实问题。对于中小城市而言，大城市市域轨道交通延伸线不宜作为中小城市总体规划的强制性内容，线路选线应以次干路和非骨架性主干路为主，所经道路红线宽度不小于 40 m；城市总体规划文本不必将次干路及以上等级道路全部作为强制性内容，而应选择其中的骨干道路网络；交通枢纽布局的关键在于枢纽用地控制，客运交通枢纽用地可以根据客运交通枢纽构成按照"分别计算、各项求和"的方法进行估算，货运交通枢纽用地可以结合物流仓储用地、铁路和公路货运场站用地进行估算。最后，以青海省平安县城市总体规划为例进行说明。

关键词：交通规划；城市总体规划；强制性内容；城市轨道交通；城市干路系统；交通枢纽

Abstract: Through analyzing the requirements and existing problems in urban planning, this paper investigates the suitability and implementation of transportation mandatory requirements in urban planning. Using Ping'an as an example, the paper points out that the rail transit lines extension requirement for large cities should not be mandatory for urban planning in small-medium cities, and the rail transit route selection should be focused on minor corridors and non-arterial major corridors where the right- of-way is at least 40 meters. Urban planning should consider arterial roadway network rather than all minor and higher grades roadways as the mandatory elements. Because the key element for the layout of transportation terminals is land use control, this paper proposes the principles for land use control of transportation terminal. Considering different types of passenger terminals, the land use for passenger terminal can be estimated by the sum of all the land uses. Based on the freight flow logistics and warehouses, and rail and highway freight terminals, the land use for freight terminals can be estimated as well. Finally, the paper illustrates the above suggestions through an urban planning in Ping' an County, Qinghai.

Keywords: transportation planning; urban general planning; mandatory requirements; urban rail transit; urban arterial roadway system; transportation terminals

在城乡规划体系中，城市总体规划和控制性详细规划属于法定规划。城市总体规划是指导控制性详细规划和各专项规划的法定依据，城市总体规划的强制性内容是城乡规划编制和实施的重中之重[1-2]。根据《城市规划编制办法》，城市总体规划中的强制性内容共有 7 类，其中交通部分包括"城市干道系统网络、城市轨道交通网络、交通枢纽布局"[2]。该办法是针对原《中华人民共和国城市规划法》（已废止，以下简称《城市规划法》）制定的，与近年城市规划、交通规划编制实践的不适应性日益突出。尤其是对强制性内容的界定，该办法较为笼统，缺乏根据城市规模和交通系统组成的分类指导。在规划编制中对强制性内容理解不一的情况普遍存在，而且该办法与相关规范、标准之间均存在一定矛盾，特别是对于中小城市更为明显。鉴于此，本文将对中小城市总体规划过程中涉及的交通强制性内容有关问题进行探讨，并以青海省平安县城市总体规划为例进行分析。

1　城市轨道交通网络

近年来城市轨道交通系统发展迅速，规划、建设和运营的规模不断扩大，城市轨道交通网络在城市总体规划编制阶段的落实，已经成为一个突出性问题。

1.1　轨道交通线网强制性要求的适用性

轨道交通线网按服务范围可以分为：城区轨道交通、市域轨道交通、区域轨道交通、城际轨道交通等，其中城区轨道交通线网作为城市总体规划的强制性内容没有异议。但是，轨道交通的市域线、区域线、城际线，特别是作为城区轨道交通对周边城市的延伸线时，是否作为强制性内容，还需要进一步探讨。

与轨道交通线网的强制性内容相关的城市规划法规、文件主要包括：《中华人民共和国城乡规划法》（以下简称《城乡规划法》）、《城市规划编制办法》和《国务院办公厅转发建设部关于加强城市总体规划工作意见的通知》（国办发 [2006]12 号）。

1）《城乡规划法》对城市总体规划中轨道交通线网的强制性内容并未做出明确规定。该法第十七条规定："规划区范围、规划区内建设用地规模、基础设施和公共服务设施用地、水源地和水系、基本农田和绿化用地、环境保护、自然与历史文化遗产保护以及防灾减灾等内容，应当作为城市总体规划、镇总体规划的强制性内容。"[2] 由于缺乏相关的实施细则和对应的城乡规划编制办法，该法并未明确对市域轨道交通、区域轨道交通和城际轨道交通的强制性要求。

2）《城市规划编制办法》第三十二条第四款"城市基础设施和公共服务设施"中提出城市轨道交通网络应作为城市

总体规划的强制性内容，但并未明确轨道交通网络的具体组成[2]。

3)《国务院办公厅转发建设部关于加强城市总体规划工作意见的通知》规定："资源环境保护、区域协调发展、风景名胜管理、自然文化遗产保护、公共安全等涉及城市发展长期保障的内容，应当确定为城市总体规划的强制性内容。"[3]轨道交通的市域线、区域线、城际线，本质上属于区域统筹和协调发展的内容，按照本通知应作为强制性内容。

综合分析上述三个法规、文件，《城市规划编制办法》是针对《城市规划法》修订的，《国务院办公厅转发建设部关于加强城市总体规划工作意见的通知》则是对《城市规划编制办法》和《城市规划法》的补充规定。限于当时的城市发展水平和城市规划编制实践，轨道交通线网以城区线为主，将其作为城市总体规划的强制性内容并无异议。

随着城市快速发展，城市的空间拓展和基础设施发展需求猛增，城市规划的视角从中心城区扩展到市域。2008年开始实施的《城乡规划法》，从法律层面确定了城乡规划的覆盖范围。由于尚未制定相应实施细则和对应的城乡规划编制办法，当前的城市总体规划编制仍然以《城市规划编制办法》为主要依据之一，在编制内容、深度的要求上存在一定的错位，特别是对于中小城市，强制性内容的确定存在一定的争议性。

中小城市的轨道交通线网一般都是特大城市、大城市的市域轨道交通、区域轨道交通或城际轨道交通的组成部分，甚至是特大城市、大城市城区轨道交通的延伸线，其建设主体为特大城市和大城市。因此，中小城市的轨道交通线网是否作为本城市总体规划的强制性内容还需要探讨，尤其是实际执行的难度需要作为主要的考虑因素。

从规划体系上来看，属于区域统筹和调发展的内容，应当统一到上位规划中去明确，下位规划中来落实。例如大城市延伸至周边小城市的轨道交通线路，应由上位规划——省域城镇体系规划或区域性专项规划来明确。然而，在具体的规划编制实践中，这一规划承接关系很难落实。首先，省域城镇体系规划或区域性专项规划在规划内容和深度上偏重宏观[4]，可以对每个城市提出规划指导，对区域重大基础设施提出布局和统筹要求，但并不能确定每个城市总体规划需要强制的具体内容；其次，在规划编制时序上，省域城镇体系规划或区域性专项规划先于城市总体规划制定，城市总体规划提出的需要区域统筹的内容，一般难以纳入上位规划；再次，在规划实施上，如前所述，中小城市轨道交通线网的建设主体在大城市，中小城市应当预留足够的线位空间和场站用地，但作为强制性内容的意义不大。

综合考虑各种因素，市域轨道交通线、区域轨道交通线、城际轨道交通线不宜作为非建设主体城市总体规划的强制性内容，并建议在研究制定《城乡规划法》实施细则和对应的城乡规划编制办法时，予以进一步明确。

1.2 轨道交通线网的相关技术要求

除轨道交通线网的强制性要求外，轨道交通线网覆盖范围内道路等级和红线宽度的技术要求同样需要进一步探讨。

1)道路等级。

根据《城市道路交通规划设计规范》GB 50220—95，城市道路等级分为：快速路、主干路、次干路、支路四级[5]。其中，快速路和主干路（特别是骨架性主干路）以交通功能为主，两侧不应或不宜设置公共建筑物出入口；次干路和支路以生活性为主，两侧可设置公共建筑物出入口及交通服务设施。轨道交通作为大运量的客运交通系统，为沿线居民提供便捷的出行方式，直接服务于轨道交通沿线的居住、就业、商业、商务等客流集中发生、吸引的用地和公共设施。因此，统筹考虑城市道路的技术等级和功能要求，轨道交通线路所经城市道路应以次干路和非骨架性主干路为主，尽量减少与快速路、骨架性主干路的共线比例，促进城市交通的有序组织。

2)道路红线宽度。

轨道交通线路所经城市道路的红线宽度并无明确要求，相关规范仅对轨道交通走廊的规划控制保护地界最小宽度做出规定，如表1所示。

轨道交通线路所经城市道路的红线宽度应满足轨道交通线路建设、运营所需要的空间条件，以及两侧建筑物安全及噪声控制的技术要求。因此，综合考虑相关因素，建议轨道交通线路所经城市道路的红线宽度不小于50 m，最低不小于40m。

轨道交通走廊控制保护地界最小宽度标准　　表1

线路地段	控制保护地界计算基线	规划控制保护地界
建成线路地段	地下车站和隧道结构外侧，每侧宽度	50 m
	高架车站和区间桥梁结构外侧，每侧宽度	30 m
	出入口、通风亭、变电站等建筑外边线的外侧，每侧宽度	10 m
规划线路地段	以城市道路规划红线中线为基线，每侧宽度	60 m
	规划有多条轨道交通线路平行通过或者线路偏离道路以外地段	专题研究

资料来源：文献[6].

2 城市干路系统网络

城市干路系统网络作为城市总体规划的强制性内容，在规划编制中的具体落实同样存在需要研究的问题。

2.1 城市干路系统的组成

《城乡规划法》虽未明确干路系统的强制性内容，但在第三十五条规定[2]："城乡规划确定的铁路、公路、港口、机场、道路、……的用地以及其他需要依法保护的用地，禁止擅自改变用途"。这一条实际上间接地明确了城市道路的强制性要求。

城市干路系统包括快速路、主干路和次干路三级，即次干路及以上等级道路。将干路系统全部作为规划文本的强制性内容是目前一些规划设计单位的建议方法[7]。根据一些城市总体规划的编制经验和要求，城市道路网的规划深度一般要达到次干路等级[7]，视具体情况可包含部分重要的支路（主要是图面表达）。如果将次干路及以上等级道路均作为规划文本的强制性内容，就意味着总体规划的道路网均为强制性内容。

这一做法有欠妥之处。本文认为城市总体规划文本不必将次干路及以上等级道路组成的干路系统全部作为强制性内容，而应选择其中起到骨架性作用的路网作为强制性内容，即选择骨干道路网络为强制性内容。

2.2 城市骨干道路系统

将城市骨干道路系统作为城市总体规划的强制性内容，有利于对城市道路网络骨架的把握，能够很好地契合城市总体规划的功能要求，同时也有利于城市道路网络的规划实施。不同规模城市的骨干道路网络系统构成有所不同，对于特大城市和大城市，其城市道路等级较完备[5]，骨干道路系统可由全部快速路、交通性主干路（或全部主干路）组成；对于中小城市，其城市道路等级往往不完备[5]，骨干道路系统可由快速路（若有）、全部主干路和部分次干路组成。

3 交通枢纽布局

交通枢纽布局作为城市总体规划的强制性内容，是《城市规划编制办法》明确提出的要求[2]，《城市综合交通体系规划编制办法》（建城 [2010]13 号）、《城市综合交通体系规划编制导则》（建城 [2010]80 号）和相关标准规范也提出了具体编制内容[5, 8-10]，但在规划编制中仍存在一些问题和矛盾。

3.1 交通枢纽分类

交通枢纽分为客运交通枢纽和货运交通枢纽两类。

1）城市客运交通枢纽。城市客运交通枢纽尚未形成统一定义，从构成形式上通常包括内外客运交通转换枢纽、交通方式换乘枢纽、城乡客运交通衔接枢纽、城市公共交通枢纽等形式，或几种形式的组合[11]。对于特大城市和大城市，城市客运交通枢纽往往是几种形式的组合而成为综合客运交通枢纽；对于中小城市，通常是几种交通方式简单地布设在一起，或者将客运场站直接作为客运交通枢纽。《城市用地分类与规划建设用地标准》GB 50137—2011 中，交通枢纽用地（S3）界定为："铁路客货运站、公路长途客运站、港口客运码头、公交枢纽及其附属设施用地"[10]，从用地角度体现了对城市客运交通枢纽的分类。但是，城市客运交通枢纽的明确定义

和类型划分仍未得到统一。

城市客运交通枢纽从定义界定到具体形式的不统一和不规范，使得其布局在城市总体规划编制阶段存在较大的主观性和随意性，作为强制性内容在规划编制落实上争议较大，对规划实施的指向性不强，还需要进一步深入的研究和实践。

2）城市货运交通枢纽。

城市货运交通枢纽也尚未形成统一定义。《城市道路交通规划设计规范》GB 50220—95 将货物流通中心作为货运交通枢纽，并根据业务性质及服务范围划分为地区性、生产性和生活性三种类型[5]。随着城市物流业的快速发展，城市货运交通枢纽形成了多种形式：一般货运场站（配送中心）、物流中心、物流基地、物流园区等。

如前所述，《城市用地分类与规划建设用地标准》GB 50137—2011 突出强调客运交通枢纽用地，而将货运交通枢纽用地直接并入物流仓储用地（W），物流仓储用地的内容为"物质储备、中转、配送等用地，包括附属道路、停车场以及货运公司车队的站场等用地"[10]。因此，城市货运交通枢纽用地无法单独表达，《城市规划编制办法》、《城市综合交通体系规划编制办法》、《城市综合交通体系规划编制导则》提出的交通枢纽特别是货运交通枢纽便难以落实。目前通常的做法仍然是单独估算货运交通枢纽用地，结合机场、铁路货运站及物流仓储用地进行布局。

关于城市货运交通枢纽的研究和规划实践，相对于客运交通枢纽更为欠缺，相关研究和项目需要全面展开。

3.2 交通枢纽用地估算

交通枢纽用地控制是实现枢纽布局的关键，但交通枢纽用地的确定方法和标准规范目前尚未形成，本文对此进行初步探讨。

1）城市客运交通枢纽。

城市客运交通枢纽用地的确定方法虽未形成，但客运交通枢纽组成中的铁路客站、公路客站、公共交通场站等用地均有标准规范。因此，关于客运交通枢纽用地的估算，建议采用分类计算、逐项求和的简化方法：分别确定铁路客站、公路客站、公共交通场站以及换乘通道的用地，各项加和即为客运交通枢纽总用地。其中，换乘通道用地计算可根据客流规模、场地条件综合确定通道数量、通道长度和宽度。

2）城市货运交通枢纽。

城市货运交通枢纽用地估算，可参考《城市道路交通规划设计规范》GB 50220—95 对货物流通中心用地控制的建议，并根据城市实际情况和相关规划进行具体调整。

4 案例分析

4.1 概况

平安县为青海省海东地区行署所在地（2013 年 2 月国

务院批准撤地建市，现为海东市，政府驻地乐都区），西距西宁仅35km，距西宁曹家堡机场仅8km，是西宁的东大门和空港门户。依据相关规划，平安县定位为西宁都市圈的主要成员、青海省东部城镇群的重要成员。根据《青海省平安县城市总体规划（2011～2030年）》[12]，平安县2010年县域总人口12.18万人，其中中心城区人口5.76万人，城市建成区面积6.30km²；2030年规划县域总人口达到29万人，其中中心城区人口达到19万人，城市建设用地面积达到20.66km²。

4.2 交通强制性内容编制要点

平安县城市总体规划中对交通强制性内容的处理情况如下。

1）西宁市市域轨道交通。

西宁市市域轨道交通线路规划延伸至机场，平安县积极进行衔接，预留线位用地，并规划支线衔接平安县城，见图1。在规划文本处理上，西宁市市域轨道交通线路未作为平安县城市总体规划的强制性内容；平安县中心城区轨道交通线路所经城市道路以次干路为主，受地形和空间限制，部分路段与主干路共线，所经道路红线宽度不小于40m。

2）骨干道路网络。

平安县中心城区道路系统分为主干路、次干路和支路三级，规划文本中的强制性内容为骨干道路网络，全部由主干路组成，见图2。

3）交通枢纽布局。

作为小城市，平安县的交通枢纽布局较为简单。客运交通枢纽界定为内外客运交通转换枢纽，依托平安县高铁车站和公路客运站布设，同时整合相关客运设施，见图3a。货运交通枢纽方面，依托铁路货站布设平安物流中心，同时布设三处货运配送中心，均作为货运交通枢纽，见图3b。

平安县中心城区客、货运交通枢纽的用地估算如表2所示，其中客运交通枢纽用地为换乘空间用地。

4.3 对规划实施的影响

平安县城市总体规划编制中对交通强制性内容进行的上述调整，在实施过程中可能会产生以下影响：

1）西宁市市域轨道交通在平安县境内的选线存在不确定性，最终实施线位可能改变。规划线位的非强制性，降低了线位调整、道路红线预留方面的约束程度。

2）城市骨干道路网络确定为由主干路组成，将增加次干路实施的灵活性，这对路网结构可能会带来一定的影响，但总体上有利于规划的实施。

3）由于缺乏相关基础研究，交通枢纽布局和用地规模在实施过程中可能会面临一些调整，强制性程度会受到一定削弱。

综上，强制性内容的调整对于城市总体规划的实施，既增加了灵活性，也放大了随意性，这需要在规划的实施上加强监管，以保持城市总体规划的严肃性和连续性。

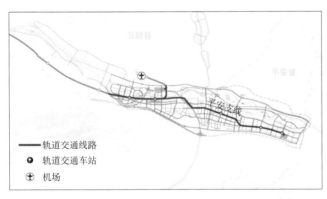

图1　西宁市市域轨道交通在平安县中心城区的布局[12]

图2　平安县中心城区骨干道路网络布局[12]

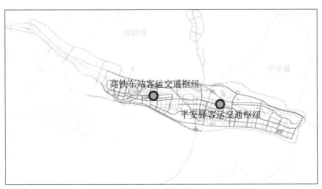

（a）客运交通枢纽

（b）货运交通枢纽

图3　平安县中心城区客运交通枢纽布局[12]

平安县中心城区交通枢纽用地估算　　表2

交通枢纽类型	位置	用地/hm²	依托设施或功能
客运交通枢纽	高铁车站前	1.2	高铁车站、公路客运站、市域轨道交通车站、公共汽车首末站
	平安驿站前	0.5	铁路客运站、公路客运站、公共汽车首末站
货运交通枢纽	平安物流中心	39	铁路、高速公路、公路、城市道路，侧重服务西宁都市圈，兼顾平安县
	三合大道南口货运配送中心	0.3	农副产品在城区配送，服务于平安县
	化隆路南口货运配送中心	0.8	
	富平路南口货运配送中心	0.5	

5 结语

城市总体规划的强制性内容，是城市总体规划编制和实施的核心内容。城市轨道交通网络的强制性问题对于中小城市尤为突出；城市干路系统网络和交通枢纽布局，不仅对于中小城市存在问题，对于特大城市和大城市仍需要深入研究。这些问题关系到城市总体规划强制性内容的具体指向，即强制性内容的具体构成以及落实方式。本文对此进行了一些思考，并以平安县为例进行说明，具体结论仍需通过实践和后续研究进一步深化和完善。

基金项目

住房和城乡建设部软科学研究项目"城市郊区新城交通体系研究"（2013—K5—32）；国家"973"计划课题"公交主导型交通网络的多方式相互作用机理及系统耦合理论"（2012CB725402）。

参考文献

[1] 中华人民共和国第十届全国人民代表大会常务委员会. 中华人民共和国城乡规划法（主席令第74号）[EB/OL]. 2007[2013-03-02]. http://www.gov.cn/ziliao/flfg/2007-10/28/content_788494.htm.

[2] 建设部. 城市规划编制办法（建设部令第146号）[EB/OL]. 2006[2013-03-02]. http://www.gov.cn/ziliao/flfg/2006-02/15/content_191969.htm.

[3] 国务院办公厅. 国务院办公厅转发建设部关于加强城市总体规划工作意见的通知（国发办[2006]12号）[EB/OL]. 2006[2013-03-02]. http://www.gov.cn/gongbao/content/2006/content_284196.htm.

[4] 住房和城乡建设部. 省域城镇体系规划编制审批办法（住房与城乡建设部令第3号）[EB/OL]. 2010[2013-03-02]. http://www.gov.cn/flfg/2010-06/30/content_1641639.htm.

[5] GB 50220－95 城市道路交通规划设计规范[S].

[6] 建标104－2008 城市轨道交通工程项目建设标准[S].

[7] 中国城市规划设计研究院. 城市交通规划统一技术措施（试行）[R]. 北京：中国城市规划设计研究院，2012.

[8] 住房和城乡建设部. 城市综合交通体系规划编制办法（建城[2010]13号）[EB/OL]. 2010[2013-03-02]. http://www.mohurd.gov.cn/zcfg/jsbwj_0/jsbwjcsjs/201002/t20100208_199623.html.

[9] 住房和城乡建设部. 城市综合交通体系规划编制导则（建城[2010]80号）[EB/OL]. 2010[2013-03-02]. http://www.mohurd.gov.cn/zcfg/jsbwj_0/jsbwjcsjs/201006/t20100608_201282.html.

[10] GB 50137－2011 城市用地分类与规划建设用地标准[S].

[11] 韩印，范海燕. 公共客运系统换乘枢纽规划设计[M]. 北京：中国铁道出版社，2009.

[12] 中国城市规划设计研究院. 青海省平安县城市总体规划（2011～2030年）[R]. 北京：中国城市规划设计研究院，2011.

作者简介

杨少辉，男，河北定州人，博士，高级工程师，主要研究方向：交通工程、交通规划，E-mail: clyysh@163.com

特大城市铁路客运枢纽与城市功能互动关系——基于节点–场所模型的扩展分析

Interaction between Railway Terminals and Urban Functionalities in Mega Cities: An Extended Analysis Based on the Node-Place Model

胡 晶 黄 珂 王 昊

摘 要：伴随高铁时代的来临和城市快速扩张，铁路客运枢纽地区与城市功能的一体化发展面临新的机遇与挑战。基于节点-场所模型进行扩展，描述交通流重构、场所功能重组，以及三类地区的发展趋势。应用模型进行实证研究，分析新建铁路客运枢纽与既有铁路客运枢纽、既有城市中心之间的关系，探讨铁路客运枢纽和城市中心实现节点与场所平衡的路径。提出通过客流培育与长途功能疏解提升既有铁路客运枢纽的场所功能，通过耦合与直达提升既有城市中心的节点功能，同时完善新建铁路客运枢纽的节点与场所功能，从而实现铁路客运枢纽和城市中心的节点-场所平衡。

关键词：铁路客运枢纽；城市功能；节点；场所；一体化

Abstract: With the arrival of the high-speed rail era and rapid urban expansion, the integrated development of railway terminal areas and urban functionalities are faced with new opportunities and challenges. Based on the extension of the node-place model, this paper discusses the reconstruction of traffic flow, reorganization of functional places, and the development trend of three types of regions. The paper applies the model in the empirical study, which analyzes the relationships between new railway terminals, existing railway terminals and city centers, and further discusses how to balance node and place functionalities between railway terminals and city centers. The paper proposes to elevate the place functionalities of railway terminals through passenger growing and long-distance transport mitigation and to enhance the node functions of existing city centers through integration and direct accessibility. Meanwhile, the paper emphasizes improving both the node and place functionalities of new railway terminals so as to realize the node-place balance between railway terminals and city centers.

Keywords: railway terminals; urban functionalities; nodes; places; integration

0 引言

以 2008 年 8 月京津城际高速铁路（以下简称"高铁"）的开通运营为标志，伴随国家《中长期铁路网规划（2008 年调整）》的逐步实施和铁路客运专线的建设，中国迎来高铁的繁荣发展。作为大运量、快速化的客运方式，高铁的发展给城市铁路客运枢纽系统带来变革：城市火车站呈现客货运分离的态势；技术进步使特大城市铁路客运量大幅提升，铁路客运枢纽的空间分布和系统构成也因此面临重组。既有铁路客运枢纽需要通过改扩建来适应高速化扩张。但既有火车站地处城市建成区甚至中心区，扩容余地和疏解能力有限。许多城市结合铁路客运专线和城际铁路建设新的客运枢纽，城市铁路客运枢纽系统逐步形成多点格局。在这一背景下，特大城市铁路客运枢纽运营及周边城市发展将呈现何种变化趋势，成为城市规划和交通专业人士普遍关心的问题。

本文借助节点-场所模型的扩展分析，阐述区域一体化时期特大城市铁路客运枢纽与城市功能之间的互动关系，分析铁路客运系统内部各枢纽之间的变化情况，以及铁路客运枢纽与城市功能之间的关系，并给出如何调整失衡节点与失衡场所的措施。

1 节点–场所模型

1.1 模型解释

铁路客运枢纽地区既是城市对内、对外交通的重要节点，也是开展各类城市活动的功能区。文献 [1] 提出的节点-场所理论解释了枢纽地区的双重属性。枢纽地区同时作为节点（nodes）与场所（places）存在，是交通网络中的节点与城市空间中的场所；前者体现枢纽的交通属性，后者则体现其功能属性。

节点-场所模型描述五种不同的情景（见图 1）。沿中间斜线两侧是平衡区位，表示节点价值与场所价值等价，根据价值不同分为三类：顶部的压力区域表示交通和各类城市活动的强度均处于最大状态；底部的从属区位表示交通和城市活动均较少；中间部分表示活动强度适中。模型还描述两类失衡状况：左上方为失衡节点，表示该地区的交通发展优于城市活动发展；右下方为失衡场所，表示该地区的城市活动较多而可达性较差。

节点-场所理论强调枢纽地区的协同作用而非简单的功能叠加。节点-场所的价值包括潜在的和实际产生的价值。如果一个枢纽的客流量大，说明其具有潜在的场所价值；如果一个地区场所价值高，功能集聚，则面临改善可达性以提高节

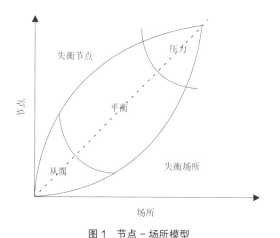

图 1 节点－场所模型

点价值的可能。

在描绘单一枢纽的运营发展状态及周边地区发展方面，节点 - 场所模型适用性很强，因此得到广泛应用。在 TOD 理念的支撑下，基于节点 - 场所模型的扩展研究，文献 [2] 针对交通枢纽的国家政策提供建议，指出交通节点作为潜在会面场所的重要性。该观点被荷兰第五次国家空间规划战略采纳，《空间规划与环境》(*Ministry of Housing, Spatial Planning and the Environment*) 明确指出："在国家城市网络中，创造易达、有吸引力、具有多种功能以及设有公共设施的城市中心至关重要。……尤为重要的一点是在基础设施节点周边建立城市中心。"豪达佩尔·考芬 (Goudappel Coffeng) 咨询公司更是旗帜鲜明地指出"交通节点是城市中心"这一概念，并在《市政工程与水管理》(*Ministry of Transport, Public Works and Water Management*) 中写道："在城市中心区开发中，对现有基础设施及其发展潜力的最优利用是首要目标之一。而当发展基础设施时，创造市中心服务设施的可能性也是可以预期的。"[2]

1.2 模型局限

节点 - 场所模型及扩展研究，虽已大量应用于国外交通枢纽地区城市发展的研究及政策制定，但其解释力仍然局限于单个枢纽。在国外城镇化平稳发展时期，这一欠缺并不会带来太多问题，毕竟在相对静止的外部环境中，某一节点的交通特征变化所涉及的范围有限。但对于同时处于城镇化快速发展时期和区域一体化时期的中国特大城市而言，枢纽系统面临的变化并非单点模型所能涵盖。

随着高铁的建设，北京、上海、武汉等城市已形成拥有三个以上铁路客运枢纽的格局，对城市对外交通系统的总体布局以及城市中心的形成均具有显著影响。在枢纽经历增长—分化—增长过程的同时，与之关系密切的城市空间结构也发生深刻变化。针对中国特大城市的现状环境，原始模型缺乏描述与分析能力。因此，本文从枢纽分化和城市结构演变的角度对节点 - 场所模型进行扩展。

2 节点－场所扩展模型

2.1 流的变化

铁路客运枢纽是铁路客运交通流以及城市接驳交通流交汇的场所。当城市建设新的铁路客运枢纽时，城市对外交通系统的总流量以及内外交通转换的方式都会相应发生变化。

图 2 中左侧的紫色椭圆即表现流的变化。新建铁路客运枢纽（C）导致城市对外交通量高速增长，且增量大多集中于枢纽 C，既有铁路客运枢纽（A）对外交通流的增长将会停滞，其在城市对外交通总量中的分担比例将会下降。另一方面，随着城市交通基础设施的改善，特别是城市轨道交通系统的建设，枢纽 A 的交通疏解能力大大增强。

经历流的变化，枢纽 A 过于繁重的节点功能得以疏解，枢纽 C 的节点功能逐步培育。在此背景下，枢纽 A 迎来功能改造提升的契机，在轨道交通的支撑下得以体现新的场所价值，例如日本东京站、大阪梅田站。经过这一过程，枢纽 A 将向 O 点移动，在适当的基础设施支撑及改造政策促进下，这一失衡节点将重回平衡区域。同时，枢纽 C 也会因为节点价值的提升逐渐向 O 点移动。

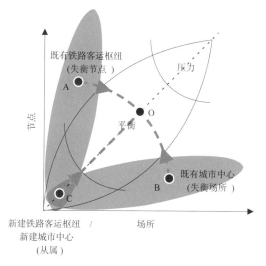

图 2 节点－场所扩展模型

2.2 场的变化

随着区域一体化时期的到来，城市各功能联系的空间尺度进一步增加，同时，对于使用高铁进行商务出行的第三产业从业人员而言，时间的相对价值也提升了。正是这样的双重压力，使得铁路和轨道交通这类大运量、高速度的交通方式，在特大城市的结构调整中获得日益重要的地位。特大城市外围的新兴增长地区，通过轨道交通实现与原有城市中心区的耦合与直达，对于城市在区域网络中规模与聚集效益的实现十分必要。正是认识到这一发展诉求，纽约、伦敦等城市将直线性的轨道交通引入位于城市中心的铁路客运枢纽或没有枢纽的城市中心，在城市中心原有价值很高的地区，重新提升其节点价值，成为特大城市轨道交通发展的重要趋势。

图2右侧的紫色区域反映这一趋势与过程。通过在既有城市中心（B）建设新的铁路客运枢纽，处于城市边缘的枢纽C可以和城市中心形成直达关系。一方面，城市中心的节点价值得到显著提高，同时由于区域一体化的发展和多中心城市格局的形成，其城市功能，即场所价值虽然仍会发展，但在整个区域中所占比例会有所下降，带动这一枢纽由B点向O点移动，在适当情况下，失衡状况将被扭转，新的平衡逐渐建立。另一方面，随着这一连接的建立，位于城市边缘的新枢纽地区，相对区位得到有效提升，在节点价值提升的同时，场所价值也会得到更好的发挥，即从C点向O点移动，从而达成平衡的发展愿景；而不是像目前某些过于孤立的城市外围枢纽一样，由于与城市中心区联系不足而向A点移动，导致新的失衡。

2.3 扩展模型总结

扩展模型主要从城市交通体系和城市空间结构整体发展层面出发，描述两种变化以及三类地区的发展趋势。

变化一指交通流重构。新枢纽的建设疏解老枢纽的对外交通流，同时，城市轨道交通建设和公共交通发展使得老枢纽对内交通疏解能力有所提升，新的发展预期在此背景下展开。

变化二指场所功能重组。区域一体化时期，特大城市外围多中心的构建与城市既有中心的发展密不可分，新增城市轨道交通将既有城市中心与新枢纽地区联系在一起。缺乏交通节点支撑、功能密集发展的城市中心（失衡场所）可获得节点功能的提升，其场所功能也借由新的链接向外围新枢纽地区传导。

三类地区的发展趋势具体如下：（1）既有铁路客运枢纽具有节点价值高、场所价值低的特征，即失衡节点，伴随枢纽系统改扩建，通过提升场所价值回归平衡；（2）既有城市中心具有场所价值高、节点价值低的特征，即失衡场所，受到城市地铁、区域快线、铁路客运专线等交通系统建设的影响，有机会通过改善可达性提升节点功能，向城市外围疏解场所功能；（3）失衡节点与失衡场所的变化影响新建铁路客运枢纽，获取既有铁路客运枢纽疏解的客流需求和失衡场所带来的发展机会，新建铁路客运枢纽的场所与节点价值有望得到双重提升。

图2中由A、B、C、O四个节点以及节点之间的连线组成的扇形空间表明：特大城市的铁路客运枢纽系统和城市中心系统是有机整体，三类地区的发展始终处于动态变化过程中，且相互影响、密不可分。枢纽周边地区的发展若以走向平衡为目标，则需要其他地区的配合，也需要更宏观的规划视野和交通空间政策加以引导和支撑。

3 实证分析

交通与土地使用的一体化发展不是简单的物理反应，而是会产生相互融合、彼此影响的化学作用。认识和辨析枢纽

地区的节点-场所价值，既要研究铁路客运枢纽的客流量、客流特征等交通属性以及枢纽系统内部的转换情况（即新建铁路客运枢纽与既有铁路客运枢纽的关系），也要分析新的区域格局下城市功能面临的新变化及其与枢纽之间的关系（即新建铁路客运枢纽与城市中心的关系）。依托节点-场所扩展模型，本文将重点分析"流"和"场"的变化，在此基础上，探讨既有铁路客运枢纽、既有功能中心以及新建铁路客运枢纽三类地区的发展趋势。

3.1 交通流重构和场所功能重组

高速铁路的繁荣发展带来城市铁路客运枢纽体系的快速拓展，特大城市的铁路客运枢纽体系将率先面临重构。同时，高铁建设使城市之间的联系发生变革，城市间出行时间被大幅压缩，不仅有效推动区域一体化进程，也给腹地到达火车站的交通带来挑战。因此，需要在新的一体化背景下，重新审视铁路客运枢纽与城市中心，尤其是面向区域的功能中心之间的关系。

3.1.1 新建铁路客运枢纽与既有铁路客运枢纽的客流培育与疏解

北京站和北京西站呈现出扩展模型中左翼紫色区域的发展规律。1978~1995年，北京市铁路客运处于单枢纽快速增长时期，城市年客运量从1978年超过1000万人次快速增至1988年3000万人次以上并保持稳定（见图3）；北京站作为主要客运站，分担了全市60%~70%的铁路客运量（见图4）。1995年，北京站运能接近饱和，为缓解北京站的客流压力，北京西站开始建设。

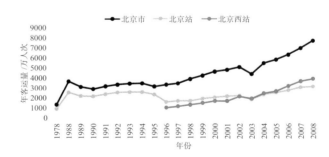

图3 1978~2008年北京市历年铁路客运量
资料来源：根据铁道部经济规划研究院数据绘制

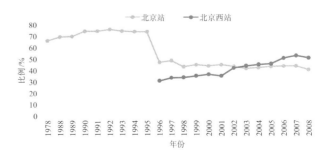

图4 1978~2008年北京站、北京西站客运量占全市铁路客运量比例
资料来源：根据铁道部经济规划研究院数据绘制

1996～2008 年，北京市迎来双枢纽快速增长时期。北京西站建成后，迅速分担了北京站的压力，同时极大提升了整体铁路运能。运能的提升促进整个地区铁路客运量的快速增长，北京市铁路年客运量从 3000 万人次以上提升至超过 7000 万人次（见图 3）。同时，北京站的分担率从 1995 年 70% 降至 40%，北京西站的分担率则迅速提升至 50% 左右（见图 4），形成双枢纽的客运格局。2004 年，北京站进行扩容改造，提升运能，其年客运量也于 2008 年突破 3000 万人次。此时，两个客运枢纽又无法满足城市客运需求，北京南站与高铁网络的兴建开始提上日程。

2009 年后，伴随高铁网络快速增长，北京市迎来多枢纽运营的时代。随着北京南站建设、京津城际开通、京沪高铁网络建设，北京市铁路客运系统迎来三个枢纽鼎足而立的高铁时期。2012 年国民经济和社会发展统计公报显示，北京市铁路年客运量突破 1 亿人次。伴随丰台站、大红门站、星火站和通州区火车站的建设，北京市铁路客运枢纽体系将在更大空间尺度内进行重组，铁路在京津冀区域要素流动中的作用将进一步凸显，北京市铁路客运枢纽也将面临分化。文献 [4] 指出，位于城市中心既有枢纽的长途功能将有机会向外围疏解，同时公共交通枢纽功能进一步强化，实现对外交通与内部交通的快捷换乘，而外围的新建枢纽将对既有枢纽客流起到分流作用，客流量的快速培育将显著提升枢纽地区的节点价值。

3.1.2 新建铁路客运枢纽与既有城市中心的耦合与直达

随着城市规模的快速扩张，城市运行效率低的问题十分突出，该问题在特大城市尤甚。尽管许多城市很早就确定了建设外围新城以疏解中心城区人口的设想，但是在市场经济引导下，商业、办公等设施仍倾向于在条件成熟的中心城区选址，就业空间仍大量集中在市中心，城市外围组团集聚大量居住用地。在建设新城以疏解旧城的预期下，新城缺乏培育中心的动力，对旧城中心形成严重依赖，城市单中心发展模式却得以进一步强化。上述发展困境说明，由于缺乏有效交通衔接，外围发展脱离既有中心的支撑，在缺少强力行政干预的背景下，很难在短期内形成与既有城市中心平衡的外围功能中心。因此，特大城市在未来铁路客运枢纽建设过程中，既要考虑结合枢纽建设新城中心，更需要重视新建铁路客运枢纽与既有功能中心的关系。

从国外高铁发展经验来看，新建铁路客运枢纽若位于城市中心区则容易取得成功，若位于边缘区则需要具备更多的条件以确保成功，其中必要条件之一是必须与城市中心有很好的联系。在新建铁路客运枢纽与既有功能中心之间建立便捷联系，不仅能够使新建铁路客运枢纽以及周边地区快速集聚人流，有效促进新的功能中心形成，对于既有中心而言，也是有效提高其可达性，缓解市中心交通拥堵的重要方式。

3.2 三类地区耦合发展新趋势

3.2.1 失衡节点：既有铁路客运枢纽场所价值的提升

中国铁路客运枢纽场所价值的提升空间巨大。在过去铁路与城市分割式管理体制下，对铁路客运枢纽周边地区利用不足，尤其是车站步行范围内，空间使用效率低、功能单一等问题十分严重。文献 [5] 指出，高铁车站 5～10 min 的步行区域内开发价值和建筑密度应该最高，即该区域的潜在场所价值最高。而中国火车站房和站前广场占地大，既有开发量小，呈现空心化特点，反而成为城市中的发展洼地。高铁时期带来铁路的复苏与繁荣，铁路客运枢纽地区的潜在价值将得到进一步提升。短时耗、高频率的特点使旅行时间大幅缩短，乘客对城市内外部交通转换的效率和枢纽的环境品质提出更高诉求，成为促进铁路客运枢纽场所价值提升的推动力。

欧洲、日本等国家的高铁技术发展较早，火车站的地位重获重视，火车站在重建和改建过程中都会被赋予振兴和带动经济发展的重任。以荷兰为例，从国家到城市，从理论到实践，以火车站周边地区再开发引领城市复兴的观点成为共识。为推动国家政策的实施，荷兰中央政府确定优先发展 6 个国家级城市网络，并通过投资新关键项目（new key projects）来实现城市复兴（见图 5 和表 1）。高铁车站被认为是带动城市复兴的关键设施，这 6 个国家级项目全部位于铁路客运枢纽地区。在车站再开发过程中，不仅利用其高度连接性提高节点价值，也通过将车站与其他交通方式相连接来提高和创造更多的场所价值，从而形成高密度的综合城市区域。

经过 30 年的快速增长，中国特大城市经历了以增量发展为主的城镇化进程，资源浪费、交通拥堵、效率低等问题日益严重，城市功能的转型升级迫在眉睫。未来，以资源活化为复兴载体、以内涵提升为重点的存量规划与设计将成为城市发展的新常态。在此背景下，铁路客运枢纽的价值将被重新认识，其周边地区也将面临新的发展机遇。此外，铁路工程在一定程

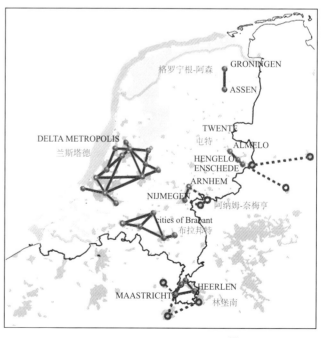

图 5 荷兰六个国家级网络分布[6]

项目名称	项目类型	项目定位	建设情况
阿姆斯特丹南站	商务区改造	中央商务区，综合客运交通枢纽	仍在扩建
鹿特丹中央车站	市中心改造	商务、办公为主	已建成
乌德勒支中央车站	市中心改造	上盖综合体，CU2030 综合项目的一部分	在建
海牙中央车站	市中心改造	New Center 综合项目的一部分	已建成
阿纳姆中央车站	市中心改造	Arnhem Centraal/Coehoorn 综合项目的一部分	已建成
布雷达车站	市中心改造	上盖综合体，Via Breda 综合项目的一部分	在建

荷兰六个国家级新关键项目基本情况　表1

度上破坏城市各区域的联系，通过对铁路客运枢纽地区的功能重组也可以缝补因铁路线分割而产生的城市裂缝。

3.2.2　失衡场所：既有城市中心节点价值的提升

作为城市各类公共活动最为集中的地区，城市中心既是城市功能的重要组成部分，也是城市中建筑密度、交通压力最大的区域。以生活性服务为主体的商业中心和以生产性服务为主体的商务中心，都是城市经济势能最大的地区。提高城市中心可达性不仅有利于解决因人流集聚带来的交通拥堵问题，也有利于实现功能的进一步集聚和提升。对于城市中具有区域性服务职能的中心来说，随着辐射范围的扩大，仅通过城市轨道交通已经不能满足需求，在城市中心和区域中相关联的功能组团之间建立直达联系成为实现中心对区域辐射带动的关键因素。

尽管在城市建成区，尤其是城市中心引入新的轨道交通设施工程难度和需要协调的利益关系超乎想象，但纽约、伦敦、巴黎等城市即使付出巨大代价也在努力提升既有城市中心的节点价值。纽约曼哈顿开展深入东区（East Side Access，ESA）、通向区域核心（Access to the Region's Core，ARC）、通道（Gateway）等一系列研究与实践。英国的 crossrail 工程被认为是迄今为止欧洲最大的基础设施项目，该铁路东西向贯穿伦敦中心区，在伦敦郊区与市中心之间建立直达联系，能够有效地提升郊区中心功能，推动区域复兴。巴黎的 RER 线也是基于将市郊铁路引入城市中心而建，其定位为市郊铁路干线，在市中心仅在枢纽站设站与地铁换乘，而在市郊设站密度增加，强调新建铁路客运枢纽与城市中心的直达与便捷。

在区域一体化背景下，城市不再仅作为整体与其他城市产生联系，尤其特大城市的各功能组团与其他城市相关组团之间存在独立的产业联系和功能对接。在这种情况下，只有提升这些地区的可达性，通过便捷的交通实现各城市面向区域功能中心之间的直达联系，才有可能实现城市间协同发展，增强城市的核心竞争力。因此，构建高速铁路、城际铁路、区域快线、城市轨道交通等多层次的轨道交通系统迫在眉睫。经过近年的快速发展，满足城际出行的高铁和满足城市内部出行的地铁迅猛发展，而满足都市区层次各功能中心之间以及功能中心与铁路客运枢纽之间直达性的铁路系统尚未起步。

3.2.3　从属状态：利用新建铁路客运枢纽构建新的城市中心

国外经验证明，结合铁路客运枢纽构建新的城市中心是可行的，铁路客运枢纽也被认为是引领城市从单中心向多中心拓展的重要工具。作为世界首座城市综合体和欧洲最大的交通枢纽，结合枢纽建设的拉德芳斯地区逐步成长为欧洲重要的城市功能区和巴黎副中心。东京新宿、池袋和涩谷也是以大规模的枢纽站为中心建设城市基础设施，同时聚集大量办公和商业设施，成为东京的三大副都心。

应有效激发新建铁路客运枢纽的潜在价值，在实现节点价值和场所价值的平衡发展中，重点关注集约开发、功能复合和环境宜人等问题。铁路客运枢纽的高节点价值决定其应以集聚的方式进行建设，将交通势能转化为经济势能，使空间的集聚与铁路的高速化、铁路出行的高频化相互匹配。宜在场所价值最高的车站步行范围内进行集中式综合开发，摒弃航站楼式的站房布局方式，使枢纽与周边地区建立便捷联系甚至融为一体。

从单一的交通空间走向综合的城市场所，功能的多元化是激发地区活力的关键。铁路设施与其他公共交通设施应一体化布局，最大限度提高换乘效率，同时提供商业、娱乐、餐饮等门类齐全的综合服务，使枢纽地区成为满足多样化城市活动的场所。

铁路客运枢纽的节点价值在于其内外部交通转换过程中形成的客流，客流的行走和停驻是带动车站地区发展的核心资源。应利用换乘空间塑造舒适的步行空间和可供停留的场所，以步行为尺度，创造舒适的空间环境，充分利用各种交通方式的换乘通道，通过培育商业服务、休闲娱乐等多种功能，实现焕发地区活力的目标。

4　结语

在区域一体化和高铁时代背景下，制度创新为铁路客运枢纽与城市功能的一体化发展提供契机。为更好地解读中国特大城市枢纽与城市功能的互动关系及动态发展过程，本文对节点-场所模型进行扩展，在原有橄榄球模型的基础上增加两翼与四个节点，分别描述交通系统"流"的变化和城市功能"场"的变化，以及在这样的变化趋势下三类地区重回平衡的发展前景。基于节点属性进行铁路客运枢纽系统的重组，基于场所属性实现枢纽与城市功能的一体化。既有铁路客运枢纽（失衡节点）通过场所价值的提升引领城市复兴；既有城市中心（失衡场所）通过提高可达性实现功能的进一步提升；结合新的铁路客运枢纽构建新的城市中心，构建特大城市多中心发展框架。三种状态的最终目标是实现节点价值和场所价值的平衡。

国家层面提出的一系列政策文件逐步破铁路建设用地一体化开发的制度障碍，铁路建设用地的单一开发模式也将被逐步打破。区域铁路和市郊铁路的建设和运营主体为各级地方政府或区域政府，更有机会将线路和枢纽建设与城市功能统筹布局。未来中国特大城市有望实现铁路客运枢纽与城市中心的耦合、城市重要功能区达到节点与场所的平衡。

参考文献

[1] Bertolini L. Spatial Development Patterns and Public Transport: The Application of an Analytical Model in the Netherlands[J]. Planning Practice and Research, 1999, 14（2）: 199-210.

[2] Meijiers E J, Drenth D H, Jansen A. Knooppunten en Mobiliteit[C]// Bruinsma F, van Dijk J, Gorter C. Moniliteit en Beleid. Assen: Van Gorcum, 2002: 109-121.

[3] 王昊，胡晶，赵杰. 高铁时期铁路客运枢纽分类及典型形式 [J]. 城市交通，2010, 8（4）: 7-15.

[4] Schütz E. Stadtentwicklung durch Hochgeschwindigkeitsverkehr（Urban Developmentby High-Speed Traffic）[J]. Heft, 1998, 6: 369-383.

[5] van der Burg A J, Dieleman F M. Dutch UrbanisationPolicies: From "Compact City" to "Urban Network" [J]. Royal Dutch GeographicalSociety, 2004, 95（1）: 108-116.

作者简介

胡晶，女，湖北安陆人，硕士，注册城市规划师，主要研究方向：铁路客运枢纽规划设计、轨道交通站点周边规划设计、城市发展战略规划、城市总体规划等，E-mail: hujing_caupd@126.com

城际铁路网络对城镇密集地区空间结构的影响及应对策略——宁波 2030 年战略中的区域交通支持

Guidance and Reaction of Inter-city Railway on Spatial Development in Urban Agglomerations:A Study on the Regional Transportation Support in Ningbo Urban Development Strategy 2030

黎　晴　徐　泽

摘　要：对我国的城镇密集地区而言，区域层面的交通系统规划与建设重点已由高速公路网络转变为城际铁路网络。新的区域交通方式对城市群中的城市意味着新的机遇与挑战。而枢纽能提供的服务能力与城市在区域中的定位有密切的关系。交通枢纽的服务能力则取决于与城市中心的结合程度。在上述战略认知的指导下，对宁波 2030 的铁路枢纽布局做了规划安排，并特别做了对城际铁路枢纽与城市中心结合的考虑。

关键词：城镇密集地区；发展战略；城际铁路网络；枢纽城市中心互动

Abstract: The major task of planning and co nstruction of inter-city transportation network is changed from expressway to inter-city rail in town-dense region of China。This new traffic mode will be a opportunity and challenge to reform the position in the urban agglomeration。the service level of transit HUB of the inter-city rail network will play a decision role in the competition。And the service level depended on the bonding degree between transit hub and city center. Under these strategic opinion direction，the new big hub of rail net has be ranged for Ningbo city for 2030 vision，especially combined the transit hubs of inter-city rail network and city centers.

Keywords: urban agglomeration; growth strategic; inter-city rail network ; combination of transit hub and city centerv

0　前言

在城镇密集地区的形成和发展中，综合交通与城镇形态是相互作用的。首先，经济联系是运输联系发展的动因，城市间的依附关系引起综合交通不断发展，从被动适应演变为协调发展。其次，综合交通的改善促进了城镇网络的发育，强化了地域及城市间的分工与协作关系，显示出综合交通具有对空间布局的引导作用，并通过反馈使空间形态得到完善。

作为一个独立的系统，城市交通变得日益复杂，需要协调的层面不断增加。区域层面的交通网络正在全国范围内加速重构，对与城市交通的衔接提出了新要求。

在这些错综复杂的关系中，交通枢纽作为一个具有多层面含义的概念，成为统筹协调上述关系的重点，在区域层面，重视宏观网络中的枢纽建设，将有助于城市在区域层面与其他城市重新定位竞合关系；在城市层面，城市交通的枢纽将成为组织城市交通运转的核心。

简而言之，区域层面的交通系统将影响城镇群的空间结构。在长三角密集地区，城际铁路网络将影响区域城市空间结构的新因素，而城际铁路站点（交通枢纽）的布局规划将是这种影响发挥效用的主要因素。基于这种战略性认知，在宁波 2030 的城市发展战略中，结合城际铁路网络枢纽的布局与城市空间互动的关系来作为城市发展战略层面的重要内容。

1　上版宁波城市战略中交通区位的判断与反思

10 年前的宁波战略对杭州湾大桥的建成曾给予高度期待。

"杭州湾大通道的建设是彻底改变宁波区域交通环境的一个转折点。"判断宁波和北仑港的区域交通环境将产生突变，将被拉进国家交通体系的主通道中，变交通末端为主通道结点。宁波将迎来与上海的"同城时代"。

10 年之后，杭州湾大桥已经建成，宁波确因杭州湾大桥的建设已经成为国家交通体系主通道上的节点。但交通区位优势并未能转化成为城市在长三角城镇群中的发展优势。对城市而言处于国家交通主通道之上仅是前提条件，能否提供交通枢纽的优质服务才是城市发挥其交通区位优势的关键。

对 10 年前的宁波而言，通道建设是对外交通的重要任务。对未来 10 年乃至更长时间的宁波而言，任务转变为培育枢纽服务水准及凭借枢纽服务能力重塑城市群中城市地位的阶段。

2　对区域交通系统的战略性判断：城际铁路网络上的枢纽服务水准将成为影响城镇密集地区空间结构的重要因素

2.1　从公路时代到城际铁路时代——区域主导交通方式的演进

经历过高速公路成网建设的时期后，全国层面的高速铁路网络正成为国家交通网络的建设重点。这一转变对城市群的形成及发育将产生深远影响，因为这两个系统的网络属性截然不同。

从网络的构成属性来看，公路网路与铁路网络的基本构成单元分别为点状与线性。公路系统不论从使用特性还是建设动力来看，其围绕城市周边的路段发展较为迅速。而铁路系统则是侧重于城际之间联系的系统，其线形结构为网络构

（a）公路系统的网络特性：强点弱线 （b）铁路系统的网络特性：线形结构

图1 公路系统与铁路系统的网络特性

成的基本单位。

这种属性上的差异可以解释高速公路网络在早期的迅猛发展及目前在成网阶段遇到的困境：历经20余年的建设，全国高速公路网形态如图所示，网络的"点镞状"十分明显，省际间的衔接路网成为下一阶段的建设重点与难点。

以线形结构为基本单元的铁路系统，其影响的是城市与城市之前的关系，其对城镇群空间结构的影响不言而喻，这也是目前学术界研究的热点。

2.2 影响机理解析

区域内城市之间交流所采用的交通方式由高速公路演进成为城际铁路网络，这对区域空间结构将产生两个方面的影响：

1）城市群所包含的范围有所扩大，城市群之间是否能参

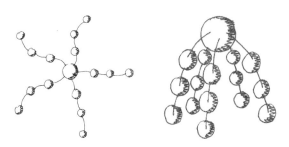

图2 城际交通方式提速带来的时空收敛效应

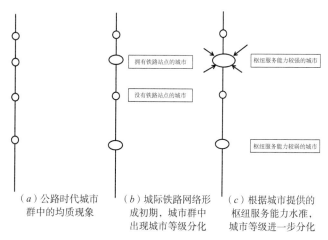

（a）公路时代城市 （b）城际铁路网络形 （c）根据城市提供的
群中的均质现象 成初期，城市群中 枢纽服务能力水准，
出现城市等级分化 城市等级进一步分化

拥有铁路站点的城市
没有铁路站点的城市
枢纽服务能力较强的城市
枢纽服务能力较弱的城市

图3 城际铁路对城市群结构的影响示意

与分工与协作，与人员及物资交流的时间属性相关。

时间作为交流的必然约束，在相关研究领域已经获得证实：个人出行时间的预算值会趋于一个常数。指城市群的范围是受到交通方式约束，与其运行速度成正比，主导交通方式越快，其囊括的范围越广。

国家高速铁路网络的实施，将城际之间交流的速度提高了一倍以上。这也意味着将城市群的空间范围拓展了一倍以上而交通方式的变革，将会扩大人员活动的范围，对城市群而言，其参与到其中的地域将会变得更为广阔。

2）城市群内的城市等级将出现分化。

铁路系统的网络属性是线形的，在铁路网络构成的过程中，城市群中的城市已经被分化成两类：有铁路停靠站的以及没有铁路停靠站的（因为运行速度的要求，不可能在所有的城镇均设有站点或获得同等频次的列车停靠）。

即便是拥有同等的列车频次等先天条件，城市之间还会因为枢纽的服务能力优劣进一步分化。

两个站点之间地区人们必然倾向于选择服务更佳的站点去使用城际网络。这种更佳的服务可能包括：①衔接服务：更容易抵达站点；②信息服务：让出行者对出行过程有更强的确定感；③以及周边的商业服务：让出行的乐趣更为丰富。

人流的集聚是派生区域性功能的重要因素。这就导致了枢纽的等级关系与城市在城市群中的地位存在一定的"印射"关系。

2.3 枢纽服务能力的战略意义

区域交通网络的发展已经由高速公路网络的建设全面转向城际铁路网络建设，而城际铁路网络对城镇密集地区的空间关系改变更为深刻和迅猛。在这一轮城市群结构重构的浪潮中，除了加快城际铁路网络建设之外，对枢纽服务能力的提升必须提高到城市战略层面来认识。

枢纽的服务能力决定了城市融入区域的程度，参与区域分工的能力，所以在城市交通规划中面向区域网络做好交通枢纽的选址及城市次级系统的衔接规划是处理区域层面交通问题的战略性内容。

2.4 与城市空间结构呼应——提升枢纽服务能力的有效手段

为衔接枢纽而提供的城市交通的基础设施——道路网络与城市客运服务系统往往是城市中密度最高及系统性最佳的。首先从道路系统来看：枢纽周边接入的道路具备系统性好、密度高的特点。城市客运服务系统（包括常规公交与轨道交通）往往也对枢纽的支持力度比较大。而这往往是支持城市中心的重要条件。

临近枢纽周边地区，适合布局区域性的职能：在区域间的城市有功能性的互动时，往往会引发大量的人员交流。而这些人员的最佳集聚地就是城际站点枢纽周边地区。

中心职能带来的其他市政基础设施的配合，将大幅提升

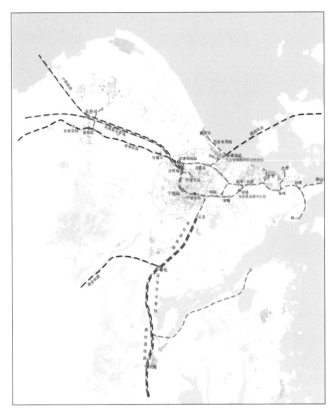

图4 宁波市域铁路既有规划示意图
资料来源：参考文献 [8]

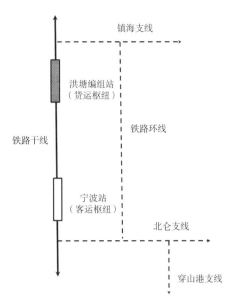

图5 宁波铁路枢纽布局模式（既有规划）
资料来源：参考文献 [8]

枢纽的服务能力及吸引力。

因此与城市空间结构呼应的城际铁路枢纽将具备较佳的枢纽服务能力。从而使得城市所在的枢纽地区成为区域互动发展的重要地区。

3 城际铁路枢纽与城市空间结构的互动——宁波 2030 年战略的规划实践

3.1 宁波的铁路网络现状问题

由于长期处于国家铁路网络的末端，宁波在处理铁路枢纽的选址及铁路运输的组织以及铁路系统与城市空间协调方面比较缺乏经验。

从既有规划的铁路线路与枢纽布局来看：

如下图所示，既有规划的宁波枢纽为"一字形"布局，编组站、货站和客站布局与主线上，疏港系统通过"外挂"的方式与主线联通。

这种布局模式虽然结构简单，但显然不能满足未来宁波作为长三角南翼中心城市客流的组织需要，其弊端主要是客运网络与货运网络未能在空间上予以分离，具体来看：

货运线路对城市的声环境和空气环境有加大污染。

编组站位于主线上，因编组而在各货站往返的车辆将大量占用主线的通行能力。

系统较为封闭，对新增线路的接纳能力较弱。

3.2 转型要求下的交通需求特征变化

"转型"是宁波 2030 战略的核心思想。转型的内涵是全面而深刻的：对交通系统而言，这种转型从两个方面影响交通需求：

1）产业转型与货物流向的转变。

尽管从直观感觉上，长三角地区的产业转型并不十分尽如人意。但宏观的交通数据表明，自 2005 年开始，长三角的企业家和政府确实在做着转型的努力。

跨行政区铁路物资交流的统计数据分析表明：安徽和江西已经取代广东成为浙江省货物交流最强的省份。

比交流强度排名更有意义的数据，是与浙江省货物交流的省分量之间的排名变动：浙江省自 2005 年开始，与广东，江苏和山东等沿海省份之间的货物交流开始呈下降趋势，与此同时，与福建，安徽及成渝等中西部地区的货物交流开始明显上升（表 1）。

经济转型背景下浙江省对外物资交流趋势变化　　　表 1

省份	变动趋势（货物交流强度排名）		
	2007 年	2006 年	2005 年
广东	19	15	13
江苏	9	8	9
山东	4	4	2
福建	7	9	8
安徽	2	2	4
四川	11	12	12

在产业升级转型的大背景下，与中西部的交流需求将大幅得到提升。这一方向的通道及供给能力要给与足够的保障。

而如上文所述,这一方向的公路通道在省际尚未完全打通,而铁路通道一直缺乏。

货流的主要流向在产业转型的背景下将和客流的主要流向出现分离。而这一重要动向将明确未来宁波市铁路网网络构建时应坚持"客货分离"的原则。

2)服务业提升与居民出行城际化。

宁波城市发展战略指出,下一阶段城市发展将以量的扩张走向质的提升:这类提升的含义将包含环境品质提升、生活质量提升及经济效能提升三个维度的含义。

城市群中的城市差别化发展的竞争策略势必带来城际交流需求的大幅增长。城镇密集地区居民出行跨城际的状况在长三角的主要城市已经出现。进一步的产业转型及城市群中的分工将刺激城际出行需求。根据上海市的居民出行调查OD数据:跨上海市界的同城化出行正在迅猛增长,区域交通活动主要包括营运、公务、商务、通勤、旅游和其他六类,公务联系是区域交通联系的最主要内容,上海市界处普通公路客车中 26.33%、高速公路客车中 39.42% 为公务出行。

虽然没有同样确切数据支撑宁波市居民的跨界日常出行行为,但利用公路承担的客运量与城市公交的比值大致可以说明其区域交通出行已经占相当比例。

区域交通系统与城市交通的融合程度将成为城市竞争力的重要组分,由此,枢纽的选址及打造的意义就提升至城市战略层面。

3.3 面向区域竞争策略的城际网络规划考虑

与宁波相关的城际铁路网络(规划)是南北向的,主要有杭州方向及上海方向两条线路:杭甬城际及沪甬城际。

在纵向通道上上海的吸引力非常强。即便是宁波位处沿海大通道之上,因其遇上海之间的距离过小其成为枢纽的可能性极小。而金华义乌方向及舟山方向的联系恰恰有可能是以宁波为中心的。

尽管目前尚没有东西向的城际线路列入上一层次的规划,但在枢纽布局时必须要考虑金华及舟山方向的线路接入的可能性。

3.4 面向城区结构重组的内部网络衔接及枢纽选址

转型的城市发展要求一定要在空间上予以保证。战略提出的构建活力高效开放空间的结构:在市域内呈现"一核两翼网络化"的格局,在"一核"之中要培育新中心,在旧中心"三江口"地区之外,要打造第二个中心"东部新城"促进城市结构向多中心体系转化。

在考虑城际枢纽布局之时,就应配合上述空间意图。具体来看,宁波的铁路枢纽构建包括以下三个要点:

1)客货分离。

首先,呼应货运与客运需求大幅增长,且联系方向出现分离的状况,为宁波构建完全分离的铁路枢纽系统。

2)与城市空间结构呼应的枢纽布局体系。

提出将杭甬城际铁路南延至宁海以贯穿整个市域,这将区域交通基础性设施引入市域内所有重要的发展单元内,这与高效开放的市域空间结构是相呼应的。

3)与区域对接要求协调的网络布局方案。

在网络衔接上,利用甬金城际及甬舟城际在市区内考虑预留布局的可能性,将东部新城新中心的打造要求与东部新城城际铁路站的规划相结合。

最终,在宁波市域范围内规划形成客货运完全分离,高铁网与城际网形态清晰,通过宁波南站两网衔接顺畅的铁路网络新格局。

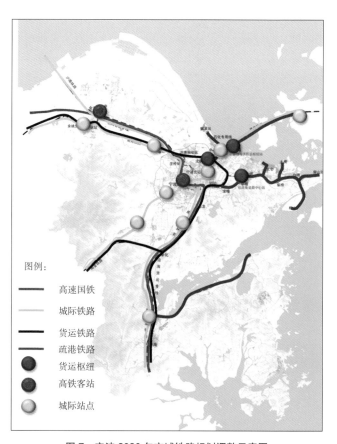

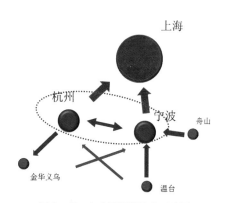

图6 长三角南翼运输流向示意图

资料来源:参考文献[8]

图7 宁波 2030 年市域铁路规划调整示意图

资料来源:参考文献[8]

此外，以城际网络的枢纽站点为构建核心的思路规划下一层次的市域轨道网络，以保证市域网络与城际网络顺畅衔接。

4 结语

我国的大型交通基础设施规划建设出现两个新动向：国家层面的建设重点由公路网络转向铁路网络，网络建设重点由全国层面转向区域层面。而区域网络建设的重点将是区域性的城际铁路网络建设。这与我国的城镇密集地区发育阶段的需求也是相吻合的。

在交通基础设施的过程中，这一规划与建设程序相对独立于城市系统之外的设施可以对城市密集地区中城市的职能及分工产生很大影响。而这种影响的很大程度取决于城市与它之间的融合所做的努力。

能否认识到上述这点，实际就是一个城市的战略性问题。而如果下定决心要为此而努力，城际网络的枢纽建设及围绕着他的一系列规划建设考虑是展开这项工作的重要抓手。枢纽与城市空间的相结合无疑是城市将区域交通设施揽入自己怀抱的最佳手段。

在宁波的规划实践仅是一个开端，让交通枢纽在城市生活中发挥更大的作用还需要很多努力。

参考文献

[1] Douglas K. Fleming. Spatial characteristics of transportation hubs: centrality and intermediacy[J].Journul of Transport Geography，1994，2（1）:3-18.

[2] 中国城市规划设计研究院 . 宁波战略 .2000.

[3] 交通部网站 .www.moc.gov.cn.

[4]《中国交通年鉴》，2005 ~ 2008.

[5] 张尚武，城镇密集地区城镇形态与综合交通 [J]. 城市规划汇刊，1995，（1）.

[6] 孔令斌 . 我国城镇密集地区城镇与交通协调发展研究 [J]. 城市规划，2004，（10）.

[7] 中国城市规划设计研究院 . 宁波城市发展战略 .2010.

[8] 中国城市规划设计研究院 . 宁波城市发展战略交通专题研究 .2010.

[9] 李潭峰 . 区域交通经济机理与交通战略规划方法研究 [D]. 同济大学，2008.

作者简介

黎晴，女，浙江建德人，硕士，高级工程师，综合交通研究所所长，主要研究方向：综合交通规划，E-mail: Liq@caupd.com

对综合交通规划中融入战略环境评价的思考

Integrating Strategic Environmental Assessment in Comprehensive Transportation Planning

黄　伟　彭克江

摘　要：如何对交通规划方案进行充分论证，以尽可能降低交通发展对城市环境造成的负面影响已成为规划研究中的重要课题。首先简要介绍战略环境评价（SEA）和城市综合交通规划中的 SEA 两个概念，并针对欧美国家和中国城市交通规划中的 SEA 研究和实践进行对比。比较分析结果显示，中国与欧美国家交通规划的内容构成不同，SEA 的介入时机和研究方法也不同。提出中国应该将 SEA 融入综合交通规划的过程中，而不仅仅是事后评价，据此围绕交通规划技术和管理程序两个层面提出若干优化建议。

关键词：城市综合交通规划；交通环境；战略环境评价；规划技术；管理程序

Abstract: Comprehensively evaluating transportation planning schemes to minimize the negative impacts of transportation development on urban environment has become an important issue in urban planning. This paper first introduces the concepts of Strategic Environmental Assessment（SEA）and SEA in urban comprehensive transportation planning. By comparing SEA research and practice in urban transportation planning in China and countries in Europe and America，the paper points out that there are differences in transportation planning details，research techniques and the timing of integrating SEA. Finally，the paper emphasizes the importance to integrate SEA in comprehensive transportation planning stage not just in the stage of post-development evaluation in China. The suggestions on transportation planning technique and management system are proposed accordingly.

Keywords: urban comprehensive transportation planning; transportation environment; Strategic Environmental Assessment（SEA）; planning technique; management System

0　引言

随着中国城市机动化的快速发展，汽车尾气排放已经成为各大中城市空气污染的主要来源。国家环保部数据显示，2009 年中国机动车污染物排放量达 5143.3 万 t；113 个环保重点城市中，1/3 的城市空气质量不达标；特别是近年来，一些地区酸雨、灰霾和光化学烟雾等区域性大气污染问题频繁发生，均与机动车排放的 NO_X、细颗粒物等污染物直接相关[1]。在此背景下，机动交通对于城市环境的影响日渐受到重视，如何对交通规划方案进行充分论证，以尽可能降低交通发展对城市环境造成的负面影响，已成为规划研究中的重要课题。

战略环境评价（Strategic Environmental Assessment，SEA）指针对宏观规划项目对环境所造成影响的系统性和综合性评价。针对城市综合交通规划的 SEA 是指对交通规划的战略、政策及交通设施框架方案进行深入、系统评价，分析规划方案实施后对城市环境可能产生的正、负面影响，同时提出相应的方案调整建议及减缓负面环境影响的措施。SEA 应与交通规划融合进行并相互反馈，使环境质量成为影响交通规划方案的重要因素。

1　国内外交通规划中的 SEA 比较

针对交通专项规划的环境评价难以对一些重要的环境影响（如温室气体排放、土地利用）实现有效评价，对交通引起的一些累积的环境影响（如道路安全、生物多样性）更无从考虑。因此，从 20 世纪 90 年代开始，许多国家尝试从交通政策和综合交通规划层面考虑环境影响，进行 SEA 的研究和实践。

1.1　欧美国家

欧美是世界上开展 SEA 研究和实践最多的地区，SEA 在欧美普遍被认为是一种保证政策、计划、规划更符合可持续发展的手段[2]。欧洲的交通规划 SEA 主要应用在国家层面的交通设施规划，而对城市综合交通规划研究相对较少；美国的交通规划 SEA 则恰恰相反，主要在州和地方层面开展，评价内容也以多模式的综合交通为主。以美国南加州为例，根据美国联邦法律，南加州政府协会（the Southern California Association of Governments，SCAG）必须编制南加州区域交通规划（Regional Transportation Plan，RTP）。虽然在过去 20 年里，南加州的空气质量已经得到明显改善，但目前南加州仍然是全美空气质量最糟糕的城市，因此，在交通规划中融入 SEA 显得极为重要。

如图 1[3] 所示，RTP 应与政府的其他相关战略和规划保持衔接，特别是在交通污染对空气质量的影响方面需要与环境影响报告（EnvironmentalImpact Report，EIR）、大气质量管理规划（AirQuality Management Plans，AQMPs）和交通控制措施（Transportation Control Measures，TCM）等相关规划保持高度一致性，否则 RTP 将无法获得联邦政府批准，也无法获得政府的交通资金支持。因此，交通对于环境影响的分析已成为 RTP 的重要内容之一，保护环境、改善空气质量及推广高效能源的使用已纳入到 RTP 规划目标框架之中，机动车尾气排放也已成为规划指标体系中的重要组成部分。另外，RTP

报告还考虑到少数族裔和低收入阶层对于交通产生的环境污染的高度敏感性,在规划中提出了包括机动车尾气排放、航空飞行器噪音影响以及高速公路噪音影响三个方面的针对性改进措施。

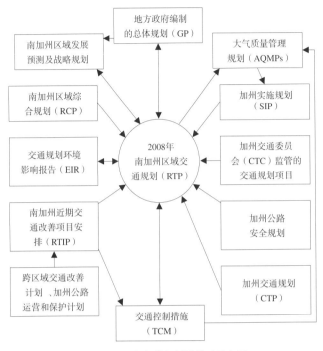

图1 RTP 与相关规划的关系示意图

1.2 中国

中国最初的 SEA 研究大约始于 20 世纪 80 年代,2003 年 9 月 1 日《中华人民共和国环境影响评价法》(以下简称《环评法》)正式施行,这为中国实施环境影响评价(以下简称"环评")提供了法律保障。图2 显示了 SEA 和项目环评在规划环评管理体系中的基本定位,SEA 主要是针对宏观或综合性规划在战略层面的环境影响分析,而项目环评则主要针对单个具体项目或专项规划的环境影响分析,二者在研究重点、研究方法上都有所不同。目前,中国对于项目环评的执行相对较好,而针对宏观规划阶段的 SEA 尚属起步和探索阶段,也缺乏通用的 SEA 技术方法、程序和评价指标。在交通规划领域,

虽然一些交通设施的专项规划(如轨道交通、高等级公路等)已经逐步开展项目环评,但大多数城市的综合交通规划研究中尚未包含对于环境影响方面的 SEA 研究成果。随着大城市交通总量快速增长,机动化水平不断提高,交通与环境间的矛盾日益突出,如何在交通战略、政策层面体现 SEA 的重要性,将是城市交通规划环评的重要任务。

近年来,北京、苏州、杭州等城市已逐渐将环境影响的相关分析纳入到综合交通规划中,体现了对交通环境问题的关注。在交通发展目标中包含了大气环境指标,通过模型进行初步的机动车尾气排放分析,并在一些规划中从多个方面提出改善交通环境质量的愿望和设想,包括对车辆技术、车用能源、路面材料、降噪工程等提出的技术要求,以及提高新车的尾气排放标准等。总的来看,环境问题已经逐步得到交通规划编制者的重视,但由于缺乏相关的依据和参考,目前交通规划中进行的环境分析更多地局限于概念和原则层面,对规划的指导和反馈作用不强。

1.3 比较分析

1)交通规划的内容构成不同

欧美的交通规划已经进入相对成熟的发展阶段,中国的交通规划还处于由道路规划向多层次综合规划的转变阶段,设施规划的痕迹还非常明显。因此,在交通规划的研究重点上,二者存在明显差异。例如,欧美的交通规划特别注重突出规划的"3C"(可持续、协作、全面)及与社会目标的一致性,强调规划的合作性和开放性,交通对于空气质量的影响已成为交通规划研究的重要内容之一;而在中国,交通规划多以中心城市市区范围为界限,以交通设施的空间规划为重点,重视与用地规划的衔接,仅包含部分交通发展政策的建议性内容,环境评价尚未列入交通规划的研究框架之中。比较而言,欧美的交通规划内容更为全面,涵盖与交通相关的社会、经济、环境等多个层面。

2)SEA 的介入时机和研究方法不同

长期的规划与管理实践使得几乎所有的欧美国家都认为,SEA 不应仅仅只是对交通规划的事后评价,应该尽早地融入交通规划体系,并逐渐成为重要组成部分,从而更好地融入

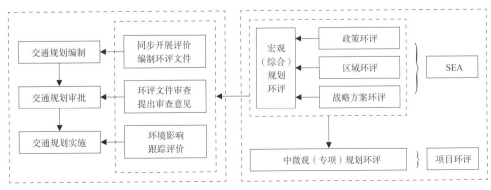

图2 交通规划管理流程及规划环评体系构成

规划决策过程；在中国，当前大多数交通规划的 SEA 还是独立于规划之外的环评专项，一般由环保专业机构和环保主管部门单独进行编制和审查，与交通规划缺乏直接的关联和反馈。

在 SEA 的研究方法上，欧美普遍采取定性和定量分析相结合的方法，尤其是交通尾气排放对大气环境的影响有详细的数据分析，并使之成为评价交通规划方案的重要依据之一。相比之下，中国各城市与机动车相关的污染物排放数据（如适用于不同城市的机动车排放因子等关键数据）获取较为困难，加之受制于交通模型分析技术的限制，交通规划的 SEA 大多以定性分析为主，量化分析尚处于探索和尝试阶段，这使得一般性的 SEA 结论缺乏足够的数据支撑，可靠性较差，同时也削弱了 SEA 对于规划方案的影响力。

2 交通规划的优化建议

结合以上分析，在当前中国的交通规划编制和管理实践中，可考虑在技术和管理两个层面实施若干优化措施，用以改进交通规划过程中的 SEA。

2.1 交通规划技术改进

1）将 SEA 融入综合交通规划过程中

针对综合交通规划，SEA 应融入交通规划过程中，并使之成为规划成果的重要组成部分。SEA 内容应着重于针对交通规划的发展目标、策略以及战略方案进行环境影响评价，将基于境、能源的可持续发展理念落实于规划过程，从而将综合交通规划与 SEA 有机、动态地结合。这样可以从源头上对环境问题进行主动预防和控制，并可以对交通政策和规划方案进行有效反馈，相互融合、共同完善，从而更好地体现规划环评的初衷[4]。

2）扩展交通规划的研究内容

如图 3 所示，在现有的城市综合交通规划主要技术框架中增加 SEA 研究内容，主要包括：

（1）现状大气环境评价。主要是建立现状交通情况与环境质量之间的关系，结果的体现形式为典型机动车污染物（HC，NO_x，CO，PM_{10} 等）的排放因子、排放总量以及其排放时空分布，并在此基础上计算污染物扩散及对环境空气质量的影响。

（2）与环境、能源相关的交通发展政策评价。基于可持续发展的原则，分析与环境相关的交通发展政策，包括公共交通优先政策（如公交票价和政府补贴政策）、交通需求管理政策（如停车收费政策）、机动化发展政策（如机动车尾气排放标准、机动车能源政策）等。

（3）未来城市空间的交通环境容量分析。在交通承载力分析中引入交通环境容量的概念，使得衡量交通承载力的分析指标不仅仅是道路通行能力、交通工具运量等交通设施的运

能指标，同时还包括交通设施用地及周边大气环境可承受交污染物的最大负荷量或交通设施对环境资源的最大使用量[5]。

（4）交通发展目标中的环境指标分析。将城市交通的环境指标纳入城市交通发展目标框架之中，如交通污染物排放指标、机动车交通污染占城市整体污染的比例、机动车排放标准指标、交通能源结构目标等。

（5）针对交通战略的环境测试和反馈。基于环境影响分析的交通模型，针对不同机动交通出行方式在规划区域道路网络内流量和速度的时空分布，根据交通规划战略方案构架进行多情境不同交通方式的大气环境影响量化分析，对未来多种可能性的环境后果提前进行预估，并提出反馈意见。

（6）SEA 结论。通过 SEA 的定性和定量分析，一方面提出对交通规划方案和交通政策的调整建议，以及预防、减缓交通对于大气污染的对策和措施；另一方面，通过制定与环境相关的规划指标，控制交通设施和用地的过度使用，将环境影响控制在可接受范围内。例如，北京市中心城控制性详细规划，将交通环境影响控制指标作为规划管理单元控制条件的一部分，与建筑高度控制、容积率、绿地率、土地使用性质、公共设施用地范围等指标一起构成法定约束条件[6]，十分值得借鉴。

3）加强综合交通规划 SEA 的量化分析

在常规交通需求模型的基础上，增加机动车尾气排放预测模型，预测不同车速条件下汽车尾气排放在道路网络的分布和排放强度，为 SEA 提供分析依据。通常情况下，交通战略方案除包含不同形态、规模和等级的交通设施外，还包含不同的交通政策架构，因此，SEA 还应对诸如停车费率、公交票价、燃油费征收等不同的交通发展政策进行敏感性分析，预测不同交通政策组合下的环境影响结果，作为制定交通管理政策的重要依据。

事实上，目前国际上主流的交通分析软件都提供了针对交通流运行所产生的尾气排放、能源消耗等环境问题的分析功能，可对现状以及规划年交通运行所带来的环境问题进行评价，结合不同的交通规划方案，输出包括 CO、NO_x、VOC、CO_2、颗粒物排放量及汽油、柴油消耗量等多项数据。交通模型师可通过类似功能的调用和开发，改进和完善传统的交通需求模型技术，以强化 SEA 的量化分析。

2.2 交通管理程序优化

1）SEA 在综合交通规划中提前介入。《环评法》虽然已经实施，但各城市开展的绝大多数环评都是第三方的项目环评，普遍存在重视项目环评而忽视 SEA、重视事后的第三方评价而忽视与规划同步的自我评价的问题。因此，针对交通规划的环评，其介入时机可分为两种情况：宏观交通规划需要在规划过程中融入相应的 SEA，并将研究成果纳入交通规划成果中；专项交通规划（如轨道交通建设规划）或交通工程设计项目则根据《环评法》的相关要求，组织编制独立的项目环评报告。

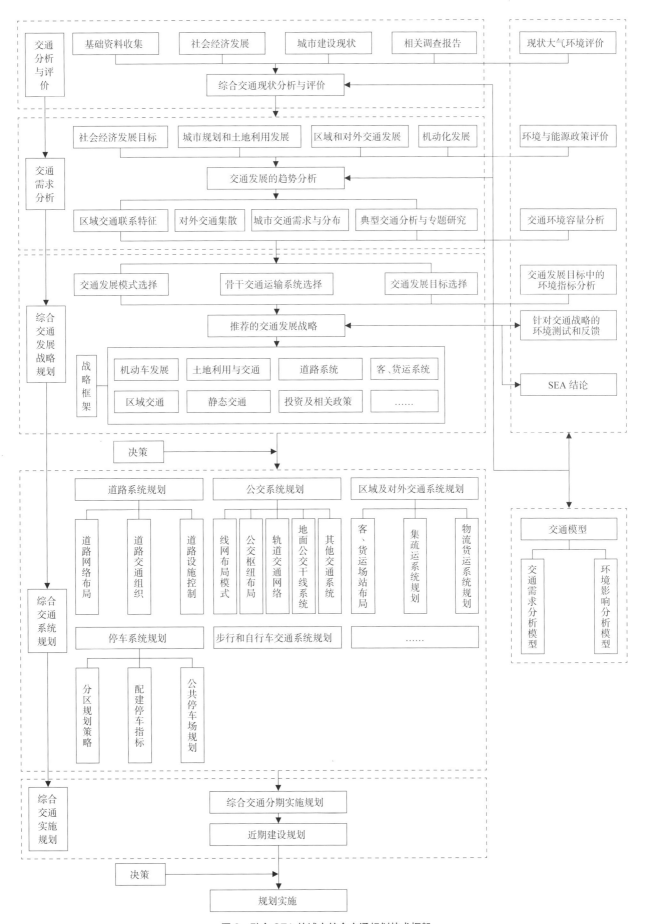

图 3　融合 SEA 的城市综合交通规划技术框架

2）跨部门联合规划审批。在交通规划的审批上，采取跨部门共同审批方式，由规划主管部门召集规划、交通和环境等不同领域的专家，通过召开专家审查会完成技术审查程序，并在规定期限内向公众进行规划公示，最终由市人民政府完成行政审批程序。对于可能对环境造成重大影响的交通规划项目，应根据相关的程序要求，在交通规划成果的技术审查程序中，组织单独的SEA评审，并逐步形成环评对于交通规划成果"一票否决制"的技术审查制度。

3）加大公众参与力度公众参与是交通规划编制和审查程序中不可或缺的重要环节。交通规划涉及的交通设施建设、交通政策的施行都会涉及社会利益的重大调整和分配，因此，应在交通规划编制过程中增加公众对于规划方案形成和环评的参与机会。通过向公众征询意见、召开听证会及规划公示等多种方式，在交通规划的审批和实施过程中保持与公众信息沟通渠道的畅通。

3 结语

在城市机动化快速发展、汽车尾气排放对城市大气污染贡献率不断增高的背景下，如何在综合交通规划阶段将SEA技术提前融入交通规划流程中，从而在源头上使环境分析成为影响交通规划的重要因素之一，是交通规划师当前面临的一项重要任务。以此为目标，除了对现有交通规划技术和管理流程的合理优化，还需要有多专业的技术衔接和合作，这方面的技术探索和规划实践将极具现实意义并且是长期性的。

参考文献

[1] 中华人民共和国环境保护部. 中国机动车污染防治年报（2010年）[R]. 北京：中华人民共和国环境保护部，2010.

[2] 白宇，吴婧，朱坦. 欧美城市交通规划战略环境评价的理论与实践[J]. 交通环保，2004，25（1）：40-43.

[3] SCAG Regional Council. 2008 Regional Transportation Plan[R]. Los Angeles: Southern California Association of Governments（SCAG），2008.

[4] 张希柱，林卫东. 关于规划环境影响评价的探讨[J]. 大众科技，2006（4）：164-166.

[5] 杨瑾. 城市可持续发展的交通战略环境影响评价[J]. 交通环保，2002，23（5）：40-42.

[6] 段进宇，邹庆. 北京市的交通规划环境影响评价研究构想[C] // 中国城市规划学会. 规划50年：2006中国城市规划年会论文集. 北京：中国建筑工业出版社，2006：675-679.

作者简介

黄伟，男，湖南澧县人，硕士，高级工程师，主要研究方向：综合交通规划，E-mail:huangw@caupd.com

同城化发展与交通设施布局——来自国内案例的分析

City Integration Development and Traffic Facility Distribution -- From Analysis on Domestic Cases

张　帆　戴彦欣

摘　要:曾几何时,有关区域发展的概念和讨论,让人目不暇接。使用较多的概念有都市区、都市圈、城市群、城镇密集地区,以及一体化、区域化、同城化等。有些定义较为明确,有些却是从实践中提炼出来,内涵较为模糊。在实际的空间规划和交通规划中,对概念的准确把握非常重要,它是后续空间规划和交通设施布局的重要前提。本文从探讨同城化、区域化与一体化三者的概念入手,通过对同城化案例的分析,深入把握同城化的本质,同时分析同城化发展的不同阶段特点,为同城化范围内的交通设施布局提供有力依据。

关键词:同城化;区域化;一体化;交通;布局

Abstract: Once, there were too many concepts and discussions related to regional development.The concepts being used more include metropolitan area, metropolitan region, urban agglomeration, city-and-town concentrated area, integration, regionalization, and city integration, among others. Some concepts are clearly defined, while others are extracted from practice with relatively blurry connotation. When it comes to real spatial planning and traffic planning, it's very important to correctly grasp the concept because it comes as a key precondition for subsequent spatial planning and traffic facility distribution. This paper starts from discussing on the concepts of city integration, regionalization and integration, and deeply grasps the essence of city integration by analyzing the cases of city integration. In the meantime, the paper analyzes the features of city integration development at different stages, offering a strong basis to traffic facility distribution within the scope of city integration.

Keywords: city integration; regionalization; integration; traffic; distribution

1 同城化、一体化与区域化概念

同城化并不是一个学术概念,而是在城市发展实践过程中对某种城市间紧密关系的描述。要认清同城化的本质,需要对区域一体化发展背景下的一体化、区域化和同城化等概念进行区分。有关一体化、区域化和同城化的论述非常多,由于研究的视角和出发点相异,要找出一个较为确切的定义比较困难。

一般认为,同城化是指地域相邻、经济和社会发展要素紧密联系的城市之间为打破传统城市间的行政分割和保护限制,以达到资源共享、统筹协作,提高区域经济整体竞争力的一种新型城市发展战略。

同城化有几个基本特征:地域相邻、产业互补、经济相连、文化认同。通过相邻城市间行政边界的淡化与模糊,城市基础设施、服务功能等被更多的城市共享,区域交流更加频繁,资源要素共同配置,从而达到产业定位、要素流动、生态环境、政策措施、社会事业等高度协调和统一,在现实上形成同城化发展的局面,使居民弱化原有属地观念,共享同城化带来的发展成果。

一体化是指多个原来相互独立的(政治的或经济的)主权实体通过某种方式逐步结合成为一个单一实体的过程,包括全球一体化和区域一体化。一体化是实体之间市场一体化的过程,从产品市场、生产要素市场向经济政策的统一逐步深化,实现更紧密的地区经济依赖和协作。

区域化。所谓"区域"是指一个能够进行多边经济合作的地理范围,这一范围往往为邻近的几个城市,其至可大于一个主权国家的地理范围。区域化是一体化的一种表现形式,其本质是在一定区域内通过投资、贸易、金融、技术、人才等的自由流动与合理配置,推动生产力快速发展。

从上述定义看,就空间范围而言,同城化、区域化和一体化之间是包含关系,一体化包含区域化,区域化包含同城化。就城市对象而言,同城化是一个城市与周边城市结合为一个整体,完全按照一个城市的模式组织结合体的经济运行,其空间范围受城市规模经济的限制。从实践看,同城化地区中心城市间的距离在30km以内;区域化的城市间也相邻,但空间范围明显比同城化大,只要是该城市与周边城市之间能实现商品与生产要素的自由流动,其至于达到经济政策的统一,就可以称为区域化。从实践看,区域化中心城市间相距约50~70km;一体化的空间范围则要广泛得多,强调的是城市间的经济合作,实践中主要表现为产业链不同环节的空间分布,中心城市间距离可达100km,其至更大。

本质上,同城化是区域化空间发展的一种较为极端的表现形式,为弱化属地观念,使相邻很近的城市在相同的环境中发展,释放由行政边界约束的能量,实现要素的自由流动,形成统一市场,是相邻城市之间基于更低交易费用的利益博弈过程。

从表现形式看,同城化一般发生在区域中心城市与较小规模的城市之间;从发展态势看,则是将较小规模城市纳入区域中心城市,成为其一功能组团,作为一个城市整体运行的过程。

2 同城化案例分析

同城化发生在相邻较接近的区域中心城市与周边城市之间，国内实践中，同城化一般发生在省内两个较为重要的城市之间，如广州和佛山，西安和咸阳，沈阳和抚顺等，如表1。

国内部分城市同城化实施情况　　　表1

	开始年份	距离	参与城市	行政层级	目标
广佛	2002	接壤，中心距离20km	广州、佛山	省会、地级市	成为珠三角地区发展的龙头
西咸	2002	中心距离20km	西安、咸阳	省会、地级市	关中城市群的龙头
沈抚	2007	中心距离45km	沈阳、抚顺	省会、地级市	推动辽宁沿海与腹地互动发展，实现辽宁老工业基地全面振兴

从表1看，同城化较多是针对区域中心城市与周边城市展开的，是中心与周边的一种互动过程。从实施的出发点看，区域中心城市通过与周边城市的联合，扩大市场，强化实力，巩固既有的区域地位；而对于周边城市，则是通过与区域中心城市的融合，增强城市功能，提高城市实力，带动市域发展。

因此，区域中心城市与周边城市互动的基础，在于中心城市与周边城市之间由于各自的资源禀赋条件和城市功能定位而客观存在着的经济社会发展差异或资源互补特征。差异性越大，互补性越强，互动性越频繁，联系性越紧密，同城化的效果就越明显。在同城化的互动过程中，周边城市往往处于被动、依附的地位。

2.1 案例1——广佛同城化

广州与佛山中心城区直线距离约20km，接壤地段长约200km。随着社会经济的快速发展，广佛两市的交通联系越来越紧密（图1）。

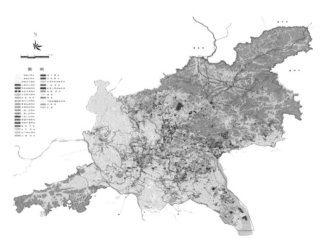

图1 广佛现状用地图

"广佛同城，交通先行"，交通基础设施一体化是同城化的切入点。2000年，广州与佛山之间的主要联系通道仅有8条，12小时机动车交通转换量为164509辆；2005年，广州与佛山之间主要联系通道已经增至13条，12小时机动车交通转换量达到300127 pcu，占广州市域全部对外出入口交通量的48.8%，比2000年增长了接近1倍；至2010年，广州与佛山之间主要联系通道已达15条，12h机动车转换量达到41.6万辆，两地规划全面对接的道路多达55处（表2）。

广佛两市2000、2005和2010年交通转化量和联系通道数　表2

	2000年	2005年	2010年
主要通道	8	13	15
12小时机动车转换量	164509	300127	416188

同时，佛山市出入境交通以佛山—广州中心城区间的出行量最大，占其总出入境的60%以上。佛山现状过境交通主要是广州市区（及以远）至江门的交通流向最大，占佛山总过境交通的40%以上，主要由广佛—佛开高速和325国道承担。

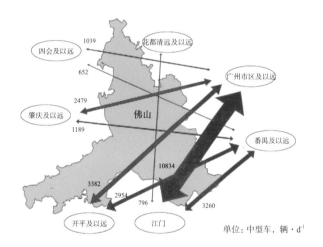

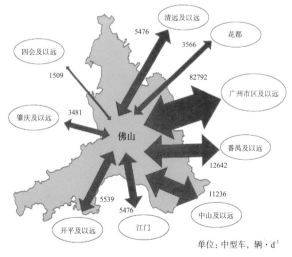

图2 佛山过境及出入境交通示意图

资料来源：交通部规划研究院、佛山市交通局，《广东省佛山市干线公路网规划社会经济及交通量预测专题报告》

目前,多层次交通枢纽、多元交通方式相融合的广佛综合交通枢纽初步形成。国内首条全地下城际轨道交通——广佛城际地铁首段于 2010 年 11 月开通运营,标志着广佛两地交通往来进入地铁时代。海怡大桥建成通车,结束了广州番禺区和佛山南海区之间无陆路通道的历史。佛山多个重大交通项目从方案设计阶段便注重与广州市衔接,为未来交通一体化预留空间。广佛交界重点区域如金沙洲、广州南站周边地区多条路网实现连通对接。广佛接壤地区公路客运公交改造完成,开通了广佛公交线路 32 条,广佛城巴和广佛快巴各 20 条。广州南沙港定班驳船航线开通 4 条佛山支线,基本覆盖佛山主要内河集装箱码头(图 3)。

按照预期目标,到 2020 年广佛干线公路网形成后,广州城区和市辖各区中心到佛山中心区运行时间基本上均在 30 分钟以内。

图 4 西咸土地利用现状(2011 年)

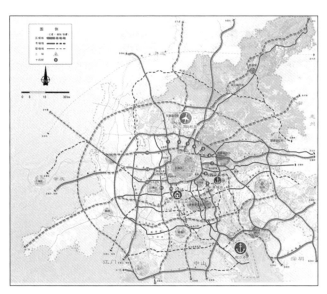

图 3 广佛两地交通基础设施对接规划

2.2 案例 2——西咸同城化

西咸一体化战略。西安与咸阳两座城市直线距离 20km。2002 年以来,西咸两市按照"规划同筹、交通同网、信息同享、市场同体、产业同布"的思路,开展多层次的合作,推动西咸经济一体化进入了"产业一体同构,城市功能互补"的新阶段。经过近几年的发展,两市已经达到零距离相接。西北最大的航空港——西安咸阳机场在咸阳境内,两市不仅相接,而且交融(图 4)。

西咸联系道路。目前西安与咸阳间联系通道有 3 条、20 个车道,12 小时机动车流量 18000pcu,日均人流量 108500 人次。2011 年 9 月进行的交通调查也表明了西安主城区与咸阳间较强的客货联系(图 5)。

根据交通调查,目前西咸之间每日双向交换量为 10.85 万人次。咸阳到西安出行以上班上学为主,而西安到咸阳休闲娱乐目的较多。现状对接道路以世纪大道和西宝高速为主,

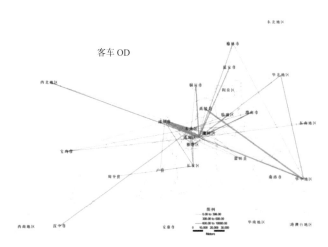

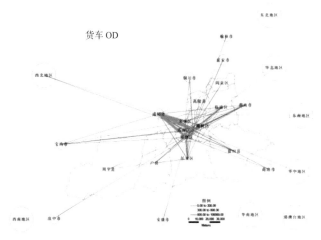

图 5 西安都市区客货 OD 联系

世纪大道负荷水平超过 0.8。两市交通联系方式构成中,小客车占 38.4%,公交占 42.8%,摩托车占 9.2%(图 6)。

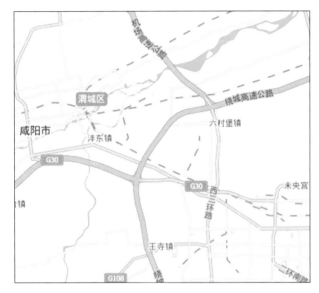

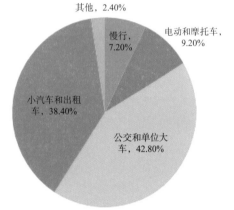

图 6　西咸联系现状交通特征

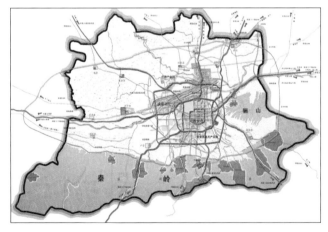

图 7　西咸一体化建设综合交通规划

按照西咸一体化建设规划，未来西安和咸阳两市将实现交通设施的一体化发展（图 7）。

环线和高速公路建设。规划在完善区域交通的基础上，建设西安四环线，新增西咸北环线省级高速公路。

城市路网对接。咸阳市区的世纪大道向东与西安市区的迎宾大道对接；咸阳市区的沣滨东路为城市快速干道，向东与

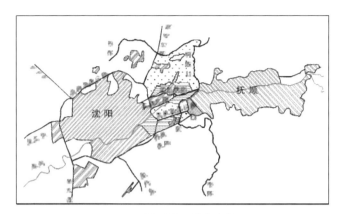

图 8　沈抚空间一体化趋势

西安市的尚稷路对接，并接西三环，向南过昆明路延伸至环山路；咸阳市区的镐京一路、镐京中路和镐京二路均向东延伸，与西安市区道路对接；西安市区石化大道向西与咸阳市区衔接；咸阳市区渭河南部片区渭河南路、段家路和沣滨东路向南延伸，与西安市区向西延伸的昆明路相接。

地铁延伸。在原规划六条地铁线路的基础上，将西安地铁一号线向西延伸至咸阳、西安咸阳国际机场，向东延伸至临潼、兵马俑；地铁二号线过渭河向北延伸至泾渭工业园。

2.3　案例 3——沈抚同城化

抚顺市位于沈阳市东部，两市市中心距离 45km。抚顺市区西部的抚顺经济开发区与沈阳市的新城区苏家屯区、东陵区相接，沈阳三环路与抚顺市外环路之间距离仅 13km，建成区空间几乎连为一体。

沈抚两市已形成较为便利的交通联系。沈阳至抚顺间现有沈抚快速路、沈抚一级公路、沈吉高速公路三条高等级道路与沈吉线、苏抚线两条铁路相连。沈阳桃仙国际机场距抚顺市中心 35km，有高速公路连接，航空运输十分方便。

从 2013 年抚顺城市出入口交通调查结果看，沈抚城市间客流呈现如下特征：

1）抚顺城市西向出入口交通量最大，西向各出入口 12 小时客运机动车流量 26163pcu，反映抚顺与沈阳联系紧密。其中，沈抚大道出入口进城交通量 8855pcu/h，出城交通量 7532pcu/h，双向共 16387pcu/h（图 9）。

2）两市间旅客出行方式以公路为主，铁路作为一种补充方式，公路客运占绝对多数。沈抚间公路客运日均发车 680 班次，日交通量约 15000 当量小汽车，还有小汽车、出租车、机场巴士、单位客车等，沈抚城际间公路日客运量约 6 万人次，占沈抚间总客流量 90% 以上。

3）出行目的差别大。抚顺居民到沈阳的出行目的以购物旅游居多（34.7%），公务商务、探亲访友和看病就医者所占比例分别为 10.9%、14.6% 和 13.7%，回家比例最低（1.4%），

图9 抚顺城市对外出入口流量分布

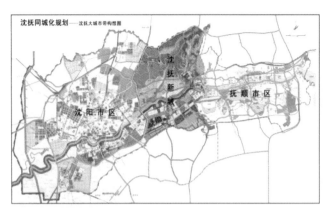

图11 沈抚同城化发展规划

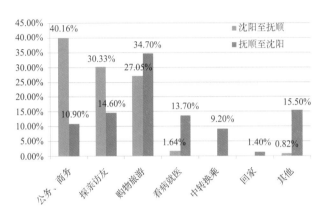

图10 沈抚两地居民分别至抚顺、沈阳的出行目的

另有 9.2% 的出行者至沈阳进行中转换乘。而沈阳居民从沈阳到抚顺的目的则以公务和商务比例最大，为 40.16%；探亲访友达 30.33%，购物旅游占 27.05%（图10）。

4）出行方式差别大。从出行方式看，抚顺居民往返抚顺与沈阳间的交通方式以"雷锋号"城际公交为主，占 66.4%；8.6% 的居民采用小汽车或出租车的方式；乘坐沈抚城际列车的居民仅占 6%。

比较而言，沈阳至抚顺的人员乘坐长途客车的比例较大，约为 28%，但较抚顺居民至沈阳的长途车比例（"雷锋号"+长途客车）少得多；乘坐小汽车和火车的比例则较高，达到 20.82% 和 16.48%，与从沈阳到抚顺的公务和商务出行比例高密切相关。

沈抚同城化发展交通规划。目前沈阳与抚顺两市在交界处合力打造沈抚新城，沈抚城际交通以加快"沈抚九通道"建设为重点，全面完成沈抚连接带公路建设，实现城际客运公交化和城市公交一体化，大力推进沈抚同城化进程（图11）。

"沈抚九通道"即沈抚之间两条高速公路和七条普通公路形成的沈抚九个通道。由北向南依次为高望线、棋望线、沈吉高速公路、沈通线、沈葛线、沈抚 2 号路、沈抚大道、关深线和沈中线。

城际客运公交化。在现状 5 条城际客运线路的基础上，增加两条线路，即 6 号线和 7 号线。

城市公交一体化。在沈抚连接带内形成一点、三纵、四横的公交线网规划，建设沈抚新城综合枢纽站，实现沈抚公交"零换乘"。

3 同城化发展阶段判断

从上述案例看，国内城市同城化进展表现不一。由于同城化过程中周边城市的被动和依附地位，同城化的发展主要取决于中心城市的认识和措施，而中心城市的发育程度，又决定了中心城市的意识，以及可能采取的应对手段。通过案例分析，从中心城市与周边城市交通量交换大小的角度，可以大体总结出同城化发展的不同阶段。

3.1 协调期

沈抚同城化处于协调起步阶段。由于抚顺中心城离沈阳中心城 45km，目前同城化的举措与西咸同城化类似，主要是打造沈抚交界处的沈抚新城。沈抚新城由沈阳东部新城和抚顺西部新城共同构成，规划总用地面积 605km²。其中，沈阳 342.2km²，包括棋盘山片区 203km²，东陵片区 139.2km²；抚顺市 262.8km²。规划总人口 230 万人，其中，棋盘山片区 50 万人，东陵片区 50 万人，抚顺片区 130 万人（图12）。

沈阳与抚顺两市间已开通公交，即辽宁城际客运有限公司运营的"雷锋号"，共 5 条线路；沈抚高速公路也被改造成快速路，取消收费（2007 年沈抚高速公路开放为非收费公路，两市间的客流量大增，交通压力骤升，客运班车由 2006 年的 390 班猛增到 2008 年的 680 班，增加流量 1 万多人次）。为此，两市之间公交和小汽车客流量达到 6 万人次左右。但制约两市同城发展的交通障碍并没有得到较好解决，没有制定沈抚交通同城规划，没有明确城市公交线路、轨道交通、出租车运营等的对接方式。应以推进沈抚两市城际公交化和城乡客运一体化为目标，加快沈阳与沈抚新城间市政道路、桥梁对接等重点交通设施建设，实现交通同网格局。

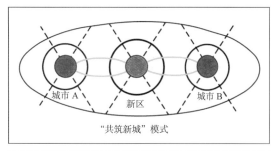

"共筑新城"模式

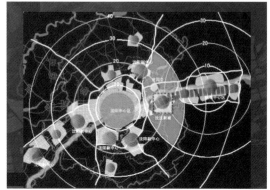

图12 沈抚新城区位图

3.2 融合期

西咸同城化处于快速融合阶段。自2002年实施西咸一体化发展战略以来，两市间的经济发展协作逐步加强，交通需求快速增长，但两市交通衔接工作相对滞后。总体规划提出西咸之间干道衔接，轨道线路延伸，公交线路同网，构建完善的区域交通系统。但由于行政管辖、财政差异、多头利益等因素，交通协调难度大，交通建设速度缓慢。随着西咸新区的设立和实施，西咸同城化进入快速发展阶段（图13）。

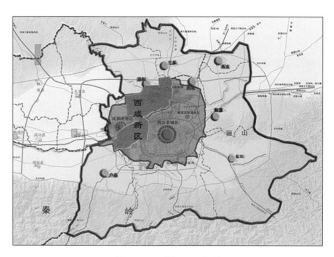

图13 西咸新区区位图

从交通联系看，目前西安与咸阳间联系通道仅3条，20个车道，日均车流量18000pcu，日均人流量108500人次，远未达到成熟状态。从出行目的看，咸阳到西安出行以上班上学为主，而西安到咸阳休闲娱乐目的较多，公务和商务出行少，

表明两城市的市场还没有达至统一状态。

公共交通方面，目前西咸之间对开线路只有K630，但该线路长达30km，准点率差，车内拥挤，服务水平低；还有三条线路需要在西咸边界换乘。公交服务水平低，一方面制约了两市联系，另一方面造成小汽车比例增加。

3.3 成熟期

广佛同城化是目前国内发展最为成熟的形态。从交通看，两市基本按照一个城市的整体进行运行。至2010年，广州与佛山之间主要联系通道已达15条，12h机动车交换量达到41.6万辆，日均人流量632231人次，两地规划全面对接的道路多达55处，公交和地铁跨市运营。

从广州和佛山两市融合的空间态势看（图14），两城市直接对接，融为一体。

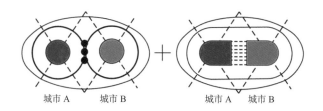

图14 多点对接和整体对接模式

从本质看，广佛同城化的融合程度表明两地建立共同市场的条件已经成熟。广佛两地拥有相对完善的市场运行机制，广州已发展成为华南地区的经济、金融、交通、商贸、文化、科教、旅游、服务中心和全国中心城市，佛山是全国著名的制造业城市，广东省第三大城市，两市产业、经济和社会互补性强，融合程度高，同城化发展进入成熟阶段。

4 同城化交通设施布局

目前国内正在进行的同城化城市间的交通设施布局情况，见表3。

表3表明，空间距离较近是同城化的空间基础。城市间空间距离越近，越能降低运输费用和促进生产要素与商品、服务的交易，加强城市间的相互作用。在适宜的空间距离范围内，城市间才能设施共享、政策统一。在0.5h的通勤圈内，广佛两市空间连片、边界模糊，佛山的部分地区完全融入广州。而当距离大于一定门槛，实施同城化战略则比较困难，郑汴中心相距72km，其同城化战略的可行性有待斟酌。

表3也显示，方便快捷的交通方式是同城化的必备条件。中心城市与周边城市间要有快速交通联系，除高速公路外，快速路是主要的方式，如沈抚间的沈抚大道快速路、西咸间规划的快速环线、广佛间的多条快速通道。到一定阶段，还会出现轨道交通的衔接，如广佛间的快速轨道。

同城化城市间快速交通方式

表3

	距离	交通方式	实施效果
广佛	接壤，市中心20km	城际地铁、城际公交、水运；高速路、快速路、交通性主干道	道路衔接、取消收费站、公交直达、地铁贯通
西咸	中心距离20km	城际公交；高速公路、交通性主干道	道路衔接、公交直达、取消电话漫游、金融同城
沈抚	中心距离45km	城际铁路、城际公交，有轨电车；高速路、快速路、交通性主干道	道路衔接、取消收费站、公交直达、取消电话漫游

周边城市与中心城间存在明显的通勤、通学等向心交通倾向。因此，公交出行是同城化范围内的主要交通方式。广佛是同城化较为成熟的地区，城市间交通设施布局完全按照城市整体运行的要求进行配置，首次出现了地铁贯通两个城市中心；同时，也出现了城市间的快速公交直达，如沈抚间的"雷锋号"，广佛间的城巴和快巴等；也有城市公交向双方区划内的延伸，如沈阳385路向抚顺高湾地区的延伸并设站；沈抚间的有轨电车等。

其他的措施，例如普通道路衔接和取消收费站等在所有的同城化地区都有实施。如沈抚大道由收费高速公路改为城市间快速路，并取消收费站。

枢纽共享。枢纽是同城化城市间维系交通一体化运营的关键手段之一，如西咸的机场位于咸阳，极大地促进了两市的同城化发展；佛山和抚顺则分别依赖于广州和沈阳的机场。公交发展在同城化过程中具有极端重要性，但在实际操作中，鉴于很难如广佛那样克服行政区划带来的影响，因此，往往在同城化地区共建共享枢纽设施，维持公共交通（城际公交、城市普通公交和出租车）的高效转换和运营。

总之，在同城化30km范围内，以通勤、通学为主导的需求特征较为明显，同城化城市间的交通设施布局主要按城市日常通勤、通学需要进行布置，主要有快速公交、城市普通公交，城市轨道交通，快速路、主干道等。

需要强调的是，在同城化范围内，城际轨道交通适用性较差。一度寄予厚望的沈抚轻轨运营的失败为此作了较好的注脚，这既与用大铁路的模式运营城际轨道的错位有关，更与对同城化、区域化和一体化的空间尺度的认识和把握相关，进而影响交通设施的布局。

5 结语

同城化当前受到热议，其本质是通过同城模式运作，能极大地实现各参与方的利益，具有积极意义。同城化是一个渐进过程，就交通设施布局而言，不同阶段需要不同层次的设施应对，以满足交通需求的总量增长和内涵变化。在实践操作过程中，对同城化空间尺度的把握是正确布局交通设施的关键和前提。

作者简介

张帆，男，博士，高级工程师，E-mail：zhangf@caupd.com

戴彦欣，硕士，高级工程师，E-mail：utc@263.net

建设北方国际航运中心——天津港多层次集疏运系统的构建

Build the Northern International Shipping Center: Development of the Multi- level Collection and Distribution System in Tianjin Port

全 波 李 鑫 李 科

摘　要：国际航运中心的构建带来港口腹地范围、与腹地间功能联动关系的深刻变化，对集疏运系统及港城关系协调提出了更高要求。以天津港为例，分析其建设北方国际航运中心的内涵和要求。从国家综合运输、港口与区域联动、港城关系三个视角剖析天津港集疏运系统存在的不足。重点从国家、区域、城市层面探讨构建多层次集疏运系统的优化和完善策略。最后，总结天津港集疏运系统构建对其他国际航运中心城市的启示。

关键词：国际航运中心；集疏运系统；策略；港城关系；物流；天津港

Abstract: The establishment of international shipping center has brought dramatic changes to the range of the port hinterland and the interactions of the functionalities among hinterlands, hence presents higher requirements for the collection and distribution system and its coordination with the port-city. Taking Tianjin Port as an example, this paper analyzes the essence and requirements for it to be constructed as the Northern International Shipping Center. Deficiencies of the existing collection and distribution system of Tianjin Port are discussed in three aspects: national comprehensive transportation, port- and- region interactions, and port-and-city relationship. The optimization and enhancement strategies for developing a multi-level collection and distribution system are proposed from the national, regional and urban levels. Finally, the paper summarizes the lessons learned from the establishment of the collection and distribution system in Tianjin Port and provides insights to other cities.

Keywords: international shipping center; collection and distribution system; strategies; port-and-city relationship; logistics; Tianjin Port

0　引言

近年来，上海、天津、大连、青岛等中国沿海主要港口城市纷纷提出建设国际航运中心。迄今为止，国务院先后批复了上海国际航运中心、大连东北亚国际航运中心、天津北方国际航运中心、厦门东南国际航运中心等建设。国际航运中心不是单纯的港口和物流中心概念，而是融发达的航运市场、丰沛的物流、众多的航线航班于一体，以国际贸易、金融、经济中心为依托的综合概念，是港口层级化分工中的顶层和组织中枢。相应的港口腹地范围、与腹地间的功能联动关系将发生深刻变化，对集疏运系统及港城关系协调提出了更高的要求。

本文以天津港为例，围绕建设北方国际航运中心，从国家综合运输、港口与区域功能联动、港城关系等视角分析集疏运系统的适应性，从国家、区域、城市等层面提出集疏运系统优化和完善策略。

1　北方国际航运中心的内涵与要求

1.1　内涵分析

依托港口、保税区、开发区的紧凑布局和联动发展，天津创造了"港区联动"的成功典范，有力推动了港口吞吐量快速增长以及衍生功能在滨海新区的集聚，并沿京津塘高速公路形成了"京—廊—津"高新技术产业发展带，发挥了天津港对京津冀区域外向型经济发展的引领作用。为推进天津滨海新区开发开放的国家发展战略，国家赋予滨海新区建设

北方国际航运中心和国际物流中心的功能定位，其中天津港是北方国际航运中心和国际物流中心建设和发展的核心载体。

面向北方国际航运中心的定位和目标，要求天津滨海新区"依托京津冀、服务环渤海、辐射'三北'、面向东北亚"，建设成为中国北方对外开放的主要门户，将天津港发展成为面向东北亚、沟通中西亚、辐射"三北"的国际集装箱枢纽港、中国北方规模最大且开放度最高的保税港、环渤海地区最大的综合性港口以及东北亚地区的邮轮母港和海滨休闲旅游港[1]。2015 年、2020 年、2030 年的港口货物吞吐量将分别达到 5.6 亿 t、7 亿 t、9 亿 t，集装箱吞吐量将分别达到 1800 万 TEU、2800 万 TEU、4000 万 TEU[1]。

天津港虽较上海、香港等世界主要航运中心距国际主航道距离较远，但经济腹地广阔，是连接东北亚与中西亚的运输纽带、三北地区最近的出海通道，对内直接经济腹地近 500 万 km²，覆盖京津冀及中西部地区的 14 个省区市。天津港可通过发展亚欧大陆桥区域经济联系，强化腹地型港口优势和功能，与亚欧大陆桥通道建设、沿线经贸合作、国家西部大开发战略等形成联动。

北方国际航运中心建设也是津冀港口整合发展的内在需要。目前，天津港正从以物流中心、增值服务为特征的第三代港口向以信息化、网络化、组合港为特征的第四代港口转型，需要以天津港为中心整合津冀沿海港口资源，以完善的港航服务、物流集成服务共同提升面向东北亚港口的竞争力，引领和支撑津冀沿海产业和城镇隆起带建设[2]。

1.2 集疏运系统要求

作为典型的腹地型港口，建设便捷高效、覆盖广泛、物流成本低廉的陆路集疏运系统是天津港建设北方国际航运中心的重要前提和基础保障。为实现港口最大的辐射带动效应，需从国家、区域、城市等不同层面，明确建设北方国际航运中心对集疏运系统的要求。

1）国家层面

天津港是亚欧大陆桥重要口岸，广大华北、西北地区对外开放的门户，宜与亚欧大陆桥区域经济合作、国家西部大开发战略等相衔接，构建以天津港为中心、贯通港腹的交通运输通道系统，强化亚欧大陆桥口岸地位和功能，形成国家综合运输体系的重要枢纽。

2）区域层面

天津港是京津冀区域提高综合竞争力、全面参与经济全球化的重要"界面"和"抓手"，是渤海湾内湾港口群功能体系架构的核心枢纽，宜建立更加紧密的港口与区域功能联动格局，以天津港为中心完善和升级区域物流体系，推进区域物流一体化和大通关模式，支撑区域全面对接世界经济体系。

3）城市层面

天津港是滨海新区开发开放的核心战略资源、外向型产业布局的重要依托。伴随港口腹地范围拓展、吞吐量持续增长，来自天津以外的外运货物总量和比例将持续提升，由此将加剧疏港交通与城市布局间的矛盾，如何保持港口、产业、城市之间互动和协调发展的态势，成为集疏运系统构建和港口布局的难点和焦点。

2 天津港集疏运适应性分析

2012 年，天津港货物吞吐量达 4.76 亿 t，居北方港口第 1 位，国内港口第 3 位，世界港口第 4 位；集装箱吞吐量 1230 万 TEU，居国内港口第 6 位，世界港口第 11 位。在对外联络方面，天津港已同世界 180 多个国家和地区的 500 多个港口建立了贸易往来，成为中国北方通达世界的主要通道。以港口为端点，天津已初步建立连接京津冀、沟通环渤海的高速通道，在京津冀区域综合交通运输网络中占据枢纽地位。然而，为支撑"北方国际航运中心"的发展目标，从国家综合运输、港口与区域联动、港城关系等视角分析，天津港集疏运系统还存在诸多不足，亟须进行结构性改善。

2.1 辐射"三北"的能力有待提高

中西部作为天津港的腹地对天津港提高吞吐能力、建设北方国际航运中心和国际物流中心具有重要作用，但天津港与中西部腹地的公铁集疏运通道长期存在"线路迂回"和"通而不畅"的问题（见图1和图2）。在国家铁路网规划中，除天津港外，环渤海其他港口均作为主要煤炭输出港，有后方铁路煤运通道衔接，而天津港缺乏直通西部的高运能铁路大通道（见图3），难以肩负辐射"三北"、带动"三北"开放的重任[2]。

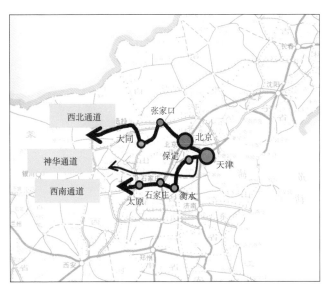

图 1 现状天津港通往西部的铁路通道[2]

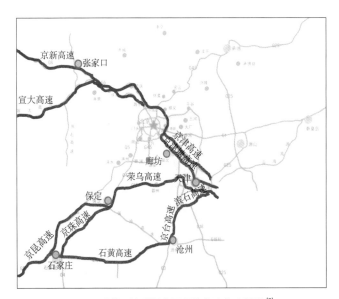

图 2 现状天津港通往西部的高速公路通道[2]

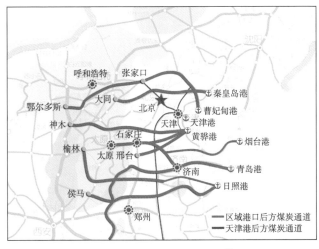

图 3 区域港口后方通道对比[2]

天津港具备多元化运输方式的集疏运系统，但集疏运结构不合理，公路疏港比例达 67%，其中集装箱、矿建材料的公路运输比例更是分别高达 98% 和 100%，与美国洛杉矶港、德国汉堡港等国外集装箱枢纽港相比集疏运模式存在显著差异[3]（表 1）。以公路为主的集疏运结构，使得天津港腹地主要集中于公路运输经济运距之内，限制了天津港对中西部地区的辐射和吸引。根据相关调查，天津港货运吞吐量的 65% 和集装箱吞吐量的 82% 来自京津冀区域，见图 4。

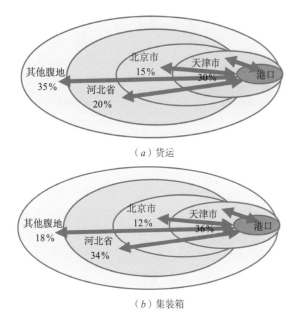

（a）货运

（b）集装箱

图 4　天津港货运和集装箱腹地分布[3]

天津港与国外港口铁路集装箱集疏运比例比较（单位：%）　表 1

港口	铁路集装箱比例
德国汉堡	30
荷兰鹿特丹	13
比利时安特卫普	10
美国纽约	11
美国洛杉矶	43
天津	2z

2.2　港群资源亟待整合、港腹联动有待深入

国家规划层面已经对津冀沿海港口做出恰当的定位，其中天津港为北方国际航运中心，唐山港（含曹妃甸港区、京唐港区、丰南港区）为能源原材料集疏中心，秦皇岛港、黄骅港为能源输出港。天津港作为综合性枢纽港，货物品种多元，集装箱、煤炭、矿石、石油、钢铁等五大货种呈全面发展态势；而周边河北省港口以煤炭外运为主，功能较为单一，2010 年秦皇岛港、唐山港和黄骅港煤炭货物比例分别高达 85.5%，45.3% 和 94.7%。依据河北省"十二五"规划，省政府强力推进唐山港、黄骅港、秦皇岛港综合性大港建设，津冀港口间竞争趋于加剧，

亟须依托北方国际航运中心建设，整合津冀沿海港口资源[4]。

天津港面向区域的通道尚不健全，沿海高速公路尚未贯通，缺乏直通石家庄的运输通道；除"京—廊—津"以外，尚未形成第二条以天津港为依托的产业带。目前，天津港仅在北京朝阳、平谷和河北石家庄运营 3 处内陆"无水港"，港腹间功能联动还处于有限"点"状，区域大通关模式尚未形成，在推进京津冀一体化进程中天津港的枢纽作用尚未充分发挥。

2.3　港城矛盾激化

天津港城、港区互动的过程同时也是矛盾激化的过程。在港口发展的起始阶段，天津港与天津经济技术开发区、保税区通过"港区联动"形成工贸联合体，高效发展，并带动塘沽城区规模的扩张。而 2008 年后，伴随滨海新区开发开放，一方面城市建设限制了企业的临港布局，另一方面，港口与城市的空间关系更多表现为港口功能对城市的干扰。

伴随港区码头的专业化分工和升级，天津港亦在不断地进行港区空间的拓展调整。但天津港的空间发展一直在相对较小的尺度上进行，主要在海河河口进行相对紧凑的原位扩张。天津港区现状布局集中于北部，与滨海新区核心区距离不足 5 km，煤炭等散货码头及后方的散货物流中心对塘沽城区的环境影响很大。

天津港疏港道路主要集中在东西向（见图 5），疏港交通与城市交通混行，造成道路功能混杂，多条重要集疏运通道能力接近或达到饱和。出于地方利益考虑，2012 年开发区在重要疏港通道之一的泰达大街上设置了 3.5 m 的限高架，阻止大型集疏港车辆穿越城区，暴露出港城矛盾已达到十分尖锐的程度。随着城市发展，天津港主要集疏运铁路逐步处于城

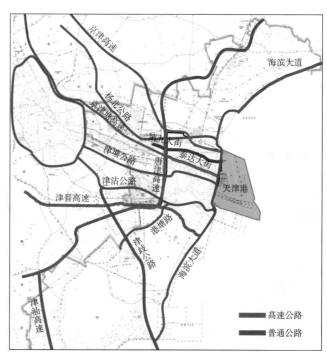

▬▬	高速公路
▬▬	普通公路

图 5　天津港现状道路集疏运系统[2]

市中心位置，难以适应城市空间拓展的需要，并存在线路技术标准偏低、通道运输能力不足的问题，亟须立足长远，统筹港口和城市的利益，优化疏港铁路网布局。

3 多层次集疏运系统构建策略

面向北方国际航运中心建设，天津港的发展视野不宜再局限于自身，而应注重面向区域的功能整合，进一步发挥对京津冀区域经济转型升级的基础性作用，并在更大的腹地范围内发挥带动和联动效应，实现辐射"三北"的重任。

3.1 国家层面：形成高效便捷的亚欧大陆桥主通道

针对天津港集疏运系统在通道布局、运输结构等方面存在的问题，借力滨海新区开发开放国家发展战略、北方国际航运中心建设，主动争取国家支持，构建覆盖充分的集疏运网络，形成高效、便捷的腹地物流体系，强化天津港和滨海新区在国家综合交通系统中的枢纽地位。

1）发展大陆桥运输。

充分利用亚欧大陆桥"桥头堡"的区位优势，推进天津至满洲里、二连浩特、阿拉山口等陆桥通道建设，提高陆桥运输规模和效率，扩大与陆桥沿线省市和国家的经贸与物流合作，强化亚欧大陆桥"桥头堡"地位和功能。

2）完善贯通港腹的运输通道。

为适应内陆城市外向型经济发展需求，应完善天津港直通腹地、覆盖广泛的铁路运输通道和高速公路系统，重点建设津保张呼包和津保太中银铁路集装箱通道，形成天津港与张呼包、太中银两条后方主要城镇带的快速、便捷联系，见图6。

3）推进"无水港"战略。

加强天津港与内陆城市的战略合作，积极拓展无水港网络，完善"无水港群"布局，利用滨海新区开发开放的先行先试政策，推动港口功能、口岸功能和保税功能向腹地延伸；建立和完善大通关制度，提供优惠政策，增进海陆联系的紧密程度和便利程度，形成海陆联运的大物流格局。

4）优化集疏运结构。

大力推进海铁联运，在"无水港"与集装箱场站建设、集装箱班列开行等方面，加强与铁路部门协作。优化铁路集疏运组织，着力提升铁路集疏运比例，将天津港铁路集疏运比例由2010年26%提升至2020年36%以上，其中集装箱运输铁路承担的比例由2010年2%提升至2020年9.5%，公路运输比例由2010年67%下降至2020年50%以下。

3.2 区域层面：完善以天津港为中心的区域物流体系

针对天津港在区域通道布局、港腹联动、港群整合等方面存在的问题，着眼于北方国际航运中心区域共建、优惠政策区域共享，联手京冀，完善以天津港为中心的区域物流体系，凸显天津滨海新区、天津港在京津冀区域一体化发展中的物流和产业体系组织中枢功能，整体提升区域国际化功能和水平。

1）强化港腹通道。

以天津港为中心，完善通达周边中心城市、主要产业园区的区域集疏运网络。在北京方向布局京津塘高速、京津高速、京台—津晋高速3条通道，北部唐山、秦皇岛、承德方向布局唐津高速、沿海高速、塘承高速3条通道，南部黄骅、沧州方向布局海滨高速、荣乌高速、京沪高速3条通道，西部保定、石家庄方向布局津保高速、津石高速2条通道，保障区域通道集疏运能力，见图7。

2）深化港腹联动。

强化京冀区域"无水港"布局，在区域各中心城市、有条件的产业园区、交通枢纽等处推进腹地物流节点建设，密切港口与各物流节点的对接合作，完善区域大通关系统，构筑区域物流一体化和全面对外开放的平台。

依托港口及港腹联动的空间轴线，完善区域产业空间布局。在"京—廊—津"高新技术产业带基础上，推进大型临港工业区建设，打造以天津港、滨海新区为中心的津冀沿海经济隆起带；完善辐射冀中南地区的集疏运网络和物流体系，增进外向型产业在冀中南布局。

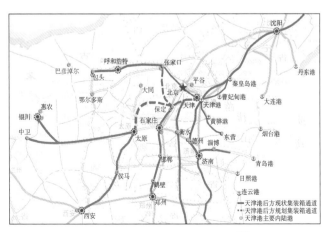

图6 天津港后方铁路集装箱通道[2]

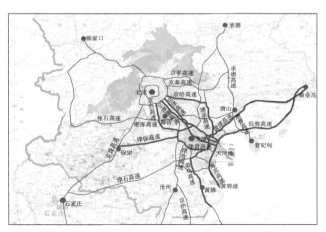

图7 天津港区域集疏运公路规划[2]

3）打造津冀港口群。

面对周边港口的多元化发展和竞争态势，顺应第四代港口发展潮流，着力发挥天津港作为北方国际航运中心和国际物流中心的枢纽组织与服务功能，推动津冀港口资源整合，打造以天津港为中心，唐山港、秦皇岛港、黄骅港为重要组成部分，分工明确、优势互补的北方国际航运中心港口群，从而整体提高与日韩港口的竞争力。

① 推动港口群分工协作。未来天津港的运输功能依重要程度排序为：集装箱运输（箱货）、邮轮、原料燃料运输（散货）、跨国多式联运（欧亚大陆桥口岸）、其他货物（件杂货、散货）和其他港口功能（仓储、修船等）。集装箱运输是天津港的主体功能。而随着国家西煤东运通道的完善，大宗散货和件杂货运输的重心将逐步向河北港口转移，津冀港口应继续促进主要经营货类的分工发展态势。

② 提升天津港现代航运和物流服务中心功能。继续实施功能多元化战略，在拓展港口规模的同时，重点提升金融、贸易、信息等软体功能，建设于家堡和东疆保税港航运金融中心，完善现代航运和物流服务体系，促进东疆保税港区向自由贸易港区转型，增强天津港、滨海新区在环渤海航运业发展中的引领和服务功能。

③ 建设沟通沿海城镇带和主要港口的环渤海快速铁路。依托环渤海铁路的建设，促进天津港与秦皇岛港、唐山港、黄骅港及山东滨州港、东营港之间的协作和功能整合，形成天津港、滨海新区与沿海城镇带、产业区的便捷衔接，支撑以天津港、滨海新区为中心的津冀沿海经济隆起带建设。

④ 构筑环渤海内支线运输网络。加强港航联盟、港际合作，构建以天津港为中心的环渤海内支线系统，支持环渤海其他港口集装箱发展，提高天津港水水中转比例。

4）降低区域物流成本。

依托内陆"无水港"和口岸，向京冀腹地延伸"港区联动"优惠政策，增大港口使用费优惠，实施港口手续、码头场地、装卸作业等优先措施；京津冀区域至天津港的集装箱运输车辆享受高速公路收费优惠，打造区域物流运输的成本"洼地"。

3.3 城市层面：探索港城协调集疏运新模式

港城矛盾是整个集疏运系统构建的焦点问题和协调的难点。单纯依靠增加集疏运通道难以取得预期效果，宜从港口布局调整、进出港集约化组织水平提高、交通组织与管理优化等多途径，探索集疏运新模式，在协调港城关系、保障集疏运通道能力的同时，力促实现更大尺度上的"港区联动"。

1）港口布局战略性调整。

如果维持港口原位扩张，运输通道和城市功能冲突的矛盾将难以调和，宜大力推进《天津市空间发展战略规划》确定的"双港"战略（"双港"为北港区和南港区），着力打造南港区，促进港口由小尺度的集中扩张转向大尺度的港区分工体系（见图8）。在"量"上，提高港口容量，支撑天津港

做大做强；在"质"上，优化港区空间布局，向南转移煤炭、散杂货运等功能，缓解港城矛盾，并为滨海新区核心区发展腾挪面海空间。更为深层的关联意义还有，通过南港区的建设，启动新的"港区联动"；分散集中的疏港运输压力，建立分散、有序的集疏运交通组织；完善集疏运系统，带动市域产业空间布局优化，继而拉开市域空间发展骨架。

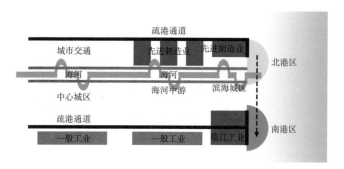

图8 天津"双港"战略示意 [5]

2）构筑"港外转运站 + 专用疏港通道"的集疏运新模式。

根据天津港集装箱运输通道布局和能力初步测算，若要实现 2020 年集装箱吞吐量 2800 万 TEU 的规划目标，需要将直接进港的公路运输比例控制在 60% 以下；若要实现 2030 年集装箱吞吐量 4000 万 TEU 的规划目标且集装箱功能不大规模向南港区转移，直接进港的公路运输比例应低于 42%。这与天津港现状 98% 的公路集装箱比例形成巨大反差，亟须探索促进港城协调的集疏运新模式。

参考洛杉矶 - 长滩港、鹿特丹港、上海港等国内外港口集疏运系统构建经验[6]，研究提出"港外转运站 + 专用疏港通道"模式，即通过港外转运站吸引公路、铁路沿线及车站周边的货源，将大量货运车流截留在转运站处，再通过高效率、大运量的专用通道与港口联系，以达到提高进出港通道集约化水平、减少港城矛盾、支撑港口规模发展的效果。同时，港外转运站具备堆场及报关、订舱、装箱等服务，相当于港区后方用地外移，使得周边产业区"衍化"为临港工业区，有效延伸了港口功能。

结合天津港集装箱货源来向、后方公路网布局，在天津市中心城区外围布设西堤头集装箱中心站、万家码头港外转运站，并利用蓟港铁路、南港一线以及沿大北环铁路通道修建新线，形成港外转运站直通南北集装箱港区码头的港区专用铁路（见图9）。一方面达到有效截留北京、保定、石家庄、沧州方向及转运站周边地区公路集装箱车流的目的（争取吸纳 2020 年公路集疏运总量中的 35% 左右，2030 年公路集疏运总量中的 42.5% 以上）；另一方面在港外转运站处，国家铁路与港区铁路实现无缝对接。

3）优化集疏运通道布局和组织。

结合南港区建设，调整集疏运系统，由北部集散为主转变为南北分散集散。着眼于港城协调，梳理集疏港道路系统，

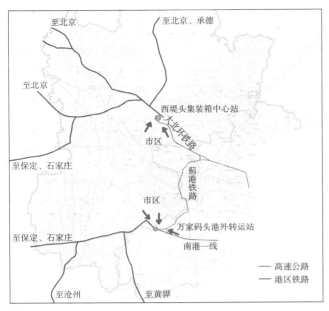

图9 天津港"港外转运站＋专用疏港通道"集疏运模式[2]

分离货运与客运为主的通道,由穿城组织转变为城外组织[7-8]。

规划形成面向区域和面向市域的双层次道路集疏运结构,在新区主城区及重点功能区外围形成由对外高速疏港通道、普通干线公路疏港系统组成的双层交通保护壳,强化疏港交通可靠性。在滨海新区核心区、滨海南翼辅城区的中心区域,采取限制地面大货通行的措施;为保障北部港区集疏运能力京津塘高速—泰达大街仍作为集疏港的主通道,但改造为下穿方式通过中心区,见图10。

图10 天津港集疏运道路与城市发展协调[2]

图11 天津市中心城区铁路集疏运主要通道[2]

配合南部新港建设和临港工业布局,调整铁路集疏运系统。逐步外移位于中心区内的疏港通道,形成铁路货运新的外环,见图11。

4 结语

作为港口层级化发展中顶层的国际航运中心,是中国深化对外开放、实施区域协调发展战略的重要依托,在港口规模继续做大的同时,为支撑更高层面的功能提升和腹地拓展,宜从国家、区域、城市等不同层面,优化调整和完善集疏运模式与结构,形成海陆联运、覆盖广泛的大物流格局[9-10]。中国沿海主要港口基本上都属于腹地型港口,天津港面临的发展机遇、诉求和问题,在一定程度上具有普遍性。天津港集疏运系统构建可为其他国际航运中心城市带来启示:

1)面向国际航运中心建设,所依托的港口尤其是核心港区已成为国家对外开放和区域协调发展战略的核心资源,宜主动争取国家支持,构建港口直通腹地、覆盖广泛,尤其是便捷联系后方主要城镇发展带的综合运输通道。大力推进海铁集装箱多式联运,集疏运模式转向以铁路为主,拓展"无水港群"布局,完善腹地物流网络。

2)国际航运中心建设是提升紧邻经济区国际化功能和水平的重要依托,是推进区域一体化发展的重要支点,宜促成区域共识,完善以核心港区为中心的区域物流体系,凸显航运中心建设在区域物流和产业体系中的组织中枢功能。整合区域港口资源,建立具有国际竞争力的港口群;强化港腹通道,深化港腹联动,依托港口完善区域产业空间布局;形成覆盖广泛、政策优惠的保税物流网络,打造区域物流成本"洼地"。

3)港城互动的过程常常也是矛盾强化的过程,如何保持港城协调和良性互动是国际航运中心集疏运系统构建的焦点和难点，宜多措并举。首先，寻求港口布局战略性调整，探讨形成新的"港区联动"；其次，继续优化完善集疏港道路系统，分离货运与客运为主的通道，分散和转移集中的集疏运压力，形成面向区域和面向城市的双层次集疏运结构，强化疏港交通可靠性；第三，建议采用"港外转运站＋专用疏港通道"创新模式，在中心城区外围布局港外转运站，着力提高进出港货运组织集约化水平，并促进进出港通道时空需求的合理调控。

基金项目

国家"十二五"科技支撑课题"国土空间演变情景分析与动态模拟关键技术"（2012BAB11B03）。

参考文献

[1] 交通运输部规划研究院.天津港总体布局规划修编 [R]. 北京：交通运输部规划研究院，2008.

[2] 中国城市规划设计研究院，天津市城市规划设计研究院.天津市综合交通体系规划（2011—2020 年）专题：京津冀区域交通一体化发展研究 [R]. 北京：中国城市规划设计研究院，2012.

[3] 天津市城市规划设计研究院，同济大学，上海海关学院，等.天津港后方集疏运通道承载能力研究 [R]. 天津：天津市城市规划设计研究院，2012

[4] 中国城市规划设计研究院.河北省沿海城市带规划（2010—2030）[R]. 北京：中国城市规划设计研究院，2011.

[5] 中国城市规划设计研究院，天津市城市规划设计研究院.天津市空间发展战略研究 [R]. 北京：中国城市规划设计研究院，2008.

[6] 黄晓敏.国外港口集疏运发展经验借鉴 [J]. 水运管理，2008,30(6)：36-38.

[7] 天津市城市规划设计研究院.滨海新区总体规划提升交通专项 [R]. 天津：天津市城市规划设计研究院，2010.

[8] 中国城市规划设计研究院，天津市滨海规划设计院.塘沽区城市综合交通规划 [R]. 北京：中国城市规划设计研究院，2009.

[9] 王缉宪.中国港口城市的互动与发展 [M]. 南京：东南大学出版社，2010.

[10] 张雨琴.我国港口发展现状与集疏运系统优化分析 [J]. 物流工程与管理，2011, 33（6）: 9-10.

作者简介：

全波，男，湖北钟祥人，硕士，高级工程师，城市交通专业研究院副总工程师，主要研究方向：交通规划，E-mail: quanb@caupd.com

香港新市镇发展经验

Experience of New Town Development in Hong Kong

叶　敏　吕大玮

摘　要：20 世纪 70 年代开展的香港新市镇计划实现了中心区的人口疏解和就业转移。自给自足、均衡发展和发达交通是香港新市镇发展三大原则，特别是交通系统对新市镇的发展起到了极大的支撑作用。我国城市化进程迅猛，特大城市资源集聚带来人口快速增长，城市规模快速空前扩张，对城市规划建设提出了严峻的考验。本文对香港新市镇发展经验进行了初步的探索，以期对我国特大城市卫星城、新城建设起到借鉴作用。

关键词：新市镇；轨道快线；自给自足；均衡发展；交通发达

Abstract: Hong Kong started developing new towns in the 1970s, to accommodate booming populations and the industries from the central area. Self-reliant, balanced development and well-developed transportation system are three basic principles of new towns development. Particularly, the transportation system successfully supports the new towns development. With a view of helping planning and construction of Chinese satellite cities, this article analyses the characters and experiences of Hong Kong New town development.

Keywords: new town; express railway; self-reliant; balanced development; well-developed transportation system

0　引言

我国正处在城镇化发展的关键时期，城镇人口每年增长超过 1 亿。2025 年，中国将有 219 座城市的居住人口超过 100 万人。北京、上海、广州等城市无可比拟的吸引力使得它们逐渐演变为巨型城市，并带动周边区域发展成为城市绵延区。

城市规模快速扩张和人口高度集聚对公共服务设施的规划建设和运营管理提出了严峻的挑战。应对城市规模快速扩张和人口高度集聚，卫星城、新城等概念和规划手段层出不穷。由于对新城发展缺乏准确的把握，新城用地和设施的布局、规模、管理成为城市管理者难以抉择的问题。许多新城和卫星城规划建设中就业和保障设施规划缺乏或建设严重滞后，新城和卫星城基本以居住功能为主。单一功能主导的新城和卫星城并不是一个独立的功能区，必须依附于中心城区发展，在中心城区的辐射下，接受城市外溢功能和产业，成为城市蔓延中设施缺乏的"新城市村庄"，或沦为睡城、空城。新城和卫星交通不畅，生活不便，就业缺乏，联系新城、卫星城和中心城区的许多公共设施的利用潮汐现象明显，其中以交通系统表现最为显著。这使得两个问题凸显：其一，新城和卫星城能否真正成城，能否相对独立于中心城存在，疏解城市功能？这是关系到新城和卫星城在规划建设中是否必要的一个关键问题。其二，如果新城和卫星城的存在是必要的，其规划有何关键？设施标准与中心城有何区别？

从 20 世纪 70 年代开始，经过 40 年的建设，香港新市镇计划取得了明显的成绩，基本实现了住房保障、工业转移和人口疏解三大目标。本文试图通过香港新市镇规划建设的经验，特别是从交通设施功能和服务标准的角度出发，对上述问题进行一些初步的探索，以期为我国快速城镇化阶段下的新城和卫星城规划和建设提供借鉴。

1　香港新市镇建设概况

20 世纪 50 年代，香港山区的木屋居民居住条件恶劣，平均 500 人共享一个公共自来水龙头，1953 年石硖尾木屋区大火导致 5 万人无家可归。为改善居民的居住环境，1972 年港英当局推出"10 年建屋计划"，目标是到 1980 年代为 180 万人提供住房。为配合政府的"10 年建屋计划"，香港开展了新市镇计划。依发展时间，香港新市镇建设约可划分为三代：1970 年代初期动工的荃湾、沙田和屯门为第一批新市镇发展工程；第二代的大埔、北区（粉岭及上水）和元朗于 1970 年代后期动工建设；第三代的将军澳、天水围和沙田于 1980 年代展开，北大屿山（东涌及大蚝）在 1990 年代初开始发展。

香港最早的新市镇建设的试验开始于 20 世纪 60 年代，香港靠近牛头角的寮屋区观塘进行一连串城市发展规划，吸引寮屋居民入住的同时以期疏解香港岛及九龙的人口。但观塘的规划带有浓厚英国低密度城镇色彩，且住宅与工业区邻近，互相干扰，区域发展并不成功。香港政府吸取观塘城市规划的失误，结合香港的实际情况，提出后来指导新市镇建设的三大原则：自给自足、均衡发展和交通发达。2007 ~ 2008 年香港政府施政报告中，香港政府宣布筹建由新界东北的粉岭北、古洞北和新界西北组成的新发展区，作为促进香港繁荣经济的十项重大基建工程之一，香港新市镇计划仍将持续展开。

2011 年香港新市镇及其所在议会区概况
表 1

议会分区	1971年人口/万	人口/万	面积/km²	密度/(万·km⁻²)	新市镇	面积/km²	面积占议会区比例	规划人口/万	人口/万	密度/(万·km⁻²)	人口占议会分区比例/%
葵青	26.6	51.1	23.34	2.18	荃湾(葵涌、青衣)	32.85	38%	84.5	80	2.4	98
荃湾		30.5	62.62	0.47							
屯门	2.1	48.8	84.64	0.58	屯门	32.59	39%	64.9	48.6	1.7	100
元朗	2.1	57.9	138.56	0.40	元朗	5.61	4%	19.6	14.8	4.4	75
					天水围	4.30	3%	30.6	28.8	6.7	
北区	3.2	30.4	136.53	0.22	粉岭/上水	7.68	6%	29.1	25.5	3.3	84
大埔	2.1	29.7	148.18	0.20	大埔	28.98	20%	34.7	26.5	0.9	89
沙田	2.3	63.0	69.27	0.89	沙田	35.91	52%	73.5	62.2	1.7	99
西贡	—	43.6	136.32	0.31	将军澳	17.38	13%	45	37.1	2.1	85
离岛	—	14.1	176.42	0.09	东涌	1.55	1%	8.2	7.8	2.4	98

资料来源:数据整理自香港历年人口普查数据。

2 香港新市镇建设经验借鉴

2.1 新市镇是香港应对城市规模扩张,空间重组的重要手段

在 20 世纪 80 年代前,香港人口以每 10 年 100 万的速度急速增长,1945 年人口 50 万,1950 年人口 220 万,1980 年人口达到 510 万。在新市镇计划开始前,人口基本集聚在约 120km² 的港岛和九龙,市区居住环境十分拥挤。为应对快速增长的人口,同时缓解香港急速经济发展对用地需求,新市镇计划成为港府在城市发展中进行空间拓展重组,改善居住环境、开辟新用地的有力手段。

相对于中心区的商住混合,新市镇基本按照"小聚居、大融合"布置住宅、工业、商业、公共服务等用地,新市镇空间较为开阔,楼宇高度高而密度低,布设了完善的社区设施、社区公园、图书馆、运动场馆、绿化康体与医疗设施。新市镇打造成为具有吸引力的区域中心,成功吸引了居民入住。新市镇计划开展前,新市镇多为旧式墟镇、渔村和老工业区、人口稀少、服务设施缺乏,1971 年人口普查显示,香港 9 个新市镇所属统计分区全部人口不超过 40 万,约占全港人口的 9.5%。经过 40 年的建设,新市镇极大地改变了香港城市空间格局,有效疏散了中心区人口、转移了中心区工业。2011 年香港人口普查数据显示新市镇总人口达到 332.85 万人,占全港人口的 47%。2011 年新市镇提供了全港 46.4% 的住房,其中公屋 38.5 万套,比例高达 16%,占全港公屋比例的 53%,容纳人口 112.5 万人,占全港公屋人口 207.5 万人的 54%。同时,香港新市镇建设做到了集约化开发,2011 年新市镇人口占全港的 47%,而用地面积仅占新界的 17%,全港的 15%。新市镇建设有力支撑了港府"居者有其屋"计划的实现,较大改善了居住环境。

2.2 自给自足是新市镇能够健康发展的必要条件

为提高新市镇的吸引力,港府采取各种措施,增加新市

镇就业岗位,实现新市镇子自给自足,促进新市镇实现相对独立的发展。

在新市镇规划初期,港府以工业支撑新市镇。工业北移后,港府大力发展第三产业,与部分保留的高端工业为居民提供了较大的就业保障,实现了新市镇就业岗位快速增长。2011 年新市镇总就业岗位达到 81.5 万个,占全港陆上岗位的 28%,约占新界总就业岗位的 85%。工业仍为新市镇提供了大量的就业机会,元朗、大埔和将军澳为全港三个工业邨所在地,相较于全港超过 10:89:1 的三产结构,新界和新市镇超过 30% 的就业岗位为工业。但新市镇人口相对年轻化,总就业人口占全港 48.3%,新市镇就业岗位相对就业人口比例仍然不足,为此,香港政府持续开展新市镇建设,新市镇就业未来仍将持续快速增长,职住结构将进一步优化。

2011 年新市镇本区职住人口占新市镇总人口的 18%,新市镇跨区就业人口占新市镇总人口的 82%,但新市镇规模较小(最大规模的沙田新市镇为 36km²),跨区比例与国内众多城市跨区出行意义不同。将香港划分为港岛、九龙和新界三大板块,香港历年交通调查数据显示,新界内区内出行比例显著上升,新市镇在一定范围内实现了职住平衡。但随着城市交通出行工具的进步,在同样出行时间下,现代城市居民出行距离有所增加,因而新市镇与城市其他老城区一样,居民的职住平衡是相对的,跨区出行的比例必将仍然保持一定比例。

2011 年香港分区就业类型分布
表 2

区域	工业	第三产业	其他
全港陆上	10.5%	88.7%	0.7%
新界	40.0%	32.5%	43.4%
新市镇	33.0%	27.6%	29.3%

资料来源:数据整理自香港 2011 年人口普查数据。

2011 年香港分区就业概况					表 3
	新市镇	新界	全港	新市镇/新界	新市镇/全港
就业人口/万	140	154	290	90.9%	48.3%
就业岗位/万	82	97	290	84.5%	28.3%

资料来源：数据整理自香港 2011 年人口普查数据。

历年居民出行分布概况			表 4
出行分布	2011	2002	1992
港岛内	12.9%	17%	18%
九龙内	15.5%	21%	23%
新界内	26.0%	27%	16%
过海	45.5%	16%	13%
九龙来往新界		19%	15%

资料来源：数据整理自香港交通出行习惯调查数据。

2.3 均衡发展是新市镇成功的基础

香港新市镇建设实践也进一步验证了"均衡发展"是新市镇计划成功的关键。天水围为香港首个纯住宅为主的新市镇，在建设初期并没有在新市镇内提供太多就业机会，设施不配套，未能做到自给自足、均衡发展以及交通发达的新市镇三大原则，兼之位置偏远，引发一系列社会问题。2006 年调查显示，90% 天水围居民为区间出行。政府由此开展了交通费支援计划，但仍效果不佳。为改变天水围社会环境，香港政府积极展开各种措施，包括新建两个轻铁总站，进行上盖开发，提供住宅及商业设施，连接天水围和元朗等成为一个大型新市镇群，启用大榄隧道，以轻铁和巴士连接区内各屋邨和市区等，以期提高改善区域各种实现均衡发展，但由于其长期被冠以"悲情市镇"，区域经济活力仍然落后于全港。2011 年其二手房价仅 2～6 万·m⁻²，远低于其他区域。政府先期投入大量公共设施配套建设的新市镇，如沙田新市镇建设成效明显，其二手房价达到 9～12 万·m⁻²，与深水埗和红磡基本相当。

葵涌是香港另一新市镇，2011 年其公营住房人口比例高达 67%，高于天水围的 61%，但葵涌为香港的工业区和航运中心，提供了大量就业机会，尽管 2011 年其公营住房人口比例最高，该区中产家庭的比例仍为全港最高的议会区之一。天水围和葵涌案例显示单一功能主导的新市镇缺乏就业或其他保障设施，极有可能成为城市洼地，在交通条件不成熟的地区建设功能单一的大型居住区可能引发较多社会问题。

香港新市镇规划参照香港规划标准及指引，确定人口数量与配套设施的比例，强调用地的均衡供给，包括商业、政府社区服务、康乐休憩等。从下表各新市镇规划用地比例可以看出，新市镇强调就业和社区服务，住宅和住宅／商业用地

部分新市镇用地类型概况			表 5
用地类型	沙田	元朗	屯门
	比例	比例	比例
商业	0.88%	1.48%	0.99%
住宅／商业	15.95%	28.16%	15.74%
住宅	13.45%	18.02%	23.96%
乡村式发展	6.96%		
政府、机构或社区	28.99%	17.10%	20.76%
工业	3.53%	11.29%	7.45%
休憩及康乐	5.45%	5.02%	4.09%
道路及九铁	14.29%	11.29%	11.93%
其他	10.49%	7.64%	15.07%
合计	100.00%	100%	100%

资料来源：数据整理自香港规划署新市镇规划图册数据。

最大比例均不超过 50%，政府、机构或社区用地为除此之外最大比例的用地类型，从均衡用地保障着手提高新市镇高品质发展。

2.4 发达的交通系统是新市镇成功的关键

香港新市镇居民出行需求具有典型的二元化特征。新市镇全部位于新界，距离九龙和港岛等中心区距离较远，而新市镇空间尺度不大，区内居民出行距离短，居民出行需求分层特征明显。此外，香港新市镇建设中极大尊重了自然风貌和地形特征，新市镇和中心区之间山水相隔，交通廊道资源极其有限，如粉岭／上水、大埔和沙田三个新市镇超过 100 万人口主要通过粉岭公路和东铁线互相联通并通往中心区。为实现有限交通廊道的高效集约化利用，香港政府通过高标准的多元化公共交通系统，成功引导了以公交为主导的出行模式，实现了对不同需求乘客的高效服务。

香港新市镇公共交通网络通过长距离基于轨道快线和公交快线的换乘网络和中短距离的地面常规直达线网，为不同乘客需求提供了高品质的公共交通服务。香港全部新市镇均由轨道快线和地面公交快线连接通往市区。和市区轨道线路相比，新市镇轨道线路采取了大站距快线模式进行运营，实现了新市镇和中心区轨道快线 40min 通达。相对中心区的约 1km 的平均站间距和 30km·h⁻¹ 的轨道运营速度，东涌线和东铁线的运营速度超过 60km·h⁻¹，平均站间距超过 3.5km。同样，新市镇地面公交服务也通过公交快线满足新市镇和中心区长距离的快速出行，连接新市镇和中心区公交线路的平均站间距为 2.29km，远远超过中心区线路的 0.34km 的平均站距，平均运营速度也可以达到 36km·h⁻¹，为市区线路的 10km·h⁻¹ 左右的运营速度的 3 倍。

比较各新市镇公共交通和小汽车两种交通方式到达九龙天星码头的时间，可以发现，公共交通出行时间相对较短。

香港轨道特征分析   表6

区域	线路名称	全长/km	运营速度/(km·h⁻¹)	平均站距/km	运营时间/min
新市镇线路	将军澳线	9.8	39.2	1.2	15
	东涌线	31.1	69.1	3.9	27
	西铁线	30.5	49.5	2.5	37
	东铁线	42.5	62.2	3.5	41
中心区线路	港岛线	12.5	28.8	0.9	26
	观塘线	14.6	31.3	1.0	28
	荃湾线	16.0	30.0	1.0	32

资料来源：数据整理自维基百科，香港地铁。

香港新市镇不同交通出行方式比较   表7

新市镇	小汽车	公交
荃湾	12.6km，40min	12.5km，30min
沙田	11.7km，30min	13.6km，25min
屯门	34.2km，70min	29.5km，44min
大埔	22.5km，50min	25km，42min
粉岭/上水	29.9km，60min	33.7km，49min
元朗	25.4km，60min	28.9km，46min
天水围	27.3km，60min	32.8km，50min
将军澳	15km，60min	15.2km，34min
东涌	31.4km，40min	30.8km，55min

注：运行距离和时间均以新市镇中心距尖沙咀天星码头距离和运营时间计算。

新市镇内部则通过多形式的交通方式，构建了区内便捷通达的交通系统，覆盖区内主要出行起讫点。开通多形式衔接线路，紧密衔接地铁系统和长距离快速地面公共交通系统。接驳线路多为1km左右，接驳系统包括香港地铁公司为了增加列车的客流开行的免费接驳巴士路线，同时也包括专营公司、绿色小巴和红色小巴开通的区内地铁和地面枢纽站点接驳线路。区内各重要客流集散点之间多由专线小巴和专营巴士公司提供服务，覆盖3～5km的居住区和新市镇内居住就业商业中心。

新市镇通过公交快线和"地铁＋接驳公交"、地面中短距离的多元直达公共交通方式实现了对多元化公交需求的分层高品质服务。高效优质的公共交通系统营造了不低于私人机动化出行方式的舒适与快速，保障了新市镇与中心区的高效快速联系，成功的引导了居民的公交主导的出行方式，实现

了廊道的高效集约化利用，支撑了新市镇的繁荣与发展。

在新市镇公共交通系统支撑新区发展的同时，不同服务标准的交通设施对新市镇发展形态起到了显著影响。与香港中心区同样距离10km左右新市镇的荃湾和沙田分别形成蔓延发展和与相对独立的发展。比较两个新市镇的主要交通方式，联系荃湾新市镇的轨道线路荃湾线按照中心区轨道线路模式设置站点进行运营，其站间距和运营速度远远小于按照新市镇轨道快线标准衔接沙田新市镇的东铁线。与中心区的距离远近并不能决定新市镇的发展模式，不同服务标准的交通设施通过出行时间约束和进出交通系统的站点设置对新市镇的发展形态有明显的作用。

3 结语

香港新市镇建设经验显示，新市镇建设是特大城市发展过程中应对城市人口快速集聚，实现城市空间秩序重构，调整城市产业布局的重要机会和有效手段。均衡发展是新市镇避免成为城市农村，成功疏解中心区人口产业的基础。发达完善的交通系统实现了新市镇的高可达性，是新市镇成功和可持续繁荣的有力支撑。

参考文献

[1] McKinsey Global Institute. Preparing for China's Urban Billion[EB/OL]. 2009[2010 − 04 − 20]. http://www.mckinsey.com/mgi/publications/china_urban_billion/.

[2] 香港政府统计处. 历年调查统计数据 [DB/OL].

[3] 香港运输署. 历年调查统计数据 [DB/OL].

[4] 维基百科，香港新市镇 [EB/OL].http://zh.wikipedia.org/wiki/%E9%A6%99%E6%B8%AF%E6%96%B0%E5%B8%82%E9%8E%AE.

[5] 香港新市镇的发展 [M]. 香港中六级地理科，2008-2009.

[6] 新市镇及市区大型发展计划 [EB/OL]. 香港特别行政区政府新闻处出版.http://www.gov.hk/tc/about/abouthk/factsheets/docs/towns&urban_developments.pdf.

[7] 维基百科. 香港新市镇 [EB/OL].http://zh.wikipedia.org/wiki/%E6%97%A5%E5%87%BA%E5%BA%B7%E5%9F%8E.

作者简介

叶敏，女，硕士，高级工程师，E-mail：yemin@163.com

吕大玮，男，硕士，工程师，E-mail：thone.js@gmail.com

轨道交通与公共交通

首尔都市圈轨道交通发展及其启示

Rail Transit Development and Its Implication of Seoul Metropolitan Area

胡春斌　高德辉　池利兵

摘　要：首先，结合首尔都市圈人口发展历程对首尔都市圈范围内城市轨道交通建设历程、网络构成、布局特点及运营管理等内容进行了系统介绍，在此基础上分析了首尔都市圈轨道交通进行功能层次、衔接方式、空间预留等特征，其对我国城市轨道交通线网规划及建设具有一定的借鉴意义。

关键词：首尔都市圈；城市轨道交通；功能层次；衔接方式；规划预留

Abstract: First, combined with the Seoul metropolitan area population development, the urban rail transit construction course, network composition, layout features and operations management system within Seoul Metropolitan Area is introduced . On this basis, there is an analysis of the functional hierarchy, transfer way, the reserved planning of rail transit within the Seoul Metropolitan Area, which has some reference significance for China's rail transit network planning and construction.

Keywords: Seoul metropolitan area; rail transit; functional hierarchy; transfer way; the reserved planning

1　首尔都市圈概况

首尔特别市（简称首尔）作为韩国的首都，是韩国政治、经济、文化教育中心。南北长约30.3km，东西长约36.78km，总面积为605.77km²，汉江从东至西横贯市区，将市区划分为南北两大区域。首尔所辖25个区域，人口数量为1038.8万[1]（2013年），人口密度达到1.71万人/km²。

首尔都市圈包含了首尔、京畿道、仁川市及相应的周边地区，面积达到11791km²。2010年首尔都市圈人口数量为2475万，约占韩国总人口的1/2，是世界上少见超级巨大都市圈之一（见图1）。

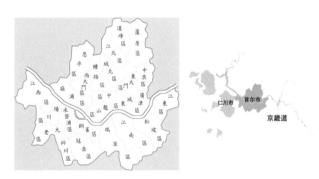

图1　首尔市及首尔都市圈行政区分布图

首尔都市圈人口及韩国城市化率增长情况[1][3]（单位：万人）　表1

年份		1960年	1970年	1980年	1990年	2000年	2010年
首尔都市圈	首尔市	244.5	543.3	836.4	1061.3	1037.3	1057.5
	仁川市	39.4	62.7	106.2	178.5	246.4	260.1
	京畿道	274.9	329.7	493.4	662.0	898.2	1157.2
	合计	558.8	935.7	1436	1901.8	2181.9	2474.8
年均增长率		—	5.29%	4.38%	2.85%	1.38%	1.27%
韩国城市化率		36.8%	50.2%	69.7%	82.6%	89.0%	91.0%

20世纪60年代，自韩国实施《经济发展五年计划》开始，韩国逐渐形成以出口导向型为主的工业化发展模式，开始了长达50年的高速经济发展，韩国城镇化水平从1960年的36.8%到2010年的91%[2]，50年内快速完成了城市化过程。首尔都市圈作为国家产业化的主导地区，人口聚集尤为明显，从1960年的559万人到1980年的1436万人，短短20年增加了近877万人，1980年之后的30年内首尔都市圈人口也增加了将近1040万人。随着韩国城市化率增速的放缓，首尔都市圈人口增长率也逐年降低。

2　首尔地铁发展历程

首尔市地铁从20世纪70年代初开始建设，历经40年建成了9条地铁线，合计312.4km，每天运送乘客超过560万人次/日，成为首尔市居民日常出行首要的交通工具，约占机动化出行的35%。

从20世纪70年代至今，首尔地铁建设历程可分为以下三个发展阶段。

2.1　第一阶段

第一阶段为20世纪70年代，周期为20年时间，修建了4条地铁线，分别是1、2、3、4号线，总长为135km，图2中清晰地表现出首尔第一期新建的4条地铁线路分布状况。

其中1号线是韩国最早建成的地铁线路，由首尔站经市政府、钟路至清凉里。在首尔站可换乘京釜、京仁铁路线，在清凉里可实现与京元线的各铁道厅分线路相互直通运转。2号线是一条环行地铁，全长54.3km，该线将位于江北的城市中心与新村、往十里（开发区）、永登浦及江南（城市副中心）、蚕室（地区据点）、九老（工业地区）呈环状连接，有力地支持了首尔市土地利用计划。3号线从东南至西北贯穿首尔中心部，全长35.2km，4号线从西南到东北纵贯首尔中心城区，全长 31.7km，3 号线和 4 号线建设工期相同，从开工到运营用了 5 年时间，呈"X"形相互对称。

2.2 第二阶段

进入 20 世纪 90 年代，人们对社会的需求重点已从重视数量变为更重视质量。由于此时汉城人口分布仍然未能改变"单极集中状态"，而且小汽车数量还在增加。为进一步改善交通状况，决定再建 150km 地铁线路。

第二期建设的地铁与第一期不同；第一期地铁要发挥城市交通动脉功能，而第二期地铁是要把城市中心、副中心和正在开发中的地区连接起来，穿行于既有地铁的空白地带（见图 3）。

2.3 第三阶段

第三阶段则是 2000 年以后建设的线路，主要为 2009 年开通的 9 号线和规划建设 10、11 和 12 号线（见图 4）。

目前，首尔市已营运的地铁线路长度达到了 312km，平均每天运送乘客约 560 万人次 /d[4]（见表 2）。

3 首尔都市圈电铁发展历程

20 世纪 90 年代，为解决首尔市人口过度拥挤问题，首尔都市圈以都市圈电铁为带动，相继在京畿道地区新建卫星城，从而实现首尔市人口向外围新城疏散。根据数据统计，首尔市 2000 年人口相比 1990 年减少了约 24 万人，京畿道地区在这 10 年间人口增加了近 236 万人，表明京畿道地区承担了首尔都市圈人口增长的主要功能，而这一功能的实现离不开首尔都市圈电铁的建设。

首尔都市圈电铁运营主体为韩国铁路公社，主要有京釜线、长项线、京仁线、京元线、果川线、安山线、盆唐线、一山线、新盆唐线、中央线、京义线等线路，这些线路提供了首尔市与外围新城便捷的交通联系，成为首尔都市圈重要的通勤线路（见图 5）。

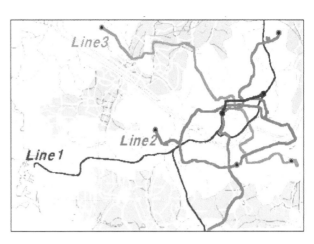

图 2　首尔第一期地铁建设分布图

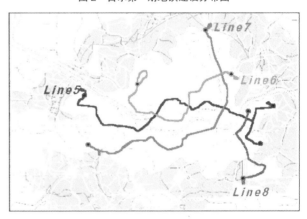

图 3　首尔第二期地铁建设线路分布图

20 世纪 70 年代，电气化铁路京釜线、京仁线和京元线作为都市圈电铁服务于都市圈通勤交通客流是韩国铁路史上一个划时代的尝试，并与首尔地铁 1 号线进行直通运营，加强了首尔市与仁川市、京畿道地区安养市、军浦市、议政府市等地的联系。该线于 20 世纪 90 年代进行了双复线改造，开行了急行线和缓行线两种运营模式，以满足不同出行目的的交通需求。

首尔市城市轨道交通线路指标　　　　　　　　　　　表 2

线路	首尔地铁公司				都市铁道公社				9 号线	合计
	1 号线	2 号线	3 号线	4 号线	5 号线	6 号线	7 号线	8 号线		
开通时间 / 年	1974	1980	1985	1985	1995	2000	1996	1996	2009	—
营业里程 /km	7.8	60.2	35.2	31.7	52.3	35.1	46.9	17.7	25.5	312.4
车站数 / 个	9	49	31	26	51	38	42	17	25	288
平均站间距 / km	1.0	1.3	1.2	1.3	1.0	0.9	1.1	1.1	1.1	1.1
车站编组 / 列	10	10	10	10	8	8	8	6	6	6~10
运行速度 / (km/h)	31.2	33.7	34.1	35.9	32.7	30.1	32.3	34.2	33.2 (47) *	33.3
平均日客运量 / (万人次 /d)	46.3	192.4	69.9	81.6	79.5	16	54.2	19.3		559.2
负荷强度 / (万人次 /km)	5.94	3.20	1.99	2.57	1.52	0.46	1.16	1.09		1.79

注：括号内表示急行线运行速度。

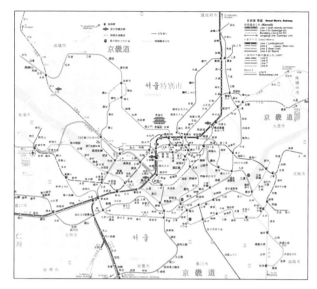

图 4　首尔市城市轨道交通线网图

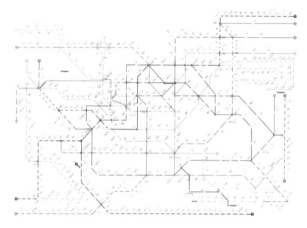

图 5　首尔都市圈轨道交通线网图

20 世纪 90 年代，首尔都市圈相继建设了果川线、安山线、一山线及盆唐线，分别作为 3、4 号线的延伸线，以引导首尔都市圈周边新城的开发与建设。其中果川线、安山线与 4 号线直通运营，一山线与 3 号线直通运营，减少了旅客换乘的麻烦。由于首尔地铁线路供电方式采用直流制，都市圈电铁大多采用交流制，因此与地铁贯通运营的首尔都市圈电铁车辆采用了交直流两用的车辆[5]（见表 3）。

京义线、中央线作为早期建成的电气化铁路，通过线路改造成为连通首尔和京畿道高阳市、九里市的通勤铁路，2011 年 10 月 28 日开通的新盆唐线（亭子站至江南站）则快速连接了首尔市与盆唐新城，新盆唐线是世界上少有采用交流电的地下铁路系统（见表 4）。

4　首尔都市圈轨道交通发展的启示

首尔都市圈轨道交通的发展历程，为我国都市圈轨道交通的建设提供了重要的参考价值，本文从轨道交通层次、规划预留、衔接方式三个方面论述了首尔都市圈轨道交通发展的启示。

4.1　轨道交通层次

从首尔都市圈轨道交通的线路指标、运营主体及客流特征，我们可清晰地看出首尔都市圈轨道交通从功能层次上可分为市区线及市郊线，其中市区线主要服务首尔市范围，平均站间距相对较短，仅为 1.1km，客流负荷强度较高，达到 1.9 万人／（km·d）；市郊线主要联系首尔市与外围新城，平均站间距在 1.9km，运营速度相对较高，达到 43.8km/h，以解决首尔市与外围新城的通勤客流，这两个层次的轨道交通主要指标如表 5 所示。

近年来我国城市轨道交通建设正处于如火如荼中，大部分线路集中在中心城区范围，均采用地铁和轻轨制式，对于市郊线的建设，如北京的八通线、大兴线、亦庄线往往采用地铁线路的延伸，其设计速度与市区地铁线路相当，由于外围新城与中心城区距离相对较远，导致乘客通勤时间相对较长。根据首尔都市圈案例，建议轨道交通市郊线设计速度至少在 100km/h 以上，必要时达到 120~160km/h，以满足外围新城与中心城区的快速交通联系。

4.2　做好一定的规划预留

虽然首尔市地铁建设时间较早，但轨道交通的容量都进行了一定的预留。20 世纪 70 年代，在韩国城市化率 50%，首尔市人口 531 万人、都市圈人口 923 万人的背景下，首尔市建设地铁时就充分考虑了未来都市圈人口规模和轨道客流的

首尔都市圈轨道交通车辆参数　　　　　　　　　　　　　　　　　　　　　　　　表 3

类别	地铁公司运营线路	都市铁道公司运营线路	都市圈电铁运营线路
车种	交直两用	直流电	交直两用
供电制式	DC1500V/AC25kV	DC1500V	DC1500V/AC25kV
车体尺寸／（mm×mm×mm）	19500×3120×3800	19500×3120×3600	19500×3160×3750
定员／人	160	160	160
最高速度／（km/h）	80	110	110

首尔都市圈电铁线路指标　　表4

线路	京釜线	京仁线	京元线	果川线	安山线	盆唐线	一山线	京义线	中央线	新盆唐线	空港快线	合计
开通时间/年	1974	1974	2006	1994	1988	1994	1996	2009	2005	2011	2007	—
营业里程/km	41.5	27	31.2	14.4	26	18.5	19.2	49.3	59.1	17.3	58.0	361.5
车站数/个	22	19	21	8	12	11	10	23	28	6	10	170
平均站间距/km	1.98	1.50	1.56	2.06	2.36	1.85	2.13	2.24	2.19	3.46	6.4	2.12
车站编组/列	10	10	10	10	10	6	10	8	10	6	6	6-10
运行速度/（km/h）	40.8	33.8	36.7	41	41	39.6	41.9	41	41	45	80	43.8
平均日客运量/（万人次/d）	56	59.6	35.7	12.8	11.1	11.7	9.9	—	—	—	—	196.8
负荷强度/（万人次/km）	1.35	2.21	1.14	0.89	0.43	0.63	0.52	—	—	—	—	—

首尔都市圈轨道交通层次划分　　表5

类别	市区线	市郊线
运营主体	首尔地铁公司、都市铁道公司	韩国铁路公社
供电制式	直流电	交流、直流
平均站间距/km	1.1	1.9
运行速度/（km/h）	33.3	43.8
客流负荷强度万人/（km·d）	1.9	1.1

首尔都市圈轨道编组与国内城市对比表　　表6

都市圈	人口规模（万人）	面积（km²）	轨道交通市区线编组	轨道交通市郊线编组
首尔都市圈	2475（2010年）	11791	10A、8A、6A	10A、6A
北京市	2115（2013年）	16410	8B、6B	6B
上海市	2415（2013年）	6340	8A、6A	6A、4C

注：1. 以上轨道交通编组均为已开通运营线路的编组情况。
　　2. 10A表示10节A型车编组，下同。

剧增，在轨道交通站点容量上进行了规划预留。如地铁1～4号线均采用10节A型车编组A，高峰小时单向最大运能可达到7~9万人次/h，地铁5~7号线均采用8节A型车编组，外围新城的都市圈电铁大多采用6节A型车编组。随着韩国城市化水平的不断提高，首尔都市圈人口规模急剧增加，从20世纪70年代的936万人增加至2010年的2415万人，人口增长了将近1540万人，大编组的轨道交通线路也为今后急剧增长的轨道客流提供了相对宽松的乘车空间，避免客流过大导致的乘客拥挤问题。

相比首尔都市圈人口数量同等规模的北京、上海两个城市，北京市先期建设的地铁线路以6节B型车编组为主，随着我国城市化进程的加快，北京市人口规模急剧增加，现如今面临着运能小、客流过大的问题。上海市先期建设的地铁相对较好，1、2号线采用了8节A型车编组，3、4、7、10号线等线路采用6节A型车编组，但早高峰期间仍出现乘客拥挤现象。根据相关统计，现阶段我国城市化水平已达到53.7%，随着我国经济的持续发展，城市化水平将不断提高，北京、上海城市人口规模仍将不断增加，既有的轨道交通线路将面临更大的客流压力。这也表明了在城市化快速发展阶段，超大城市轨道交通的建设要给予一定的规划预留，以适应未来城市人口增长带来的轨道交通客流压力。

4.3　轨道交通衔接方式

市郊线与市区线衔接方式是影响外围新城通勤客流便捷性和舒适性重要因素之一。首尔都市圈10条电铁中，有6条电铁与首尔市地铁线路实现直通运营，另外4条电铁采用多站换乘的模式与首尔地铁线路衔接，有效的疏解了早高峰期间外围新城进入首尔市区的通勤客流，衔接情况如表7所示。

对照北京现状运营的轨道交通线路，八通线、13号线、昌平线等线路与市区线均采用单点换乘的衔接模式，早高峰期间这些线路的客流均集中在单个站点换乘，导致该站点乘客拥挤，进而形成安全隐患。因此首尔都市圈市郊线多站换乘和直通运营的模式对国内正在编制及建设轨道交通市郊线的城市具有一定的参考价值。

---

❶　首尔地铁车辆宽度3.2m，长度20.0m，根据我国地铁车型划分标准确定为A型车，下同。

首尔都市圈电铁线路与地铁线路衔接方式一览表　　表7

电铁线路	直通运营	换乘地铁线路
京釜线、京仁线、京元线	1号线	
果川线、安山线	4号线	
一山线	3号线	
京义线		1号线、3号线、6号线
中央线		1号线、2号线、3号线、4号线
盆唐线		2号线、3号线、5号线、7号线
新盆唐线		1号线、2号线、3号线、4号线、7号线、9号线
空港快线		1号线、2号线、5号线、6号线、9号线

参考文献

[1] Seoul Statistics (Population). Seoul Metropolitan Government. [EB/OL].(2014-12-11) [2014-12-11]. http://stat.seoul.go.kr/Seoul_System5.jsp?stc_cd=418.

[2] 孟育建. 韩国首尔都市圈的扩展与周边中小城市的发展 [EB/OL]. (2014-3-21) [2014-8-11]. http://www.cssn.cn/zt/zt_xkzt/zt_jjxzt/jjxzt_czh_gjjj/201403/t20140321_1038804.shtml.

[3] The Department of Economic and Social Affairs of the United Nations. World Urbanization Prospects(The 2011 Revision). [EB/OL]. (2012-4-7) [2014-12-11]. http://www.un.org/en/development/desa/publications/world-urbanization-prospects-the-2011-revision.html.

[4] 维基百科. 韩国首都圈电铁 [EB/OL].(2014-4-10) [2014-12-11]. http://zh.wikipedia.org/wiki/%E9%9F%93%E5%9C%8B%E9%A6%96%E9%83%BD%E5%9C%88%E9%9B%BB%E9%90%B5.

[5] 龚深弟. 汉城城市轨道交通发展与政策 [J]. 现代城市轨道交通, 2004(2):55-60.

作者简介

胡春斌,浙江台州人,工学硕士,工程师,主要研究方向:城市轨道交通, E-mail : chunbinhu@163.con

中国城市轨道交通法律法规体系研究

The Legal System of China's Urban Rail Transit

张子栋　苗彦英

摘　要: 法制化管理是城市轨道交通管理机制良性运行的根本性制度保证,但中国城市轨道交通法律体系建设严重滞后于行业的高速发展。通过对中国中央层面和地方层面法律法规的现状分析,总结出目前城市轨道交通法律体系存在的不足,同时借鉴日本铁路、中国台湾捷运和内地铁路行业法律体系构建的经验,提出了中国城市轨道交通法律体系构想和立法建议。

关键词: 城市轨道交通;法律法规体系;制度;立法

Abstract: Law-based management is the basis and regulation safeguard of effective and sustained man agement of the urban rail transit system. However, development of the legal system for urban rail transit in China is far too behind the construction process. This paper summarizes the existing deficiencies in China's legal system of urban rail transit by analyzing the laws and regulations at both the state and local levels. By learning experience of the legal systems of urban rail transit in Japan, Taiwan rail industry, the paper develops a conceptual framework and legislation recommendations for the legal system of urban rail transit in China.

Keywords: urban rail transit; legal system; institution; legislation

　　法制化管理是城市轨道交通良性运行的根本性制度保证,无论规划管理、建设管理或运营管理都是如此。世界各国城市轨道交通管理的成功经验,无一不是通过完善的法律法规制度来约束和规范管理者、生产经营者及参与者的行为,全面法制化的管理是城市轨道交通健康发展的必要条件。中国城市轨道交通已历经了 50 年的发展历程,特别是最近十几年的高速发展,使得城市轨道交通上升为一个新兴行业。但是,城市轨道交通法制化管理严重滞后于行业的高速发展,从而影响了整个行业的健康可持续发展。因此,如何构建中国城市轨道交通法律体系是当前急需解决的一个问题。

1 中国城市轨道交通法律法规体系现状问题

　　中国法律法规体系按照法律渊源基本上可以分为两级:中央层面上的法律、行政法规和部门规章,地方层面上的地方性法规和地方性规章,此外,法规性文件特别是中央层面的法规性文件也在整个社会经济发展中起到了非常重要的作用。

1.1 中央层面的法律法规

　　中央层面的城市轨道交通法律法规文件仅有一部部门规章,即原建设部颁布的《城市轨道交通运营管理办法》[1],而城市轨道交通管理更多的是依靠国务院及各部委颁布的法规性文件,见表 1。

1.2 地方层面的法律法规

　　地方层面城市轨道交通法规较为齐全,很多已经运营城市轨道交通的城市出台了综合管理的地方性法规。另外,也有相当多的城市考虑到自身管理的需要,分别在城市轨道交

中央层面城市轨道交通法律法规及法规性文件　　　　　　　　　　　　表 1

分类	法律	行政法规	部门规章	法规性文件❶
综合				国务院办公厅关于加强城市快速轨道交通建设管理的通知[2] 国务院办公厅转发建设部等部门关于优先发展城市公共交通意见的通知[3]
规划建设				城市轨道交通建设项目机电设备采购核定规则
运营			城市轨道交通运营管理办法	
安全			城市轨道交通运营管理办法	城市轨道交通工程安全质量管理暂行办法 全国地铁安全生产管理工作联络员工作办法 关于加强城市轨道交通安防设施建设工作的指导意见 关于开展城市轨道交通安全生产检查工作的通知……
土地开发				
投融资				国务院关于投资体制改革的决定 国务院办公厅转发国家计委关于城市轨道交通设备国产化实施意见的通知 关于优先发展城市公共交通若干经济政策的意见

注:❶法规性文件所列仅为主要文件。

通规划建设、运营、安全、土地开发和投融资等方面出台了可操作性较强的配套法规，见表2。

1.3 相关法律法规

城市轨道交通的规划、建设和运营除符合上述中央层面和地方层面的法律法规之外，还必须符合国家规划、建设、环保、土地、安全等法律法规的管理要求，并严格执行各环节相关法律制度。如法律方面有《城乡规划法》、《建筑法》、《环境影响评价法》、《土地管理法》、《安全生产法》、《防震减灾法》、《政府采购法》、《招标投标法》、《合同法》、《节约能源法》等；行政法规方面有《建设工程勘察设计管理条例》、《建设工程质量管理条例》、《建设工程安全生产管理条例》、《城市房屋拆迁管理条例》、《土地管理法实施条例》、《建设项目环境保护管理条例》、《安全生产许可证条例》、《生产安全事故报告和调查处理条例》等；对应以上法律和行政法规，各相关部委也颁布了相应的部门规章，各地也颁布了相应的地方性法律法规。

1.4 评价与总结

1）中国城市轨道交通发展较晚，只是最近十几年发展速度加快，现行城市轨道交通管理法规都分布在已有行业的相关法律体系之中。但这些法律体系制定时间较早或者适用对象并未考虑城市轨道交通行业管理的特殊性，因此，对城市轨道交通行业的针对性不足、重点不突出，致使法规执行效果不显著。

2）中央层面的城市轨道交通管理基本法缺失，配套法规不齐备，而且中央层面的管理主要是以法规性文件的形式出现，与法制化建设存在较大差距。中国发展较早的交通行业（如铁路、公路）均以一部基本法律为基础进行行业管理，并有相应的配套法规保障基本法律的实施和执行，但城市轨道交通行业并没有综合性的法律或行政法规来进行管理，配套法规也极度缺乏。而在实际管理中，法规性文件形式作为临时性的行业管理基础发挥了很大的指导作用，但这与城市轨道交通法制化道路距离甚远。

3）中国10多个城市已建成城市轨道交通并投入运营，这些城市基于管理的需要，制定了一系列的地方性法律法规。在一些城市中，城市轨道交通的基本法已经建立，并确立了部分重要的管理制度，对各城市轨道交通建设运营管理起到了积极的作用。但这些法规不仅缺乏中央政府上层法规的指导和规范，对单个城市来说其配套法规及实施细则还不系统、不全面，需要进一步的完善与补充。

4）各地方政府基于自身实际情况制定的一系列法规，在执行过程中也经过了不断的修改完善。因此，这些地方性法规对中央层面城市轨道交通法律体系的建立具有重要的参考价值，特别是各城市轨道交通综合性管理法规更具有借鉴意义。

地方层面城市轨道交通法律法规和法规性文件

表2

分类	法规和规章	法规性文件 ❶
综合	上海市轨道交通管理条例 [4] 南京市轨道交通管理条例 [5] 广州市城市轨道交通管理条例 [6] 武汉市轨道交通建设运营暂行办法 [7] 天津市轨道交通管理规定 [8] 重庆市城市轨道交通管理办法 [9] 大连市城市轨道交通管理办法 [10]	
规划建设	杭州市地铁建设管理暂行办法 [11] 沈阳市城市轨道交通建设管理办法 [12] 青岛市轨道交通用地控制管理办法	郑州市人民政府关于轨道交通工程建设征地拆迁补偿安置的意见 福州市人民政府办公厅关于做好地铁一号线管线迁改工作的通知 贵阳市人民政府关于印发《贵阳城市轨道交通有限公司组建实施方案》的通知 ……
运营	深圳市地铁运营管理暂行办法 [13] 成都市城市轨道交通运营管理办法 [14] 沈阳市城市轨道交通运营特许经营管理办法	……
安全	上海市轨道交通运营安全管理办法 [15] 北京市城市轨道交通安全运营管理办法 [16] 南京市轨道交通工程建设质量安全管理实施意见	天津市人民政府批转市建委拟定的天津市处置轨道交通突发事件应急预案的通知 杭州市人民政府关于切实加强地铁建设安全工作的意见 ……
土地开发	哈尔滨市地铁沿线地下空间开发利用管理规定	
投融资	青岛、南京、福州、武汉等城市轨道交通发展专项基金管理暂行办法	哈尔滨市人民政府关于印发哈尔滨市地铁一期工程建设多元化引资若干政策的通知

注：❶ 地方法规性文件所列仅为代表性文件。

2 国内外轨道交通法律法规体系的经验借鉴

2.1 日本铁路法律法规体系

日本铁路发达，铁路立法也历史久远，其多层次、多系统的发展与其完备的法律体系密不可分。日本铁路方面的法律、政令和省令等共约 226 部，其中法律 58 部、政令 38 部和省令 130 部，统称为"铁道六法"[17]。其法律体系的特点是分类立法、平行立法，形成较多的单行法律。依其管理的种类及业务范围，可以分为铁道事业、铁道营业、设施与车辆、运转与保安、铁道整备和国铁改革等类别。而按照法律之间的关系，日本铁路的法律体系又可分为基本法、配套法规、实施细则和公司章程 4 个层次。

基本法：以法律的形式出现，主要对铁路的一般管理制度进行规定。日本铁路管理的基本法为《铁道事业法》。

配套法规：一般以省令的形式出现，主要对各个管理制度的实施时间与方式进行规定。如《铁道事业法实施规则》、《铁道设施检查规则》、《铁道事故报告规则》、《铁道事业会计规则》、《铁道事业监察规则》等。

实施细则：一般以技术标准的形式出现，主要对管理项目所必须投入的人力、验证方法及验证标准予以规定。

公司章程：各铁路公司为了达到内部管控的目的而制定的各类执行章程。

2.2 中国台湾地区捷运法律法规体系

中国台湾地区自 1996 年开通第一条捷运线路以来，目前已运营 8 条捷运线路。而中国台湾地区《大众捷运法》[18] 于开通前 8 年即 1988 年颁布，并经过了 4 次修订，可以说台湾捷运系统快速良好的发展得益于捷运法律体系的建立。台湾捷运的法律体系按照法律之间的关系可以分为基本法、配套法规、地方实施细则和相关法规 4 个层次。

基本法：以法律的形式出现，《大众捷运法》为台湾捷运系统的基本法，主要对大众捷运系统的规划、建设、营运、监督和安全等方面的管理制度进行了规定。

配套法规：以命令的形式出现，是行政机关发布的具体办法，主要对大众捷运的禁建限建、土地开发、保险、公司设置、运营维护及安全、票价等方面进行了细化[19]，见表 3。

地方实施细则：台北市和高雄市依据《大众捷运法》，对其所管辖大众捷运系统关键事宜进行了规定，以进一步细化大众捷运法的规定，并保证其可操作性。如台北市制定了 63 项地方实施细则，内容涉及捷运系统的规划、禁建限建、机构设置、工程管线、固定资产、土地开发、运营服务和行车安全等方面的规定。

相关法规：除与捷运直接相关的法规外，台湾捷运系统的管理也需要遵守相关法规的规定，内容涉及行政管理、规划、土地、环保、大众运输等法规，这些法规自成体系。

大众捷运法的配套法规 表3

分类	配套法规
土地	大众捷运系统工程使用土地上空或地下处理及审核办法 大众捷运系统土地开发办法 大众捷运系统建设及周边土地开发计划申请与审查作业要点
禁建限建	大众捷运系统两侧禁建范围 大众捷运系统两侧禁建限建办法
保险	大众捷运系统旅客运送责任保险提存保证金办法 大众捷运系统旅客运送责任保险条款标准
公司设置	公营大众捷运股份有限公司设置管理条例 公营大众捷运股份有限公司设置管理条例施行细则
运营与安全	大众捷运系统经营维护与安全监督实施办法 大众捷运系统履勘作业要点
票价	大众捷运系统运价率计算公式
规划方案听证	交通部办理大众捷运系统规划案公听会作业要点
赔偿	大众捷运系统行车及其他事故恤金及医疗补助费发给办法
环评	大众捷运系统开发环境影响评估作业准则
民间投资	民间投资建设大众捷运系统办法

2.3 中国大陆铁路行业法律法规体系

新中国成立 60 多年来，国家立法机关和铁路行政管理机关制定了大量的铁路法律、行政法规和部门规章，在依法管理铁路方面作出了巨大贡献。目前正在施行的法律、行政法规和部门规章近 160 项，包括法律 1 项、行政法规 3 项、部门规章 30 项、法规性文件 120 项。其中，《铁路法》[20] 是铁路管理的基本法律，《铁路运输安全保护条例》、《铁路交通事故应急救援和调查处理条例》等行政法规和铁道部《铁路技术管理规程》、《铁路建设管理办法》、《铁路建设工程勘察设计管理办法》、《铁路建设工程质量管理规定》、《铁路建设工程招标投标实施办法》等部门规章则是《铁路法》的配套法规。此外，铁道部还根据法律、行政法规和部门规章出台了相应的实施细则，各地方铁路局也制定了更符合本地区发展的实施细则。

2.4 经验借鉴与启示

1）中央层面应有一部基本法，以安全为重点，对城市轨道交通管理的参与各方、执行各阶段的基本制度予以法律授权。日本的《铁道事业法》、中国铁路行业的《铁路法》等均为中央层面的基本法，这些基本法以安全为重点，从规划、建设、运营、安全、土地开发、投融资等方面对轨道交通监管的参与各方和各阶段的核心制度予以法律确认。

2）应有多部配套法规对基本法中的关键制度作出详细规定。如中国台湾地区以《大众捷运法》为基础，出台了配套的《大众捷运系统经营维护与安全监督实施办法》、《大众捷运系统土地开发办法》、《公营大众捷运股份有限公司设置管理条例》等行政法规,针对基本法中的运营维护、安全监管、土地开发、公司设置等方面的关键制度作出了详细规定。

3)地方层面结合本地特点,对基本法予以细化与补充,形成了适合地方的法律体系及实施细则。如中国台湾地区的台北市对应《大众捷运法》出台了《台北市大众捷运系统运输有效距离内汽车客运业营运路线调整办法》、《台北市大众捷运系统旅客运送规则》和《台北市办理台北都会区大众捷运系统规划召开公听会作业准则》等,对《大众捷运法》予以细化和补充,形成了可操作性强的地方性法律。

4)整个法律体系使得各项管理制度的实施法制化、标准化、程序化。城市轨道交通各项管理制度从执行机构设置、负责人任命和责任、实施程序、实施要求、实施机制、保障措施等方面均有法规支撑,使得制度的执行过程法制化、标准化、程序化。

3 中国城市轨道交通法律法规体系构想

借鉴中国大陆地方性法规、铁路行业法规、台湾地区和日本轨道交通法律体系的经验,中国应建立四级城市轨道交通法律体系,即基本法、配套法规、实施细则、地方性法规及实施细则,见图1。

基本法。以法律或行政法规的形式制定,可以借鉴中国大陆各地方轨道交通管理条例、中国大陆《铁路法》、中国台湾地区《大众捷运法》、日本《铁道事业法》等。建议制定《城市轨道交通法》或《城市轨道交通条例》,该法主要对城市轨道交通的规划、建设、运营、安全、土地开发、投融资6个方面的核心制度予以法律确认。

配套法规。根据中央各部委的行政管辖权限,建议按照城市轨道交通的规划建设、运营、安全、投融资、土地开发和其他方面分别制定配套法规,配套法规以基本法为基础,

其他现行相关法规为依托。配套法规以部门规章或行政法规的形式制定,可以借鉴中国大陆铁路行业和中国台湾地区捷运系统的配套法规。针对中国大陆城市轨道交通立法情况,建议制定如下配套法规:

1)《城市轨道交通运营管理办法》。目前已经颁布,需要对安全管理方面进行补充。从运营管理、运营安全管理、应急管理和法律责任4个方面对城市轨道交通的运营管理予以规定。

2)《城市轨道交通规划建设管理办法》。重点从城市轨道交通规划管理和建设管理两个方面作出规定。

3)《城市轨道交通工程安全质量管理条例》。重点从城市轨道交通建设工程的安全管理和质量管理两个方面作出规定,内容包括工程勘察、工程施工、工程监理、第三方检测、应急管理和监督管理等方面。

4)《城市轨道交通发展促进条例》。重点关注投融资方面的制度,是为促进中国城市轨道交通可持续发展而制定。参考日本的《促进城市单轨建设法》、《城市铁路整备促进特别对策法》和《都市铁道利便增进法》等法规,中国政府(尤其是中央政府)应对城市轨道交通发展的投资引导、运营及设施改善的财政补贴、新技术新装备的支持、民间投资的鼓励等方面做出制度安排。

5)《城市轨道交通土地开发管理办法》。重点关注土地开发方面的制度,是为有效利用城市轨道交通沿线的土地资源、促进地区发展而制定。借鉴中国台湾地区的《大众捷运系统土地开发办法》,对土地开发基金制度、土地开发规划、土地取得程序、土地开发方式、监督管理及处分等方面予以规定。

实施细则。实施细则以基本法为基础,配套法规或现行其他法规为依据而制定,其形式主要为部门规章或法规性文件,见表4。

地方性法规与实施细则。以城市轨道交通中央基本法、

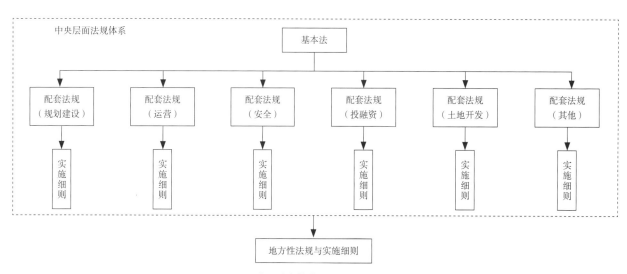

图1 中国城市轨道交通法律体系框架

城市轨道交通法规实施细则　　　　　表4

类别	名称
规划	城市轨道交通线网规划编制办法 城市轨道交通建设规划编制办法 城市轨道交通建设相关专题编制办法 城市轨道交通规划审查规则 城市轨道交通规划听证会实施规则
建设	城市轨道交通建设工程招标投标管理规定 城市轨道交通工程跟踪审计规则 城市轨道交通建设工程征地拆迁管理办法 城市轨道交通建设工程竣工验收规则 城市轨道交通施工影响评估实施规则 城市轨道交通控制保护区管理办法 城市轨道交通后评估实施规则
运营	城市轨道交通公司设置管理办法 城市轨道交通运营特许经营管理办法 城市轨道交通客运服务规则 城市轨道交通运营信息统计与公开规则 城市轨道交通从业人员管理规则
安全	城市轨道交通系统维护与安全监督管理办法 城市轨道交通安全评价规则 城市轨道交通安全认证规则 城市轨道交通安全报告规则 城市轨道交通企业安全管理规程 城市轨道交通事故应急救援和调查处理办法
投融资	社会投资城市轨道交通管理办法 城市轨道交通中央援助办法 城市轨道交通促进便利性管理办法 城市轨道交通发展专项基金管理办法 城市轨道交通沿线关联用地收益管理办法
土地开发	城市轨道交通沿线土地开发基金管理办法 城市轨道交通沿线土地开发实施规则

配套法规及实施细则为依据，各地方政府完善既有的地方性城市轨道交通法律体系，对中央层面各项管理制度进行补充和细化，形成具有地方特点的法律体系。

4　中国城市轨道交通立法建议

基于对中国城市轨道交通法律体系的构想，考虑目前城市轨道交通管理所面临的主要问题，建议尽快研究制定中国城市轨道交通基本法，加快推进配套法规的立法进程，修改完善既有中央和地方法规，深入研究实施细则，以促进城市轨道交通的健康可持续发展。主要立法建议如下：

1）综合管理：研究制定《城市轨道交通法》或《城市轨道交通条例》，确立城市轨道交通规划、建设、运营、安全、投融资和土地开发的各项基本管理制度。

2）规划管理：建议出台《城市轨道交通规划建设管理办法》，并研究制定《城市轨道交通线网规划编制办法》、《城市轨道交通建设规划编制办法》和《城市轨道交通规划审查规则》

等实施细则。

3）建设管理：建议以《城市轨道交通规划建设管理办法》为依托，研究制定《城市轨道交通建设工程竣工验收规则》、《城市轨道交通施工影响评估实施规则》和《城市轨道交通工程跟踪审计规则》等实施细则。

4）运营管理：建议修改完善《城市轨道交通运营管理办法》，并研究制定《城市轨道交通客运服务规则》和《城市轨道交通运营信息统计与公开规则》等实施细则。

5）安全管理：建议出台《城市轨道交通工程安全质量管理条例》，并以《城市轨道交通运营管理办法》为依托，研究制定《城市轨道交通安全评价规则》、《城市轨道交通安全认证规则》、《城市轨道交通安全报告规则》和《城市轨道交通事故应急救援和调查处理办法》等实施细则。

6）投融资管理：建议以基本法为依托出台《城市轨道交通发展促进条例》，并研究制定《城市轨道交通中央援助办法》、《城市轨道交通沿线 关联用地收益管理办法》和《城市轨道交通发展专项基金管理办法》等实施细则。

7）土地开发管理：建议以基本法为依托出台《城市轨道交通土地开发管理办法》，并研究制定《城市轨道交通沿线土地开发基金管理办法》和《城市轨道交通沿线土地开发实施规则》等实施细则。

参考文献

[1] 建设部. 城市轨道交通运营管理办法 [EB/OL]. 2005[2012-09-05]. http://www.law-lib.com/law/law_view.asp?id=98327.

[2] 国务院办公厅. 国务院办公厅关于加强城市快速轨道交通建设管理的通知 [EB/OL].2003[2012-09-05].http://www.law-lib.com/law/law_view.asp?id=81337.

[3] 国务院办公厅. 国务院办公厅转发建设部等部门关于优先发展城市公共交通意见的通知 [EB/OL].2005[2012-09-05].http://www.law-lib.com/law/law_view.asp?id=103305.

[4] 上海市人民代表大会常务委员会. 上海市轨道交通管理条例 [EB/OL].2006[2012-09-05]. http://www.shanghai.gov.cn/shanghai/node2314/node2316/node2335/node2537/userobject6ai1123.html.

[5] 江苏省南京市人大常委会. 南京市轨道交通管理条例 [EB/OL].2007[2012-09-05]. http://www.law-lib.com/law/law_view.asp?id=270013.

[6] 广东省广州市人民代表大会常务委员会. 广州市城市轨道交通管理条例 [EB/OL].2007[2012-0905].http://www.law-lib.com/law/law_view.asp?id=268144.

[7] 湖北省武汉市人民政府. 武汉市轨道交通建设运营暂行办法 [EB/OL].2008[2012-09-05].http://www.law-lib.com/law/law_view.asp?id=264870.

[8] 天津市人民政府. 天津市轨道交通管理规定 [EB/OL].2006[2012-09-05]. http://www.law-lib.com/law/law_view.asp?id=162565.

[9] 重庆市人民政府. 重庆市城市轨道交通管理办法 [EB/OL].2004

[2012-09-05].http://www.law-lib.com/law/law_view.asp?id=87063.

[10] 辽宁省大连市人民政府.大连市城市轨道交通管理办法 [EB/OL].2002[2012-09-05].http://www.law-lib.com/law/law_view.asp?id=74313.

[11] 浙江省杭州市人民政府.杭州市地铁建设管理暂行办法 [EB/OL].2012[2012-09-05].http://www.law-lib.com/law/law_view.asp?id=378552.

[12] 辽宁省沈阳市人民政府.沈阳市城市轨道交通建设管理办法 [EB/OL].2008[2012-09-05].http://www.law-lib.com/law/law_view.asp?id=270564.

[13] 深圳市人民政府.深圳市地铁运营管理暂行办法 [EB/OL].2004[2012-09-05].http://www.34law.com/lawfg/law/1797/3122/law_890924173834.shtml.

[14] 四川省成都市人民政府.成都市城市轨道交通运营管理办法 [EB/OL].2010[2012-09-05].http://www.law-lib.com/law/law_view.asp?id=328000.

[15] 上海市人民政府.上海市轨道交通运营安全管理办法 [EB/OL].2009[2012-09-05].http://www.shanghai.gov.cn/shanghai/node2314/node3124/node3177/node3194/userobject6ai1514.html.

[16] 北京市人民政府.北京市城市轨道交通安全运营管理办法 [EB/OL].2009[2012-09-05].http://www.gov.cn/flfg/2009-08/04/content_1382472.htm.

[17] 国土交通省铁道局.注解铁道六法 [M].日本:第一法规株式会社,平成 18 年.

[18] 大众捷运法 [EB/OL].2004[2012-09-05].http://db.lawbank.com.tw/FLAW/FLAWDAT0201.aspx?lsid=FL013073.

[19] 台湾捷运法规 [EB/OL].[2012-09-05]http://cc.qzjh.kh.edu.tw/~t107/theme_2.html.

[20] 中华人民共和国铁路法 [EB/OL].1990[2012-09-05].http://www.gov.cn/banshi/2005-08/23/content_25603.htm.

作者简介

张子栋,男,河南南阳人,硕士,工程师,主要研究方向:综合交通规划、轨道交通规划,E-mail:zzd_mail@163.com

中国、美国和英国城市轨道交通标准强制性和技术法规的比较

The Sino-U.S.A and United Kingdom Comparing on Compulsory of Urban Rail Transit Standard and the Technical Regulations

陈燕申

摘　要：城市轨道交通标准关系到每日数千万乘客的安全。通过分析现行法规对强制性标准和技术法规的定义、城市轨道交通安全特性和标准的唯一性，认为城市轨道交通标准具有强制性和技术法规属性。从技术法规执行和标准层次对比分析，美、英国家丰富雄厚的标准为城市轨道交通技术法规提供了坚实的基础。我国的强制性标准缺乏执行力。标准数量不足，难以支撑技术法规。文章建议，加快标准化进程；按照强制性的要求立项、起草、颁布和实施标准；尽快制定我国专门的城市轨道交通安全技术法规。

关键词：城市轨道交通；标准；技术法规；美国；英国

Abstract: The urban rail transit standard relates surely amount of passenger's safety every day. Through the analysis of present laws and regulations to definitions of the compulsory standard and the technical regulations, the characteristics of urban rail transit safety and standard uniqueness in China, thought that standards have compulsory and the technical regulations'attributes. From contrast and analysis for the implementation of technical regulations and the standard levels, U.S.A and United Kingdom have abundant standard which provide the solid foundation for the urban rail transit technical regulations. The compulsory standards lack of implementation ability, the quantity of standards is insufficient; it is difficulty for standards to supports the technical regulations effectively in China. The article suggested that the URT standardization should be speeded up; it is based on form and requirement of compulsory standard to project, draft, issue and implement the standards; As soon as possible the URT safety regulations will be made in China.

Keywords: urban rail transit；standard；technical regulations；U.S.A；United Kingdom

0　背景

城市轨道交通的安全已经成为社会关注的焦点。2005 年我国颁布了行政法规《城市轨道交通运营管理办法》，2006 年发布了国务院行政文件《国家处置城市地铁事故灾难应急预案》，2009 年发布了全文强制的国家标准 GB/T 50490—2009《城市轨道交通技术规范》，以及推荐性标准 GB/T 50438—2007《地铁运营安全评价标准》。但是，不断见诸报端和媒体的城市轨道交通事故提示，现行标准和法规并不足以应对城市轨道交通的安全管理。当务之急是政府应当心无旁骛地转向专注于城市轨道交通的安全监管。目前相关研究仅初步涉及安全管理方式，提出要加快第三方监管制度建设和组织建设[1]，建立我国城市轨道交通独立事故调查报告制度[2]。制度建设要依靠法规建设来实现，发布关于安全的技术法规是国际上应对城市轨道交通复杂性和安全问题的有效途径和普遍做法。标准是技术法规的基础，同样也是监管和事故调查的基本依据。比较分析中美英国家的标准强制性作用和技术法规，可为我国城市轨道交通安全制度建设提供借鉴与参考。

1　现行法规对强制性标准的定义

1.1　强制性标准

强制性标准就是"必须执行"的标准[3]。我国的现行法规对强制性标准进行的明确的定义，"保障人体健康，人身、财产安全的标准和法律、行政法规规定强制性执行的标准是强制性标准，……"，"工程建设的质量、安全、卫生及国家需要控制的其他工程建设标准[4]"。强制性标准具有法属性的特点，即赋予强制性标准的法制功能，"必须执行"是法赋予的属性，无需另外再做规定[5]。

1.2　技术法规

ISO/IEC Guide 2 和 GB/T 20000.1—2002 对技术法规的定义为"规定技术要求的法规"，经权力机构批准或发布[6]，它或者：

1）直接规定技术要求。

2）通过引用标准、技术规范或规程来规定技术要求。

3）将标准、技术规范或者规程的内容纳入法规中。

由权力机构批准或发布典型的技术法规有如，国务院颁布的《国家处置城市地铁事故灾难应急预案》和住房和城乡建设部颁布《城市轨道交通运营管理办法》等。

1.3　强制性标准与技术法规

在一般意义上标准并无强制性，只有法规才具有强制性。强制性标准是以标准形式公布的技术法规，通过标准立项、起草、审查和公布的程序形成标准。标准不规定执行机构，也没有罚则，对技术要求规定较为专业，用词严谨，这是与技术法规的最大区别。

2 城市轨道交通标准强制性属性

2.1 城市轨道交通安全特性

"安全第一"是城市轨道交通系统的基本原则和目标，安全包括系统安全、工程建设安全和设备安全。

1）系统安全：城市轨道交通系统是高技术密集、高设备密集、运行管理操作人员高密集，设备、设施和人员按照一个时刻表完全一致协调运行的技术系统。系统中每一部分的瑕疵或故障，有可能传播或放大为不安全因素，形成危及乘客的安全风险。

2）过程安全：城市轨道交通系统从勘察、规划、设计、施工、测试和检验、验收、运营、管理、维护，到工程改建扩建、运营服务改变和扩展等的建设、运管和管理过程，各个阶段的安全目标，一环扣一环构成一个全过程的安全链条，每一个环节的安全隐患都有可能酿成未来的安全风险。

3）设备安全：城市轨道交通的系统是由众多设备系统组成的，种类多、关联性强、生产厂家众多，产品的安全性和可靠性成为城市轨道交通系统安全的基础。

因此，系统、工程建设过程和设备的标准的首要责任就是保障城市轨道交通系统的安全。从这个意义上说，城市轨道交通的标准是关于安全的标准。

2.2 标准的强制性属性

我国标准的强制性属性来自于法规赋予的属性和标准管理方式。

1）通过法规赋予标准的强制性

（1）直接赋予的强制性。城市轨道交通标准的安全属性使其具有了法规赋予的强制性属性。

（2）法律、行政法规间接赋予的强制性。《标准化法》规定"法律、行政法规规定强制性执行的标准是强制性标准"，典型的方式有"安全设备的设计、制造、安装、使用、检测、维修、改造和报废，应当符合国家标准或者行业标准[7]。"安全设施不符合有关国家标准的新建、改建、扩建城市轨道交通工程项目，不得投入运营[8]等，通过法规概括规定，赋予标准在特定范围的强制性。

（3）行政文件规定赋予的强制性。例如，住房和城乡建设部《关于加强城市轨道交通安防设施建设工作的指导意见》（建城[2010]94号）规定"在城市轨道交通可行性研究、初步设计、施工图设计等各个环节，要根据国家有关法规和标准要求"进行安防设施的设计的要求[9]，使行业唯一的推荐性标准《城市轨道交通安全防范系统技术要求》GB/T 26718—2011具有了强制性。

法规和行政文件通过"应当符合国家标准或者行业标准"等概括性的要求，赋予相应标准的强制性。对不符合有关国家标准的项目"不得投入运营"，则用禁止条款同样赋予相关标准的强制性。

2）制修订管理赋予标准的唯一性

（1）标准立项要求"不与相关的国家标准重复或矛盾"[10]，全国（行业）范围内统一的技术要求，"避免标准之间的重复、矛盾和遗漏"[11]等。

（2）标准制订要求"制订国家标准必须做好与现行相关标准之间的协调工作"。"与有关文件的协调"，要"考虑到新项目与现行有关标准、法规或其他文件，以及他们设计的特性和水平，在技术上的协调的需要"[12]。

（3）联合发布的规定。国家标准由国务院标准化行政主管部门和国务院工程建设行政主管部门联合发布的规定，确保了国家标准在全国范围内的协调一致，不存在重复发布标准的情况。

标准之间的统一技术要求、协调、避免重复的要求，使标准在立项、编制和发布实施的过程中针对一个标准化对象只能有一个标准立项和实施，该标准在其应用领域成为唯一存在的标准，凡符合法规提及的"符合相关国家标准或行业标准"就一定具有了强制性。城市轨道交通的现行标准事实上具有的"唯一性"无可选择地被赋予了强制性。

2.3 强制性定位

强制性标准定位是城市轨道交通标准的基本特征。

1）城市轨道交通的标准是《标准化法》规定关于保障安全的标准，依法应定位为强制性标准。

2）当法规要求城市轨道交通建设与管理应当符合国家标准或者行业标准的规定时，则确定了被使用标准的强制性定位。

3）标准的唯一性使标准成为行政管理中事实上的技术法规，因而具有强制性。

3 美国、英国国家标准与技术法规

3.1 美国

1）标准制度

美国实行自愿标准体系制度，即各有关部门和机构自愿编写、自愿采用标准。但是，美国法律规定所有联邦机构和部门都应该使用由自愿协商标准组织制定或采纳的技术标准，作为执行政策或从事活动的方法[13]。美国标准由国家标准、协会标准和企业标准三个层次组成。国家标准由政府委托民间组织—美国国家标准学会（ANSI）组织协调，行业协会和委员会制定。美国的标准强制性是通过法规引用产生，相关法律通常在制定技术法规时引用自愿标准，或直接规定技术标准内容要求，参照已经制定的标准，标准一旦被技术法规援引，自愿标准就成为事实上的强制标准。

2）技术法规

美国联邦公共交通管理局（FTA）颁布的技术法规《城市轨道交通系统安全监管规则》[14]（联邦法规汇编 第49篇

659 部分 -2005 修订版，简称《安全监管规则》），体现了美国标准的强制性通过直接规定、纳入和引用产生。

（1）直接规定。图 1 举例《安全监管规则》直接规定城市轨道交通安全技术标准内容要求的条款。

```
第 659.15 条  系统安全项目标准

（a）一般要求（程序性要求）

（b）内容
    （1）项目管理
    （2）项目标准制定
    （3）城市轨道交通机构内部安全和安防审核的监管
    （4）机构安全和安防审核
    （5）事故通知
    （6）调查
    （7）整改计划
    （8）系统安全项目计划
    （9）系统安防计划
```

图 1 美国法规 49CFR Part659 中的系统安全项目标准规定
技术内容示例

（2）纳入。《安全监管规则》采用美国公共交通协会手册（《APTA 手册》）和国家运输安全委员会（NTSB）等制定的标准规范内容，如将《APTA 手册》关于系统安全计划的内容被直接纳（写）入到《安全监管规则》中。

（3）法规援引。法规并不直接引用特定标准，而是通过其执行部门颁布指南、指引、手册类的行政性技术文件，指定行业协会的方式"间接强制"指定执行标准。例如，FTA 发布了《公共交通安全认证手册》[15]，帮助用户执行《安全监管规则》。手册列出了可以采用的行业协会的标准规范，如美国建筑研究所（AIA）、美国国家标准研究所（ANSI）、美国土木工程协会（ASCE）、国家防火协会（AFPA）和公共交通标准国际协会（TSC）和 ISO 等近 20 个标准协会。

3.2 英国

英国标准分三级，国家标准、专业标准和公司标准。英国标准的原则是自愿性的，有关安全的标准或标准中有安全的要求的标准，政府通过法规采用或引用使其具有法律效力，成为强制性标准。

2006 年英国颁布实施了《铁路和其他轨道交通系统安全条例 2006》[16]（简称《ROGS 2006》）。《ROGS 2006》通过三种方式规定标准的强制性：

1）城市轨道交通运营和建设安全管理要"满足相关技术规范"，并通过颁布法规实施的指南、指引和手册等配套行政性技术文件指导落实，如：《女王陛下轨道交通检查员安全认证和许可评估手册》[17]、《轨道交通安全认证和许可的评估准则》[18] 等系列文件，要求轨道交通机构"自愿"规定相应的标准。

2）城市轨道交通安全管理要满足"国家的安全规则"。"国家的安全规则"由欧盟提出，其定义是以国家技术标准为基础，并要求建立"具有约束力的国家安全规则"[19]。规则包括标准和技术规范，"约束力"就是强制力。

3）通过记录在案赋予标准的强制性。例如，《ROGS 2006》规定安全验证方案要提交"验证过程中的标准和准则"；安全关键岗位的管理在记录评估岗位人员的能力及健康状况时，要记录用于评估的"任何标准"；申请安全认证时，提供的信息包括了"建议申请人遵守的涉及运输系统安全运营和维护的技术规范和程序"，并且要说明如何确保符合这些技术规范和程序的要求。

同美国类似，标准通过技术法规间接援引成了"间接强制"性标准。英国的特色还在于城市轨道交通机构自行指定执行标准，经监管机构认可后就成为机构"自我"的强制性标准，不执行也属于违法。

4 中外对比与启示

1）对比

我国城市轨道交通技术标准管理与美英国家在标准和技术法规的比较见表 1：

（1）在技术法规层面，美英国家技术法规规定具体，通过行政性技术文件使法规得到具体实施。我国的技术法规规定概括性执行的要求，执行空间大，对标准的要求常难以落实。

（2）行政性技术文件层面，美、英国家技术法规通过行政性技术文件落实，两者不断修改完善，操作性强。我国的行政性技术文件，如通知，常应一时之需发出，系统性差、难以持久、稳定发挥作用。

（3）在标准层面，国家标准和行业标准、地方标准、行业协会标准层次适用于不同范围，实际上是各层次互相补充，应付了标准不足状况。美英国家丰富的标准为技术法规奠定了雄厚的基础。

2）分析与启示

（1）美、英国家发达完善的标准系统、雄厚的行业协会标准的基础，有众多、成熟、重复或近似的标准，选择余地大，很少有缺失的现象，不需特别指定就能够满足标准的强制性需求。

我国的标准是"唯一"的技术依据，当前问题是标准覆盖面不够、与实际需要差距较大，法规要求"符合相关标准"常常是空中楼阁，难以落实，"推荐性"标准制度降低了标准的管理和执行效力。由于实践不足，行政主管部门要把一项具体标准上升为技术法规来强制执行是十分困难的，唯有加快制订标准才能应对当前严峻安全形势的紧迫需要。

（2）美、英国家通过行政性技术文件"间接强制"赋予标准的强制性。这种行政性技术文件本身从形式上看起来更像是标准，如《公共交通安全认证手册》的编号是 FTA-

国内外城市轨道交通技术法规和标准管理比较 表1

序号	管理层次	国内举例	国外（英国、美国）举例
1	技术法规	《城市轨道交通运营管理办法》	1. 美国《城市轨道交通系统安全监管规则》 2. 英国《ROGS 2006》
2	行政性技术文件	意见、通知等，如《关于加强城市轨道交通安防设施建设工作的指导意见》	1. 美国《公共交通安全认证手册》 2. 英国《轨道交通安全认证和许可的评估准则》
3	标准	强制性标准：GB 50490—2009《城市轨道交通技术规范》	（美国、英国标准强制性由法规引用产生）
4		国家标准、行业标准：GB/T 26718—2011《城市轨道交通安全防范系统技术要求》	美国ANSI（国家标准研究所）标准 英国BS系列（英国标准协会）标准 （略）
5		地方标准：DB 11/490—2007《地铁工程监控量测技术规程》（北京）	美国地方标准：《俄勒冈州城市轨道交通系统安全程序标准》
6		行业协会标准：CECS 165：2004《城市地下通信塑料管道工程设计规范》	研究机构标准，如美国建筑防火研究所AIA；协会标准，如美国土木工程协会ASCE、国家防火协会AFPA；国际组织标准ISO；（略）

MA-90-5006-02-01，俨然是一个标准文件。如果不执行手册，就难以符合法规的规定，其中被指定的行业协会标准就已经具有了强制性。这种方式满足了法规对标准的强制性要求，又具有多种选择，实施起来有较大的灵活性和自主执行空间。我国的行政性技术文件是作为法规或技术法规欠缺时的补充或重申，不是为系统落实（技术）法规发布，其中"符合相关标准要求"的规定很容易流于形式。

（3）美、英国家长期建立的雄厚标准基础和采用方式从另一方向启示，引用或"符合"相关标准要有丰富坚实的标准作基础，加快标准化进程非一日之功，需要长期不懈的努力。我国在标准不足、特别是关于安全的强制性标准严重缺失的情况下，标准制订需要调整思路。强制性定位使城市轨道交通标准已经具有和承担了技术法规的角色。要珍惜、抓住每一项标准立项的契机，按照强制性的要求立项、起草、颁布和实施。应当考虑标准或其中某些条款可能被立法机构、行政机关或认证机构采用，或成为技术法规的内容，条款要容易识别、便于援引、采纳，让有限的标准发挥技术法规的作用。

（4）观察分析美英国家的城市轨道交通管理，依法行政是主线，安全监管是核心任务。在标准的"自愿采用"原则下，我国即便是采用"强制性标准"制度，由于不能规定执行机构和罚则，标准的执行效力不够，让其担负起城市轨道交通安全的责任有点勉为其难。效法美英国家城市轨道交通安全

技术法规，尽快制定我国专门的城市轨道交通安全技术法规，以现行标准包括强制性标准为辅助配套，才能有效地建立起安全屏障，服务于乘客。

5 结语

现实表明，至少在美国和英国（具有大部分欧洲国家的典型性）的城市轨道交通关键的技术法规上，没有看到标准的强制性通过技术法规引用直接产生的实例。标准强制性来自于技术法规及其行政文件的"间接强制"，提示了存在试图依靠强制性标准来保证城市轨道交通安全而陷于困境的可能性。我国强制性标准执行力是"软肋"，"必须执行"难落实。在现有关于安全的强制性城市轨道交通标准在数量上和质量上不足，标准起草周期长的情况下，唯有依靠技术法规才能使标准真正发挥作用，承担起城市轨道交通乘客安全的重大责任。

参考文献

[1] 蒋玉琨.城市轨道交通运营行业监管模式研究[J].城市轨道交通研究，2012（6）：5-7.

[2] 张素燕 秦国栋 苗彦英.从安全评价的角度看城市轨道交通独立事故调查制度建立的必要性[J].城市轨道交通研究，2010（12）：1-4.

[3] 中华人民共和国主席令第11号.中华人民共和国标准化法，1988年12月29日.

[4] 国务院令第53号.中华人民共和国标准化法实施条例，1990年4月6日发布.

[5] 白殿一.标准编写指南——GB/T 1.2—2002和GB/T 1.1—2000的应用[M].北京：中国标准出版社，2002.

[6] GB/T 20000.1—2002标准化工作指南 第1部分：标准化和相关活动的通用词汇[S].

[7] 中华人民共和国主席令第70号.中华人民共和国安全生产法，2002年6月29日发布.

[8] 中华人民共和国建设部令140号.城市轨道交通运营管理办法，2005年8月1日起施行.

[9] 建城[2010]94号.关于加强城市轨道交通安防设施建设工作的指导意见，2010年6月28日发布.

[10] 建设部令第24号《工程建设国家标准管理办法》，1992年12月30日发布.

[11] 住房和城乡建设部.城市轨道交通产品标准体系[M].北京：中国建筑工业出版社，2010.

[12] GB/T 1.2—2002标准化工作导则 第2部分：标准中规范性技术要素内容的确定方法[S].

[13] 中国标准化研究院.国内外标准化现状及发展趋势[M].北京：中国标准出版社，2007年11月.

[14] Federal Transit Administration Office of Safety and Security. Resource Toolkit for State Oversight Agencies Implementing 49 CFR Part

659[R].400 Seventh Street, S.W. Washington, D.C. 20590: March 2006.

[15] FTA Office of Safety and Security. FTA-MA-90-5006-02-01 Handbook for Transit Safety and Security Certification[S], U.S. Department of Transportation, Research and Special Programs Administration, John A. Volpe National Transportation Systems Center, Cambridge. MA 02142-1093.

[16] Parliament UK.2006 No.599 HEALTH AND SAFETY: The Rail and Other Guided Transport System (Safety）Regulations 2006,ROGS.

[17] Office of Rail Regulation. HM Railway Inspectorate safety certificate and authorization assessment manual 2008.12(third issue）[R]. Published by the Office of Rail regulation, London WC2B 4AN,UK: December 2008.

[18] Office of Rail Regulation. Assessment criteria for safety certificate and authorization applications made under ROGS June 2008[R]. London WC2B 4AN, UK: Office of Rail regulation, June 2008.

[19] DIRECTIVE 2004/49/EC OF THE EUROPEAN PARLIAMENT AND OF THE COUNCIL of 29 April 2004 on safety on the Community's railways and amending Council Directive 95/18/EC on the licensing of railway undertakings and Directive 2001/14/EC on the allocation of railway infrastructure capacity and the levying of charges for the use of railway infrastructure and safety certification(Railway Safety Directive）.

作者简介

陈燕申，研究员，住房和城乡建设部地铁与轻轨研究中心，中国城市规划学会城市规划新技术学术委员会委员，北京城市规划学会新技术学术委员会副主任委员，国际标准化组织 - 地理信息 / 地球信息（ISO/TC211）中国专家组专家，E-mail: chenys1999@sina.com

我国城市轨道交通的标准化

The standardization of urban rail transit in China

张素燕 秦国栋 陈燕申

摘 要：标准化工作在我国城市轨道交通发展中有至关重要的作用。本文介绍了我国城市轨道交通标准化管理包括法律依据、标准的属性、标准分类和管理体制；标准制修订管理，包括计划、编制程序和批准发布。总结了标准化历程；介绍了两个具有中国特色的城市轨道交通工程建设和产品标准体系建设，以及城市轨道交通标准化工作的主要经验和认识。

关键词：城市轨道交通；标准；管理

Abstract: The standardization in development of urban rail transit（URT）have crucial role in China. This paper introduces the urban rail transit standardization management including the legal foundation, standard attributes, classification and management system; management of drafting and revising standard including the planning, programming and approved for release. The paper summarizes the standardization history in URT; introduced two kind institutions of the Chinese characteristic standard management in URT, engineering construction standard system and product standard system, as well as the URT's standardization the main experience and understanding.

Keywords: urban rail transit; standard; management

我国的标准体制最初是根据苏联的标准体制并结合中国国情确立的，并在此基础上逐步演变至今。我国一般将调整人与人之间关系的要求，制定成行政法规，将调整人与自然之间关系的要求，制定成标准。即使在法规中涉及人与自然的关系，一般也不涉及技术内容，也主要是行政上的规定。

1 标准的管理

1.1 法律依据

1989 年 4 月 1 日开始实施《中华人民共和国标准化法》，标准化工作进入了一个新的时代。1990 年 4 月 6 日，国务院颁布了《中华人民共和国标准化法实施条例》，对标准化法的实施进一步作了详细的规定。

国务院标准化主管部门和有关行政主管部门根据标准化法和标准化法实施条例还制定了一系列部门规章和规范性文件。例如，《工程建设国家标准管理办法》（建设部第 24 号令）、《工程建设行业标准管理办法》（建设部第 25 号令）、（国家标准管理办法）（国家技术监督局令 1990 年 8 月）、《行业标准管理办法》（国家技术监督局令 1990 年 8 月）等。这些法律法规都是城市轨道交通标准管理的依据。

1.2 标准的属性

标准体制采用强制性标准与推荐性标准相结合的体制，标准分为强制性标准和推荐性标准。

保障人体健康，人身、财产安全的标准和法律、行政法规规定强制执行的标准是强制性标准，其他标准是推荐性标准。强制性标准包括全文强制执行的标准和部分条文强制执行的标准。例如，《城市轨道交通技术规范》GB 50490—2009 即是全文强制的强制性国家标准;《地铁设计规范》

GB 50157—2003 就是部分条文强制的强制性国家标准。

1.3 标准的分级

标准分为国家标准、行业标准、地方标准和企业标准四级。

对需要在全国范围内统一的技术要求，制定国家标准。对没有国家标准而又需要在全国某个行业范围内统一的技术要求，则制定行业标准。根据《行业标准管理办法》，全国共分为 64 个行业，城市轨道交通属于城镇建设行业，标准代号为 CJ。

1.4 管理体制

标准化工作实行统一管理与分工负责相结合的管理体制。国务院标准化主管部门负责全国的标准化工作。国务院有关行政主管部门和国务院授权的有关行业协会分工管理本部门、本行业的标准化工作。住房和城乡建设部负责管理城市轨道交通行业标准。

需要指出的是，工程建设标准管理有其特殊性。工程建设标准由国务院标准化行政主管部门和国务院工程建设行政主管部门联合发布。

在技术管理上，采用专业技术委员会作为主管部门的技术支撑机构。城市轨道交通的标准化技术支撑机构有两个，一是全国城市轨道交通标准化技术委员会，负责城市轨道交通产品国家标准的技术归口工作；二是住房和城乡建设部城市轨道交通标准化技术委员会，负责城市轨道交通工程建设国家标准、行业标准和产品行业标准的技术归口管理工作。

2 城市轨道交通标准的制修订

2.1 制修订计划

城市轨道交通的工程建设国家标准、工程建设行业标准以及产品行业标准的制修订的年度计划由住房和城乡建设部标准定额司组织征集、申报,由住房和城乡建设部批准后实施。城市轨道交通产品国家标准由国家标准化管理委员会负责组织征集、申报、批准[1]。

2.2 标准的编制

编制组根据正式下达的标准项目计划开展编制工作。标准的编制主要包括准备阶段、征求意见阶段、送审阶段、报批阶段4个阶段。

准备阶段:由主编单位负责筹建编制组、制定工作大纲、召开编制组成立会议。

征求意见阶段:包括收集整理有关技术资料、开展调查研究或组织实验验证、编写标准征求意见稿、公开征求有关方面的意见。

征求意见稿,同时应在国家工程建设标准化信息网(www.ccsn.gov.cn)上和发送有关单位和专家公开征求意见。

送审阶段:包括意见处理、试设计或试用、完成送审文件,技术委员会组织审查等。审查一般采用召开审查会议或采用函审的形式进行,审查会议的人员一般由政府管理部门、专家、编制组的代表组成,并成立审查专家委员会。

报批阶段:包括修改送审稿、完成报批文件,由技术委员会审核同意后,报送标准主管部门。

2.3 标准的批准、发布

工程建设国家标准由住房和城乡建设部批准,由住房和城乡建设部和国家质量监督检验检疫总局联合发布。产品国家标准报国家标准化管理委员会批准、发布。

行业标准由住房和城乡建设部批准、发布,其中产品行业标准批准发布后报国家标准化管理委员会备案。

3 城市轨道交通标准的发展历程

3.1 空白阶段:1985年以前

我国城市轨道交通的起步是从20世纪50年代开始,北京首次进行了地铁建设的规划,1965年7月1日第一条地铁在北京开工建设,1969年10月1日建成通车,线路长23.6km。1971年,北京地铁开始售票试运营,1981年9月15日经国家验收正式交付运营,北京地铁二期工程1971年3月开工,1984年9开通试运营,线路全长16.1km。1970年6月5日天津地铁一期工程开工建设,1984年12月28日,天津地铁一期工程全线竣工通车,线路全长7.4km[2-3]。

这一时期城市轨道交通建设是以"战备为主,交通为辅"作为指导思想,立足于自力更生,总体技术水平较低,建设规模小,建设速度慢。

城市轨道交通的技术标准还处于空白阶段,城市轨道交通的建设和运营主要参照苏联的标准。

3.2 起步阶段:1986～1999年

随着国民经济和城镇化以较快速度发展,特大城市普遍开始陷入难以摆脱的交通困境。以北京地铁复八线(又称北京地铁1号线东段,西起复兴门站,东至四惠东站)、上海地铁1号线、广州地铁1号线的建设为标志,真正开始了以缓解城市交通为目的的城市轨道交通建设历程。这一时期,新建完成的这3条线路总长度约54km。

城市轨道交通工程建设和运营以及其使用的设备系统(产品)构成了一套复杂的技术体系,在城市轨道交通开始建设20年后,标准化已是必然的选择。1986年颁布了第一个城市轨道交通国家标准《城市公共交通标志 地下铁道标志》GB/T 5845.5—1986,到1999年,共颁布《地下铁道车辆通用技术条件》GB/T 7928—1987等14项产品标准,《地铁设计规范》等7项工程建设标准。这个时期,制定的标准数量少、内容分散。由于资金短缺,城市轨道交通建设多利用国外贷款,大批量引进国外设备,又缺乏统一标准,致使同一设备出现多种制式和规格,给后期运营带来很大隐患。

3.3 发展阶段:2000年至今

进入21世纪,城市轨道交通开始进入有序和高速发展阶段。到2011年底,我国已有13个城市约1700km城市轨道交通线路投入运营。城市轨道交通开始进入高速发展,促进了对城市轨道交通标准的需求,标准化也随着城市轨道交通的建设进程进入了发展阶段。

2000～2004年间,标准化步伐逐步加快,陆续颁布了《地铁客运服务标志》(2001)、《地铁设计规范》(2003,修订版)等5项国家和行业标准。自2005年起,面对强劲的标准需求,城市轨道交通标准行业主管部门加快了城市轨道交通建设标准的制修订工作,企业积极参与其中。2005年将7项城市轨道交通建设标准列入制修订计划,2006年达到13项,2007年立项标准达到18项,2008年达到了22项。

至2012年3月底,已颁布实施国家和行业标准(现行)50项,在编国家和行业标准67项(含修订)。

4 标准体系建设[4,5]

为了建立一个分类科学、结构优化、数量合理、指导性强的城市轨道交通标准体系,经过近十年的努力,城市轨道交通标准的行业主管部门组织研究、编制了城市轨道交通标准体系,包括工程建设和产品二个标准体系[4, 5]。体系覆盖了城市轨道交通领域的设计、制造和运营管理,并充分考虑国内外有关科技水平的发展。

4.1 工程建设标准体系

标准体系采用层次结构,由综合标准、基础标准层、通用标准层和专用标准层四个层次构成。

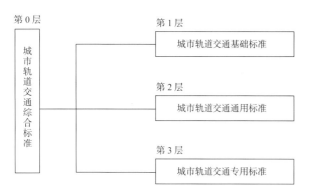

图1 工程建设标准体系层次结构相对关系框图

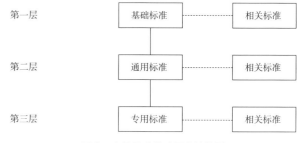

图2 产品标准体系层次结构图

综合标准是一个专业（行业）标准体系的最高层，为全文强制性标准，是制定其他标准的依据。一般情况下，一个专业（行业）只有一个综合标准。城市轨道交通专业（行业）的综合标准是《城市轨道交通技术规范》。

基础标准层，包括术语、分类、计量符号、限界和工程制图5个门类。

通用标准层，通用标准按照城市轨道交通的建设"过程"划分为设计、施工与验收、安全、运营四个门类。

专用标准层，是城市轨道交通专业的个性标准，按组成划分为16个门类。

标准体系中标准项目总计294项，其中基础标准5项，通用标准15项，专用标准274项。

产品标准体系的层次及门类构成		表2
标准层次	标 准 门 类	
基础层	术语、分类、标志（标识）	
通用层	安全、节能、质量及检验、环保和劳动卫生等	
专用层	车辆、供电、通信和信号、机电设备、自动售检票、轨道、运营及维修	

工程建设标准体系的层次及门类构成		表1
标准层次	标 准 门 类	
基础层	术语、分类、计量符号、限界、工程制图	
通用层	设计、施工与验收、安全、运营	
专用层	运营组织、轨道、车站建筑、结构、供电、通信、信号、通风空调与采暖、给水与排水、自动售检票、屏蔽门、防灾与报警、环境与设备监控、控制中心、运营自动化、车辆基地	

标准体系中标准项目总计86项，其中综合标准1项，基础标准12项，通用标准30项，专用标准43项。

4.2 产品标准体系

标准体系同样采用层次结构，由基础标准层、通用标准层和专用标准层构成。

基础标准层，包括术语标准、分类标准和标志（标识）标准。

通用标准层，指各门类共性标准的综合。包括产品安全标准、节能标准、质量及检验标准、环保标准和劳动卫生标准等。

专用标准层，专用标准是指在某一门类下的对某一具体标准化对象制订的个性标准包括具体的产品、过程、服务及管理标准。

标准体系中将城市轨道交通划分成了7个门类，即车辆、供电、通信和信号、机电设备、自动售检票、轨道、运营及维修。

5 主要经验和认识

5.1 以安全和公共利益为核心

城市轨道交通标准化工作面临着行业快速发展的需要，以安全和公共利益为核心是国家战略和发展的需要。在这一战略原则的指导下，关系到乘客人身和轨道交通系统的安全（包括公共安全）、卫生与健康、环境保护、节能减排与循环利用、乘客利益、残疾人享有平等服务的内容，始终放在标准化优先及核心位置。例如，已颁布实施的《城市轨道交通技术规范》、《地铁工程施工安全评价标准》GB 50715—2011、《城市轨道交通客运服务》GB/T 22486—2008、《城市轨道交通客运服务标志》GB/T 18574—2008等；正在编制的《地铁设计防火规范》、《城市轨道交通结构抗震设计规范》、《城市轨道交通试运营标准》、《城市轨道交通用电综合评定指标》、《城市轨道交通机电设备节能要求》、《城市轨道交通车辆车体材料循环利用技术条件》等[6][7]。

5.2 以标准引导新技术的应用

开发标准与技术创新具有同样的战略意义。在城市轨道交通新技术的应用中，力争做到标准先行。为促进中低速磁浮技术的开发和应用，中低速磁浮设计、施工验收、车辆、轨排、道岔、运行控制、车辆电气等8项工程建设和产品标准列入标准制修订计划。标准正在发挥促进引导新技术开发和应用的作用。

5.3 借鉴与创新相结合

在标准的制修订过程中，结合国情和工程实际引用或参照国际标准或国外先进标准。例如，国家标准《城市轨道交通车辆组装后的检查与试验规则》GB/T 14894—2005 就是修改采用了国际电工委员会标准（IEC 61133：1992）；国家标准《城市轨道交通技术规范》GB 50490—2009 的制定就是在中德两国政府合作标准研究项目的基础上，参考了德国的技术法规；正在编制的国家标准《城市轨道交通安全控制规范》参考了欧盟标准《铁路应用 可靠性，可用性，可维护性和安全性规范与证明》EN 50126，结合我国的基本建设程序和工程实际进行制定。

5.4 强化标准的实施与监督

技术标准的实施，需要采取事前控制的措施。主要通过监督、引用标准和合格评定来进行。

监督工作包括对工程建设技术文件的审查，对工程建设使用的设备（产品）是否符合技术标准要求的审查；在工程和设备投入使用前，需要有关部门组织验收等。

城市轨道交通的引用标准主要体现在契约合同中的引用，这里引用的标准对缔约方来说也必须执行。目前在城市轨道交通的设备采购合同中均有适用标准的约定。

合格评定过程实质上是执行标准的过程，也就是认证。目前城市轨道交通的认证工作还处于起步阶段，尚未建立起强制性认证制度。在城市轨道交通行业建立强制性认证制度将是今后标准化工作的重要内容之一。

6 结语

我国内地的城市轨道交通标准化工作，随着城市轨道交通的技术进步和建设快速发展而稳步推进，标准化工作不仅是城市轨道交通建设运营的重要基础，也是促进其稳定、协调和可持续发展的保证，是城市轨道交通不断创新和发展先导。探索标准化理念、制定战略、提高标准质量和水平将始终是城市轨道交通标准化的艰巨任务 [3]。

参考文献

[1] 住房和城乡建设部标准定额司，工程建设标准编制指南 [M]，北京：中国建筑工业出版社，2009.

[2] 秦国栋、张素燕，建国六十年中国内地城市轨道交通发展述评 [M]，北京：中国城市出版社，中国城市发展报告（2009），2010:9-13。

[3] 陈燕申、秦国栋、苗彦英、张素燕，从零散到系统，从星火到繁荣—城市轨道交通技术标准化回顾与展望 [J]，工程建设标准化，2010（2）。

[4] 住房和城乡建设部标准定额研究所，工程建设标准体系（送审稿）[R]，城市轨道交通专业，2010。

[5] 住房和城乡建设部，城市轨道交通产品标准体系 [M]，北京：中国建筑工业出版社，2010。

[6] 田国民，加强标准编制管理 促进标准化工作健康发展，工程建设标准化 J]，2009（1）：9-12。

[7] 李铮，实现工程建设标准化又快又好发展的若干思考 [J]，工程建设标准化，2009（1）：27-30。

作者简介

张素燕，住房和城乡建设部地铁与轻轨研究中心工程师，主要研究方向：城市轨道交通规划、标准化、安全评价与管理，E-mail：zhangsy@caupd.com

城镇连绵空间下的苏州市域轨道交通发展模式

Suzhou Metropolitan Rail Transit Development within Megalopolis

蔡润林　赵一新　李　斌　樊　钧　祁　玥

摘　要：在城镇连绵地区构建市域轨道交通线网是提升运输效率、整合空间资源的重要手段。在对苏州市域轨道交通发展模式的研究中，首先归纳和比较国外市域轨道交通的两种发展模式——中心放射的圈层模式和自由网络发展模式，并指出中国市域轨道交通发展存在的问题。其次，从区域城际客流联系角度分析苏州构建市域轨道交通的适应性。同时，从苏州城镇空间组织角度对市域轨道交通构建要求进行论述。最后，提出适合苏州实际的市域轨道交通功能定位、线网形态和构架，以及在不同层次轨道交通衔接和制式方面需要考虑的因素。

关键词：交通规划；市域轨道交通；空间组织；城际交通；线网形态

Abstract: Developing metropolitan rail transit network is an important way to improve transportation efficiency and integrate spatial resources in megalopolis. To study the development of Suzhou metropolitan rail transit, this paper first summarizes two metropolitan rail transit development models commonly seen in other countries: circle + radiate corridors vs. free network development. Current problems in metropolitan rail transit development in China are also discussed. The paper analyzes the suitability for Suzhou to develop metropolitan rail transit based on inter-city passenger flow and discusses the infrastructure development considering the Suzhou urban geographical layout. Finally, the paper proposes the functionalities, network layout and structure of Suzhou metropolitan rail transit, along with factors need to be considered in the connection of different types of rail transit.

Keywords: transportation planning; metropolitan rail transit; urban geographical layout; inter-city traffic; network layout

近几年，中国市域轨道交通的规划和建设进入了快速发展阶段，这与大城市的规模日益扩大密切相关。中心城用地日渐紧张，郊区新城的建设已成规模，高速的城镇化和机动化加剧了职住分离，郊区与中心城的通勤联系需求日益加强。另一方面，随着区域一体化的发展进程加快，城镇密度较高地区（如长三角、珠三角、京津冀等）城际间交通联系日渐趋向"区域交通城市化"[1]，客观上需要更方便快捷的轨道交通服务。在这一背景下，上海市郊铁路金山线已开通运营，温州市域铁路 S1 线也开工建设。各大城市如北京、上海、杭州等均提出发展市域轨道交通的设想和编制相关规划。苏州城市轨道交通已经进入快速建设时期，而市域轨道交通的规划建设刚刚起步，本文基于长三角区域对接和城镇空间组织两方面对苏州市域轨道交通的发展模式进行研究。

1　国内外市域轨道交通发展模式

1.1　概念界定和内涵

对市域轨道交通的明确定义来源于《城市公共交通分类标准》CJJ/T 114—2007，标准指出"市域快速轨道系统是一种大运量的轨道运输系统，客运量可达 20 ~ 45 万人次·d^{-1}，可使用地铁车辆或专用车辆，最高运行速度可达 120 ~ 160km·h^{-1}，适用于城市区域内重大经济区之间中长距离的客运交通"[2]。在这一概念界定下，市域轨道交通的内涵在实际规划和应用中得到了进一步的延伸。从服务的性质和对象来看，市域轨道交通应不拘泥于范围和制式，主要为都市圈或市域内重点城镇间以及中心城与外围组团间的通勤、通学、商务、休闲、探亲、娱乐和购物等出行提供公共交通服务，服务范围一般在

100km 以内。市域快线、R 线、市郊线、市郊铁路以及都市圈快速轨道交通等都应属于市域轨道交通的层次范畴。

1.2　国外市域轨道交通发展模式总结

综观国外城市市域轨道交通的发展，一般存在两种发展模式：以东京、伦敦、纽约为代表的中心放射的圈层模式；以德国莱茵 - 鲁尔为代表的自由网络发展模式。

1.2.1　中心放射的圈层模式

此模式主要通过中心区轨道交通提供大容量客流运输服务，通过市域轨道交通连接大都市中心区与郊区及周边地区，提供向心出行服务，两者在中心城区进行衔接换乘。通常在这种模式下，市域轨道交通规模较大，一般为轨道交通总里程的 80% ~ 90%，客运量占 70% ~ 80%。例如，东京 50km 交通圈层内的市域轨道交通线路超过 2800 km，占轨道交通总里程的 82%；市域轨道交通日均客运量 2843 万人次·d^{-1}，占轨道交通总客运量的 77.7%；平均站间距达到 3.8 km，在山手线上的 24 座车站实现市域轨道交通与铁路间以及与城市轨道交通间的换乘（见图 1）。伦敦市域轨道交通线路总长达到 3071 km，占轨道交通里程的 87%；市域轨道交通日均客运量达 1000 万人次·d^{-1}，占轨道交通总客运量的 70%；平均站间距 3.5 km，市域轨道交通与城市轨道交通在距离市中心 5km 的范围内通过 14 个换乘站相互衔接（见图 2）。采用此模式的多为大都市圈，其市域轨道交通多利用原有的国家铁路开行通勤列车或新建铁路线路来实现[3]。

1.2.2　自由网络发展模式

莱茵 - 鲁尔城市群主要由中等规模的区域性中心城市构

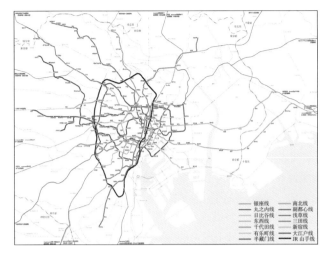

图 1　东京市域轨道交通线路分布

资料来源：http://upload.wikimedia.org/wikipedia/commons/8/8a/
Tokyo_metro_map.png

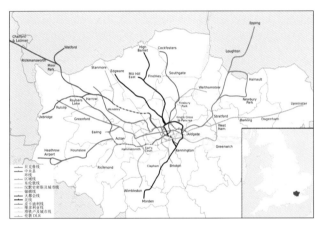

图 2　伦敦市域轨道交通线路分布

资料来源：http://en.wikipedia.org/wiki/File:London_Underground_with_Greater_
London_map.svg

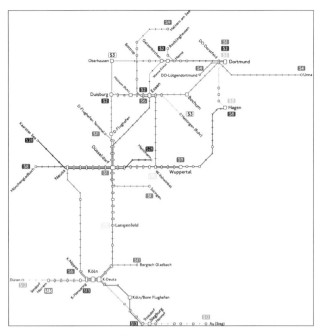

图 3　德国莱茵 - 鲁尔市域轨道交通线网形态

资料来源：http://commons.wikimedia.org/wiki/File:S-BahnNRW.svg

成，区内基本没有大型城市，以中小城镇及其网络化布局分工协作为主要特征。为适应这种分散式城镇化发展模式，莱茵 - 鲁尔市域轨道交通系统呈现自由网络形态（见图 3）。莱茵 - 鲁尔城市群现有 S-bahn 市域轨道交通线路 13 条，是介于地铁和有轨电车之间的一种快速轨道交通系统。大多数线路的发车间隔为 10 min，一般在中心区域线路比较密集。S-bahn 连接的地点多、范围广，乘坐 S-bahn 可以方便地到达鲁尔区的各个城镇市区及市区内的主要地点。从线网形态来看，由于多中心的城镇群布局，使得 S-bahn 的线网呈现自由分散式的网络布局，而为了满足市区内集散和换乘需求，在东西线路和南北线路的交汇点处会设置大型火车站使市域轨道交通、区域铁路以及城市轨道交通在此汇聚[4]。

1.3　中国市域轨道交通发展存在的问题

　　中国很多城市的轨道交通线网规划中已经考虑并提出了市域轨道交通网络和方案，但在规划实施中却存在多个方面

的问题。

　　1）市域轨道交通通道难以寻找或落实。前一阶段国内城市主要关注城市轨道交通的规划和建设，而对市域轨道交通通道未提前进行规划控制，或缺乏一体化规划考虑，或有规划但缺乏足够重视。例如，上海市地铁 1 号线和 2 号线原规划为市域级 R 线，但由于线路走行中心城核心客流通道，在建设时不得不考虑中心城区交通需求，在设站标准上基本参照了中心城区内的城市轨道交通，使得 R 线功能和服务水平无法落实既有规划意图。

　　2）市域轨道交通与城市轨道交通有效衔接考虑不足。有的城市由于市区轨道交通线网规划基本完备，对市域轨道交通往往采用从既有城市轨道交通端点向外延伸的简单方式，造成"市域线不进城"，在单一车站强制客流换乘，不仅降低了运输效率，也使市域轨道交通与城市轨道交通难以共同成网。

　　3）市域轨道交通的规划建设仍局限于市域行政管辖范围之内，对跨行政边界的连绵地区的客流联系需求考虑不足，对毗邻地区的轨道交通对接协调不足。

2　苏州面向长三角城际联系的轨道交通适应性分析

2.1　苏州对外城际交通联系日益紧密

　　随着长三角社会经济一体化进程的不断深入，以及区域城镇职能、产业布局的协同发展，长三角城际间交通联系呈现需求总量增长旺盛、通道网络化、城际通勤需求初现等显著特征[5]。

从苏州市与周边地区的联系来看，苏州整体对外交通联系仍以东西向沪宁走廊为主，但南北向通道需求增长迅速，见图4。苏州至沪宁沿线城市间的联系量约占其对外联系总量的80%。其中，苏州与上海之间联系强度最高，约为15.5万人次·d^{-1}，占苏州对外联系总量的40%；苏州与无锡间的联系量次之，约为7.0万人次·d^{-1}；苏州与南京、镇江、常州等沪宁沿线其他地区间的联系约为5.0万人次·d^{-1}。南北方向上，苏州与浙江地区间的联系量较高，达5.7万人次·d^{-1}，已相当于上海方向的1/3；苏州与南通间的联系量超2.0万人次·d^{-1}[6]。

此外，次级城镇接壤所形成的毗邻地区交通联系需求不容忽视，空间连绵化和城镇发展差异带来大量跨行政边界的通勤、购物、休闲等出行。苏州与周边地区形成了昆山—安亭、太仓—嘉定、张家港—江阴、震泽—南浔等多个毗邻地区空间和交通出行连绵地带。例如，临沪板块中的昆山、太仓对外联系的第一指向均为上海方向（见图5），昆山至上海的联系量达4.7万人次·d^{-1}，占其对外联系总量的44%，高于至苏州市区的3.1万人次·d^{-1}；太仓对外联系量整体较小，至上海的联系量为7617人次·d^{-1}，占其对外联系总量的30%，超过至苏州市区的6623人次·d^{-1}。可见临沪板块与上海市的关系十分紧密，已呈现打破行政界线、与上海市一体化发展的趋势。

城际交通客流的紧密联系特征在铁路旅客出行中也得到体现。苏州火车站城际铁路客流抽样调查分析显示，城际出行呈现高频、周期规律性出行特征。调查日的最近一个月中，在苏州乘坐火车次数超过4次的受访者约占20%。从苏州与上海之间的铁路出行联系来看，客流初步呈现潮汐性特征。苏州与上海间规律性的铁路出行人群占40%，其中每日往返人群约占11%，一周多次往返人群约占13%，一周一次往返人群约占16%，另外每月往返4次以上人群占30%。同时，苏州与上海之间的上班、上学、商贸洽谈、公务出差人群约

占出行总量的43%，客流量高峰多集中在通勤高峰时间，这已与特大城市内部的交通出行类似，尤其是临沪板块中的昆山，与上海市之间的联系呈现初步的早晚高峰潮汐特征。

2.2 城际铁路难以满足区域客流需求

长三角的城际交通出行规模、目的和规律性已与传统意义上的城市对外出行发生了很大变化。在市场驱动下，区域内产业、服务等资源的优化配置和整合，大大加强了城际功能组团间的交流强度和频率。城镇空间的连绵发展和城际交通方式（如城际铁路）的便捷性，大大提高了人们进行活动选择的自由度，使得原本局限于一个城市范围的出行活动，扩大到可以在区域范围内跨城市进行[5]。从苏州火车站城际铁路客流的调查分析来看（见图6），城市间商务、通勤等出行需求增长迅速，以通勤、通学、商贸洽谈、公务出差为出行目的的城际铁路客流已占客流总量的53.2%（不考虑回家

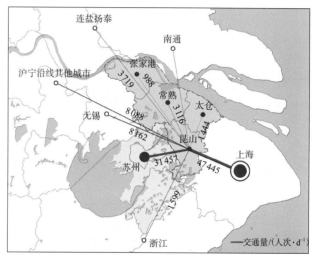

（a）昆山

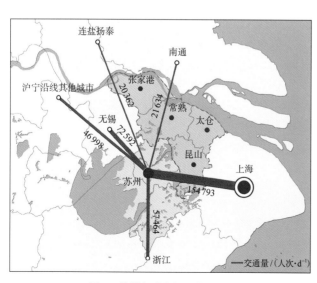

图4 苏州市对外交通联系分布

资料来源：文献[6]

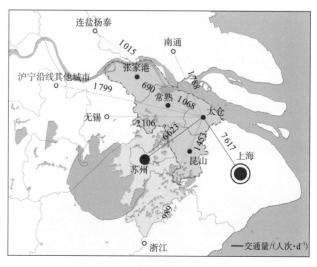

（b）太仓

图5 昆山、太仓对外交通联系分布

资料来源：文献[6]

出行）。其中，公务出差、商贸洽谈等商务出行比例最高，约为45.6%；上班、上学等通勤出行初现端倪，约占7.6%。同时，商务、通勤出行呈现高频率的规律性特征，商贸洽谈、公务出差中每周一次以上的规律性出行分别占41.5%和37.1%，见图7。

总的来看，长三角核心区，特别是苏州与上海之间的交通联系已趋向于"区域交通城市化"的特征，城际铁路客流已初步反映了这一变化。根据国外城市连绵地区的发展经验，以商务出行为主的城际交通出行有向通勤交通转变的可能，特别是在交通通达条件得到进一步改善的情况下，会诱发更大规模、更高频率的出行。

在这一背景下，仅依靠城际铁路无法满足未来城镇连绵地区的大量商务、通勤客流需求。城际铁路作为区域层面的铁路客运专线系统，通道和运能有限，以城市之间点到点的中长距离旅客运输见长。在苏州市域内仅有沪宁城际和规划中的沪湖、沿江、通苏嘉等城际铁路通道，铁路车站的城镇建成区用地覆盖率（2km半径）不足20%，人口覆盖率不足30%。另一方面，长三角核心区城际铁路运能紧张，以沪宁通道为例早晚高峰时段难以再增加班次。同时，城际铁路设

站数量较少，且对线路平顺度要求较高，往往设置于城市边缘地区，未来苏州市域内将形成城际铁路车站约25座，仅有9座铁路车站设置于城市功能中心的5km范围内，难以发挥对城市功能区的支撑和服务作用。

2.3 市域轨道交通对接要求及可行性

未来长三角核心区跨行政边界的客流联系将进一步加强，区域功能中心间的联系将进一步依赖于多层次轨道交通系统的建设。苏州与其他临近城市间（例如无锡），也存在大量的潜在轨道交通客流需求。目前，苏州—无锡的全方式联系量约为7万人次·d⁻¹，而城际铁路仅满足8000人次·d⁻¹的出行需求，剩余6万人次·d⁻¹的出行需求流向私人小汽车或公路客运系统。分析其原因在于，苏州与无锡之间基本形成连绵发展，且距离较近，在此距离范围内城际铁路的运输模式没有任何竞争优势。市域轨道交通在运输速度、站距、制式等方面恰好能够弥补城际铁路和城市轨道交通之间的服务空缺，但在类似长三角的城镇连绵地区，想要实现市域轨道交通的连续服务，必须实现市域轨道交通层次的跨行政区域对接。

毗邻地区的市域轨道交通对接和接口预留已成为苏州与上海、无锡、嘉兴等地的规划共识，从各地既有规划来看，苏州与上海间已预留三处接口，包括太仓—嘉定、昆山—嘉定和吴江—青浦；苏州与无锡间已预留两处接口，包括苏州市区—硕放机场、张家港—江阴；苏州与嘉兴间预留一处接口，为吴江—嘉兴。需要注意的是，跨行政区域对接的轨道交通线路一般较长，以既有城市轨道交通的延伸对接模式并不适合，例如目前已开通运营的上海市轨道交通11号线昆山花桥延伸段，无论从时空距离角度还是商务、通勤客流吸引力来看，其与小汽车相比均无优势。

3 基于苏州城镇空间组织的轨道交通构建要求

3.1 市域组团间联系和交通效率提升的要求

苏州市域内部各组团主要围绕自身集聚发展，各组团之间尺度相对较大，分布相对分散（见图8）。苏州中心城区与常熟、张家港、昆山、太仓等主要组团中心间距为30～60km。

市域组团间交通联系主要依靠高速公路，如市域南北向的常熟—市区—吴江发展轴依靠苏嘉杭高速支撑；市域北部沿江的太仓—常熟—张家港沿江发展轴依靠沈海高速支撑；而市域南部的水乡发展轴依靠沪渝高速支撑。苏州市域内仅传统沪宁通道形成了以高速公路、高速铁路、城际铁路以及普通铁路组成的复合交通通道。同时，市域组团间的相互联系有增强的趋势，尤其是市域南北轴联系增长十分迅猛，苏嘉杭高速南段经常陷入拥堵状况。未来必须在市域内部形成市域轨道交通与高速公路的复合通道支撑组团间的联系需求，并且满足市域组团间通达的时间目标。市域轨道交通平均运行

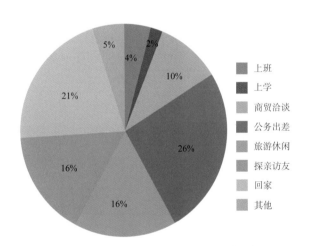

图6 苏州火车站城际铁路旅客出行目的分布

资料来源：文献[6]

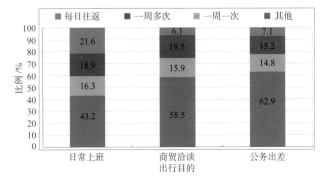

图7 苏州火车站城际铁路商务、通勤出行频率分布

资料来源：文献[6]

速度为 80~100km·h⁻¹，最高运行速度可达 120~160km·h⁻¹，基本可以保证组团间的站间联系时间在 30min 以内。

3.2 市区组团和轨道交通通道构建的要求

苏州市区呈现以古城为核心，高新区、相城区、吴中区、工业园区为外围的"一核四城，四角山水"的空间结构（见图 9）。调查显示，古城外围的相城区、高新区、工业园区、吴中区以及撤县设区后的吴江区之间的直接联系需求强烈，对通达的时间目标要求较高。但由于"四角山水"城市空间结构限制，使得组团之间缺乏直接联系通道，外围四城之间

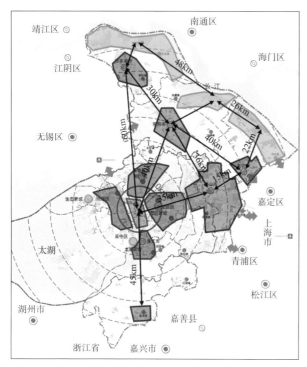

图 8　苏州市域现状组团分布

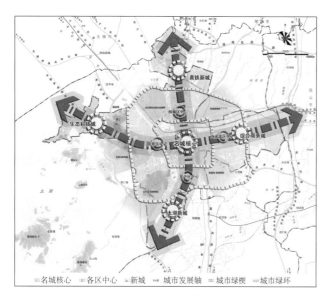

图 9　苏州市"一核四城"空间结构
资料来源：文献 [7]

的联系仍需要通过快速路及古城道路穿行通过；伴随外围组团间联系需求的增大以及古城条件的限制，古城内部道路增长已经达到极限，更加剧了古城的交通拥堵。

未来苏州市区组团之间的出行需求仍将持续增长，跨组团长距离出行将成为交通问题的焦点。而目前苏州的城市轨道交通线网是以古城为核心呈放射状的布局形态（见图 10），对外围组团间的联系需求缺乏统筹考虑。因此，需要市域轨道交通来弥补城市轨道交通线网的不足，同时满足市区各组团与市域重要组团间的联系需求。

3.3 交通网络重构的要求

从城镇空间发展特征分析，苏州东部的工业园区位于城市空间主要发展轴上，已经发展成为苏州乃至长三角地区的重要产业地区、商业及人口的集聚地，并将"完善综合型商务新城"作为转型发展目标[9]。因此必须从交通基础设施的布局上引导和强化其区域辐射功能，提升工业园区的发展动力和影响力。从市域交通出行分布来看，出行重心亦呈现向东转移的特征，沪宁轴向的出行重心逐渐向工业园区和昆山偏移，日到发人次明显高于苏州城区，见图 11。

空间和出行重心的转移将使得苏州整体空间和交通网络面临重构，东部的工业园区—昆山一线可能成为新的发展重心，而市域轨道交通将成为引导和重塑城镇空间唯一和关键的交通设施载体。

4　苏州市域轨道交通构建

4.1　功能层次和发展定位

目前，苏州市已有多种轨道交通系统共存，除京沪高铁外，还包括服务于都市连绵区的沪宁城际、规划中的沿江城际、通苏嘉城际等；城市轨道交通 1 号线、2 号线已建成通车，

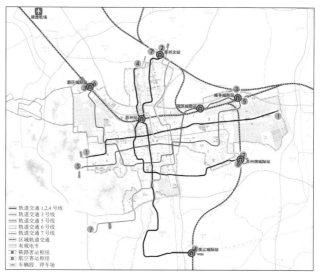

图 10　苏州城市轨道交通线网规划方案
资料来源：文献 [8]

3 号线、4 号线、7 号线正在建设中；苏州高新区的有轨电车 1 号线也进入试运营阶段。本文对不同范围内满足不同出行需求的轨道交通系统进行功能层次梳理，如表 1 所示。

与其他特大中心城市有所不同，苏州市域轨道交通的发展必须兼顾都市连绵区、市域和市区三个层面的交通联系需求。都市连绵区层面，市域轨道交通需弥补城际铁路在运量、发车频率、覆盖地区等方面的不足，与上海、无锡等周边城市的市域轨道交通层次（含市郊线）实现对接运营；市域内部，通过市域轨道交通构建满足主要城镇组团间的交通联系，完善市域综合交通系统，加强市域空间统筹和集聚发展；市区层面，构建轨道交通快线加强"四城"之间的快速直达联系，避免市区轨道交通线路无限制延伸导致服务水平下降。

4.2 线网形态选择

1）非圈层式。

苏州的市域板块化空间形态和市区多组团的空间组织模式，以及所处的长三角核心区空间连绵化特征，决定了苏州市域轨道交通的网络形态不可能采用特大中心城市（如北京、上海）所惯用的中心放射的圈层模式。

尽管苏州市区范围内已规划形成较为完善的城市轨道交通网络，并基本呈现以中心放射的整体布局形态，但其前提仍是以加强组团间直达联系为目的，且考虑"四角山水"的分隔不得不通过中心区进行网络组织。市域轨道交通线网应

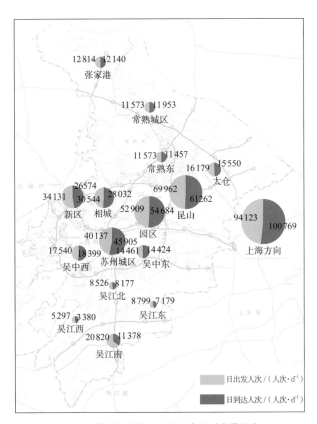

图 11 苏州市域各组团交通出行到发量分布

资料来源：文献 [6]

苏州市轨道交通系统功能层次划分　表 1

服务范围	系统构成	满足出行需求
区域对外	高速铁路	全国范围内城市间的高速直达联系
都市连绵区	城际铁路	长三角城际间商务往来、周期性通勤联系
市域	市域轨道交通层次（含市域快线、市郊铁路）	都市连绵区和城镇组团间长距离通勤出行、商务往来、生活出行
各市区	城市轨道交通（地铁、轻轨）	城市内部和组团间通勤、生活出行
	中运量有轨电车	城市内部通勤、生活出行

突破中心放射的圈层组织形态：从市区来看处于几何重心的姑苏区由于古城保护的压力，其承担的商业、服务业等职能正逐步向周边组团转移，已不是空间和城市功能的重心所在，东部工业园区成为市区主要的综合服务中心；而放大到市域层面，城镇空间板块化格局更加明显，市区并无显著的集聚势能，在市域行政边界地区则受临近中心城市吸引和辐射影响突出，例如太仓与上海间、张家港与无锡间。

2）强化组团贯通直连。

虚化行政边界、强化组团贯通直连，是苏州市域轨道交通网络构建的另一个关注点。从现状发展来看，苏州市区内与周边县级市（如昆山、常熟等）在社会经济发展水平方面并无显著差异；而在空间发展上，工业园区与昆山逐渐实现对接，北部相城区与常熟连为一体。因此，市域轨道交通网络应以城镇组团为单位考虑贯通直连，同时满足不同组团间速度、时间目标等服务水平要求，而不是"市区"与"市郊"之间的联系模式。在这个意义上，市域轨道交通和市区轨道交通的单点衔接换乘方式并不适用于苏州的实际情况。

除苏州市区外，应允许张家港、常熟、太仓等县级市发展自身的轨道交通网络，因地制宜采用不同运量的城市轨道交通系统。市域轨道交通应在通道走廊、换乘枢纽、资源共享等方面与各市区内部轨道交通统筹协调。

3）预留网络延展性。

市域轨道交通的网络延展性主要体现在与周边城市及枢纽的对接方面。周边各城市均提出轨道交通快线的发展规划或设想，苏州市域轨道交通应积极对接和协调，预留相应的走廊延伸和衔接条件。这是整个都市连绵区市域层次轨道交通成网并发挥效益的关键。同时，还应通过市域轨道交通建立并完善苏州市域各组团与虹桥枢纽、硕放机场等区域重要交通门户的便捷联系。

4.3 线网模式构架

综上分析，苏州市域轨道交通线网模式构架确定为："组团互联、轴向延伸"。在此基础上，考虑城市空间未来可能的

整合和拓展方向，提出两个市域轨道交通线网模式构架方案。

1）模式一：强化外围组团功能，疏解中心城功能。

以提升外围组团功能为核心，避免直接穿越古城，加强周边工业园区、高新区、相城区、吴江区相互间的直接联系，同时加强外围组团与市区之间的便捷联系。此外，利用市域轨道交通与高铁及城际铁路枢纽进行衔接和串联，提高枢纽的辐射力，缓解枢纽交通压力。发展模式和概念构架如图12所示，4条线路走廊分别串联常熟—相城区—工业园区—昆山（—上海安亭）、张家港—常熟—昆山、吴江区—高新区—相城高铁站（—无锡硕放机场）、吴江区—工业园区—昆山—太仓（—上海嘉定）。

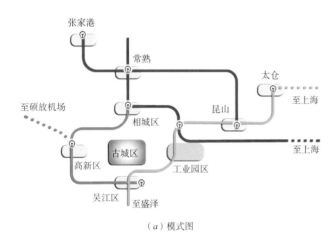

（a）模式图

（b）线网构架

图12 苏州市域轨道交通线网构架模式一

资料来源：文献[6]

2）模式二：空间重心向东转移，强化东部与周边组团的直接联系。

随出行重心转移，重点强化和打造工业园区与昆山对外联系的市域轨道交通系统，加强东西向苏州城区—昆山—太仓的直达性；对重点组团进行串联，强化张家港—常熟—昆山、常熟—苏州的联系。积极对接毗邻地区，东部太仓、昆山对接上海，西部苏州城区对接无锡。依托并利用高铁和城际铁路车站等枢纽设施对市域轨道交通线路进行锚固，同时疏解自身枢纽交通压力。市域轨道交通线路避免直接穿越古城，进一步疏解古城城市功能和过境交通压力，同时加强中心城区与周边组团以及周边组团相互间联系。发展模式和概念构架如图13所示，6条线路走廊分别串联相城高铁站—昆山（—上海安亭）、高新区—工业园区—昆山—太仓（—上海嘉定）、吴江区—高新区（—无锡硕放机场）、吴江区—工业园区—昆山、常熟—相城区—高新区、张家港—常熟—昆山。

4.4 衔接关系和制式选择

构建区域对接和城镇便捷联系的市域轨道交通网络，不同层次、不同区域的轨道交通衔接和制式统一尤为关键。在当前的审批体制下，跨行政边界的统筹规划和建设难度仍然很大，打破行政区划壁垒的过程也不可能一蹴而就，因此，必须充分考虑轨道交通线路的合理衔接和制式的协同。一方面，在市域轨道交通之间以及市域轨道交通与城市轨道交通、中运量轨道交通间的衔接换乘应尽可能避免单点换乘，特别是主要客流路径中途的强制换乘，因此线路走廊应与客流集散点相结合，或通过共用走廊接入整体轨道交通网络。例如纽约通过线路复线化组织实现快慢车运行，东京也有类似的做法。另一方面，市域轨道交通层次应允许多种制式共存，包括市郊铁路、市域快线、市郊轻轨、有轨电车等，并尽可能促成不同制式轨道交通之间共线运营。例如德国实现了轻轨与城际铁路的共线运营，日本福井经改造市郊铁路列车使之可以进入有轨电车线路等[10]。

5 结语

苏州与长三角诸多城市具有共性：区域一体化进程较快，区域城镇间存在紧密联系需求；城镇体系较为分散，具有空间连绵化特征；社会经济较为发达，交通出行的多样化需求强烈。本文基于区域对接需求和城镇空间整合两个视角进行研究，提出苏州市域轨道交通构建模式：有别于传统大都市的圈层形态，注重分散组团的贯通直连和网络面向区域的可延展性。随着长三角核心区城镇间交流往来日益频繁，市域轨道交通网络层次的构建势在必行，因此必须加强行政主体间的统筹协调，以形成走廊、换乘和制式的一体化规划和建设。

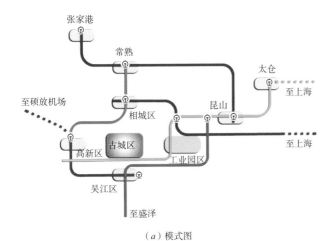

（a）模式图

（b）线网构架

图 13　苏州市域轨道交通线网构架模式二
资料来源：文献 [6]

参考文献

[1] 孔令斌.城镇密集地区城镇空间与交通规划问题探讨 [J].城市交通，2012，10（3）：卷首.

[2]CJJ/T114—2007 城市公共交通分类标准 [S].

[3] 陆锡明，宣培培.长江三角洲与上海都市圈层交通发展问题研究 [J].交通与运输，2003（5）：8-12.

[4] 江永，刘迁.中国快速城镇化趋势下的市域轨道交通发展探讨 [J].都市快轨交通，2013，26（1）：49-53，63.

[5] 赵一新，吕大玮，李斌，蔡润林，叶敏.上海区域交通发展策略研究 [J].城市交通，2014，12（3）：30-37.

[6] 中国城市规划设计研究院.苏州市交通发展战略规划及专题研究 [R].苏州：苏州市规划局，2014.

[7] 中国城市规划设计研究院.苏州市轨道交通线网规划修编[R].苏州：苏州市规划局，2011.

[8] 中国城市规划设计研究院.苏州市城市总体规划（2007—2020）[R].苏州：苏州市规划局，2008.

[9] 江苏省城市规划设计研究院.苏州工业园区总体规划（2012—2030）[R].苏州：苏州市工业园区规划局，2012.

[10] 杨耀.国外大城市轨道交通市域线的发展及其启示 [J].城市轨道交通研究，2008（2）：17-21.

作者简介

蔡润林，男，山东威海人，博士研究生，高级工程师，上海交通分部副主任，主要研究方向：城市综合交通规划、轨道交通规划等，E-mail：cairl@caupd.com

城市轨道交通线网规划用地控制指标研究

The Study on Indicators of Land Use Control in Urban Rail Transit Network Planning

高德辉　陈丽莎　倪　剑

摘　要：在城市轨道交通建设过程中，各城市都充分认识到做好轨道交通用地规划与控制的重要性。本文通过分析影响轨道交通用地控制的因素，在总结国家相关标准规范的基础上，重点研究轨道交通线网规划阶段的用地控制范围，提出了轨道交通线路、车站的用地控制通用指标建议和具体控制实例，并对轨道交通用地控制规划提出相应建议。

关键词：城市轨道交通；线网规划；用地控制

Abstract: Land use control of urban rail transit are important in the urban rail transit construction process. On the basis of analyzing the influential factors of rail transit land control and summarizing on the relevant national standards, this paper focuses on the scope of land use control in rail transit network planning stage, introduces the common indicators and instances of rail transit line and station , and make some recommendations of land use control accordlingly.

Keywords: urban rail transit; network planning; land use control

0　引言

近年来，城市轨道交通在我国发展迅猛，越来越多的三线城市也在积极编制轨道交通线网规划，达到"早规划、早控制"的目的。而这些城市由于暂时不具备开工建设轨道交通的条件，在编制完线网规划之后，往往没有开展轨道交通预可行性研究和轨道交通用地控制专项规划。因此，在线网规划阶段用地控制规划的首要任务是在轨道线路中心线一经确定后，尚无具体工程实施方案的情况下就对轨道交通所需的建设用地进行预留，从源头上缓解用地矛盾。

本文通过分析影响轨道交通用地控制的因素，在总结国家相关标准规范的基础上，重点研究轨道交通线网规划规划阶段的用地控制范围，提出了轨道交通线路、车站的用地控制通用指标建议，作为线网规划的重要组成部分，使城市规划主管部门能够从编制线网规划阶段考虑城市轨道交通的用地控制问题，为轨道交通的建设预留足够空间，为下一阶段各专项规划的编制提供依据，为轨道交通建设持续发展奠定基础。

1　轨道交通用地控制规划的内容与意义

1.1　轨道交通用地控制规划的主要内容

轨道交通用地控制规划内容一般包括：线路、车站、车辆基地、联络线及城市轨道交通相关设施等用地控制规划。城市轨道交通系统由线路、车站、车辆基地、联络线及相关设施等组成，车辆基地包括停车场、车辆段和车辆综合维修基地，以及车辆进出场段的出入线，相关设施主要包括控制中心、主变电站等，各项城市轨道交通设施用地均需要预留与控制。

1.2　轨道交通用地控制规划的目的与意义

城市轨道交通用地控制规划的主要目标是为轨道交通建

设预留足够的建设空间，增强轨道与周边建设的协调性，减少拆迁，降低建造成本，保障轨道交通的顺利实施和建设、运营安全。

1）为城市快速轨道交通提供建设条件[1]

城市快速轨道交通的建设需要在城市地下、地面甚至地上空间来布设线网的区间、车站及车站出入口、风亭、车场，安排建设期的交通组织，以及施工场地布置等。所以对线路可能经过区域内土地利用和城市空间长远控制是轨道交通建设的前提条件，并且对指导沿线建设用地的调整具有重要的现实意义。

2）综合考虑城市建设、减少浪费

城市快速轨道交通是大型的城市基础设施工程，而且由于其功能的要求，线路通常需穿越城市居民聚集密集区及城市设施等，会带来一定的拆迁工程。尽早做好线网用地控制规划，纳入城市规划管理范围，防止刚建设又拆除，尽量减少在建设时给城市带来的负面影响，并且能很大程度的减少政府的投资，节约成本。

3）支持和促进城市有序发展

城市快速轨道交通是城市公共交通的骨干，必带动线网沿线土地以车站为核心的高密度建设。城市快速轨道沿线将是含金量最高的地带，是政府不可多得的财富。城市快速轨道用地规划和控制，可避免对土地资源的浪费，充分发挥轨道交通对城市发展的引导和促进作用，保证城市建设健康有序发展。

2　轨道交通用地控制影响因素

轨道交通线网沿线用地规划与控制除满足城市发展规划和轨道交通系统要求外，还应考虑城市的环保要求和工程安全保护要求[2]。

1）建设施工范围

对于处于线网规划阶段的线路，应讨论建成后车站及线路需要的占地面积。不同敷设方式的轨道交通设施，其结构的占地需求不同，占用的空间范围也不同。除考虑设施的结构占地要求外，还应为轨道交通预留出一定建设条件，包括线路间、车站建筑与城市其他建筑间的安全防护距离，一定的施工条件，以及在线路设计不断深化的过程中线路调整所需要的用地范围。

轨道交通的建设应尽可能沿城市主干道及道路规划红线范围内布置，这样可以减少线路穿越街坊和高层建筑，减少拆迁量，降低施工难度。

2）工程环境保护

工程环境保护主要考虑地下线产生的振动对周围环境的影响、地上线产生的噪声对周围环境的影响[3]。

（1）噪声

当轨道交通采用地上线路穿越居民区、文教区时，其线路与敏感建筑之间的噪声防护距离应符合表1的规定。当工程条件不能满足表中的规定时，应采取噪声防护措施，以达到环境噪声标准的要求。

（2）振动

当轨道交通线路以隧道形式穿越居民区、文教区时，其线路与敏感建筑之间的振动防护距离应符合表2的规定。当工程条件不能满足表中的规定时，应采取减振降噪措施，以达到环境振动标准的要求。

3）运营安全范围

当轨道交通进入方案设计、建设运营阶段时，用地控制的工作重点从确保建设空间及条件转移到如何确保建成后的设施安全上来，从而保障轨道交通的顺利实施建设和运营安全。

3 轨道交通线网用地控制规划的相关规定

3.1 《城市轨道交通线网规划编制标准》的规定

住房和城乡建设部发布的《城市轨道交通线网规划编制标准》GB/T 50546—2009中关于"用地控制规划"的相关规定[4]：

1）用地控制规划的主要任务是对城市轨道交通设施用地提出规划控制原则与要求，通过预留与控制设施用地，为城市轨道交通建设提供用地条件。

2）用地控制规划的主要内容应包括线路、车站和车辆基地。

3）线路用地控制规划应根据各线路（含联络线）的走向方案，提出线路走廊用地的控制原则和控制范围的指标要求。

4）车站用地控制规划应综合考虑车站功能定位、周边土地使用功能和交通系统等因素，提出换乘车站用地控制原则和控制范围的指标要求。

地上线距敏感建筑物的噪声防护距离（单位：m）　　表1

声环境功能区类别	区域名称	近侧轨道中心线与敏感建筑物的水平间距
0类	康复疗养区等特别需要安静的区域的敏感点	≥60
1类	居住、医疗、文教、科研区的敏感点	≮50
2类	居住、商业、工业混合区的敏感点	≮40
3类	工业区的敏感点	≮30
4a类	城市轨道交通两侧区域（地上线）的敏感点	≮30

地下线距敏感建筑物的振动防护距离（单位：m）　　表2

区域名称	建筑物类型	近侧轨道中心线与敏感建筑物的水平间距
居民、文教、机关区的敏感点	Ⅰ、Ⅱ、Ⅲ类	≮30
商业与居民混合区、商业集中区的敏感点	Ⅰ、Ⅱ、Ⅲ类	≮25

5）车辆基地用地控制规划应确定车辆基地用地的规划控制范围。

3.2 《城市轨道交通工程项目建设标准》的规定

建设部和国家发改委共同颁布的《城市轨道交通工程项目建设标准》建标104—2008中，对城市轨道交通的用地控制进行了相应的规定。该标准第二十八条规定[5]：

在线路经过地带，应划定轨道交通走廊的控制保护地界，并应符合下列规定：

1）在城市轨道交通建设走廊应以城市轨道交通线网规划为依据，对建成线路和规划线路应确定控制保护地界，并应纳入城市用地控制保护规划范畴。

2）轨道交通控制保护地界应根据工程地质条件、施工工法和当地工程实践经验，确定规划控制保护地界，但不应小于表3的规定。

3）在规划控制保护地界内，应限制新建各种大型建筑、地下构筑物、或穿越轨道交通建筑结构下方。必要时须制定必要的预留和保护措施，确保轨道交通结构稳定和运营安全，经工程实施方案研究论证，征得轨道交通主管部门同意后，可依法办理有关许可手续。

4）在城市建成区，当新建轨道交通处于道路狭窄地区时，在规划控制保护地界内，其工程结构施工应注意对相邻建筑的安全影响，并应采取必要的拆迁或安全保护措施。

3.3 小结

相关标准规范对轨道交通用地控制提出了总体原则，具有总览性和普遍性，但《城市轨道交通线网规划编制标准》

控制保护地界最小宽度标准 表3

线路地段	控制保护地界计算基线	规划控制保护地界
建成线路地段	地下车站和隧道结构外侧，每侧宽度	50m
	高架车站和区间桥梁结构外侧，每侧宽度	30m
	出入口、通风亭、变电站等建筑物外边线的外侧，每侧宽度	10m
规划线路地段	以城市道路规划红线中线为基线，每侧宽度	60m
	规划有多条轨道交通线路平行通过或线路偏离道路以外地段	专项研究

提出的用地控制指标偏原则，不易操作，缺乏对实际工作的指导性。由《城市轨道交通工程项目建设标准》的规定以及各城市的用地控制标准可知，目前轨道交通用地控制没有完善统一的用地控制指标，用地控制的划定范围不同，有的只划定一个控制区范围，有的划定控制区和影响区两个控制范围。

4 线路走廊用地控制指标建议

4.1 用地控制指标建议

综合相关规范标准和国内部分城市的控制数据提出轨道交通线路走廊用地规划预留范围的通用指标要求：

4.2 用地控制示例

根据上述的用地控制目的、原则、用地控制标准及对道路红线的要求，对轨道交通沿线用地控制提出规划控制示例见图1：

1）高架区间用地控制范围示意

图1是轨道交通高架区间的情况，按轨道线路中心线两侧各30m的控制要求，轨道交通用地控制红线宽度为60m，在此示例中道路红线宽度为50m，因此要求新建建筑物退让道路红线不小于5m。

2）地下区间用地控制范围示意

图2是轨道交通地下区间的情况，按照轨道线路中心线两侧各25m的控制要求，轨道交通用地控制红线宽度为50m，在此示例中与道路红线宽度重合。

5 主要枢纽规划控制建议

5.1 车站用地控制规划原则

1）车站用地控制规划包括车站主体、出入口、风亭、冷却塔等附属设施以及出入口交通换乘设施用地的控制规划。

2）车站用地控制规划应区别对待道路红线内用地和道路红线外用地。

3）车站依据敷设方式可分为高架车站、地面车站和地下车站；依据重要性可分为一般中间站、大型接驳站以及综合枢纽站。用地控制应适应车站的形式和重要性。

4）地下车站出入口、风亭以及地上车站的地面建筑，除满足地铁自身的技术要求外，应尽量考虑与城市道路及两侧

线路用地控制规划预留范围 表4

No.	线路敷设方式		线路走廊位置	轨道交通用地控制红线宽度	备 注
1	地下线	区间	线路中心线两侧带状控制区	各25m，困难地段各20m	区间风道按规划方案轮廓向外扩35m为控制用地
2		车站		规划方案轮廓向外扩25m为控制用地	包括出入口、风亭
3	地面线	道路之中		各30m，困难地段25m	工程主体结构在地面上
4		道路一侧路面之外			工程主体结构采用桥梁结构形式架设在地面上
5	高架线	区间		各30m，困难地段各25m	架设高度须满足汽车通行要求
6		车站		规划方案轮廓向外扩30m为控制用地	
7	辅助线	地上线		线路每侧30m	控制范围内不得随意修建新的建筑
8		地下线		线路每侧25m	
9	影 响 区		城市中心区	严控区外两侧各30m	影响区范围新建、改建建筑须与轨道交通进行规划配合

注：1.严控区为正线、辅助线及车站建设范围。严控区边缘为轨道交通用地控制红线。影响区为车站及部分区间的附属设施建设可能的影响范围。

2.轨道交通用地控制红线是对沿线路两侧新建建筑物的退让控制线，在实际操作中要求选择道路红线较宽的道路敷设，其中高架线要求道路红线宽度不小于50m（困难情况下区间可为40m）；地面线（包括出洞过渡段）道路红线宽度不小于60m，尽可能设在道路中间或一侧，不宜轻易换位。

3.城市中心区按50m红线严格控制线路走廊，对不够50m宽度的道路，有条件的调整规划红线宽度，无条件的可以对新报建的建筑物增大道路红线退让，减少拆迁量。

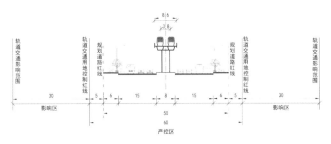

图1　高架区间轨道交通用地控制范围示意图（单位：m）

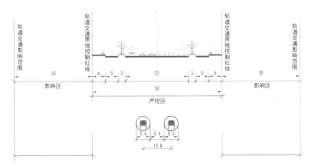

图2　地下区间轨道交通用地控制范围示意图（单位：m）

建筑相结合，合理布局，满足周围环境与城市规划要求。

5）由于线网规划阶段的车站站位以及车站地下出入口、风亭的位置尚不确定，因此用地控制规划时，应为下一步设计阶段的站位调整留有余地。

5.2　车站及附属设施用地控制规划

车站规模应根据远期列车编组长度以及车站客流量计算。通常车站的用地宽度在22~40m之间，长度在100~240m之间。车站及附属设施（包括车站出入口、风亭和冷却塔）用地控制规划时，车站前后各100m，左右各30m的范围作为控制用地的范围。

5.3　枢纽用地控制要求

轨道交通枢纽从网络结构的交通接驳功能以及站点周边用地功能两方面可以分为三种等级和规模：综合枢纽站、大型接驳站和一般中间站。针对不同功能和等级的交通枢纽用地控制规划如下：

1）综合枢纽站

综合枢纽站是城市对外交通中心，市内外交通衔接枢纽，具有客流集中、换乘量大、辐射面广等特点。该枢纽内，不仅要控制足够的交通用地，而且要进行详细综合规划布局，使各种交通方式布局合理，换乘方便。

综合枢纽站的公交及社会车辆场地按各不小于10000m²控制。市级服务中心、铁路、机场及对周边城镇的主要出口点与城市轨道交通的衔接站应为综合枢纽站。

2）大型接驳站

大型接驳站一般分布于城市轨道交通线首末车站前后、

地区中心以及换乘量较大的车站。

大型接驳站的公交及社会车辆场地可按不小于3000~5000m²控制。新增大型接驳站，应尽量布置在市中心区以外的地区，城市轨道交通首末站前后，地区中心或城市轨道交通换乘站附近，交通场地宜设置于城市轨道交通站中心半径200~300m以内。对现有公交总站若靠近城市轨道交通线，应予保留，若与城市轨道交通换乘不方便，应适当调整。

3）一般中间站

一般中间站位置多在市区，可考虑公交、出租车和自行车换乘接驳，仅要求有城市轨道交通车站与公交出入换乘的场地，有条件时可设置港湾式停车站。而社会停车场根据所处位置，其面积要求有所不同，位于研究中心区的，只考虑停放摩托车和自行车，面积可小一些。位于城市外围的，可考虑停车换乘（Park and Ride，P+R）方式，小汽车停车场地可参照大型衔接站的要求，社会车辆停车场按不小于3000~5000m²控制。

6　轨道交通用地控制规划建议

在实际操作中应遵循"局部服从大局、规划尊重既有"的原则，对已经开始建设的建筑物按照既有条件考虑，轨道交通用地红线尽量避开；对已批出但尚未建设的项目，应积极向建设方提出规划协调要求，尽可能留出衔接条件；对尚未批出的建设项目，应严格按照轨道交通用地控制红线予以控制。

轨道交通用地控制红线是对沿线路两侧新建建筑物的退线控制线。在轨道交通区间段，严格禁止新建建筑物的地上和地下结构进入轨道交通用地控制红线范围；在轨道交通车站周边，原则上控制新建建筑物不进入轨道交通用地控制红线范围，但预留与轨道交通车站衔接条件的建筑物，可不受轨道交通用地控制红线的限制。

紧邻轨道交通车站周边的新建或翻建的建筑，应结合轨道交通车站设置，预留衔接条件。车站周边建筑物与轨道交通车站的衔接方案，应委托具有轨道交通设计资质的专业机构完成或审定，审定的方案报市规划局核准通过后方可开工建设。

对远期建设线路的控制用地，可适当安排临时性建筑以避免土地的长期闲置，并要求其在轨道交通开始建设前予以拆除。

对噪声和振动敏感度较低的建筑物（如商业、厂房等），按照轨道交通用地控制红线予以控制，不必另外退线；而对噪声和振动敏感度较高的建筑物（如住宅、医院住院部、学校教学楼等），应根据其对噪声和振动的敏感度要求，按照规划环境评价指标设定相应的退红线尺度。

7　结语

城市轨道交通工程是城市重大基础设施项目，对城市轨道交通设施用地提出规划控制原则和具体要求，是城市轨道交通线网规划编制工作的主要任务之一。在城市轨道交通线网规划编制阶段，用地控制规划的内容深度难以满足城市规划管理工作所需的内容深度要求，在城市轨道交通线网规划编制完成后，尚应编制城市轨道交通设施用地的专项控制性规划，城市轨道交通各类建设用地应在城市控制性详细规划中落实，并应根据具体情况对沿线土地利用性质进行优化调整。

参考文献

[1] 中国地铁工程咨询有限责任公司，石家庄市城市快速轨道交通线网规划修编 [R]，石家庄：石家庄市轨道交通项目建设办公室，2010.

[2] 黄垚，城市轨道交通规划用地控制研究—以北京为例 [D]，北京，北京交通大学，2011.

[3] 北京城建设计研究总院有限责任公司，中国地铁工程咨询有限责任公司，地铁设计规范（征求意见稿）[S]，北京，2009.

[4] 住房和城乡建设部，城市轨道交通线网规划编制标准 GB/T 50546—2009[S]，北京：中国建筑工业出版社，2009.

[5] 建设部、国家发改委，城市轨道交通工程项目建设标准建标104—2008[S]，北京：中国计划出版社，2008.

作者简介

高德辉，男，北京人，硕士，工程师，E-mail:wolfgo@163.com

大型空港枢纽构建中轨道规划设计关键技术

Key Technologies of Rail Transit Planning for Large Airport Transport Hub Construction

张国华 欧心泉 周 乐

摘 要：大型空港枢纽作为重大乃至特大的多模式交通综合体，构建过程中需要进行多方面的权衡和考虑。结合轨道交通的发展及其对城市的重要性，做好与轨道交通的衔接已成为大型空港枢纽发挥功效和拓展功能的关键。对此，文章在总结国内外大型空港枢纽规划、建设、管理经验的基础上，剖析相关城市和地区的典型案例，分析空港枢纽构建中轨道交通规划设计的关键技术，提出衔接规划的总体思路以及面向高速铁路、城际轨道、与城市轨道的设计要点，促进枢纽一体化开发的创新与实践。

关键词：航空港口；交通枢纽；轨道交通；规划设计

Abstract: As the impressive infrastructure which combines multi-modes of transport, large airport transport hub need a wide range of trade-offs and considerations during its construction. Introduce the services of rail transit into large airport transport hub has been the key to enhance its quality and make it operate more efficiently. So, the thesis makes summaries of planning, construction and management experiences for large airport transport hub by analyzing typical cases around the world. On this basis, it forms the key technologies of rail transit planning (such as high-speed rail, intercity rail, urban rail etc.) for its construction. And all these works have been done are to promote the innovations and practices for integrated development in hub.

Keywords: air harbor; transport hub; rail transit; planning and design

1 引言

大型空港枢纽以民航旅客运输为主体，融合多种地面交通方式于一身，是综合交通运输体系的重要组成部分。作为旅客"零距离换乘"和货物"无缝化衔接"的重要节点，常年客运吞吐量达2000万左右，图1为2011年中国境内大型空港枢纽客运吞吐状况。推动大型空港枢纽建设，对衔接多种交通方式、优化交通组织、带动区域发展和提升城市品质具有重要作用。

大型空港枢纽地面交通系统的构建离不开轨道交通。面向区域、都市区、城区和机场内部的不同服务需求，考虑线路的速度特征，轨道交通衔接系统主要包含如下类型。

1）高速铁路，作为国家干线服务长距离的出行，目标时速达300km以上。

2）城际铁路，属于服务城镇群的客运铁路专线，目标时速达200km以上。

3）城市轨道，市域线覆盖市域范围主要城镇，运营时速60～80km；城区快线服务城区为主，采用大站快车模式，运营时速50～60km；城区普通线满足居民通勤需求，运营时速30～40km。

4）旅客自动捷运系统（APM），速度指标较低，作为机场内部旅客输送系统。

2 空港枢纽与轨道交通结合的重要性

2.1 快速发展的契机

中国民用航空运输正处于蓬勃发展期。民航旅客运输量稳步增长，"十一五"期间年均增长14%，相比"十五"末期实现翻倍。2011年，民航机场旅客吞吐总量达到6.2亿人次，预计"十二五"期内将实现总量世界第一。民航旅客分布进一步向核心机场聚集，由大型空港枢纽主导的运输格局逐步形成。2011年，旅客吞吐量超过1000万的机场数量达21个，承担总运量的75.1%，其中北京、上海、广州三地枢纽承担2亿人次，占总运量的32%。

中国轨道交通运输网络也处于如火如荼的建设期。高速铁路方面，全国范围规划形成"四纵四横"的客运专线骨干网络，建设里程达1.6万km；城际铁路方面，京津冀、长三角、珠三角、成渝、长株潭、中原、关中等7大城镇群的城际轨道已陆续开工建设；城市轨道方面，截至2011年底，内地13个城市约1700km的线路投入运营，28个城市，总规模3090km的近期建设规划获批并进入实施。未来10年，内地城市轨道交通建设投资总额有望实现3万亿元，具备城市轨道交通建设条件的城市将超过50座。

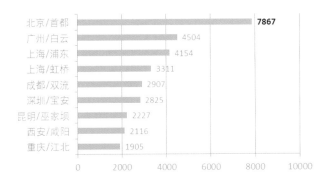

图1 2011年中国大型空港枢纽客运吞吐量（单位：万人/年）

2.2 互为补充的助力

通过航空运输系统与高速铁路、城际铁路的结合，能够实现空铁联运和优势互补。运输组织方面，两者结合将改变原有轴辐放射的航线布局模式，在空域资源的约束下，枢纽机场朝"长距离＋大型客机"的方向转变，短途支线散客则向区域快速轨道交通系统转移。腹地服务方面，两者结合将拓展空港枢纽的服务并稳固客源，高速铁路与城际铁路沿线的主要城镇成为枢纽的珠串式区域腹地，客流集聚能力远强于"干线＋支线"的点到点航空运输模式，见图2。

通过航空运输系统与城市轨道交通的结合，能够打造效率优先和联系可靠的疏运体系。考虑道路交通易受天气、事故、交通管制等因素影响，国际主要空港枢纽均选择引入城市轨道交通，提高航空旅客集散的可靠性与效率。同时，围绕空港枢纽设置的临空经济体（大型会展、高端娱乐、区域总部基地等）也需要城市轨道的支撑，并借此保持与机场的便捷联系。

通过航空运输枢纽内部设置APM系统，能够构成枢纽运转的组成部分，满足大型空港多航站楼间的远端联系，服务空侧和陆侧的到达、出发需求。

3 空港枢纽与轨道交通衔接规划设计

3.1 衔接规划的总体思路

开展空港枢纽与轨道交通衔接规划设计，首先需要明确枢纽的发展目标及规划定位，通过分析比较其外部、内部条件，结合必要的定量支撑，形成具体的衔接规划设计方案，详细流程见图3。

考察世界典型机场布局，空港枢纽与轨道交通的衔接总体上存在三类模式。

1）平行式（典型案例，法兰克福机场）：跑道、航站楼、综合枢纽平行布置，三者均具有进一步扩张的可能性，轨道交通线路能够从多方向组织进出；

2）垂直式（典型案例，北京首都机场）：设施呈T形布局，跑道扩展条件较好，但是航站楼难以具备进一步扩建的条件，综合枢纽横向扩张及交通组织受到跑道的影响；

3）嵌套式（典型案例，上海浦东机场）：航站楼与综合枢纽沿跑道顺向布置，空间扩展受到制约，接驳轨道交通易与跑道及航站楼发生冲突，一般要求同步布置相关设施或者整体预留工程条件。

3.2 与高铁系统的衔接规划设计要点

与高速铁路存在接驳要求的空港枢纽为数不多，在现有京、沪、穗三大门户枢纽机场基础上，未来可能增加东北国际门户机场（哈尔滨）和西南国际门户机场（昆明）。这些门户枢纽机场通过高速铁路替代部分国内航线，覆盖境内跨省服务，面向乘坐国际航线、且始发或者终到地位于机场直接辐射区之外的旅客，形成"国际空中旅行＋国内高速铁路"

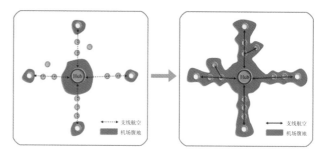

图2 "干线＋支线"模式到"空铁联运"模式的转变

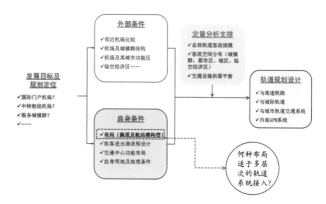

图3 空港枢纽与轨道交通衔接规划设计总体思路

的服务格局，满足600~1000km范围的集散需求。

根据场站设施的空间联系，空港枢纽与高铁系统存在两类衔接模式。

1）高铁站与机场分开设置，高铁站布置于城市中心而机场处于城市边缘，二者通过城际铁路或者机场快线联系，接驳线路同时串联城市重要功能区。

2）高铁站与机场同点布局，但高铁站房与航站楼相互独立，在满足各自功能与管理要求的基础上，通过控制二者间距离、设置自动步道、APM等满足联系需求。

3.3 与城际轨道的衔接规划设计要点

考虑大型机场作为中心城市面向区域服务的重要职能节点，其辐射范围绝非仅限所在城市。构建高速公路、城际轨道等地面交通设施，打造以机场为核心的1~2h交通圈，已成为稳固区域客流、扩大覆盖范围、增强与邻近机场竞争力的关键。

与城际铁路的对外衔接规划方面，大型机场宜布置1~2条区域轨道直接串联机场，联系线路与城市发展轴吻合并覆盖区域航空客流集中的主要城镇，衔接城镇群中心城市的高铁站或城际站。线路考虑设置折返线，为组织以服务机场为目的的小交路班次创造条件，但不建议以机场作为城际线路起、终点，否则容易演变成为专属城际线路（段），引发运营亏损风险。

与城际铁路的内部衔接规划方面，城际铁路的线路宜尽可能靠近航站楼，减少到场、离场旅客的步行距离。空港内部城际铁路站点应专注服务机场客流集散，在设施布局和线路走向满足的情况下，采用绕行支线的方式接入航站楼前交通中心（直接接入主线，线型设置要求高，容易影响枢纽布置，并引入大量无关过境列车）。线路下穿航站楼或跑道时，应与枢纽同步建设并预留土建设施；与其他地面交通设施衔接时，建议采用纵向布局减少跑铺距离；容量满足的前提下，考虑与城市轨道共用站厅，减少立体空间的布置层数。如城际铁路线路存在无法直接接入航站楼或交通中心的情况，则可考虑设置远距离换乘节点，通过枢纽内部交通系统解决相互间的衔接问题。

3.4 与城市轨道的衔接规划设计要点

空港枢纽与城市轨道的衔接规划设计涵括市域轨道、市区快线、市区普线与旅客自动捷运系统等。

1）市域轨道

市域轨道接入机场适用于市域范围内（除中心城区外）存在大量客流，且城际铁路服务水平不能完全满足其需求的情况。市域轨道的服务定位与城际铁路意义接近，但更专注于较小区域范围内（市域及周边）的服务，其线路长度通常大于60km，运营速度达到60~80km/h。

对外衔接方面，市域轨道宜与市区轨道构成多点多线换乘，同时还需保持与市域重要节点（重点城镇、交通枢纽）的连通，典型线路如戴高乐机场的区域快铁（RER线），苏南机场的苏州市域S3线等。

2）市区快线

市区快线作为中心城区与机场间的主通道，推荐采用舒适车厢，并提供充足的座位及行李放置空间。市区快线的运营特征较市区普通线路更契合航空旅客的集散要求，当终点设置于机场则成为通常所述的机场快线。机场快线一般选用中运量城轨制式，线路规模与市区普线相仿，运营速度达到50~60km/h，设站间距较常规线路偏大（2km以上）。

服务机场的快线长度不宜过短，否则对客流的吸引能力不强，同时，快线的市区端建议深入城市，直接连通CBD、金融区、会展区等航空客流集中区域，典型线路如北京首都机场快轨和香港机场快线等。

3）市区普线

市区普线接入机场适用于空港周边存在大规模开发，且开发与机场之间具备频繁客流联系的情况。市区普线与通常航空旅客的快速舒适出行需求错位，主要满足机场与周边邻近地区（航空城）的联系，其运营速度为30~40km/h，设站间距1km左右。作为大运量的轨道交通服务系统，市区普线以满足早、晚通勤为主要服务目的，宜直接沟通航空城的核心区，且不宜以机场为起、终点，典型线路如上海虹桥机场的2/10号线与重庆江北机场的4号线等。

4）旅客自动捷运系统

APM系统在空港枢纽主要用于实现不同航站区（楼）间的旅客转换。根据服务区位的不同，APM系统可划分两类：陆侧APM，位于机场旅客安检前区域；空侧APM，位于机场旅客安检后区域。

相比其他类型城市轨道系统，APM的服务功能单一，服务范围有限，但是线路的适应性较好，契合机场的布局及航站楼构型。通过设置APM系统，能够促进枢纽服务品质的差异化，提供快速便捷、景观优美且充满现代感的换乘服务。

5）多样化的布局与衔接

考虑不同层面的出行需求，大型空港枢纽在构建过程中，往往引入不同类型的城市轨道交通线路形成多样化的接驳系统。在条件许可的情况下，建议接入机场的城市轨道交通采用共用通道模式，减少对沿线土地的占用与分割，同时便于枢纽内部接驳站点布设，实现一条通道容纳多条线路、满足多种服务，如伦敦希斯罗机场的轨道接驳系统（快线+普线），上海浦东机场的轨道接驳系统（磁悬浮+普线）。

城市轨道交通在航站楼内的布局与衔接宜遵从如下原则。

（1）平面上，轨道交通接驳站点建议设置在航站楼前并保持平行布局（特别是多条轨道线路进场时）。一方面与航站楼衔接方便，缩短换乘距离，避免线路穿越跑道；另一方面便于线路的分期实施，并为新增轨道线路预留接入的可能性。

（2）竖向上，轨道交通接驳站点建议布置在地下并通过立体换乘设施联系，避免轨道客流与其他交通流线发生冲突，结合站厅、站台的分层设置，便于站点的管理以及与其他交通方式的换乘。

4 广州白云空港枢纽构建案例

4.1 概况分析

广州白云机场作为国家三大门户机场之一，现状单座航站楼和两条跑道，设计旅客吞吐量3000万人次/年。2011年，其旅客吞吐量已远超设计容量，并达到4500万人次（大陆排名第2名，世界排名第19名）。

白云机场立足打造华南地区航空门户，规划3座航站楼，多条轨道线如广清城际、广佛城际、城市轨道3号线、9号线等引入枢纽。总体布局方面，近期建设2号航站楼与既有1号航站楼成梭子形布置在四条跑道中央，远期3号航站楼在外侧单独设置。实施完成后，航空旅客吞吐量能力将达到1亿人次/年。

4.2 规划思路与方案

在白云机场枢纽的规划过程中，采用"外优内协"的策略，通过优化轨道交通系统的外围布局，协调轨道交通系统的内部衔接，满足空港枢纽与轨道交通的接驳需求，其内、外交通组织模式见图4。

轨道交通对外衔接规划方面，结合珠三角城际轨道网调

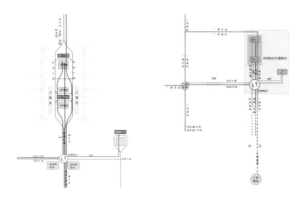

图 4　白云机场枢纽轨道交通接驳系统外围及内部规划布局模式

整、优化广佛环线走向与布局，将机场与新市组团、奥体中心、会展中心、广州南站、广州北站联系一体。同时，优化城市轨道 3 号线、9 号线，扩大枢纽的直接辐射范围，加强空港枢纽与高速铁路枢纽的衔接。

轨道交通对内衔接规划方面，新增高增枢纽，将广惠汕城际、穗莞深城际、轨道 9 号线等不便直接引入航站楼的轨道线纳入其中。同时，布设一条 APM 线路，衔接 T1、T2、T3 航站楼与高增枢纽，整合枢纽内部各项设施。

5　结语

除了文中所述规划设计要点外，大型空港枢纽的轨道交通构建应当顺应时机，当机场新增跑道或者航站楼新建、扩建，导致需求出现跳跃性变化时，相关接驳设施即须配套实施以保障枢纽的平稳、可靠运转。同时，引入轨道交通的大型空港枢纽需要实现以枢纽为核心的"联运机制"，如整合民航机票与高铁售票系统，实现空、铁的代码共享以及联程票务服务，选择专业公司作为机场、轨道车站以及出发地/目的地之间的行李承运人，实现特定范围内的一站联运等。

值得注意的是，大型空港综合交通枢纽的构建是一项系统性的工程。设计方面，需要打造多专业协同作战的综合团队，由规划部门主导，在机场管理方的参与下，联合交通、市政、发改委等相关部门，形成领导小组，委托专业编制单位，完成大型空港综合交通枢纽的蓝图。实施过程中，更应当注重形成统一的开发主体和符合自身特征的管理机制，组织并协调整个枢纽地区的规划、建设、运营和管理。

参考文献

[1] 中国民航局发展计划司. 中国民用航空发展第十二个五年规划 [R]. 北京：中国民用航空局，2011: 1-4.

[2] 中国铁道部发展计划司. 中长期铁路网规划（2008 年调整）[R]. 北京：中国铁道部，2008: 1-6.

[3] 张国华，黄坤鹏，李德芬. 广州白云国际机场综合交通枢纽整体交通规划 [R]. 北京：中国城市规划设计研究院，2010: 21-28.

[4] 张国华，周乐，张澍. 重庆江北机场枢纽地区整体交通规划设计 [R]. 北京：中国城市规划设计研究院，2010: 33-41.

[5] 张国华，周乐，欧心泉，陈丽莎. 苏州市轨道交通线网规划修编 [R]. 北京：中国城市规划设计研究院，2012: 98-102.

[6] GB 50546—2009 城市轨道交通线网规划编制标准 [S]. 北京：中国建筑工业出版社，2009: 23-26.

[7] 吴念祖. 虹桥国际机场总体规划 [M]. 上海：上海科学技术出版社，2010: 3-12.

作者简介

张国华，男，博士，中国城市规划设计研究院原城市交通研究所副所长，教授级高级工程师，主要研究方向：综合交通枢纽规划设计、综合交通体系规划、轨道线网规划等，E-mail:zhanggh@caupd.com

有轨电车的发展历程与思考

A Review on Streetcar Development

秦国栋　苗彦英　张素燕

摘　要: 首先回顾有轨电车的起源、发展和衰落历程，总结世界各国对有轨电车进行现代化改造的两种做法：针对路权和车辆、仅改造车辆。在此基础上，明确有轨电车的概念，从线路、车站、车辆、信号、运营五个方面详细阐述其技术特征，指出在有轨电车规划建设过程中，应充分认识其运营特点，不能过高估计其客运能力。最后指出，要冷静而理性地思考中国当前有轨电车规划建设热潮，并在有轨电车名称的规范、适用范围、建设标准、对道路交通的影响等方面进行了深度的思考。

关键词: 城市轨道交通；有轨电车；技术特征；现代化改造；混合路权；专用路权；低地板车辆

Abstract: The streetcar transport has experienced its gloria growth and rough decline history. By reviewing the streetcar ren-ovation development in different countries around the world, this paper summarizes two major modernizing strategies: right-of-way allocation and vehicle upgrades, or vehicle upgrades only. The paper introduces the concept of streetcar transport and dis-cusses the technology characteristics of streetcar in several aspects: route, stops, vehicle, signal, and operation. The capacity of streetcar should not be overestimated in planning and construc-tion due to its operational characteristics. Finally, the paper points out that it is necessary to contemplate streetcar planning and construction in China, and explores the key issues of street-car such as standardized name, applicability, construction standard, and the impact on road traffic.

Keywords: urban rail transit; streetcar; technology characteristics; modernization; non-exclusive right-of-way; exclusive right-of-way; low-floor vehicles

有轨电车是在马车铁路的基础上发展起来的。马车铁路利用马匹牵引轨道车辆，难以适应运量和速度提高的要求，而且马匹不卫生、容易传播疾病，世界各国一直在寻求新的牵引方式。期间曾经出现过小型蒸汽机车和缆车牵引两种方式，但均未能得到推广。直到后来电气牵引方式出现，才产生了有轨电车。

1 起源与发展

世界上最早的有轨电车出现在德国。1879 年在德国柏林市举办的世界贸易博览会期间，西门子公司展出了采用电气牵引的电车。1881 年柏林市附近的里希特菲尔德（Lichterfelde）建设的有轨电车开通运营，标志着有轨电车作为客运交通工具投入使用[1]。

当时，世界上主要的"机动化"交通方式是马车交通——马车铁路和马车道路交通。与马车交通相比，有轨电车具有较高的运行速度和可接受的投资，很快在世界范围内取代马车交通而迅速发展起来。第二次世界大战以前，汽车尚未普及，欧美各国城市的主要公共交通工具是有轨电车，从人口 10 万左右的小城市到人口超过 100 万的大城市，都有有轨电车在运行。

二战以前，德国共有 80 个城市建设了有轨电车系统，线路总长近 5000km；英国到 1927 年共有 173 条有轨电车线路，线路总长达 4100 km；法国有轨电车 1930 年达到高峰期共有 70 个城市、3400 km 的运营线路；美国到 1923 年有轨电车发展达到鼎盛时期，线路总长达 7.56 万 km，几万人口的小城市也建设有轨电车，有轨电车成为现代化城市的象征；日本到 1932 年有轨电车鼎盛时期，共有 67 个城市、1479km 的有轨电车线路[2]。

从世界有轨电车发展历史来看，有轨电车起源于马车交通时代，当时，与有轨电车竞争的交通方式是行驶在道路或铁道上的马车交通，有轨电车在竞争中处于优势地位而得到迅速发展。

2 衰落

进入 20 世纪 30 年代，特别是二战之后，随着汽车工业的迅速发展，汽车开始普及，一些国家的交通政策也随之发生变化，开始大量建设各等级道路，为汽车发展创造条件。城市中公共汽车及无轨电车等道路公共交通方式开始快速发展，在一些工业发达国家，私人汽车数量也急剧增加。汽车由于方便、灵活而深受城市居民喜爱。

德国，1932 年第一条 4 车道高速公路通车，到二战前高速公路总长达 3860 km，各等级道路达几十万千米。道路建设为汽车的快速发展创造了条件。随着汽车的大量增加，也使道路特别是城市道路出现了严重拥堵。在这种形势下，有轨电车的运行速度、准点率下降，乘客开始流失，有轨电车开始被拆除。

美国，1924 年汽车年产量突破 1000 万辆，50% 的家庭普及了汽车。随着汽车保有量的增加，道路交通量增多并出现拥堵，有轨电车运行速度下降，乘客流失，给其经营带来极大困难。到 1955 年，美国 88% 的有轨电车线路被拆除，到 1977 年仅有 8 个城市保留了有轨电车。

英国有轨电车在 20 世纪 30 年代开始衰落，二战后仅剩余 38 条线路，到 1962 年基本全部拆除；法国到 1971 年仅有

3 个城市保留了有轨电车；日本 1951~1988 年共有 37 个城市、1140 km 线路被废除。

除了汽车工业崛起、汽车交通快速发展之外，有轨电车的衰落也与其存在的劣势密切相关[2]：

1）车辆陈旧。旧式有轨电车车辆的车体、转向架、电机电器、车辆控制系统、车内设备等较为落后，系统运行时振动噪声过大，运行速度、平稳性、舒适性已不适应现代化城市发展的要求。

2）机动性差。有轨电车在道路上与行人、各种机动车混行，随着机动车保有量的快速增长，道路出现拥堵，有轨电车机动性、安全性、准时性较差的劣势逐步显现。

3）建设周期长、费用高。与公共汽车相比，有轨电车系统比较复杂，建设周期较长，建设和后期维修费用较高。

从世界有轨电车的发展历程可以看出，有轨电车的衰落始于汽车保有量的快速增长，与有轨电车竞争的交通方式不再是马车交通，而是汽车交通，有轨电车在竞争中处于劣势而逐渐衰落。

3 变革

为了改善有轨电车的运营状态，美国有轨电车运营公司组成了一个委员会，名为 Presidents Conference Committee（PCC），开发新型有轨电车车辆。1935 年，新型车辆开发成功，被命名为 PCC 车辆。PCC 车辆在车体、转向架、制动和电气控制等方面进行了技术改造，与早期车辆相比，其动力性能、乘坐舒适性、运行平稳性均有较大提高。有轨电车因此出现了一段短暂的黄金时期，但 PCC 车辆没有根本改变有轨电车的运行特征，在与汽车交通竞争过程中，劣势依然明显而逐渐衰退[2]。

20 世纪 50 年代以后，当美国、英国和法国等国家开始大量拆除有轨电车时，联邦德国、比利时、荷兰以及苏联和东欧各国则采取了与上述国家完全不同的策略，即对有轨电车进行现代化改造。

世界各国对有轨电车进行现代化改造的作法基本可以分为两种[2]：

1）对路权和车辆同时进行现代化改造

根据有轨电车的使用环境，对其线路进行改造：在城市中心区和繁华地段，线路进入地下，在市郊采用高架或地面方式，整个系统处于基本封闭和隔离状态，以寻求一种更经济、容量更大、速度更快的系统；对车辆本身进行改造，采用现代化技术，降低振动、噪声，减轻自重，改善牵引性能和提高运行品质等。

经过现代化技术改造后的有轨电车系统具有良好的封闭性、灵活性和适应性，系统客运能力、速度得到大幅度提高，适用范围得以拓展，因而得到较快发展。

需要指出的是，经过现代技术改造的有轨电车系统由于基本采用封闭、隔离的线路，速度和运能得到较大提高，其功能和性质发生重要的变化。1978 年 3 月国际公共交通联盟（International Association of Public Transport, UITP）在布鲁塞尔召开会议，正式将经现代化改造后的有轨电车系统命名为"轻轨"（Light Rail Transit, LRT），而没有采用"现代有轨电车"来命名。

2）基本保持原有路权形态，主要对车辆进行现代化改造

这种改造方式是使有轨电车系统继续运行在城市道路（地面）上，与其他机动车混行，基本没有专用路权。针对有轨电车车辆引入模块化理念，通过降低地板高度和车辆自重、采用减震降噪等新技术发展新型车辆，是一种更为经济的有轨电车现代化改造方式。

20 世纪 50 ～ 60 年代，有轨电车系统在舒适性、走行性能、结构和材质等方面有较大改进，出现过 PCC 车辆，有过暂短的辉煌。但是，有轨电车车辆没有取得突破性进展，其衰退状态未能得到抑制，废除有轨电车的呼声仍然很高。

与此同时，由于汽车在世界范围内大量普及和发展，各国大城市普遍出现了无计划、无限制的郊区化扩散现象，城市交通拥堵、停车难、公共交通速度下降、出行困难等问题日趋严重。由于汽车大量发展，带来的能源消耗、大气污染、环境恶化等问题引起人们高度关注，促使人们重新评价有轨电车，并进一步促进对其进行研究和开发。

20 世纪 80 年代初期，人们发现为了缩短列车停站时间以及残疾人、老年人、妇女和儿童等乘降方便，设计低地板车辆是一种非常有效的方法。

1984 年低地板有轨电车车辆在瑞士伯尔尼市投入使用，车辆地板高度进一步降低至 350 mm，并占全车地板面的 72%。1989 年，真正的 100% 低地板有轨电车在德国不来梅市投入运营。由此，使用低地板车辆的有轨电车系统在欧洲及世界各地得到快速发展。

由于采用的方法和结构不同，低地板车辆的发展大致可划分为两个阶段：

1）部分低地板车辆

这种车辆的低地板部分只在车门及其附近存在，车内有台阶或一定坡度，不利于乘客在车内疏导、移动，车辆运行中乘客容易摔倒，安全性较差，不利于轮椅和婴儿车进入车内。这个阶段有 20%、40%、50% 和 70% 低地板车辆出现，目前基本定型为 70% 低地板车辆。车辆结构变化不大，采用常规转向架或小型车轮转向架。部分低地板车辆的地板面不在同一水平线上，动力转向架位置的地板面较高。

2）100% 低地板车辆

为使整个车辆地板面全部降低并处于同一水平线，车辆要采用模块化、轻量化设计，使用较小车轮、改变牵引电机和驱动装置安装方式，车辆结构发生较大变化。

从 1989 年开始，经过 20 多年的发展变化，世界上主要有轨电车车辆生产厂商的 100% 低地板车辆已经形成标准化、系列化产品，并在不断地改进中。

4 概念和技术特征

4.1 概念

对旧式有轨电车进行现代化改造的过程中出现过两个分支，世界各国对其概念和分类也存在争议。

其中一个分支是对路权和车辆同时进行改造，这一系统已经被命名为轻轨，中国也已经认可这一国际命名；另一个分支主要对车辆进行改造，这一系统仍然命名为有轨电车，同样中国也认可这一命名。这样的命名规则反映在《城市公共交通分类标准》CJJ/T 114—2007[3] 中，标准明确了轻轨和有轨电车是两个独立的城市轨道交通系统。

轻轨是在有轨电车的基础上经过现代化技术改造而来。与有轨电车一样，轻轨也存在混合路权的线路，在这种情况下，其技术特征与有轨电车有很多相通之处，客观地讲，二者没有截然可分的界线。这也是目前关于有轨电车概念存在争议的主要原因之一，而有些国家也将采用低地板车辆的有轨电车归为轻轨之列。

虽然国际上对有轨电车系统尚无统一的称谓及定义（美国称为 trolley 或 streetcar，英国、荷兰、瑞士等国家称为 tram 或 tramway），但世界各国对其特点的认识是相同的，即有轨电车是线路直接敷设在城市道路上，与其他交通方式混行的有轨交通方式，运营模式采用人工控制，在交通特征上属于道路交通。《城市轨道交通工程基本术语标准》GB/T 50833—2012[4] 中将有轨电车定义为："与道路上其他交通方式共享路权的低运量城市轨道交通方式，线路通常设在地面"。

4.2 技术特征

决定有轨电车技术特征的最主要因素是线路的路权。有轨电车系统选择不同的路权及与路权相匹配的车站、车辆和信号，就有不同的客运能力和旅行速度。其技术特征[2, 5] 主要体现在以下几个方面：

1）线路

线路的主要特征表现为路权和敷设方式。

路权是有轨电车最主要的技术特征。依据不同的路权设置，中国有轨电车系统可划分为两个类型：一是以混合路权为主，即路段和交叉口均基本采用混合路权，混合路权的比例一般不低于70%；二是以专用路权为主，路段基本采用专用路权、交叉口采用混合路权，专用路权比例可达80%。需要指出的是，第二种类型因专用路权的比例很高，在实际应用中存在两种情况，第一种情况是全线采用人工控制模式，这仍然属于有轨电车；第二种情况是在专用路权路段采用信号控制，而非全线人工控制模式，这种系统实际上是轻轨。

从敷设方式来说，有轨电车基本上是地面线路，采用高架或地下线路应非常慎重。即使是以专用路权为主的线路，德国标准也规定其高架或地下线路的比例不宜大于5%。

当采用混合路权时，轨面和地面平齐，允许行人和其他车辆进入，见图1（a）；当采用专用路权时，可以采用交通管制或物理隔离措施，在专用路权区段禁止行人和其他车辆进入，见图1（b）。目前，针对专用路权的通常做法是在线路内、两线路间或线路两侧一定范围内铺设草坪，既美化城市景观又取得隔离作用，同时还能吸收车辆运行噪声。

2）车站

车站的主要特征表现为站间距、站台长度、站台高度和车站建筑。

站间距体现了有轨电车的功能定位。有轨电车与公共汽车的定位基本相同，其站间距也应与公共汽车基本一致。有轨电车系统平均站间距为 300～1000m，中心城区多为500m以内，郊区为500m以上。站间距的选择要考虑沿线的人口密度、商业等公共设施、列车的旅行速度等因素。

站台长度实际上考虑的是车辆长度，控制车辆长度是考

（a）混合路权

（b）专用路权

图 1 有轨电车路权形式

虑有轨电车对其他道路交通方式的影响。有轨电车站台最大长度一般控制为 40~60 m。

以混合路权为主的线路应当采用低站台，并尽可能利用人行道作为站台进行乘降；以专用路权为主的线路，由于站台可以在专用路权路段单独设置便于调节站台高度，应优先采用高站台。

车站通常结构简易（见图 2a），设置灵活（见图 2b），一般包括遮雨篷、运营信息显示板、座椅、照明等。

3）车辆

随着科学技术的发展，有轨电车车辆出现多种类型，例如高地板和低地板车辆、模块化生产的车辆、铰接车辆等。

新型低地板车辆采用模块化、轻量化和人性化的理念设计，广受世界各国欢迎。模块化设计使得车辆生产组装简化、互换性增强、有利于维修保养。车辆被划分为若干模块后，利用增减中间模块，可以组成不同长度的列车，以满足不同客流量需求。车辆选型与站台高度密切相关：以混合路权为主的线路，由于尽可能利用人行道作为站台，应优先选择低地板车辆；对于路段专用路权的线路，一般情况下站台均在专用路权路段单独设置，这种类型的有轨电车没有必要苛求采用低地板车辆，调节站台高度适应车辆是更经济、更可靠的选择。

（a）开放的站台

（b）自由灵活的设站方式

图 2　有轨电车车站

4）信号

有轨电车信号实际上包括两层含义：一是列车运行的自动控制，二是列车所要遵守的道路交通信号。有轨电车不应采用信号系统进行列车运行的自动控制，而应采用全人工控制模式，这也是有轨电车与轻轨最主要的区别之一。

以混合路权为主的线路，在交通量较大的道路交叉口应采用信号控制，可以采用有轨电车优先信号，但不应强求；对于以专用路权为主的线路，全部交叉口均应采用信号控制，并以采用有轨电车优先信号为宜。优先信号的目的是减少有轨电车在交叉口的等候时间，使有轨电车优先通过交叉口，提高其运行效率。值得注意的是，有轨电车优先信号的选择，不仅要考虑有轨电车本身的需要，还要考虑受其影响的道路交通需求，应统筹协调，不能顾此失彼。

5）运营

无论何种类型的有轨电车均应采用人工驾驶，与公共汽车的驾驶模式基本相同，依靠驾驶人瞭望保障运行安全。从运营模式来说，有轨电车属于道路交通范畴，这是其最主要的特点之一。《城市轨道交通技术规范》GB 50490—2009[6] 对有轨电车涉及运营安全的方面给出明确要求：有轨电车与道路交通混行时不得超过道路交通法规允许的最高速度；与道路交通混行的有轨电车还应具备独立于黏着制动功能之外的制动系统和用于黏着制动的撒砂装置；相应的车辆也应具备符合道路交通法规要求的前照灯、示宽灯、方向指示灯、尾灯和后视镜。

在有轨电车规划建设过程中，要充分认识有轨电车的运营特点，不能过高估计其客运能力。德国以混合路权为主的有轨电车系统客运能力一般为 6 000～8 000 人次·h⁻¹（分别按 4～6 人·m⁻² 计算，下同）；以专用路权为主的有轨电车系统客运能力一般为 0.9～1.2 万人次·h⁻¹[7]。考虑到中国城市道路行人、非机动车较多，道路交通量较大的情况，有轨电车的客运能力在中国将更低。

5　思考

目前，有轨电车的规划建设在中国炙手可热，尤其被冠以"现代"的光环之后，一些城市呈跃跃欲试之势。有轨电车作为因技术进步而获重生的一种交通方式，诚然会在城市公共交通系统中占有一席之地，但对有轨电车在城市公共交通系统中的功能定位、适用范围和建设标准应进行冷静而理性的思考，切不可盲目跟风。回顾当前中国有轨电车的规划建设情况，以下几点值得思考：

1）名称的规范

从中国以及世界各国轨道交通方式的命名规则和惯例来看，无论是铁路、地铁，都没有先例由于技术进步而冠以"现代"的光环。虽然铁路、地铁等交通方式与其发展之初相比已经在技术上发生了翻天覆地的变化，但都没有称为"现代铁路"、"现代地铁"，因此，单单为了区别旧式有轨电车，而在有轨电车之前冠以"现代"光环实无必要。

2）适用范围的认识

有轨电车即使在车辆、轨道、供电等方面进行了现代化改造，但其技术特征并没有根本改变，虽然在减少空气污染等方面较汽车交通有较大优势，但其占用道路资源、机动性较差、对道路交通干扰严重的劣势仍然存在。因此，有轨电车受技术特征的制约有自身的适用范围。归纳来看，有轨电车的适用范围包括[2, 5, 8]：（1）特大城市轨道交通线网的补充和加密；（2）特大城市放射形轨道交通线路外围间距较大区域的联络线；（3）连接中心城区、对外交通枢纽与城市郊区、新城、大型开发区等的直通线路；（4）中小城市和特大城市郊区、新城、大型开发区等内部的骨干公共交通线路。

目前，有些特大城市的主要客流通道本应采用大中运量轨道交通系统，实际却布设了有轨电车线路。从初期情况看，有轨电车的客运能力勉强可以满足要求，但从城市远期发展来看，其客运能力不足的弊端将很快显现，而有轨电车升级改造成大中运量轨道交通系统代价巨大。像某些城市的高架BRT一样，最初也声称将来可以改造为地铁，但如今面对的是残酷的现实——改造费用超出想象，基本上只能选择拆除。同样，花费较大代价建设而又被寄予厚望的有轨电车，远期的取舍也将使决策者进退两难。

3）建设标准的确定

中国城市正在建设的有轨电车项目基本上存在两种类型。一是对旧式有轨电车主要在车辆上进行变革，采用新型有轨电车车辆，特别是低地板车辆，在路段上采用专用路权或混合路权，在交叉口均采用混合路权。中国虽然尚未制订有轨电车的详细分类标准，世界各国的分类也不相同，但将这一类型划为有轨电车是合理的。二是对旧式有轨电车在路权和车辆上同时进行变革，不仅以专用路权为主，甚至采用全封闭线路，存在大量高架和地下线路以及复杂的机电设备系统。这种经过变革的所谓"现代有轨电车"实际上已经属于轻轨或地铁系统，仍称其为有轨电车有偷换概念之意，规避立项审批之嫌。

有轨电车的建设标准主要体现在路权、敷设方式、车辆选型、车站设置以及规模、信号等机电设备系统配置方面，建设标准的确定应符合有轨电车的基本技术特征。对于上述第二种类型的有轨电车项目来说，实际上远远超出了有轨电车的建设标准。

4）对道路交通（设施）的影响

有轨电车是行驶在道路上的有轨交通方式，与公交专用车道类似，要与道路（汽车）交通争夺路权，必然会与道路其他交通方式相互影响。有轨电车需要在合理的城市交通政策指导下，纳入城市综合交通体系，统筹规划，协调发展。

目前，多数城市有轨电车的规划建设过于从有轨电车系统本身来考虑技术方案的合理性，忽视其对道路交通的影响分析。而个别城市的有轨电车建设，因有轨电车的荷载要求需要对沿途道路上的几乎全部桥涵进行更新改造，如此高昂的代价是否必要值得深思。

一个城市或一条线路，选择何种类型的轨道交通方式，需要根据城市发展需求、城市结构特征、城市人口和经济发展条件、客流特征，并结合城市轨道交通特点，经技术经济分析和比较，才能得出正确的结论和合理决策。

致谢

北京交通发展研究中心原主任全永燊先生在本文撰写过程中给予许多有价值、有深度的意见和建议，在此深表感谢。

参考文献

[1] 耿涛. 镌刻在轨道上的岁月留痕 [J]. 交通与运输，2007，23（5）：62-63.

[2] 住房和城乡建设部地铁与轻轨研究中心，中国城市规划设计研究院. 法国有轨电车考察报告 [R]. 北京：住房和城乡建设部地铁与轻轨研究中心，2007.

[3] CJJ/T 114—2007 城市公共交通分类标准 [S].

[4] GB 50833—2012 城市轨道交通工程基本术语标准 [S].

[5] 卫超. 现代有轨电车的适用性研究 [D]. 上海：同济大学，2008.

[6] GB 50490—2009 城市轨道交通技术规范 [S].

[7] 于禹夫，方力. 现代有轨电车交通系统及其车辆的技术定位 [J]. 地铁与轻轨，2003，12（6）：43-47.

[8] 中国城市规划设计研究院. 天津市经济技术开发区（东区）有轨电车系统研究 [R]. 北京：中国城市规划设计研究院，2005.

作者简介

秦国栋，男，辽宁兴城人，教授级高级工程师，城市交通专业研究院副院长，住房和城乡建设部地铁与轻轨研究中心副主任，主要研究方向：城市轨道交通，E-mail:qingd@caupd.com

低地板有轨电车车辆技术特征

Technologies for Low-Floor Streetcar Development

苗彦英

摘　要：近年来，中国有相当多的城市在筹备建设有轨电车系统，许多车辆企业也在积极研发低地板车辆。首先介绍低地板有轨电车车辆类型和研究实践。然后，详细阐述了低地板车辆技术特征，包括模块化设计、低地板设计、减震降噪设计、适应城市道路设计、独立轮转向架、制动系统、供电方式以及安全设计。最后指出，低地板车辆在结构、参数和性能等方面的多元化将增加车辆运营和维修的难度，中国应尽快规范化、标准化低地板车辆和有轨电车建设标准。

关键词：城市轨道交通；有轨电车；车辆；低地板；模块化；独立轮转向架

Abstract: Many cities are recently gearing up for developing streetcar system and many vehicle manufacturers are develop-ing low-floor vehicles in China. This paper first introduces the researches in different types of low-floor vehicles. Then the paper elaborates the technology characteristics of low-floor streetcars in several aspects: modular design, low-floor design, vibration and noise reduction, consistency with urban roadway design, streetcar bogies with independent wheels, brake system, power supply, and safety design. Finally, the paper points out the diversity design will increase the level of difficulties in vehicle operation and maintenance. Because of that, the indus-try in China should quickly standardize the low-floor streetcar manufacturing process.

Keywords: urban rail transit; streetcar; vehicles; low- floor; modularity; streetcar bogies with independent wheels

0　引言

有轨电车是一种运量介于公共汽车和地铁之间的低运量轨道交通系统，其线路、轨道、车站及设备要求远低于地铁，可以与汽车共用道路，拆迁量少，对城市其他建筑物影响较小。因此，有轨电车以其灵活方便、适应性强、建设周期短、单位综合造价和运营成本较低等优势受到欢迎，在国外各类城市得到广泛应用[1]。

近年来，中国有相当多的城市在筹备建设有轨电车系统，有的在规划、有的已开工建设。在大城市，有轨电车可作为地铁骨干网络的补充、加密线路；而在中小城市，有轨电车可作为骨干公共交通系统和旅游观光特色线路[1]。有轨电车系统是继地铁之后，又一呼声很高的轨道交通系统之一。随着城市轨道交通在中国的快速发展，中国城市轨道车辆和机电设备的开发、研究和制造技术有了极大提高和发展，许多车辆企业也在积极研发低地板车辆。本文根据有轨电车系统的使用条件，包括环境条件、线路条件和供电条件，对低地板有轨电车系统车辆技术特征展开研究。

1　低地板车辆类型

随着科学技术的发展，有轨电车车辆出现多种类型，呈现多样性发展趋势。按照地板高度划分，有 70% 和 100% 低地板车辆；按照车轮形式划分，有钢轮钢轨和胶轮导轨；按照车辆长度划分，有单节车和铰接车，铰接车有四轴、六轴和八轴之分；如采用模块化车辆，则有 2 模块和多模块之分，最多可达 8 模块。采用何种形式的车辆，可根据城市的

具体要求、线路条件、车辆技术要求以及车辆国产化要求综合确定。

2000 年，中国北车集团大连机车研究所有限公司和大连现代轨道交通有限公司电车工厂共同开发研制了 DL6W 系列 70% 低地板车辆，是中国首台低地板有轨电车车辆，地板面高度 400mm，应用于大连有轨电车系统[2]。

2006~2011 年，长春市 2 条轻轨线路先后通车运营，选用 70% 低地板车辆[3]，由唐山、湘潭和长春 3 家公司提供车辆，地板高度尺寸均高于 350mm。

2010 年，在科技部"十一五"支撑项目支持下，中国北车长春轨道客车股份有限公司研发 100% 低地板车辆，并在长春市轻轨线路进行试验。车辆采用铝合金车体、独立轮转向架，地板面高度 380mm。

2013 年，中国北车集团唐山轨道客车有限责任公司、中国北车长春轨道客车股份有限公司研发的 100% 低地板车辆陆续下线，地板面高度均为 350mm。目前，株洲、四方、浦镇和大连等轨道车辆企业也在积极研发低地板车辆。

可以看出，中国轨道车辆企业已基本完成有轨电车低地板车辆的研发工作，可以提供 70% 和 100% 两种低地板车辆。70% 低地板车辆地板面有一定坡度或台阶过渡，乘客在车内移动需注意安全，但车门及其附近地板面高度可达到 350mm，上下车较方便，特别是由于其价格较低，适用于中国城市。100% 低地板车辆国产化率水平高低不一，有的可达到 70%，有的仅为 50%，表明有些关键设备和核心技术还需要从国外购买，必然会增加投资。因此，研发反映城市特色和线路特点、技术水平适合国情、设计制造价格适中、整车性能良好、具有高国产化率的 100% 低地板车辆任务艰巨。

2　低地板车辆技术特征

2.1　模块化设计

新型有轨电车系统车辆采用模块化设计理念，尤其是运用在100%低地板车辆上，受到普遍欢迎。模块化设计理念是将车辆划分为若干各自独立而又相互联系的模块。模块可以是车辆的一个组成部分，也可以是车辆的一个或几个部件或设备的组合，例如带驾驶室和不带驾驶室端部模块、中间模块、铰接模块、转向架模块等。每个模块可以独立生产和组装，因此，模块化设计使得车辆不再采用贯通式纵梁，结构简化，生产制造也简单方便；更容易保证质量、缩短工时；互换性增强、有利于维修保养；一旦出现故障，只处理或更换该模块即可，不需进行整车作业，可大大节约工时、人力和费用。车辆被划分为若干模块后，利用增减中间模块和铰接模块，可以组成不同编组的列车；增加列车在道路上运营的灵活性，减少车辆在曲线上的内外偏移量，也不易与相邻列车发生碰触；可以满足不同城市、不同地区、不同线路、不同建设阶段的客流需求，可单向或双向运行。

经过30多年发展变化，西门子公司Combino型、阿尔斯通公司Citadis型、庞巴迪公司Flexity型等有轨电车成为知名的100%低地板车辆，并已形成标准化、系列化产品。表1为西门子公司Combino型有轨电车不同模块组合系列及其定员，车辆宽度2.3m。

中国唐山、长春生产的100%低地板车辆均采用模块化设计，并达到系列化水平。按6人·m⁻²计算，唐山4模块车辆定员315人，其中座席数88人、站席数227人（见图1）；长春5模块车辆定员292人，其中座席数64人，站席数228人（见图2）。中国有轨电车车辆宽度均为2.65m。

2.2　低地板设计

由于采用模块化设计理念，车辆设计采用低地板形式，车门多而宽、模块间联系为宽大的贯通道，乘客上下车便捷、快速，在车内移动也很方便安全。低地板车辆座椅和门窗

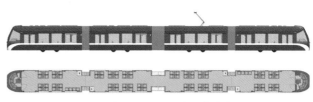

图1　唐山100%低地板有轨电车

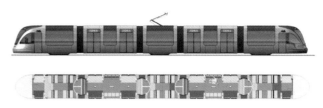

图2　长春100%低地板有轨电车

等内部设备按人机工学进行设计，车内宽敞明亮，乘坐较为舒适。

低地板车辆通常采用简易车站，如利用人行道作为站台，与道路融为一体，易于识别，不易迷失方向，有安全感；在受到城市居民欢迎的同时，特别受到外来乘客的好评。

但低地板车辆地板高度为300～350mm，利用人行道作为站台，乘客需踏步上下车，不太方便，特别是乘轮椅乘客上下车不方便。为了能为老年人、妇女及儿童、身体障碍者和乘轮椅的乘客提供乘车方便性，体现以人为本的理念，可适当提高站台高度，使站台高度与车辆地板高度平齐，并使站台与车辆地板间隙尽量小，乘客可跨步上下车。因此，站台需要开展无障碍化设计，确保乘轮椅乘客上下车方便、安全。

2.3　减振降噪设计

有轨电车主要运行在城市道路上，车辆振动噪声对周围环境影响较大，其振动对路面破坏也很严重，车辆振动噪声是旧式有轨电车被淘汰的主要原因之一。为此，新型有轨电车车辆采用轻量化结构、弹性车轮、二系弹簧、密闭式门窗和铰接结构、电机电气设备减振、加装隔声裙板等措施，有效控制簧下重量，减少车辆振动、轮轨摩擦噪声、电气设备噪声以及噪声的传递，车内外噪声均得到适当控制，例如唐山100%低地板车辆辅助设备正常工作时车内外噪声（见表2）均处于噪声级别A级。特别是当带有大型玻璃侧窗的流线型车辆运行在铺设草坪轨道线路时，不但噪声对车辆内外环境的影响很小，而且有良好的景观效果。车辆行驶于路面、美观大方的外观造型，给乘客以亲切、舒适的感觉。

2.4　适应城市道路设计

有轨电车的轨道主要铺设在城市道路路面上，低地板车辆与其他地面交通方式混行，运行情况复杂。受道路和曲线半径限制，车辆外形尺寸均小于地铁车辆，车宽通常为2.65m、车长不宜太长。低地板车辆采用模块化设计理念，车体由较短的多个模块铰接组成，转向架轴距较短，提高了车辆通过

西门子公司Combino型有轨电车不同模块组合系列定员　表1

列车长度/m	座席数/人	站席数/人		定员/人	
		按4人·m⁻²计算	按6人·m⁻²计算	按4人·m⁻²计算	按6人·m⁻²计算
20.06	47	58	98	105	145
28.30	70	82	138	152	208
29.80	74	91	153	165	227
31.50	78	100	168	178	246
38.00	97	115	193	212	290
39.70	101	124	208	225	309
41.30	105	133	223	238	328
42.90	109	147	247	256	356

唐山 100% 低地板车辆车内外噪声　　表 2

车内工况❶	速度 / (km·h⁻¹)	噪声 / dB	车内工况❷	速度 / (km·h⁻¹)	噪声 / dB
静止	0	65	静止	0	56
匀速运行	40	74	匀速运行	40	76
加速	40	76	加速	40	76

注：❶ 车内中心距离地板高 1.5m 处的噪声；

　　❷ 车外距离轨道中心 7.5m，距离地面 1.5m 处的噪声。

道路的灵活性，降低车辆通过曲线的内外偏移量，可以通过较小的曲线半径，减少轮缘磨耗，降低线路造价。因此，有轨电车系统适应性得以提高，可更充分有效利用道路资源。

从使用角度分析，有轨电车可应用于各类规模城市和地区，例如中心城区、郊区与旅游区；适用于客流中等或客流较小的线路。从线路布设角度分析，有轨电车因曲线通过能力、爬坡能力较强，可以运用于转弯半径小或地形起伏比较大的城市和地区，运用范围更广。例如，唐山 100% 低地板车辆可通过最小平曲线半径 19m、最大坡度 70% 的线路，已超过低地板有轨电车车辆通用技术条件标准[4]数值。通常情况下，为了增加轮轨之间的黏着力，防止车轮擦伤，列车还配有撒砂装置。

2.5　独立轮转向架

为降低车辆地板面高度，新型有轨电车将车下电气设备全部转移至车辆顶部，同时采用独立轮转向架。独立轮转向架不能使用常规车轴和轮对，车轴要使用 U 形轴，左右两车轮解耦，运行时车轴不转动，车轮分别独立自由旋转运行，转速可以不同。独立轮转向架的优点是克服了传统轮对在直线运行时产生的蛇行运动，能消除轮轨间纵向糯滑，可以获得较高的速度；通过曲线时没有滑动和摩擦，且减少轮轨间的磨损和噪声；同时，横向稳定性好，易于实现低地板。但其在直线上的自动对中能力和曲线上的自导向能力均较差，只能依靠轮缘进行导向，因此，轮缘磨耗严重，易造成脱轨事故。

西门子公司开发的 Avenio 系列有轨电车，采用铰接形式和独立车轮，同时运用一种径向抗扭转装置，来调整单铰接两端模块与转向架摆角的方式，降低车辆通过曲线的轮轨作用力和横向加速度，进一步减轻轮缘磨耗，并降低车辆脱轨的风险。

经过多年发展，有轨电车转向架也有多种形式。早期曾采用轮毂电机驱动，这种方式虽然体积小、结构紧凑，但由于簧下重量大、轮轨作用力大、结构复杂而未能推广。目前国内外低地板转向架有的采用独立轮转向架，也有采用小车轮刚性轴转向架。

2.6　制动系统

有轨电车系统站间距较小、速度较高，并采用人工驾驶，

机动车和行人有可能进入，因此，从运行安全角度考虑，不但要求车辆起动加速度和制动减速度均要大（起动加速度为 $1 \sim 1.3 \text{m·s}^{-2}$，制动减速度为 $1 \sim 1.2 \text{m·s}^{-2}$，紧急制动减速度一般为 2.8m·s^{-2}，安全制动减速度一般为 1.2m·s^{-2}），以提高旅行速度，而且要求制动系统容量较大、制动距离较短[3]。

通常低地板车辆制动系统设有电制动、摩擦制动和磁轨制动等制动方式。每台转向架配有独立的制动控制装置，该装置接收来自列车控制装置和司机手柄的制动指令，控制对应转向架的制动力。常用制动方式以电制动为主，车速降低到一定大小时，由体积小性能好的电液制动取代。电制动不能满足要求时，由非动力转向架电液制动补充。动力转向架的电液制动通常作为停放制动，只有故障时才能作为常用制动使用。紧急制动时，电制动、电液制动、磁轨制动一起投入，通常在非常状态下才使用，由于制动减速度大，冲击也很大。安全制动是在其他制动方式无效时采用的制动模式，转向架的电液制动和磁轨制动同时起作用。

2.7　供电方式

有轨电车牵引供电方式使用最多的是架空接触网供电。这是一种比较成熟的供电技术，在国内外大量使用，具有安全可靠、保养维修容易、造价较低的特点，这种技术我国已完全掌握。但是，线网、线立柱等对城市景观有一定影响。

另一种供电方式是地面供电系统，在线路中间地下铺设玻璃纤维材料制作的工字形导电轨。控制装置通常安装在轨旁，间隔 22m。探测回路处于导电轨内部，接收来自围绕在车辆中心下方集电靴周围的天线信号，以激活供电系统。当列车经过时，电力控制装置发射相应信号以激活带电段。另外，每一辆车顶部都配备 11 节电池组块，一旦地面供电发生故障，电池组块可以提供电源，车辆能在低速条件下运行 1km。2003 年 6 月，法国波尔多市有轨电车部分线路安装地面供电系统，其余线路使用架空接触网供电，两种供电系统电压均为 DC750V。两种供电模式可以在车辆行走时进行转换，当架空接触网供电时，集电靴被抬起；也可在车辆停站时，由驾驶人进行转换。

地面供电系统的不足之处是造价较高，接触板条易受雨水脏物影响。中国尚未应用这一技术，需进一步开发研究。此外还有电池供电、电容供电和混合动力供电等方式，均可实现无接触网运行。2013 年 4 月，唐山完成了中国首列混合动力电源技术的 100% 低地板车辆，可实现无接触网运行。

2.8　安全设计

有轨电车通常采用人工驾驶方式，运行在城市道路上。为防止与其他有轨电车车辆或机动车发生碰撞，每列车内端均设有一个救援用折叠车钩。车头部设有功能先进的防爬吸能结构装置，有效吸收车辆正向、侧向撞击的能量，可以保

证驾驶人和乘客安全。紧急情况下，即使与行人发生碰撞，独特的头部结构，可有效避免行人被卷入车底。

车内设置紧急报警及乘客紧急制动装置、逃生窗、安全锤等必备设施，为驾驶人、乘客提供安全保障。此外，车辆内饰和材料满足防火要求。车门具有障碍物探测、手动开关门、机械锁闭、安全回路、零速保护功能。

3 结语

低地板车辆发展至今，技术已达到较高水平，其中低地板、模块化、独立轮转向架技术的应用，使有轨电车在城市中的运用更加方便、经济。然而，由于低地板车辆生产研发企业与多家国外公司合作，低地板车辆在结构、参数和性能等方面，呈现多种类型，必将增加车辆运营、维修的难度，有可能增加造价。因此，中国应尽快规范化、标准化低地板车辆和有轨电车建设标准。

参考文献

[1] 国土交通省.引入与城市道路一体化有轨电车的规划指导 [R].东京：国土交通省，2005.

[2] 于禹夫，方力.现代有轨电车交通系统及其车辆的技术定位 [J].地铁与轻轨，2003，12（6）：43-47.

[3] 杨丹燕.长春70%低地板轻轨车辆电气系统 [J].电力机车与城轨车辆，2008，31（6）：8-11.

[4] 长春轨道客车股份有限公司.低地板有轨电车车辆通用技术条件 [R].长春：长春轨道客车股份有限公司，2013.

作者简介

苗彦英，男，吉林人，教授，主要研究方向：城市轨道交通、城市轨道车辆，E-mail:myanying1@163.com

有轨电车系统规划设计研究

Streetcar System Planning and Design

张子栋

摘　要：当前中国有轨电车系统的规划与设计缺少相应的技术规范和标准，规划设计的方法和内容主要参照地铁、轻轨系统开展，而有轨电车系统特征、功能特性及相关技术标准与地铁、轻轨系统存在较大差异。首先明确有轨电车系统的内涵，由此提出其规划设计的基本思路。在此基础上探讨有轨电车系统的功能定位及适用性，并针对不同功能提出相应的网络布局要点；详细阐述有轨电车系统的线路、车站和沿线道路设施的规划设计要点。

关键词：城市轨道交通；有轨电车；规划设计；功能定位；网络布局；交通工程设计

Abstract: Due to the lack of related specification and standard for streetcar system planning and design in China, the existing streetcar planning and design methodologies and content mainly reference to subway and rail transit. However, the characteristics of streetcar system, functionalities and related technology standard are quite different from subway and rail transit system. This paper first introduces the concept of streetcar system and presents the basic planning and design scheme. Trough analyzing the functionalities and applicability of streetcar system, the paper presents key aspects of streetcar network layout corresponding to different functionalities. The paper also elaborates streetcar planning and design in several aspects: routes, stops, and road facilities along streetcar routes.

Keywords: urban rail transit; streetcar; planning and design; functionalities; network layout; traffic engineering design

有轨电车是一种古老的公共交通工具，其悠久的历史甚至超过了公共汽车和地铁。二战后随着小汽车的发展，有轨电车在城市道路的路权之争中逐渐衰败。然而，20世纪90年代，欧洲许多城市的有轨电车以现代化、环保、充满人性化的崭新形象开始复兴，这也引起中国各城市的广泛关注和研究。中国一些城市如天津、上海、沈阳、珠海、大连等，也在积极规划、设计和建设有轨电车系统。而当前中国有轨电车系统的规划与设计缺少相应的技术规范和标准，其规划设计的方法和内容主要参照地铁、轻轨系统开展。有轨电车虽然属于城市轨道交通的范畴，但其系统特征、功能特性以及相关技术标准与地铁、轻轨系统存在较大差异，因此，有必要对有轨电车系统规划设计要素进行研究和总结，以便更深入地认识有轨电车并促进其在中国城市健康发展。

1　有轨电车系统的内涵

当前针对有轨电车系统的认识无论是在学术界还是在规划设计领域仍然存在很多分歧，分歧的核心是其与轻轨系统的差异性。

中国发布的《城市公共交通分类标准》CJJ/T 114—2007对有轨电车和轻轨系统给予了明确的定义："有轨电车是一种低运量的城市轨道交通，电车轨道主要铺设在城市道路路面上，车辆与其他地面交通混合运行，根据街道条件可分为三种情况：混合车道；半封闭专用车道；全封闭专用车道"[1]；"轻轨系统是一种中运量的轨道运输系统，主要在城市地面或高架桥运行，线路采用地面专用轨道或高架轨道，遇繁华街区，也可进入地下或与地铁接轨"[1]。

国外现存典型有轨电车系统与轻轨系统在车辆、设施和运营特性等方面虽然界线模糊，但还是有明显的差异[2]。国外有轨电车系统一般为人工驾驶，在车上进行收费，采用低地板的车辆和低站台的开放式车站；车辆长度14～35m，定员100～250人·辆$^{-1}$，独立路权比例为0%～40%，平均站间距250～500m，平均旅行速度12～20km·h^{-1}，高峰最大发车频率60～120列·h^{-1}（共线段），客运能力0.4～1.5万人次·h^{-1}。而轻轨系统既有人工驾驶也有信号控制方式，在收费上也有车上和车站两种方式，在车辆和车站方面除了采用低地板的车辆和低站台的开放式车站之外，还有高地板的车辆和高站台的封闭式车站；车辆长度14～54m，定员100～350人·辆$^{-1}$，独立路权比例为40%～90%，平均站间距350～1600m，平均旅行速度18～50km·h^{-1}，高峰最大发车频率40～90列·h^{-1}（共线段），客运能力0.6～2.0万人次·h^{-1}。轻轨系统的指标除了发车频率之外总体上比有轨电车系统要高，也存在相互交叉重叠。

由此可见，有轨电车系统是一种地面线路为主、人工驾驶、简易站台、旅行速度较低的低运量城市轨道交通系统，这样的特征决定了有轨电车系统建设和运营成本较低，同时其运营模式和交通特征具有道路交通的属性。这些系统特征也决定了其功能定位，决定其在不同城市、不同地区的适用性，并最终决定规划和设计的要素。

2　规划设计基本思路

有轨电车系统与地铁系统、轻轨系统规划设计具有相同的技术流程和内容，但同时由于路面行驶、人工驾驶等特性使其规划设计又与快速公交、常规公共汽（电）车具有很多相似之处。因此，有轨电车系统规划设计的基本思路在与地铁、轻轨系统存在共性的基础上又有其特殊之处，主要体现在以下方面：

1）总体上应满足系统特征和功能定位的要求；

2）网络布局应兼顾目标导向和需求导向，以功能定位为基础，综合协调与其他客运交通方式的关系，并考虑运营组织和线路组合对网络布局的影响；

3）线路应以适应道路环境条件和塑造地区形象为目标，与城市道路规划设计相结合，重点研究和确定线路路权、车道布设形式及其主要技术标准等内容；

4）车站应与周边的交通组织、人文环境和建筑物相结合，以简易实用为原则，重点研究和确定车站布局、布设形式、功能及其技术标准等内容；

5）沿线交通组织规划和交通工程设计是其规划与设计的主要内容，应重点研究和确定有轨电车与机动车、非机动车以及行人的关系。

本文重点探讨有轨电车系统与地铁系统、轻轨系统规划设计的差异性内容，而对于共性的内容不在研究范围之内。

3 功能定位

有轨电车系统的功能定位研究，即分析在不同城市、不同区域和不同交通走廊有轨电车系统与城市其他客运系统（如地铁、轻轨、BRT、公共汽（电）车）的分工与合作关系，从而明确有轨电车系统在城市客运系统中的地位和作用，是决定其规划设计的首要要素。

文献[3–6]对国内外有轨电车系统的功能定位进行了深入分析，总结得出有轨电车主要发挥以下四种功能和作用：

1）承担大运量轨道交通系统的补充、加密及接驳功能。一般布局在大城市，典型城市为法国巴黎、西班牙巴塞罗那等。

2）承担城市客运系统的主体或骨干。一般布局在中小城市，典型城市为澳大利亚墨尔本、瑞典哥德堡、法国波尔多等。

3）承担城市特定功能区或特定走廊客运系统的骨干。典型城市和地区为伦敦克罗伊登区（Croydon）、美国圣迭戈、天津泰达开发区、上海张江开发区等。

4）承担城市特殊功能的有轨电车系统。例如北京市规划建设的具有旅游观光功能的西郊线。

可以看出，有轨电车系统在国外应用较为广泛，中国也开始积极尝试和探索。从长远来看，有轨电车在中国城市的复兴也是必然。但是，中国城市交通发展的阶段和特征与国外城市相比差异很大。中国正处于城镇化和机动化快速发展时期，在相当长的时期内城市交通面临的首要问题是采取何种手段经济、高效地满足居民出行需求和缓解交通拥堵，与轻轨、快速公交及常规公共汽（电）车相比，有轨电车系统

在技术和经济上没有任何优势，从某种意义上讲有轨电车是一种"奢侈品"；同时中国城市道路交通方式多样复杂、交通管理滞后，而有轨电车缺乏相关法规标准、运营安全风险大，这些因素也制约了有轨电车在中国城市的广泛应用。

因此，当前中国有轨电车系统规划、设计和建设更多的是满足上述第三种和第四种功能，即经济发达城市的特定功能区、特定走廊及特殊功能的有轨电车系统应用，而对于第一种和第二种功能仅限于规划控制以及示范应用；同时也应该看到，有轨电车系统规划设计不应只侧重于解决交通问题，更重要的是塑造地区环境、提升地区吸引力以及提高公共交通竞争力。

4 网络布局

不同功能定位的有轨电车系统，其网络布局的目标、原则和方法不尽相同，有时甚至相差甚远。

1）第一种功能定位的有轨电车网络布局必须与其他公共交通系统（特别是地铁和轻轨）统筹考虑，根据有轨电车的系统特征，以研究有轨电车在多层次、多等级公共交通系统中的地位和作用为基础进行网络布局。在这种情况下，有轨电车网络布局是从属性的，是在上层次轨道交通网络布局的基础上进行的。

2）第二种功能定位的有轨电车网络布局与现行城市轨道交通网络布局的方法基本相同，但其布局目标和原则有差异。这一网络应着重研究有轨电车的路面交通系统特征对整个有轨电车网络布局的影响，同时深入分析道路交通条件、研究运营组织模式和评估网络布局对城市道路交通的影响。

3）第三种功能定位的有轨电车网络布局应以塑造地区环境形象、提高公共交通吸引力和竞争力为目标，并与地区步行和自行车交通组织、机动车交通组织相结合进行网络布局，最终形成亲人、易达、高服务水平的有轨电车网络。

4）第四种功能定位的有轨电车网络布局应以其特殊功能（如旅游观光）为目标，在深入分析需求特征、气候条件、环境条件、人文条件的基础上进行布局。

另外，有轨电车特有的系统特征（如以供应为导向以及人工驾驶）使其运营组织模式更为灵活，从而为线路共线和设置支线等组合模式提供可能，而这一点也直接影响有轨电车系统的网络布局。线路组合模式的有轨电车系统网络布局在国外特别是欧洲得到了普遍应用，例如法国尼斯市的有轨电车网络（见图1），1号线有4条支线，2号线和3号线在中心城区共线，这也将是中国有轨电车网络布局方法的发展方向。

5 线路规划与设计

5.1 路权选择

参照美国交通运输研究委员会（Transportation Research

图1　法国尼斯市有轨电车网络

Board, TRB）对北美轻轨（Light RailTransit, LRT）路权的分类（见表1），可以将有轨电车的路权分为3个级别[7]：完全独立路权、半独立路权和混合路权。但实际情况是，一条有轨电车线路往往可划分为多个路权形式不同的区间，其中有的区间路权等级较低，与多种交通方式混行，而有的区间路权等级较高，甚至达到独立路权的标准。

　　有轨电车三类路权具有各自特点，适用范围也不同，如表2所示。有轨电车线路一般以半独立路权为主，为了保障行车安全，在道路平面交叉口处采取必要的信号优先和限速措施；同时，对于后两种功能定位的有轨电车线路可以结合公交专用车道、步行街及其他特殊地区使用混合路权（这里主要指与行人或公共汽车混合路权）；完全独立路权要慎重使用，除特殊情况有轨电车线路不采用高架和地下方式。

5.2　车道布设形式

　　通常情况下，有轨电车铺设于地面。为了确保系统的运能和服务质量，有必要采取措施使其达到运营速度、行车间隔方面的要求。主要措施是在地面铺设与其他道路交通方式相对隔离的专用基础设施（路基），在道路交叉口、车站两端、行人过街设施和其他特别需要之处允许车辆、行人和自行车通过。

　　有轨电车在道路横断面上的布设形式通常有四种：布设于道路中央、机非车道间、路侧（两侧或单侧）。由表3可以看出，有轨电车车道布设于道路中央及机非车道间较优，其次为布设于路侧（单侧），布设于路侧（两侧）最劣。虽然布设于道路中央及机非车道间的冲突点数相同，但考虑在中国允许机动车红灯右转的特性，当交叉口转向交通量较大时，若布设于机非车道间，转向车辆均需注意对向一般车辆及有轨电车车辆，将延长车辆通过交叉口的时间，产生事故的风险也将提高。因此，有轨电车车道布设形式应优先采用布设

北美轻轨路权形式分类　　　　　表1

类型	分类编号	路权及隔离方式
完全独立路权	Type A	全隔离路权
半独立路权	Type B-1	隔离的路权
	Type B-2	混合路权（有6英寸高的路缘石或栅栏保护）
	Type B-3	混合路权（有6英寸高的路缘石保护）
	Type B-4	混合路权（可越过的路缘石、标线）
	Type B-5	轻轨与道路平行，与人行道相邻
混合路权	Type C-1	混合交通
	Type C-2	公交专用路，与公共汽车混合路权
	Type C-3	行人专用路，与行人混合路权

有轨电车路权的适用范围　　　　表2

路权分类	应用条件	适用范围
完全独立路权	与道路立体交叉；一般不应有其他交通方式与线路并行	适用于前三种功能定位的线路；仅在特殊情况下特殊路段使用，路段所占比例很低
半独立路权	路段较为严格的隔离措施；道路交叉口信号优先措施	适用于四种功能定位的线路；大多数城市干路
混合路权	线路上的其他交通方式流量较小；沿线有公共汽车运营，且车站能力富裕	适用于后两种功能定位的线路；城市次干路及支路；商业步行街、休闲区以及公交专用车道

有轨电车车道布设形式及优缺点　　　表3

布设形式	优点	缺点
道路中央	有利于车辆路边临时停车、上下车及货物装卸；不影响沿线建筑车辆出入及右转车流；道路交叉口处与其他车辆冲突点较少，车流组织较易处理	对左转车流的干扰较大，须配合采取特殊措施；乘客须穿越车道，安全及便利性较差
机非车道间	有利于车辆路边临时停车、上下车及货物装卸；可将机非车道隔离带设计为站台，减少道路使用面积；对非机动车道车辆影响较小	对快车道车辆影响较大；乘客须穿越慢车道，安全及便利性较差
路侧（两侧）	可利用人行道作为乘客乘降处，对乘客较为便利且安全；站台可设置于人行道，不占用道路空间；符合居民使用道路的习惯，可减少路边违章停车	严重影响道路的左右转车流及横向车流进出交叉口；影响车辆路边临时停车、上下车及货物装卸；对行驶于路侧的车辆及自行车的安全性影响较大
路侧（单侧）	站台可设置于人行道，不占用道路空间；可减少路边违规停车	同布设于路侧（两侧）的情形；轨道车道与道路车道行驶方向相反，安全性降低；有一方向乘客须穿越慢车道，安全及便利性较差

于道路中央及机非车道间（除非道路条件不允许），尤其是针对第一种和第二种功能定位的有轨电车线路。

5.3 技术要求

5.3.1 路线线形

有轨电车线路应根据沿线状况，特别是线路所经道路的平曲线和竖曲线线形及沿线地物地貌来设定路线线形基准，以符合线路的实际功能要求。而其中最重要的是道路条件是否满足不同布设形式的有轨电车技术标准的要求。

根据有轨电车相关技术标准和中国城市道路相关设计标准，通常条件下无须道路改造或少量的改造工程（与车道布设形式和道路宽度有关）即可满足有轨电车的转弯需求和纵坡要求。但在城市中立交桥、地道等特殊地段和山地城市道路标准过低的情况下，部分路段的纵坡则超出有轨电车的限制。因此，在有轨电车线路规划设计阶段，权衡车辆性能与纵坡限制之间的关系是路线线形的核心工作。

5.3.2 车道宽度

车道宽度的计算主要考虑车辆限界、安全净空等因素，电杆和隔离设施的需求空间则需要另外计算。以有轨电车车辆宽度 2.65m 为例，未考虑电杆和隔离设施时，单线车道宽度需求为 3.11m，双线车道宽度需求为 6.16m，考虑保留适当富裕及必要设施设置空间，建议有轨电车系统单线车道宽度为 3.5m，双线车道宽度为 7.0m。中国一般道路车道宽度为 3.5m，因此可利用现有道路车道作为有轨电车车道。

5.3.3 轨道工程

有轨电车轨道是城市景观的组成部分，因此轨道形式的选择除提供必要功能外，还应与城市景观相结合。有轨电车轨道要综合考虑路权形式、区域特性、景观生态、经济效益等因素，并有足够强度承载列车行驶。有轨电车轨道包括有砟轨道、无砟轨道、埋入式、植草式等形式。其中，埋入式轨道是为配合有轨电车与其他路面交通方式混合路权而设计，其轨道平面与道路路面同高，可使其他交通方式顺利通过；植草式轨道主要是为配合景观生态及绿化而设计，主要是无砟轨道配以隔框以及种植草种于轨道区，对草种有特殊要求。

5.3.4 排水设施

有轨电车系统的排水设计应依照城市道路及周边设施的设计标准统筹考虑，对于夏季雨量较大的地区应更加重视。排水标准依路权形式而异，应综合考虑系统稳定度、设备与乘客服务指标及道路排水规定等。半独立路权和完全独立路权，应依照系统特性采用适当的防洪标准并加一特定高度为土建设施设计基准；混合路权应在轨道外侧设置适当的截水及排水设施。

5.3.5 管线设施

管线设施包括路权范围内的各种市政管线以及容纳各种管线的管沟。有轨电车轨道下方的管线，应与有轨电车系统适当隔离，并应方便维修；管线或管沟必须能承受有轨电车系

统的载重，以免影响有轨电车系统的正常运营和运营安全。

5.3.6 载重设计

有轨电车系统路线结构形式有路面、桥涵以及局部的高架段、隧道或路堑等，设计时应考虑相关规范的要求，有轨电车的载重选择应以不超过道路结构的设计载重标准为原则。

6 车站规划与设计

6.1 站间距

有轨电车系统的站间距应根据其系统特性、功能定位、运营绩效综合确定。一般而言，有轨电车系统站间距为 300 ~ 800m，具体站间距根据车站功能、城市规模、城市区位、地区开发密度有所不同。特殊功能有轨电车系统的站间距可能超出此范围。

6.2 布设形式

有轨电车车站沿道路横向布设可分为岛式车站和侧式车站。机非车道间、路侧（两侧）布设的有轨电车线路可采用侧式车站，而道路中央、路侧（单侧）布设的有轨电车线路，既可以采用侧式车站也可以采用岛式车站。

从沿道路纵向的位置关系来看，有轨电车车站又可分为路中式车站和路端式车站。根据车站在交叉口的设置方式，路端式车站分为近端（进口处设站）和远端（出口处设站）两种形式。综合而言，有轨电车车站共分为 4 种路中式车站和 14 种路端式车站的布设形式[8]。图 2 为道路中央布设线路情况下的路端式车站的布设形式。可以说，有轨电车车站的设置形式众多，文献 [8] 对其进行比较分析，从效率方面总结不同交通状况下的建议车站形式（见表 4），供规划设计参考。

6.3 功能及设计

有轨电车车站的基本功能是供列车停靠，并通过标志指示其位置、标示站名、提供路线图与时刻表，设置站台、提供遮雨棚，可考虑提供座椅（见图 3），确保乘客进出站台、购票、上下车的安全、舒适、快捷。车站除了保证乘客集散外，还需确保列车高效、安全的运行。此外，车站应以结构简易、无人管理为设计目标，同时与其他交通方式有效衔接，以方便乘客换乘。

有轨电车站台长度应以列车总长为依据并考虑必要的附加长度设定，一般情况下，附加长度约为 0.3m，可根据实际情况调整。岛式站台最小宽度为 2.0m，侧式站台最小宽度为 1.5m，并根据车站功能及乘降量确定最终宽度。同时要充分考虑老、弱、病、残、幼的需求，站台与有轨电车车内底盘的高度应尽量一致，站台边缘与有轨电车车门边缘的间距应尽量缩小，以符合人性化空间设计的理念。

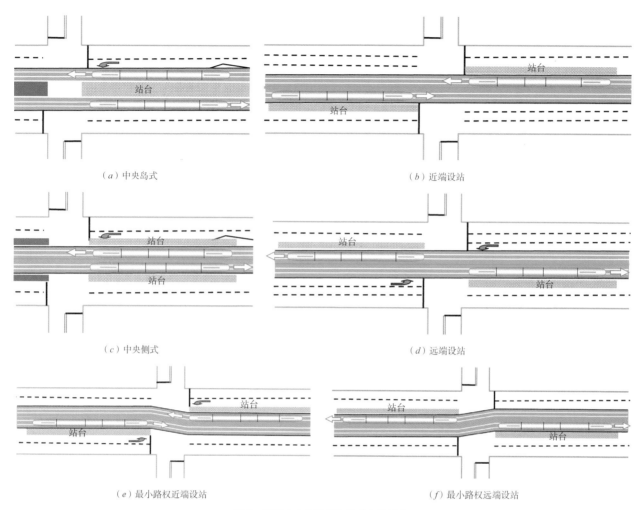

（a）中央岛式 （b）近端设站

（c）中央侧式 （d）远端设站

（e）最小路权近端设站 （f）最小路权远端设站

图2 道路中央布设的路端式车站形式

不同交通状况下的建议车站形式 表4

路面宽度 /m	车站至交叉口的距离 /m	发车间隔 /min	同向车流流量 /（辆·h⁻¹·车道⁻¹）					
			400	600	800	1000	1200	1400
14	0	1	SD❶	SD	SD	SD	SD	PS❷
21	0	1	CD❸	CD	CD	CD	CD	CD
21	0	3	FSS❹	CC❺	CC	CC	CC	PS
21	0	5	CC	CC	CC	MFSS❻	MFSS	MFSS
21	20	1	FS❼	FS	PS	PS	PS	PS
21	50	1	PC❽	FSS	PS	PS	PS	PS
21	80	1	NS❾	FSS	FSS	FSS	FSS	FSS
28	0	1	CD	CD	CD	CD	CD	CD

注：❶ 路侧侧式（站台设在行车道）；❷ 路缘侧式（站台设在人行道）；❸ 中央专用形式；❹ 远端侧式；❺ 中央岛式；❻ 最小路权远端侧式；❼ 远端设站；❽ 路缘岛式；❾ 近端设站。

7 交通工程设计

7.1 道路交叉口

有轨电车系统的交通工程设计重点在于道路平面交叉口。有轨电车在交叉口与其他车辆可能产生侧撞、交叉撞、对撞、擦撞及追撞等事故类型，因此必须通过交通工程设施加以管理、控制、改善或消除，以达到安全运营的目的。

有轨电车路线的交叉口信号控制方式一般可分为3种[7]：完全信号优先、部分信号优先和无信号优先，如表5所示。除了完全独立路权采用完全分隔处理不适用上述交叉口控制

图3　法国里昂市有轨电车车站

（a）路缘石和高差隔离

（b）护栏隔离

图4　有轨电车系统隔离设施

不同信号控制方式的特点和适用范围　　　表5

项目	完全信号优先	部分信号优先	无信号优先
对横向道路车辆的影响	延误较大	有一定延误	无特殊影响
平均旅行速度（km·h⁻¹）	20～30	17～25	15～20
实现条件	较复杂	复杂	容易
适用范围	交通量较小的交叉口，且横向道路等级较低	线路与城市部分主干路以及大多数次干路、支路的交叉口	线路与城市主干路的交叉口，横向道路进口道接近饱和；线路混合路权

外，半独立路权可采用完全信号优先或部分信号优先的控制方式，混合路权可采用无信号优先的控制方式。应当注意，前两种优先控制方式必须设置必要的标志、标线为驾驶人提供足够的驾驶信息，避免产生混乱。

除信号控制方式之外，根据有轨电车系统布设道路的不同位置，交叉口信号配置也有区别。

1）布设于道路中央。左转车流依交叉口左转信号左转（有轨电车车辆宜设置独立分相信号），自行车（含电动自行车）至左转待转区等待，当信号变化时左转；右转车流依交叉口右转信号右转。

2）布设于道路两侧。左转车流依交叉口左转信号左转（有轨电车车辆宜设置独立分相信号），自行车（含电动自行车）禁止直接左转，需采用二次过街完成左转；右转车流依交叉口右转信号右转（有轨电车车辆宜设置独立分相信号）。

3）布设于机非车道间。一般依交叉口信号控制处理，左转（右转）车流依交叉口左转（右转）信号左转（右转），有轨电车车辆设置独立分相信号。

总之，道路平面交叉口应以有轨电车车辆优先通行为原则进行信号控制及各类车道配置的整合设计，以降低有轨电车车流与道路车流的冲突，提高服务效率。

7.2　隔离设施

半独立路权的有轨电车应考虑地区条件、人文环境及交通特性采用合适的隔离措施，例如路缘石、围篱、植树、护栏等，如图4所示；混合路权的有轨电车除应遵守《道路交通标志和标线》GB 5768—2009的相关规定外，应以明显标志标线、铺面或颜色区分有轨电车线路与一般道路的范围。

7.3　行人过街设施

行人过街设施直接影响有轨电车系统的运营安全。在混合路权的行人过街区域、半独立路权的平面交叉口及车站行人过街区域，应采取适当措施帮助行人平面过街。在混合路权的行人过街区域，路面应有缓冲设计及安全警示标志，见图5a。有轨电车平面交叉口的行人过街设施设置以与一般道路过街设施相同为原则，并配合《道路交通标志和标线》GB5768—2009等相关规定设置特别的行人过街设施，见图5b。路段应设置具有阻隔功能的行人过街设施，如旋转栅门（见图5c）或Z字形过街设施（见图5d），并应设置行人专用信号及相关警示标志。

8　结语

有轨电车作为一种低运量的地面轨道交通系统，其规划设计的首要目标是满足系统特征和功能定位，同时应综合参考轨道交通、地面公共交通和道路交通的规划设计方法及相关技术标准，更重要的是，要研究有轨电车沿线的交通组织和交通工程设计的相关内容。在中国城市面临交通拥堵、环境污染和能源日益紧缺的形势下，有轨电车的发展越来越受到重视，合理的规划设计关系到其未来是否能可持续发展。本文对有轨电车规划设计中的功能定位、网络布局、线路设计、车站设计和

（a）警告标志

（b）特别的行人过街标线

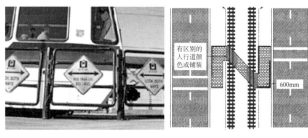

（c）旋转栅门　　　　　　（d）Z字形过街设施

图5　有轨电车系统行人过街设施

交通工程设计等关键问题进行深入研究和探索，研究成果可应用于中国有轨电车系统相关政策法规和技术标准的制定。

参考文献

[1] CJJ/T114—2007 城市公共交通分类标准 [S].

[2] Vukan R Vuchic. Urban Transit Systems and Technology[M].Hoboken: Wiley, 2007.

[3] 卫超，顾保南. 欧洲现代有轨电车的发展及其启示 [J]. 城市轨道交通研究，2008，11（1）：11-14.

[4] CornetN，李依庆，华凌晨. 现代化有轨电车系统在中国城市的发展前景 [J]. 现代城市轨道交通，2008（6）：60-62.

[5] 高继宇. 现代有轨电车行车组织设计相关问题分析 [J]. 科技信息，2011（32）：653-654.

[6] 訾海波，过秀成，杨洁. 现代有轨电车应用模式及地区适用性研究 [J]. 城市轨道交通研究，2009，12（2）：46-49.

[7] 卫超. 现代有轨电车的适用性研究 [D]. 上海：同济大学，2008.

[8] 许添本. 轻轨与公交车捷运系统纳管之研析 [R]. 台北：交通部运输研究所，2006.

作者简介

张子栋，男，河南南阳人，硕士，高级工程师，轨道交通研究所副所长，主要研究方向：轨道交通及道路交通，E-mail:zzd_mail@163.com

有轨电车系统规划设计思考

Thoughts on Streetcar System Planning and Design

张国华　欧心泉　周　乐　苗彦英

摘　要： 作为城市轨道交通系统的组成部分，有轨电车系统规划设计的关键在于认清其在轨道交通系统中所处的功能地位和发挥的价值作用。从分析城市轨道交通的发展背景出发，解读有轨电车面临的发展机遇。探讨合理构建有轨电车系统的规划设计思路，以及有轨电车如何适应生态文明和社会文明的发展需要。重点阐述在有轨电车规划设计过程中如何实现与多层级轨道交通系统的协调、与城市空间用地的互动，以及与城市综合交通系统的衔接。

关键词： 交通规划；城市轨道交通；有轨电车；规划设计；生态文明；社会文明

Abstract: As a component of urban rail transit system, streetcars' functionalities should be clearly understood in its planning and design. Based on the development background of urban rail transit system, this paper discusses the streetcars development opportunities in China. Then the paper researches the concept for effective streetcar system planning and design, as well as how to make streetcar system a part of urban sustainable development for a healthy society. The service coordinates with different rail transit systems, urban land use, and urban comprehensive transportation system in streetcar planning and design processes are also elaborated at the end of the paper.

Keywords: transportation planning; urban rail transit; streetcar; planning and design; ecological civilization; social civilization

0　引言

作为典型的城市交通方式之一，有轨电车早在 19 世纪 80 年代就于德国柏林市附近投入使用。19 世纪末西门子公司在北京修建中国第一条有轨电车线路，之后凡设有租界或通商口岸的城市皆开通有轨电车。至今，大连、长春、香港仍保留并运营原有有轨电车系统。

随着小汽车的发展和城市交通政策变迁，旧式有轨电车由于运行速度慢、舒适性差、机动性不足等缺点，在与机动车的竞争中逐渐衰败。然而城市机动化是一把双刃剑，在满足出行者灵活便捷出行的同时，也使城市陷于拥堵的困境。

当前，由于城市构建多层级公共交通系统的需要以及产业发展政策推动，有轨电车在中国城市面临新的发展机遇[1]。天津、上海、大连等城市已经开通有轨电车线路，北京、广州、沈阳、佛山、苏州、武汉等城市正在建设，三亚、海口、南京、珠海等城市将有轨电车纳入发展规划。在此背景下，如何科学、协调、有效地规划设计有轨电车系统是各大、中城市需要面对的问题。

1　现阶段有轨电车发展背景

作为中、低运量的城市轨道交通系统[2]，有轨电车的发展与城市轨道交通的整体发展息息相关，城市轨道交通面临的机遇与挑战自当成为有轨电车发展的背景条件，而有轨电车的典型特征也为其在城市公共交通系统中发挥作用提供支撑。

1.1　城市轨道交通的黄金十年

近 10 年，受持续、快速城镇化推动，中国城市轨道交通建设正处于黄金时期。随着社会经济水平的提升，具备城市轨道交通建设条件的城市有望超过 50 座。根据相关规划，"十二五" 期间中国城市轨道交通线网总体建设规模将增至 3500km，2020 年城市轨道交通线网规划规模有望达到 6100km。未来 10 年，中国城市轨道交通建设投资总额将突破 3 万亿元[3]。上述数据仅指地铁、轻轨等大容量城市轨道交通系统，未包含不少地区正在大力推进建设的有轨电车及单轨等中、低运量城市轨道交通系统。

与城市轨道交通的快速建设历程对应，中国城市轨道交通的运营指标也已位居世界前列，见图 1。至 2012 年底，中国内地有 17 座城市累计 70 条地铁、轻轨线路投入运营，总运营里程达 2064km，其中北京市 442km、上海市 437km，分别位居世界城市地铁运营里程的第一位、第二位。2013 年 3 月 8 日，北京市地铁全网日客运量达 1027.6 万人次，成为全球最繁忙的城市轨道交通系统之一。

基于庞大的消费市场与急剧增加的出行需求，受公共基础设施投资拉动与社会经济结构转型影响，在可预见的未来，包含有轨电车在内的城市轨道交通系统仍将保持快速发展势头。

1.2　规划建设的矛盾凸显

高潮迭起的发展期往往也是矛盾的快速积累期，中国不少城市轨道交通系统在规划、建设中遗留的问题开始凸显，具体表现为：

1）线网规划阶段研究深度不够，对轨道层级、线网功能、线路实施性的分析较弱，导致后续建设、运营的可操作性较差；

2）既有规划的约束力不强，一些规划线路在后续建设中听凭领导的意志随意变动，缺少应有的科学性和严肃性；

3）对城市轨道交通系统的整体发展前景考虑不足，不少

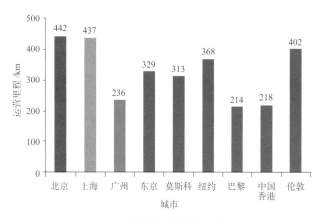

图1 世界城市地铁线网规模

城市的轨道交通线网规划缺乏远景的谋划和通盘的统筹，近期新增轨道交通服务往往依托对既有线路的简单延伸实现，导致不少线路曲折绕行，破坏远景轨道交通线网的机理与格局；

4）规划、建设的衔接机制不完善，规划机构、建设单位和运营投资主体各行其是，未能对城市轨道交通系统的各类资源进行有效整合。

有轨电车系统在规划建设过程中应汲取以上教训，一方面重视规划的顶层设计，强化规划的约束力；另一方面统筹城市各类要素，合理配置资源；同时还要加强与综合交通系统的衔接，发挥公共交通的主导作用。

1.3 有轨电车的特殊价值

除面对城市轨道交通的共性背景外，有轨电车自身的典型特征赋予其区别于其他轨道交通方式的特殊价值。

首先，有轨电车属于中、低运量的城市轨道交通系统。其客流适应性广泛，单厢或铰接式有轨电车属于低运量轨道交通系统，采用多节编组和新型车辆技术的有轨电车能够达到中运量轨道交通系统的要求。有轨电车在大城市往往作为地铁、轻轨等轨道交通系统的补充，发挥对轨道交通线网的补充和加密作用；在中小城市，考虑客流需求与走廊规模有限，有轨电车系统可作为城市客运骨架，提供相对高品质的出行服务[2]。

其次，面对特定的服务需求，有轨电车系统有其特殊优势。在城市核心区和旅游区，作为商业网点、观光景点乃至其他重要公共服务设施的特色联络线；由于有轨电车采用小半径曲线和大坡度设计，在地形复杂的山地丘陵城市，有轨电车比其他轨道交通系统有更好的适应性。

最后，新型有轨电车多采用低地板车辆，能够极大满足人性化的出行要求。通过模块化的车辆组合、多元的供电方式、时尚的定制外观、高性能的动力装备以及采用交叉口信号优先措施等，可以有效摆脱旧式有轨电车的缺陷。而"共享路权，混行交通"的运行模式则使有轨电车系统在线路布设方面拥有组织灵活的优势。

2 有轨电车系统规划设计的关键点

作为城市轨道交通的组成部分，有轨电车系统规划设计需要协调多元的轨道交通层级，实现与城市空间用地的互动，强化与城市综合交通系统的衔接，明确自身的服务层级、线网组织模式和线路走向，如图2所示。

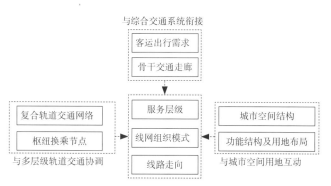

图2 有轨电车系统规划设计思路

2.1 协调多层级轨道交通系统

城市轨道交通系统通常可以划分为三类层级[4]：（1）区域轨道交通，以高速铁路、城际铁路为代表，承担核心城市间的联系；（2）市域轨道交通，承担城市核心区与外围地区的联系，包含市郊铁路和大区快线等；（3）市区轨道交通，即传统意义上的城市轨道交通系统，由地铁、轻轨、有轨电车等系统构成，服务中心城市的片区内部。

在与多元轨道交通层级的协调过程中，需要明确有轨电车系统自身的服务职能和功能定位。面向区域轨道交通和市域轨道交通系统，有轨电车主要发挥城市公共交通的集散作用；面向市区轨道交通系统，有轨电车需要发挥对其服务的延伸和补充作用。例如，苏州市在轨道交通系统规划建设过程中，利用中心城区地铁骨干网络与外围高新区有轨电车网络组合协作（见图3），实现相对广泛的轨道交通服务覆盖[5]。

基于效益最大化原则，根据发展时序安排，有轨电车与其他轨道交通方式可以相互转换。在一些现状客流不够充沛的客流走廊上，可以先行铺设有轨电车线路，待客流规模满足轻轨铺设要求，再提级改造为轻轨系统，这样既能够满足客流走廊的交通需求，也能够提高轨道交通系统的整体运营效率。此外，在中小城市的城区与大城市外围地区，有轨电车可以充当公共交通的服务主体，辅之以公共汽车，形成以有轨电车为主导的客运交通网络。

在有轨电车系统与不同轨道交通层级的衔接上应采取不同策略。面对区域轨道交通，通过在对外交通枢纽引入有轨电车线路实现转换衔接；面对市域轨道交通、市区轨道交通，可灵活选用共线运营和站点换乘等多种方式，主要满足不同交通方式间便捷换乘和人性化服务要求。

2.2 保持与城市空间用地互动

城市轨道交通系统布局是对城市空间结构的反映。因此，有轨电车系统在规划建设过程中，需要结合服务地区的功能需求和用地性质选择合适的线网组织模式。例如三亚市有轨电车线网通过串联核心地区构建客运通道，与对外枢纽建立便捷联系，提升组团内部的可达性（见图4），满足多方式的衔接需求和多层面的服务需要[6]。

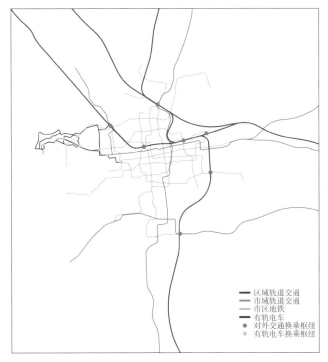

图3 苏州市多层级轨道交通系统规划

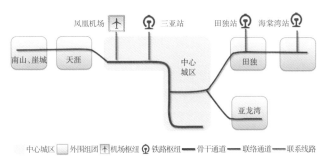

图4 三亚市有轨电车系统线网组织模式

有轨电车系统的构建对城市空间布局也能够形成反馈，通过"疏堵"与"引导"两大基本手段影响城市的发展演变。疏堵模式下的有轨电车线路深入旧城，减轻机动交通客运压力，实现对城市功能的疏解；引导模式下的有轨电车线路延伸至新区，集聚沿线客流与人气，实现对城市功能的重构。从设施构建的经济角度出发，疏堵线（段）并不产生直接经济效益，而倾向提供普惠式的公共交通服务；引导线（段）能够迅速提高沿线土地价值，通过控制沿线土地利用，实现对车站周边的开发，可获取巨大的开发收益。例如，苏州市高新区有轨电车1号线在建设之初对沿线用地进行规划控制，实现公共服务设施廊道构建与土地开发价值提升的结合[7]。

2.3 衔接城市综合交通系统

作为城市综合交通系统的重要组成部分，有轨电车系统的构建需要协调处理与其他城市交通方式的关系。

需求分担方面，有轨电车适用于单向高峰小时0.6～1.2万人次的客流走廊[8]，应与综合交通体系需求分析模型同步建立相关预测模型，将道路交通量、道路公共交通客流及轨道交通客流整合测算，以判断有轨电车线网布局的适用性。

设施统筹方面，有轨电车线位选择需要与城市道路反复协调。一方面，有轨电车线路需要结合既有生活性道路设置，以高效利用设施空间，提供较好的集散条件；另一方面，有轨电车线路应当与城市快速机动交通走廊分离。将有轨电车线路深入组团核心布局保持对客流的吸引，同时将快速路设置在组团外侧发挥对空间的骨架支撑作用，可以满足城市交通"双快系统"的协调构建，见图5。例如，瑞典斯德哥尔摩市将有轨电车系统线路设置在城市核心区内部，通过对相关道路功能进行梳整，实现在保持城市活力的同时减轻机动车对核心区的干扰。

除提供骨架公共交通服务外，有轨电车还强调面向特殊地区的特色服务。例如，北京市正在建设的有轨电车西郊线，将城市西北外围地区的"三山五园"景区串联成带；三亚市规划的有轨电车走廊沿海岸线布设，能够有效提升滨海地区的旅游交通服务品质。设置这类线路需要协调的不仅仅是有轨电车系统与各类交通设施之间的关系，往往还强调与环境、景观等条件的结合，对有轨电车系统的构建提出更高的要求。

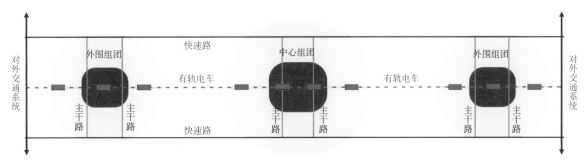

图5 有轨电车系统与快速路系统空间布局模式

3　适应文明进步的发展需要

面对知识经济引导的后工业化生产和生活活动，有轨电车需要考虑的不仅仅是作为常规意义的交通方式存在，适应生态文明与社会文明的发展诉求更成为系统构建的必要。

3.1　设施构建强调生态文明

生态友好是有轨电车系统构建的出发点。随着生态文明发展阶段的到来，消费经济成为主导，有轨电车系统作为适应该阶段活动需求的交通方式，需要挖掘自身"绿色、低碳"的优势，整合优质资源环境要素，承载休闲、娱乐、游憩空间，践行生态交通的价值理念。

与外在环境的融合方面，有轨电车系统的设施构建需要结合环境条件，选用因地制宜的敷设方式。通常情况下，可选择地面线路作为一般敷设形式，既不破坏地表结构，又能与景观环境良好融合，其不足在于运行易受其他交通方式干扰；可以考虑局部选用地下线路形式，在关键地区确保部分线路（段）的优先通行权利，但需要考虑其高昂的造价；慎重采用高架线路形式，高架线路虽然能够提供独立路权以保障高效运行，但高架构造物往往会对沿线景观产生割裂。

内在价值的挖掘方面，有轨电车通过对相关元素的精雕细琢可以成为城市景观的组成部分。如路线采用绿地铺装，改变轨道原有的灰色面貌，形成交通价值与环境价值相结合的城市绿廊；车辆采用流畅美观造型，展现城市的气质形象；在一些环境高敏感地区选用非接触供电技术，降低视界干扰，例如法国波尔多市、阿联酋迪拜市等有轨电车系统，即根据城市的风貌要求，采用与环境协调的地面供电系统。

3.2　运行服务彰显社会文明

与人更亲近是有轨电车系统构建的落脚点。一方面，有轨电车系统通过高品质的客运服务、人性化的设施环境，可满足多样化的出行需求，成为城市人本精神的展示窗口。另一方面，有轨电车通常与其他机动车辆共享道路空间资源，因此，需要培养良好的城市交通秩序并实行面向公共交通的优先政策，这也是城市文明进步的具体体现。

构建有轨电车系统、强化公共交通服务品质，可以促成客流走廊与机动车廊道分离，从而推动公共交通与步行和自行车交通成为城市活动组织的核心，并弱化小汽车在城市交通中的地位，进而形成具有人文关怀的公共服务设施走廊，满足"亲切、随和、自然、以人为本"的社会环境构建要求。

4　结语

作为经历传统并正在走向复兴的城市轨道交通方式，有轨电车既兼有城市轨道交通系统的特征，又具有自身特殊的实用价值。在规划设计中，需要把握系统构建要点，判断合适的发展定位，探索适宜的发展模式，发掘其在城市综合交通系统中的潜力与价值。这既是相关研究的意义所在，也是有轨电车系统构建的目标所在。

面向未来的发展需求，有轨电车的应用价值将会获得进一步挖掘和体现。看待有轨电车的发展，不应仅仅局限于其作为交通设施的构建需要，而应从更多的方面如环境、景观、运行、组织等，予以重视并加以协调，使有轨电车系统真正成为服务城市居民、提升城市品位、展示城市文明的载体。

参考文献

[1] 中华人民共和国中央人民政府.中华人民共和国国民经济和社会发展第十二个五年规划纲要 [R].北京：中华人民共和国中央人民政府，2011.

[2] 中华人民共和国国家发展和改革委员会.关于发展现代有轨电车的指导意见 [R].北京：中华人民共和国国家发展和改革委员会，2011.

[3] 中国国际金融有限公司.中金公司城市轨道交通建设专题研究 [R].北京：中国国际金融有限公司，2010.

[4] 欧心泉，周乐，张国华，李凤军.城市连绵地区轨道交通服务层级构建 [J].城市交通，2013，11（1）：33-39.

[5] 张国华，周乐，欧心泉.苏州市轨道交通线网规划修编 [R].北京：中国城市规划设计研究院，2012.

[6] 张国华，马俊来，戴继锋.三亚市城市综合交通规划 [R].北京：中国城市规划设计研究院，2009.

[7] 苏州市发展和改革委员会.苏州市现代有轨电车发展规划研究 [R].苏州：苏州市发展和改革委员会，2013.

[8] 王明文，王国良，张育宏.现代有轨电车与城市发展适应模式探讨 [J].城市交通，2007，5（6）：70-72.

作者简介

张国华，男，山东潍坊人，博士，教授级高级工程师，主要研究方向：新型综合交通规划体系、综合交通枢纽规划设计、轨道交通规划关键技术，以及产业、空间、交通结合领域的综合规划，E-mail:zhanggh@caupd.com

基于完整街道理念的有轨电车线路规划设计方法探讨
Complete Street Concept Tramcar Planning

张子栋

摘　要：有轨电车是一种极具吸引力的交通方式，它创造了一种促进城市更新、重塑城市空间、重整街道的轨道都市新形式。但目前我国有轨电车系统的规划设计方法和内容主要参照地铁、轻轨系统来开展，很少考虑与城市规划、街道设计、景观设计等方面的整合，导致难以发挥有轨电车系统应有的功能作用。文章结合有轨电车系统的特征与功能作用，分析了当前我国有轨电车规划设计存在的问题，并引入完整街道理念，提出有轨电车线路规划设计方法，以便更深入地认识有轨电车的功能作用并促进其在我国的健康发展。

关键词：有轨电车；完整街道；规划设计

Abstract: Tramcar is a new approach in promoting urban renewal, spatial restructuring, and street reorganization. At present, tramcar system planning is carried out with reference to metro and light rail planning. City planning, street design, and landscape design are rarely integrated in tramcar planning. The paper analyzes the character and function of tramcar system as well as problems of tramcar planning, introduces complete street concept, puts forwards tramcar planning approach, and promote healthy development of tramcars.

Keywords: tramcar; complete street; planning and design

0　引言

著名的城市社会学家豪默·霍伊特早在半个多世纪前就指出"城市的发展形态在很大程度上受在城市主要发展阶段占主导地位的交通方式的影响。"洛杉矶"蔓延的城市"和哥本哈根"公交导向的城市"就是佐证，可以说一个城市选择什么样的交通方式就决定了其未来城市发展的轨迹。20世纪80年代开始在欧洲许多城市，有轨电车以现代化的、环保的、充满人性化的崭新形象开始复兴，并创造了世界范围内"轨道都市"的一种新形式，即将有轨电车系统作为促进城市更新、转变生活方式的一个重要工具来使用。这个创新性的工具引起了世界各个国家的广泛关注和研究，也带来了我国有轨电车系统规划、设计和建设的高潮。但目前我国有轨电车系统的规划设计方法和内容主要参照地铁、轻轨系统来开展，很少考虑与城市规划、街道设计、景观设计等方面的整合，这难以发挥有轨电车系统应有的功能作用。因此，有必要从更大的范畴、更广的视角对有轨电车系统规划设计方法进行探索和讨论，以便更深入地认识有轨电车的功能作用并促进其在中国健康发展。

1　有轨电车系统特征与功能作用

1.1　有轨电车系统特征

《城市公共交通分类标准》CJJ/T 114—2007对有轨电车给予明确的定义："有轨电车是一种低运量的城市轨道交通，电车轨道主要铺设在城市道路路面上，车辆与其他地面交通混合运行，根据街道条件可分为三种情况：混合车道；半封闭专用车道和全封闭专用车道"[1]。可见，有轨电车系统是一种地面线路为主、人工驾驶、简易站台、旅行速度较低的低运量城市轨道交通系统，这样的特征决定了有轨电车系统建设和运营成本较低，同时其运营模式和交通特征具有道路交通的属性[3]。

1.2　有轨电车系统的功能作用

与所有城市轨道交通系统一样，有轨电车系统对土地使用也具有较强的影响作用，但有轨电车独有的系统特征决定了在城市客运交通和城市发展中的作用与地铁、轻轨系统存在较大的差异。

1）在城市客运交通中的作用

中国正处于城镇化和机动化快速发展时期，在相当长的时期内城市交通面临的首要问题是采取何种手段经济、高效地满足居民出行需求和缓解交通拥堵，与地铁、轻轨、快速公交及常规公共汽（电）车相比，有轨电车系统在技术和经济上没有任何优势，从某种意义上讲有轨电车是一种"奢侈品"[2]。而从西方经验来看，有轨电车的复兴已经不再作为一种全局性的或服务主要交通走廊的交通方式，也不宜作为对出行可靠性要求较高的通勤交通、商务交通走廊上，而是主要服务于对运营速度要求不高、短距离出行比例较高、对道路景观及出行舒适度要求较高的交通走廊，这些走廊一般位于城市旧城区或中心城[4]。

因此，从某种意义上看有轨电车系统的交通功能应该是从属性的，其在城市客运交通中作用主要不是解决交通拥堵问题，而是为居民提供一种可供选择的、高品质的公共交通工具。

2）在城市发展与城市更新中的作用

有轨电车能够改善城市景观，提高出行的舒适性，改善城市环境，提升城市吸引力。而20世纪90年代以来世界范围内出现的三大类有轨电车[2]印证了有轨电车系统在城市发展与城市更新中的作用，这三类有轨电车其目的均是方便行人、增加历史感和旅游吸引力，并作为城市重整的重要手段来使用。

因此与地铁、轻轨相比，有轨电车系统对城市发展与沿线土地使用的带动作用存在差异，其低速度、地面性的特征更加亲城、亲人，更宜融入城市，从而提升城市形象和吸引力。

2 当前我国有轨电车规划设计存在的问题

与国外有轨电车发展[5]一样，中国有轨电车也经历了发展、衰落和复兴三个阶段。从2006年开始，中国有轨电车的规划与建设呈现出前所未有的高潮，天津泰达、上海张江、沈阳浑南、南京河西、苏州高新、广州海珠等相继开通运营了新的有轨电车线路。

有轨电车系统有其独特的系统特征，但中国各城市并未足够重视有轨电车特有的系统特征和功能作用，仍然按照传统方法进行有轨电车的规划与设计，一方面造成了有轨电车与道路交通矛盾重重，不能发挥其应有的交通功能，另一方面致使有轨电车未能融入城市与街道，难以发挥其亲城、亲人的城市功能。造成这些问题的主要原因是当前有轨电车的规划设计方法存在局限性，主要表现在以下几个方面：①不是以综合观点进行交通与土地使用的整体性规划设计；②缺乏与城市规划、街道设计、景观设计的结合；③对交通工程设计的重视不足；④对行人、乘客的关注不够。

3 完整街道理念的引入

3.1 完整街道理念

20世纪初，随着社会经济的发展和小汽车的出现，发达国家城市的机动化水平不断提高，"速度"成为城市街道改造

（a）与机动车冲突的有轨电车（大连）

（b）设置在交通性干路上的有轨电车（南京）

（c）沿线单调、缺乏活力的有轨电车（上海）

图1 我国内地有轨电车应用

与更新的主要因素，街道的主要功能逐渐演变成为城市机动车出行服务。这不仅逐渐破坏了城市街道生活的多样性和丰富性，还最终导致了城市郊区化和街道荒漠化的出现，也使得街道越来越不完整。有鉴于此，美国于20世纪70年代开始提出"完整街道"政策[6]，旨在通过对新建或改建街道进行合理规划、设计、运营和维护，保障街道上所有交通方式及所有出行者的通行权，满足出行需求和安全要求，街道不应仅仅为机动车出行服务，而应当能够为所有的出行者服务并且设置休息、交流、驻足等诸多功能。

完整街道整合了可持续发展、精明增长、新城市主义等较新城市发展理念，以及交通稳静化、交通需求管理等控制管理措施。相比于传统街道设计，完整街道规划设计为建设更多元化交通系统和更宜居社区提供了切实可行的方法。完整街道主要有以下三个方面目标：

1）安全街道。街道设计应充分重视机动车以外其他交通方式出行者的需求，提高交通弱势群体的安全性，通过空间分离、时间分离等方式，为各类交通群体提供连续、安全的出行环境。

2）绿色街道。应通过减少机动车道空间来增加街道绿化，减少人均出行能耗较大的私人汽车出行比例，设计完善的雨水渗透、雨水再利用系统，鼓励人们步行、骑自行车和乘坐公共交通出行，改善人们的健康。

3）活力街道。应当将街道作为一种独特的城市空间进行建设，通过改善人行道、绿化系统、开敞空间等，提升街道的魅力，吸引人们参与到街道的各类活动中，进而增强城市、街道的活力和吸引力。

3.2 完整街道理念的引入

完整街道理念将街道的定义从机动性转向宜居性，全球的主要城市开始重新发现街道空间的价值，并重新定义了街道设计的内涵与使用方式，引发城市最具潜力的公共空间——街道的再开发潮流。而在欧洲，尤其是在法国，完整街道理念则被根植于有轨电车规划设计全过程中，从而引发了法国各城市有轨电车系统的复兴。从1985年南特第一条现代有轨电车开始发展到目前30个城市、65条线路、700km运营里程的规模[7]，这不仅仅是有轨电车系统本身的复兴，更为重要的是它重整了街道通行权、重塑了城市公共空间、促进了城市更新，甚至改变了当地居民的生活方式，使得有轨电车系统真正地"嵌入"到城市与街道中去。正如法国格勒诺布尔市市长在引入有轨电车系统时说："现在是需要利用有轨电车系统重新创建社会链接的时候了，我们必须回收被汽车霸占的城市空间，这是一个重新思考公共空间分配的机会。"

法国有轨电车规划设计主要遵从以下准则：

1）应与城市规划、街道设计、景观设计紧密联系在一起，有轨电车应深入城市中心、广场、街巷、办公大楼、大学校园、

（a）嵌入城市中心（法国蒙彼利埃）　　（b）嵌入广场（法国克莱蒙）

（c）嵌入街巷（法国斯特拉斯堡）　　（d）嵌入郊区（法国克莱蒙）

图2　有轨电车系统嵌入城市与街道中

图3　重整街道通行权：引入有轨电车前后对比（法国斯特拉斯堡）

图4　与地面公交的便捷换乘和低地板无障碍的车辆设计

医疗场所等密集活动场所。

2）应重整街道通行权，优先考虑有轨电车、行人、骑车者及其他潜在公共交通使用者的通行权，缩减机动车道、移除停车位而腾出来的空间铺设有轨电车。

3）应采用高性能、舒适、安全的轨道车辆，这意味着有轨电车应具有大容量、所有车门上下客、车外付费系统、低地板、信号优先的系统特性。

4）应在公共交通网络里处于核心地位，巴士线路需要重新配置以服务主要的有轨电车车站，票制票价也鼓励不同公交方式间的便捷换乘。

4　基于完整街道理念的有轨电车线路规划设计方法

4.1　整体思路

有轨电车系统具有轨道交通和道路交通的双重属性，同时它亲人的特性使得其在复兴旧城区、塑造城市环境、增强地区吸引力方面具有其他交通方式无法比拟的优势。因此，有轨电车规划设计不仅仅是有轨电车系统本身的规划设计，更应该与城市规划、街道设计、交通工程设计结合进行，以综合性的观点来进行整体的规划设计。

基于完整街道的理念与其在法国有轨电车规划设计中的应用，有轨电车系统的规划设计应满足以下三个方面的要求：

1）范畴完整

用地是各类活动的生成之源，而街道则是各类活动的承载空间，因此有轨电车系统不可能脱离街道与用地而单独存在，有轨电车的规划设计应当避免仅为线性规划，而应将其与沿线街道各类要素和土地使用进行整合并纳入其中，实现从线性规划向面域规划的转变，从而提高沿线用地与有轨电车系统的相容性，真正地将有轨电车系统嵌入到城市的街道和城市的发展之中。

2）功能完整

城市性和多样性成为有轨电车规划设计的特征，有轨电车沿线更多的应被视为多功能的交通空间和城市空间，其规划设计不仅仅要解决有轨电车系统本身的客运功能，同时也要考虑与道路交通的协调整合问题，特别是要尊重步行及自行车交通方式，更为重要的是要容纳除交通功能外的多种城市生活功能，包括购物、休憩、交往、娱乐等。有轨电车系统不应成为强加的、入侵的隔离城市与街道的怪兽，而应该与城市肌理和谐共生。

3）主体完整

有轨电车系统的规划设计越来越多地被看作是一种综合、平衡并且全面整合的过程，该过程的重点在于满足人们作为有轨电车乘客和沿线街道各类活动者而提出的各种需求，并鼓励城市规划师、交通规划师、轨道交通工程师、景观设计师、沿线各类活动者等相关方作为规划设计的主体积极参与进来。

关于有轨电车系统本身的规划设计可参阅相应的规划设计标准及研究文献[2][8][9]，本文重点探讨如何将完整街道规划设计方法[9]应用在有轨电车系统规划设计过程中，并重点研究有轨电车线路层面的规划设计方法。

4.2　线路规划

有轨电车系统的线路规划与城市道路功能属性关系具有更为密切的关系，传统的有轨电车线路规划更注重道路的交通功能，而忽视了其城市功能和公共空间功能。鉴于传统道路分类方法的局限性，基于完整街道理念建立交通功能和空间功能两个维度的街道分类方法[10]。

1）街道交通功能地位的确定

传统道路分类方法为街道交通功能地位的确定奠定了基础。城市中具有较高车速为长距离交通服务的主要道路，应赋予最高的交通地位，而对于那些仅服务于社区的街道，则赋予最低的交通地位级别。对于中国的城市来说，结合《城市道路交通规划设计规范》，以城市道路的服务功能为主体可将街道交通功能地位分为 5 个等级（见表 1）。当然，城市道路的服务功能并不能完全代表一条街道的交通地位，各城市应有轨电车在本城市的功能定位及城市自身特点予以确定，如采用各种交通方式的流量大小、沿线用地服务强弱进行街道地位划分。

2）街道空间功能地位的确定

城市空间地位表示某条街道在整个城市区域背景下作为城市空间的相对重要性。如果一条街道拥有众多精品店或者店铺类型多种多样，并且顾客来自整个城市区域，则可认为其城市空间地位高于那些只能吸引当地顾客的购物街。因此，与城市规划中的中心体系及分区（片区）功能可以确定街道的空间功能地位。以伦敦为例，其街道空间功能地位见表 2。

这种城市空间功能地位的确定方法，综合考虑了城市空间的重要性以及周边用地的实际情况，并已在实际的规划中得到了实践。但是，这种分类方法更适用于城市综合交通系统规划，而对于有轨电车线路规划来说针对性并不强，而城市用地性质及强度与街道活动密切相关，也更适用于有轨电车线路规划中街道要素的考虑。因此，对各城市有轨电车线路规划应在《城市用地分类与规划建设用地标准》[11] 的基础上，

针对沿线用地实际情况增加、合并用地分类，以适应影响有轨电车线路功能要素的选择。

3）线路规划中的街道要素

对有轨电车线路规划来说，可分为宏观和微观两个层次，宏观层次对应线网规划阶段，而微观层次对应可研阶段，前者需要较为宏观的交通功能 / 空间功能的街道分类方法，而后者则需要更为详细的街道分类方法。

在线网规划阶段，基于街道要素的规划方法首先是确定适用于该城市特点和该有轨电车线路的交通功能 / 空间功能街道分类，并明确街道布设有轨电车线路的优先级（见图 5），然后制作街道分类图（见图 6），以便在线路规划过程中街道的选择。

而在微观层次对于线路走向的比选需要更为详细的街道分类，这除了街道的交通功能地位和空间功能地位之外，还需要考虑区位条件（如中心区 / 外围区）、各种交通方式优先级别（如公交优先 / 步行优先）、密度高低（如容积率）、交通流量大小（如机动车流量 / 行人流量），以此为基础将道路划分为更为细致的街段（见表 3）来进行线路方案的比选。对于微观层面的有轨电车线路规划不仅需要定性的判断与比选，而且也需要进行定量的估算，因此可采用对影响要素赋予权重的方法。

按道路服务功能划分的街道交通功能地位示例 表 1

街道 交通功能地位		服务功能类型	不为沿线用地服务	为沿线用地少量服务	为沿线用地服务	直接为沿线 用地服务
I	城市级	城市主要活动中心之间联接	快速路	主干路	主干路	—
II	城区级	城市分区（组团）间联接	快速路 / 主干路	主干路	主干路	—
III	分区级	分区（组团）内联接	—	主干路 / 次干路	次干路	—
IV	社区 A 级	（社区级） 集散性联接	—	—	次干路 / 支路	次干路 / 支路
V	社区 B 级	（社区级） 到达性联接	—	—	支路	支路

伦敦街道空间功能地位的划分与说明 表 2

街道空间功能地位		说明	伦敦街道举例
A	国家 / 国际	重要的国际和国家级场所	特拉法尔加广场、牛津街
B	城市	这种城市空间不一定全国闻名，但对整个城市来说却举足轻重	Camden 市场、Kings 路
C	城市区域	这种城市空间服务于大城市的一个区域，但其吸引范围一般不会 覆盖全市	Brixton 商业街、Edgware 路
D	功能区	这种街道空间扮演了分区级功能区的角色，如购物或者商业用途， 但更大区域内的使用者却不常光顾。	Streatham 商业街、Fulham 大街
E	社区	作为使用者目的地的当地街道	当地公共的小型服务中心，以及具有街角小店的街道。
F	街巷	多数进出街巷路都是属于这个级别，主要服务于与之紧邻的临街 区的活动	所有其他的当地街道和街坊路

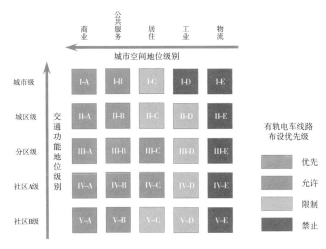

图5 交通功能/空间功能街道分类和有轨电车布设优先级示例

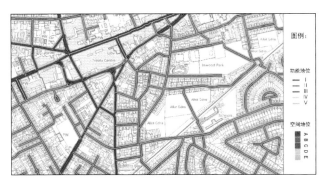

图6 交通功能/空间功能街道分类图示例

街道的街段划分示例				表3
街段	1	2	3	4	……
交通功能地位	II	II	III	III	
空间功能地位	A	B	A	C	
区位条件	核心区	核心区	中心区	外围区	
用地功能	商业、餐饮/高密度	文物古迹/低密度	商务办公/中密度	二类居住/高密度	
交通方式优先级	公交优先/步行优先	步行优先	无	无	
交通流量	机动车流量大行人流量大	行人流量大	机动车流量大行人流量小	机动车流量大	
……					

4.3 线路设计

除了路权形式的选择、车道布设方式的选择与有轨电车特有的技术要求，如路线线形、车道宽度、轨道工程等之

外，有轨电车线路设计还应综合考虑沿线用地功能和街道空间功能。

1）划分设计区间的边界

在有轨电车规划方案中以街道交通/空间功能地位的变化为基础，识别了街段的划分与边界。而在有轨电车设计层面，更为微观的因素开始发挥作用，它们与交通功能特征和空间功能特征这两者均有联系，有必要基于这些因素将此类街段再次细分为更短的设计区间，而有轨电车设计区间的确定需要进行详细的现状调查与评估和未来功能需求预测。有轨电车线路设计区间边界不仅仅包含道路红线内的空间，还应该包括影响到有轨电车使用者和街道使用者活动的空间。

有轨电车设计区间划分与交通功能有关的因素包括：①有轨电车路权、车道布设方式、车站设置的变化；②交通通道容量及车道宽度的变化；③交通流量的重大变化；④其他交通方式的路权优先等级等。而一些与空间功能有关因素的变化也会导致形成新的有轨电车设计区间，这些因素包括：①公共空间宽度；②街道两侧建筑间距；③行人活动强度；④停车与装卸需求等。

2）明确设计区间的功能需求

有轨电车设计方案制定工作的出发点，就是要确定各个设计区间内各种有轨电车使用者与街道使用者的需求，以及需要何种性质的街道空间资源来满足这些需求。具体步骤包括：①识别有轨电车和街道使用者；②分析各种使用者参加的街道活动；③确定街道空间资源配置的功能需求。

一般情况下，交通功能类街道使用者进行都是穿越行为，不需要使用沿街用地或者设施，这类行为一般较为简单，首要工作就是要确立各个街道使用者的需求。而空间功能类街道使用者及其行为在构成和需求方面则显示出多样性，比如出发/抵达行为（上班、回家）、停顿行为（等车、休憩、与人交谈）、自由行为（散步、游览），其复杂程度要远远高于交通功能街道使用者。同时，无论是交通功能类还是空间功能类街道使用者其需求也经常会随着白天/夜间、一周中的某天或者不同的季节而发生变化。

此外，有轨电车沿线街道还将涉及景观、环境质量等方面的需求，如街道的环境、噪声、空气质量等需求要素，这些因素也需要在设计中予以重视。

3）确定有轨电车路权及街道空间分配

传统的有轨电车线路设计一般是以满足有轨电车和各种机动车辆的交通功能需求为出发点，往往忽略了对城市空间功能的需求。车道空间应主要分配给穿行的车辆，而只有"闲置"空间才能被用于允许的停放活动、人行道拓宽或提供座椅。而在街道设计中，有轨电车的加入往往是以压缩人行道、非机动车道为代价来实现车道运行条件维持与改善的。

街道横断面设计是有轨电车线路设计的一项主要内容。从街道设计的角度来看，横断面一般会出现八种截然不同的分区，相应的街道设计元素处于这些分区之中并应满足特定

交通功能类街道使用者的街道活动与功能需求 表4

交通功能类街道使用者	街道活动	街道功能需求
有轨电车使用者	驾驶或乘坐有轨电车沿街穿行	有轨电车轨道（如防振动、防噪声、车道颜色） 安全距离和隔离形式（隔离/非隔离） 尽量避免干扰交通流： （1）有轨电车路权选择（独立路权/混合路权） （2）有轨电车车道布设形式（路中/路侧） （3）路口优先策略（优先/非优先）交叉口安全配置（如照明、专用信号灯） 标志标线状态良好
机动车（社会车、出租车、摩托车等）使用者	驾驶或乘坐机动车辆沿街穿行	机动车道 尽量避免干扰交通流 交叉口安全配置 标志标线状态良好
自行车使用者	沿街骑行	机动车道/非机动车道 尽量避免干扰交通流 交叉口安全配置 标志标线状态良好
行人	沿街穿行	人行道上畅通无阻（路面平整、照明充分等） 防止车辆危及安全 尽量避免干扰交通流 交叉口安全配置

空间功能类街道使用者的街道活动与功能需求 表5

空间功能类街道使用者	街道活动	街道功能需求
有轨电车使用者	上下车 候车	车站型式（进口道/出口道） 车站位置（岛式/侧式） 站台长度与宽度 上下车和进出车站的便利性与安全性 车站设施（照明、座位、服务信息）
行人	逛街购物 餐饮娱乐 等候 休憩 如厕	各类活动的空间 遮风避雨 座位 公共厕所 垃圾箱
车辆（社会车、出租车、货车、摩托车、自行车等）使用者	车辆停放 装卸货	停车位 装卸配置

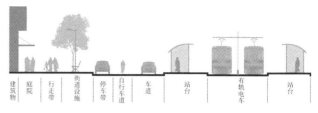

图7　街道横断面的设计分区示例

街道横断面各设计分区的作用和活动需求 表6

序号	分区位置	设计分区	作用	街道活动
1	车道	有轨电车轨道	有轨电车行驶空间	有轨电车穿行
2		有轨电车站台	有轨电车停靠空间	上下车、候车
3		机动车道	公共交通、小汽车交通行驶空间	机动车穿行
4		自行车道	自行车、电动自行车、助力车行驶空间	自行车穿行
5		停车带	路内停车空间、货运车辆装卸空间	车辆停放装卸货
6	人行道	街道设施	行道树、街道家具（书报亭、电话亭、座椅等）设置空间	等候、休憩车辆停放
7		行走带	行人常规步行区域	沿街穿行
8		庭院带	商业活动设置、街头绿化、文化休闲设施设置区域，行人游览游憩区域	逛街购物餐饮娱乐

每一种街道活动均会在街道上占用一定的空间，一般情况下交通功能类的活动主要会对车道的空间提出要求，而空间功能类的活动则主要会对人行道的空间提出要求。对于每一类的街道活动其对空间的需求并不一定是一个固定值，对机动车道来说其需求也许永远无法满足，而对于空间功能类的需求则存在极大的弹性，因此对绝大多数街道来说不可能为所有的街道活动都提供充足的空间，街道资源的合理分配应该是交通功能和空间功能的相对平衡。例如街道红线过窄，如不能进行拓宽，需改变整体道路功能结构，弱化街道所承担的交通通道功能，或者调整街道两侧用地，减少城市空间类活动的种类，较低空间需求。对有轨电车沿线街道来说，在中心区当全部需求超出可用的空间容量时，应将有限的街道资源用于有轨电车与城市空间功能，而缩减或取消相应的机动车道功能，如表7所列法国有轨电车设计中的空间共享和路权配置。

4）有轨电车沿线街道元素设计

依据有轨电车布局、两侧用地与建筑性质、街道设计分区与空间分配的要求，对有轨电车沿线各个设计区间的街道设计元素进行设计，这些设计元素包括有轨电车线路与车站、

类型的街道活动需求。

各个设计分区一般两侧为对称布置，各设计分区的作用与对应的活动类型如表6所示。

人行道、自行车道、机动车道、快速公交车道、中间分隔带、景观带、街道照明、路内停车、街道家具、排水设施、减速设施、市政基础设施、公共汽车站、辅路、行人过街设施、摊贩区等（见图8），具体各个元素的设计标准准则可参考纽约、伦敦、印度、阿布扎比等城市的街道设计手册[13-16]。

5　结语

有轨电车是一种极具吸引力的交通方式，它的作用不仅仅体现在交通功能上，更重要的是创造了一种促进城市更新、重塑城市空间、重整街道的轨道都市新形式。因此，清醒、理性地认识有轨电车的系统特征和功能作用，与城市规划、街道设计、交通工程设计相结合，以综合性的观点对有轨电车系统进行整体的规划设计，对于促进有轨电车系统在我国健康发展具有十分重要的意义。

法国有轨电车设计中的空间共享和路权配置[12]　表7

街道类型	中心区	郊区
窄街道 宽度 < 15 m	有轨电车取代机动车辆 形成步行区域 仅居民和送货可进入	居民和送货可进入 机动车道保持单侧 通行或与有轨电车 共享车道 尽可能征用土地以 扩大公共空间
较宽街道 15 m< 宽度 < 20 m	削减道路通行能力和停车位 在路口给有轨电车优先权 拓宽步行区域	维持既有共交通 系统运营 削减必要的机动车 道或停车场
大街和广场 宽度 > 20 m	削减道路通行能力和停车位 拓宽步行区域 创造绿色区域（有轨电车）	维持既有共交通 系统运营

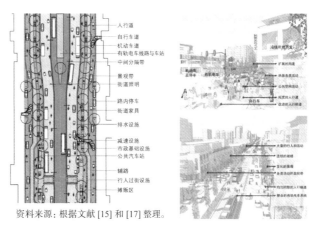

资料来源：根据文献 [15] 和 [17] 整理。

图8　有轨电车沿线街道元素设计示例

参考文献

[1] CJJ/T 114—2007 城市公共交通分类标准 [S].

[2] 张子栋 . 有轨电车系统规划设计研究 [J]. 城市交通 . 2013(04）

[3] Vukan R Vuchic. Urban Transit Systems and Technology[M]. Hoboken: Wiley, 2007.

[4] 周江评，王江燕 . 有轨电车若干问题初探——以美国波特兰市最新有轨电车线路为例 [J]. 城市交通 . 2013(04）

[5] 秦国栋，苗彦英，张素燕 . 有轨电车的发展历程与思考 [J]. 城市交通 . 2013(04）

[6] 叶朕，李瑞敏 . 完整街道政策发展综述 [J]. 城市交通 . 2015(01）

[7] Greg Thompson . Tom Larwin . Tom Parkinson, How the French Blend Light Rail and Complete Streets for Total Accessibility[J]. TRB Conference, 2014.

[8] 卫超 . 现代有轨电车的适用性研究 [D]. 同济大学 . 2008

[9] 陆锡明，李娜 . 科学理性地发展有轨电车 [J]. 城市交通 . 2013(04）

[10] Jones, P., Boujenko, N. and Marshall, S. (2007a）. Link and Place: A Guide to Street Planning and Design. Landor Press, London.

[11] GB 50137-2011 城市用地分类与规划建设用地标准 [S].

[12] Diego Diaz. Perspectives on French Light Rail Success[J]. TRB Conference, 2012.

[13] New York City Department of Transportation.Street Design Manual[R]. ISBN-13: 978- 0-615- 29096- 6, New York City: New York City Department of Transportation, 2009.

[14] Transport for London. Streetscape Guidance 2009: A Guide to Better London Streets[R]. STR/023, London: Transport for London, 2009.

[15] Christopher Kost (ITDP）, Matthias Nohn (EPC）. Better Streets, Better Cities: A Guide to Street Design in Urban India[R]. India: ITDP, EPC, 2011.

[16] Abu Dhabi Urban Planning Council. Abu Dhabi Urban Street Design Manual[R]. Abu Dhabi: Abu Dhabi Urban Planning Council, 2009.

[17] Norman Hibbert, Creating a 21st Century Main Street with Integrated Transportation, Land Use and Urban[J]. Ontario Professional Planners Institute 2011 Conference, 2011.

作者简介

张子栋，男，河南南阳人，硕士，高级工程师，轨道交通研究所副所长，主要研究方向：轨道交通及道路交通，E-mail:zzd_mail@163.com

品质与效率——世行福州公交研究的启示

Quality and Efficiency—Inspiration from the Study on Fuzhou Public Transit Supported by World Bank Loans

叶　敏　赵一新　盛志前　张　洋

摘　要：城市公共交通系统规划立足远期，着眼于构建一个完善的系统，适合城市的发展阶段、规模、结构、地形地貌等，以满足不同出行者的多元化出行需求，而同时，城市公共交通必须延续和保证其城市日常服务，在公共交通系统规划的指导下开展近期改善可以有效改善服务品质提高运营效率。本文以《福州城市公交发展项目》为例，在城市公共交通系统规划中着力构建一个高质量的公共交通系统，并通过选取最大可避免延误公共交通走廊开展范式研究，通过专用道设置、车站改善、信号优化、运营改善等多重措施，提高城市公共交通运营效率，实现城市公共交通系统品质和效率的有效结合。

关键词：系统规划、近期改善、品质、效率、二元化

Abstract: Based on the long term aspect, urban public transit system planning is aimed at building a perfect system suitable for the development stage, scale, structure and topography of a city, so as to meet the diversified travel demands of different travelers. At the same time, urban public transit must continue and ensure the daily services of the city. Short term improvement can be made under the guidance of public transit system planning, and effectively elevate the service quality and operating efficiency. By taking the Fuzhou Urban Public Transit Development Project as an example, where urban public transit system planning seeks to develop a quality public transit system, this paper carries out a paradigm study by selecting public traffic corridor which can avoid delay in a maximum way, and works to improve the operating efficiency of urban public transit by taking multiple measures, such as establishing exclusive lanes, improving stations, optimizing signals and improving operation, thereby realizing the effective combination of the quality and efficiency of urban public transit system.

Keywords: system planning; short term improvement; quality; efficiency; dualization

0　引言

现阶段我国正处在城镇化发展的关键时期，城镇化进程不断加快，每年以 1% 左右的速度快速增长，城镇人口每年增长超过 1 亿，对城市公共交通系统提出了严峻的挑战。公共交通系统是满足居民基本出行需求不可或缺的一项重要基础设施，特别是中低收入居民基本出行需求的一种社会公共服务。

我国众多城市正处于高速机动化阶段，而且汽车使用强度高。2001 年以来福州小客车的发展势头极为迅猛，保持着年均 28% 的增长速度，其中约 70% 为私人小客车。2009 年底，福州市区的机动车总量达到 35 万辆，其中私家小汽车达到 17 万辆。2020 年将达到 72.5 万辆。机动化年增长率预计将达到 9.9%。国内外经验证明道路拥挤在很多大城市并不是因为所提供的道路容量不够，而是没有支持居民合理的出行方式结构的发展，可持续发展的城市必须以公交出行为支撑实现城市经济文化发展必要的机动性。

而与此同时，城市居民随着生活水平的提高，其出行需求表现出越来越明显的高质化和多元化的特征，《2009 福州市城市综合交通规划》确立公共交通在城市客运体系中的绝对主导地位，2020 年全市人口公交出行比例达到 30% 左右，中心城区达到 35% 左右，而 2010 年交通调查显示福州市公共交通出行比例仅有 15%，居民公交出行比例有下降趋势。公共交通系统必须提供高质量的服务才可能实现居民出行方式的合理转化。国家汽车产业政策以及人民生活水平提高，城市机动化趋势快速增长，城市公共交通面临的问题将会越来越复杂，发展高质量公共交通系统对城市实现可持续发展是必要而紧迫的。而且，出行者具有一定的出行惯性，高质量的公共交通系统可以强化其出行惯性，是我国众多大城市引导建立合理的居民出行结构的必要基础。

1　几个问题的思考

福州是一个山水分隔的组团城市，土地资源极其有限，一直有"八山一水一分田"之说。2009 年福州市域 1400 多平方公里用地中建设用地仅有 188km²。现开发建设的南台岛与现城市中心鼓台区为闽江所隔。2009 年老城区中心的鼓台组团面积仅 44km²，而人口持续增长，人口密度已经达到 26895人 /km²。马尾、荆溪、大学城、科学城、汽车城等外围组团面积不大，最大的科学城组团用地为 42km²，而组团距离城市中心较远，多超过 20km。福州市公共交通乘客出行特征调查结果同样验证了显著的二元化特征，组团间和组团内乘客出行需求差异性明显。组团内乘客出行距离短，与自行车、电动自行车等出行适宜距离重合。组团间乘客出行距离长，特别是马尾、大学城、汽车城组团与鼓台组团之间的出行距离，外围组团乘客平均乘距均较长，汽车城经南台进入鼓台的乘

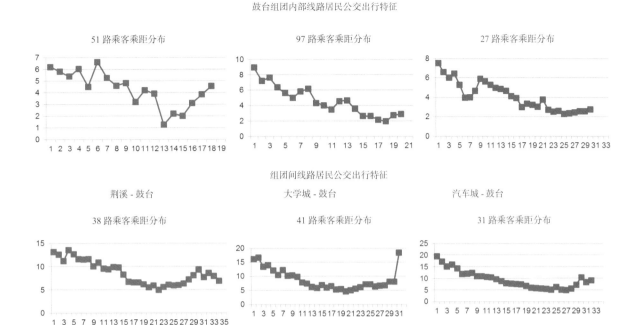

鼓台组团内部线路居民公交出行特征

51路乘客乘距分布　　　97路乘客乘距分布　　　27路乘客乘距分布

组团间线路居民公交出行特征

荆溪 - 鼓台　　　大学城 - 鼓台　　　汽车城 - 鼓台

38路乘客乘距分布　　　41路乘客乘距分布　　　31路乘客乘距分布

图 1　福州公交居民出行二元化特征分析

客平均乘距接近和超过 20km。

城市可持续发展和居民出行的高质化要求我们提供一个高质量的城市公共交通系统。什么样的系统是一个高品质的公共交通系统？高质量公共交通系统应该应对福州有限的组团廊道资源和二元化的居民公交出行特征？从马尾到鼓台 30km，停靠 40 个站，单程运营时间接近 2h，是否适合组团间居民出行需求？从三坊七巷到台江 5km，使用公交系统两端步行接近 1km，这样的公交线路是否能吸引居民乘坐？宝龙城市广场 10m² 的站台高峰小时上下客超过 3000 人次，乘客安全和公交运营效率是否受到影响？几乎全部中转乘客的仁德枢纽能否称之为高服务水平？线网和场站规划该如何着手构建一个高质量的公共交通系统。福州市公交延误调查显示，公交线路平均站点延误接近 20s，平均交叉口延误接近 40s，两者之和占全程运营时间 38.1%。车站设计、公交专用道规划、城市交叉口控制该如何保障一个高质量的公共交通系统？

这些思考实际上可以归结为城市公共交通线网功能等级定位，场站系统保障和提高运营效率三大问题。

2　他山之石——中国香港公共交通系统的经验借鉴

香港与福州相似，是典型的山水相隔的组团城市，九龙与港岛以一江分割，建成区密度高。2010 年全港用地 1104km²，706 万人，而建成区面积仅有 24%。建成区主要位于港岛、九龙和至上世纪 70 年代以来开发的新市镇。港岛和九龙面积约有 120km²，9 个新市镇均位于新界，距离现城市中心较远，单个新市镇规模不大，最大的沙田新市镇仅有

36km²。山水相隔组团发展的城市决定了城市居民出行的二元化特征。区内居民出行距离短，区间出行距离较远。而在香港城市开发建设中极大地尊重了自然风貌和地形特征，新市镇和中心区之间，以及九龙和港岛之间山水相隔，交通廊道资源极其有限，如粉岭 / 上水、大埔和沙田三个新市镇超过 100 万人口主要通过粉岭公路和东铁线互相联通并通往中心区，港岛了九龙之间仅有三条过海隧道相连。为实现有限交通廊道的高效集约化利用，香港政府通过高标准的二元化公共交通系统，以轨道快线、公交快线、公交接驳的轨道换乘网络服务长距离公交出行，以轨道普线、发达公交普线和支线等服务中短距离居民公交出行，实现了对不同需求乘客的高效服务，成功引导了以公交为主导的出行模式。

香港的公共交通系统以大运量公共交通工具（轨道交通、专营公交）为骨干，其他中低运量公共交通工具（小巴、非专营巴士）为辅助。香港的专营巴士公司有 5 家，分别为九巴、城巴、新巴、龙运巴士和大屿山巴士（图 2）。共有 6 个专营权，共 569 条巴士线路，车辆数达 5727 辆，日平均载客量约 382 万人次 /d。

香港地面公交系统通过分级分层实现了二元化乘客需求的高质量服务。为保障长距离和快速出行，地面公共交通系统构建了公交快线和长距离基于地铁站的换乘网络。如在香港新市镇和中心区开行快线服务长距离的快速出行，新市镇公交线路的平均站间距为 2.29km，远远超过中心区线路的 0.34km 的平均站距，平均运营速度也可以达到 36km/h，为市区线路的 10km/h 的运营速度的 3 倍。而各区对外交通线路这类超长距离的线路，其站间距更高达 3.14km，运营速度超过 40km/h。

为发挥轨道交通的骨干优势，地面公交系统开通了多方式的轨道衔接线路。地铁接驳线路长度从1~10km以上，接驳系统包括香港地铁公司为了增加列车的客流开行的免费接驳巴士路线，同时也包括四大专营公司、绿色小巴和红色小巴开通的专营区内地铁接驳线路，为地铁饲喂了大量客流，全面支撑了居民多方式多点位方便进出轨道系统，实现了长距离公共交通的快速优质服务。比较香港各新市镇公共交通和小汽车两种交通方式到达九龙天星码头的时间，可以发现，公共交通出行时间相对较短。

为实现中短距离的便捷出行，香港地面常规公交通过分区线网规划模式，形成了庞大的直达地面公交网络公交，以九巴为例，九巴将其主要运营的九龙岛划分为九龙市区、屯门区元朗区、沙田区、荃湾区、葵青区、北区大埔区以及西贡区，每个分区大约20~30km²。针对每个分区规划了多条线路服务区内、区间、地铁接驳等不同需求，强调直达便捷的服务。2011年专营巴士线路569条，而同一线路可能有多条不同行走路由的线路，九巴实际不同路由线路接近500条，新巴和城巴超过300条，专营巴士实际运营不同路由线路接近或超过千条，全面覆盖了居民出行的各个角落，实现了居民出行的便捷和舒适。

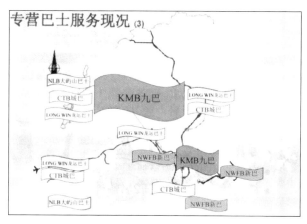

图2 香港的专营巴士

香港新市镇不同交通出行方式比较　表1

地区	小汽车距尖沙咀天星码头距离/km	公交距尖沙咀天星码头距离/km
荃湾	12.6km，40min	12.5km，30min
沙田	11.7km，30min	13.6km，25min
屯门	34.2km，70min	29.5km，44min
大埔	22.5km，50min	25km，42min
粉岭/上水	29.9km，60min	33.7km，49min
元朗	25.4km，60min	28.9km，46min
天水围	27.3km，60min	32.8km，50min
将军澳	15km，60min	15.2km，34min
东涌	31.4km，40min	30.8km，55min

3 品质、效益与效率——福州公共交通系统的规划

借鉴香港公共交通系统线网规划的经验，《福州城市公交发展项目》提出福州公交发展模式为"以直达线网服务中短距离居民出行，以便捷为目的，实现福州处处有公交；以轨道和BRT组织换乘线网，服务组团间和大组团内长距离出行"。对福州各组团按照不同规模进行分区，分区之间以公交干线或地铁整合其他线路，整合重复线路，优化廊道资源利用，实现组团间的快速高效联系。对较大分区以干线或普线实现大型客流集散点之间联系，以普线和支线联系小客流集散点，并接驳到大型客流集散点。对较小规模分析，则采用普线或支线衔接区内主要客流集散点和分区间干线重要站点。

结合近期重点开发建设南台岛的城市发展战略，提出阶梯换乘模式组织城市组团间公共交通线网，对汽车城、科学城和大学城等南台岛南部组团，以南台岛内火车南站、浦上、金山等全市公交枢纽和南台岛一南一北两条快速公交走廊编织组团间公交线路，对马尾、荆溪等组团以鼓台组团内洪山、福机、台江、仁德和下院等全市公交枢纽和鼓台组团内三横三纵公交走廊中中转特征较为显著的工业国货走廊编织组团内公交线路。据此，公交线网近期规划提出两大策略：调整快线和培育支线，逐步实现组团间快速联系和组团内的便捷网络。近期线路规划涉及40条线路，调整线网中新增线路主要集中在南台岛岛内线路、南台岛和外围组团之间线路，调整线路主要服务于南台岛内出行、外围组团和南台岛之间的出行。对于老城区服务分区，主要为线路结构调整，涉及12条组团内部线路，整合现状5条线路为3条快线，其中2条为三纵三横走廊主轴快线，新增加7条线路中，2条为三纵三横

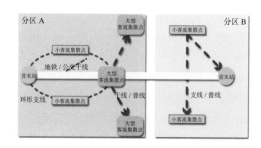

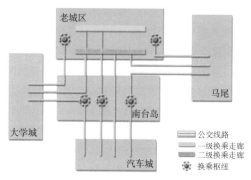

图3 福州公交发展规划模式图

走廊主轴快线，3 条为公交服务薄弱区普线，2 条为支线，提高区内公交高覆盖率。南台岛内线路调整旨在构建南台岛内合理的公交服务网络结构，规划 2 条为快线分别行走于组团内一南一北两条公交走廊，另外 3 条为公交服务薄弱区普线和 1 条为支线加强组团内部居住区和商业副中心的联系，弥补公交服务盲区。外围区域线路调整主要为组团间快线，接驳城市重要交通枢纽和城市新开发重点区域，涉及 22 条线路。

福州公交运营效率不高，早晚高峰公交车辆运营速度仅 15km/h 左右，六大公交走廊公交列车化运营现象显著，走廊部分公交车站、交叉口平均延误时间过长，延误平均占总行驶时间 38%，严重影响运营车速与周转率。

在城市交通日益拥堵的形势下，设置公交专用道、优化交叉口信号配时、改善拥挤车站设计是提高公共交通运行效率、缩短乘客出行时间行之有效的办法。日本东京市公共汽车通过在交叉路口设置优先通过道 94.3km，其运行速度由优先前的 12.2km/h 提高到 13km/h，停车次数减少 10%。巴黎

市采取公交路口信号优先放行后，使进入市中心区的公交车辆车速提高了 24%，运行时间减少了 26%，最大延迟时间下降了 30%，驶离市中心后的公交车辆车速提高了 34%，运行时间减少了 26%，最大延迟时间降低了 42%，平均每个路口公共汽车的停靠次数比原来减少了 50%，停车时间减少了的 26%。在香港红磡隧道前，为保障公交服务水平，运输署在用地极为紧张的隧道入口处规划了两条深港湾子母公交车站（并联设计），主站 6 个站位，子站 2 个站位，每个站位停靠 3～5 条线路，实现了早高峰 2 万人/h 的单方向客流服务水平。

项目选择调查中最大可避免延误的乌山-古田走廊，进行了运营效率改善优化设计。提出公交专用道规划范式。由于公交运营延误调查显示车站延误约占全部延误的 30%，而且均为可避免延误，项目着重对公交车站设计提出了相关建议，并开展了案例范式研究。建议高峰小时站点到达率小于 150 辆/h 的车站，改造为港湾车站，设置 2～3 个站位；到达率大于 150 辆/h 的车站，可改造为串联排列港湾式主辅站设计 4~5 个站位，拉开站位距离，不同线路进入不同站位；对到达率大于 200 辆/h、排队特别严重的车站，在用地条件满足的前提下，可采用子母站（并联）设计 5~7 个站位，提高站点利用效率，也有利于减少乘客换乘距离。对古田路八一七路、新权路、广达路三个交叉口延误严重的信号交叉口进行信号优化，提出了绿波控制策略，调整后，理论平均延误时间大幅减小，八一七路减少 28s，新权路 38s，广达路 35s。强化了走廊主流向交通，路口通行能力普遍略有提升。

4 小结

城市公共交通线网规划立足长远，保障高质量公共交通系统性和前瞻性。一个高质量的公共交通系统必然是多元化的，以满足不同出行者的多元化出行需求，依据城市特定历史时期，特定的发展阶段，规模、结构、用地性质和居民的出行需求，提供与城市空间尺度、地形特征、发展阶段和居

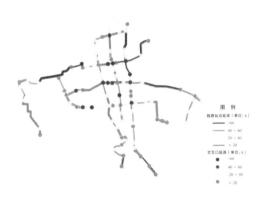

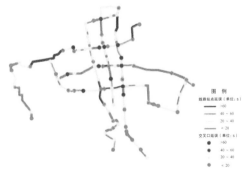

图 4 福州三横三纵走廊公交运营早/晚高峰路段及交叉口延误分布

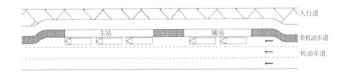

图 5 串联式主辅站示意图

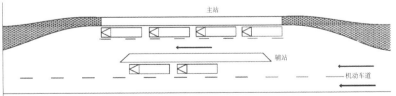

图 6 子母站（并联式）示意图

民出行习惯相适应的网络。而对于城市居民来讲，规划蓝图很美好，近期改善更实际。针对公交运营延误，通过公交专用道、信号优先和车站改善，消除可避免延误，可以立竿见影提高城市公共交通服务水平。公交车站是居民出行转化的关键点，同时也是客流服务和整合城市公交线网的关键设施，随着城市规模的扩张，公交客流和线路的不断增加，合理确定车站服务容量和规模，优化车站设计和线路组织，避免车辆列车化，是提高公交运营效率的关键。

一个高品质的公共交通系统是客流的保障，品质之于效率正如皮之于毛，城市公共交通系统应在品质的基础上提高效率！

作者简介

叶敏，女，硕士，高级工程师，综合办公室主任，E-mail:yemin@163.com

三亚市公共交通一体化规划技术思路与实践

Integrated Public Transit Planning in Tourism City: A Case Study in Sanya

付晶燕　赵一新　张国华

摘　要： 为提高公共交通系统的服务水平和吸引力、满足居民和游客双重出行需求，三亚市公共交通一体化规划从管理体制、规划方案、规划对策等方面开展了系统研究。首先，分析了三亚市公共交通系统具有旅游主导性和服务水平低的现状特征。针对旅游交通主导的特点，规划引入当量人口的概念，提出将旅游人口折算成当量城市人口。然后，充分考虑旅游人口的交通需求对城市交通系统带来的额外负荷，提出"客运分离、游运整合、运力整合、站运分离、网络整合"的规划对策及相应的管理体制。同时，还提出了旅游集散中心、枢纽和场站、公交线网等规划方案。

关键词： 公共交通规划；一体化；旅游城市；当量人口

Abstract: In order to increase the level of service of public transit and let the service meet travel demand from local residents and tourists, a systematic study is conducted on the Sanya integrated public transit planning . First, this paper analyzes the Sanya public transit service characterized by low level of service and high demand from tourists. Then, by considering high tourist demand, the paper proposes the equivalent population concept for the public transit planning, i.e. factoring tourism population into equivalent urban residential population. The paper proposes five operation strategies in urban public traffic planning that fully takes account of tourist travel demand and their impact on local transportation system. The tourist travel center, transit service transfer station and network of public transit lines are also proposed at the end of the paper.

Keywords: Public transit planning; Integration; Tourism city; Population equivalent

0　引言

海南国际旅游岛的开发建设和独特的热带旅游资源，使旅游功能成为三亚市最重要的城市职能之一。作为国际性热带海滨风景旅游城市，近年来三亚市旅游业进入了黄金发展期，2011年旅游人数突破1000万人次，高峰日旅游人数超过10万人。

旅游业的蓬勃发展刺激了社会经济和城市交通的快速发展，但不断增加的交通需求也对城市公共交通服务提出了更高要求。区别于其他城市，三亚市旅游人口所占比例相当大，面对与常规城市存在的巨大交通差异，作为城市交通系统中最重要的组成部分之一的公共交通系统必须同时兼顾城市交通和旅游交通需求。

从承担城市交通和旅游交通的特征分析，三亚市的公共交通形式分为城乡公交、出租汽车和旅游车三大类。目前，三亚市的公共交通服务相对比较薄弱，居民对旅游高峰期出租汽车短缺的抱怨和对提高公交服务水平的诉求突出体现了城市公共交通发展的紧迫性。发展多层次、多方式、多样化、高质量的公共交通系统是满足游客和居民双重出行需求和实现城市交通可持续发展战略目标的重要途径。

1　三亚市公共交通系统发展特征

1.1　旅游主导性

根据2010年9月公交跟车和问询调查，三亚市公共汽车、出租汽车、旅游车日客运量分别为32万，16万和2万人次，总和为50万人次，占全方式出行总量的22%。其中，居民和

游客出行量分别占15%和80%。可见，公共汽车、出租汽车和旅游车是三亚游客最重要的出行方式。

三亚市客运系统客运量的变化规律与旅游的淡旺季变化规律一致：淡季（4～9月）为50万人次·d^{-1}；旺季（上年10月至当年3月）为58万人次·d^{-1}，是淡季的1.16倍；而春节期间为76万人次·d^{-1}，是淡季的1.52倍，体现出其交通系统中旅游的主导性。

三亚市公共汽车和出租汽车日客运量远超于国内常住人口规模（30万～40万人）相当的城市[1]。例如，三亚市公共汽车日客运量达到32万人次，其他人口规模相近城市一般为5万～20万人次；出租汽车日客运量为16万人次，其他人口规模相近城市一般为3万～10万人次，这也体现出其交通系统中旅游的主导性，见图1。

1.2　服务水平低

1.2.1　公共汽车交通缺乏吸引力

截至2010年底，三亚市共有10家公交公司经营的24条公交线路，经营方式多样化，其中，58%的线路是公车公营，29%的线路是挂靠经营，剩余13%的线路是承包经营。

通过跟车调查发现，部分线路的运营公司可以随意决定当日发车班次，值班司机可以随意决定车辆停靠车站和运营时间；高峰和平峰期间分别有58%和67%的线路发车间隔超过10min，说明乘客候车时间普遍较长；单车日载客量平均为706人次，高于全国城市普遍水平（400～500人次），表明公交运输效率较高，乘坐舒适度较差。问询调查结果显示，60%的乘客对三亚市公共汽车交通的总体印象一般或较差；对

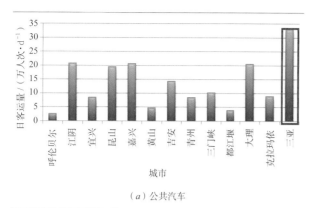

（a）公共汽车

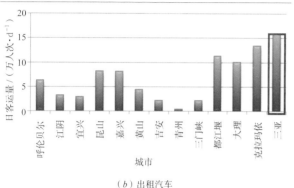

（b）出租汽车

图1 三亚市与国内常住人口规模相当城市的公共汽车、出租汽车日客运量对比

于公共汽车存在的主要问题，47%的乘客选择候车时间太长，32%的乘客选择服务态度较差。总的说来，三亚市当前公交经营主体多，市场混乱，缺乏有效的监督机制，导致公共汽车交通服务水平低，缺乏吸引力。

1.2.2 打车难，黑车泛滥

三亚市出租汽车保有量，按照常住人口计算为2.3辆·千人$^{-1}$，高于规范建议值0.5辆·千人$^{-1}$，属于大城市水平；按照当量人口计算为0.5辆·千人$^{-1}$，等于规范建议值，见表1；按照服务面积计算为5辆·km^{-2}，与国内其他城市出租汽车服务水平差距较大，见表2。

三亚市出租汽车服务强度，淡季平均每车每日需运营55～60次，旺季强度更高，而国内一般城市平均每车每日运营40～50次。由于三亚市出租汽车服务供不应求，促使黑车和摩的滋生。居民出行比例也反映了这一现象，3.8%的市区居民和31.7%的乡镇居民采用摩的出行，而相应的出租汽车出行比例分别为2.4%和2.2%，另外有2.4%的游客也采用摩的出行。由此可见，对应于大量的出租汽车服务需求，现状出租汽车供给规模仍处于相对较低的水平。经过明察暗访，估算三亚市非法营运出租汽车达2000～4000辆，远超出正规出租汽车1082辆的规模。

三亚市出租汽车司机的收入结构也呈现旅游收益主导。出租汽车司机月均营运收入3万～4万元，高于北京、上海等城市同行业水平。营运收入中与旅游出行相关的约80%，旅游"灰色"收入占全部收入的50%左右。在经济利

按照服务人口计算的出租汽车保有量（单位：辆·千人$^{-1}$）表1

三亚	北京	上海	广州	杭州	南京	沈阳
2.3/0.5①	4.3	3.6	2.5	2.3	1.8	3.1

注：① 2.3和0.5分别为三亚市按照常住人口和当量人口计算的出租汽车保有量，其他城市均为按常住人口计算的出租汽车保有量。

按照服务面积计算的出租汽车保有量（单位：辆·km^{-2}）表2

三亚	北京	上海	广州	杭州	南京	沈阳
5	49	56	38	33	16	48

益的驱动下，出租汽车运输行业的公共服务属性逐渐缺失，出租汽车司机身兼导游工作，选择性载客现象严重，服务倾向于游客，在宾馆、景区、交通枢纽及娱乐场所蹲点现象严重。这种服务供给的不均衡性造成三亚市城区打车难，据统计，游客平均候车时间5～8min，而居民平均候车时间达15～30min。

1.3 面临的挑战

未来三亚市旅游业的国际化、全域化发展，必然促进境内旅游活动特征发生显著变化，即由观光旅游向度假旅游转变、由组团旅游向散客旅游转变（见表3）、由季节性旅游向全年性旅游转变。随着旅游特征的变化，交通特征也随之发生显著变化，以旅游大巴为主体的出行比例将不断降低，个体化、个性化、多样化的交通需求日益增加：私家车自驾游不断增加、汽车租赁业务快速发展，对多样化旅游车的服务需求也日益增加。

团客与散客比例构成变化（单位：%）表3

年份	2005	2009
团客	52	24
散客	48	76

三亚市公共交通系统正面临巨大挑战：如何提高公共汽车交通服务水平，满足居民和游客的双重出行需求？如何剥离出租汽车旅游销售回扣，缓解中心城区打车难问题？如何促进旅游市场的规范化运作，满足游客的个性化出行需求？未来三亚市公共交通发展必须充分调动城市经济实力、市场运作、客源基础等方面的优势，增强政府主导作用，理顺公交管理体制，完善公交基础设施；发挥市场运作功效，改善市场营运环境，提升企业经营管理水平；通过增强公交竞争实力，塑造可持续发展的交通系统[2]。

2 公交一体化规划的技术思路

2.1 应对旅游交通特征的独特处理方法

三亚市居民和游客出行特征存在显著不同，见图2。在日

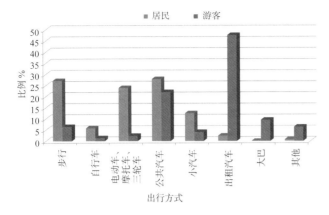

图2 现状居民与游客的出行结构

出行次数方面，游客为5次，其中生活性出行3.3次，游览性出行1.7次；而居民日出行次数为3次。在平均出行距离方面，游客的生活性出行为2.2km，游览性出行达到20km以上，而居民为2.9km。在出行方式方面，游客的出租汽车出行占绝对优势，而居民以步行、摩托车出行为主导[3]。

基于此，采用两种方法应对旅游交通的独特特征，即在人口规模依据方面，突破传统规范，综合游客与居民的出行特征，以将旅游人口折算成当量城市人口进而得到的总当量人口确定规划建设依据；在设施校核标准方面，充分考虑外来旅游人口的交通需求给城市交通系统带来的额外负荷，以居民和旅游高峰日交通需求总量作为规划设施校核的标准。

2.2 旅游城市公交一体化规划技术路线

规划遵循的技术思路为：公共交通现状分析与问题识别→公共交通发展目标、对策与需求分析→公共交通系统规划→公共交通近期实施计划，见图3。规划的重点是公共交通系统规划和近期实施计划，而立足点是公共交通现状分析与问题识别。规划的主要过程是，基于公共交通现状分析与问题识别，把握公交发展趋势与需求特征，明确规划期内公共交通发展目标与对策；提出公共交通系统在运营管理体制、线网、场站、车辆等方面的发展方案；最后，在公共交通发展实施目标指导下，提出近期公共交通系统的实施措施与方案。整个规划贯彻定量的研究手段，即交通需求分析及对旅游交通特征的深入研究。

3 规划目标与对策

3.1 规划目标

三亚市公共交通的发展目标为：构建以乘客服务为核心、满足城市和旅游双重交通需求、保障城乡统筹发展、多方式协调利用的优质高效客运系统。具体表现为四个方面：出行结构方面，确立公共交通在城市客运体系中的主导地位（市域

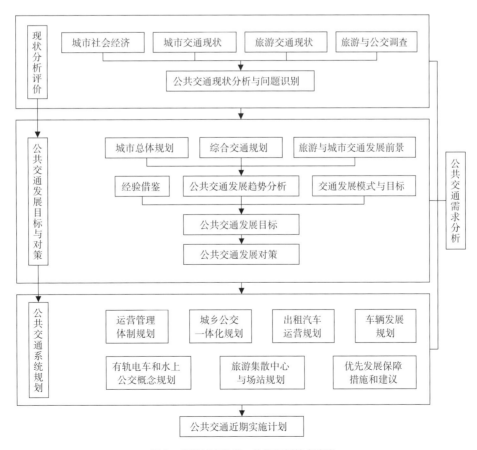

图3 旅游城市公交一体化规划技术路线

范围近远期公共交通出行比例分别占全方式的 25% 和 40%）；出行时间方面，高峰时段采用公共汽车方式的平均出行时间控制在 30min 以内；发车间隔方面，高峰时段候车时间控制在 3min 以内，非高峰时段控制在 5min 以内；运营速度方面，公共汽车平均运营速度达到 20km·h⁻¹ 以上，干线公共汽车达到 25km·h⁻¹。

3.2 规划对策

1）票运分离

为理顺政府、公交管理部门、公交运营企业三者之间的关系，激发公交活力，改革公交运营体制，实现票运分离，需要成立公共交通共同体。公共交通共同体分为三个层次，分别为政府层、管理层和运营层，见图4。政府层以市公交协调小组为领导，由交通运输局作为实施单位，负责协调各有关部门，指导管理层工作；管理层为隶属于交通运输局的公共交通共同体管理中心，负责公交运营有关的各项具体工作；运营层由整合后的 2～3 家运营公司组成，实施公交线路经营并受公共交通共同体管理中心的严格监管[4]。

票运分离的具体运作方式是按照政府组建运营管理公司的模式组建公共交通共同体管理中心，该公司由政府拥有，全权负责公交客运市场的管理、融资、服务监督、人员培训等各项职能；通过公开招标，选取符合条件的公交运营公司，通过签订特许经营权合同，委托运营；由政府统一收取票款，向企业购买公交服务，运营公司仅负责运营、不负责票务管理，由共同体管理中心负责票务管理并支付运营费用；通过对特许经营合同执行的监督，对未履行合同的公司进行相应经济惩罚，达到督促提高服务质量的目的。

鉴于目前新老企业不同的经验背景和线路经营情况，采取分两步落实公交运营体制的方法：第一步，由政府主导通过兼并和收购逐步整合运营主体为两至三家；第二步，由政府主导，交通运输局牵头，成立公共交通共同体管理中心，由

交通运输局负责运营管理公司的筹建和先期管理工作，过渡期后，运营管理公司独立工作，承担公共交通日常管理职能，交通运输局承担政府管理职能。

2）游运整合

游运整合的核心是逐步推进旅游销售市场与公共交通系统一体化运行的整合，将旅游营销收益由出租汽车一家独享变为由整个客运系统共享。游运整合的实施，需要从设施建设、体制调整和行业管理等方面全面推进落实，实施的关键是建设旅游运输集散中心体系。

综合考虑交通枢纽组织效率与旅游服务指向性等方面，规划建设三主八辅的滨海旅游运输集散中心：旅游运输集散中心主站位于各主要对外交通枢纽，为全市性的运营调度旅游集散点；旅游运输集散中心分站位于各主要旅游片区，提供分区服务，见图5。

3）运力整合

运力整合强调公交体系构成的多元化和不同形式之间的

图4　公共交通共同体组织结构

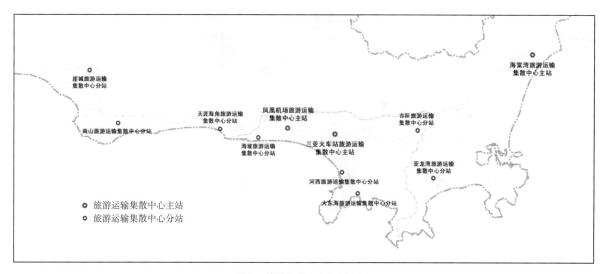

图5　旅游集散中心规划布局

协调、整合和紧密衔接，力求发挥不同公交形式各自的优势，通过合理配置运力，实现资源的最佳利用，见表4。对各类公交形式的发展定位分别为：适时建设有轨电车，组织骨干走廊型运输；优先发展常规公交，奠定客运交通基础；总量控制出租汽车，使其成为高档次公交服务的有效补充；逐步整合旅游车，满足游客个性化服务需求；优化调整水上公交，组织特色水上运输服务。

为改变当前不合理的出租汽车市场运行结构，缓解中心城区"打车难"问题，借鉴深圳、香港等城市的行业发展经验，近期逐步推行出租汽车分区运营策略，即在政府财政支持下，实施分区运营。在现有1082辆"蓝车"基础上，增加投入200辆"红车"。"蓝车"运营范围为全市域，解决游客和居民双重出行需求。"红车"用以保障中心城区出租汽车服务需求，其运营范围的确定应综合出租汽车服务密度、合理运距和交通管理可操作性三方面因素进行考虑，具体范围为：海虹路—机场路以东（含机场路）、东西环岛铁路线以南、迎宾路与金鸡岭路交叉口以西、榆亚路海虹大酒店以西，涉及建成区面积约27km²，见图6。

4）站运分离

规划充分借鉴新加坡、北京等城市的运作经验，实施站运分离策略，即组建专门的场站公司，加强公用型场站建设，提高场站利用率，缓解现状公交场站匮乏的局面。一方面，规划场站用地均为政府控制的市政交通设施用地，通过专职场站公司，实行统一规划、统一配置、统一管理，向全行业开放，避免重复建设；另一方面，通过场站公司的专业化经营，逐步推动场站的综合开发利用。在城市中心区域，为提高土地利用效率，公交场站（利用建筑物底层）可与商业、办公、会展、居住等功能相结合，形成交通综合体。

考虑客运方式的衔接转换及车辆停放需求，交通枢纽场站体系划分为公交枢纽、综合车场、公交首末站三个层次。综合考虑枢纽组织效率与旅游服务性等方面，公交枢纽可细分为三级：一级枢纽具备完善的交通枢纽服务，并与旅游运输

公交系统运力发展实施计划		表4
方式	分类	目标
公共汽车	运力总量 实施计划 车型配置	现状：451辆；远期：1500~1800辆（万人公交车辆拥有率12.3~14.7标台） 2011年新增166辆，车辆总数达到617辆 2012~2013年每年新增车辆（新购-报废）保持在150辆左右 2014~2020年每年新增车辆（新购-报废）保持在80~120辆 遵循"绿色公交"的发展思路 车辆选型要适应不同线路特征和客流量变化
旅游车	运力总量 实施计划 车型配置	现状：505辆；远期：1300~1600辆 2011~2013年连续三年每年投放100辆旅游车以逐步满足旅游出行需求 2014~2020每年新增车辆（新购-报废）为70~100辆 提高中巴、商务车比例，新投放车辆中大巴、中巴、商务车所占比例分别为20%、30%、50%
出租汽车	运力总量 实施计划 车型配置	现状：1082辆；远期：2500辆以内 年均增长量为100~150辆 结合车辆报废机制，逐步提升车型档次，满足旅游城市的高品质服务需求

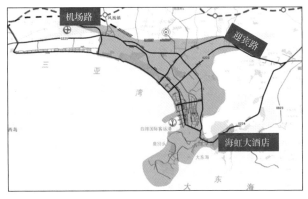

图6 "红车"运营范围示意

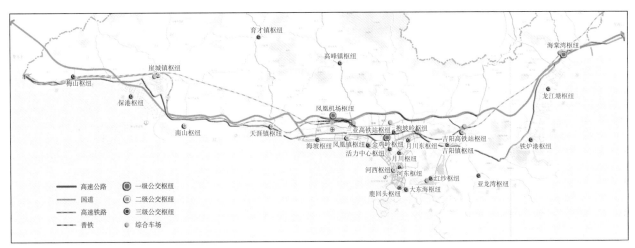

图7 公交枢纽和综合车场规划布局

集散中心主站相结合，充分展现旅游城市形象；部分二级和三级枢纽与旅游运输集散中心分站相结合，兼具城市内外交通转换和城市内部客运组织核心等多重职能。综合车场主要设置在城市核心区外围和外围乡镇，有条件的情况下结合枢纽设置，保证距离主要公交枢纽和骨干线路不至过远，见图7。受紧缺用地资源的局限，公交首末站定位于主要满足公交线路的运营调度需要。通过实施首末站整合利用，转变现状"一线一站"的低效运行局面。

5）网络整合

为构建多模式、一体化的公共交通体系，需要整合网络，转变目前单极中心式线网为分区分层分级的公交服务网络。构建分区分层分级线网可实现三个转变：①公交服务由单纯基于线路模式向基于线路和枢纽并举的模式转变；②线网布局由单级、杂乱模式向分区分层分级、有序化的模式转变；③客流换乘由线线之间路内换乘向以客流集散中心为主的路外枢纽换乘模式转变。一体化公交体系划分为三个层次：第一层次由有轨电车构成，是公共交通系统的骨干；第二层次是常规公交，构成公共交通系统的主体；第三层次是辅助公交系统，作为公共交通系统的补充，包括出租汽车、旅游车和水上公交等。

（1）有轨电车。

在三亚市狭长的滨海旅游走廊和用地空间分散组团式布局的现状下，作为旅游客运服务的骨干系统和旅游城市的流动风景线，现代有轨电车线网的发展应强调为滨海主轴服务，构建三亚湾滨海旅游客运主通道；强调与重大对外交通枢纽的

衔接，即机场和高铁站；强调重点片区间的联系，向东连接海棠湾、亚龙湾、吉阳镇，向西连接天涯镇、南山景区和崖城镇等，见图8（a）。在大三亚湾核心地带，基于滨海现代有轨电车与步行、自行车交通的合理衔接，精心打造服务于大三亚湾滨海旅游走廊的骨干客运系统。

（2）常规公交。

常规公交线网布局主要考虑四个方面：(1) 公交分区服务，即以公交分区为线网组织单元，在市域范围建立与公交分区经营模式相对应的服务区；(2) 线网分层布局，即构建层次分明的公交线网结构，划分城乡公交和城区公交两个层次；(3) 线路分级布设，即区分线路功能，实现速度分级服务，转变现状公交线路功能层次单一的局面，将公交线路划分为城乡干线、城乡普线、农村公交、城区干线、城区支线五个等级见图8（b）和图8（c）；(4) 枢纽分级整合，即依据所容纳线路的辐射能力、承担客流的集散能力、提供交通服务的方便程度，建立基于枢纽的公交线网组织体系。

（3）水上公交。

由国际著名滨海旅游城市发展经验可知，水上公交是滨海旅游产业的重要组成部分，也是滨海旅游城市国际化发展

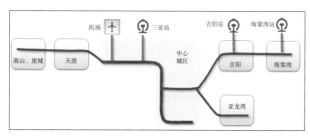

（a）有轨电车网络发展概念

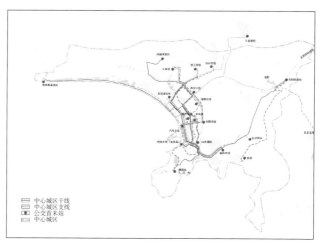

（b）近期中心城区干线和支线布局

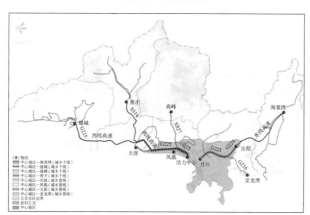

（c）远期城乡公交和农村公交布局

（d）中心城区水上公交布局

图8 远期公交网络规划图

的重要标志之一。三亚市域范围水上公交主要结合海湾开发，局部布设海上旅游公交线路，即在三亚湾、海棠湾、崖洲湾范围内，结合海上岛屿旅游开发，布设局部连通的海上公交运营网络，见图 8（d）。海上公交线路主要服务点对点的游客出行，兼顾游览功能，着眼于短线联系。中心城区水上公交则由海上、内河公共服务码头和内河公交线路组成。内河公交线路主要服务游客游览三亚河的需求。

4 结语

三亚市客运市场需要多层次、多方式、多样化的服务，以满足城市交通和旅游交通的双重要求。三亚市交通运输局于 2011 年 5 月和 2012 年 6 月分别发布了《三亚市公交站场建设规划和实施计划》《三亚市交通运输局关于对＜三亚市公交企业优化重组工作实施方案（征求意见稿）征求意见的函＞》。截至 2012 年 6 月，公交线路增加了 67%（40 条），车辆增加了 52%（685 辆）；出租汽车实行了分区运营，增加 150 辆"红车"保障中心城区出租汽车出行需求。通过平衡各种交通方式之间的运能关系，合理分配资源，三亚市可望逐步改变现状客运系统运营主体较多，准入门槛较低，监管机制缺失，服务水平较低的局面，形成和谐发展、适度竞争的公共交通发展格局。

参考文献

[1] 国家统计局 .2010 年中国城市统计年鉴 [M]. 北京 : 中国统计出版社，2011.

[2] 付晶燕，马俊来，赵一新，张国华 . 三亚市公共交通一体化规划 [R]. 北京 : 中国城市规划设计研究院，2010.

[3] 马俊来，戴继峰，张国华 . 三亚市城市综合交通规划 [R]. 北京 : 中国城市规划设计研究院，2009.

[4] 赵一新，付晶燕，郭玥，等 . 佛山市禅城区近期公共交通发展规划 [R]. 北京 : 中国城市规划设计研究院，2008.

作者简介

付晶燕，女，新疆库车人，硕士，工程师，主要研究方向：交通规划与设计，E-mail:fujingyan@163.com

我国快速公交系统发展阶段回顾与思考

BRT Development Review

康 浩 黄 伟 张 洋 盛志前

摘 要：面对我国机动车快速发展的冲击，国家住房和城乡建设部于2004年发布了《关于优先发展城市公共交通的意见》，明确了我国城市要大力发展公共交通。在这样的背景下，快速公交系统成为倡导公交优先、改变交通发展模式的重要抓手。本文重点介绍了快速公交系统在我国城市的规划建设和运营进程，通过不同城市案例展示了我国快速公交发展进程中所呈现的问题和发展瓶颈，并通过对比分析国内快速公交发展较好城市（广州）的建设和运营情况，归纳、总结提出了五个方面的快速公交发展建议，为我国城市BRT系统的可持续和健康发展提供借鉴。

关键词：城市交通；公交规划；快速公交；BRT系统

Abstract: China adopted public transportation priority development, and BRT has become an important part of public transportation. BRT development in China has undergone from primary to senior phases, and its standard has gradually matured. The author puts forward strategies in five aspects for future development: route choice, infrastructural planning, route organization, multi-modal connection, and management.

Keywords: urban transportation; public transportation planning; bus rapid transit; BRT

0 引言

随着我国城市化进程的快速推进，城市交通系统正面临机动车迅猛发展的强烈冲击，过度机动化所诱发的交通拥堵、空气污染已衍生出各种社会问题，近年来多个城市为了应对私人小汽车的需求而大力建设的高架路、宽马路和立交桥，却使城市品质明显下降，出行环境更趋恶化。国内外城市的实践已经证明，城市日渐增长的交通需求仅靠单纯增加道路设施供给是无法解决的，一方面原因在于很多大城市的中心城区，城市用地布局已基本确定，城市可用于修建道路的用地十分有限；而另一方面，著名的当斯定律告诉我们，长远来看，即使大规模的新建和扩建道路设施也并不会真正降低原有道路的拥挤程度，因为新增供给所诱发的交通需求将很快占据新增加的局部道路设施[1]。

国家住房和城乡建设部于2004年发布了《关于优先发展城市公共交通的意见》，明确了我国城市交通的发展政策和公共交通的发展要求。大中城市的决策层也已普遍认识到，适度控制当前机动化的过快发展，建立以城市公共交通为主体的可持续的城市交通发展模式是解决今后和未来城市交通难题的必由之路，而在其中，在城市主要客运走廊上建立"快速公共交通系统"（Bus Rapid Transit，以下简称BRT），是改善城市公交服务，提高城市公交竞争力，具体落实公交优先发展的重要举措。

快速公交系统（BRT）起源于40年前的巴西城市库里蒂巴，受制于当时贫穷、失业、环境污染等问题，当地政府因地制宜的规划了BRT线路，用来促进城市的发展，其运营结果是非常成功的。由于其造价相对较低、建设周期短，世界上许多城市争相效仿，开发改良建设了不同类型的快速公交系统。

发展至今，目前一般认为BRT是利用大容量的专用公共交通车辆，在专用的道路空间运营并由专用信号控制的新型公共交通方式，具有接近轨道交通的运量大、快捷、安全等特性，且建设周期短，造价和运营成本相对低廉。近年来，BRT在中国也得到了快速的发展，目前全国已有近20个城市建设并开通BRT系统（见图1）。

从1999年昆明建设开通我国的第一条路中式公交专用道以来，BRT的规划建设和运营至今在我国已经历了大约十五个年头，由于BRT系统对于城市道路的专有路权，一直以来，无论是市民、技术人员或是政府部门，对于BRT的争论就从未停止，持支持观点的人认为，诸如波哥大的"千禧年"BRT系统可以证实，BRT能在更短的时间内，利用比轨道交通更低的建设和运营成本，却可以达到轨道交通同样能力的客流水平，应是我国大中城市可以普遍采用的骨干公共交通系统；而持质疑观点的人则认为，BRT只是适用于中小城市的骨干客运走廊和大城市中、低运量的客运走廊，其性质和运行特点决定了其功能的定位和发挥，如国内大多数城市的BRT系统，尽管拥有独立的专用车道、先进的乘客系统、专用站台及车外售票，但仅仅承担着中、低水平的公交运量，BRT系统无法取代城市轨道系统的作用；更有人认为，BRT虽然与轨道交通相比造价低，但其每公里约3000万~5000万元的建设成本仍是普通公交线路的数十倍，本身的"经济性"就不高，还占用了约30%的道路资源，不但没有减少道路上的

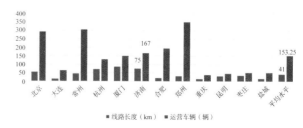

图1 2010年我国部分城市BRT系统的运营线路和车辆情况

交通压力，反而对城市道路交通秩序产生了不良影响。

当然，迄今为止大多数人的共识是：BRT 是我国城市公共交通系统重要的组成部分之一，科学规划、精心设计和管理的 BRT 系统应是我国多数大中城市可供选择的公共交通方式。但作为新生事物，我们也应看到，BRT 在我国的十多年发展历程中，失败的教训和成功的经验都会同时存在，BRT 系统从市民口中的"不让通"到"必然通"，也并非是一帆风顺。笔者即试图从国内规划建设及运营的 BRT 系统入手，通过对 BRT 不同发展阶段的回顾和梳理，借鉴其经验和教训，力求对规划建设 BRT 系统需要把握的重要原则及影响因素进行总结，为我国今后的 BRT 系统规划建设提供一些指引。

1 我国 BRT 发展阶段回顾

1.1 模仿和探索阶段的 BRT 系统

作为苏黎世的友好城市，昆明借鉴其大运量公交的经验，于 1999 年在昆明市的北京路建成了中国第一条长为 4.7km 的中央式专用车道，也开启了 BRT 在中国的探索和发展历程。昆明中心城区最终形成了约 82km 的公交专用道路网，虽然没有与现代 BRT 系统配套的专用车辆、车外售票系统以及站台环境，但其创新性的利用中央车道，解决了公交与非机动车的交通冲突，同时将站台设置在交叉口进口处，利用路口过街设施，实现了与行人的良好接驳和线路间便捷换乘，同时通过交叉口"禁左"的交通管理措施，实现了公交车辆"相对信号优先"的控制，尽管在设施上还未达到完全的 BRT 建设标准，但在中心城区已基本形成了准 BRT 系统。

在建设运营初期，昆明的准 BRT 系统发挥了重要的作用，单向客流最大达到 8000 人次 /h，公交车的运营速度、乘降时间、满载率、实际运力均有大幅提升，公交分担率也由 1993 年的 5.6% 提升到 2004 年的 14.7%，使得当时的昆明公交系统一直作为全国公交系统学习的典范。但随着小汽车的迅猛发展，2011 年底昆明机动车保有量已经达到 150 万辆，十年间的机动车年均增长率达到 13%，而同期公交客运量的年均增长率却逐年下滑（见图 3），在与小汽车的竞争中，包含准 BRT 系统在内的昆明市公交系统，随着人们对于公交服务水平的要求越来越高，逐渐失去了优势，近期其高峰小时流量已经下降到 3500 人次 /h，中心城区的运行速度低于 15km/h。最终，2013 年昆明市政府决定拆除主城区已使用了 15 年的 33 个"路中式"公交站台及专用道，曾经辉煌的昆明准 BRT 系统自此走向衰落。

杭州于 2006 年开通了 BRT1 号线，目前已形成三条 BRT 线路。杭州的 BRT 系统拥有包括专用车辆、站台以及公交专用道等较为完备的设施。但在 2006 年开通伊始，由于采用封闭系统和固定线路，在小汽车和常规公交严重拥堵的路段，BRT 专用车道每天通过的车辆仅约 260 趟次，而毗邻车道却承担了数以万计的社会车辆通行，在道路资源使用效率上的巨大反差以及公交专用道隔离墩所引发的交通安全事故，引

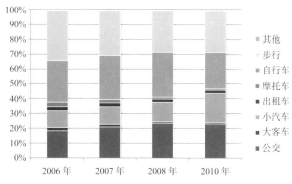

图 2 昆明历年出行方式划分

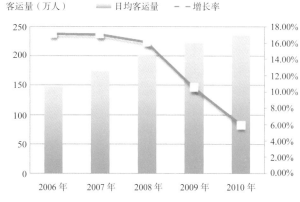

图 3 昆明历年公交客运量趋势

发了市民对 BRT 系统的普遍质疑，之后地方主管部门进行了补救措施，如规定其他社会车辆在非高峰时段可以进入 BRT 车道，并在之后的 2、3 号线路开通时，大幅度缩减了 BRT 专用道的比例，改用一般专用道和车辆混行车道；同时还开辟了 8 条与 BRT 线路进行接驳的支线公交，并在 BRT 沿线 3 个站点实行同台的免费换乘；另外，由于意识到封闭系统的弊端，还引入了更多的直达线路，使得更多乘客在不需要换乘的情况下完成一次公交出行。这些措施的施行，使得杭州 BRT 系统的客流得到了较显著的改善，高峰时段的单向客流已达到 6800 人次 /h。

但从杭州三条 BRT 线路的专用车道比例来看（见表 1），除了 1 号线达到 75% 的较高比例外，2、3 号线都仅为 21.7%、34.7%[2]，这样使得在高峰时间段内，由于受到社会车辆的干扰，2、3 号线的时速与普通公交相差无几，客流量也增幅不大，大大削弱了 BRT 系统的优势，杭州虽然作为完善 BRT 系统高调亮相，但最终也是同小汽车"话语权"的争夺中逐步落于下风，BRT 的"快速"特性仍未得到充分发挥。

昆明和杭州是我国较早一批建设和开通 BRT 系统的省会城市，这个时期 BRT 系统的规划、建设和管理上，基本还处于模仿和摸索阶段，政府决策部门、技术人员以及市民对于 BRT 都还有认识的过程，因此这个阶段的 BRT 系统在设施配套及运营管理上还存在比较明显的缺陷，市民的支持度也不太高，从而导致了系统在运行后期出现发展停滞甚至下滑趋

势。但从另外一个层面来说，昆明和杭州等城市率先开启的BRT系统建设，为中国其他城市的跟进积累了宝贵的经验和教训，这种发展阶段的模仿和探索学习也是我国BRT系统建设发展所必须经历的。

1.2 设施逐步完善阶段的BRT系统

济南市BRT系统于2008年4月开放，是继昆明、北京、杭州后第四个开通BRT的城市，目前有"两横三纵"6条线路服务于四条走廊，设有46个车站，成为国内运营线路数量最多，也是第一个形成BRT网络的城市（见图4）。济南的BRT系统具有以下特点：第一，创新性地使用了双侧开门的BRT车辆，使得车辆运营及站台布局更加灵活，适应中央岛式站台和路侧站台等多种形式；第二，济南BRT采取开放式的运营模式，集BRT专用道和普通公交专用道两种形式路权于一体，将普通公交专用道作为开放式运营模式；第三，建设了"双快"体系，结合北园大街和二环东路高架工程，将BRT与快速路结合在一个走廊上建设，快速路采用高架形式，快速公交则设置于地面道路。

济南的BRT虽然已具备了完善的设施系统，但在实际运营中也并非尽如人意。部分处于城市边缘地区的BRT线路，如北园高架和东二环快速路BRT走廊，由于并不处于城市核心地区，客流需求有限，BRT的大运量功能难以发挥，其

单向客流仅为3100人次/h；另外，由于没有采取交叉口的信号优先控制，致使BRT的旅行速度偏低，与常规公交相比优势并不明显，与小汽车的竞争中也多处于劣势，因此济南的BRT系统总是难以突破22万人次客流量的"天花板"（见图5），公交分担率近年也呈现明显下降的趋势（见图6）。

2005年12月北京在南中轴线上开通了第一条BRT线路（见图7），线路全长16.5km，共设有20座车站，全程运行时间约45min，日客运量约10万人次，最大高峰小时单向客流量超过8000人次/h；之后北京又陆续开通了朝阳路、安立路和阜石路快速公交线路，目前总共4条BRT线路拥有超过55km的BRT专用车道和79个BRT车站。北京的BRT系统具有一定的封闭性，由于采用固定线路运营，而且BRT走廊

杭州BRT线路专用道设置状况 　表1

线路		线路长度（km）	专用道长度（km）			BRT专用比例
			BRT专用道	公交专用道	一般混行车道	
B1	中心城区	6.4	6.4	—	—	100.0%
	郊区	14.4	14.4	—	—	100.0%
	开发区	7	—	—	7	0.0%
	合计	27.7	20.8	—	7	74.9%
B2	中心城区	15.1	4	11	—	26.4%
	郊区	5.3	—	—	5.3	0.0%
	合计	20.3	4	11	5.3	21.7%
B3	中心城区	5	5	—	—	100.0%
	郊区	9.4	—	—	9.4	0.0%
	合计	14.4	5	—	9.4	34.7%

济南BRT线路与常规公交速度对比 　表2

主要走廊	道路名	东西/南北/（km/h）	西东/北南/（km/h）	平均值
BRT专用道	北园大街	17.8	18	17.9
	历山路	15.5	16.4	14.3
	二环东路	17.7	17.1	17.4
	奥体中路	36.7	34.6	35.7
平均值		21.9	21.5	21.7
常规公交专用道	经一路	16.7	16.1	16.4
	经十路	21.8	23.4	22.6
	工业南路	22	24.6	23.3
	纬二路	12.5	14.7	13.6
	济微路	16.8	19.6	18.2
平均值		17.9	19.7	18.8
其他走廊	经四路	15	13.2	14.1
	经七路	14.4	16.1	15.3
	历山路	16.5	14.4	15.5
	北园大街	17.6	19.7	18.7
	二环东路	17.4	17.8	17.6
平均值		16.2	16.2	16.2

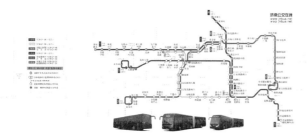

图4　济南现状BRT线网

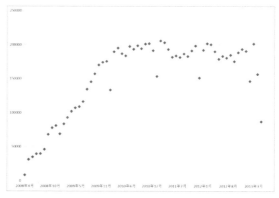

图5　济南历年BRT系统日客运量

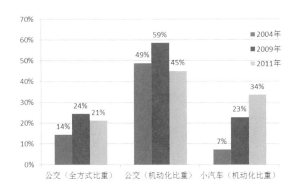

图6 济南历年机动化出行方式趋势

图8 厦门高架 BRT 系统站台

图7 北京南中轴 BRT 系统站台

间没有彼此衔接，导致乘客直达性较差，加之公交换乘枢纽以及支线接驳公交不够完善，BRT 系统的客流量增长较为缓慢，仅约为同走廊内公交客流需求总量的 1/3，大部分公交乘客依然选择同走廊的其他常规公交线路。

2008 年 9 月，厦门市快速公交一期总长 67.4km 的三条 BRT 线路正式投入运营（见图 8）。该系统修建在三条市内主要客流走廊上，将高架车道与地面车道、隧道与桥梁、快速公交与普通公交有机组合，并同时开通了 20 条连接公交站点与周边居民点的联络线，形成了具有厦门城市特色、"干—支" 结合的 BRT 系统。厦门市的高架 BRT 运营至今成效明显，其高峰时段单向客流量达到 7900 人次 /h，居于亚洲前列，并且高峰时段运行速度较高，约为 27km/h。但另一方面，全封闭、全高架的厦门 BRT 系统相对狭小的站台空间不仅限制了 BRT 客流的进一步增加，同时还为 BRT 在特殊情况下的紧急救援提出更高的要求。

济南、北京、厦门等城市为代表的 BRT 系统，实际上已经进入了我国 BRT 发展实践新的阶段，在借鉴 BRT 建设初期几个城市发展经验的基础上，这些城市的 BRT 设施配套明显增强，都基本达到了标准 BRT 系统的设施要求，并且在客流方面也有了较大幅度的提升，同时，这些城市还根据自身特点，通过创新性的技术措施，形成了具有自身城市特色的 BRT 系统。

1.3 精细化设计和管理阶段的 BRT 系统

广州 BRT 系统在 2010 年 2 月正式投入运营，线路全长

22.9km，共设 26 座停靠站。广州 BRT 创新性地使用"专用车道＋灵活线路"的系统模式，对走廊沿线公交线路进行整合优化，结合跨站运营、区间运营等措施，将原 87 条公交线路整合为 46 条。

广州 BRT 投入运营之后，BRT 系统的客运量数据取得了较大的突破。广州 BRT 车辆日客运量达到 80 万人次 (不包括同方向免费换乘的人次)，超过了广东 6 条地铁线路任何一条的客运量，高峰小时单向截面客运量达到 2.99 万人次 /h，仅仅次于波哥大"千禧年"BRT 系统，远超越亚洲其他城市的 BRT 系统和大多数地铁系统；高峰期间，最忙碌车站（棠下站）上车乘客为 8500 人次 /h，也创造了 BRT 车站上车客流量的世界纪录 [3]。2013 年 9 月，广州 BRT 系统被评为亚洲唯一的"金牌标准"BRT 系统（见图 9）。

广州 BRT 系统客流数据的背后，是精细化的设计和运营管理 [4]。其一，兼顾"干-支"接驳式服务和直达式服务的线路组织，将 BRT 专用道作为一个开放的系统，不仅设置全线在走廊内行驶的 BRT 线路，也设置多条部分在走廊内行驶的 BRT 直达线路，直接连接走廊外公交出行产生、吸引点，具有专用车道内线路组织、乘客换乘相对灵活的特点，保证了对客流的吸引力。其二，拥有高效的车站服务，作为亚洲第一个根据客流需求决定所有车站大小的 BRT 系统，因此车站的长度不一（55 ~ 260m），并在停靠站泊位预留足够的空间及超车道，方便车辆进出和提高到发能力，并根据不同线路的客流和发车频率来指定其停靠泊位（见图 10）。其三，注重多方式的交通衔接，目前有 3 个 BRT 站点通过地下通道与地铁车站直接连接，同时在 BRT 站点布局公共自行车租赁系统，目前在 BRT 线路沿线共有 5000 辆公共自行车分布于 113 个租赁点。其四，作为国内中国第一个多运营方的 BRT 系统，采用竞争机制进行系统管理和运营，由 7 家运营公司组成 3 家运营集团分别负责运营 31 条 BRT 固定线路，也为 BRT 的高水平服务提供了进一步的保障。

广州 BRT 系统的投入运营不仅使公交服务水平得到明显的改善（见图 11），同时也带来了广泛的经济社会效益 [5]。车辆运行环境明显改善，车辆速度显著提高，高峰时段 BRT 全程行程速度达到 20km/h，与开通前的常规公交车速相比提高

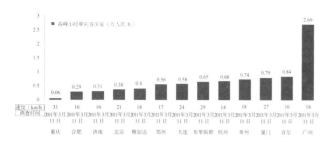

图9 亚洲主要BRT系统高峰时段流量及速度对比

图10 BRT第一大车站（师大暨大站）

图11 广东BRT开通前后岗顶站交通状况对比

了25%；BRT车辆的准点率比开通前常规公交线路的准点率提高了20%，走廊上有20%的出行者是从其他交通方式转移至BRT线路；由于公共汽车和社会车辆分道行驶，行车秩序明显改善，在BRT走廊内机动车流量翻倍后，其车速仍提高了22%，BRT开通后一年内交通系统二氧化碳减排量达51253t，明显改善了沿线整体交通环境；而BRT沿线的土地增值比例也高于其他地区，乘客和政府取得了双赢。

2 我国BRT系统发展中存在的问题

通过对我国多个城市BRT系统发展经历的回顾，对各个发展阶段存在的主要问题进行总结。

在模仿和探索阶段，其一是在BRT系统建设标准上存在差距，如昆明市并未形成真正意义的BRT系统，其内侧公交专用道只是现代BRT的一个基础元素，由于缺乏其他系统要素的配合，难以确实提高城市公共交通的效率和服务水平，从而在公交与小汽车的竞争中，失去优势的准BRT系统逐步走向衰落也难以避免。另一方面，则是缺乏对BRT系统认知，

尤其是专用道的低效利用以及建设初期对BRT系统宣传和管理的失衡，如杭州虽然采用了现代化的BRT设施系统，但其在发展过程，受制于社会舆论的导向，对于BRT专用道的进行多次争论和调整，而其后降低BRT专用路权标准的措施，却是迎合了小汽车的话语权，进一步削弱了BRT系统的核心竞争力。

在设施逐步完善阶段，我国BRT系统已经取得了长足的进步，已不仅仅只是模仿，更多则是在消化、吸收的基础上有所创新和发展。但同时也应看到，尽管BRT设施建设已经达到了较高标准，但在BRT客流走廊的选择上，在BRT专用车道及站台设计、运营管理和安全保障等方面也暴露出了一些问题，如济南将快速路沿线作为BRT的客流走廊、厦门BRT的站台容量过低、北京南中轴BRT系统过于封闭等，这些问题的出现导致了BRT系统在初步实现系统基本目标的同时，难以进一步提升达至更高的发展水平，一定程度上出现了发展的瓶颈，与世界上其他成功的BRT系统比较，在精细化的设计和运营管理上还存在相当大的提升空间。

而广州BRT系统的成功，也标志着我国BRT系统发展迈入了精细化设计和管理阶段，它充分吸取了我国各阶段和各城市BRT系统发展的经验与教训，从宏观到微观、从规划设计、设施建设到运营管理都进行了系统的完善和精细化设计，使得BRT系统的客流达到了前所未有的规模，为今后我国BRT系统的发展树立了新的标杆。但广州BRT系统仍然也存在需要进一步提升和改进的地方，如早晚高峰时段系统运能不足，车内拥挤严重，乘客上下车困难，服务水平明显下降，另外在某些瓶颈路段车辆拥堵严重也影响了BRT系统的运行效率。

3 我国BRT系统的发展对策

结合我国BRT系统发展阶段回顾和问题总结，笔者从客流走廊选择、基础设施的规划设计、线路组织模式、多种交通方式衔接、运营管理五个方面提出我国BRT系统的发展对策建议：

第一，BRT系统走廊应确保选择在道路沿线客流需求较高，交通供需矛盾突出的地区。足够的客流需求规模不仅保证了BRT系统的运营效益，更重要的是体现了BRT系统在节省乘客出行时间、缩减公交车辆需求、降低运营费用等方面的直接影响，同时选择合适的公交走廊，BRT还可以带动走廊沿线土地利用的增值和开发利用。如巴西库里蒂巴的BRT走廊正处于城市的发展主轴线上（见图13），紧靠走廊两侧的用地均布置为高强度开发地区，楼层大多在25～27层[6]，而BRT走廊外侧的机动车走廊，沿线多布置为低密度的居住区，不同性质的客流走廊对应于完全不同的用地开发强度，真正贯彻了TOD的发展理念。

第二，为了确保BRT系统成功运营，在进行满足客流需求的运营规划的同时，还必须对BRT系统的基础设施进行精

图 12 库里蒂巴 BRT 放射轴布局

图 13 库里蒂巴 BRT 走廊高强度开发示意

细化的规划和设计。广州 BRT 系统的成功运行,其中关键因素之一即就在于其车站的设计,包括多级车站或子站、超车道以及为远期预留的超车空间等都体现其在规划、设计时的系统考虑和精细化,如在近期不需要超车道,相应的空间则以中央绿化带的形式作为预留,精细化设计的 BRT 车站通过实现容量与车流、客流三者的匹配,有效避免了如厦门 BRT 系统发展到一定阶段时所遇到的站台瓶颈问题。需要指出的是,虽然 BRT 系统的建设和运营会有一个相对较长的发展周期,但基础设施的建设和预留,尤其是 BRT 专用道的路权空间、BRT 车站的规模和布局等大多需要在系统建设阶段即进行整体考虑,几乎不可能在开通之后解决。

第三,采用灵活的线路组织模式,避免以固定线路运营的封闭系统,尤其是需要增加直达线路的比例,最大程度的方便乘客,也可以保证 BRT 走廊的利用效率,发挥其效用(见图 14)。国内如杭州、北京等城市,由于采用固定线路的封闭模式,导致 BRT 系统利用率低下,招致了社会舆论的负面声音,而广州的 BRT 系统则充分吸取了经验,通过采取灵活的线路组织模式,取得了良好的效益,市民的满意度也一路攀升。

第四,注重多种交通方式的衔接和 BRT 系统内部的便捷换乘,促进城市综合交通一体化发展。BRT 作为大运量的快速公交系统,并不是一个孤立的公交系统,还需要做好与普

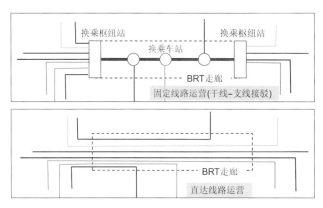

图 14 固定线路运营与直达线路运营对比

通公交和慢行系统的良好接驳,以形成"干-支"结合的客流饲喂,并解决好 BRT 车站"最后一公里"的出行问题,这也是广州 BRT 系统成功运行的重要经验;其次,对于特大城市,还需要做好与城市轨道系统的无缝对接,以形成良好的协作关系;而在 BRT 系统内部,在专用道设施达到一定标准后,换乘设施将成为提升 BRT 运行效率和线网重构的最关键要素,BRT 系统应尽量实现同站免费换乘,少设换乘枢纽站,乘客在 BRT 走廊内可以灵活选择换乘车站。

第五,重视 BRT 系统建设阶段的公众参与,强化系统的运营管理,创新运营机制,以保障 BRT 系统的高效运行。如广州 BRT 系统即采取了 7 家公交公司共同参与的竞争性运营机制,从而成为中国首个采用多家公交运营商合作运营的快速公交系统,同时广州 BRT 还通过提供"直达服务",使得 BRT 公交车辆在 BRT 通道内外都可以通行,从而大幅降低了公交乘客的换乘。从广州的成功案例可以看到,在加强 BRT 硬件建设的同时,还应足够重视系统的软件建设,如在系统规划建设阶段即更多地纳入公众参与环节,倾听市民的意见与建议,加强对于 BRT 系统的宣传,以更多获取市民的支持;同时在运营管理环节,应结合本地实际,在运营管理机制、BRT 票价与票制、车辆调度与控制等方面采取创新型技术和管理措施,以最大限度发挥 BRT 系统的公交运输效能。

4 结语

回顾我国 BRT 系统发展的十五年,从最初的模仿和探索到以广州 BRT 系统为代表所取得的可喜成绩,可以说是一段非常艰辛、但也备受鼓舞的历程。它具有深刻的时代烙印,见证了我国 BRT 系统各阶段的发展特征,虽然走过不少弯路,但也受益良多。笔者在这里"抛砖引玉",总结前人在BRT 系统规划、建设及运营等方面的经验和教训,为今后我国 BRT 系统的发展提供有参考价值的建议,引导我国 BRT 系统健康持续的发展。

图 15　广州 BRT 系统与自行车换乘

图 16　济南 BRT 系统同站台换乘

参考文献

[1] 杨敏，袁承栋. 大运量快速交通系统发展模式研究 [J]. 规划师，2006，22（4）：66-68.

[2] 饶传坤，韩卫敏. 城市快速公交系统运行效果评价与对策探讨 [J]. 华中建筑，2012，（2）：64-67.

[3]Karl Fjellstrom. 中国快速公交系统发展简评 [J]. 城市交通，2011，9（4）：30-39.

[4] 陆原，曾滢，郭晟. 快速公交系统模式研究——以广州市 BRT 试验线系统为例 [J]. 城市交通，2011，9（5）：70-79.

[5] 朱仙媛，李姗姗，段小梅. 广州市快速公交系统影响评价 [J]. 城市交通，2011，9（4）：40-44.

[6] 文国玮. 绿色交通背景下我国城市 BRT 存在问题及发展建议 [J]. 规划师，2010，21（9）：21-24.

作者简介

康浩，男，山西临汾人，硕士，工程师，主要研究方向：城市交通规划、公共交通规划、交通需求分析，E-mail:caupd-kanghao@163.com

政府、市场和民众偏好：洛杉矶公共交通发展的经验和启示

Government, Market and People's Preference:Experiences and Implications of Transit Development in Los Angeles

黄　伟　周江评　谢　茵

摘　要： 从市场、政府和民众偏好三个角度，本文探讨大洛杉矶区域公共交通发展和机动化过程中存在的问题和经验教训。文章指出，政府的一系列决策失误、政府对市场失灵的不作为以及民众偏好未能提供合理的价格信号和政策引导，是造成大洛杉矶区域城市蔓延、小汽车主导、公交发展滞后和交通拥堵的主要原因。此外，就大洛杉矶区域而言，区域内的行政分割、公交大型项目的资金供给与利益协调问题、公交市场化管理和营销、公交与慢行系统的统筹建设以及区域公交发展规划缺乏也是影响其多模式交通体系建设发展的重要因素。本文最后小结了大洛杉矶地区的经验教训对中国城市的启示。

关键词： 洛杉矶；交通；决策；政府

Abstract: From the perspectives of market, government and the public's preference, this paper explores the problems in the public transit development and motorization processes in Greater Los Angeles Region (GLAR). The paper concludes that a series of governments'wrong policy decisions and choices, no actions on market failures and no appropriate price signal and policy guidelines for the public's preference led to today's urban sprawl, car dominance, laggedbehind transit development and traffic congestion in GLAR. In addition, administration fragmentation, funding supply for large-scale public transit projects and stakeholders' divergent interests in relevant processes, lack of coordination between public transit and non-motorized transportation and regional public transportation development plan were factors impeded GLAP's multimodal transportation system's development. This paper concludes with implications from GLAR for Chinese cities.

Keywords: Los Angeles; transportation; decision-making; government

0　引言

洛杉矶高度依赖小汽车，城市沿着高速公路向周边郊区无限低密度蔓延，有着全美最严重的交通拥堵状况，但也许很多人不知道，它曾经是美国公交发展的一个典范。例如，在1946年，洛杉矶人均完成426次公交出行[1]。换句话说，以每人每天出行2次计，当时洛杉矶人58%的出行依靠当地的公共交通系统——这样的数据和成就，放在今天任何一个以公交发达著称的现代大都市，都不会逊色。例如，2010年，在公交最发达的北美城市之一的纽约市，16岁以上人群公交出行占总体通勤出行的55.7%❶，仍略逊于1946年的洛杉矶。从20世纪中叶到现在的60多年时间里，洛杉矶的公交事业从发达走向平凡化甚至是衰落，小汽车出行从次要变到主导，城市由紧凑走向蔓延，还"赢得"蔓延和拥堵都市的恶名，其中到底发生了什么？洛杉矶的经验和教训给当前快速发展的中国城市以什么启示？这是本文所试图探索的。

1　研究框架

研究城市蔓延、机动化及所带来的负面效应（如交通拥堵），可以有多种思路。例如，利用卫星遥感数据，比较不同时段的城市建成区的状态和高峰小时的交通拥堵状况。再如，利用踏勘和访谈，跟踪最新楼盘和人口的空间分布，利用道路断面流量分析交通拥堵区域或路段等等。本文主要采纳的是图1显示的研究框架。这个框架吸取了经济史、新制度主义经济学、政治学等学科的营养[2-4]。

在这个研究框架里，某地、某国被简化成只有3个参与者：政府、市场和民众。在这个框架里，政府通过规划、公共政策等追求着它所认为的理想城市形态、交通系统；市场如地产开发商则相对于短视，追求着自我投入的短期效益的最大化或者自我投资成本的最小化；民众则是依据自己的经济实力

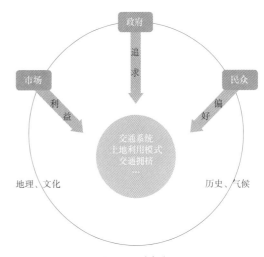

图1　研究框架

❶ New York City 2010 American Community Survey one-year estimates, S0801.

和文化背景等，对不同的产品和社会服务有偏好（preference）的群体，这些偏好也包括了住房的种类、位置和交通方式。但是无论政府、市场，还是民众（群体），都是内嵌（embedded）于当地的地理、文化、历史和气候之中。这些内嵌性使得他们是在很多的约束条件下去形成、追求偏好或利益。同时，政府、市场和民众之间相互影响。例如，在实施民主制度的国家和地方，民众通过选举影响着政府的价值取向。政府则可以通过规则、激励或惩戒甚至是亲自参与来影响市场——例如我国眼下推行的保障房制度。政府也可以通过和市场的配合，用价格信号影响民众的市场选择和偏好。例如，我国最近几年施行针对群众购买小排量汽车的补贴机制。市场一方面迎合民众需求，提供民众喜欢的产品，如郊区化的别墅；但另一方面，市场也可以主动培育民众的偏好或限制民众的偏好，如香港地产商建设在地铁上方的大规模的组屋。交通系统的构成、特点、土地利用的模式和交通拥挤等是政府、市场和民众三方相互博弈的结果。

当然，除了以上的框架，本文采纳的是案例研究的方法。这一方法可以创造出新的知识[5]，但也潜在着一些局限[6]，如内嵌性可能使得案例所揭示的原则、政策建议不是放之四海而皆准。

2　曾经辉煌的洛杉矶公交系统

在 20 世纪 40 年代以前，甚至到小汽车以及开始逐步大规模普及的 20 世纪 50 年代，洛杉矶的公交是当地居民出行的主要选择。例如，图 2[1] 显示了 1938 年路面有轨电车的系统和当时的人口分布。

图中有轨电车密度最高和颜色最深（红）的地方，就是当时的洛杉矶市中心。1946 年超过 50% 的洛杉矶居民高度依赖于有轨电车、路面公交等工具出行。居民的空间分布也

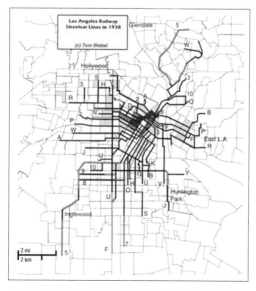

图 2　1938 年洛杉矶县的有轨电车线路和人口分布

相当紧凑，可以说洛杉矶曾经是一个紧凑和公交优先的城市。但今天，除了个别线路被保留做通勤铁路和轻轨（图 3[7]），洛杉矶已经看不到任何有轨电车的痕迹。今天洛杉矶的轨道交通网尽管经过 1980 年至今的大规模投资、兴建，在线网密度上、可达性、人均拥有轨道线路长度等指标上却也依然无法和当初相提并论。2010 年，洛杉矶县域范围内轻轨和地铁总长为 127km，高速公路却达到 1400 多公里。图 2、图 3[8] 显示的是 2010 年洛杉矶县域大运量轨道交通图和高速公路网。此消彼长，高速公路规模上的绝对优势和城市人口沿各条高速公路的蔓延导致了洛杉矶公交分担率的连年萎缩。2010 年，洛杉矶市 16 岁以上人群公交出行仅占整体通勤的 11.2%❶。

3　洛杉矶区域发展和机动化的经验教训

3.1　小汽车和公交发展的失衡

图 3、图 4 显示了和洛杉矶四通八达的高速公路网相比，洛杉矶的大运量公共交通系统的规模、服务（覆盖）范围是很有限的。这种情况是因为各级政府一度高度依附于民众偏好、企业家（市场）来做出种种决策和规划，而不是真正地考虑城市和交通系统的可持续发展以及不同交通方式间的均衡发展。例如，第二次世界大战以后，在部分强势民众和企业家的推波助澜下，美国联邦政府以国防名义，筹措了巨额资金资助地方政府修建了数万公里的州际高速公路，各地方政府为了获得联邦资助城市道路建设，甚至放弃了已有的平衡不同交通模式的交通规划方案[10]。在大洛杉矶地区，政府巨额补助之下所建成的四通八达的高速公路网络，加上小汽车出行相对于其他交通模式所无法比拟的私密性、灵活性和舒适性，随着美国战后民众个人财富的不断增加，使得越来越多的洛杉矶民众都选择小汽车出行，超常规公路发展的同时，城市公交却被远远地甩在了后边。这种出行格局一旦形成，因为路径的依赖（path-dependence）很难打破，最后的结果便是，小汽车驾驶员（部分民众）、汽车制造商和销售商（市场）、开发商等会集聚并争夺到足够的政治力量，以确保小汽车的发展得到更多的用地、资金和政策支持，使之被更加方便和低成本地使用。甚者，他们间接地和军火商、石油商等一起捆绑了国家的外交、能源和国防政策，让汽油价格在一个相对的低水平徘徊。这使得小汽车的使用所要付出的成本更加远离正确的市场价格——反映在汽油价格、小汽车车公里的使用价格、停车费用等诸多方面。例如，欧洲大陆各国的平均汽油价格和小汽车车公里的使用价格在二战后一直都高于美国❷；再如，没人能否定美国 1990 年以来的二次中东战争和石油有关。在市场、政府内外拥护小汽车、高速公路建设等利益集团主导公共决策的局面下，美国公

❶　City of Los Angeles 2010 American Community Survey one-year estimates, S0801.

❷　例如，2011 年 1 月，欧洲各国无铅汽油的均价大约是美国均价的 2 倍，见：http://www.redonomics.com/2011/02/gas-prices-in-europe-vs-usa.html。

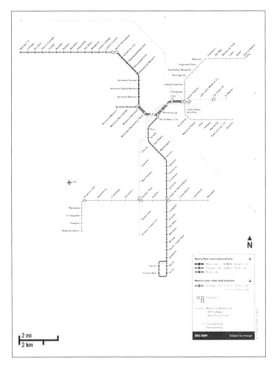

图3　2010年洛杉矶县的轨道、BRT和郊区铁路交通系统

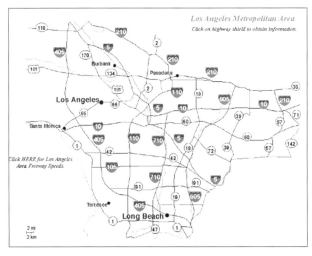

图4　2010年洛杉矶县的高速公路系统

交行业绝大多数时候只能做到被动地维持现状，很难有突破性的成长；少数情况下偶有地方性、临时性的公交立法，才能给公交带来额外的投入。例如，从1960年到2010年，经过了50年的努力，洛杉矶才能艰难地从联邦返还的汽油税中争取到约25%作为本地公交的发展基金，这些基金仅够正常维持本地公交系统的运行；2008年，热心公交的洛杉矶民众花了很大力气，才说服本地政府增加1%（每1美元增加1美分）的消费税率，以便将这部分新增的消费税用于综合交通体系（含公交）的建设投资。

3.2　市场和民众偏好

洛杉矶在形成四通八达的高速公路网后，政府仍然有机

会对小汽车使用和城市蔓延进行合理控制，例如通过税收、贷款、价格信号、土地利用规划和大力发展公共交通等抑制人们对小汽车的依赖和偏好，遗憾的是，这样的事情并没有发生。现实却是洛杉矶发达的高速公路网使郊区生地的可达性大幅增强，而地价却较市中心熟地便宜许多，在政府无作为的情况下，以追逐短期投资收益最大化、私人成本最小化的大多数地产开发商会自然选择推动住宅的郊区化，而在同等价格下，居民也天然地喜好大户型、低房价和大片绿地，即追求私人生活品质的最高化和个人投入的最小化，此时郊区化住宅便成为大家"皆大欢喜"的合理选择。很显然，以交通系统的整体效率和可持续发展的角度而言，面对追求个体利益最大化的地产开发商和居民，这种以低效率的土地利用和高能耗交通出行方式为特征的发展模式并不是城市长远发展的合理选择，"市场失灵"（market failure）的现象已开始显现，此时政府应该有所作为。然而实际上，美国各级政府除了为所有的高速公路买单（也就是对小汽车使用进行高额补贴）外，还为高速公路伴生的、郊区化的住宅提供了抵押和贴息。换言之，在高速公路的快速发展之后，政府并没有利用价格、税收和规划等对土地开发和住房建设进行合理干预，以达到全社会利益的最优化，政府仍然过分依赖于市场力量和民众偏好进行郊区化土地开发和居民住房供给，由此我们便看到了在洛杉矶较为典型的城市扩张路径：即大量的相对富裕的居住和就业用地沿着连接中心城区的高速公路形成低密度蔓延的同时，城市中心区逐步呈现出居民的贫困化和产业衰退的趋势。从城市交通的视角，很显然市中心的衰退和低密度郊区的崛起，正是城市公交发展的最佳杀手，亦是小汽车交通快速发展的温床。自20世纪60年代起，由于正确价格信号的缺失和住宅郊区化，一方面公共交通在洛杉矶的发展日渐式微，难以为继，公交服务水平开始下降，并不得不依靠政府救助来维系营运，另一方面则是在市场和民意的推动下，私人小汽车交通以其价格、便捷、私密和省时等多重优势，开始进入快速增长的轨道。一个有趣的案例发生在1994年，当时一批居民控告了洛杉矶县交通局，原因是洛杉矶县交通局在发展和营运公交的过程中，只重视轨道交通，而忽略了常规公交；并且轨道交通在线路走向和站点设置上，实际多服务于富人或偶尔不驾车的小汽车驾驶员，乘坐常规公交为主的低收入阶层却普遍难以享受到轨道交通的服务。这个案例说明了支持小汽车发展的政治力量是如此强大，以至于洛杉矶的政府职能部门也受到了这股力量的影响，甚至于不能关照真正需要公交服务的人们。

3.3　行政分割、追逐"私利"

在整个大洛杉矶的6个县域（洛杉矶、橙县、河滨、温图拉、帝国、圣.巴拉迪诺）内，有190个人口规模不一、空间大小差异很大的城市。这些城市拥有很大的行政主权，有权选择自己的管理方式和管理者，有权向居民征税，用于

发展、维护自己辖区内的公共基础设施和学校等。在交通设施—土地利用规划和管理上，1965 年通过的一个联邦政府法律(23 USC 134 和 135)才把它们聚在了一起。按照这个法律，任何地方性交通项目要获得联邦政府的资助，必须具备以下条件：

1) 这个项目应该来源于一个连续性的综合交通—土地利用规划；

2) 这个综合规划应该是经过各地方政府和各主要利益团体认可的；

3) 这个综合规划包括的内容，应该及时反映联邦政府在公交、高速公路交通、社会公平、环境保护、交通安全等方面的最新交通法律和法规。

在以上法律的基础上，大洛杉矶的 6 个县与全美的其他县市一样，都成立了区域性的规划组织（MPO: Metropolitan Planning Organization ），来制定上述规划。但实际的情形是，如果 MPO 辖区内的某个城市没有意愿获得联邦政府的资助，它依然可以自主决定在所在辖区内如何发展和管理自己的交通—土地利用系统。一般情况下，各城市往往依据自己的利益，选择自己的行政领导或者民意代表，制定个体利益最大化的规划，至于区域、全局和长期的利益，通常不是它考虑的重点。各城市只有在那些重大项目影响到自己的利益时，才主动和 MPO 区域内的其他政府沟通和协商。沟通的目的往往是保护自我利益，而不是全局利益的最大化。行政分割和各城市追逐私利造成跨城市大型项目不能执行的情况，在洛杉矶并不少见。一个典型的案例是 I-710 高速公路到了帕萨迪纳市就无法再继续进行，成为全美出名的"断头"高速公路；再如大洛杉矶的地铁红线延长线、Expo 轻轨二期和轻轨绿线延长线等轨道交通线路，各城市多年来讨价还价，至今依然协商未果，无法完全付诸实施。

3.4 公交大型项目的资金供给与利益协调

在大洛杉矶区域 6 县内，南加州政府联合会（SCAG: Southern California Association of Governments ） 是本地的 MPO，负责规划 6 县范围内的综合交通系统。SCAG 运作的资金主要来源于联邦政府，因此理论上它能相对独立地追求区域性和全局性的政策目标。但是通常情况下，SCAG 的资金仅够支持项目的前期研究，却无法支撑交通项目的具体实施。因此对于 6 县市的交通建设项目，在得到 SCAG 的认可后，还需额外向州、联邦政府申请资助或者自行筹资。但现实情况是，由于作为联邦政府交通资金最主要来源的汽车燃油税收入连年下降，近年来地方的公交项目要获得联邦资助已是越来越困难，以至于多个经 SCAG 认可的大型公交项目因为无法落实建设资金而被长期搁置。而另一方面，如果 SCAG 在 6 县市内部筹资，却又无法得到未从建设项目中直接获益的县市的支持。实际的结果便是，区域内的大型交通项目（特别是公共交通项目）难以按规划实施，从而导致区域性的公

交骨干网络难以真正形成，区域公交设施缺乏整合，难有作为。例如，轻轨绿线延伸至洛杉矶机场并使之成为一个区域性的综合性交通枢纽，尽管在技术方案上已形成共识，但却始终无法从图纸走向现实，其间的重要原因便是除洛杉矶市之外的其他县市对建设机场综合交通枢纽的热情不高。由此可以看到，现阶段联邦和加州两级政府缺乏像当初修建高速公路网那样的资金激励机制，同时区域内各县市又过分追逐自身利益，使得大洛杉矶地区的区域性公共交通网络一直未能形成。

3.5 公交的市场化管理和营销

尽管在 1994 年洛杉矶县交通局败诉给民众之后，公共交通取得了一定的发展，但总体而言，大洛杉矶区域内的公交系统还是属于维系状态，在这种情形下，有效的市场营销和正面的市场形象推广便变得困难重重。在洛杉矶，对多数市民而言，公交车通常是被当作比小汽车档次低的交通出行方式；即使某些公交线路具有较高的服务水平，却因为政府推广和宣传不够，一般大众也难以了解。同时，政府某种程度上对于公共交通的市场化运作，比如要求其达到较苛刻的票务收入额度等，也造成了公交管理者单纯以票款和运营成本为出发点来考虑公交的服务范围、线路布局和营运时间，而无法提供覆盖整个区域的更高水平的公交服务，这使得公共交通的吸引力大打折扣。例如，洛杉矶西部的多个居民片区，就基本不在轨道交通的合理服务范围之内，这些地区的居民要到市中心和城市东部，通常需要 2~3 次的换乘和 2h 左右的时间。相比而言，个人驾车不但是门到门的直达服务，而且出行时间也大都可缩短到 1h 左右。从以上分析可以看到，对于公共交通而言，过度的市场化管理难以提供与小汽车相竞争的高水平公交服务，同时，公交的"低端"形象以及政府宣传的不力反过来又限制了公交系统的进一步发展和提高。

由于市场化的运营管理和区域性公交系统缺乏整合等因素的共同作用，洛杉矶的公交系统已逐步"沦落"为不得而为之的出行工具选择，在市民眼中，公共交通已被视为面向低收入和弱势群体，耗去大量公共资金的社会福利服务。在这种背景之下，公共交通的管理者和支持者也慢慢地失去了与小汽车交通支持者平等协商的底气。最近一、二十年，在政府对高速公路交通资金投入都有限甚至是削减的情况下，政府对公交的资金投入就更加是捉襟见肘了。例如，自从 20 世纪 90 年代以来，《洛杉矶时报》就多次报道了作为公交主管部门的洛杉矶县交通局的财政赤字问题。

3.6 公交与慢行系统

公交一个明显的缺点是公共交通常常不能像私人交通工具那样提供门到门的服务，乘客通常需要从家走到车站或者是从车站走到家。交通学者把这个问题叫做"最后一公里"。

解决这个问题,推广步行和自行车交通是个很好的手段。同时,如果步行和自行车交通系统能建设到一定水平,其至能替代部分公交和小汽车出行。例如,从 20 世纪 90 年代起,哥本哈根、波特兰、纽约等城市居民出行中步行和自行车比例一直在上升过程当中。一个重要原因是这些城市的步行和自行车系统以及出行环境日益改善。例如,哥本哈根从十几年前就开始每年把若干小汽车使用的停车空间、道路空间变成专门给自行车、行人使用的空间,另外在道路铺砖和信号灯设计等角度,考虑了自行车和行人的特别需求。这些情况在洛杉矶整个大区域的范围内基本上是看不到的。在洛杉矶,市场提供、并让民众形成习惯的是免费或者更便宜的就近的停车位。例如,帕萨迪纳和圣丹·莫妮卡市就专门在市内若干个便利的地点,为驾车人提供前 2h 免费的停车场地。"最后一公里"问题、步行和自行车交通系统缺乏以及开车停车更加便利等现状,强化了洛杉矶人对小汽车使用的偏好。长此以往,绝大部分的居民也就形成了对小汽车的严重依赖❶。

3.7 区域公交优化

由于前文提到的城市的独立性,大洛杉矶地区的各县、各城市都有可能运行自己的公交系统。但是对于公交乘客而言,他们关心的不是谁在运营公交,而是公交线路的可达性、准时性、安全性以及换乘的方便性是否在自己所期待的范围内。但是这些问题在大洛杉矶区域内的公交系统并没有得到很好的解决。以洛杉矶西部的几家公交公司为例:圣丹·莫妮卡市的蓝公交、卡瓦市的绿公交和洛杉矶县交通局的黄公交、红公交等,乘客如需要在三家不同公司换乘,还需要向司机索取一张纸质的换乘单;另外这几家公司的月票直到最近一两年,仍不能相互通用。而在美国的其他城市,例如芝加哥、纽约和华盛顿,统一的公交卡早已不是问题。洛杉矶区域综合公交系统的服务水平和质量与先进城市的差距可见一斑。

4 结语

今天的洛杉矶以高度依赖小汽车、城市沿着高速公路无限向周边郊区低密度蔓延、交通拥堵而出名。对于用地紧缺、人口密集的中国城市来说,显然无法复制洛杉矶模式。目前,我国诸多城市已面临严重的拥堵问题——北京、南昌、长春、兰州等城市纷纷采取限行、限号、其至限购等政策试图缓解城市拥堵。然而,这些政策措施充其量只是推迟了严重拥堵出现的时间,只是在短期内有效。时间一长,大量增长的机动车拥有量将会迅速抵消这类政策的效果。城市交通问题不是局限于考虑如何解决机动车辆的拥堵问题,而是如何建设

一个交通网络来方便公众出行。大力发展公共交通,构建以公共交通为主体的城市客运交通体系已经成为中国城市交通发展的必然选择,再次重蹈洛杉矶的机动化模式将是中国城市交通发展的不能承受之重。中国城市的公交发展可以从洛杉矶学习到什么经验、教训呢?总结前文,我们觉得有以下几点:

认识层面:洛杉矶公交发展从辉煌走向没落的重要原因之一便是公交战略地位的缺失和政府公共投入的不足。二战后的二、三十年,美国政府以国防名义大力推行公路建设,却基本忘却了给公交发展以明确的战略定位和足够的资金扶助。政府对公路建设与公交发展的厚此薄彼,加上个人财富、机动化增长、市场选择和居民偏好等因素的推波助澜,到了 20世纪 60 年代,公交在洛杉矶实质上已经成为可有可无,沦为少数低收入阶层和弱势群体才使用的交通工具。对于今日富足的洛杉矶来说,即使其拥有的高速公路里程超过了 1400km,但其对于公交的长期漠视以及对小汽车的过度依赖,仍然使洛杉矶成为全美交通拥堵和交通污染最为严重的城市之一。透过洛杉矶公交发展的案例,对于当前机动化高速发展的中国具有极高的借鉴和警示意义,我们认为,在城市政府和居民之间达成广泛的共识,尽早给予公交崇高的战略地位和足够的公共投资,将是中国城市建立可持续交通体系的第一步,也是极其重要的一步。

政策层面:洛杉矶的公交发展历程已经表明,公交战略地位的缺失、过度的市场化运作以及政府补贴下小汽车的低成本使用(绝大部分高速没有收费,低廉的油价,充足的停车设施供给等),最终将使得公交难以获得持续发展的外部环境。在这种情况下,洛杉矶的公交分担率从 1946 年的 58%下降到 2010 年的 11% 难以避免。洛杉矶经验证明城市公交具有强烈的公共产品 (public goods) 的属性,市场不可能提供这样的产品,富裕起来的居民也更偏好小汽车,优先发展公交、确保有竞争力的优质公交将是政府的重大责任。为此,各级政府一是需要在税收、人员、资金、路权、通行权等多方面实施全方位的公交优先政策,尽快利用 BRT、公交快线和轨道交通等形成公交系统的骨干,让公交出行和小汽车出行相比在价格、速度、便利度、公众形象和服务品质上具有竞争力;二是需要通过交通需求管理手段和边际成本收费(如交通拥挤收费),适度提高小汽车的使用成本,特别是高峰时段在拥堵路段的使用成本,降低小汽车出行使用频率;三是需要建立健全步行和自行车专用网络,充分发挥步行和自行车在短途出行,特别是在弥补公交出行"最后一公里"中的优势;四是要配合税收、贷款、土地批租政策等,鼓励乃至确保沿公交线路的高密度综合土地开发和使用,其至是形成"公交都市"[1]。

营运层面:大洛杉矶之下 6 个县行政分割所带来的区域性交通设施资金筹措和建设协调等一系列难题,在当前的中国各城市似乎更为突出,这主要表现在三个方面。一方面是

❶ 作者 2010 年 4 月 10 日和 18 日在洛杉矶亲身参与的两次小型交通调查显示,在到达位于日落大道的 Gelsons 超市的 579 个消费者中,采取小汽车、步行和自行车出行方式的比例分别为 90%、8%、2%,观测时段内没有一个消费者是乘坐公交到达,而最近的公交车站离超市仅约 100m。

行政区划所造成的分隔，如城市中心城区与市域其他县市之间，或是城市群地区的各城市之间；另一方面则是行业体制间的壁垒，如城市道路、公路、铁路等不同权属部门之间；三是国内缺乏 MPO 这样的机构和机制，能在交通—土地规划和交通资金使用上真正做到综合协调，在规划项目和项目资金供给计划上完全对接。但在中国，城市交通的区域化和区域交通的城市化趋势已经愈来愈明显，跨区域的城乡公交一体化，以及将城市公交服务延伸到整个城市乡镇，已是未来相当长时期内公交发展的重点。这样的趋势需要中国邻近城市在公交营运范围上打破行政区划分隔，消除行业体制壁垒。所幸的是，在中国，城市公共交通和长途公路客运已经由交通部门统一管理，诸多城市已逐步开始了城乡公交一体化运营的进程。在一些经济活跃的城市群地区，城际轨道交通和跨市的快速公交线路也已开始通车。

服务层面：洛杉矶公交发展滞后的重要教训之一是对公交出行方式市场定位偏低和服务范围狭窄。公交车成为低收入阶层、学生、新移民、少数族裔较多选用的交通工具；此外，政府低投入也导致了公交服务水平和公交覆盖率偏低，从而进入到一个服务水平低—客流需求下降—民众支持下降—投入再次降低的恶性循环之中。因此，在中国的公交发展规划中，政府需将公交的市场定位明确在服务城市全体市民。为此，各城市一是需要确保向用户提高优质的公交服务；二是需要通过领导垂范和市场营销等，树立公交是一种先进、环保、便捷、时尚的出行方式形象。优质的公交服务包含高水平、多样化和综合性等方面的含义。高水平是公交不仅有较高的可达性和准时性，还可以在出行速度和舒适度上提供不同层次的服务，比如不同公交出行速度的线路（轨道、BRT 或普速公交线路）。多样化指公交有不同的舒适度—价格比（如空调车和普通车），不同服务对象的车辆（如常规车辆和残疾人、学生专用车），不同容量的车辆（如 60 座车辆和 12 座车辆）、不同的提供单位（例如城市政府和单位自备车辆）以及不同的服务频率和接送地点（如定点定时和临时预约的公交）。多样性确保了公交能用最低的社会成本来最大限度地满足居民多样化的集体化、绿色化出行需求。综合性是将既有公交的概念外延。例如在中国的一些城市，公交概念的外延已得到扩

展，公共自行车、连接到公交站点的步行系统、P&R 停车场地等已经成为公共交通的组成部分，公交出行的"最后一公里"问题已经获得了越来越多重视。

参考文献

[1] Wetzel, T. Los Angeles Railway in Brief [EB/OL]. [Dec 12, 2010]. http://www.uncanny.net/~wetzel/lary.htm

[2] North, D. Institutions, Institutional Change and Economic Performance [M]. Cambridge University Press, 1990.

[3] Hunter, F. and Dahl, R. A. Who Governs: Democracy and Power in an American City[J]. Administrative Science Quarterly (Johnson Graduate School of Management, Cornell University), 1962, 6 (4) : 517-519.

[4] Ostrom, E. Understanding Institutional Diversity [M]. Princeton, NJ: Princeton University Press, 2005.

[5] Flyvbjert, B. Five Misunderstandings about Case-study Research [J]. Qualitative Inquiry, 2006, 12 (2) :219-245.

[6] Yin, R. Application of Case Study Research (2nd edition) [M]. New York: Sage Publications, Inc., 2002.

[7] METRO. Maps and Timetables. http://www.metro.net/around/maps/ [EB/OL]. [Dec 12, 2010]

[8] California Department of Transportation. Road Information. http://www.dot.ca.gov/hq/roadinfo/metrola.htm [EB/OL]. [Dec 12, 2010]

[9] Suite 101. PublicTransportation Use in US Metropolitan Areas. http://www.suite101.com/content/public-transportation-use-in-us-metropolitan-areas-a337307#ixzz1P82kCxi4 [EB/OL]. [Dec 12, 2010]

[10] Taylor, B. When finance leads planning: the influence of public finance on transportation planning and policy in California. PhD dissertation[D]. Los Angeles: University of California at Los Angeles, 1992 .

[11] (美) 罗伯特. 瑟夫洛. 公交都市 [M]. 北京：中国建筑工业出版社, 2007.

作者简介

黄伟，男，湖南澧县人，硕士，高级工程师，主要研究方向：综合交通规划，E-mail:huangw@caupd.com

轻轨设施对周边房价的影响——以津滨轻轨为例

Impacts of Light Rail Transit on Property Values: A case study of Tianjin-Binhai Light Railway

张斯阳

摘　要：轻轨运输（简称轻轨）在带动区域发展和提供高品质出行服务方面扮演重要角色。研究房价在时间上及空间上的变化趋势有助于分析轻轨设施对周边用地价值的影响。诸多研究显示，轻轨对沿线住宅售价具有积极影响。在中国，轻轨设施多建于城市外围或郊区，以联系不同城市区域，带动郊区和城市边缘的开发建设。对津滨轻轨沿线 149 个住宅小区 2003 ～ 2013 年房价变化趋势的分析表明，小区建设年份、距轻轨车站距离、周边公共活动目的地数量等对房价有显著影响。通过 GIS 软件分析得出，距轻轨站 501~1000 m 的小区具有最高房价，1001~1500 m 具有最高年增长率。样本与全区及全市房价的横向比较显示，轻轨沿线房价低于后者水平。

关键词：轻轨；房价；津滨轻轨；住宅小区

Abstract: Light rail transit (LRT) plays a significant role in driving development in lagging areas and providing high quality services to passengers. To measure the influence of LRT in its corridor, a number of studies choose to assess the changes of residential property values chronically or geographically. LRT, as an extension of subway system from city center to suburban areas and satellite cities, has been introduced in many Chinese cities. Tianjin-Binhai Light Railway connects central Tianjin with coastal area, and has been servicing for ten years. 149 samples are assessed to draw the results. The major variables to estimate the property values are attractions, building year, building type, average price, annual growth rate, and distance to stations. GIS analysis shows that communities between 501 and 1000 meters from the stations have the highest average prices, as well as communities between 1001 and 1500 meters grow fastest in past ten years. Lateral comparison with the whole districts shows that the samples have a smaller annual growth rates and average selling prices than the districts'.

Keywords: light rail transit; property value; Tianjin-Binhai Light Railway; residential community

0　引言

　　轻轨由于其突出的灵活性而被世界范围内的众多城市引入。它可以成为传统公共汽车和地铁之间的过渡选项。相对于地铁和传统铁路，轻轨可以避免高昂的资金投入和艰巨的施工难度；同时，轻轨又具有优于公共汽车的承载力和运营速度。在长距离、中等人口密度区域，轻轨显示了优于其他公共交通方式的特征。因此，在很多地区，轻轨在中心城区同地铁系统相连接，向外延伸至郊区、城市次中心或卫星城市。

　　轻轨常被视为带动新区开发的驱动力。引入轻轨设施是以公共交通为导向发展模式（Transit Oriented Development，TOD）的一种手段，有利于减少小汽车依赖并建设高密度的城市空间[1]。因此，轻轨会在其沿线吸引商业办公投资和住宅开发。文献 [2] 表明，包括轻轨在内的轨道交通设施对城市区域的品质和影响力具有积极影响。在这种情况下，土地价值和房屋价值都有望提升[1, 3-4]。住宅价值通常被用于评价轻轨设施对其沿线的经济影响。更进一步，人口组成也会受到交通环境的影响。因此，短期而言，住宅价值会产生变化；长期而言，城市形态和居民结构也会随之改变。

　　世界范围内，关于轻轨设施对周边房价影响的研究颇多，而有关中国城市的研究甚少。本文选取天津市津滨轻轨线路作为研究对象，分析轻轨设施建设前后沿线住宅小区房价的变化趋势并探讨其可能的原因。

1　文献综述

　　学者分析过包括美国水牛城[3]、凤凰城[5]、新泽西[6]、休斯敦[1]以及中国广州[7]在内的众多城市所建轻轨设施对房屋价值的影响。文献 [3] 通过对大量研究成果的总结发现，房屋价值的具体指标、距离的测量方式以及距轻轨距离对房屋价值的影响都因情况而异。

1.1　房屋价值的具体指标

　　文献 [3] 总结了 19 个研究，其中 16 个选择销售价格作为数据来源，2 个选择评估价值，1 个选择出租价格。售价相较估价更接近于市场的真实水平且更易于获取。而租价较售价在社会人口特征上有很大差异，因此极少被选用。

1.2　研究范围的确定

　　临近车站是评价轻轨对房屋价值影响的关键指标[3]。因此，大量研究均选取了距离车站特定范围的区域作为研究范围，并试图分析距离与房屋价值的相互关系。0.25 mile（约为 400 m）是适宜的步行范围，0.5 mile（约为 800 m）则是一个 TOD 社区的设计尺度[8, 9]。中国往往选取 500 m 和 1000 m 作为研究公共交通的距离。为了对比房屋价值在距离上的变化趋势，更长的距离被划入分析范围[10]。

1.3 距离的测量方式

在测量可达性时，两种方法被采用，分别是直线距离和网络距离。前者测量房屋到车站的直线距离，是地理尺度；后者测量房屋到车站的最短路径长度，是空间尺度。文献[3]使用两种不同测量方式，得出不同结果：直线距离每减少1ft房屋价值提高2.31美元；网络距离每减少1ft房屋价值提高0.99美元。这一结果可能由于直线距离更加直观，可以在地图上测量，便于居民在购房时参考。同时，这也可能反映出网络距离的非直线系数（网络距离为1ft时，直线距离往往低于1ft）。

当考虑大型综合社区或居住单位时，直线距离更能代表该区域内房屋的平均水平。尤其在中国城市，独立住宅不占主导地位，而统一开发的居住小区则为主要形式。住宅小区的封闭式管理使得居民到达车站的路线相对单一。另外，噪声、交通、美观以及安全等轻轨设施的负面影响具有直线传播的特性。

1.4 房屋价值的其他影响因素

轻轨线路周边的房屋价值受到多种因素共同作用而呈现出不同的变化趋势。休斯敦、凤凰城、达拉斯及那不勒斯的案例中，轻轨设施对房屋价值有积极影响[1,4-5,11]。文献[6]表明，新泽西河线（River Line）周边的住宅市场没有受到影响或者有所下滑。具体而言，区位、距离、房屋类型、建设年限以及居民收入水平都会干扰轻轨设施对房屋价值的影响程度。

首先，轻轨设施的影响受到距离的制约。文献[10]在亚特兰大发现，轻轨设施对3 mile范围内的房屋有显著影响。在一些具有积极影响的案例中，距离车站0.25 mile的房屋价值反而存在下降趋势[1,10]。轻轨设施的负面效益是车站附近房屋价值下跌的主要原因[12-13]。

其次，轻轨设施的影响受到房屋类型的制约。对于同一地区不同类型住宅的研究可能呈现相反的结论。例如，在圣何塞，公寓和独立住宅提高了1%~4%，而出租公寓则下降了6%[14]；在凤凰城，独立住宅提高了6%，而出租公寓飙升了20%[5]。收入水平的影响与此类似，都具有显著的差异[3]。

其他影响因素包括区位、社区品质、房屋特征、社会人口构成以及公共设施水平等。多数研究选取位于城市内的车站，少数会选择郊区车站。房屋特征涉及户型、楼层、卧室数量、卫生间数量、建设年份以及销售情况等[1,6]。

总之，房屋价值受到多种与轻轨设施有关或无关因素的共同作用。在分析轻轨设施的影响效益时必须对多种因素加以考虑。通过筛选各因素的影响程度理清轻轨设施的实际作用。然而，研究结果往往会根据研究方法和分析模型的差别而有所不同。

2 研究对象背景介绍

2.1 轻轨在中国发展回顾

轻轨首先于1999年被长春市引入，之后在其他大型城

市兴建。3年时间内，包括北京、上海在内的11个城市成功建设了轻轨设施[15]。2000~2004年是轻轨建设的高峰期。2008年后，一些二、三线城市也开始兴建轻轨设施。在中国，轻轨设施多建于中心城区的边缘，将都市区与城市化区域以及新兴郊区联系起来。政府和规划师都寄望于轻轨设施助力城市外围发展。除长春轻轨建于地面外，其他城市的轻轨设施多采取高架形式同地面交通分离。

根据原建设部的规定，具备以下条件的城市方可兴建轻轨，即"地方财政一般预算收入在60亿元以上，国内生产总值（GDP）达到600亿元以上，城区人口在150万人以上，规划线路客流规模达到单向高峰小时1万人以上"[16]。截至2013年，人口超过150万人的城市共21个[17]，其GDP均超过800亿元[18]。可以预见，在不远的未来更多城市将会兴建轻轨以串联日趋饱和的中心城区与外围新兴地区。

2.2 津滨轻轨项目介绍

天津市作为北方最大的港口城市，位于渤海湾西部，是北方地区重要的工业和商贸城市（见图1）。天津是一个典型的双中心城市，主城区位于海岸线以西50 km远，紧邻天津港的是滨海新区。滨海新区包括塘沽区、汉沽区、大港区以及天津经济技术开发区（以下简称泰达）。由于各区社会人口特征存在差异，且在津滨轻轨开通前各区行政分区独立，因此下文分析沿用旧有行政分区。

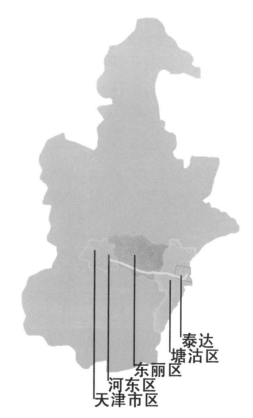

图1 津滨轻轨线路区位图

资料来源：作者自绘

津滨轻轨线路属于天津市地铁系统，该线路东接天津市区地铁9号线，西达泰达东海路站，途经河东区、东丽区、塘沽区和泰达，其中东丽区为郊区，其他三区为城区。2001年1月18日开工，2006年3月1日前开通全部14个轻轨站点（见表1）。其市区延伸段为地下部分，不在考虑范围内。轻轨全线包括39915 m高架线路和5494 m地面线路。

津滨轻轨的建成为跨区域交通提供便利。相比跨区域公共汽车，轻轨可以节省约1h的出行时间；轻轨全程运行时间为46 min[19]，约为原出行时间的40%。其高效的运营表现吸引了大量跨区域交通需求，尤其是近年增长显著的通勤群体（见图2）。轻轨车站周边1 km范围内便捷的公共汽车换乘网络也是吸引乘客的主要原因之一（见表1）。由于需求量的不断增加，列车运行时刻表也经过多次更新，通过延长运营时间、缩短发车频率等手段提高运力。相较跨区域公共汽车、高铁、出租车以及小汽车，轻轨都具有极强的市场竞争力和优秀的运营表现。

2.3 研究框架及数据来源

本研究共搜集152个距离轻轨车站2500 m范围内的住宅小区作为分析样本。去除2个价格过低的保障型住宅和1个价格过高的独立住宅社区，共得到149个有效样本。住宅小区销售均价是本研究的主要考察对象。首先，房价可以直观地描述住宅的市场价值且可以通过社会调研及网络搜集方便获取。其次，小区均价排除小区内部不同房屋特征造成的差异，从而更直观地分析距轻轨车站距离的影响。选取2003年，即轻轨正式开通前一年作为研究基年；选取2013年（11月），即样本数据搜集的时间作为研究对比年，以便获取实时数据。基年数据通过社会调研，走访小区居民获得；对比年数据通过采集住宅销售网站的房价数据，根据10~20个样本数据估算获得。距离测算以住宅小区中心点到轻轨车站中心点的几何距离为标准。不采取网络距离是考虑到上文述及的我国小区建设特征。

评价指标包括公共设施数量、距车站距离、建设年份、建筑类型、基年和对比年房价以及年增长率。其中，距离数据根据GIS地图测量得到。小区的建设年份、建筑类型和对比年房价信息来源于多个住宅销售网站（包括搜狐焦点、新浪乐居、赶集网、品房网、房天下等）。建设年份跨度为1970 ~ 2015年（预计），其中57个建于2003年后。对于早于2003年建成的小区，基年房价为2003年数据；2003年后建成的小区，基年房价为起售年份数据。房价历史数据均根据人民币通货膨胀率折算成2013年货币值。

根据建筑类型可将样本分为9类（见图3）。多层住宅是最常见的建筑类型，其次是高层。高层与其他类型混合的小区数量也较多，且多为近十年新建小区。小高层住宅数量较少，联排住宅更是甚少在城区内建设（见表2）。

车站信息汇总表　　　表1

站名	开放时间	所在区	换乘公交线路数
中山门	3/28/2004	河东区	23
一号桥	5/25/2004	河东区	17
二号桥	4/28/2005	河东区	17
新立	3/1/2006	东丽区	9
东丽开发区	3/28/2004	东丽区	13
小东庄	3/1/2006	东丽区	8
军粮城	3/1/2006	东丽区	9
钢管公司	3/28/2004	东丽区	7
胡家园	3/1/2006	塘沽区	13
塘沽	3/28/2004	塘沽区	29
泰达	3/28/2004	泰达	2
市民广场	10/18/2004	泰达	1
会展中心	3/27/2005	泰达	3
东海路	3/28/2004	泰达	6

数据来源：作者统计

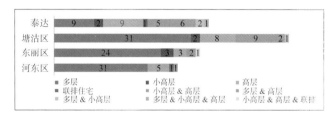

图3　样本住宅小区建筑类型分布
数据来源：作者统计

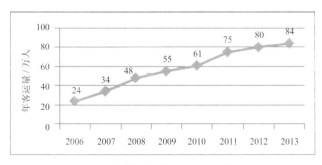

图2　津滨轻轨历年乘客量变化情况
资料来源：根据历年交通报告或新闻报道总结

建筑类型出现次数统计表　　　表2

房屋类型	河东区	东丽区	塘沽区	泰达
多层	22	24	34	18
小高层	0	6	12	10
高层	6	6	21	21
联排	1	1	0	1

数据来源：作者统计

3 分析与结果

3.1 空间分析

3.1.1 公共设施密度与车站区位

图 4 展示了津滨轻轨线路及车站的空间位置和 8 种公共设施的空间分布,研究范围是 2000 m(部分设施位于 2000 m 范围外),每两个边界线的间距为 500 m。位于城区的车站周边具有更多公共设施,尤其是商业、办公、公园三类;医疗、教育设施的分布较为均匀。商业、办公、交通设施具有较稳定的日均吸引客流的特征,而娱乐设施的吸引力则根据时间不同而存在较大差异。

各车站的平均房价受到区位因素和城镇化水平影响(见图 5)。位于郊区的车站(小东庄站至胡家园站)房屋均价显著低于其他车站。新立站和东丽开发区站受到市区发展的辐射作用,近年发展较快,房价接近位于河东区边缘的二号桥站。河东区和泰达在基年和对比年均具有较高房价,原因可能在于其较高的城市建设水平和区位优势。

各车站房价也与公共设施的密度呈正相关。商业、办公、交通及娱乐设施较集中的区域具有良好的土地混合利用环境,是众多公共活动的发生地,因而具有较高的土地价值和区位优势。此外,商业办公的房地产投资往往同住宅开发相结合,同步发展以提升地块的综合吸引力。基于此,河东区、塘沽区和泰达的部分车站具有明显的房价优势。

图 4 轻轨车站周边公共设施分布图
数据来源:作者自绘

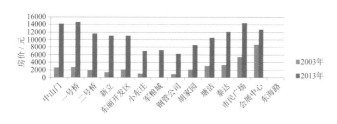

图 5 2003 年和 2013 年各站平均房价变化情况
数据来源:根据房价数据绘制

3.1.2 距轻轨车站距离

图 6 展示了 2013 年各区样本房价距车站每 500 m 区间内的平均值。总体而言,距离车站小于 500 m 时,房价相对较低,东丽区和泰达为本区最低值,原因主要在于轻轨设施

产生的负面效益。距离车站 501 ~ 1000m 时各区房价均为最高值,可被视为轻轨对房价影响最有利的区间。距离车站 1001 ~ 1500m 时,房价又出现显著下滑,这可能由于轻轨的辐射作用减弱。距离大于 1500m 时,房价变化情况较为复杂,可能由于受到轻轨的影响弱于其临近的其他因素。图 7 展示了全部样本房价随距离的分布情况。在 501 ~ 1000m 区间内,样本数量最多且房价分布最分散。远离车站,房价水平趋于一致。此外,高房价样本多集中在 501 ~ 1000m 区间。

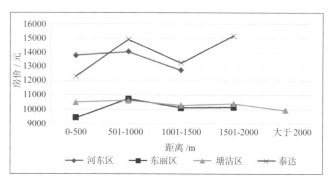

图 6 2013 年样本平均房价随距离变化情况
数据来源:根据房价数据绘制

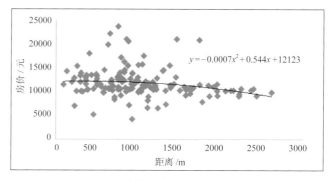

图 7 2013 年样本房价随距离变化散点图
数据来源:根据房价数据绘制

图 8 展示了各区样本基年和对比年之间房价年增长率距车站每 500m 区间的变化情况。各区的变化情况缺乏统一规律,除了距离车站 1001 ~ 1500m 时,房价年增长率水平较其他区间高(泰达 1001 ~ 1500m 区间内的数值略低于 1501 ~ 2000m 区间)。这一结果可能与房屋建设年份相关,因为建成越早的小区起售价越低,所以增长幅度越大,而近年由于房价增长趋势放缓,新近建成或在建的小区增长趋势不够显著,个别样本甚至出现负增长。距离车站 2000m 范围内各区间的平均建设年份分别是 2005 年,2004 年,2001 年和 2003 年,与推测情况相符。当只考虑 2003 年已建成或正在销售的 92 个小区时,得到相似的结果(见图 9)。由此可以得出两个不严谨的结论:第一,越临近轻轨车站的地区新建小区比例越高(将在下文述及);第二,房价年增长率最高的区域是距离轻轨车站 1001 ~ 1500m 范围内。

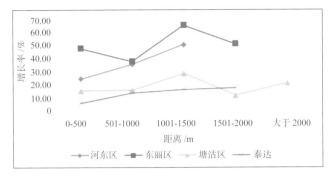

图8 样本房价年增长率随距离变化情况
数据来源：根据房价数据绘制

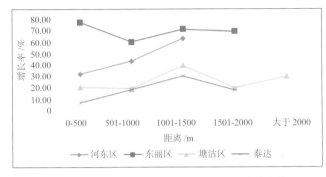

图9 2003～2013年样本房价年增长率随距离变化情况
数据来源：根据房价数据绘制

3.2 住宅小区特征分析

住宅小区的建设类型与建设年份密切相关，体现出房地产市场不同发展阶段的特征。1998年前，商品房市场尚未开放，多为多层住宅小区。1998～2003年，商品房逐渐取代福利分配制度，开始大量兴建新的多层住宅。2004～2008年，天津市房地产市场蓬勃发展，受容积率限制同时为满足不同消费需求，住宅建设多选取高层或混合型建筑类型。2008年后，政府出台了一系列举措调整房地产市场的发展速度，建设量紧缩，房价增长趋势减缓。

3.2.1 小区建设年份

从空间上比较，小区建设年份随距离变化而有所区别（距离车站由近及远依次为2004年、2005年、2001年和2003年；从区位上比较，各区亦不相同（从河东区到泰达依次为2002年、2000年、2002年和2007年）。老旧小区多分布在河东区、塘沽区以及发展较为滞后的郊区，新建小区多位于东丽区临近市区部分以及泰达（见图10）。由图11可知，在1000m范围内各区住宅建设年份较晚，尤其是东丽区和泰达均晚于2003年。比较各区2013年的平均房价与建设年份的关系，排除东丽区一处2004～2008年区间内起售、售价仅5158元的异常值，各区2003年之后起售小区的平均房价均高于2003年前起售的小区(见图12)。因此,轻轨设施具有吸引住宅开发的作用,尤其是在其建成后。

3.2.2 小区建筑类型

河东区是多层小区最集中的区域，其次是高层小区。前

图10 样本建设年份空间分布图
数据来源：作者自绘

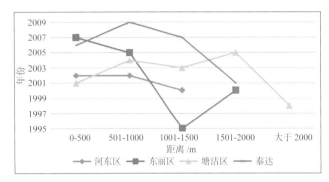

图11 各区平均建设年份随距离分布情况
数据来源：根据房价数据绘制

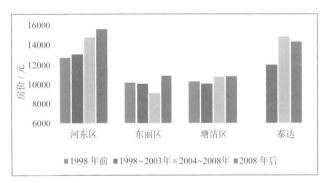

图12 2013年各区样本房价随建设年份变化情况
数据来源：根据房价数据绘制

者建设年代较久远，后者建设年代较近，受限于土地资源和开发强度要求。塘沽区和泰达混合了多种不同的小区类型。塘沽区的小区类型较为丰富，有较多的混合型小区，这可能是出于消费者多样性和土地开发强度综合考虑的结果。泰达拥有较多高层住宅和一处联排住宅。东丽区建设量相对较少（见图13）。不同建筑类型小区的房价没有明显规律（见图14）。河东区、东丽区及泰达的多层住宅房价低于均价可能和该类住宅较早的建设年份相关（依次为1998年、1996年和2003年）。东丽区和塘沽区高层小区均价最低，可能是由于较差的区位条件（均位于城市边缘或郊区）或环境品质（容积率过高）。此外，建筑类型和轻轨车站的关系亦不明朗。

3.3 时间分析

3.3.1 房价变化

上文已对比了基年和对比年各车站房价的变化情况，本

图13　样本建筑类型空间分布图

数据来源：作者自绘

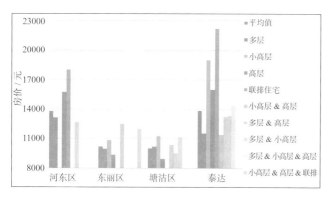

图14　2013年各区样本房价随建筑类型变化情况

数据来源：根据房价数据绘制

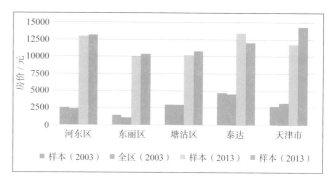

图15　2003年和2013年样本与全区、全市房价对比图

数据来源：根据房价数据绘制

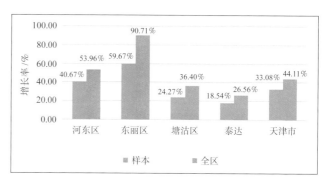

图16　样本与全区、全市房价年增长率对比图

数据来源：根据房价数据绘制

节对比各区样本与全区、全市平均水平的变化情况（见图15）。2003年，样本房价均高于各区平均水平，但是低于天津市总体水平，但是总体差距不显著。2013年，除泰达具有明显高于全区水平的房价外，其他三区样本房价均低于全区水平，全部样本的房价与天津市总体水平存在较大差距。这样的结果可能源于轻轨设施的负面影响降低了周边地块的居住品质。

3.3.2　年增长率对比

图16显示出样本与全区、全市平均年增长率之间存在较大差距。差距最小的泰达，样本比全区低8.02个百分点，差距最大的东丽区，样本比全区低31.04个百分点。这也从另一个侧面印证了轻轨设施对房价具有一定的负面影响。然而，样本外区域的房价变化原因并不明了，因此无法得到准确的结论。

4　结论

津滨轻轨对于天津市的双城区一体化发展具有重要意义。每年，津滨轻轨都在不断吸引新的乘客需求，包括大量跨城区的通勤和购物需求。泰达MSD商务办公区临近市民广场站，其内部办公人员大量来自于塘沽区和市区方向，多选择搭乘或换乘津滨轻轨通勤。津滨轻轨沿线坐落了四个大型购物设施和一个大型足球场，为购物、娱乐出行提供了极大的便利，尤其是位于东丽开发区站的宜家和位于会展中心的永旺商厦以及泰达体育场，两处公交系统不够便捷且高峰期

停车紧张，因此轻轨出行是前往该目的地的首选。

相对于办公、购物等方面的积极效益，津滨轻轨对住宅小区房价的正面影响并不显著。宏观上，轻轨沿线小区2013年的房价低于全区及全市总体水平，其年增长率更是显著低于后者。这可能由于轻轨设施存在噪声污染、阻挡视线（城区部分均为高架形式）、卫生死角等负面效益。也可能是由于城市建设中心转移等非交通因素。微观上，样本内部存在一定的影响差异。距离轻轨车站501～1000m区间的小区具有最高房价，距离轻轨车站1001～1500m区间的小区具有最高年增长率，500m范围内房价和年增长率都较低，大于1500m无明显规律。这表明，距离轻轨车站500~1500m区间的小区受到轻轨设施的积极影响最显著，过于靠近轻轨设施反而会受到其负面效应的作用，过于远离轻轨设施则影响不显著。

比较轻轨设施在不同区位和公共设施条件下的差异可以得到如下结论。第一，轻轨设施对城市边缘具有最显著的影响。因为兴建轻轨设施是扩展城区向外发展、促进新区或郊区发展的重要交通举措。短期，城市边缘地带最先受到发展的辐射作用，但是东丽区的中段发展仍然明显滞后。长期，东丽区较大的车站间距为未来发展可能增设的车站预留空间，因此，津滨轻轨的远期效益尚不得而知。第二，具有更多类型丰富的公共设施的车站有较高的房价。这可能由于混合用地开发为市民提供了多种活动需求，而商业、办公、交通等设施又具有吸引人流从而诱发轻轨的乘客需求。

轻轨作为高投入的公共交通设施，对城市空间及土地价值的影响是一个漫长的过程，10 年时间并不足以准确地断言其作用。对于轻轨设施效益的评价应该分阶段进行，将现状研究及时反馈到城市规划和交通管理，从而促进设施优化和城市发展方向调整。为评估津滨轻轨对于周边房屋价值的影响，对于商业、办公等公共设施的价值影响可以作为未来研究的方向，从而更全面立体地评价轻轨的效益。

参考文献

[1] Pan Q. The Impacts of an Urban Light Rail System on Residential Property Values: a Case Study of the Houston METRORail Transit Line[J]. Transportation Planning and Technology, 2013,36（2），: 145-169.

[2] Du H, Mulley C. The Short-term Land Value Impacts of Urban Rail Transit: Quantitative Evidence from Sunderland, UK.[J]. Land Use Policy, 2007（24）: 223–233.

[3] Hess D B, Almeida T M. Impact of Proximity to Light Rail Rapid Transit on Station-area Property Values in Buffalo, New York[J]. Urban Studies,（2007）44: 1041.

[4] Pagliara F, Papa E. Urban Rail Systems Investments: an Analysis of the Impacts on Property Values and Residents' Location[J]. Journal of Transport Geography, 2011（19）: 200–211.

[5] Atkinson-Palombo C. Comparing the Capitalisation Benefits of Light-rail Transit and Overlay Zoning for Single-family Houses and Condos by Neighbourhood Type in Metropolitan Phoenix, Arizona[J]. Urban Studies, 2010（47）: 2409.

[6] Chatman D G, Tulach N K, Kim K. Evaluating the Economic Impacts of Light Rail by Measuring Home Appreciation: A First Look at New Jersey's River Line, Urban Studies, 2010,49（3）: 467–487.

[7] Li T. Impacts of Transport Projects on Residential Property Values in China: Evidence from Two Projects in Guangzhou[J]. Journal of Property Research, 2006,23（4）: 347–365.

[8] Taplin M. The History of Tramways and Evolution of Light Rail[R/OL]. 1998[2014-10-03]. http://www.lrta.org/mrthistory.html.

[9] Ratner K A, Goetz A R. The Reshaping of Land Use and Urban Form in Denver through Transit-oriented Development[J]. Cities, 2013（30）: 31-46.

[10] Bowes D R, Ihlanfeldt K R. Identifying the Impacts of Rail Transit Station on Property Values[J]. Journal of Urban Economics, 2001（50）: 1–25.

[11] Weinstein B L,Clower T L. An Assessment of the DART Light Rail Transit on Taxable Property Valuations and Transit-Oriented Development[R]. Denton: Center for Economic Development and Research, University of North Texas, Denton, 2002.

[12] Al-Mosaind M A, Dueker K J, Strathman J G. Light Rail Transit Stations and Property Values: a Hedonic Price Approach[M]. Washington, DC:Transportation Research Board, 1993.

[13] Landis J, Cervero R, Guhathukurta S, 等. Rail Transit Investments, Real Estate Values, and Land Use Change: a Comparative Analysis of Five California Rail Transit Systems[R]. Research Report No. 48,Berkeley: Institute of Urban and Regional Studies, University of California, Berkeley, 1995.

[14] Cervero R, Duncan M. Transit's Value-added: Effects of Light and Commuter Rail Services on Commercial Land Values[M]. Washington: Transportation Research Board 81st Annual Meeting, 2002.

[15] Cheng W, Guo J, Liu J. LRT Technique's Development and Application Prospect in China[J]. Shanxi Science and Technology, 2006（01-0011-03）.

[16] 国办发〔2003〕81 号 国务院办公厅关于加强城市快速轨道交通建设管理的通知 [S].

[17] Ranking of China's Urban Population by Cities in 2013[EB/OL]. [2013-11-20]. http://blog.sina.cn/dpool/blog/s/blog_5e382ce201017z4m.html.

[18] Ranking of China's urban GDP by cities in the first half of 2013[EB/OL]. [2013-11-20].http://www.elivecity.cn/html/chengshijingji/GDPshuju/1453.html.

[19] Tianjin Metro Line 9[EB/OL]. [2013-11-20].http://baike.baidu.com/view/3382674.htm?fromId=82163.

作者简介

张斯阳，女，硕士，助理规划师，主要研究方向：可持续城市规划、交通规划，E-mail:zhangsiyangyy@126.com

步行和自行车交通

城市交通规划体系框架下的步行和自行车交通

Pedestrian and Bicycle Transportation in Urban Transportation Planning System

周　乐　戴继锋

摘　要：为提高步行和自行车交通系统规划的可实施性和可操作性，在城市交通规划体系框架内，找寻突出步行和自行车优先发展的切入点。首先对现行城市规划和交通规划体系框架及工作流程进行剖析。提出在综合交通体系规划中，应明确步行和自行车交通系统的地位和作用、构建独立于机动车道路分级系统的步行和自行车通行道（路）体系，以及在中心城区进行步行和自行车交通分区。重点探讨如何在道路网络、轨道交通线网、枢纽布局、公共交通、停车系统等交通专项规划中突出步行和自行车交通的相关规划要求。最后，探讨步行和自行车交通系统在交通设计工作中的要求。

关键词：城市交通规划；步行和自行车交通；规划体系；综合交通体系规划；交通专项规划；交通设计

Abstract: To enhance the applicability and feasibility of transportation system planning for pedestrian and bicycle, this paper discusses how to promote and prioritize pedestrian and bicycle development in urban transportation planning system. By analyzing the existing urban planning and transportation planning system and their development framework, the paper points out that while conducting comprehensive transportation system planning, efforts must be made to identify the functionality of pedestrian and bicycle transportation system, to build an independent pedestrian and bicycle facility from the roadway classification, and to define pedestrian and bicycle transportation zones in central district. It is critical to recognize the planning requirements for pedestrian and bicycle transportation while conducting transportation planning for a specific system, such as a roadway network, a rail transit network, transportation terminal layout, a public transit system, and a parking system. Finally, the paper discusses the design requirements for pedestrian and bicycle transportation system.

Keywords: urban transportation planning; pedestrian and bicycle transportation; planning system; comprehensive transportation system planning; specific transportation planning; transportation design

0　引言

随着中国城镇化进程的推进，城市人口及用地规模不断扩张，城市交通的机动化水平不断提高，私人小汽车已经成为越来越多城市居民的代步工具。城市交通拥堵问题不再是大城市的"专利"，中、小城市也相继步入交通拥堵的行列。2012 年开始的全国范围内大面积、长时间的空气质量恶化，再一次触痛了城市居民脆弱的神经。尽管尚未有官方权威对机动车的城市空气污染贡献率做出定论，但是国家扭转现有城市交通过度依赖小汽车，转而重视步行和自行车交通系统的大方向已经基本明确。《国务院关于加强城市基础设施建设的意见》（国发〔2013〕36 号）中明确提出："城市交通要树立行人优先的理念"，应加强"城市步行和自行车交通系统建设"[1]。

住房和城乡建设部发布的《城市步行和自行车交通系统规划设计导则》（以下简称《导则》）适时于 2013 年末出台。《导则》中除了对步行和自行车交通系统的具体规划和设计明确了要求及技术要点之外，还以附件形式给出了《城市步行和自行车交通系统规划》的编制大纲。同时，住房和城乡建设部发文要求各地须抓紧编制《城市步行和自行车交通系统规划》，2015 年前，设市城市要完成该规划的编制[2]。

然而，长久以来，大量城市和地区的城市交通规划和建设管理存在"重车轻人"、"重快轻慢"的误区，城市步行和自行车交通系统往往欠债较多，仅靠编制一个交通专项规划，

无法从根本上扭转和改善各城市步行和自行车交通发展不利的局面。如同城市规划系统是一个由城市总体规划、分区规划、控制性详细规划、修建性详细规划等多层次规划构成的完整体系，完善的城市交通规划系统也是一个由综合交通体系规划、各类交通专项规划（道路网络规划、轨道交通线网规划、枢纽布局规划等）、片区交通改善 / 整治规划、交通设计等构成的有机整体。换言之，除了步行和自行车交通系统专项规划之外，"绿色交通优先"、"以人为本"等理念和规划方法必须在城市交通规划体系各个组成部分（各类、各层次交通规划和设计）中都有所体现，才能真正改善步行和自行车交通发展的不利局面。本文力求在城市交通规划体系框架内，找寻突出步行和自行车交通优先发展的切入点，从而提高步行和自行车交通系统规划的可实施性和可操作性。

1　城市交通规划体系的落实途径

根据《中华人民共和国城乡规划法》的规定，城市总体规划、详细规划（控制性详细规划及修建性详细规划）均属于具备法律强制力的法定规划。详细规划须符合总体规划的要求，总体规划中的规划思路和理念须进一步在详细规划中具体化，重要的规划控制要素可以通过向建设单位下发的"规划设计条件通知书"等方式进行明确，确保土地利用开发、旧城更新改造和重点工程项目的设计方案和施工图符合各层

级规划的要求，对不符合详细规划图则控制要素要求的设计和施工方案不予批准，从而确保规划的"落地"。

反观各类交通规划，从综合交通体系规划到各类交通专项规划，以及片区交通改善/整治规划等，均不属于法定规划的范畴。各类交通规划要真正发挥指导城市建设的作用，就应该将重要的规划方案和控制内容纳入相应的法定规划之中（见图1）。例如，越来越多的城市开始将城市综合交通体系规划和城市总体规划同步编制，从而使综合交通体系规划中的核心内容，诸如中心城区的干路网络、轨道交通线网、重要枢纽场站等重大交通基础设施的方案同时纳入城市总体规划之中，作为强制性内容并获得法定地位。

在城市交通规划体系中，城市综合交通体系规划是总体和基础框架，道路网络、轨道交通线网、公共交通系统、停车系统、步行和自行车交通系统等各类交通专项规划以及各类片区交通规划和交通设计均在综合交通体系规划的指导下完成。各类专项及片区交通规划一方面可以被纳入综合交通体系规划之中，影响城市总体规划；另一方面，可以直接渗透至城市详细规划，特别是控制性详细规划之中，通过关键性交通控制要素（交叉口、路段红线、道路横断面、场站用地等）在法定图则中得以体现，从而真正被建设单位实施。实践证明，尽管有些交通专项规划自身方案和思路可圈可点，但是由于其游离于其他交通规划之外，无法真正与整个交通规划体系发生联系，因此往往最终落入自说自话、被束之高阁的尴尬境地。对于城市步行和自行车交通系统规划而言，需要将步行和自行车使用者优先的规划理念和关键方案要素融入其他相关规划之中，才能更加有效地指导城市步行和自行车交通系统的健康发展。

2 综合交通体系规划中的步行和自行车交通系统

在当前中国快速城镇化的大背景下，城市建设用地的扩张必须以"快"交通系统来支撑，因此长期以来，综合交通体系规划的第一要务是构建快速路、轨道交通线网等高快速交通廊道来支撑城市总体规划中提出的城市空间结构和用地规模，而步行和自行车交通这种被打上"慢行"烙印的交通方式，往往在综合交通体系规划中体现不足。在众多城市的综合交通体系规划中，步行和自行车交通系统章节的内容往往空洞宽泛，各类诸如行人过街设施间距等标准千篇一律，缺乏可操作性。更有甚者，有些城市的综合交通体系规划中竟没有步行和自行车交通系统的章节，其在城市交通体系中被边缘化的程度可见一斑。

综合交通体系规划是引导城市综合交通体系发展、指导城市交通建设的方向性和战略性规划，规划中明确了多种交通方式的协调关系，对重大交通设施廊道进行预留，并对典型交通设施的形式和布局提出了指导性的方案，因此有必要在该规划中进一步加强对步行和自行车交通的指导，以便为编制步行和自行车交通系统专项规划提供条件。综合交通体系规划中对步行和自行车交通系统主要应明确以下三方面内容：

1）明确步行和自行车交通系统在城市综合交通体系中的地位和作用。

综合交通体系规划的主要内容之一是确定各种交通方式的发展定位和目标，从而确定城市交通资源分配利用的原则。然而，仅仅提出定量化的方式分担率目标不足以支撑城市步行和自行车交通系统发展策略，应结合城市的规模和特征，对

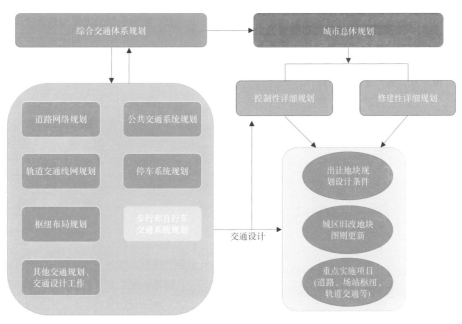

图1 城市交通规划体系与城市规划体系的关系

未来步行和自行车交通系统在城市交通系统中所处的地位和作用做出更加清晰的表述。例如，对于大城市，特别是建有城市轨道交通系统的大城市而言，城市规模尺度较大，居民平均出行距离较长，因此步行和自行车交通应重点发展与公共交通的"最后一公里"接驳；而对中、小城市而言，城市尺度不大，如果通勤距离仍然处于自行车可以满足的范围内，则可以将自行车交通作为规划主导的交通方式；对于临山、河、湖、海的城市而言，良好的自然条件使得步行和自行车交通往往成为居民重要的休闲、健身方式。由此，差异化的功能定位直接关系到不同城市对待步行和自行车交通设施的组织思路，进而从整体上影响各类相关设施的布局和空间预留方案。

2）明确建立独立于机动车道路分级系统的步行和自行车道（路）系统，并在典型道路横断面中体现。

综合交通体系规划中需要对次干路以上道路网布局进行规划，并给出典型的道路横断面。现行的城市快速路、主干路、次干路、支路的道路分级系统，是以机动交通的通行条件作为主要判定标准：机动车流量大、设计速度高的快速路红线最宽，机动车流量小、设计速度低的支路红线最窄。在很多城市的综合交通体系规划中，步行和自行车道系统完全依附于机动车道路体系之上，其通行空间与实际需求完全脱钩。因此出现机动车流量越大的道路，红线宽度越大，非机动车道和人行道也越宽，而随着道路等级的降低，非机动车道和人行道宽度越窄的情况。表1为某获奖综合交通体系规划中提出的步行和自行车交通空间控制标准，其完全依赖于道路分级系统并呈正相关。

在典型道路横断面的布局上，这种空间分配方法往往造成步行和自行车交通空间需求和设置不匹配，越宽的人行道和非机动车道反而没有人使用（见图2），白白被路侧停车浪费；而步行和自行车交通出行需求强的道路沿线，步行和自行车的空间却非常局促，使用者的通行感受很差。因此，应该在综合交通体系规划中，旗帜鲜明地建立独立于机动车道路分级体系之外、基于步行和自行车交通实际需求的通行道（路）体系。与之相对应，在不同路段的典型道路横断面布局中，根据沿线交通需求特征，有可能部分城市次干路甚至支路的步行和自行车交通空间大于高等级道路，而道路的整体红线应该由机动车、步行和自行车的需求共同决定。

3）明确中心城区步行和自行车交通分区。《导则》中明确，要针对步行和自行车交通进行分区，主要目的是"体现不同区域间的步行、自行车交通特征差异，确定相应的发展策略和政策，提出差异化的规划设计要求"。综合交通体系规划往往与城市总体规划同步编制，对土地利用的空间布局有着较为清晰的认识，同时，综合交通规划体系建立的交通需求预测模型也相对完善和细致。基于此，建议在综合交通体系规划中，对步行和自行车交通进行分区，以便在下位专项规划中提出更为细致的分区指引和规划设计方案。目前，尚无成熟的步行和自行车交通分区方法，实践往往采用定性与定量相结合的方式开展。其中定性的方法主要依据规划用地的情

况，依据不同片区的土地利用性质，对开发强度、人流密集程度、公共服务设施集中情况等进行综合判断；定量的方法则更多依赖于现状调查的数据结果和交通需求预测模型的判断，从而对步行和自行车出行的空间需求进行识别。应将定量和定性分区方法获得的不同结果进行叠加，综合分析，从而获得中心城区范围内的步行、自行车交通分区，见图3。

3 步行和自行车交通系统规划在交通专项规划中的体现

在综合交通体系规划的框架下，各类交通专项规划的内

某城市综合交通体系规划中提出的步行和
自行车空间控制标准（单位：m）　　　　表1

道路类型	单侧步行和自行车空间控制标准		
	总宽度	人行道宽度	非机动车道宽度
主干路	8.0	4.5	3.5
次干路	6.0	3.5	2.5
支路	2.5	2.0	
景观道路		4.5	
非机动车专用路			4.5

图2　与需求脱钩的过宽非机动车道
资料来源：《城市步行和自行车交通系统规划设计导则》专家评审汇报文件

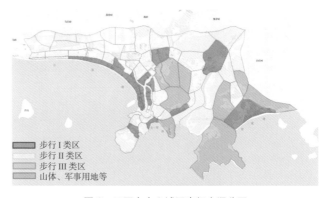

图例
■ 步行 I 类区
□ 步行 II 类区
■ 步行 III 类区
■ 山体、军事用地等

图3　三亚市中心城区步行交通分区
资料来源：文献[3]

容也会与步行和自行车交通系统产生直接或间接的关系，在以下几项重点的交通专项规划编制中，应考虑如何为步行和自行车交通的发展提供必要条件。

3.1 道路网络规划

道路网络规划应根据不同地区交通方式（机动车、步行、自行车等）的实际需求，进一步细化道路网络体系分级，并因地制宜地提出典型横断面形式。在既往"车本位"的道路网络规划中，由于仅仅单一考虑机动车通行需求，典型横断面形式的种类较少，在考虑步行和自行车交通的出行特征和需求后，横断面的形式会有所增加。此外，相对于机动交通而言，步行和自行车交通的使用者对道路环境的感受更为直接和敏感，应该结合实际的地形高差、河道、山体、绿地等自然地理条件，尽可能地为绿色交通使用者营造宜人的通行环境，见图4。

在步行和自行车交通出行需求较为旺盛的地区，应贯彻"密路网＋窄断面"的规划理念。城市中心、副中心、中央商务区、商业区等开发量大、出行强度高、人流活动密集的地区，是鼓励步行和自行车交通的重点地区。在同样的道路面积率下，窄断面道路网络可以提供更高的道路网密度。对于机动交通而言，密路网为组织单行、禁左等提供了基础条件。此外，较少的机动车车道数和较小的整体路面宽度也要求降低机动车的行驶速度，对步行和自行车交通使用者而言更加友好。宽度适宜的街道是构建宜人步行和自行车交通环境的必要条件，随着片区内街道长度的增加，人与沿街建筑、商铺等之间的交互空间增加，地块被分割得更小，使得土地利用更加多样化，从而增加整个街道的活跃程度和人气，与步行和自行车交通形成良性循环。由于综合交通体系规划中一般不编制等级低于次干路的路网方案，因此，道路网络专项规划成为落实"密路网＋窄断面"理念的途径，建议在城市步行、自行车一类区中尽可能采用这种路网形式，见图5。

3.2 轨道交通线网规划

城市轨道交通线网规划一般只对轨道交通线位通道和换乘车站等重要节点进行布局，但不包括轨道交通车站落地、车站形式等深度的内容。因此，在轨道交通线网规划中，应重点考虑线网线位的布局与人流密集地区的匹配程度，为营造良好的轨道交通与步行和自行车换乘环境提供基础。

双快（快速路、快速轨道交通）系统是支撑城市空间结构、引导城市扩展的主要交通基础设施，其中快速路是主要服务于个体机动交通的机动车走廊，而轨道交通线网则是服务于人流的客流走廊。一般要求轨道交通线路尽可能直接串联城市中心和副中心等人流密集区，而快速路则应从开发强度较低的外围地区经过，从而实现客流走廊和机动车走廊的空间分离。特别应该避免仅从轨道交通敷设工程条件出发，将轨道交通线路设置于红线较宽的高等级道路，这种布局模式将

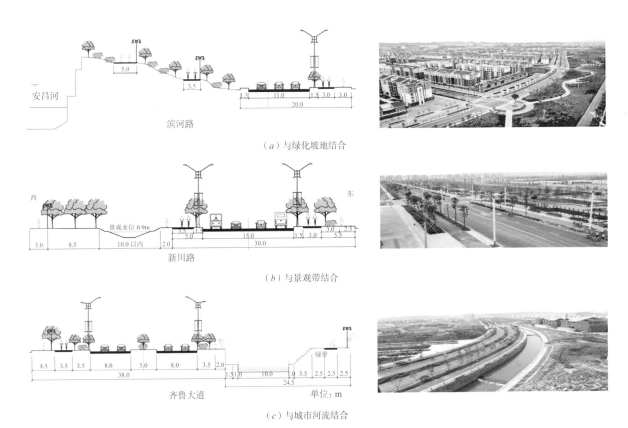

（a）与绿化坡地结合

（b）与景观带结合

（c）与城市河流结合

图4　与沿线实际环境和地形相协调的道路横断面形式

资料来源：文献[4]

直接导致沿线车站距离周边地块（出行起讫点）较远，进出站乘客步行距离长（见图6），接驳环境差，对步行和自行车交通的使用者不友好，此外还会从中观和宏观层面引起机动车流与人流之间的重合和干扰，为交通组织、沿线土地利用开发等带来负面影响，并降低轨道交通吸引力。

3.3 枢纽布局规划

在针对机场、高铁车站等高速对外交通枢纽提出的旅客"快进快出"的思路指导下，大型枢纽往往对步行和自行车交通的接驳条件考虑不足。此外，轨道交通和公共交通沿线的接驳站、城市中心站、片区中心站等中、小型枢纽对步行和自行车交通接驳要求也不明确。因此，枢纽布局规划应根据枢纽所处地区、自身交通功能、客流规模等条件，对各个枢纽进行分级分类，并在此基础上，对不同等级和类型枢纽的功能、服务对象、设施条件等就接驳步行和自行车交通提出明确、差异化的要求，见表2。

此外，枢纽布局规划往往要求就典型枢纽做出概念性的规划布局方案，应在平面图中明确自行车停车场、租赁点、步行道等设施，以便为下阶段详细设计提供依据和参考，见图7。

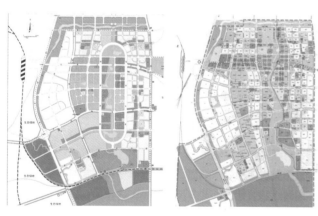

（a）"疏路网＋宽断面"　（b）"密路网＋窄断面"

图5　两种模式道路网络规划方案对比
资料来源：文献[5]

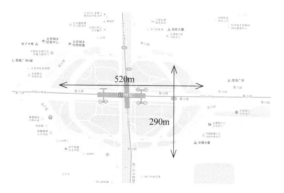

图6　北京市轨道交通1号线与10号线换乘枢纽（公主坟站）
资料来源：百度地图

3.4 公共交通系统规划

对公共交通重点换乘站、接驳站、首末站等节点，要求明确自行车停车场、租赁点等换乘设施的要求。对于需要建设公共自行车交通系统的城市而言，应将租赁点与公共交通车站整体协调，进行一体化规划布局。

在条件允许的情况下，鼓励在步行、自行车I类分区中，开辟"公交＋步行"，或"公交＋步行＋自行车"的绿色交通专用道，结合沿线用地开发和商业提升，提高步行和自行车交通的吸引力。

在要求设置公交港湾停靠站的道路沿线，须充分考虑设置港湾对自行车通行空间的挤占等不利影响，在有条件的情况下，采取相应工程措施，将不利影响降至最低。

3.5 停车系统规划

停车系统规划往往以机动交通为研究重点，忽略对自行车交通系统的要求。从维护步行和自行车交通使用者的角度出发，停车系统规划关键要明确在什么情况下不能设置机动车停车位，同时还要明确在哪些公共设施和节点必须预留自行车停车场、租赁点等设施的空间。规划中应对占用非机动

不同等级枢纽接驳换乘设施要求　表2

枢纽类型	换乘设施类型		
	公共汽车停车场	私人小汽车停车场	自行车停车设施
对外交通枢纽	★	★	★
交通接驳站	★	★	☆
城市中心站	☆	×	★
片区中心站	☆	☆	★
一般站	☆	×	★

注：★为必须具备，☆为可以具备　×为无须具备。
资料来源：文献[6]

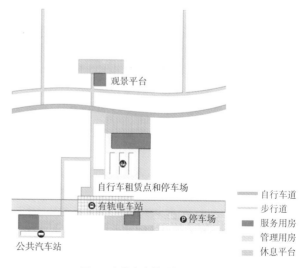

图7　有轨电车换乘枢纽平面布局
资料来源：文献[5]

车道的路内停车保持谨慎的态度，确需占道停车的，应对骑车者产生的影响进行充分评估和说明，并根据不同的道路横断面形式，因地制宜地设置机动车停车位，以安全为首要原则，并尽量减小对步行和自行车交通的干扰，见图8。

4 步行和自行车交通系统在交通设计工作中的要求

交通设计是城市交通规划设计工作的重要组成部分，是各类既有规划设计工作的有益补充和衔接完善。交通设计向上承接各类城市规划与交通规划，向下指导城市交通基础设施建设和管理，确保各类城市规划和交通规划的规划意图及理念能落实在工程建设实践中。交通设计可分为面向片区和面向具体工程项目（道路、轨道交通沿线）两类。前者一般与片区的控规同步编制，重要的交通控制要素被纳入控规图则之中，后者则直接指导具体的初步设计和施工图设计。

4.1 面向片区的交通设计

1）针对整个规划片区进行总体的步行和自行车交通组织，构建步行和自行车交通网络，确定通勤、休闲等不同功能线路的走向及其对路权分配、设施配置的要求，特别应该注意与公共交通车站、开放空间的衔接。

2）对片区内道路的步行和自行车交通空间进行精细化的预留设计，各等级道路合理设置人行道和非机动车道在道路红线中的占比，根据地块用地和交通组织方案，确定步行和自行车交通过街设施的位置、形式以及用地控制范围。

3）确定非机动车停车设施（包括自行车停车和公共自行车租赁等）的预留空间，为提高服务水平，每个停车设施的服务半径应小于200m。

4）对个体机动交通进行适当的控制与平衡，明确采用交通稳静化的地区范围和具体措施[6]。

针对控规项目的交通设计内容应被纳入控规地块图则之中；在出让地块和城市旧改地区下发的"项目规划设计条件"中，应有明确的关于步行和自行车交通的要求。

4.2 面向具体工程的交通设计

1）应明确交通基础设施工程项目的改造和新建，不能以牺牲步行和自行车交通的通行空间和品质作为代价，同时摒弃以交叉口、路段机动车通行能力为单一校验指标的思路。以交叉口拓宽渠化为例，要避免采用大路缘石转弯半径提高机动车辆转弯车速、压缩步行和自行车通行空间以增加机动车道等错误方法。

2）要重新组织道路沿线或轨道交通车站周边步行和自行车交通系统，完善城市绿色交通环境，尽可能提供直通商务区、商业区、居住社区及公共建筑等便捷的步行和自行车交通服务，道路沿线大型商业设施、公交车站，以及轨道交通车站

图8　与绿化、自行车交通相协调的路内停车

资料来源：《步行和自行车交通系统专项规划导则》宣贯材料。

周边交通设施应与步行和自行车交通骨干网络进行一体化设计，鼓励采用空中连廊、人行天桥、人行地道等设施形成独立、安全的步行和自行车交通系统。

5 结语

将步行和自行车交通系统规划和设计工作落到实处，从而能够真正指导城市实际的交通建设和改造更新，不能仅寄希望于编制专项规划这一项工作，更加需要从既有的城市规划体系和规划管理环节找寻突破口和切入点，形成一条贯穿各项宏观、中观和微观交通规划与设计工作的完整的技术体系和流程。对于处在快速城镇化进程中的中国城市而言，步行和自行车交通是个既传统又富有新意的课题。本文所阐述的部分内容已经超出了现有相关规范、导则和规划编制内容的要求，需要进一步在各地的规划和建设实践中不断摸索、总结和提炼。

参考文献

[1] 中华人民共和国国务院办公厅. 国务院关于加强城市基础设施建设的意见（国发 [2013] 36 号）[R]. 2013[2013- 05- 01]. http://www.gov.cn/zwgk/2013-09/16/content_2489070.htm.

[2] 中华人民共和国住房与城乡建设部. 住房城乡建设部关于印发城市步行和自行车交通系统规划设计导则的通知（建城 [2013]192 号）. 2014[2013-05-01]. http://www.mohurd. gov.cn/zcfg/jsbwj_0/jsbwjcsjs/201401/t201401 14_216859.html.

[3] 中国城市规划设计研究院. 三亚市慢行交通专项规划（中间稿)[R]. 北京：中国城市规划设计研究院，2013.

[4] 中国城市规划设计研究院. 北川前羌族自治县新县城灾后重建规划交通工程设计 [R]. 北京：中国城市规划设计研究院，2009.

[5] 中国城市规划设计研究院. 海南省海口西海岸长流南片交通体系规划研究及交通工程设计 [R]. 北京：中国城市规划设计研究院，2011.

[6] 中华人民共和国住房与城乡建设部. 城市交通设计导则（中间稿）[R]. 北京：中华人民共和国住房与城乡建设部，2014.

作者简介

周乐，男，江苏南通人，硕士，高级工程师，交通工程设计研究所所长，主要研究方向：交通规划、交通设计，Email: zhoul@caupd.com

"网络、空间、环境、衔接"一体化的步行和自行车交通
——《城市步行和自行车交通系统规划设计导则》规划方法解读

A Pedestrian and Bicycle Transportation System Featured with "Network, Environment, Space and Connection" Integration: Discussion on the Planning Methodologies in the Guideline for Urban Pedestrian and Bicycle Transportation System Planning and Design

戴继锋　赵　杰　周　乐　杜　恒

摘　要: 2013 年住房城乡建设部颁布实施《城市步行和自行车交通系统规划设计导则》(以下简称《导则》),指导各城市在发展步行和自行车交通方面的工作。基于《导则》的编制工作,探讨步行和自行车交通系统构建方法。首先指出城市步行和自行车交通发展在功能定位、技术标准以及与其他交通方式衔接三方面存在的问题。《导则》编制中明确了步行和自行车交通发展的功能定位,同时提出"将人活动的空间进行整体设计"的总体指导思想。最后,围绕"网络、空间、环境、衔接"四个核心要素,重点阐述步行和自行车交通系统的一体化规划设计方法。

关键词: 步行和自行车交通;规划设计;导则;网络;空间;环境;衔接

Abstract: The 2013 Guideline for Urban Pedestrian and Bicycle Transportation System Planning and Design issued by the Ministry of Housing and Urban-rural Development function to guide different cities to develop their pedestrian and bicycle transportation systems. Based on the Guideline, this paper investigates the development of the pedestrian and bicycle transportation system. The paper first discusses the current issues in the pedestrian and bicycle transportation of China from three aspects: functionalities, technical standards and connection with other modes of transportation. The Guideline clarifies the functionalities of developing the pedestrian and bicycle transportation system and proposes the overall principle of "integrated design of people's activity space". Finally, centered on the four core elements – "network, space, environment and connection", the paper elaborates the integrated planning and design method for the pedestrian and bicycle transportation system.

Keywords: pedestrian and bicycle transportation; planning and design; guideline; network; space; environment; connection

0　引言

2013 年 9 月,《国务院关于加强城市基础设施建设的意见》(国发 [2013]36 号)发布,其中明确提出:"城市交通要树立行人优先的理念,改善居民出行环境,保障出行安全,倡导绿色出行……切实转变过度依赖小汽车出行的交通发展模式"。步行和自行车交通首次提升至国家政策层面,尤其是"行人优先"原则,也一改传统"以人为本"的笼统表述,旗帜鲜明地确立了行人在交通系统中的地位,对各地的交通基础设施建设具有重大指导意义。

从国家层面回顾,近年来步行和自行车交通系统的发展受到空前的关注,相关设施的规划建设、服务水平等也有较大提升。例如,"中国城市无车日活动"(第一届为"中国城市公共交通周及无车日活动")从 2007 年开始至今已经连续举办 7 年,每年都有 100 多个城市积极参与;2010 年至今,共 12 个城市分两批参与了"城市步行和自行车交通系统示范项目",这些活动使得以步行和自行车交通为代表的绿色交通理念深入人心。从城市的实践来看,广东省率先在中国发起的绿道建设也引起全国范围的广泛关注,目前多个省份和城市都在开展适合本地实际情况的绿道建设。

尽管从国家到地方各个层面在改善步行和自行车交通方面的努力不断增强,但是由于城市规划、建设、管理等工作多年来一直偏重于机动交通,因此步行和自行车交通的发展仍然面临较大的挑战和困境。

在上述背景下,2013 年 12 月住房和城乡建设部正式颁布实施《城市步行和自行车交通系统规划设计导则》(以下简称《导则》),指导各城市在发展步行和自行车交通方面的工作。本文基于《导则》编制过程中的体会和经验整理而成。

1　步行和自行车交通系统规划的挑战

1.1　自上而下的困境:步行和自行车交通功能定位尚未达成全面共识

虽然步行和自行车交通作为绿色交通方式的定位已经在国际上得到共识,但是中国很多城市对步行和自行车交通系统的功能定位仍然认识不清。步行和自行车交通在城市中究竟应起到什么作用、功能如何定位等问题在很多城市的规划建设工作中存在较大争论。有些城市的规划建设决策者甚至认为目前是机动化快速发展的阶段,应该强调快速交通,而步行和自行车所代表的是慢速交通,已经不再适应城市发展的需要。

之所以产生上述的认识,究其根源一方面是在相当多的城市规划建设工作中,以机动车为主导的指导思想尚未改变,步行和自行车交通仍然处于被动和从属的地位,从而导致一

系列规划建设工作中的误区。由此带来的最突出问题就是在道路空间资源分配中，很多城市会首先考虑机动车的通行需求，之后才会将"剩余"的空间分配给步行和自行车交通，而不会顾及步行和自行车交通真正的需求是多少。图1为某省会城市最重要交通走廊的道路横断面情况，该道路地位相当于该市的"长安街"，供机动车通行的空间为双向14条车道，单侧宽度达25m，而供步行和自行车通行的空间总计不足3m，整条道路步行和自行车交通所占的空间资源比例不超过10%。省会城市的"长安街"尚且如此，其他城市的情况可以想象。这种情况并不是个案，而是很多城市现阶段城市建设指导思想的缩影，在这种指导思想下步行和自行车交通的安全性、连续性很难得到保障，更谈不上良好的绿化和舒适的通行环境。

从规划设计的技术工作来看，步行和自行车交通体系的发展也存在较大认识误区。最首要的是城市规划和交通规划的专业分隔比较严重，传统的规划设计以道路红线为界，城市规划和景观规划设计工作集中在道路红线之外，交通规划和道路设计工作集中在道路红线之内。实际上道路红线内外与步行和自行车交通的关系非常密切，由于绿地公园、公共空间、建筑前区等空间没有被整合和统筹考虑，人为造成了很多活动的不便。以某城市滨江公园为例（见图2），由于交通规划、城市规划、景观设计的专业分隔，使得生活在道路沿线的居民进入滨江公园存在较大障碍，即便是正常过街（人行横道）的位置，也被人为隔断，这种只有图纸上才存在的红线却成为人们实际使用中的"鸿沟"。

因此，做好步行和自行车交通规划，一方面需要扭转长期以来存在的以机动交通为主导的观念，另一方面需要转变技术人员的工作思路和模式，对人的活动空间进行一体化规划设计。

1.2 自下而上的诉求：相关技术标准的缺失

随着从国家到地方各层面对步行和自行车交通系统关注度的提升，城市在发展步行和自行车交通方面倾注了越来越多的热情，但是对于步行和自行车交通系统应该怎么发展和建设却往往缺少系统、规范的谋划和思考，从各地实践的反馈来看，非常迫切需要能够系统指导地方规划建设工作的相关文件。

目前用于指导步行和自行车交通系统规划建设的标准和规范存在多方面的缺失，有一些规定也需要根据实际情况调整和完善。例如《城市道路交通规划设计规范》GB50220—95（以下简称《规范》）提到在市区范围内自行车专用路间距为1000～1200m，其实这一标准很高，规范编制要求超前，现在来看没有城市能达到此标准[1]。

再以过街设施间距为例，《规范》中规定主次干路的行人过街设施间距宜为250～300m，但是根据近年来各地实践经验，对过街设施间距应有更加细致的规定。在国外很多城市，

机动车道单侧宽度25m　｜步行和自行车道单侧宽度2～3m

图1　某城市重要交通走廊的道路空间资源分配情况

（a）　　　　　　　　（b）

图2　由于专业分隔导致人的活动空间使用不便

城市功能核心区的行人过街设施间距为80～100m的情况非常普遍，因此对于过街设施间距的规定应该比传统规定有所突破，并且不能再从机动车的语境描述这一标准，应该从步行和自行车交通的话语体系中给出相关规定。

再例如人行道宽度的规定。《城市道路工程设计规范》CJJ37—2012中给出了人行道净宽（扣除绿化带、街道家具等占用的空间）最小值和一般值规定，并且摆脱了传统的依据快速路、主干路、次干路、支路来确定人行道和非机动车道宽度的做法[2]。但是不同功能区人行道的宽度应该如何界定，还需进一步细化研究。

此外，在步行和自行车交通网络密度方面，需要研究适合中国国情的路网密度指标。《规范》中规定的自行车道路网密度指标（见表1）已超过荷兰阿姆斯特丹（6.24km·km⁻²）、丹麦哥本哈根（10.8km·km⁻²）（见图3和图4）等国际公认的自行车发展优秀城市的标准，因此自行车道路网密度是否合适需要进一步探讨。

1.3 综合交通系统内部的纠结：步行和自行车交通与其他交通方式的衔接不合理

步行和自行车交通设施的布局，尤其是与轨道交通、公共交通、机动车停车的衔接关系，直接影响步行和自行车交通设施的使用效率。近年来，随着城市轨道交通规划建设的飞速发展，国务院批复的北京、上海、广州等城市轨道交通建设规模均已接近或突破1000km，北京、上海等城市实际运

行的线路也达到 400～500km 的规模，其他各大中城市的轨道交通建设也快速发展。国际经验显示，城市轨道交通仅能吸引一小部分小汽车使用者，轨道交通大部分的乘客可能来自于公共汽车或更加缓慢的自行车或步行[3]。伴随中国城市轨道交通的快速发展，轨道交通车站周边的步行和自行车交通系统与轨道交通之间衔接不完善的问题逐渐暴露，轨道交通"最后一公里"交通服务缺乏，带来轨道交通在使用中诸多不便。

公共交通系统与步行和自行车交通系统的衔接也是目前

《规范》中自行车道路网密度要求			表 1
项目	自行车道路与机动车道的分隔方式	道路网密度 /（km·km⁻²）	道路间距 /m
自行车道路网密度	自行车专用路	1.5～2.0	1000～1200
	与机动车道间用设施隔离	3.0～5.0	400～600
	路面划线	10.0～15.0	150～200

图 3　阿姆斯特丹自行车道路网密度

资料来源：微信 Sustainable City

图 4　哥本哈根自行车道路网密度

资料来源：微信 Sustainable City

亟须解决的问题，在大多数的公共汽车站，往往出现行人、自行车、公共汽车间的严重干扰，处理不当将造成局部交通拥堵（见图 5），进而影响全线的交通顺畅。很多城市公共汽车站的设置本应首先考虑行人的换乘方便，但是往往首先考虑的是不能影响机动交通（见图 6）。

步行和自行车交通系统还需要重点协调与机动车停车的关系。由于各城市机动车保有量快速增长，机动车停车难的问题非常突出，因此占用非机动车道和人行道停车的情况非常普遍，导致步行和自行车交通通行空间、品质、环境受到较大影响。当然在现实条件下，完全禁止路内停车不现实也不科学，但是如何更好地解决机动车停车与步行、自行车交通系统之间的关系需要深入思考。

2　步行和自行车交通系统发展总体策略

2.1　明确提出步行和自行车交通发展的功能定位

传统观念认为步行和自行车交通是落后的、不符合当前发展实际的交通方式，而近年来的实践证明，凡是步行和自行车交通发展良好的城市，恰恰也是整体环境和面貌发展很好的城市。杭州、株洲、深圳、重庆、三亚等城市在参加"城市步行和自行车交通系统示范项目"工作中的共同经验是：塑造良好的步行和自行车交通环境是提升城市品质的重要途径。

图 5　交通方式衔接不当导致的秩序混乱

图 6　考虑机动交通便利却忽视换乘需求的公共汽车站

因此，《导则》在编制过程中，始终坚持步行和自行车交通系统的功能定位一方面是满足短距离交通需求，与其他交通方式共同协调构建完善的综合交通体系，另一方面更重要的是提升城市品质，通过打造一种健康的交通方式营造城市全新的生活方式和精神面貌。

2.2 确定将人活动的空间进行整体规划设计的总体指导思想

鉴于步行和自行车交通的总体功能定位，以及目前各个专业在技术上的分隔，《导则》明确"将人活动的空间进行整体规划设计"的总体指导思想，打破目前交通规划、道路设计、城市规划、景观设计等专业分隔，只要是有人活动的空间，都应该统一纳入步行和自行车交通的整体规划控制范围。实践中采用的方法和思路可以有所差异，但都应该遵从《导则》所规定的原则和要求，避免因专业分隔导致市民活动空间分隔以及设施使用不便。

3 "网络、空间、环境、衔接"一体化步行和自行车交通系统构建

步行和自行车交通系统解决的不仅仅是交通问题。其包括四方面的核心要素：网络、空间、环境和衔接。网络要素主要指步行和自行车交通设施布局，涉及网络密度、设施间距等核心指标；空间要素主要涉及通道宽度、隔离设施等核心指标；环境要素主要涉及与步行和自行车交通相联系的绿化、景观、街道界面等；衔接要素主要协调步行和自行车交通与其他交通方式之间的关系。四方面要素均涉及交通规划和城市规划，对于打造完善的步行和自行车交通体系而言，缺一不可[4]。

3.1 网络要素：强化网络密度、间距和设施等级的规定

网络要素规划的核心是明确设施的布局、等级以及密度等。合理的网络是构建良好步行和自行车交通系统的基础，更是综合交通规划和城市总体规划中重点考虑的内容。合理的网络结构应结合城市的不同功能分区确定。《导则》中明确提出三类功能分区，在核心功能区应该突破传统观念，结合城市功能提倡"窄宽度、高密度"的道路网络[5]（见图7）。《导则》同时对不同分区的网络密度和设施间距进行了规定，见表2和表3。

网络要素规划中另外一个重要指标是设施等级。步行和自行车交通设施分级的核心思路是要摆脱机动交通语境的影响，步行和自行车交通设施分级一定不能与机动交通的等级（主干路、次干路、支路）相关联，而应该依据步行和自行车交通的需求特征和功能来确定级别。例如主干路两侧的步行和自行车道不一定是一级，次干路两侧的步行和自行车道等级反而较高，而有些支路可能更高。在科学确定合理级别的基础上，《导则》针对每一级别的步行和自行车交通设施明确了宽度、间距、隔离方式等方面的要求。

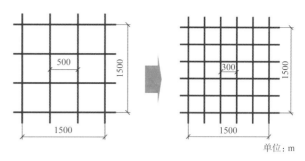

图 7　从低密度向高密度道路网络的转化

《导则》中步行道网络密度和平均间距　　表 2

步行分区	步行道网络密度 / (km·km⁻²)	步行道平均间距 /m
I 类区	14~20 （其中步行专用路不低于4）	100~150 （其中步行专用路不大于500）
II 类区	10 ~ 14	150 ~ 200
III 类区	6 ~ 10	200 ~ 350

《导则》中自行车道网络密度和平均间距　　表 3

自行车分区	自行车道网络密度 / (km·km⁻²)	自行车道路平均间距 /m
I 类区	12 ~ 18 （其中自行车专用路不低于2）	110~170 （其中自行车专用路不大于1000）
II 类区	8 ~ 12	170 ~ 250
III 类区	5 ~ 8	250 ~ 400

3.2 空间要素：以安全、连续为原则确定宽度、隔离设施等指标

当前步行和自行车交通面临的最大困境是空间被其他交通方式及其他设施侵占，无法保证连续、安全的通行环境。因此，在有关空间要素的规定中，《导则》突出强调了要打破道路红线的约束，将人活动的空间统一纳入规划设计，既包括道路红线范围内的人行道、绿化带或设施带等，也包括红线范围之外的公共活动空间（例如建筑前区、绿化公园）等范围。《导则》对每类设施的宽度以及在设计中应该考虑到的细节问题都进行了说明和规定，尤其突出强调了人行道宽度的规定实际上是"净宽度"的概念（见表4），从而避免街道家具和其他设施占用步行通道的空间而导致行人"无路可走"。

鉴于当前步行和自行车交通在实际使用过程中缺少安全和相对独立空间的情况，《导则》特别强调了对不同等级步行、自行车道隔离设施的要求。表5中规定了自行车道应采用的隔离形式，建议原则上采用物理隔离或者非连续的物理隔离，保证自行车有相对独立、安全的通行空间。对于步行通道与自行车通道之间，也建议设计适当隔离，或者通过高差进行区分，原则上应避免步行道与自行车道共板设置。

长期以来，中国对于道路交叉口转角路缘石转弯半径的规定值偏大，鼓励机动车快速右转，对行人和骑车者过街的安全构成威胁，且易导致人行横道和自行车过街带远离交叉口中心而增加过街距离。《导则》指出交叉口右转弯行车设计时速宜为20km·h⁻¹，对于行人和自行车过街流量特别大的交叉口宜为15km·h⁻¹。因此《导则》明确提出："无自行车道的交叉口转角路缘石转弯半径不宜大于10m，有自行车道的路缘石转弯半径可采用5m，采取较小路缘石转弯半径的交叉口应配套设置必要的限速标志或其他交通稳静化措施"。图8是交叉口转角路缘石不同转弯半径的比较，较大缘石半径的交叉口范围较大，行人过街距离长，车速较快，行人危险；较小缘石半径的交叉口范围较小，行人过街距离短，车速较慢，行人安全。

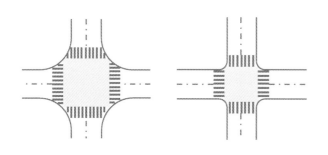

（a）较大缘石半径　　　　（b）较小缘石半径

图8　交叉口转角路缘石转弯半径比较

资料来源：文献[4]

人行道单侧宽度推荐值（单位：m）　　表4

城市道路等级	步行道等级		
	一级	二级	三级
快速路（辅路）	4.0 ~ 5.0	2.5 ~ 4.5	2.5 ~ 3.0
主干路	4.5 ~ 7.0	3.5 ~ 5.5	3.0 ~ 3.5
次干路	4.5 ~ 6.5	3.5 ~ 5.0	3.0 ~ 3.5
支路	4.0 ~ 5.0	2.5 ~ 4.5	2.0 ~ 2.5

自行车道宽度及隔离方式建议　　表5

自行车道等级	自行车道宽度/m	隔离方式
自行车专用路	单向通行不宜小于3.5，双向通行不宜小于4.5	应严格采用物理隔离，并采取有效的管理措施禁止机动车进入和停放
一级	3.5 ~ 6.0	应采用物理隔离
二级	3.0 ~ 5.0	应采用物理隔离
三级	2.5 ~ 3.5	主干路、次干路应采用物理隔离，支路宜采用非连续物理隔离

3.3　环境要素：关注细节，保障活动空间的舒适和方便

为保障步行和自行车交通的方便和舒适，《导则》中旗帜鲜明地首先推荐平面过街的形式。对于立体过街设施，则规定了相应的布局原则以及与空间、景观结合的要求。针对中国很多城市核心区过街设施间距过大的问题，《导则》在总结国外城市核心区以及国内参与步行和自行车交通系统示范项目城市建设经验的基础上，在步行和自行车交通I类区实现较大突破，提出行人过街设施间距为130 ~ 200m，尽可能为行人过街提供便利。

在打造宜人、舒适交通环境的过程中，丰富的街道界面也是重要元素之一。因此《导则》借鉴上海经验，在建筑退线、建筑贴线率等方面都提出了具体要求。随着建筑贴线率的提高，街道的活力和趣味性将大大增强。因此，对于步行和自行车I类区活力最强的地方，提出底层建筑界面控制线退让红线距离不宜大于10m，建筑贴线率不宜小于70%，从空间上整体保证了街道的整齐、丰富和活力。在细节上，《导则》对于街道家具的类型、宽度等给出了相关建议，对于步行和自行车交通标志系统分类型进行考虑，也提出了相应的规划设计控制要求。

3.4　衔接要素：确保各种交通方式综合协调

为确保各种交通方式之间协调发展，《导则》重点加强了步行、自行车交通与机动车、公共交通衔接的相关规定。在与机动交通协调方面，《导则》在确定交通空间资源分配的基本原则和顺序的基础上，提出"弹性设计"的方法，即优先保证人行道和自行车道宽度以及在机非物理隔离原则下依次缩减其他设施的宽度。

《导则》倡导步行、自行车与公共汽车、轨道交通进行整体设计。在公共汽车站、轨道交通车站应该通过设施的优化和详细设计，保证各种交通方式相互间顺畅衔接。尤其是在轨道交通车站附近，应该优先保障轨道交通与步行设施的衔接，见图9。

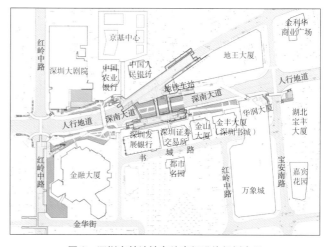

图9　深圳市某地铁车站步行设施规划布局

资料来源：深圳市城市交通规划设计研究中心

3.5 通过对核心要素定量化约束，保障步行和自行车交通的品质

"网络、空间、环境和衔接"是步行和自行车交通系统的四大核心要素，围绕这四大要素，《导则》提出一些关键的控制因素和参数（见表 6），这是建立步行和自行车交通系统的基础和关键，因此应在实际规划设计工作中重点落实。

4 结语

各城市实践经验表明，良好的步行和自行车交通系统在

步行和自行车交通系统关键控制因素及参数　　表 6

定量控制因素	功能及作用	主要控制参数
人行道宽度	确定步行通行区宽度，保障步行安全性及连续性	道路等级、人行道功能
人行道网络密度	保障行人通行的舒适度和安全性	步行分区、重点公共设施
自行车道宽度	保障自行车通行安全性及连续性	道路等级、自行车道功能
自行车道网络密度	保障自行车通行的舒适度和安全性	自行车分区、重点公共设施
公共自行车租赁点密度	保障公共自行车服务水平	步行距离、人口密度、重点公共设施
过街设施间距	保障行人和自行车过街的便捷性及安全性	步行分区、步行道等级、重点公共设施
建筑贴线率	保障公共空间的整体性和沿街界面的连续性	步行分区、步行道等级

构建完善的综合交通体系、提升城市品质、打造全新的生活方式方面具有重要意义。应在扭转以机动车为主导的传统交通理念的基础上，加强各相关技术专业的融合，紧密围绕"网络、空间、环境、衔接"四大核心要素，将人的活动空间进行一体化规划设计，才能打造良好的步行和自行车交通体系。

致谢

本文以中国城市规划设计研究院承担的《城市步行和自行车交通系统规划设计导则》为基础进行整理，项目工作得到来自宇恒可持续交通研究中心的王江燕、姜洋、解建华、王悦、王志高等同志的大力支持，中国城市规划设计研究院城市交通研究院的殷广涛院长及张宇、田凯、李晗、黎明、钮志强、陈仲、王宇等同志均参加了该项目，在此一并表示感谢！

参考文献

[1] GB50220—95 城市道路交通规划设计规范 [S].
[2] CJJ37—2012 城市道路工程设计规范 [S].
[3] 黄良会. 香港公交都市剖析 [M]. 北京：中国建筑工业出版社，2014.
[4] 中华人民共和国住房和城乡建设部. 城市步行和自行车交通系统规划设计导则 [R]. 北京：中华人民共和国住房和城乡建设部，2014.
[5] 戴继锋，殷广涛. 北川新县城规划中人性化交通系统的构建 [J]. 城市交通，2009，7（3）：卷首.

作者简介

戴继锋，吉林柳河人，硕士，高级工程师，城市交通专业研究院副院长，研究方向：交通规划设计，E-mail:daijifeng2004@163.com

步行和自行车交通系统层次化网络构建方法
——以海南省三亚市为例
Developing a Hierarchical System for Pedestrian and Bicycle Transportation: An Example in San-ya, Hainan

钮志强　杜　恒　李　晗

摘　要：针对步行和自行车交通网络规划缺乏系统方法的情况，以《城市步行和自行车交通系统规划设计导则》编制研究为基础，从使用者意愿角度出发，提出以步行和自行车交通分区、步行和自行车道路分级为核心的层次化网络构建方法。采用定性与定量相结合的方法划定分区，以契合政策导向和设施供给的双重属性；根据步行和自行车出行特点差异，提出契合城市空间结构和用地布局的差异化布局模式；给出步行和自行车道密度、宽度指标，以及在空间、环境、衔接层面的设计指引。强调在相关规划中落实控制指标，以保障步行和自行车交通系统层次化网络的构建。

关键词：步行和自行车交通；层次化网络；分区；分级；步行道；自行车道；控制指标

Abstract: Concerning the lack of a systematic approach for pedestrian and bicycle transportation planning in China, this paper proposes a hierarchical system planning method based on the development of *Guideline for Urban Pedestrian and Bicycle Transportation System Planning*, which considers users' need and requirement. This method focuses on transportation zoning and roadway classification for pedestrian and bicycle transportation system. The zoning is determined by both qualitative and quantitative analyses in order to meet demands of both policy guided development trend and facilities supply. Recognizing the difference of travel characteristics between walking and bicycling, the paper proposes a differential layout model, which coordinates with the urban spatial structure and land use development. The design features, such as density and width of pedestrian walkway/bicycle lane, and guideline on design elements' context sensitive connection with local environment are presented. Finally, the paper stresses the control criteria implementation in the planning, which ensures the development of a hierarchical transportation system for pedestrian and bicycle.

Keywords: pedestrian and bicycle transportation; hierarchical network; zoning; classification; walkway; bicycle lane; control criteria

0　引言

近几年，随着城镇化进程加快和经济社会发展水平提高，绿色、低碳、健康、融入自然的生活理念逐渐深入人心，社会公众对包括步行和自行车在内的非机动交通方式更加重视和青睐，构建环境优良、安全便捷的步行和自行车交通系统成为广大人民群众的迫切诉求。

从国家层面来看，步行和自行车交通系统得到了空前的关注和重视。从 2009 年开始，先后有三批百余城市参与了住房和城乡建设部步行和自行车交通系统示范项目的创建工作，起到了良好的示范效应。2013 年 12 月，《城市步行和自行车交通系统规划设计导则》[1]（以下简称《导则》）由住房和城乡建设部正式发布，以指导各城市发展步行和自行车交通。《导则》明确提出了网络、空间、环境、衔接一体化的步行和自行车交通系统规划设计理念，为各地构建良好的步行和自行车交通系统提供了指导和依据[2]。

步行和自行车交通系统网络包括各类步行和自行车道路及其附属过街设施、停车设施，是步行和自行车交通系统的基础，是进行步行和骑行活动、休闲游憩、串接公共空间的主要载体，也是承担城市交通运行、开展公共活动的重要基础设施保障。

1　层次化步行和自行车交通系统网络构建要点

考虑出行者的意愿和诉求，良好的步行和自行车交通系统网络，一方面，需要有充足的覆盖面，以确保出行者可以方便地到达大多数地区，考虑到城市核心区出行需求大，应提供比一般地区更加密集、更加宽敞的步行和自行车活动空间；另一方面，步行和自行车道路应有可靠的通行条件，具备安全、连续、便捷和舒适的基本特征，而且除上班、上学等通勤性通道之外，还应在滨海、滨河、绿地等环境宜人的地区设置游憩散步或健身骑行的专用通道，以提升居民生活品质。

因此，步行和自行车交通系统网络构建的要点包括两个层面：（1）分区，即契合城市空间结构和用地功能划定分区，规定不同分区的网络密度和在综合交通系统中的优先级，重点在于保障核心建成区的路网肌理和通道覆盖，高标准要求外围新区的步行和自行车交通基础设施规划建设；（2）分级，即适应公众使用需求的分级步行和自行车道路体系，包括依托资源禀赋、山水环境等城市特色构建的休憩廊道系统，以及匹配城市功能分区和用地特征，服务日常通行的非机动车道和人行道系统。

综上，应构建适应多种需求的层次化网络，具体实现途径为划定步行和自行车交通分区，给出步行和自行车道路分级，提出差异化的规划设计要求。《导则》对步行和自行车交通系统网络的分区分级类型、功能布局要求和控制指标给出了一般性规定。在此基础上，本文重点对如何划定步行和自行车交通分区、确定道路分级开展研究，并以三亚市为例进行具体说明。

2 定性与定量相结合的步行和自行车交通分区方法

2.1 步行和自行车交通分区类型

分区的主要目的，在政策上是体现城市不同片区之间的步行和自行车交通特征差异，确定相应的发展策略，为政策制定提供依据；在设施上是控制整体网络布局，提出差异化的步行和自行车道路规划设计要求。

根据《导则》要求和其他地区经验，一般分区类型包括：（1）步行和自行车交通一类区，为步行和自行车交通方式优先地区，步行和自行车道路密度高，步行和自行车交通设施完善，注重安全性和舒适性，主要分布在城市中心区、重大公共设施、主要交通枢纽及滨海、滨水、公园、广场周边等区域；（2）步行和自行车交通二类区，为兼顾步行和自行车交通以及其他交通方式的分区，步行和自行车道路密度较高，具有较好的步行和自行车交通设施，具有较好的安全性和舒适性，主要分布在城市副中心、中等规模公共设施、一般性功能区等区域；（3）步行和自行车交通三类区，对步行和自行车交通方式予以基本保障的区域，步行和自行车交通系统环境一般，具备一定的安全性和舒适性，主要分布在除以上两类区的其他区域。由三类区到一类区，步行和自行车交通优先级越来越高（见表1）。

2.2 划分方法

步行和自行车交通作为城市综合交通系统的重要组成部分，在居民出行中占主导地位，因此步行和自行车交通分区要考虑不同区域出行需求总量和特征的差异，以服务日常通勤的步行和自行车出行需求。从城市建设和管理角度来看，有限的资源应投放到最具发展活力和前景的区域，因此不同分区的基础设施供给和服务水平应有差异，分区划定还带有一定的公共政策属性。步行和自行车交通分区兼顾政策导向与设施供给标准的特点，分区划定应采用定性与定量相结合的方法以满足双重属性要求（见图1）。

定量方法以居民出行调查为基础，计算不同小区步行和自行车出行密度，根据强度高低划分定量分区；定性方法考虑商业区、居住区、大型公建和交通枢纽布局，以此为中心划定步行和自行车交通影响区，根据步行和自行车交通影响区重叠覆盖的范围确定分区。最后，综合定性与定量结果，划定城市步行和自行车交通分区。

步行和自行车交通分区类型　　　　表1

分区	定位	要求	布局
一类区	优先考虑	舒适度和安全性优良	城市中心区、重大公共设施、主要交通枢纽以及滨海、滨水、公园、广场周边等区域
二类区	兼顾其他方式	舒适度和安全性较好	城市副中心、中等规模公共设施、一般性功能区等
三类区	基本保障	舒适度和安全性满足基本要求	其他

资料来源：文献 [1]

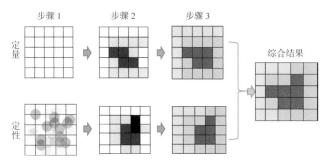

图1　定性定量相结合的分区方法

1）基于居民出行调查的定量划分。

以居民出行调查中的交通小区划分为依据，划分步行和自行车出行单元格，提取出行OD中的步行和自行车交通方式计算各单元格出行强度（见图2），按合适比例将出行强度分为三档对应三类分区。不同城市居民出行特征、习惯和方式不同，截取比例应有所差异。而后，按照确定的出行强度分区标准将步行和自行车单元格集计为不同分区，形成定量划分结果。

2）基于用地功能布局的定性划分。

不同用地类型对步行和自行车交通的友好程度不同，商业、居住、大型公建、交通枢纽等地区人员活动密集、步行和自行车设施使用频度较高，围绕该类型单元格形成若干步行和自行车交通影响区[3]，通过给定不同用地类型步行和自行车交通的影响区范围，确定服务范围的分布（见图3）。先经加权叠加获得步行和自行车交通系统公共设施服务强度的分布，而后依据强度的分档区间，形成定性划分结果。

综合以上两种方法，考虑城市行政区划和天然隔离等其他因素，统筹优化确定最终分级方案（见图4）。

2.3 不同分区控制指标

不同优先级的分区对步行和自行车交通系统的重视程度、步行和自行车交通设施的布局要求应有差异，以合理配置资源，构建层次清晰、配给适当的步行和自行车交通体系。通过给出不同分区的控制性指标（步行道和自行车道间距、密度等），为不同分区的规划建设提供指引和控制。

步行交通控制指标主要包括步行道路密度和步行道平均

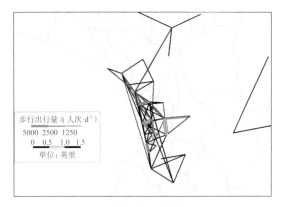

（a）步行出行 OD 期望线　　　　　　　　　（b）自行车出行 OD 期望线

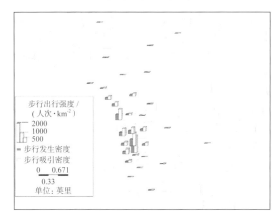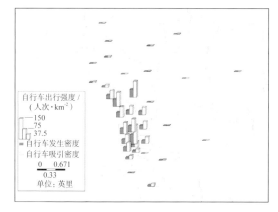

（c）步行交通发生吸引密度　　　　　　　　（d）自行车交通发生吸引密度

图2　三亚市步行和自行车交通单元出行强度分布

资料来源：文献 [4]

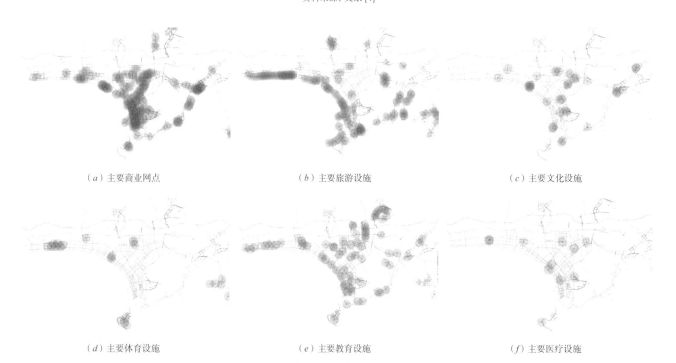

（a）主要商业网点　　　　　　（b）主要旅游设施　　　　　　（c）主要文化设施

（d）主要体育设施　　　　　　（e）主要教育设施　　　　　　（f）主要医疗设施

图3　三亚市不同公共服务设施步行和自行车交通影响区范围

资料来源：文献 [4]

图4 三亚市步行和自行车交通分区

资料来源：文献[4]

步行道网络密度和间距   表2

分区	步行道路密度 /(km·km⁻²)	步行道平均间距 /m
一类区	14 ~ 20	100 ~ 150
二类区	10 ~ 14	150 ~ 200
三类区	6 ~ 10	200 ~ 350

资料来源：文献[4]

自行车道网络密度和间距   表3

分区	自行车道路密度 /(km·km⁻²)	自行车道平均间距 /m
一类区	12 ~ 18	110 ~ 170
二类区	8 ~ 12	170 ~ 250
三类区	5 ~ 8	250 ~ 400

资料来源：文献[4]

间距，以合理控制步行网络疏密，提升步行可达性和舒适度（见表2）。

自行车交通控制指标主要包括自行车道路密度和自行车道平均间距，以合理控制自行车交通网络疏密，为自行车出行提供与需求相匹配的基础设施条件（见表3）。

在步行和自行车交通优先级较高的分区，通过构建高密度和窄间距的步行和自行车交通系统网络来达到提升优先级、引导和鼓励选用步行和自行车交通方式的目的。

3 适应多样化需求的步行和自行车道路分级

除传统的作为日常出行方式之外，随着人们生活水平的提高，步行和自行车交通越来越多地成为休闲游憩、健身、社会交往的重要手段，步行和自行车交通方式的社会功能开始凸显。在考虑多样化需求对道路分级、网络布局、使用特征和依托载体等方面不同要求的基础上，步行和自行车道路分为两类：空间上独立于市政道路的步行和自行车专用路、沿市政道路两侧布局的步行和自行车道。

3.1 依托城市特质、自然和人文景观的步行和自行车专用路

步行和自行车专用路包括公园、广场、景区内的通道，滨海、滨河、环山的绿道，通过管理手段、铺装差异等措施禁止或分时段禁止除步行和自行车以外的交通方式通行的各类通道，如商业步行街、历史文化步行街区等，以及横断面较窄不具备机动车通行条件的胡同、街坊、小区路等。专用路应通过良好的铺装、严格的机动车禁行措施、宜人的环境吸引公众使用，线型相对自由，与城市公共空间和绿地空间、滨水空间密切衔接，形成串联主要公共空间节点的纽带（见图5）。

3.2 契合空间结构和用地功能的步行和自行车道

步行和自行车交通存在不同的出行特点和距离适用性，在步行和自行车交通系统网络中发挥着不同的作用，与城市空间结构和用地布局的契合诉求也存在差异。步行出行距离

（a）亚龙湾路改造指引

（b）绿道建设指引   （c）三亚湾路滨海步道实景

图5 三亚市部分步行和自行车专用路建设指引及实景

资料来源：文献[4]

短、流量大、需求多的区域主要分布在城市核心区和居住、商业密集地区，出行范围主要集中在组团内部，因此高等级步行道主要考虑与用地功能的契合。相比步行方式，自行车出行距离较长，对一般城市来说有跨组团联系的需求，流量大、使用频度高的通道主要集中在连接城市相邻功能区和组团之间，因此高等级自行车道应考虑与组团空间结构的契合。

3.2.1 步行道分级及布局模式

根据步行交通特点和出行距离，结合城市空间结构和用地布局，骨干步行道布局呈团簇状形态（见图6和图7）。

1）一级步行道。

以满足组团内短距离的通勤联络功能为主，人流量大，步行活动以联络通勤为主，是步行网络的重要组成部分，主要分布在城市中心区、重要公共设施周边、主要交通枢纽等地区周边的生活性主干路，人流量较大的次干路以及部分横断面条件较好、人流活动密集的支路。

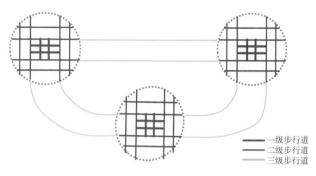

图6　骨干步行道团簇状布局模式

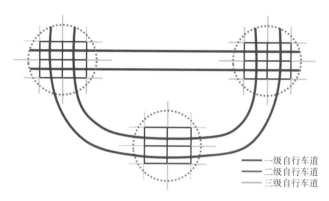

图8　骨干自行车道串珠状布局模式

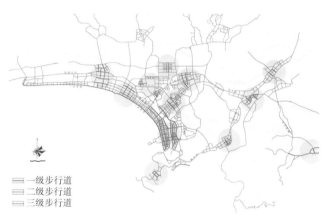

一级步行道
二级步行道
三级步行道

图7　三亚市步行道分级方案

资料来源：文献[4]

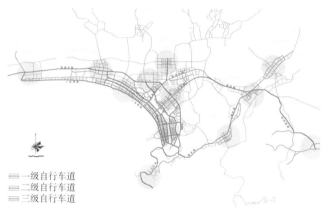

一级自行车道
二级自行车道
三级自行车道

图9　三亚市自行车道分级方案

资料来源：文献[4]

2）二级步行道。

以服务两侧建筑为主，人流量较大，步行活动以休闲、娱乐、购物为主，是步行网络的主要组成部分，主要分布在城市副中心、中等规模公共设施周边、城市一般功能区等地区周边的次干路以及支路。

3）三级步行道。

流量相对较小，以步行直接通过为主，人流量较小，步行活动多为简单穿越，与两侧建筑联系不大，是步行网络的延伸和补充。从空间上联系各组团，起到基本的联系和贯通作用，主要分布在两侧开发强度不高的以交通性为主的主干路两侧，以及城市外围地区、工业区等人流活动较少地区周边的各类道路。

3.2.2　自行车道分级及布局模式

根据自行车交通特点和出行距离，结合城市空间结构和用地布局，骨干自行车道布局呈串珠状形态（见图8和图9）。

1）一级自行车道。

串接各功能组团，形成自行车网络主骨架，服务长距离跨组团联系，主要分布在城市相邻功能组团之间和组团内部通行条件较好、市民通勤联络的主要通道上，以生活性主干路和自行车流量较大的次干路为主。

2）二级自行车道。

布局在各功能组团内部，以服务两侧用地建筑为主，自

行车流量较大，以周边地块的到发集散为主，是自行车网络的重要组成部分，主要分布在城市主副中心区、各类公共设施周边、交通枢纽、大中型居住区、市民活动聚集区等地区周边的次干路以及支路。

3）三级自行车道。

以通过性的自行车交通为主，自行车流量较小，与两侧建筑联系不大，是自行车网络的延伸和补充，主要分布在两侧开发强度不高的以交通性为主的主干路两侧，以及城市外围地区、工业区等人流活动较少地区周边的各类道路。

3.3　分级控制指标及设计指引

1）控制指标。

步行和自行车专用路的宽度应根据流量、所处位置、承担功能、两侧用地性质等综合确定。一般情况下，自行车专用路单向通行不宜小于3.5m，双向通行不宜小于4.5m，应与机动车道严格物理隔离，并采取有效的管理措施禁止机动车进入和停放（见图10）。不同等级的步行道和自行车道宽度及隔离方式见表4。

2）设计指引。

分层次网络构建是步行和自行车交通系统的基础，通过网络密度和宽度的规定为城市步行和自行车交通活动提供最基本的保障。以此为基础，从空间和环境设计层面出发对步

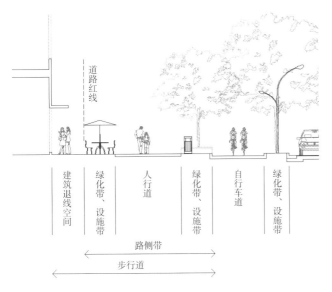

道路红线

建筑退线空间 | 绿化带、设施带 | 人行道 | 绿化带、设施带 | 自行车道 | 绿化带、设施带

路侧带

步行道

图 10　步行和自行车道横断面示意
资料来源：文献 [1]

步行道和自行车道宽度及隔离方式建议　表 4

等级	步行道指标		自行车道指标	
	路侧带❶宽度 /m	隔离要求	横断面宽度 /m	与机动车道隔离形式
一级	4.5 ~ 8.0	步行道应与相邻的机动车道或自行车道进行物理隔离，可采取绿化带隔离、设施带隔离、高差隔离等类型；应避免步行道与自行车道共板设置，以保障行人安全	3.5 ~ 6.0	应采用物理隔离
二级	3.0 ~ 6.0		3.0 ~ 5.0	应采用物理隔离
三级	2.5 ~ 40		2.5 ~ 3.5	主干路、次干路应采用物理隔离，支路宜采用非连续物理隔离

注：❶ 路侧带指城市道路行车道两侧的人行道、绿带、公用设施带的统称，表中宽度为包含上述设施的总宽度，具体各细部设计指标参见文献 [1]。
资料来源：文献 [1]

行道和自行车道给出设计指引，在细节和微观上提供足够的空间保障、打造良好的步行和自行车交通环境，并做好与其他交通方式的衔接，为进一步的详细设计工作提供依据，以提升步行和自行车交通系统吸引力和服务水平。

在空间层面，步行道和自行车道宽度控制应结合城市道路横断面设计统筹考虑，主要考虑步行道和自行车道等级以及所在步行和自行车交通分区，一类区各级步行道和自行车道横断面宽度宜取上限值，二类区宜取中间值，三类区宜取下限值。一般情况下，步行道和自行车道等级越高，给予行人和骑行者的通行宽度就越宽，通行能力越高，可容纳的流量越大，步行和骑行等其他衍生活动越活跃。自行车道等级

越高，隔离形式越严格，越能保障自行车通行空间的畅通、安全，减少与机动车和其他交通方式的相互干扰。

在环境层面，应打造优越的步行和自行车出行环境。步行道和自行车道等级越高，在路面铺装、街道家具、绿化景观、照明、指示标志等方面越应给予优先级较高的设施和服务保障，并与片区整体用地、街区风貌相协调，构建安全、便捷、舒适、怡人的步行和自行车出行总体环境氛围。

在衔接层面，应加强与公共交通的衔接，优化公共交通车站与周边步行设施的关系，强化无障碍设施、一体化衔接。在步行道和自行车道等级较高、活动密集的片区或路段，开展交通稳静化设计，减少机动车数量、降低机动车速度，通过各种措施保证步行和自行车交通优先级。

4　结语

步行和自行车交通系统网络的构建是各城市发展步行和自行车交通、绿色交通的第一步，通过合理划定步行和自行车交通分区、明确分级步行和自行车道路布局，为步行和自行车活动提供平台和载体。在编制完成步行和自行车交通专项规划、完成步行和自行车交通系统网络构建的基础上，只有将步行和自行车交通分区、网络分级、控制指标和设计指引等核心内容纳入城市规划编制和管理体系中，才能从制度层面保障步行和自行车交通系统网络的落实。特别是作为步行和自行车交通的核心载体，步行道和自行车道密度和宽度是影响网络构建、环境提升和衔接组织的关键要素，也是交通层面的硬性控制指标，应在城市综合交通体系规划和控制性详细规划有关道路布局和横断面设计内容中予以提前控制，从源头上保障步行和自行车交通系统网络的良好构建。

参考文献

[1] 中华人民共和国住房和城乡建设部.城市步行和自行车交通系统规划设计导则 [R]. 北京：中华人民共和国住房和城乡建设部，2014.

[2] 戴继锋，赵杰，周乐，杜恒.“网络、空间、环境、衔接”一体化的步行和自行车交通：《城市步行和自行车交通系统规划设计导则》规划方法解读 [J]. 城市交通，2014，12（4）：4-10.

[3] 吴娇蓉，华陈睿，王达琳.公共设施布置与慢行出行行为的关系 [J]. 城市规划，2014，38（7）：57-60.

[4] 中国城市规划设计研究院.三亚市慢行交通专项规划 [R]. 北京：中国城市规划设计研究院，2014.

作者简介

钮志强，男，山东临朐人，硕士，工程师，主要研究方向：交通规划与设计，E-mail: nzq8633_co@163.com

高科技园区步行和自行车交通系统构建
——以北京市中关村科技园区电子城北扩区为例

Pedestrian and Bicycle Transportation System in High-Tech Park:
A Case Study of Zhongguancun Electronics District in Beijing

阎 军 宫 磊 赵一新

摘 要：为构建高科技园区安全、便捷、舒适的步行和自行车交通系统，从分析高科技园区特征以及步行和自行车交通的必要性入手，归纳总结其步行和自行车交通系统构建的技术路线和方法，提出规划、设计、管理不同阶段需要重点解决的问题。以北京市中关村科技园区电子城北扩区为例，探讨在规划、设计、管理中落实步行和自行车交通系统优先的途径。从步行和自行车交通需求特征、功能定位、与其他交通系统的关系角度详细阐述步行和自行车通道和节点规划方案。同时，探讨如何在设计和管理阶段落实规划中步行和自行车交通优先理念的具体对策。

关键词：步行和自行车交通；规划；设计；管理；高科技园区

Abstract: In order to develop a safe, convenient and comfortable pedestrian and bicycle transportation system in the high-tech park, this paper presents the development techniques of pedestrian and bicycle transportation system, and proposes the solutions for the problems existed in planning, design and management stages through analyzing the characteristics of pedestrian and cyclist transportation within the high-tech park. Taking Zhongguancun Electronics District as an example, the paper discusses how to prioritize pedestrian and bicycle transportation system in planning, design and management. The paper also elaborates the planning of pedestrian and bicycle corridors and nodes in several aspects: demand characteristics, functionalities, and the relationship with other transportation systems. Finally, the paper discusses how to prioritize pedestrian and bicycle trans-portation system in design and management stage.

Keywords: pedestrian and bicycle transportation; planning; design;management; high-tech park

0 引言

自 1988 年中国第一个高科技园区[1]——北京市中关村科技园区成立以来，截至 2008 年 7 月，在火炬计划的推动下，中国已经建立 54 个国家级高科技园区[2]以及数量众多的省、市、区、县各级高科技园区。高科技园区的快速蓬勃发展历经中国城镇化快速发展阶段（1979 ~ 1991 年，城镇人口年均增长 5.8%）和城镇化稳定发展阶段（1992 ~ 2008 年，城镇人口年均增长 5.6%）[3]。

随着中国城镇化和机动化的不断发展，步行和自行车交通渐渐成为一种被忽略的交通方式。而高科技园区往往是以城市新区的形式出现，对于这些在近乎一张白纸上建设起来的城市新区，如果不在前期的规划、设计以及后期的运营管理过程中对步行和自行车交通系统给予预留和保证，将会造成恶劣的步行和自行车交通环境、不利于高科技园区可持续交通系统的形成。

1 高科技园区特征分析

通过对国内外既有高科技园区进行研究[4]发现，高科技园区在产业、区位、用地等方面一般具有以下特征：（1）高科技园区内产业代表了世界各个领域最前沿的生产力，一般以智力投入、知识产品产出为主要特征；（2）无论是位于城市边缘还是郊区，高科技园区与所依托城市之间都有快速的轨道

交通系统或道路交通系统联系；（3）用地结构比较侧重增加绿地在整个园区土地构成中的比例，以打造优美、宜人的绿化系统，营造良好的科研环境；（4）从业人员一般以高学历、高收入的年轻人为主。

就交通特征而言，对外交通方式中使用轨道交通的地区路网交通压力远低于仅使用道路交通的园区；进出园区的道路交通压力高于园区内部；潮汐交通明显；除通勤交通外，园区内部还存在商务、参观游览、餐饮、娱乐等目的的交通需求；除与园区所依托的城市中心城区联系较为密切外，与城市对外交通枢纽之间的联系也较强[4]。

高科技产业具有智力投入高、环境要求高、产品附加值高等特点，因此要求高科技产业的配套服务之一——交通运输方式，应该同样具有能耗低、排放少的特征且能够快速、高效地完成交通运输职能，这决定了步行和自行车交通以及公共交通应该成为其主导交通方式。步行和自行车交通是园区内部各类短距离出行，接驳轨道交通、扩大轨道交通车站覆盖范围的首选方式。同时，步行和自行车交通可以与园区内部绿地景观紧密结合，使出行者直接接触大自然、体验出行乐趣。

2 高科技园区步行和自行车交通系统构建技术路线

一个成功运行的步行和自行车交通系统，不仅需要在规划设计之初对其通道、节点等设施给予规划预留，而且需要

在建成后的运营管理中继续落实规划理念。一个安全、舒适、人性化的步行和自行车交通系统，不仅应功能明确、结构清晰、设施完善、环境宜人，而且需要与轨道交通、道路交通、地面公交等快速交通系统合理衔接和协调，统一考虑、层层统筹。

根据时间先后以及每一阶段主体工作内容的差异性，可将高科技园区步行和自行车交通系统的构建分为三个阶段，在各个阶段步行和自行车交通系统均需与其他交通系统进行协调。各个阶段需要解决的问题及相互关系见图1。

1）规划阶段。

这一阶段主要依据城市总体规划、分区规划以及高科技园区总体发展规划，明确园区的发展目标，进而确定园区合理的交通模式，明确步行和自行车交通在园区内的功能定

位。在此基础上分析步行和自行车交通特征，预测步行和自行车交通需求的规模、方向等，并对步行和自行车通道及节点进行规划。同时，对规划区既有相关交通规划（包括轨道交通规划、公共交通规划、道路交通规划等）提出调整意见和建议。

2）设计阶段。

这一阶段通过细节设计确保规划阶段理念的进一步落实和实现。根据步行和自行车交通系统构成要素的差异性，设计阶段分为通道设计和节点设计。其中，通道设计重点确定步行和自行车通道与道路、绿地水系、地块之间的关系；节点设计重点解决步行和自行车通道节点、轨道交通车站以及过街设施等位置的步行和自行车交通优先设计问题。然后将设计成果反馈到城市设计和道路设计方案中。

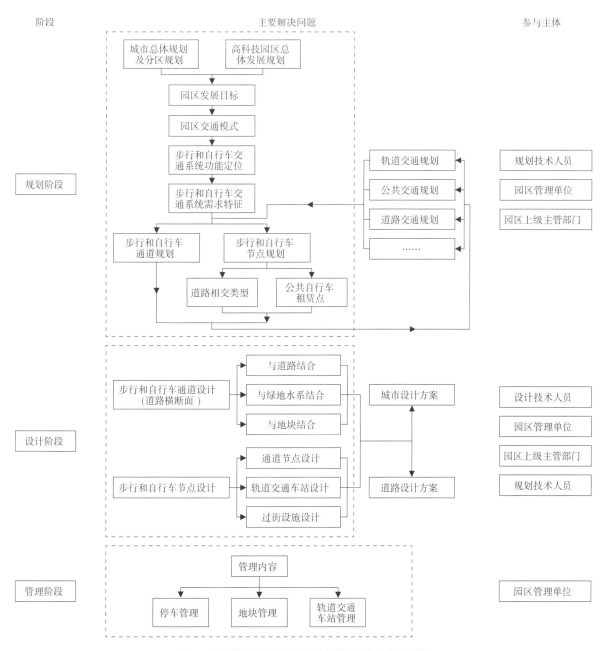

图1 高科技园区步行和自行车交通系统构建技术路线

3）管理阶段。

在具体工程建设按照设计阶段的设计、施工方案完成后，对投入运营的步行和自行车交通系统和其他交通系统的设施进行管理，贯彻规划、设计阶段对步行和自行车交通优先理念的规划设计初衷。主要工作内容是对停车、地块以及轨道交通车站的管理。

3 电子城北扩区步行和自行车交通系统构建

3.1 电子城北扩区概况

电子城北扩区（以下简称"北扩区"）是北京市中关村科技园区中一区十园之一——电子城科技园的重要组成部分，以发展新一代移动通讯、网络与通信设备、软件与网络服务为主导产业方向，发展研发中心、企业总部、新技术服务中心等产业链的高端形态。北扩区用地面积 2.76km²（一期用地面积，总用地面积约 4km²），位于北京市中心城区边缘——五环快速路以北。

北扩区用地规划中，产业等岗位类用地占全部用地的 60.29%，绿地和水系用地占 7.64%（不含绿隔用地）[5]，见图 2。大量的岗位类用地使得北扩区早晚高峰将呈现明显的潮汐交通特征。同时，中心城区边缘的区位使得北扩区与其周边功能组团将会存在一些联系比较密切的短距离出行。然而，北扩区用地基本处于五环快速路、京承高速公路、机场高速公路的围合之中，对外道路数量和通行能力比较有限；内部道路呈方格形路网形态，主要承担对外联系道路与内部地块之间的交通集散功能以及北扩区内部联系功能。对外道路的有限性意味着北扩区对外交通不能依赖小汽车，规划经过北扩区的轨道交通 14 号线、15 号线为地区实施公交优先、构建公共交通与步行和自行车交通相结合的交通系统创造了先决条件。同时，较高比例的绿地和水系用地为步行和自行车交通与绿化景观相互融合提供了前提条件。

根据北扩区城市设计、步行和自行车交通规划等相关规划设计的构想，在规划建设中应避免中国城镇化快速发展阶段出现的"重机动车、轻步行和自行车交通"的问题，力求将北扩区打造成为以轨道交通车站为核心，适宜步行和自行车交通安全、舒适出行的示范区。

3.2 规划阶段

3.2.1 规划原则

北扩区步行和自行车交通系统规划的主要原则包括：（1）因需制宜。依据步行和自行车交通需求性质和分布的差异性对步行和自行车通道进行分类和布局。（2）分区优先。辨别步行和自行车交通以及机动交通集中的区域和道路，在不同区域和道路分别给予步行和自行车交通以及机动交通优先权。（3）突破常规。统一协调园区内步行和自行车交通用地和绿化水系用地，规划设计时将两者相互融合，以形成优美的步

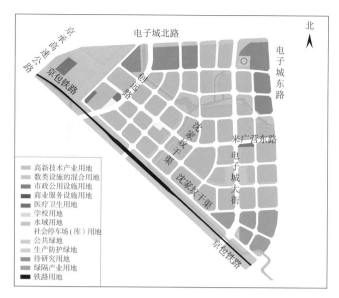

图 2　北扩区用地规划

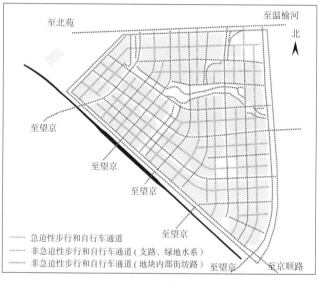

图 3　北扩区步行和自行车通道网络规划

行和自行车通行环境。

3.2.2 步行和自行车通道规划

北扩区内的活动主要包括通勤、商务、餐饮、休闲、参观游览等类型。按照这些活动对时间要求的紧迫程度，将步行和自行车交通需求分为急迫性需求（主要包括通勤和商务需求）和非急迫性需求（主要包括餐饮、休闲和参观游览需求）。为满足这两类需求，分别规划急迫性和非急迫性两套步行和自行车通道系统，见图 3。

1）急迫性步行和自行车通道。主要用于解决对时间要求较高的步行和自行车交通需求。这类需求对通道的方向性、可识别性要求较高，因此主要布设于进出北扩区和北扩区内部的干路上。

2）非急迫性步行和自行车通道。主要用于解决对时间要求相对宽松的步行和自行车交通需求。这类需求对于通行

环境要求相对较高，因此主要沿绿带水系以及支路、地块内街坊路进行布设。

3.2.3 道路相交类型规划

除步行和自行车通道层面的规划外，本次规划还为设计层面提供上一层次的规划要求，即在不同类型交叉口应采取不同的步行和自行车优先设计，以合理分配行人、骑车者与机动车之间的道路通行权，提高行人、骑车者通行的安全性和机动车的通行效率，见图4。

1）主（次）干路—主（次）干路交叉口：两条相交道路车流量均较大，因此不采取步行和自行车优先措施，而采用传统交叉口形式，保证机动车通行效率。

2）主干路—支路交叉口：主干路车流量较大，考虑采取一定程度的步行和自行车优先措施，例如在支路的机动车停车线前设置自行车左转待转区，并且优先放行自行车的措施。

3）次干路—支路交叉口：次干路车流量较大，步行和自行车交通通行优先权为中等水平，在支路上采取人行道抬高、交叉口缩窄等优先措施，在次干路上采取自行车左转提前的优先措施。

4）支路—支路交叉口：支路车流量较小，步行和自行车交通优先权级别最高，在交叉口实施人行道抬高和交叉口缩窄的优先措施，以提高行人过街的安全性和舒适性。

3.2.4 公共自行车租赁点规划

为解决北扩区内轨道交通"最后一公里"的问题，扩大轨道交通车站的服务范围，提高其可达性，结合北扩区轨道交通车站规划设置公共自行车租赁点2处。乘客在轨道交通车站换乘自行车骑行3min（750m）即可到达北扩区内的绝大部分地区，见图5。除轨道交通车站外，在北扩区其余地区结合公交车站和报刊亭规划设置公共自行车租赁点8处，见图6。行人在北扩区内步行约4.5min（300m）即可到达一个公共自行车租赁点。

3.3 设计阶段

3.3.1 道路横断面设计

急迫性步行和自行车通道所在的道路横断面采用传统的三幅路、四幅路形式，利用物理隔离以及行道树将自行车与机动车、行人进行分隔，避免机动车、自行车、行人之间的相互干扰，见图7（b）、图7（d）、图7（e）和图7（f）。

非急迫性步行和自行车通道的横断面设计依据通道位置的不同而不同，主要分为结合道路、结合绿地水系以及结合地块三种横断面设计。其中，结合道路的横断面设计根据道路两侧是否有绿化带分为两种类型：如果道路两侧没有绿化带，自行车和行人交通量较小且不集中，则将自行车和行人综合考虑进行一体化设计，见图7（h）；如果道路两侧有绿化带，则考虑将步行和自行车交通系统与绿化系统进行一体化设计，见图7（c）和图7（g）。结合绿地水系的横断面设计主要考虑结合景观设计步行和自行车健身道，见图7（i）和

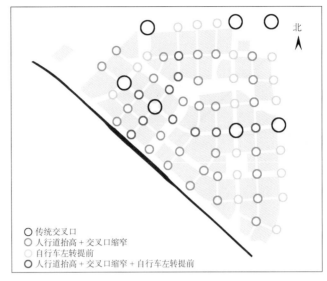

图4 北扩区道路相交类型规划

○ 传统交叉口
○ 人行道抬高 + 交叉口缩窄
○ 自行车左转提前
○ 人行道抬高 + 交叉口缩窄 + 自行车左转提前

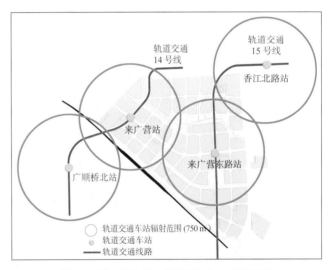

图5 轨道交通车站自行车骑行3min辐射范围

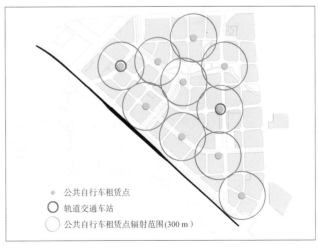

● 公共自行车租赁点
○ 轨道交通车站
○ 公共自行车租赁点辐射范围(300 m)

图6 北扩区公共自行车租赁点规划

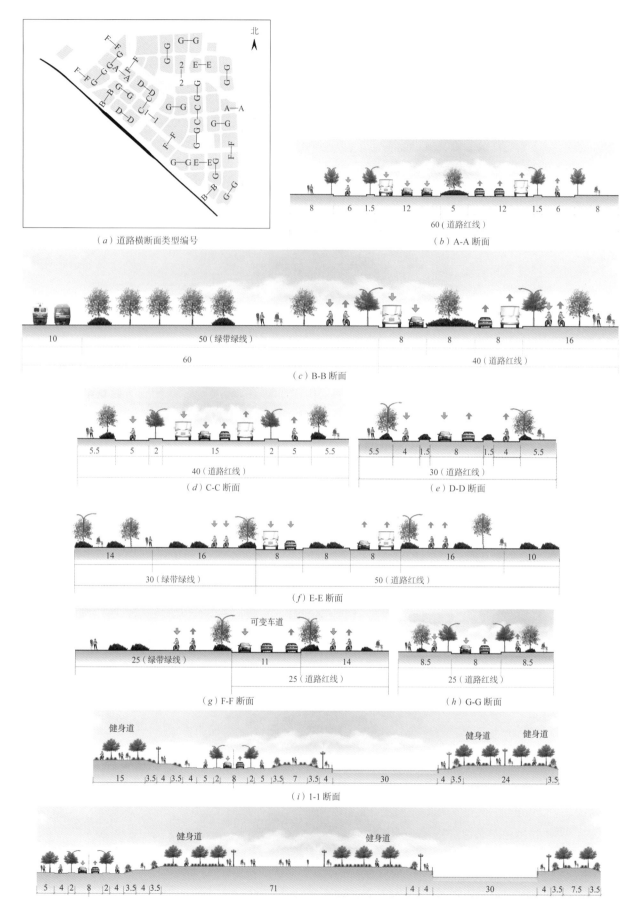

（a）道路横断面类型编号

（b）A-A断面

（c）B-B断面

（d）C-C断面

（e）D-D断面

（f）E-E断面

（g）F-F断面

（h）G-G断面

（i）1-1断面

（j）2-2断面

图7　北扩区不同类型道路横断面设计

图 7（*j*）。结合地块的横断面设计，主要结合建筑及街坊道路（见图 8 和图 9），保证来自各个方向的步行和自行车交通都能方便出入地块，减少行人和骑车者的绕行距离。同时，机动车在地块外围道路上即可直接进入地下车库，在地块内尽可能减少与步行和自行车交通的冲突。

3.3.2 通道节点设计

为了保证步行和自行车交通在其优先交叉口能够获得优先权，需对传统交叉口形式进行优化。具体包括三种区别于传统的设计。

1）将人行横道抬高至路缘石高度，见图 10（*a*）。这种设计一方面使机动车在经过人行横道时必须减速以提高行人过街的安全性，另一方面可以提高轮椅使用者等群体的过街舒适性，此外还可以避免行人过街处在雨雪天积水和结冰。

2）缩窄交叉口及减小交叉口转弯半径，见图 10（*b*）[6]。这种设计一方面可以降低机动车在交叉口转弯时的车速以提高行人过街的安全性，另一方面可以缩短行人过街距离，减小行人与机动车发生冲突的概率。

3）在机动车停车线前设置自行车左转待转区，见图 10（*c*）。这种设计配合信号控制措施可以使左转自行车先于机动车启动、完成转向，减少与对向机动车之间的冲突。

3.3.3 轨道交通车站设计

园区内规划有两条轨道交通线路的 3 座车站，均为地下车站。设计通过增加通道宽度、配合清晰明确的指示标志等，使车站除具备集散轨道交通客流的功能外，还可以实现一定程度的行人过街功能。根据车站所处的不同位置，行人过街设施分为三种类型，见图 11。

3.3.4 过街设施设计

结合园区内用地特征和行人交通特征，行人过街设施的合理间距应为 250～300m。园区内既有规划道路的交叉口间距一般为 200～250m，部分交叉口的间距较大，达到350～400m。因此，除交叉口处的行人过街设施外，还需在路段考虑行人过街设施。

行人过街设施主要有三种形式：人行天桥、人行地道和平面过街。综合考虑北扩区行人过街交通需求、道路宽度、轨道交通走向及车站位置，行人过街设施应以平面过街形式为主；轨道交通线路经过的干路及车站所处的交叉口或路段，可结合轨道交通采用地下过街设施。

路段行人平面过街设施应结合公交车站进行设置，根据行人过街交通量的规模设置行人过街信号灯，并在路段中央设置行人过街安全岛，提高行人过街的安全性。路段行人过街设施形式见图 12。

3.4 管理阶段

良好的规划设计理念最终能够贯彻执行离不开建成后的日常管理。需要采取的措施包括：

1）停车管理。严格执行车辆停放入位、引导地下停车的

地块内公共自行车租赁点 ▬地下车库 ▬车行道 内部步行和自行车通道 ▭▭▭铺地

图 8　步行和自行车交通系统与地块内建筑的结合

图 9　地块内步行和自行车通道主要横断面形式（单位：m）

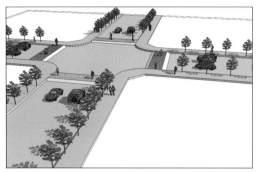
（a）人行横道抬高

（b）交叉口缩窄

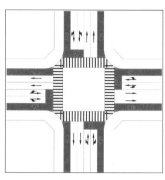
（c）设置自行车左转待转区

图 10　对传统交叉口的优化措施

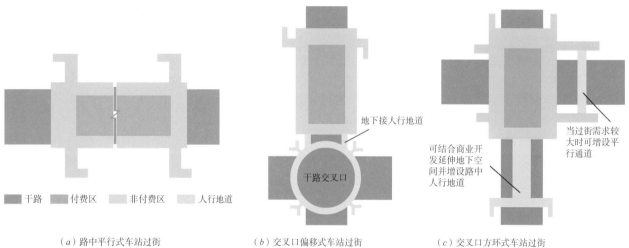

■ 干路　■ 付费区　□ 非付费区　▨ 人行地道

（a）路中平行式车站过街

（b）交叉口偏移式车站过街

（c）交叉口方环式车站过街

图 11　轨道交通车站行人过街设施形式

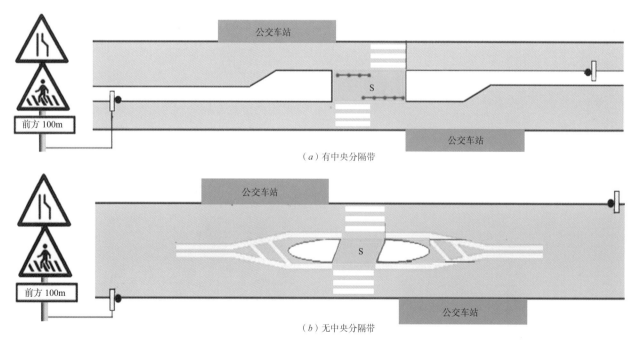

（a）有中央分隔带

（b）无中央分隔带

图 12　路段行人过街设施形式

管理规定。避免机动车占用人行道、自行车道停放，保证行人和自行车的路权。

2）地块管理。由于北扩区地块划分面积较大，规划阶段加密了步行和自行车通道，为了保证园区建成之后可便利使用，需要打破以往各个地块"划地而治"的管理模式。应将整个园区作为一个整体、一个开放的园区进行管理，步行和自行车交通系统是串联各个地块、轨道交通车站、公交车站的纽带。

3 轨道交通车站管理。应当充分发挥轨道交通车站功能，使其在承担客流集散的功能之外，承担一部分行人过街功能。这需要协调地铁运营管理公司，通过合理布设检票闸机位置、利用开放的非付费区供行人过街使用。

4 结语

由于高科技园区与一般城市地区在产业、区位、用地、交通等特征上存在差异性，其用地结构及产业对环境的要求具有特殊性，以公共交通、步行和自行车交通为主的绿色交通方式应成为园区的主体交通模式。高科技园区从业人员出行方式的选择范围更广，其出行方式选择将直接受便捷性和舒适性影响，所以，应通过提高园区内步行和自行车交通设施的安全性、舒适性和便利性增加其出行比例。此外，应结合园区对步行和自行车交通承担的不同功能作用的分析，对相应的步行和自行车交通设施进行规划设计。只有便捷、舒适、宜人的步行和自行车交通系统，才能对出行者产生更强的吸引力，使更多的出行者使用步行和自行车交通，以塑造良好的园区环境，并形成可持续发展的交通系统。

参考文献

[1] 科技部. 大力提高自主创新能力努力创建世界一流科技园区 [EB/OL].2005[2010-09-01].http://www.most.gov.cn/ztzl/gjgxjskfq/gxdfjlcl/200508/t20050825_24180.htm.

[2] 吉林高新区. 高举火炬旗帜，积极探索中国高新技术产业化道路 [EB/OL].2008[2010-09-01].http://www.jlhitech.gov.cn/Article.asp?id=2008721144313.

[3] 国家统计局. 建国60年我国城市化水平提高5倍多 [EB/OL].2009[2010-09-01].http://finance.sina.com.cn/g/20090918/16256768869.shtml.

[4] 宫磊，赵一新，王昊，等. 中关村电子城西区五环路外地区及北扩地区交通问题研究 [R]. 北京：中国城市规划设计研究院，2009.

[5] 王科，张晓莉，徐碧颖，等. 中关村电子城北扩地区控制性详细规划 [R]. 北京：北京市城市规划设计研究院，2009.

[6] U.S.DepartmentofTransportationFederalHighwayAdministration. Curb Extensions/Neckdowns[EB/OL].2005[2010-12-01].http://contextsensitivesolutions.org/content/topics/css_design/design-examples/flexible-design-elements/curb-extensions-m/.

[7] Los Angeles Country Department of Public Works. Tools to Address Speeding and Pedestrian Safety[EB/OL].2009[2012-02-14].http://ladpw.org/tnl/ntmp/images/Curb-Extensions.gif

作者简介

阎军，男，安徽宿县人，硕士，高级工程师，主要研究方向：城市建设、国土管理、房屋管理等，E-mail:gllhgllh1982@163.com

丹麦哥本哈根市自行车交通统计年报评述

Commentary on Copenhagen Annual Bicycle Account

陈燕申　　陈思凯

摘　要： 由于缺少信息积累和方法支撑，往往难以对已制定的自行车发展战略目标的实现情况进行考核。哥本哈根作为自行车友好型城市，于2015年发布了《哥本哈根市自行车骑车者统计年报2014》。统计年报分析了交通结构、战略目标及实现情况、关键指标、满意度指标、安全指标、便捷指标等。同时，总结推动自行车发展的成功措施——扩大自行车交通空间，调整、限制机动车。指出统计年报具有对落实自行车交通战略与政策的推动力和引导作用。最后，总结对中国制定自行车发展战略的启示：应将骑行者行为和意愿作为发展战略的关键内容和目标，将自行车交通统计制度作为制定战略的分析基础。

关键词： 自行车交通；发展政策；统计年报；满意度；哥本哈根

Abstract: Due to lack of data and its analysis method, it is often difficult to assess the implementation of bicycle development strategies. In 2015, Copenhagen, a bicycle-friendly city in the world, released "*The Bicycle Account 2014*". This annual report lists the travel mode share, strategy and level of implementa-tion and analyzes key indicators of the system performance in user satisfaction, safety and convenience. The successful experiences in promoting bicycle development through bicycle right-of-way expansion, ad-justing and restricting motorized traffic are discussed. The paper points out that the annual bicycle account is helpful in directing and promoting the bicycle transportation strategies and policies. Finally, the paper summarizes the inspiration from the Copenhagen annual bicycle account to Chinese bicycle development strategy: taking into account of cyclists' behavior and preference in the system design and making bicycle travel statistics as the bases for bicycle transportation analysis.

Keywords: bicycle transportation; development policy; annual account; satisfaction; Copenhagen

0　引言

在中国城市发展自行车交通基本成为各级政府的共识，并通过各种文件提出了相应的发展原则和目标。例如，提供安全、便捷、舒适的步行和自行车出行环境，步行和自行车交通与其他交通方式确保良好衔接和匹配，科学确定步行和自行车交通发展目标，确定步行和自行车出行分担率，要求地方政府提出有关指标并进行考核，还有城市提出开辟自行车或行人专用系统等[1,2]。这些原则实践如何，目标达成如何，在既缺少信息积累也没有方法支撑，现有研究和实践基础薄弱的现实中，实在难以回答。

丹麦是世界公认的自行车王国，首都哥本哈根市将自己确定为欧洲环境之都，以及全球环境领导者城市[3]，是世界最好的自行车友好型城市之一。其发展自行车的历程一直吸引着全世界媒体、旅游者、城市规划师、政治家和学者的目光。哥本哈根以自行车交通发展战略目标、骑车者思维、安全和便捷的实际情况为主要内容出版的自行车统计年报，为中国实施自行车交通发展战略树立了样板，即自行车交通发展战略进展可以通过统计来衡量和考核。

1　哥本哈根市概况

哥本哈根是丹麦的首都，也是丹麦经济、文化中心，坐落于丹麦西兰岛东部，与瑞典的马尔默隔厄勒海峡相望。哥本哈根还是北欧最大的城市及最大港口，直辖市面积97km²，人口67.2万人，拥有自行车67.8万辆；大哥本哈根下辖25个自治市，总面积2853km²，人口173万人。

英国《单片眼镜》（Monocle）杂志在2008年和2013年两次将哥本哈根评选为"最适合居住的城市"，并给予其"最佳设计城市"的评价。

2　自行车骑车者双年报

2.1　定期发布双年报

2015年5月，哥本哈根市政府发布了《哥本哈根市自行车骑车者统计年报2014》（The Bicycle Account 2014）[4]（以下简称《年报2014》），这本双年出版的年报对哥本哈根市的自行车交通系统发展给出了统计和评估，概括哥本哈根市的自行车活动，分析居民对自行车友好城市的评价和自行车发展的影响因素。自行车骑车者双年报已连续出版11期。

2.2　双年报统计分析

《年报2014》以统计报告形式将自行车发展目标、现状指标和骑车者的感受作为统计内容。

1）交通结构。

在居民交通结构中，自行车出行比例相当高（见图1）。

2）战略目标及实现情况。

《年报2014》中的各项指标作为战略目标进行统计，可以看出，2004～2014年，绝大部分的指标都是向2015年和2025年战略目标实现的趋势，展现了自行车发展的良好状态（见表 1）。表 1 前三项指标中 2015 年目标值由 2007 年制定的《生态大都市哥本哈根：我们的愿景》（Eco-Metropolis Our Vision for Copenhagen）[3] 确定，其他目标值由《哥本哈根市自行车发展战略 2011 ~ 2025》（The City of Copenhagen's Bicycle Strategy 2011 ~ 2025）[5] 确定。

2014 年"骑车通勤和上学出行比例"作为发展战略指标被进一步细分为所有出行者和本市居民，显示了哥本哈根居民有更高的自行车出行率（见图 2）。

3）关键指标。

《年报 2014》将表 2 所示项目作为关键指标进行统计，除

了自行车平均骑行速度以外，其他指标均显示向好的趋势。

4）满意度指标。

《年报 2014》统计了居民骑车的满意度调查指标（见表 3），用以表示城市基础设施改善和维护投入在居民中产生的积极效果。

其中，自行车停车的满意度为 33%，进一步细分统计为在居住地存放自行车满意度最高，为 79%；在车站存放自行车满意度最低，为 25%（见图 3）。为提高自行车存放满意度，未来几年哥本哈根将投入 1400 万丹麦克朗升级改造自行车停车设施。

图 1　出行起点或终点为哥本哈根市区的交通结构

资料来源：文献 [4]

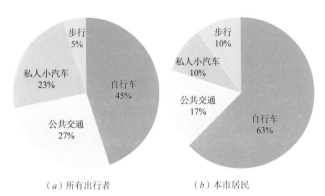

（a）所有出行者　　　　　（b）本市居民

图 2　通勤和上学目的的出行方式结构

资料来源：文献 [4]

《哥本哈根市自行车发展战略 2011 ~ 2025》制定的目标　表 1

指标	年份							
	2004	2006	2008	2010	2012	2014	2015	2025
骑车通勤和上学的出行比例 /%	36	36	37	35	36	45	50	50
市民骑车感觉安全的比例 %	58	53	51	67	76	74	80	90
骑自行车年伤亡数 /（人·a⁻¹）	125	97	121	92	102	91	56	34
多于 3 条自行车车道的自行车道路占全部自行车道路的比例 /%					17	19	40	80
自行车骑行时间减少 /%						7	5	15
自行车道路状态满意度 /%	50	48	54	50	61	63	70	80
城市生活中自行车文化影响满意度 /%					67	73	70	70	80

资料来源：文献 [5]

自行车交通系统关键指标　表 2

指标	年份					
	2004	2006	2008	2010	2012	2014
工作日自行车骑行公里数 /（km·d⁻¹）	1.13×10^6	1.15×10^6	1.17×10^6	1.21×10^6	1.27×10^6	1.34×10^6
单起自行车伤亡骑行公里数 /km	3×10^6	4×10^6	3.2×10^6	4.4×10^6	4.2×10^6	4.9×10^6
平均骑行速度 /（km·h⁻¹）	15.3	16	16.2	15.8	15.5	16.4
自行车道路 /km	329	332	338	346	359	368
自行车专用车道 /km	14	17	18	23	24	28
绿色环保自行车线路❶（the green bicycle routes）/km	37	39	41	42	43	58
自行车高速路 /km					17.5	38.5
路侧和人行道自行车停车位		42×10^3	47×10^3	48×10^3	49×10^3	51×10^3

注：❶指节能环保和植物环绕的自行车线路。

资料来源：文献 [4]。

居民对于自行车城市的满意度　　　　表3

满意度❶	年份					
	2004	2006	2008	2010	2012	2014
哥本哈根作为自行车友好城市	83	83	85	93	95	94
自行车与公共交通的衔接	54	58	49	55	60	60
自行车道路的数量	64	65	65	68	76	80
自行车道路的宽度	50	48	43	47	50	53
自行车道路的维护	50	48	54	50	61	63
道路维护	27	28	26	31	32	36
自行车停车	30	26	26	27	29	33

注：❶ 包括"满意"和"非常满意"的合计。

资料来源：文献 [4]

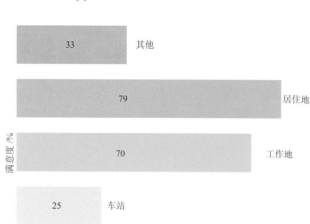

图 3　不同位置自行车停车设施的满意度

资料来源：文献 [4]

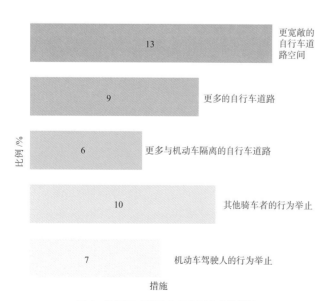

图 4　使居民感觉骑自行车更安全的措施

资料来源：文献 [4]

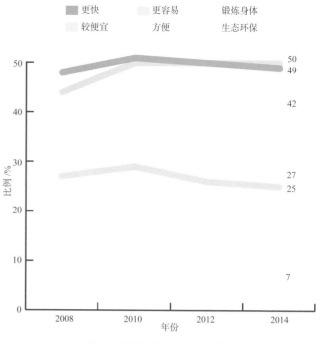

图 5　居民选择骑自行车的原因

资料来源：文献 [4]

5）安全指标。

1995 年，哥本哈根骑车受伤总数为 252 人，而到 2014 年，相应数值降为 90 人骑车受伤、1 人死亡。《年报 2014》认为伤亡下降除了基础设施改善外，还得益于自行车交通的增长。2014 年哥本哈根居民对骑自行车感觉"安全"和"比较安全"的比例达到 94%，其中安全感受从 2008 年 51% 上升至 74%[6]。主要原因为更宽敞的自行车道路空间、其他骑车者的行为举止等（见图 4）。

6）便捷指标。

便捷指标用居民选择骑自行车的原因表示（见图 5），其中更快、更容易和锻炼身体是选择自行车出行的主要原因。

2.3　交通空间再分配

《年报 2014》认为，面对每年近 1 万人的城市人口增长，为保持哥本哈根的吸引力，自行车交通规划要密切结合城市空间的优化。利用自行车增强城市凝聚力，并利用城市空间使自行车出行充满活力，同时通过自行车景观使城市生活充满动力。《年报 2014》总结的主要成功措施有：

1）扩大自行车交通空间。

（1）自行车床。在 Nørreport 站（哥本哈根最大、最繁忙的车站，包括火车、地铁、有轨电车、公共汽车等交通方式）修建"自行车床"（bicycle beds）（见图 6），即在广场设计建设自行车停放区，该创新设施平面低于街道 20 ~ 30cm，美观并便于识别，能停放 2100 辆自行车，而原设施仅能停放 900 辆自行车。

（2）自行车街道。建立了第一条自行车街 Vestergade，将机动车单行线优化为自行车与私人小汽车共享街道，即运

图6　Nørreport 站建设的自行车停车区

资料来源: 文献 [4]

图7　哥本哈根市第一条自行车街 Vestergade

资料来源: http://www.cycling-embassy.dk/2015/05/22/the-first-bicycle-street-incopenhagen/

图8　自行车专用桥

资料来源: 文献 [4]

用私人小汽车单向行驶和限制速度等措施, 抑制私人小汽车进入 (见图7)。由此, 成功地使私人小汽车日交通量由 2013 年 2500 辆·d⁻¹ 减少至 2014 年 800 辆·d⁻¹, 自行车日交通量从 4600 辆·d⁻¹ 增至 7600 辆·d⁻¹。

（3）自行车专用桥。2014 年 6 月开通的"自行车蛇形桥"（Cycle Serpent）, 连接 Vesterbro 区和 Brygge 群岛, 自行车日交通量超过 1.15 万辆·d⁻¹, 并有 4000 人次·d⁻¹ 的行人使用 (见图8)。近期, 哥本哈根市将开通数座自行车 (步行) 专用桥。

（4）自行车高速路。自行车高速路 Farumroute 线于 2013 年 4 月开通, 2014 年自行车通勤流量增加了 50%, 其中 1/4 来自原私人小汽车出行者。

（5）允许自行车逆行。2013 年 7 月在 Bremerholm 路开通自行车逆行道 (contraflow cycle track）, 使单次自行车出行时间减少 3 ~ 5min。同时, 还开通了其他自行车逆行道, 使自行车出行更加便捷。

2）调整、限制机动车。

（1）调整通行权。调整 Vesterbrogade 路部分路段的机动车通行权, 缩窄道路, 一个方向仅保留一条机动车道和一条公交车道, 为骑车者和行人、路边咖啡店和小吃店创造空间。

（2）动态停车空间。多处私人小汽车停车场在不同时段用作自行车停车场, 特别是对学校附近的停车场实施动态停车管理, 某些时段停放自行车, 其他时段停放小汽车。

2.4　自行车社会经济效益

《年报 2014》比较分析了自行车和私人小汽车出行的社会经济效益 (见表4)。结果显示, 在高峰时段, 自行车出行成本为 -1.62 丹麦克朗·km⁻¹, 即产生社会经济正效益; 私人小汽车出行则产生 5.64 丹麦克朗的社会经济成本。

3　启示

由哥本哈根市自行车交通统计年报的内容构成和统计分析可得到以下启示:

1）统计报告的推动力。

《年报 2014》不仅仅是针对现状指标进行简单统计, 而且是围绕发展自行车的战略目标进行统计, 服务于哥本哈根的自行车交通政策和战略。年报已发布 11 期, 将自行车交通发展战略的成就和效果按照时间进行统计和展示, 战略投入、实施及效果一目了然, 成为自行车交通发展战略最有效的推动力。中国发展自行车交通政策, 也应建立统计制度, 这不仅是对实施效果的统计和评估, 以推动战略的实施, 而且对于一些轻率的决策来说是一种约束, 并体现制定自行车交通发展政策的诚意、延续性和权威。

2）统计报告的引导作用。

《年报 2014》认为统计提供了一个卓越的工具, 把哥本哈根人发展自行车交通始终引向正确的方向。例如, 骑车者对车站等处自行车存放满意度较低提示了增加和改善自行车停车空间和创新停车空间是提高自行车出行率的努力方向; 还提示哥本哈根人如何以及在多大程度上实现自行车交通发展战略目标及下一步工作的关注点。《年报 2014》超越了统计仅作为法定任务完成的习惯思维, 启示我们统计还具有实施自行车交通发展战略引导工具的作用, 以及实现战略投入和关注达到最佳效果的途径。中国自行车交通发展战略的实施措施应当借鉴哥本哈根统计报告制度。

3）骑车者行为和意愿是自行车交通发展战略的关键内容和目标。《年报 2014》统计了战略目标中骑车者的满意度、

高峰小时出行的社会经济成本（单位：丹麦克朗·km⁻¹）　　表4

交通方式	个人成本			社会成本							总成本
	时间	折旧	健康	事故	健康	堵车	噪声和时间	空气污染	其他效果		
时速 16 km·h⁻¹ 的自行车	5.21	0.37	−4.45	0.86	−2.53				−1.08		−1.62
时速 50 km·h⁻¹ 的私人小汽车	2.55	1.67		0.34		1.65	0.13	0.05	−0.75		5.64

注：1 丹麦克朗约为 0.950 5 元人民币

安全感和选择自行车出行原因。满意度和安全感的上升代表了自行车交通发展战略推进取得成效，选择自行车出行的原因提示了自行车交通发展战略下一步的选择。中国制定的自行车交通发展战略和政策还停留在增加自行车出行分担率的简单指标上，类似自行车出行的选择意愿这种可以决定自行车交通发展战略成败的关键因素，还没有进入决策者的视野。《年报2014》给予了一个成熟的样板，将人的主观意愿纳入政策和战略目标中，使自行车交通发展具有了方向感和推动力，值得借鉴。

4）广泛细致的统计内容。

《年报2014》对发展自行车交通进行了多角度、全方位的统计和分析，不仅有交通结构、道路长度等常规统计，有骑车者主观意愿统计，还有自行车社会经济效益这种看似难以量化的计算分析，全方位描绘了哥本哈根自行车交通的发展状况。中国要发展自行车交通，全方位的统计数据是不可或缺的分析基础和决策依据，应当进行研究和积累。

4 结语

制定自行车交通发展战略必定会设定战略目标，对于达成战略目标的判断，要由数据说话；战略必然需要逐步实施，各个阶段所达成或未达成的目标需要以事实为支撑，战略重心和方向的调整也同样需要基于数据。因此，建立自行车交通发展的统计制度是实现自行车交通发展战略的必然选择。中国目前相关研究基础薄弱，鲜有数据积累，特别是某些关键指标的缺失使发展自行车交通的政策目标难于分解细化和落实。哥本哈根市的自行车交通统计年报制度可以为中国的自行车交通发展战略与政策提供较为全面的参考，值得长期跟踪研究。

参考文献

[1] 住房和城乡建设部，发展改革委员会，财政部.关于加强城市步行和自行车交通系统建设的指导意见 [EB/OL].2012[2015-01-27].http://www.mohurd.gov.cn/zcfg/jsbwj_0/js-bwjcsjs/201209/t20120917_211404.html.

[2] 首都之窗.北京交通发展纲要（2004—2020）[EB/OL].2015[2015-12-15].http://zhengwu.beijing.gov.cn/ghxx/qtgh/t833044.htm.

[3] City of Copenhagen Technical and Environ-mental Administration. Eco-Metropolis Our Vision for Copenhagen[EB/OL]. 2015[2015-12-15]. http://kk.sites.itera.dk/apps/kk_pub2/pdf/674_CFbnhMePZr.pdf.

[4] The City of Copenhagen Technical and Envi-ronmental Administration Mobility and Urban Space.The Bicycle Account 2014[R]. Copenhagen:The City of Copenhagen Technical and Environmental Administration, 2015.

[5] The City of Copenhagen Technical and Envi-ronmental Administration Traffic Department. Good, Better, Best: The City of Copenhagen's Bicycle Strategy 2011—2025[R].Copenha-gen:The City of Copenhagen Technical and Environmental Administration Traffic Depart-ment, 2011.

[6] The City of Copenhagen Technical and Envi-ronmental Adminis tration Traffic Department Space. Copenhagen City of Cyclist the Bicy-cle Account 2012[R]. Copenhagen:The City of Copenhagen Technical and Environmental Administration, 2013.

作者简介

陈燕申，男，北京人，研究员，主要研究方向：城市交通规划、城市规划与信息化、城市轨道交通标准化、国际国内标准化政策法规、城市轨道交通运营安全与公共安全、自行车交通政策与规划、出租汽车规划与公共政策等，E-mail: chenys1999@sina.com

城市道路路段行人过街信号设置研究

Setting Pedestrian Mid-block Crossing Signals on Urban Roadway

池利兵　程国柱　李德欢　吴立新

摘　要：现行规范对路段行人过街信号的设置条件缺少定量分析与理论依据，为保障路段行人过街安全，研究行人过街等待时间、行人安全度及行车延误对行人过街信号设置的影响。基于哈尔滨市某双向 6 车道主干道无信号人行横道的调查数据，分别构建行人过街等待时间与机动车流率、交通冲突时间与行驶速度、行车延误与过街行人流率的关系模型。以 45 s 作为过街行人忍受时间阈值，计算得到设置路段行人过街信号的机动车流率条件为 1200 辆·h^{-1}；以 1.3 s 作为交通冲突时间阈值，得到对应的机动车行驶速度条件为 55 km·h^{-1}；以不同服务水平对应的行程车速为依据，给出设置路段行人过街信号的过街行人流率条件。

关键词：交通工程；行人过街信号；设置条件；机动车流率；行驶速度；过街行人流率

Abstract: There lack quantitative analysis and theoretical basis for setting mid-block pedestrian crossing signals in existing specifications or manuals. Concerning the safety of pedestrian crossing, this paper investigates the impacts of pedestrian waiting time, degree of pedestrian safety, and vehicular delay on the settings of mid-block pedestrian crossing signals. Based on the survey data at a unsignalized mid-block pedestrian crossing on a six-lane arterial in Harbin, this paper develops a model that captures the interrelations among pedestrian waiting time and vehicular flow, traffic conflict time and driving speed, vehicular delay and pedestrian flow. Using 45 seconds as the threshold of pedestrian acceptable waiting time, this study concludes that mid-block pedestrian crossing signals should be set if vehicular flow is more than 1, 200 veh/h. Taking 1.3 seconds as the threshold of traffic conflict time, the paper finds that a driving speed at above 55 km/h warrants the setting of mid-block pedestrian crossing signals. Based on travel speeds corresponding to different levels of service, the paper develops the pedestrian flow thresholds for setting of mid-block crossing signals.

Keywords: traffic engineering; mid-block pedestrian crossing signals; setting conditions; vehicular flow; driving speed; pedestrian flow

行人是出行弱势群体，尤其是在无信号的人行横道处，行人过街安全往往无法得到保障。设置行人过街信号，在时间上分离过街行人与机动车，可以有效保证行人过街安全。《人行横道信号灯控制设置规范》GA/T851—2009 规定：只有机动车和过街行人流率均超过规定值或者交通事故数量超过规定值时，才考虑设置行人过街信号[1]。本文认为其存在三方面不足：（1）当机动车流率较高时，行人过街等待时间随之增长，当等待时间超过可容忍极限值时，行人往往会冒险穿越车流，形成严重交通冲突，甚至人车碰撞事故，在这种情况下，即使过街行人流率低于规范规定，也应设置行人过街信号；（2）当机动车行驶速度较高时，过街行人与机动车的交通冲突概率随之增长，当机动车行驶速度超过严重冲突对应的阈值时，即使机动车流率低于规范规定，也应设置行人过街信号，以消除交通冲突，避免人车碰撞事故发生；（3）当过街行人流率较高时，若行人连续过街将增加行车延误，此时，即使机动车流率低于规范规定，也应设置行人过街信号，以降低行车延误。

1　相关研究回顾

1.1　行人过街行为特征研究

文献 [2] 应用生成分析方法研究行人过街等待时间和过街尝试决策，在此基础上总结行人过街的分布规律。文献[3] 调查发现女性比男性更能意识到行人过街对机动车驾驶人的干扰。文献 [4] 研究发现老年行人由于生理原因，对外界刺激反应较慢，穿越繁忙的机动车道和交叉口时常常手足无措，在路边等待时间较长。文献 [5] 研究行人过街时使用手机对安全的影响，发现过街时使用手机的行人步速缓慢，不注意周围交通状况，认知能力下降。文献 [6] 通过电话问卷调查，研究父母带领儿童过街时父母的安全过街行为对儿童的影响，发现只有 50% 的被调查父母重视对儿童的安全行为教育。文献 [7] 调查宗教中心的两个交叉口包含行人闯红灯、无行人过街标志 / 标线处穿越、机动车道旁行走、横穿道路前不观察交通状况以及携儿童过街五个方面的数据，研究宗教对行人过街行为的影响。文献 [8] 认为行人过街行为的决策受到距离和车速的影响，行人主要依靠与车辆间的距离而不是时间来影响其过街决定。

1.2　过街行人与机动车交通冲突研究

文献 [9] 分析无信号人行横道处的行人过街行为及机动车屈服特性，采用 Logistic 方法建立机动车屈服预测模型。文献 [10] 利用交通冲突理论对过街行人安全评价问题进行研究。文献 [11] 基于机动车车速、制动距离及行人过街速度特征，建立无信号和信号控制情况下的人 - 车冲突模型。文献 [12] 认为，过街行人一般可以接受 4~6s 的穿越间隙，当车辆与行人冲突时，车辆一般会选择加速提醒行人安全避让，并建议在距人行横道 50m 处对车辆进行干预，可以提高行人过街的效率和安全性。

1.3 路段行人过街设施设置条件研究

文献 [13] 给出过街行人信号的设置条件：交叉口或路段上过街行人日流量中的任意 4h 流量不小于 190 人或任意 1h 流量不小于 50 人。当行人流量满足临界条件时，交通流每小时提供的行人可接受穿越间隙数小于 60 人。

综上所述，国内外对行人过街行为特征及人 - 车冲突的研究已较为深入，而对于行人过街信号的设置研究，却没有综合考虑行人过街等待时间、行人安全度及行车延误对过街设施设置的影响，现行规范也缺少相应的定量分析与理论依据。因此，本文拟综合考虑以上因素，通过对行人过街等待时间与机动车流率、交通冲突时间与车辆行驶速度，以及行车延误与过街行人流率的关系进行研究，探求设置路段行人过街信号的机动车流率、机动车行驶速度和过街行人流率条件，为道路交通规划设计与管理部门提供相应的设计依据与决策参考，保障路段行人过街安全。

2 调查方案设计与数据分析

2.1 数据采集方法

本文以哈尔滨市为例，选取某双向 6 车道城市道路路段上的无信号人行横道为调查地点，分别选取工作日和非工作日进行调查，以使结果具有更广泛的适用性，选取时段为 7：00 ~ 9：00。

首先，在人行横道停止线前 10m 和 20m 的道路上，用黄色胶带粘贴两条明显的黄线；然后在人行道上设置三脚架及录像设备，对调查道路由东向西方向的车流及过街行人进行观测。观测的主要参数包括：行人过街等待时间、交通冲突时间、机动车行驶速度、行车延误、机动车交通量及过街行人流率。

机动车交通量及过街行人流率可由视频直接观测获得；机动车行驶速度由车辆先后通过两条黄线所用时间间接计算得出；因行人过街引起的行车延误很难由调查精确获得，本文采用车辆行驶速度的降低值表示行车延误，即机动车在没有行人通过人行横道时的行驶速度（自由流速度）与有行人通过时的速度差值，差值越大，行车延误越大；行人过街等待时间及交通冲突时间通过播放视频利用秒表测得。

2.2 数据分析

2.2.1 行人过街等待时间与机动车流率的关系

表 1 为调查时段内机动车流率及行人过街平均等待时间的调查结果，其中机动车流率由 5min 交通量换算得到，行人过街等待时间为 7：00 ~ 9：00 每 5min 的行人平均等待时间，工作日与非工作日均为 24 组数据。工作日的样本总量为 546 人，非工作日的样本总量为 522 人。

由表 1 可知，行人过街平均等待时间基本与机动车流率呈正相关。调查发现，部分老年人过街等待时间超过 60s，

行人过街平均等待时间与机动车流率统计　　　表 1

时段编号	工作日		非工作日	
	行人过街平均等待时间 /s	机动车流率 /（辆·h⁻¹）	行人过街平均等待时间 /s	机动车流率 /（辆·h⁻¹）
1	13.1	2622	7.1	1634
2	21.3	2977	8.9	1768
3	22.7	3066	8.9	1985
4	17.8	2831	7.4	1711
5	25.0	3125	8.4	1945
6	13.7	2622	11.2	2602
7	12.9	2510	11.1	2479
8	15.5	2813	10.6	2080
9	16.0	2810	18.3	2844
10	20.6	2882	12.7	2634
11	16.6	2821	12.6	2694
12	14.9	2672	13.8	2657
13	11.6	2756	13.4	2669
14	20.6	2929	12.3	2574
15	19.6	2906	14.5	2635
16	21.3	3026	13.0	2617
17	22.9	3068	15.6	2724
18	21.2	3023	13.6	2520
19	23.3	3083	13.6	2654
20	17.9	2972	15.4	2730
21	27.0	3.47	12.7	2392
22	30.9	3209	13.1	2624
23	24.1	3156	13.0	2621
24	37.4	3379	12.5	2491

有时甚至达到 90s，其他年龄段的行人过街等待时间则基本都在 60s 以下。工作日行人过街平均等待时间为 20.3s，机动车流率约为 2500~3400 辆·h⁻¹；非工作日行人过街平均等待时间为 12.2s，机动车流率约为 1600~2900 辆·h⁻¹。这表明，工作日机动车流率较大，行人过街等待时间较长；非工作日情况相反。

2.2.2 交通冲突时间与车辆行驶速度的关系

交通冲突一般用时间或距离进行度量。本文采用时间表征过街行人与机动车的交通冲突程度，定义交通冲突时间为：过街行人与机动车先后到达冲突地点的时间差值。其计算（观测）方法为：机动车从无冲突点到达冲突点的时间减去行人从无冲突点到达冲突点的时间。其中，交通冲突点指行人与机动车运行轨迹的交点。

在调查时段内随机选取 60 组行人与机动车冲突，统计数据如表 2 所示。数据显示，交通冲突时间为 1.2~3.8s，在这一

范围内，随着机动车行驶速度增加，行人与机动车的冲突时间减小，即交通冲突严重程度增加。调查时段内，人行横道未出现人车相撞的交通事故，可以认为当人 - 车冲突时间大于1.2s时，不会发生交通事故；当冲突时间大于3.8s时，行人过街存在较大穿越间隙，行人或驾驶人有相对充裕的时间避让，行人与车辆的冲突较轻。

2.2.3　行车延误与过街行人流率的关系

本文采用机动车行驶速度降低值表征行车延误，表3为调查时段内过街行人流率及行驶速度降低值的统计数据。其中，过街行人流率由7：00～9：00每5min内过街行人流量换算得到；行驶速度降低值为5min内无行人通过时机动车平均速度与有行人通过时机动车平均速度的差值，工作日与非工作日均为24组数据。本次调查行人样本量为1068人，机动车样本量为1820辆。

由表3可以看出，随着过街行人流率的增长，车辆行驶速度降低值越来越大，即行车延误增大。经统计分析得到工作日平均过街行人流率为273人·h^{-1}，平均行驶速度降低值为26.3km·h^{-1}；非工作日平均过街行人流率为261人·h^{-1}，平均行驶速度降低值为24.4km·h^{-1}。可以看出，调查路段工作日过街行人流率大于非工作日，相应的速度降低值也较大。

3　模型构建

3.1　行人过街等待时间与机动车流率模型

如图1所示，行人过街等待时间随着机动车流率的增长而增长。选取指数函数、二次函数和三次函数进行曲线拟合（见表4），三次函数的拟合度最高，其次是二次函数和指数函数。其中，T_w为行人过街等待时间/s；Q为机动车流率/（辆·h^{-1}）。

从定性分析来看，随着机动车流率增长，行人过街等待时间应该增大，所以在自变量（机动车流率）大于0的前提下，模型关系应该是一个单调递增函数，而二次函数和三次函数在机动车流率大于0的情况下并非单调递增。因此，在机动车流率较小时，选取指数函数更为合适。此外，因为三次函数和二次函数的拟合度相差很小，为了计算方便，在机动车流率较大时运用二次函数模型。表4中二次函数的对称轴为$Q=1974$，则行人过街等待时间与单向机动车流率的关系模型为

$$T_w = \begin{cases} 1.476\exp(0.0009Q), & 0 < Q < 1974 \\ 1.368 \times 10^{-5}Q^2 - 0.054Q + 61.844, & Q \geqslant 1974 \end{cases} \quad (1)$$

交通冲突时间与行驶速度统计　　　　　　　　　　　　　　　　　　表2

时段编号	机动车行驶速度/(km·h^{-1})	交通冲突时间/s	时段编号	机动车行驶速度/(km·h^{-1})	交通冲突时间/s	时段编号	机动车行驶速度/(km·h^{-1})	交通冲突时间/s
1	26.9	2.89	21	37.5	1.34	41	18.0	2.86
2	31.3	1.87	22	15.9	3.32	42	23.5	2.23
3	29.8	1.78	23	28.8	1.67	43	24.7	2.47
4	21.3	2.62	24	21.3	2.87	44	29.3	1.83
5	38.3	1.31	25	42.4	1.22	45	26.9	1.65
6	26.3	2.54	26	37.1	1.28	46	28.6	1.78
7	36.0	1.44	27	28.8	2.67	47	20.2	2.73
8	37.1	1.40	28	26.1	2.10	48	17.8	3.80
9	41.4	1.28	29	20.9	3.04	49	18.7	2.65
10	20.6	2.84	30	26.7	2.45	50	24.8	1.64
11	44.4	1.21	31	26.1	2.22	51	19.6	2.69
12	24.5	2.19	32	29.3	1.98	52	20.6	2.56
13	30.5	1.50	33	27.9	1.63	53	18.9	2.98
14	35.0	1.40	34	28.1	1.97	54	20.9	2.89
15	25.2	1.89	35	25.0	2.34	55	23.1	2.40
16	41.4	1.25	36	34.0	1.50	56	17.8	2.97
17	34.6	1.31	37	18.6	3.06	57	19.5	2.58
18	20.6	2.54	38	42.9	1.23	58	16.7	3.16
19	21.4	2.64	39	38.3	1.22	59	23.4	2.43
20	19.7	2.97	40	20.1	2.98	60	21.6	2.36

行车延误与过街行人流率统计　　　表3

时段编号	工作日		非工作日	
	过街行人流率/（人·h⁻¹）	行驶速度降低值/（km·h⁻¹）	过街行人流率/（人·h⁻¹）	行驶速度降低值/（km·h⁻¹）
1	204	20.4	120	18.6
2	84	18.3	144	19.5
3	144	20.5	216	22.7
4	144	20.5	204	22.8
5	264	25.5	192	22.0
6	216	23.4	288	24.6
7	240	22.3	228	22.9
8	348	28.0	204	18.2
9	300	26.3	228	23.1
10	228	24.0	312	25.7
11	276	25.7	348	27.6
12	204	21.8	360	29.1
13	312	25.7	348	27.8
14	264	25.2	300	25.9
15	312	27.0	240	24.7
16	312	27.8	300	26.1
17	516	37.5	228	24.8
18	396	31.9	300	26.0
19	168	25.6	228	25.1
20	192	26.5	300	26.3
21	288	30.1	408	31.1
22	384	32.3	264	24.4
23	288	29.3	300	26.7
24	468	36.7	204	20.8

3.2 交通冲突时间与行驶速度模型

如图2所示，交通冲突时间随着机动车行驶速度提高显著减小，即冲突更为严重。选取幂函数、二次函数和指数函数进行曲线拟合（见表5），幂函数和指数函数的拟合度均较高。其中，T_c为机动车与过街行人的交通冲突时间/s；V为机动车行驶速度/（km·h⁻¹）。

但是，当自变量趋近于0时，指数函数趋近于一个正值；而当机动车车速趋近于0时，交通冲突时间无限大，这时可以当作交通冲突不存在，所以交通冲突与机动车行驶速度的关系模型选取幂函数更为合适，模型表达式为

$$T_c = 82.671V^{-1.031} \qquad (2)$$

3.3 行车延误与过街行人流率模型

机动车流率越大，行人过街的机会数越少；反之，过街行人越多，机动车行车延误越大。所以，当过街行人流率达到

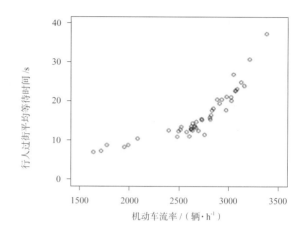

图1　行人过街平均等待时间与机动车流率散点图

行人过街等待时间与机动车流率回归关系模型　　表4

模型类型	模型表达式	R²
二次函数	$T_w = 1.368 \times 10^{-5}Q^2 - 0.054Q + 61.844$	0.930
三次函数	$T_w = 3.033 \times 10^{-9}Q^3 - 8.55 \times 10^{-6}Q^2 + 19.424$	0.940
指数函数	$T_w = 1.476 \exp(0.0009Q)$	0.872

一定值后，为了保证机动车行车延误不至于影响道路服务水平，路段人行横道应该考虑采用信号控制。

如图3所示，随着过街行人流率的增长，行驶车速降低值显著增加。选取线性函数、二次函数和指数函数进行曲线拟合（见表6），线性函数的拟合度最高。其中，ΔV为行驶车速降低值（行车延误）/（km·h⁻¹）；Q_p为过街行人流率/（人·h⁻¹）。模型表达式为

$$\Delta V = 0.044Q_p + 13.572 \qquad (3)$$

4　行人过街信号设置条件

4.1　机动车流率

对行人过街平均等待时间数据进行统计分析（见图4），可以看出行人可容忍的时间最长为70~80s，然而在等待时间为45s时，已经有80%的人强行穿越。本文在计算行人过街信号设置的机动车流率阈值时，采用过街行人能够忍受的等待时间为45s。

根据式（1）可得

$$Q = \begin{cases} 1111.111\ln(T_w/1.476), & 0 < Q < 1974 \\ \dfrac{0.027 + \left(1.368 \times 10^{-5}(T_w - 61.844) + 0.027^2\right)^{\frac{1}{2}}}{1.368 \times 10^{-5}}, & Q \geq 1974 \end{cases} \qquad (4)$$

将T_w=45s带入式（4），得到Q=3606辆·h⁻¹，而该调查路段单向车道数为3条，即平均每车道高峰小时交通量为1202辆·h⁻¹。因此，城市干路路段高峰小时交通量大于1200辆·h⁻¹时，建议在人行横道处设置行人过街信号。

4.2 机动车行驶速度

在本次交通调查中，交通冲突时间为1.2~3.8s，且没有出现交通事故，因此可以认为交通冲突时间小于等于1.2s时，容易发生交通事故。本文取1.3s作为严重冲突时间的阈值。

根据式（2）可得

$$V = \exp\left(1.031^{-1}\ln(82.671/T_c)\right) \tag{5}$$

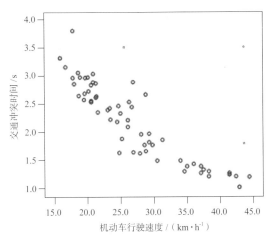

图2 交通冲突时间与行驶速度散点图

表5

交通冲突时间与行驶速度关系模型		表5
模型形式	模型表达式	R^2
二次函数	$T_c = -0.002V^2 - 0.209V + 6.109$	0.754
幂函数	$T_c = 82.671V^{-1.031}$	0.874
指数函数	$T_c = 6.205\exp(-0.041V)$	0.873

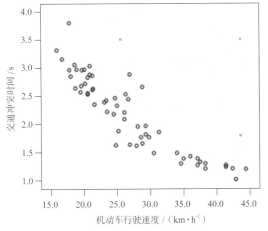

图3 行车延误与过街行人流率散点图

行车延误与过街行人流率关系模型		表6
模型形式	模型表达式	R^2
线性函数	$\Delta V = 0.044Q_p + 13.572$	0.852
二次函数	$\Delta V = 3.678\times10^{-5}Q_p^2 + 0.23Q_p + 16.328$	0.841
指数函数	$\Delta V = 15.932\exp(0.02Q_p)$	0.828

将交通冲突时间下限1.3s带入式（5），得到机动车行驶速度为56km·h⁻¹。即当行驶速度接近或大于56km·h⁻¹时，交通冲突比较严重，存在巨大安全隐患。取整后本文建议在机动车行驶速度超过55km·h⁻¹时，路段人行横道设置行人过街信号，以确保行人过街安全。

4.3 过街行人流率

中国一般采用行车延误作为交叉口服务水平的评价指标，而对于路段的服务水平缺少相应评价指标。美国《道路通行能力手册》（Highway Capacity Manual 2010, HCM2010）中采用行程速度作为城市道路服务水平的评价指标[15]。从自由流速度来看，中国城市主、次干路分别对应于美国城市道路的III、IV级，服务水平一般选取C、D。

本文在构建行车延误与过街行人流率关系模型中，以速度降低值作为行车延误的评价指标，这里的速度降低值指自由流速度与受到行人过街影响后的行驶速度差值。城市道路路段的自由流速度分别为：主干路55km·h⁻¹、次干路45km·h⁻¹[15]；将自由流速度与C、D服务水平对应的平均行程速度之差作为速度降低值（见表7）。

根据公式（3）可得

$$Q_p = (\Delta V - 13.572)/0.044 \tag{6}$$

将表7中的速度降低值ΔV代入公式（6），可计算得到城市主、次干路在C、D级服务水平条件下设置行人过街信号的过街行人流率阈值（见表7）。

5 结语

本文构建了行人过街平均等待时间与机动车流率模型，对模型进行定性分析得出：机动车流率与行人过街平均等待

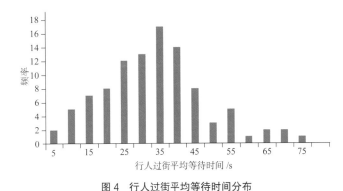

图4 行人过街平均等待时间分布

设置行人过街信号的过街行人流率阈值						表7
服务水平	平均行程速度/（km·h⁻¹）		速度降低值/（km·h⁻¹）		高峰小时行人流率/（人·h⁻¹）	
	主干路	次干路	主干路	次干路	主干路	次干路
C	28	23	27	22	305	192
D	22	18	33	27	442	305

时间呈正指数（机动车流率<1974辆·h^{-1}）及正二次抛物线关系（机动车流率≥1974辆·h^{-1}）；当单车道机动车流率大于1200辆·h^{-1}时，建议设置路段行人过街信号。

同时，构建了交通冲突时间与行驶速度模型，分析发现人-车冲突时间与机动车车速呈负幂函数关系。当行驶速度大于55km·h^{-1}时，建议设置路段行人过街信号。

此外，行车延误与过街行人流率呈正线性关系，并确定了城市主、次干路路段在C、D级服务水平下设置行人过街信号的行人流率阈值，分别为305人·h^{-1}，192人·h^{-1}和442人·h^{-1}，305人·h^{-1}。

本文研究基于双向6车道路段，在下一步研究中，可对双向2、4、8车道分别进行分析研究。另外，可在已构建的两个参数间的关系模型基础上，开展多参数间的多元非线性关系模型研究。

基金项目

吉林省自然科学基金项目"基于非合作动态博弈论的驾驶员与过街行人决策行为规律研究"（201215176）

参考文献

[1] GA/T851—2009 人行横道信号灯控制设置规范 [S].

[2] Hamed M. Analysis of Pedestrians' Behavior at Pedestrian Crossings[J]. Safety Science, 2001, 38（1）:63-82.

[3] Yagil D. Beliefs, Motives and Situational Factors Related to Pedestrians' Self- reported Behavior at Signal-controlled Crossings[J]. Transportation Research Part F, 2000, 3（1）: 1-13.

[4] Zeeger C V, Stutts J C, Huang H, Zhou M, Rodgman E. Analysis of Elderly Pedestrian Accidents and Recommended Countermeasures [J]. Journal of Safety Research, 1996, 27（2）: 128.

[5] Hatfield J, Murphy S. The Effects of Mobile Phone Use on Pedestrian Crossing Behavior at Signalized and Unsignalized Intersections[J]. Accident Analysis and Prevention, 2007, 39（1）:197-205.

[6] Lam L T. Factors Associated with Parental Safe Road Behaviors as a Pedestrian with Young Children in Metropolitan New South Wales, Australia[J]. Accident Analysis & Prevention, 2001, 33（2）: 203-210.

[7] Rosenbloom T, Nemrodov D, Barkan H. For Heaven's Sake Follow the Rules: Pedestrians' Behavior in an Ultra- orthodox and a Non-orthodox City[J]. Transportation Research Part F, 2004, 7（6）: 395-404.

[8] Schmidt S, Frber B. Pedestrians at the Kerb: Recognizing the Action Intentions of Humans [J]. Transportation Research Part F, 2009, 12（4）: 300-310.

[9] Bastian J S, Nagui M R. Event-based Modeling of Driver Yielding Behavior at Unsignalized Crosswalks[J]. Journal of Transportation Engineering, 2011, 137（7）: 237-240.

[10] Pietrantonio H, Tourinho L F B. A Decision-based Criterion for Selecting Parameters in the Evaluation of Pedestrian Safety Traffic Conflict Analysis Technique[J]. Transport Planning and Technology, 2006, 29（3）: 183-216.

[11] Tarek S, Sany Z. Traffic Conflict Standards for Intersections[J]. Transport Planning and Technology, 2009, 22（4）: 309-323.

[12] 张海萍. 无信号人行横道处行人过街选择行为研究 [J]. 科技创新导报，2011（22）: 109-110.

[13] Federal Highway Administration. Manual on Uniform Traffic Control Devices[R]. Washington DC: Department of Transportation, 2000.

作者简介

池利兵，男，山西太原人，硕士，高级工程师，轨道交通研究所所长，主要研究方向：城市交通规划，E-mail: 16725684@qq.com

可持续发展与绿色交通 DNA——中国城市无车日活动绩效评估（2007 ~ 2014 年）

Sustainable Development and Green Transport DNA: Performance Evaluation on Car Free Day in China (2007 ~ 2014)

张 宇　王海英　田　凯　耿 雪

摘　要：为客观评价无车日活动效果，从活动参与情况、无车区域、长效措施、民意调查、交通环境指标监测、城市交通基础信息调查、网络访问与使用等 7 个方面对 2007 ~ 2014 年活动积累的纵向数据进行量化分析。先后有 159 个城市做过划设无车区域的尝试；共约 470 项改善绿色交通的长效措施得以实施；市民对无车日活动的知晓率高达 76%，97.7% 市民对于政府实施的交通改善措施表示支持。城市交通发展要想更加可持续，需要创造新的生长基因 (DNA)，中国城市无车日活动正是一项与可持续发展和绿色交通有关的有益尝试。

关键词：城市交通；无车日活动；绿色交通；长效措施；可持续发展

Abstract: To evaluate the performance of Car Free Day in China（CFDC），this paper discusses public participation, Car Free Zones, long-term measures, public opinions, traffic pollution monitoring, urban transport survey, and CFDC's website access based on the data from 2007 to 2014. There has been 159 cities which attempt to designate Car Free Zones. A total of 470 measures for green transport development have been implemented. 76% residents have heard of CFDC and 97.7% residents support the implemented measures for transport improvement. New DNA is required to promote sustainable urban transport development, and CFDC is a beneficial attempt about sustainable development and green transport.

Keywords: urban transportation; Care Free Day activity; Green Transportation; long-term measures; sustainable development

1　无车日活动的起源

1.1　国际背景

无车日（Car Free Day）活动源自欧洲。由于车辆不断增加，城市空气污染及噪声问题日益严重，民众生活质量与健康问题持续恶化。1994 年 10 月在西班牙举办的"畅通城市（Accessible Cities）"会议上，Eric Britton 先生提出小汽车对城市发展影响的问题，将城市道路还给居民的想法逐渐达成共识（Eric Britton，2007；Zhang Xue Kong，2007）。随后，冰岛的雷克雅维克（Reykjavik）、英国的巴兹（Bath）和法国的罗契斯（Rochelle）三个城市首次举办了无车日活动，并于 1995 年成立"国际无车日联盟（World Car Free Days Consortium）"。1998 年，法国城市规划和环境部长多米尼克·瓦内（Dominique Voynet）率先提出"我不在市区开车"（In town without my car!）的倡议，在全国发起无车日活动，得到了首都巴黎和其他 34 个外省城市的热烈响应和一致支持。2000 年 9 月 22 日全欧洲第一次正式举办无车日活动，共计 1262 个城市参加。此次活动还得到了中东和亚洲国家的遥相呼应，无车日运动也波及拉丁美洲，哥伦比亚首都波哥大的无车日活动成效卓著，无车区范围覆盖全市所有区域。

欧洲执行委员会环境署（DG Environment）自 2001 年起决定为无车日活动提供政策及财务上的帮助，并定于每年的 9 月 22 日举办这个活动，该日也就成为全球响应的国际无车日。由于受到欧盟的重视与资金协助，无车日活动于 2002 年演化成"欧洲交通周（European Mobility Week）"，时间定为每年的 9 月 16 ~ 22 日，这是将"日"扩大成"周"的重要里程碑。欧洲交通周系列活动不仅以 9 月 22 日为核心，搭配各式宣传来传达无车日的理念及意义，同时也在 9 月 22 日最后一天"无车日"活动中落下帷幕。截至 2014 年，共有 2013 个城市，代表大约 2.44 亿居民正式报名参加活动，共实施 8543 项永久措施。

1.2　中国城市交通发展现状

城镇化与城市交通机动化同步快速发展，是中国近 20 年城市发展的最显著特征。其表现为城市交通需求增长加快、城市交通向私人机动化方向转化趋势明显。2014 年末，中国城镇化率达 54.77%，城镇常住人口约 7.5 亿人；中国机动车保有量达 2.64 亿辆，其中汽车 1.54 亿辆，35 个城市汽车保有量超过 100 万辆，北京、成都、深圳、天津、上海、苏州、重庆、广州、杭州、郑州 10 城市超过 100 万辆，北京每百户家庭拥有 63 辆车。在中国城市无车日活动举办之初的前几年，特大城市公共交通分担率平均下降约 6 个百分点，自行车分担率年均下降 2%~5%（MOHURD，2007 ~ 2014）。城市公共交通车速慢、站点覆盖率低、准点率差、换乘不便、车内拥挤等问题突出。自行车出行比例连续数年大幅度降低，深圳市最具典型意义，其自行车分担率从 1995 年的 30% 下降到 2007 年的 4%；机动车行驶和停放空间扩大进一步恶化了步行和自行车的出行环境。交通结构失衡、交通拥堵加剧、资源消耗增大、生态环境恶化，是当前中国城市交通发展的普遍特征。

1.3 中国城市无车日活动发展历程

受世界无车日和欧洲交通周活动的影响，越来越多的亚洲国家和城市也开始推广这项活动。2001年，成都成为中国第一个举办无车日活动的城市；2002年，中国的台湾省台北市也将无车日选在了9月22日。其后，北京、上海、武汉等众多城市也自发开展了一些"无车日"活动的宣传。

中国模式的城镇化进程，特殊的机动化发展态势及世界罕见的基础设施建设速度和规模导致当前中国大城市交通发展在交通模式选择、交通发展目标制定、交通体系结构形态乃至具体的交通政策措施抉择方面出现了一些值得注意的问题和倾向，包括引发的能耗、环境、安全等诸多问题，对城市经济的持续、快速、健康发展构成了严重威胁。为促进城市交通可持续发展，参照欧洲交通周的成功经验和做法，住房和城乡建设部于2006年向全国所有设市城市，尤其是向城区人口在50万人以上的城市人民政府发出了开展中国城市无车日活动的倡议。首届活动为中国城市公共交通周及无车日活动，于2007年9月16～22日在中国110个城市同时举行。2008年受国家大部制改革部委职能调整的影响，"中国城市公共交通周及无车日活动"更名为"中国城市无车日活动"，活动时间定为每年的9月22日，但同时仍鼓励和倡议城市开展为期一周的系列活动。截至2015年9月22日，中国城市无车日活动已经连续开展9届，承诺开展活动的城市（县）共182个，涵盖全国所有省、自治区和直辖市，涉及超过2亿的城区人口。

2 无车日活动概况

无车日活动的目标，一方面是敦促城市政府制定促进绿色交通发展的有关政策，采取行动推进交通与土地利用的整合和推广可持续的长效措施，构建高效率、低成本、低消耗和低污染的多方式交通体系；另一方面是提高公众对使用小汽车出行引发的交通拥堵和环境问题的认识，鼓励人们使用步行、自行车和公共交通等绿色出行方式，以此营造更加健康、幸福和美丽的城市。

2.1 历年主题

2007年的活动主题是"绿色交通与健康"。强调落实优先发展城市公共交通战略是城市可持续发展的必然选择，明确政府、公交企业和个人对此均有责任和义务，绿色出行理念应形成社会共识。

2008年的活动主题是"人性化街道"。强调重新分配道路空间，指出减少汽车的道路空间是可持续发展和解决交通问题的有效方案，应持续增加步行区、自行车道和公交专用车道。

2009年的活动主题是"健康环保的自行车和步行交通"。强调要创建安全方便、舒适有序的自行车和步行出行环境，

指出自行车和步行交通在城市综合交通体系中扮演重要角色，不仅适于中短距离出行和与其他方式衔接整合，还要重视其休闲健身功能。

2010年的活动主题是"绿色交通·低碳生活"。强调城市交通是落实国家节能减排战略的重要领域，明确绿色出行是一种健康积极的生活方式，出行习惯一旦形成，改变非常困难，应抓住当前交通行为塑造的关键时期，实施注重实效的政策措施。

2011年的活动主题是"绿色交通·城市未来"。强调以绿色交通发展策略优化城市交通结构：整合交通规划与土地利用规划、落实公交优先发展战略、公平分配道路空间、步行和自行车交通享有优先权、培养公众意识与合作精神。

2012年的活动主题是"关爱城市·绿色出行"。强调要实施促进城市可持续发展的城市交通政策，包括对路内停车合理定价、鼓励"停车换乘"、探索拥挤收费政策、引导通勤交通向绿色交通转变等交通需求管理政策。

2013年9月22日，全国共有154个城市承诺开展无车日活动。此次活动的主题是"绿色交通·清新空气"，一方面关注城市交通活动对空气质量的影响，目的是营造更加健康、幸福和美丽的城市；另一方面也体现了通过选择出行方式来改善空气质量的强大力量。

2014年9月22日，全国共有171个城市（县）承诺开展无车日活动。此次活动的主题是"我们的街道，我们的选择"，重点关注交通对城市生活质量的影响，鼓励重新分配和设计街道及公共空间，促进多种交通方式在道路空间分配上的平衡。

2.2 活动参与

无车日倡导的绿色交通理念日益得到越来越多城市的认同，每年都有新的城市承诺开展无车日活动。近几年，实际开展活动的城市数量均超过100个。由表1可以看出，实际开展活动的城市在2012年达到峰值，2013年和2014年有所下降，这可能与部分城市领导人更换有关。随着国家节能减排发展战略和生态文明建设的推进，城市对可持续交通系统的重视程度逐渐提升，对宣传绿色交通理念和实施促进可持续发展的长效机制的积极性也越来越高，因此未来实际开展活动城市将可能继续呈现攀升态势。

2.3 无车区域

在2007～2014年连续八届的无车日活动中，先后有159个城市在9月22日划设一定区域（道路）作为无车区域。也就是说，全国有1/5的城市做了无车区域的尝试，以实际行动响应了无车日活动的倡议。最近两年，有超过一半的城市划设了无车区域（见表2）。

但是，从2007年无车日起，连续施划无车区域的城市只有昆明和苏州，不足承诺开展城市的2%。在所有划设过无车

区域的城市中，约 1/3 的城市只划设过 1 次无车区域，最近两年划设无车区域的城市超过活动开展城市的一半，见表 3。而国际上，在 9 月 22 日划设无车区域的城市达到 1114 个，比 2011 年增加了 322 个（Jerome Simpson，2012）。事实上，划设无车区域无疑是城市设置步行街区的一次绝佳试验。

历年中国城市无车日活动开展城市统计　　表 1

年份	承诺开展城市	实际开展城市❶	参与比例❷
2014	171	110（5）	61%
2013	154	105（7）	68%
2012	152	134（12）	80%
2011	149	104（8）	64%
2010	132	78（9）	52%
2009	114	82（3）	69%
2008	112	88（6）	73%
2007	110	82	75%

①括号中数据为未签署承诺书自行开展无车日活动的城市，即支持城市。实际开展城市中包含支持城市。

②为承诺开展无车日活动城市的参与比例，计算时扣除了支持城市数量。

划设无车区域的城市数量及所占比例　　表 2

年份	划定无车区域的城市数量	实际开展城市	占实际开展城市比例
2014	56	110	51%
2013	58	105	54%
2012	19	134	14%
2011	38	104	37%
2010	50	78	64%
2009	45	82	55%
2008	22	88	25%
2007	65	70	93%

城市划设无车区域的次数　　表 3

划设次数	城市数量
8	1
7	2
6	2
5	11
4	9
3	35
2	27
1	57
合计	144

2.4　长效措施

2007 ~ 2014 年无车日活动中，城市采取的长效措施主要涉及公共交通、步行和自行车交通、枢纽、道路交通设施和交通管理五大类，总计 469 项。其中公共交通、步行和自行车交通所占比例达到 82%，见图 1，这体现了无车日活动提高绿色交通服务和安全的主旨。每个城市实施的长效措施数量约为 3 项，这一平均数超过了无车日活动承诺书中的约定，这说明城市一旦重视绿色交通长效措施的实施，其执行力将高于原预期值，其他城市仍有较大潜力可挖。

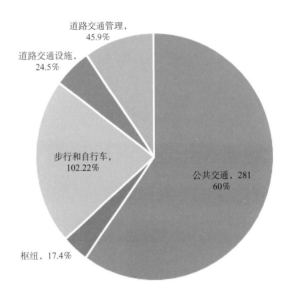

图 1　各类长效措施所占比例（2007 ~ 2014 年）

表 5 是位列 2007 ~ 2014 年前 10 名（11 项）的长效措施，从中可见城市交通的政策方向：其中 7 项是公共交通方向，其余 3 项均与步行和自行车有关，1 项为交通秩序整治。表 6 是欧洲交通周排名前 10 项的长效措施（André Muno，2011）。可以看出，中国城市采取的促进绿色交通发展的长效措施与欧洲既有相似性，又有明显的差异。相似之处在于都十分重视步行和自行车交通设施的改善；差异体现为城市不同发展阶段所表现的特征。中国城市交通基础设施还处于原始积累阶段，交通管理水平也不高，因此当前长效措施的重点集中于完善公共交通系统和整顿交通秩序。欧洲城市经历了繁荣和高度文明，公共交通设施和交通管理水平都处于较高阶段，因此其长效措施更注重对个体绿色出行意识的培养和与个体绿色出行相关的设施改善，如人行道、自行车道和提升系统便利性等方面。

2.5　民意调查

2012 年民意调查问卷共汇总 10 个城市的有效问卷总计 2410 份[6]。整体来看，市民对无车日活动的知晓率达 78.3%，较 2011 年的 74.5% 上升 3.8%；超过 75% 的市民认为无车日活动不会影响购物出行；95% 的市民对于政府实施的交通改

中国城市无车日活动排名前 10 项的长效措施（2007~2014 年）表5

排名	长效措施	数量
1	提升公交服务水平	53
2	开通新公交线路	29
3	新增公交车辆	23
4	优化公交线网	21
5	设置公交专用道	20
6	新增新能源车辆	18
6	公交停车场建设	18
8	新建公共自行车系统	15
9	增设机非隔离设施	14
9	完善公共自行车系统布点	14
9	交通秩序整治	14

欧洲交通周排名前 10 项的长效措施（2014 年）　表6

排名	长效措施
1	步行基础设施改进
2	完善自行车网络
3	开展增强绿色出行意识活动
4	学校附近区域内减速计划
5	完善自行车交通设施
6	建立或扩建步行区域
7	扩大人行道面积
8	降低人行道高度
9	移除建筑占道
10	编制教育材料

善措施表示支持。

在交通结构中，由于城市空间结构和出行距离的差异，中小城市非机动交通（步行、自行车、电动自行车）的出行比例平均值（40%~70%）明显高于大城市和特大城市（30%~50%）。同时，中小城市由于居民机动化出行需求较大、公共交通发展较慢，其小汽车出行比例高于大城市和特大城市。此外，电动自行车在城市交通中的地位日益突出，如黄山、鄂州等城市，其电动自行车出行比例均接近 30%，成为城市交通中最重要的交通方式。

2.6　交通环境指标监测

交通环境指标包括交通量、车速、事故、空气污染物和噪声。2012 年全国共有 20 个城市报送了交通环境指标监测报告，对比无车日前后环境指标变化。主要结论如下：

1）设置无车区域的城市，无车区和市区交通量显著减少，下降幅度达 30%~80%，与此同时，步行、自行车、公共交通、出租汽车等方式出行量平均上升 5%~40%；未设置无车区域的城市，无车日对市区交通量基本没有影响。

2）无车日全市交通事故率显著降低，无车区域车速显著提高，上升幅度达 21%~28%；市区交通事故与平时相比也明显减少，平均下降 20%。可见，减少小汽车交通量有助于提高城市交通安全水平，降低人民群众的生命财产损失，节约交通管理成本。

3）无车区域空气污染物浓度和噪声水平相对偏低。在无车区域内，CO、CO_2、SO_2、氮氧化物和可吸入颗粒物的水平均有不同程度的降低，降低幅度为 5%~50%；噪声等效声级一般降低 2~3dB。噪声和空气污染物浓度是国际通用的评估城市可持续发展水平的最重要的指标，因此，减少小汽车交通量对提高城市可持续发展水平、改善居民生活环境具有积极作用。

城市交通结构（2012 年民意调查）（单位：%）　　表7

城市名称	诸暨	临海	黄山	常熟	鄂州	拉萨	芜湖	长春	武汉
问卷数量/份	250	52	50	250	208	50	250	250	800
城市规模	中小城市	中小城市	中小城市	中小城市	中小城市	大城市	大城市	特大城市	特大城市
步行	12.1	22.2	8.0	21.9	21.6	30.9	5.7	27.4	30.1
自行车	18.3	38.3	20.0	29.7	20.3	10.1	5.3	3.5	13.8
电动自行车	8.4	11.1	32.0	8.3	27.0	13.4	31.9	0.1	4.9
摩托车	15.0	6.2	4.0	1.3	4.4	5.4	11.3	2.5	1.6
出租汽车	12.2	0.0	0.0	2.8	11.1	5.4	6.0	24.3	7.3
小汽车	22.2	17.3	6.0	24.5	4.1	6.0	6.0	3.4	6.5
轨道交通	0.0	0.0	0.0	0.0	0.0	0.0	0.2	3.8	4.1
公共汽车/电车/班车	11.7	4.9	30.0	11.6	11.4	28.9	33.6	34.8	31.7

3 无车日活动成效

1）公共交通客流增长与服务品质提升。

无车日活动取得的成效可以直接体现在公共交通工具的使用上。昆明市 2010 年无车日活动当天，公共交通客运量达 240 万人次，出行分担率超过 36%，创造客运量历史新高。此外，无车日期间各城市纷纷通过不同举措，使公共交通服务质量得到了显著改善与提升，长沙市 2010 年无车日期间对全市 3500 多台公共汽车、6280 台出租车的车容车貌、服务设施进行了全面的检查，确保无车日活动当天营运车辆车容靓丽、车况良好。公共交通客流量的显著增长进一步显示了公众绿色出行和环保健康意识的提升，同时也表明提高城市公共交通运输效率和服务质量的重要性和紧迫性。

2）城市交通运行成效及环境改善。

2007 年无车日当天，昆明市无车区域车流量下降了 41%；合肥市驶入环城路以内的机动车流量下降了 79.6%；常州市南大街车辆比往日减少 90% 左右，公共汽车在该路段的行车时间平均减少了 50%。而 2009 年苏州市环境监测报告显示，SO_2 环比下降 12.2%；NO_2 环比下降 26.67%；CO 环比下降 30.96%；臭氧环比下降 21.05%；可吸入颗粒物下降 35.6%。噪声级别比平时下降了 2%~3%。各城市活动开展前后的交通量和环境监测数据指标对比分析表明，开展无车日活动能够有效减少无效交通需求、改善交通拥堵、减少交通事故、降低环境污染和减轻交通噪声，这也是开展无车日活动最直接、最明显的成效之一。

3）绿色交通理念的宣传与推广初见成效。

从绿色交通理念对公众的影响力来看，无车日活动的宣传与推广力度在逐年增加。2010 年深圳市发展银行在全国范围内征集百万车友承诺，号召大家在 9 月 22 日无车日当天不开车，得到了近 120 万人的积极响应与承诺；2011 年上海市无车日当天约 20 万私人小汽车车主张贴无车日主题车贴，并改乘公共交通方式出行；2014 年，中央电视台、中央人民广播电台、人民日报、新华社、中央人民政府门户网站、新浪、搜狐等上百家媒体对无车日活动进行了报道。此外，由于公众对无车日活动反响强烈，自发通过各大网站、论坛、微博对活动进行了互动讨论，总体上对活动举办都表示支持，部分市民还积极献言献策，充分显示了无车日活动在唤醒公众绿色交通文明意识与重新认识绿色交通方面已见成效。

4）城市交通政策转型与可持续发展的推动。

无车日活动的持续开展，不仅在提升公共交通服务质量和出行比例、改善步行和自行车交通出行条件、促进城市交通节能减排等方面有着积极作用，同时在推动城市交通政策转型和促进形成可持续的城市交通发展模式等方面也起到了积极的推动作用。加强绿色交通系统建设已成为城市政府开展无车日活动的核心价值之一。如 2009 年汉中市取缔占道经营，禁止占用人行道、非机动车道停放车辆；2011 年大连市开辟公交专用车道、建设综合客运交通枢纽和公交场站、延伸轨道交通线路、限制机动车总量、新建城区和城乡接合部公共汽车交通线网优化；2014 年，昆明市从加快构建城市快速公交、干线公交、支线公交三级公交线网运营系统、优化步行和自行车交通设施等多方面推进公共交通长效措施。

4 经验总结

4.1 活动举办成功的要素

1）发挥领导作用。

城市开展无车日活动不仅需要市领导决策，还涉及城乡建设、交通、公安、环保、教育、宣传等多个部门各司其职、协调配合。市委市政府领导是城市的最高管理者，具有决策和协调各部门的关键作用。虽然在城市化转型和综合交通体系构建的关键时期，发展绿色交通促进城市可持续发展已成为全球共识，但客观上城市决策者和管理者并未从内心完全接受并彻底付诸实施。因此，应通过文件、新闻发布会、领导讲话等多种方式，强调开展无车日活动对政府表达发展绿色交通的态度和决心、促进城市健康发展的重要意义，政府部门也能通过这项活动让市民亲身参与和支持其改善城市交通环境质量的各项措施。同时，要在活动组织手册中给市委市政府领导在无车日期间安排适宜的活动，加强其对无车日活动的感知并发挥率先垂范的作用。

2）鼓励全社会参与。

无车日活动不仅需要城市最高管理者的正确领导，还需要全社会的共同参与。举办无车日活动的主要精神及意义在于提升全民对于小汽车过度使用所造成空气及噪声污染、能耗、拥挤、健康、安全等议题的重视，这是一个全民参与、社会大众表达关注各项环境问题的机会。然而公众参与往往是被动的居多，因此，需要通过策划多种参与性强的活动和方式增加公众参与的意识，共同体验无车生活与工作环境，这是活动举办成功的最基本要求。公众参与也包含非政府组织（NGO）的参与，这些组织多由社会精英组成，能够出人出力，搭配其既有的例行活动，能够形成另一支社会倡导与支持的力量。

3）注重过程控制。

无车日活动的组织包含四大主要过程：信息发布、信息反馈、活动观察和活动总结。信息发布是将无车日活动的任务部署给城市的过程，这一环节省厅的作用十分关键，要做好与省厅的互动交流，督促其在省内及时部署。信息反馈主要是城市与部委组织者之间的互动，包括城市报送联系人、部委组织者派送组织材料、与城市交流活动方案和给开展活动的城市答疑解惑等，其中城市联系人的角色十分关键，其责任心和工作态度是城市无车日活动成败的关键。活动观察是部委组织者或组织者委托的有关人员，到城市亲自参与和了解活动开展情况的过程，是对城市开展活动的监督和促进。活动总结是展现城市无车日活动绩效和发现问题的重要环节，城市做好自身活动总结也是汇总全国无车日活动总结的基础。预先安排好这四大过程的步骤、流程和控制方法，做好各个过程的衔接，及时对每个过程进行评估、反馈，有助于弥补各个过程存在的疏漏并持续改进，促进活动组织取得切实成效。

4）建立与城市的互利关系。

部委组织者与城市在无车日活动组织中，是互相依存的、互利的关系。组织者依托城市贯彻自身的有关职能，进行绿色交通的宣传实践活动；城市虽然是在宣传和贯彻执行中央部委有关方针、政策，但是更希望得到肯定和多出政绩。为了持续稳定地开展无车日活动，组织者应考虑采取措施与城市建立互利关系，增强双方互信。只讲控制不讲互利的做法不利于创建良好的合作关系，也不利于激发城市的主动性和积极性。互利的方法包括通过文件或领导讲话给予城市必要的肯定、召开总结大会和适当的奖励等。

4.2 无车日活动开展建议

1）扩大参与范围和参与深度。

无车日活动的成功需要很多单位共同协作完成，尤其对于多元化的无车日活动来说更是如此。民间所拥有的灵活度与创意往往是政府部门最欠缺的。因此，在活动策划、安排准备、宣传、执行、交通维持、环境监测及问卷调查等过程中，每个环节都可以有民间组织或者个人的参与，甚至可以构想出一套商业活动机制，形成"无车日活动公私合作"模式，实现公众、政府与企业的三赢。因此，持续扩大参与城市、参与单位与团体，以及让更多的媒体对无车日活动进行深入报道，形成政府、公众和媒体的三者互动，也是今后活动努力的方向之一。

2）合理划定无小汽车区域。

无车日活动方案的制定应该结合城市实际情况，合理划定无小汽车区域，充分考虑好无小汽车区域范围及其对于周边市民出行的影响，确保无车日活动期间市民出行的便捷性。此外，当无车日活动与城市大型活动时间冲突的时候，可以考虑二者的有机结合。如2010年上海世博会与当年无车日活动相结合就是很好的实例，上海市把世博会交通管控区内道路设置为无小汽车示范区域（道路），区域面积约为$7km^2$，并举办自行车巡游、优化步行、自行车交通，公共交通设施展示等一系列活动，吸引广大市民积极参与，世博会与无车日活动共同营造了一个良好的互动氛围。

3）对小汽车出行使用者的宣传。

从历届城市开展无车日活动的宣传经验来看，重点针对小汽车出行使用者的宣传创意还需重点研究。无车日活动举办的目的之一，就是让城市居民体验全新的出行环境，而那些过度依赖小汽车出行的使用者更应该拥有全新的体验。因

此，如何让小汽车使用者在无车日放弃使用小汽车，就需要深入细致地研究一些具体宣传策略。例如，通过学校的孩子影响家长的出行行为、企事业单位奖励与表彰那些无车日前后连续放弃使用小汽车的员工、组织社区拼车计划等。

4）推动城市制定可持续的长效措施。

无车日活动期间推行促进城市交通可持续发展的长效措施尤其关键，这也是无车日活动一项非常重要的内容。这种长效措施能够潜移默化地加深公众对公共交通与城市交通可持续发展的重新认识，从而形成全新的出行理念。因此，城市应在无车日活动开展期间持续推出一条或多条可持续的长效措施，同时要处理好短期活动和长效措施之间的关系。此外，要藉由无车日制定可持续长效措施的契机，大力推进绿色交通体系建设，促进城市交通领域的节能减排，增强城市可持续发展能力。

5　结语

中国城市无车日活动已连续开展8年，目前初见成效，包括提升城市政府能力建设、改善城市公共交通服务品质和城市人居环境，以及对国家部委、城市政府和公众理念引导与价值借鉴产生的积极影响。但在活动主导、组织体制及活动精神内涵提升等方面仍存在问题，尚有努力提升空间。未来，要改变政府主导模式、充分发挥包括民间组织和社团在内的各个组织力量，并在活动组织形式与主题等方面与国际接轨。城市交通发展要想更加可持续，需要创造新的生长基因（DNA），中国城市无车日活动正是一项与可持续发展和绿色交通有关的有益尝试。

参考文献

[1] André Muno, Olivier Lagarde. 2011Participation Report[R]. 2011.

[2] Eric Britton. Thursday plan – On new city traffic flow planning[J]. Urban Transport，2007，5（4）：21-26.

[3] Jerome Simpson, Sean Carroll. 2012 Participation Report[R]. 2012.

[4] Ministry of Housing and Urban-Rural Development, China City Car Free Day Steering Committee 2007-2014.2007-2014 China City Car Free Day Data Compilation. Beijing: China Academy of Urban Planning & Design.

[5] Zhang Xue Kong, Wu Qi Xuan [J]. Taipei Public Transport Month and Car Free Day - review and prospects. Urban Transport，2007，5（4）：12-20.

作者简介

张宇，女，河北秦皇岛人，高级工程师，主要研究方向：城市交通政策与规划，E-mail: zhangyu@caupd.com

道路与交通工程设计

高速机动化下城市道路功能分级与交通组织思考

Functional Classification and Traffic Management of Urban Roadway under Rapid Motorization

孔令斌

城市道路功能分级是为发挥机动化效率而设。从 19 世纪末开始，随着汽车的发展，为发挥其在城市交通中的机动性同时保障行人安全，城市道路功能分级体系逐步形成。进入 20 世纪，汽车在城市交通中的作用越来越大，道路功能分级也逐步完善，进入成熟汽车社会的发达国家基本都形成了围绕长距离跨区交通和短距离本地交通组织鲜明的两级道路系统，既发挥汽车机动化效率，又保护本地交通活动的完整。其中，干路及以上等级道路系统以组织长距离跨区机动交通为主，而集散道路、本地道路系统以组织短距离本地交通为主。

城市道路功能分级是机动化的产物，其要求并非一成不变。所以，在机动化不同发展阶段由于对通行效率的要求存在差异，在实际交通组织中对城市道路功能分级也有不同要求，导致城市道路实际组织和规划分级在机动化发展的不同阶段也有很大差异。

中国真正的城市道路功能分级是从 20 世纪 90 年代颁布《城市道路交通规划设计规范》GB 50220—95 以来确定的，明确了快速路、主干路、次干路、支路四级道路的规划分级体系。虽然目前中国大城市正处于机动化的高速发展阶段，但是道路分级与交通活动尺度、用地开发及交通组织等方面的关系处理还仍然在沿用非机动化时代和机动化初期的习惯思维。到 20 世纪末期之前，中国城市基本上处于非机动化为主导的交通发展阶段，如天津市 1990 年交通调查显示自行车交通出行比例达到 75%，当时汽车交通规模很小，在交通调查中归入"其他"出行。由于非机动化主导阶段汽车交通在城市交通中的作用很小，主干路及以上等级道路在实际的交通组织中也就失去了其功能上的意义。可以说中国城市道路功能分级在 20 世纪仅停留在规划表面，实际使用中道路等级差异不大，等级只体现在名称与宽度上。非机动化背景下，城市规模小且非机动车速度基本一致，通行效率在实际的交通活动中并不需要突出体现，干路系统也就与发挥通行效率的思路无缘了。干路在机动交通组织功能上的无用武之地，一方面造成沿干路大规模的城市开发模式至今仍在影响着中国的城市建设，另一方面造成道路建设中功能级配混乱。这在某种程度上也是导致城市开发过分注重干路建设，使交通活动尺度与道路功能等级错位，成为影响中国城市道路建设与交通组织的主要问题之一。

进入 21 世纪后，中国城市机动化开始迅猛发力，短短 10 年，中国已成为世界汽车产销第一大国，机动化的高速发展导致部分特大城市交通问题不堪重负，道路交通规划与建设也出现了许多问题。首先，道路交通规划除了建设快速路以突出机动交通的效率外，在其他等级道路的建设与使用上，并没有随高速机动化而进行相应调整，以将长距离跨区交通与短距离本地交通有效分离。道路交通与用地开发之间仍然秉承非机动化时代的观念，如大路大开发，小路小开发，这使得长距离跨区交通与短距离本地交通组织混杂，既无法发挥机动交通效率，也难以保障本地活动有良好的交通环境与安全环境。其次，在上述思路下，机动车交通拥堵的解决也就扩大到所有等级道路的能力扩张上。"大循环"、"微循环"一起上，通行能力提升被用于城市的各个地区，交通组织失去了"前方"与"后方"，使非城市中心地区道路的使用失去了功能分级。通过打通、扩展等手段将大量次干路甚至支路用于提升整个道路系统的容量，使原本在机动化下需要强调的道路功能分级又在交通拥堵下"扁平化"，社区、本地交通的环境恶化。再次，由于大尺度机动交通侵蚀到城市开发单元内，本应服务于本地交通的道路系统被不断拓宽，将外部交通引入其中，城市建设和本地活动的特色受到冲击，承载本地活动的街区尺度丧失，活动也随之萎缩，有些地区甚至因为解决交通问题连地区城市功能也一并"解决"，致使城市既失去了环境也失去了效率。

已经到了必须认真梳理高速机动化下城市道路功能分级与交通组织方式并做出改变的关键时刻，否则在高速机动化冲击下，不合理的城市道路功能分级必将延伸到城市道路组织、道路系统与用地之间的关系上，将导致城市交通中大尺度的交通活动组织低效、小尺度的交通活动无环境可言。要厘清城市交通在高速机动化时代的组织模式、处理好交通活动尺度与道路功能之间的关系，核心是形成组织长距离跨区交通与短距离本地交通两个层级的城市道路功能分级体系，分离不同尺度、不同机动性要求的交通，给大尺度交通活动以效率，给小尺度交通活动以安全、舒适的环境，避免"眉毛胡子一把抓"。

用于承载长距离跨区交通活动的高机动性交通设施既是城市效率的保障，也是城市空间的一部分，因此，要规划建设专门组织高机动性交通的主干路及以上等级道路来服务于机动车的长距离交通。这部分道路是城市道路系统的骨架，也是城市空间的骨架，道路规划建设和交叉口设计要以提高通行能力、适应城市机动化的发展为主要目标，而不直接服务于用地开发。中国城市在机动化快速发展中，快速路系统作为机动交通专用道路承担长距离跨区出行已经达成共识，在某些城市也开始对部分干路进行改造，形成主要为长距离机动交通服务的道路。大城市交通组织中，机动交通对快速路、主干路的依赖也越来越强，中国特大城市中这两个层次的道路已经承担近 70% 的机动交通，而在某些大城市道路系统规划中这一比例甚至达到 80%，这与机动化发展已经成熟的西方国家城市交通分担情况基本一致。城市主干路及以上等级道路系统使用功能的变化，要体现承载长距离跨区机动交通的高效组织，在规划上要以道路系统容量与重要机动交通优先为原则，特别是在交通拥堵下公共汽车、高承载车辆（High Occupancy Vehicle，HOV）以及高时间价值出行等的运行高效与优先。而这些道路上高强度的机动交通流基本割裂了道路两侧用地之间的活动联系，使道路两侧用地的交通可达性反而降低、非机动交通活动的环境变得更差，此类道路重在保障交通运行效率，实际上也难以对用地提供良好的服务。

根据大城市现有的道路网规划，快速路系统在中心城区的密度已经相当可观，基本上将城市建设用地切割成为 $6 \sim 9 km^2$ 的用地分区，在这些分区内、相邻的分区间是本地交通活动的范围。本地交通组织是交通组织中最混乱，最难说清楚的部分，也是在高速机动化下道路组织中迫切需要调整的内容。目前在中国城市规划与道路管理上并没有明确的本地交通概念，"生活性"主干路、次干路、支路规划要求与指标也没有体现地区性组织思路。同时，地区性规划中道路指标"一刀切"，对不同城市功能的交通活动特征也考虑很少。

本地交通活动与城市用地所承载的城市功能密切相关，其内部道路系统特征以城市功能所确定的本地交通特征为基础构建。事实上，承担本地交通组织的道路长度远远超过骨干道路，但其仅承担不到 30% 的机动交通：一部分是长距离交通在本地集散，另一部分是短距离机动交通，其余则是非机动交通，因此，本地交通在保障交通可达性的合理密度下基本上不应该存在能力不足的问题。承担本地交通的道路系统应优先考虑为本地交通活动创造良好的交通环境，保障安全而非效率。因此，承担本地交通的道路系统，一是要避免引入过境交通；二是要对机动交通限速，以保障本地交通活动的环境与安全；三是道路指标和形态要与用地开发及本地城市功能决定的交通活动特征密切相关，以体现道路对城市活动的服务，不能千篇一律；四是优先服务于组织本地的交通活动，为非机动交通活动创造良好的环境。

此外，组织本地交通的道路与骨干道路之间通过集散道路衔接，集散道路的规划要兼顾效率、安全、环境等方面的因素。一是接入骨干路网的衔接点要能够控制车辆在骨干道路上的出行长度，即对骨干道路出入口的间距进行控制，衔接点是本地交通与跨区交通衔接的瓶颈，要处理好瓶颈点的衔接能力与需求的关系。二是集散道路要避免对本地交通组织产生冲击，影响本地交通安全与环境。

综上所述，高速机动化背景下城市两级道路功能体系分工应明确，一个负责长距离跨区交通，另一个负责短距离本地交通；设计标准要明确，一个效率优先，另一个安全及环境优先；与用地关系及特色要明确，一个体现城市空间构架，另一个服务于具有本地特征的城市活动。只有理顺城市道路功能分级才能有效处理高速机动化背景下城市发展与机动化的关系。

作者简介

孔令斌，男，山西阳泉人，博士，教授级高级工程师，副总工程师，主要研究方向：交通规划，E-mail: kong-Linb@caupd.com

交通、用地、景观三要素统筹的城市道路交通设计技术方法研究

Establishment of the Urban Roadway Traffic Design Methodology Coordinating with Transportation, Land using and Landscape

张国华　叶　芊　戴继锋　李凌岚

摘　要：本文从讨论交通、用地、三要素的互动规律入手，提出建立"规划、设计、建设、实施"一体化全过程的城市道路交通设计方法，作为三要素统筹的重要技术平台。该方法包括功能定位分析、交通组织优化、用地反馈协调、道路交通详细设计、道路景观详细设计、实施保障等6个阶段。本文结合苏州、南昌、海口、北川等地开展的一系列道路交通工程设计实践，探讨各阶段工作的具体思路与技术方法。实践表明，以交通、用地、景观三要素统筹为目标的城市道路交通设计技术体系，对于提升道路的安全性、畅通性以及改善环境等具有显著效果。

关键词：城市交通；道路交通；交通工程设计；城市道路景观设计

Abstract: By discussing the relationship of transportation, land using and landscape, this paper proposes an urban roadway traffic design methodology that can be integrated into transportation planning, design, construction and management, and supposes it to be the significant technology platform coordinating with the three key elements. The six stage framework of the methodology includes: functional analysis, management and optimization, feedback and coordination of land using, detailed traffic engineering design, detailed road landscape design and implementation warrant. Based on the practices of road traffic engineering design in Suzhou, Nanchang, Haikou and Beichuan, the paper discusses the general idea and detailed methodologies in each stage. The implementation results show that the urban roadway traffic design methodology coordinating with transportation, land using and landscape is remarkable helpful for improving the security, unblocking and environment of the roadway traffic.

Keywords: urban transportation; roadway traffic; traffic engineering design; urban road landscape design

交通、用地与景观，作为营造良好人居环境的三项重要因素，其互动、协调对于城市发展及环境提升意义重大。那么，此三要素的互动规律是什么，应如何在规划、设计层面对其进行统筹、协调？同时，已在国内许多城市进行实践的道路交通设计，能否通过技术整合与创新，成为三要素统筹的重要技术平台？本文即尝试就此做概要的梳理及解答。

1　交通、用地、景观的互动分析

1.1　三要素互动的历史沿革

不同历史时期，对道路系统的使用需求不同。

农耕文明时期，生存是第一要素，发达的市场成为城市名片，强调对生存物资的获取，城市道路系统仅作为联系各市场的通路存在。仅有专供统治阶级使用的道路，如御道等，出于礼仪及使用需求会在建设阶段考虑景观等因素。

工业文明时期，生产是发展根本，快速机动化现象出现，重大的道路交通工程成为城市名片，单纯的道路通行能力和效率是最受关注的重点，强调效率与规模，对环境和品质关注则不足。在这一时期，道路建设必须最大限度提高两侧土地的经济价值。纽约、旧金山等城市中心区密集的路网便是这一段历史留下的痕迹。

随着经济、社会的发展，目前道路交通空间的品质逐渐受到重视，用地、环境与交通的互动越来越紧密。在一般性的生活、消费空间之外，能够满足人们高品质交往、休闲、

创意等活动的趣味空间也愈加受到人们重视，由道路系统带来的两侧用地升值，从量变走向了质变。进入后工业化时期的城市，如伦敦、巴黎等，这一点表现得尤为突出。在此背景下，道路系统承载的需求变得极为多样：交通需便捷、安全，环境需优美、人性化，成为整合城市生活、消费、趣味空间的重要脉络，以及展示城市文化的重要窗口。

1.2　三要素互动的横向规律

在宏观层面，城市功能与用地结构、道路体系及景观系统三者互动，共同组织了城市空间。凯文•林奇在《城市意象》一书中，便提出道路是构成城市形象五要素中最为突出的一个要素，影响着城市的功能分区、交通联系、景观与空间构成。

而在中微观层面，依据道路自身及两侧用地功能不同，道路可分为交通性道路与生活性道路，三要素的互动方式也由此具有不同的特点。

对于交通性道路，由于承担城市主要的交通流量及与对外交通的联系，因此景观在其中主要在道路与周边用地间起到隔离以及改善环境、展示城市形象的作用。

对于生活性道路，道路及景观则起到了保证两侧用地功能实现的作用：道路满足用地的集散需求，而景观则提升了周边环境与土地价值。其中根据三要素所起作用的不同，又出现了景观大道、步行街等若干特殊类别。

| 农耕文明 | 工业化文明 | 后工业文明 |

图1 不同时期对交通系统的使用需求意向

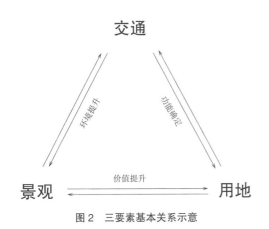

图2 三要素基本关系示意

1.3 作为三要素统筹重要技术平台的城市道路交通设计

由于交通、用地与景观在宏观、中微观不同层面均具有互动的特性。那么，对三要素的统筹亦需要在三个层面上开展工作。通过大量的实践，笔者认为道路交通设计，可以成为联系宏观与中微观，统筹三要素的重要技术平台。

从技术方法来说，道路交通工程设计作为非法定规划，能够灵活、便捷地协调其他不同类别的法定或非法定规划，承上启下，合理制定方案。具体而言，将道路景观规划与城市总体规划、综合交通规划等协调，使道路的整体景观结构更加有机的纳入城市整体景观风貌中，特色更加鲜明；将道路景观的设计与交通工程设计、用地协调同时进行，相互反馈，增加了方案的可实施性，使得交通的便捷、安全性与景观的优美能够兼顾，在实践中往往出现一举而数得的效果。

而在实践中，虽然中国城市的发展阶段不一，有许多地区尚处于工业化推进过程中，但不少城市已逐渐认识到环境提升对于城市发展的重要性。将综合交通整治、用地协调与道路景观整治同时进行，不仅可使城市环境得到跨越式的提升，也能有效提高有关部门的建设、管理效率，例如可降低成本、减少同一道路多次施工的扰民状况。

2 城市道路交通设计技术体系的总体框架

在统筹三要素的同时，城市道路交通设计体系另一重要核心理念是"规划、设计、建设、实施"一体化，其关键思路在于将交通工程设计工作划分为交通功能定位分析、交通组织优化、用地反馈协调、道路交通详细设计、道路景观详细设计、实施保障六个阶段，制定一体化整体技术体系。

2.1 交通功能定位分析阶段

功能定位分析并非简单的划分"主、次、支"道路级别，也不是以"机动车通行"作为简单的识别条件，而是综合城市发展、交通网络、周边用地、景观形象的整体情况，以全部道路交通参与者为核心，由城市规划、交通工程、景观园林等多方面的专业人员，共同确定道路在上述方面应承担的功能。在交通方面需回答以下问题：（1）道路在路网中承担何种功能；（2）与其他相关道路功能如何协调；（3）道路的交通功能与周边用地布局如何协调。

研究具体问题的技术思路和方法，可依据研究对象的不同，分为以下几个类型：

1）分析道路交通发展的历史沿革，以史为鉴确定道路交通功能。

以南昌阳明路交通工程设计为例[7]，从城市发展的角度，回顾阳明路线位从古城墙演变至环城路、至国道、最终成为

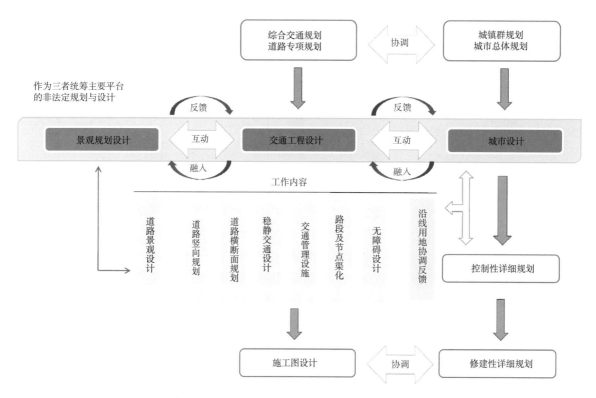

图3 交通、用地、景观三要素统筹的城市道路交通设计整体技术框架

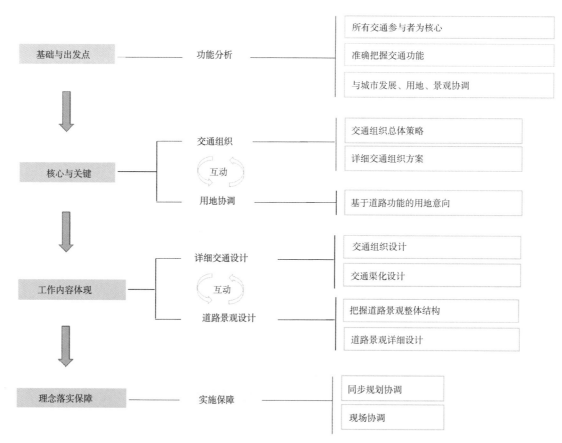

图4 "规划、设计、建设、实施"一体化城市道路交通设计体系总体技术路线

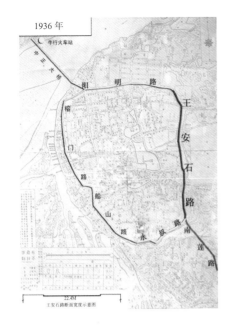

1936 年
环城路兼具对外联系功能

城市发展前期
105 国道的组成部分

城市大发展时期
联系城市功能组团的重要通道

图 5 不同历史时期南昌阳明路的道路交通功能

城市道路的变迁，并分析它与叠山路的关系，最终得出阳明路的道路功能定位为：沟通新老城区的重要交通走廊、集行政办公、商务、居住于一体的城市功能带、城市历史文化发展轴，城市景观"起"段。

2）结合周边用地特征，分析道路交通功能。

在北川新县城道路交通工程设计中[3][5]，结合不同的土地利用形态和居民出行特征确定北川新县城道路交通功能。核心区以公共空间和绿地为核心，结合街坊空间和尺度，所以核心区道路首先要满足高密度客流集聚的需要，在路网心态上体现为高密度、小网格；休闲旅游区道路还要兼顾营造休闲轻松的氛围，采用与地形相结合的自由式路网形态；居住区道路以满足居民集散功能为主，采用较密的东西方向干路强化集散服务；工业区道路以生产运输及外联功能为主，采用大格网形态，保持一定道路间距，以满足工业使用需求。

3）结合综合交通网络，分析道路的功能定位。

道路交通功能需要与周边道路、公共交通、轨道交通、交通枢纽等各类设施相结合综合论证研究。在调整、优化道路交通功能时，同时也需要对其他道路交通功能进行调整。以海口市长流起步区中央大道为例[6]，通过对国内外典型案例的分析，确定中央大道是绿化、交通、步行等多功能复合的综合功能轴。再依据海口长流区的实际情况，确定本方案中央大道的功能为景观为主，兼顾组团间的集散交通。其核心策略为：关注慢行环境和景观效果，提高两侧的活动性，加强地块与中央公园的联系，营造景观和交通相和谐的环境。

2.2 交通组织优化阶段

交通组织优化是落实道路交通功能、指导详细交通设计的重要措施。根据道路功能，确定总体交通组织策略及机动车、公交、慢行、停车等各种交通方案，并基于此对道路网络进行优化，最终确定交通组织方案。这一阶段重点关注的技术包括：（1）如何根据道路功能确定总体交通组织策略和组织方案；（2）在交通组织方案的指导下，道路网络如何优化；（3）如何确定各种交通的组织方案，包括公交、慢行、停车、机动车等；（4）道路应该以承担何种交通流为主，如何通过交通组织对策保证。

为保证道路交通功能与交通组织协调一致，进行交通组织优化的一般技术思路包括：

1）以总体交通组织策略为核心，优化道路交通路网。如在北川新县城交通规划中[5]，采取慢行交通充分优先、以慢行交通统领所有交通系统的策略，确定慢行交通面积占道路交通面积（不含道路绿化）达 51% 的比例，设置健身型、游览型慢行交通网络，并通过停车设施引导机动车出行行为。

2）以出行方式优先次序为依据，统筹交通方式。例如在苏州人民路的实践中[4]，按照步行交通、公共交通、小汽车交通、自行车交通四种出行方式的优先次序，统筹各种交通方式，以层层分流的设计思想，令道路断面逐渐收缩，避免大量机动车直接涌入古城，同时为了保证公交系统的连续性，人民路全线设置公交专用道（包括路口公交优先）。

3）依据现状交通流特征，统筹优化交通组织。在南昌阳明路实践中[7]，根据调研，阳明路交通流以长距离过境交通流为主；由于周边路网不畅，阳明路同时承担一定的交通转换

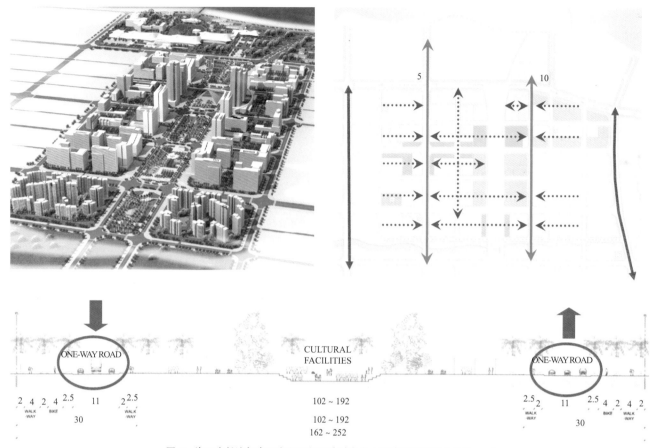

图6 海口市长流起步区交通工程设计对中央大道功能的判断（单位：m）

功能，表现为"S"形的南北借道交通流及"U"形的东西绕行交通流占12%。针对上述现状，交通优化调整的总体策略是：减少借道和绕行，保留过境和通过，增加公交与慢行。

4）对交通功能复杂的道路，分区分段进行交通组织优化。以南昌市八一大道为例[8]，该路全长13km，既联系老城核心区又联系外围居住区和待开发区，不同路段土地利用、交通功能、交通流特征差异性很大，需要有针对性地提出交通组织方案。

2.3 用地反馈协调阶段

用地反馈是基于交通功能对沿线用地进行调整控制，同时为满足交通设施需求进行用地协调。其目的在于对交通需求的产生进行事前规划控制。这一阶段回答的核心问题包括：（1）为满足道路应有的功能，沿线用地应采用何种总体策略；（2）为保证道路应有的交通功能，沿线用地应如何调整控制；（3）为满足交通设施需求，用地如何保证。

此阶段的主要策略包括：（1）远近结合，交通保障与用地开发相结合。在南昌阳明路实践中[7]，此阶段重点关注阳明路两侧便民商业的功能整合和景观整治，远期以地铁建设为契机，结合地铁站点更新用地布局，利用次干路开发大型商业设施，提高周边地块开发价值的同时，减少对阳明路的交通干扰；为保证交通运行效率，纯化关键节点用地功能；为满

足交通设施需求用地，结合道路改造和公交发展需求，协调公交枢纽用地。（2）为保证道路交通功能，提出沿线用地更新控制要求。（3）为保证交通运行效率，纯化关键节点用地功能。（4）为满足交通设施需求用地，用地置换协调。

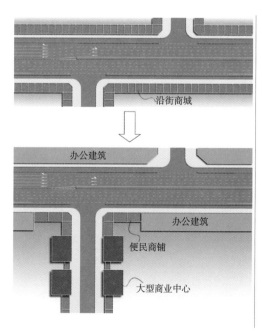

图7 对阳明路周边用地布局模式进行调整

2.4 详细交通设计阶段

详细交通设计是基于总体交通组织方案，明确若干关键交通控制要素，并由此确定道路全线的交通组织设计方案。这一阶段核心回答的问题包括：（1）按照总体交通组织方案在详细设计阶段应该控制哪些关键要素，如何控制；（2）道路和路网中的关键节点、路段如何处理；（3）道路沿线的各类交通设施按照何种原则进行协调，以确保各自的功能能够正常发挥；（4）道路全线的交通工程设计方案如何确定。

为保证前一阶段的功能分析、交通组织优化、用地反馈

协调成果能够落实于详细设计方案中，可采取如下技术思路：（1）根据交通组织策略，系统协调沿线各类要素并制定相应控制要求。（2）根据交通功能差异，对不同的节点要分类处理，制定针对性的设计方案。（3）对于关键问题及关键节点应在常规做法之外，进行创新处理。在海口长流起步区实践中[6]，起步区内道路虽已进行详细设计，但缺少整合，14条道路分别由3家设计院设计，且各自采用不同模式。在实践中对所有交叉口进行全面梳理，根据交通功能与交通组织方案确定采用四种不同类型的详细设计方案。同时，针对景观大道产生的短距交叉口问题，进行左转远引的优化处理。

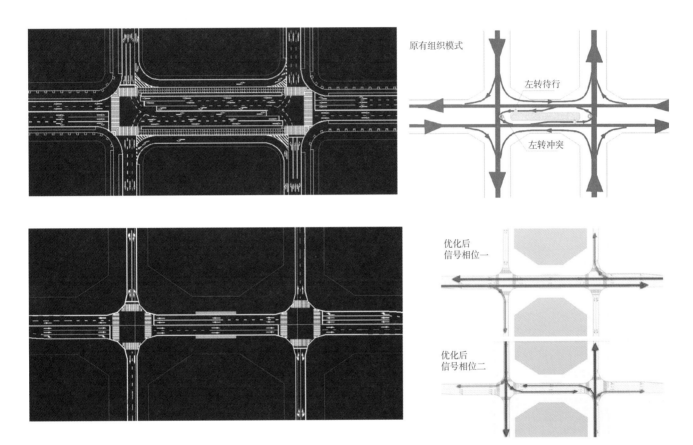

图8 优化前后的景观大道交叉口模式对比

2.5 道路景观设计阶段

道路景观设计分为初步设计和详细设计两个阶段。在初步设计阶段，需考虑道路景观与城市景观体系、道路体系的协调。德州市"三河六岸"地区道路交通工程设计中，在进行具体景观设计前，结合项目对城市路网的整治，通过滨河路、景观大道、慢行系统等不同层次的景观廊道，在城市层面构建德州独具特色的三河滨河路景观体系（见图9）。

在初步设计阶段，城市道路特别是交通干道需体现城市风貌。（1）道路宽度和沿街建筑之间的比例应协调，通过对建筑后退红线的控制实现这一目标。在苏州人民路北延线实践中进行了若干此类分析（见图10）[2][4]。（2）通过建立视线

通廊、控制建筑高度、重点设计节点开放空间及景观要素资源丰富的道路等方法，把自然（山峰、湖泊、公共绿地）、历史（宝塔、桥梁、古建）、现代（重要建筑）等景观要素贯通形成整体，使城市面貌更加多彩。（3）根据道路景观特点，配置适当的树丛和绿地。

在详细设计阶段，（1）进行路内绿化配置和照明设计以保障交通运行安全、舒适性。（2）进行道路两侧的建筑立面整治、街道家具配置和街头休憩绿地设计，以美化城市环境，体现人性化街道理念。在南昌市阳明路实践中[7]，结合街道空间尺度，按照道路分类，采用多层次绿化栽植，营造连续、舒适的绿色廊道，尽量保留和利用现状多年生高大的行道树。考虑各种交通方式所需的照明条件，设计富于城市文化特色

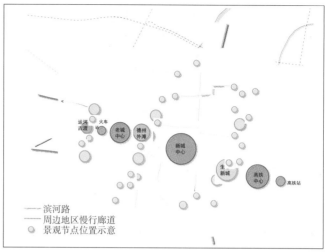

图9　城市层面的德州三河滨河路景观体系

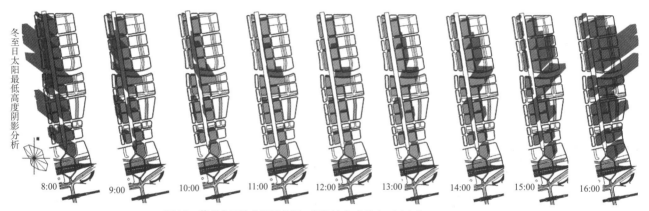

图10　苏州人民路北延线交通工程设计中对道路两侧建筑阴影进行分析

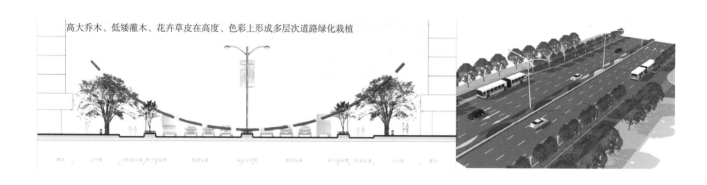

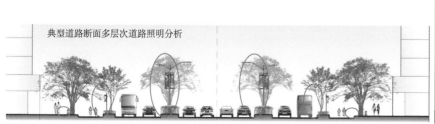

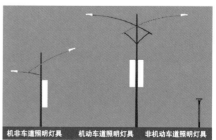

图11　阳明路结合街道空间尺度设计道路绿化及照明系统

的照明系统（见图 11）。

2.6 实施保障阶段

实施保障工作的重点在于确保道路交通设计的具体要素在施工图设计、现场实施中落实，具体包括：交通设计与相关规划的协调、交通设计与施工图设计的协调以及交通设计与现场施工工作的协调。通过与规划建设部门、施工设计部门、交通管理部门间的互动，确保交通设计理念能够落实。由于交通设计并非法定规划，因此其协调形式、机制方面仍需探索。

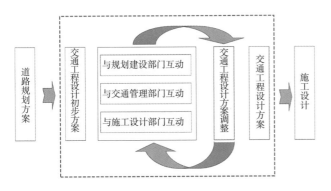

图 12 道路规划设计建设总体协调情况

3 结语

实践证明，按照交通功能定位分析、交通组织优化、用地反馈协调、道路交通详细设计、道路景观详细设计、实施保障六个阶段开展一体化的道路交通设计在实际工作中取得了明显的效果，既能将交通、用地、景观三要素整合，亦能从规划、设计到实施的各个阶段工作中起到承上启下的作用。由于目前道路交通设计不是法定规划，技术体系的完善还有

较大空间，因此如何进一步统筹三要素、完善道路交通设计技术方法仍待进一步的研究。

参考文献

[1] 戴继锋，张国华，翟宁，等.城市道路交通工程设计技术方法的完善及实践 [J].城市交通，2011,9（1）:40-46.

[2] 周乐，张国华，戴继锋，等.苏州古城交通分析及改善策略 [J].城市交通，2006,4（4）:41-45.

[3] 戴继锋，殷广涛，等.北川新县城规划中人性化交通系统的构建 [J].城市交通，2010，8（1）: 36 — 43.

[4] 中国城市规划设计研究院.苏州市人民路北延伸线规划研究及交通工程设计 [R].北京：中国城市规划设计研究院，2006.

[5] 中国城市规划设计研究院.北川新县城灾后重建道路交通专项及交通工程设计 [R].北京：中国城市规划设计研究院，2010.

[6] 中国城市规划设计研究院.海口市长流起步区交通工程设计 [R].北京：中国城市规划设计研究院，2009.

[7] 中国城市规划设计研究院.南昌市阳明路沿线综合交通整治规划 [R].北京：中国城市规划设计研究院，2009.

[8] 中国城市规划设计研究院.南昌市八一大道沿线综合交通整治规划 [R].北京：中国城市规划设计研究院，2008.

[9] 吴海俊，胡松，朱胜跃，段铁铮.城市道路设计思路与技术要点 [J].城市交通，2011，9（6）:5-13.

作者简介

张国华，男，教授级高工，博士，主要研究方向：综合交通规划、交通枢纽规划设计、道路交通设计，Email：zhanggh@caupd.com

叶芊，女，助理规划师

戴继锋，男，高级工程师

李凌岚，女，高级规划师

北川新县城一体化交通工程设计方法与实践

Method of the urban road transport design in Beichuan

戴继锋 殷广涛 赵 杰 梁昌征 杨 嘉

摘 要：通过分析总结北川开展交通工程设计的情况，提出规划、设计、建设、管理一体化的交通工程设计技术方法，包括功能定位分析、交通组织优化、详细交通设计、实施保障4个阶段，并通过北川新县城交通工程设计的实践，阐述各个阶段工作总体思路和具体技术方法。

关键词：城市交通；道路交通；交通工程设计；技术方法

Abstract: Based on the review on the developing progress of the transport design in Beichuan, an integration method of transport design is established to integrate the transport planning, design, construction and management. The framework of the method contains four stages which are transport function analysis, transport organization, detail transport design and construction guarantee. The method in each stage is discussed based on the practice in Beichuan.

Keywords: urban transport; road transport; transport design; design method

0 引言

北川县城是5·12汶川大地震灾后重建中唯一整体异地重建的新县城，2010年新县城将集中力量建设3.2km²，人口以北川受灾群众和拆迁群众为主，共3万人[1]。北川新县城重建总体规划中明确了"安全、宜居、繁荣、特色、文明、和谐"的总体目标，交通规划工作以打造绿色交通、人性化交通典范城市为总体目标。

但是目前传统的交通规划设计技术体系是在综合交通规划、专项规划完成后，即进入施工图设计阶段，各个阶段之间缺少有机联系，很多规划理念尤其是新的交通理念无法在实施阶段落实，使得规划方案层层失真，进而导致规划在实施层面大幅度的走样，既定的规划意图也无法得到贯彻落实。

为了确保绿色交通、人性化交通总体目标的全面落实，北川新县城交通规划设计工作不能墨守传统的技术体系，必须要对传统的技术方法和工作机制进行完善。因此本文提出了"一体化交通工程设计"的技术思路和工作方法，从交通规划、建设、运营各个层面和各个细节，全面确保交通理念和总体目标的实现，确保规划意图的贯彻实施[2]。

1 北川面临的挑战与应对举措

在北川新县城的建设工作全面启动以前，道路交通建设工作面临的最大挑战就是要研究如何确保规划能够从编制走向实施，并且要保证在实施过程中能够"一张蓝图管到底"。为应对上述挑战，解决核心问题，交通规划工作从技术体系和工作机制上都进行了调整和优化。

在技术体系上，提出一体化的交通工程设计技术思路和方法，在进行施工图设计工作之前，基于新县城总体规划和交通系统规划，开展了覆盖新县城的交通工程设计，承上启

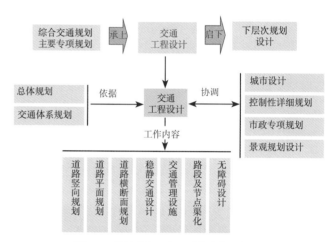

图1 一体化交通工程设计技术体系框架

下的将各个层面的规划设计工作进行无缝衔接，交通工程设计在坚持上位规划思想和原则的基础上，通过对若干关键问题的深化和落实，提出对各个阶段规划设计工作的要求（图1）。具体包括道路横断面、路段与交叉口详细设计、机动车交通、公共交通、慢行交通、静态交通、无障碍、交通标志标线、地块出入口控制等方面的详细方案。

在实施机制上，创造性地提出了"一个漏斗"工作模式，规划、建设、管理等所有交通相关工作都纳入规划审查这个"漏斗"进行统一协调。规划图纸"移交"到下一阶段并不代表规划工作的终止，在施工图设计阶段、交通建设阶段、工程验收阶段全程跟踪监督和审查，确保所有交通设施的建设都必须符合规划的思路和意图，全面贯彻规划的总体想法。

通过技术体系和实施机制的完善，在最终新县城建设工作中，道路交通设施实施基本上贯彻落实了规划意图，各项指标符合规划的程度均达到了90%以上。在实现该目标过程

中，"一体化"交通工程设计的工作无论是在完善交通技术体系方面，还是在实施阶段进行规划监督和审查中都发挥了至关重要的作用。

2 北川新县城的实践

一体化的交通工程设计包括四个层面的工作，即功能定位分析层面；交通组织优化层面；详细交通设计层面；实施保障层面[3]。

2.1 功能定位分析

功能分析是交通工程设计工作的基础与出发点，后续各个阶段的所有工作都是为确保道路功能的实现而开展。因此准确确定道路交通功能定位是整个工作的前提。道路功能分析不是简单确定主干路、次干路、支路的交通功能，更不是单纯以机动车交通作为识别条件，而是将全部道路交通参与者作为核心，结合周边用地、区域道路网络的整体情况，提出道路在城市发展、交通、景观等多个方面应承担的功能。道路功能定位不应该仅仅由交通工程师确定，而是应该由用地规划、景观设计、城市设计等多专业人员共同确定。

例如，同样作为干路，组团之间的干路就应该承担更多的交通联系功能；交通枢纽内的干路应该以交通集散功能为主；而居住区内干路应该以慢行交通为主，限制机动车交通功能；在城市核心地区内的干路应以保证人的活动便捷性为主，强调道路的服务功能；在城市特色地区，应该强调街道与城市的总体特色和风格相一致，突出建筑、景观、交通相协调。

在北川新县城道路交通规划工作中，为避免照搬大城市交通发展模式，结合新县城居民实际需求，提出了"高密度、窄道路"的网络模式（图2），干路红线总体上以20m为主，核心区道路间距不超过200m，在不增加道路用地的情况下，显著提高交通网络密度，提高交通系统可达性。结合土地使用形态，核心区以绿地和公共空间为核心，结合街坊空间和尺度，确定核心区的道路首要功能是满足高密度客流集聚的要求，因此路网形态上体现为高密度、小格网（图3（a））。休闲旅游区的道路除满足交通功能外，还需要营造休闲和轻松的氛围，因此结合地形采用自由式路网形态。工业区道路以满足货运车辆和产业区对外联系功能为主，因此采用大格网形态，保持一定间距，也能满足工业建筑对用地的要求（图3（b））。居住区的道路主要以满足居民集散功能为主，因此需要采用较密的东西方向干路强化集散服务（图3（c））。

结合不同的土地使用形态和小县城的居民出行特征，为具体指导交通工程设计工作，提出北川新县城的道路网络功能总体布局方案，道路功能主要包括交通干路、综合干路、居住区干路、工业区干路、山区（旅游休闲区）干路、滨河路、步行专用路、对外公路、支路等（图4）。在明确道路功能基础上，以道路交通功能为核心确定了道路红线宽度、横断面、

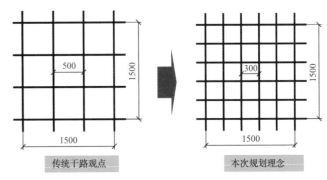

图2 北川道路网络规划理念图

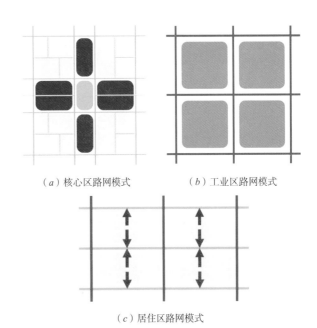

（a）核心区路网模式　　　　（b）工业区路网模式

（c）居住区路网模式

图3 不同功能片区道路网络模式图

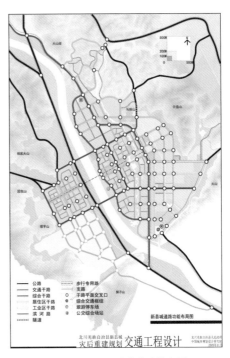

图4 北川新县城道路功能布局

设计速度、交叉口控制方式、行人过街通道布局、公交车站布局、路边停车、地块机动车出入口等交通控制要素。

2.2 交通组织优化层面

交通组织方案是开展一体化交通工程设计的核心和关键内容，合理的交通组织方案既能确保道路功能的实现，也能具体指导详细交通设计。

首先要以道路功能定位为基础明确整体交通组织策略，重点回答慢行交通、公共交通、机动车交通、静态交通等各方式应按何种原则组织，各方式应如何衔接和协调、交通资源如何分配才能体现道路交通功能。

根据新县城交通特征，慢行交通在当地居民出行中占绝对主体地位，因此规划首先明确了慢行交通优先的基本原则，规划中与用地布局规划结合，将北川新县城核心区一定范围划定为稳静交通区，约 $2km^2$（2010 年前建设约 $1.2km^2$），通过交通工程措施、交通管理对策等保证内部交通的稳静化。

稳静区内机动车限速为 $20km \cdot h^{-1}$，通过设置交通引导标志和指路标志，严格避免通过性交通穿过稳静交通区。区内采用小转弯半径进行设计，约束和降低机动车通行的速度。交通稳静区内干路红线宽度不超过20m，多以双向2车道为主，个别道路最多设置双向3车道，将更多的道路空间留给慢行交通和绿化，营造安静、舒适的交通环境。在行人交通优先的原则下，确定行人交通体系规划布局方案（图5）。慢行交通用地占道路用地面积的51%，网络密度上慢行交通线网密度高达 $16.9km \cdot km^{-2}$，大大高于机动车交通的 $10.8km \cdot km^{-2}$ 的密度。同时，在道路断面设计中借鉴国内道路断面设计的经验和方法，采用慢行交通一体化设计，将自行车与步行道设置在同一个平面上，采用不同的铺装进行区别，保证慢行交通的安全与灵活。在较大的交叉口设置中央行人过街安全岛，确保交叉口行人过街安全；在交叉口慢行交通通道端部设置阻车石，严格限制机动车进入慢行交通通道，避免对步行和骑行环境造成干扰。

在慢行交通系统布局上，规划建设了生活性慢行交通系统和独立慢行交通系统，前者沿干路布置，满足日常居民生活和出行需求，是常规的慢行交通通道，与机动车交通之间通过绿化隔离带进行隔离，保证系统的安全。后者严格禁止机动车进入，仅仅提供自行车、行人、轮滑等慢行交通方式通行，分为健身型慢行通道和游览型慢行通道（图6），并结合地形地貌特征、绿地、公园、水系、景观的布局，从行人和骑车者角度设计道路横断面、标高等。

2.3 详细交通设计层面

详细交通设计是设计内容的具体体现，主要包括道路工程设计、详细交通渠化、公共交通、交通枢纽、交通管理设施设计等方面的工作。

为保证详细设计方案能够落实交通功能定位，体现交通

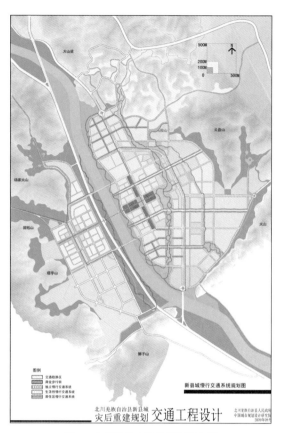

图5 北川慢行交通体系规划布局

图6 北川健身型（上）和游览型（下）慢行交通系统布局

组织总体策略，在设计过程中根据交通组织策略，系统协调沿线各类要素，制定相应控制要求。道路沿线关键控制要素主要包括四个方面：第一方面是交通体系方面，包括慢行交通、机动车交通、公共交通、静态交通、货运交通、交通枢纽等要求；第二是交通管理方面，包括交通管制措施、交通管理设施布局，交通控制方案等；第三方面是工程建设方面，包括道路平面线形、道路横断面、道路竖向、地块出入口、关键建筑选材等方面的要求；第四方面是相关规划的控制要素，主要包括道路沿线建筑立面、沿街建筑底商风格、道路景观、地下空间、路灯照明等方面的协调工作。交通工程设计需要制定详细交通控制要素要求，通过详细交通设计落实这些具体要求，同时也是在施工图设计阶段需要重点协调的要素。

道路横断面的设计是交通详细设计的重要工作，也是各种要素中的核心要素之一，因此新县城道路需要结合两侧用地功能、道路交通功能的差异进行设置，最后确定的横断面形式接近30种。这种围绕交通功能确定道路交通控制要素的方法，更能体现道路自身的交通特征与需求，也能够更好地与用地布局相结合，方便当地居民的出行要求。

为确保人性化目标的实现，特殊道路横断面设计不仅要考虑道路红线范围以内的要素，更要综合统筹周边用地、景观水系、城市绿地等建筑边界之间的其他相关要素，便于周边地块、景观与道路的良好衔接。

在详细设计工作中，除要遵照相关技术规定进行常规交通设计外，对影响重大的关键问题和技术工作应该突破常规，创新处理。在北川交通工程设计中，为保障慢行交通的安全，设计中有意降低了交叉口路缘石半径，通过工程措施来限制机动车速度。很多缘石半径在规范允许范围内取低值，有的经过研究论证，甚至突破规范取更低值（图7）。在公交车站设置上，设计中也更多从乘客角度出发，改变传统做法，将公交车站尽量靠近交叉口，方便了乘客换乘（图8）。

北川是羌族自治县，交通设施需要体现民族风貌，从文化上体现人文关怀。因此规划对交通设施进行了特色化的设计，包括交通信号灯、路名牌、路灯、公交站亭等方面的各类交通设施，这些设施目前均已建成并投入使用。

2.4 实施保障层面

实施保障工作是规划理念最终落实的保证，国内目前很多交通工程设计工作往往是把详细交通设计提交到市政设计单位，由市政设计单位进行落实和实施，而交通工程设计人员在实施保障阶段开展工作有限。这种协调模式往往效果都不理想，主要原因是市政设计师与交通工程师之间没有很好的衔接。因此实施阶段的工作显得尤为重要，主要包括施工协调，相关规划协调等工作，以确保规划理念能够落实到实施工作中。

为保证实施效果，交通工程设计必须与施工图设计工作及现场施工工作进行协调和沟通。主要解决交通工程设计的

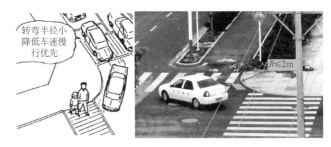

图7 为保证慢行交通安全，尽量降低道路缘石半径
（左：降低缘石半径设计图，右：实际实施情况）

图8 为保证公共交通方便行人换乘，站点尽量靠近交叉口
（左：交通工程设计方案，右：实际实施情况）

落实问题，重点协调工作是交通工程设计工作中明确的控制要素，这些要素不仅需要在施工图中全面落实，而且要在施工阶段通过现场协调，以保证设计内容的落实。

通过建立规划工作前线指挥部，北川规划设计工作提出了"一个漏斗"的模式，即所有的现场设计、建设、实施项目都需要进行规划条件复核，没有通过规划复核的项目一律不准开工建设，开工的立即停止并进行整改，直到符合规划要求后再次开工建设。通过现场协调山东援建各个地市、北川重建指挥部等单位，交通工程设计中提出的控制要素全部得以在施工图设计中贯彻落实，90%以上的控制要素在施工中得以落实。由于各种原因没有落实的要素，也在规划工作前线指挥部的协调下，进行合理的变更和调整，减少对规划条件的影响，从而最大程度地确保了规划理念的贯彻落实。

3 结论

本文提出按照交通功能定位分析、交通组织优化、详细交通设计、实施保障四个层面顺序开展工作，提出规划、设计、建设、实施一体化的交通工程设计技术方法。四个阶段工作相互支撑，互为依托，都是交通工程设计工作中不可缺少的环节。其中功能定位分析是交通工程设计的基础和出发点，交通组织是核心和关键，详细交通设计是具体内容表现，实施保障是规划理念最终落实的保证。

致谢

本文以中国城市规划设计研究院承担的《北川新县城道路交通工程设计》项目为基础进行整理，项目工作和文章撰写工作得到了李晓江院长、杨保军副院长、朱子瑜副总规划师、戴月副总规划师、杨明松副总工程师的指导，得到了中规院城市设计研究室、工程规划

设计所、深圳分院北川项目组同志的大力支持，中规院城市交通研究所的李晗、杜恒、付晶燕、张洋同志参加了该项目，李德芬、翟宁、张毅协助完成了本文部分文字和图纸整理的工作，在此一并表示感谢！

参考文献

[1] 中国城市规划设计研究院 . 北川新县城灾后重建道路交通专项及交通工程设计 [R]. 北京：中国城市规划设计研究院，2010.

[2] 戴继锋，殷广涛等 . 北川新县城规划中人性化交通系统的构建 [J]. 城市交通，2010,8（1）:36-43。

[3] 戴继锋、张国华等 . 城市道路交通工程设计技术方法的完善及实践 [J]. 城市交通，2011.1,9（1）:40-46。

作者简介

戴继锋，男，硕士，城市交通专业研究院副院长，高级工程师，主要研究方向：交通规划设计，Email：daijifeng2004@163.com

滨水地区交通设施与景观一体化设计研究——以德州三河六岸地区为例

Study on the integration design of transportation and landscape system in urban waterfront area
——exemplified by the waterfront area in DeZhou

张晓为 王有为

摘 要：近些年，人们越来越关注环境质量的提高。在城市空间环境中，交通设施不仅应该强调其交通功能，更要着力打造其在城市环境中扮演的景观功能，以满足人们对于高品质城市空间环境的需求。文章以梳理滨水地区的发展历程开端，随后以国内外不同的案例为线索，对滨水地区的功能进行了分析。在分析交通与景观特征的基础上，提出滨水空间的组织模式，进而展望了滨水地区的设计方法。最后，以德州的实际项目为例，强调设计手法的应用。

关键词：滨水空间；交通特征；景观特征；一体化设计；德州三河六岸地区

Abstract: Recently, the environmental issues are increasingly coming into people's mind. In urban physical space, in order to feed people's need on the improvement of the environment, not only does more focus on traffic function should be paid to urban roads, but also the landscape function couldn't be ignored. The paper begins by summarizing the history of the urban waterfront space, and then it follows by analyzing the function of waterfront area with domestic and foreign examples. Based on the analyzing of the transportation characteristics and landscape features, specific design approaches in the water front area are envisioned. The paper finally steps into the project in DeZhou of China, it demonstrates how the design toolkits could be applied into practical works.

Keywords: waterfront space; transportation characteristics; landscape features; Integrated design; waterfront space in DeZhou

0 引言

随着人们对于空间环境的日益关注，对高品质城市滨水空间的渴望，城市滨水地区逐渐成了城市的休闲游憩中心。由于规划设计方法和组织管理手段不科学，现状很多城市滨水地区存在着诸多问题。如城市空间被水系分割，河流的两岸城市功能缺乏有效联系，滨水地区交通组织混乱，难以与景观形成协调互动的关系，滨水空间活力不足等。对于城市滨水道路功能定位认识不清，滨水地区的道路交通工程设计与景观环境设计相互独立，是造成上述问题的重要原因。本文通过简单梳理滨水地区的发展状况，提出研究问题。从城市滨水地区交通与景观特征分析入手，研究滨水地区道路功能与景观的要求，探索适于城市滨水地区设计的结合交通与景观于一体的设计方法。

1 城市滨水地区的发展概述

1.1 不同时期滨水地区的城市功能

城市滨水地区的发展时间节点出现在工业化的时期，在此将滨水地区的发展分成三个时期。前工业化时期，生存是第一需要，而滨水地区基本以码头和市场的形式出现，水运是主要的交通方式。

工业化时期，在强调效率与规模的背景下，城市的交通方式发生了巨大改变，滨水地区作为重要的城市联系区域，在水运交通与城市道路交通有效衔接的同时，快速机动，可达性更高的城市交通得到了极大的发展。

后工业化时期，内陆城市的水运交通逐渐弱化，伴随着人们视角的转变，生活变成了最终目的，优美的环境成为城市名片，给城市带来生机与活力的滨水地区受到广泛的关注，滨水地区的景观环境和慢行交通的概念得到了重视，而滨水地区交通设施与城市功能如何协调设置成了重要问题。下面通过两个案例来说明滨水地区城市功能的发展与交通建设的关系。

1.1.1 案例一：波特兰的实践

在波特兰，滨河地区于19世纪中期成为城市商业中心；到20世纪中期，为满足交通需求修建了滨河路；而后，滨河道路成为城市发展的阻碍，1974年，滨河快速路被关闭，改造成滨河公园（图1）。原来的城市快速路由滨河地区转移到了城市背后，将休闲功能为主的城市道路引入滨水界面，不仅解决了城市交通问题，还为滨河市中心的复兴创造了条件。

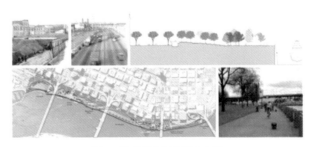

图1 波特兰滨河路历史变迁

1.1.2 案例二：上海外滩的变化

1980年以前，上海外滩的中山大道断面宽30m，车流量少，没有对外滩与南京路商业街造成分隔（图2）。随着机动车的增长，中山大道不断拓宽，到2000年已有11条车道，个别节点还修了高架桥，这却割裂了外滩与商业街的联系。在2004年，高架桥得到拆除，中山大道也被改为双向四车道，而滨河过境交通采用地下隧道组织。这样有效的分离了交通流，恢复了外滩与商业街的联系，将路权还给行人。

图2　上海外滩的变化

1.2　滨水地区现状发展所存在的问题

滨水地区作为城市发展的重要组成部分，其环境质量的提升逐渐进入了国内许多城市策划者甚至普通市民的视野。相比于国外的许多成功经验，我们城市滨水空间的建设还处于入门阶段，各个城市都在不遗余力地探索可行的规划设计方式。但是，滨水地区的影响因素众多，且复杂多变，很难理性地制定统一地指导准则。

在了解城市滨水地区的发展进程并参考相关城市滨水区发展案例后，发现从可操作性的规划设计角度上海市滨水区存在诸多问题，如滨水空间土地使用不合理、地方特色与历史背景的忽视、生态安全与城市开发的矛盾关系等[1]，本文主要讨论交通设施与景观系统在滨水区的规划协调设计问题。

2　城市滨水地区的道路交通与景观特征

2.1　城市滨水地区的道路交通特征

城市滨水地区是人与人、人与自然相互交流的重要场所，城市活动最为密集。同时，城市滨水地区常常位于城市的中心，有大量过境交通从其周边通过。一般来讲，城市滨水地区主要有三种交通需求，一是城市远距离的过境交通，二是滨水地区的集散交通，三是滨水地区内部的交通联系，例如河道两岸的联系、滨水空间与周边地块的联系等（图3）。

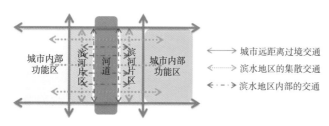

图3　滨水地区交通组织模式图

2.1.1　区域间过境交通

区域间过境交通，一般由城市交通重要的主干路或城市快速路承担，分为沿河和跨河来两类，在城市大区域的发展起着支撑和带动的作用，而与滨水地区的联系并不突出（见图4）。但大量过境交通需求，所带来的对城市空间强分割效应，对产生的噪音与空气污染，破坏了滨水区的环境。

首先，沿河过境交通的交通通道主要的服务对象是机动车[2]，行人和非机动车的路权较少，对于滨水空间与城市界面的联系是个分割，不利于行人、非机动车的滨水可达性。其次，跨河长距离交通对城市的跨河发展虽起到联系城市组团的作用，但会与滨水交通系统产生交集，若处理不当，则会造成交通流的混杂。

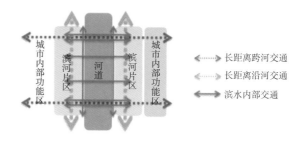

图4　滨水地区远距离过境交通模式图

2.1.2　滨水区集散交通

滨水地区的集散交通是保证滨水活力的灵魂，一般以城市中的次干道和支路组织交通，强调客流的可达性以及连续性。以集散功能为主的滨河道路凸显了自身的连通性，起到了缝合城市滨水功能片区的作用。同时，滨水区的集散交通提升了滨水地区的交通机动性，为大运量需求提供了支撑作用。此外，对于滨水地区城市景观的影响，在满足出行需求的基础上，集散交通为人们提供了一种机动化的景观体验方式。

2.1.3　滨水区内部交通

滨水地区内部交通具有机动车流量小，行人流量大，出行距离短且分散等特点，一般通过慢行设施进行组织。在任何城市慢行系统都是必要的，尤其在注重景观环境的城市滨水地区。滨水地区内部交通可以充分满足城市居民短出行的需求，而且还能够实现"门到门"的无缝接驳。

丹麦哥本哈根的调查表明，平均每多建设12m²的步行街道或广场，就会多1个市民参与到城市公共活动中来。这说明了适于步行的交通系统能有效地促进社会自发性活动的产生[3]。因此，滨水地区的内部交通是提升滨水地区环境品质，创造网络综合化交通系统不可缺少的一个组成部分。

2.2　城市滨水地区的景观特征

滨水地区城市景观主要由自然要素景观和人工要素景观两方面构成。前者包括自然界江河湖泊等水体景观以及自然地形地貌，后者由一系列的公共空间、公共设施和建筑界面等构成。本文要强调的是滨水区城市界面中交通廊道中的景观特征，所以，下面就人的行为特征为出发点，对其在滨水区不同景观心理感受进行论述。

2.2.1 观景类活动与景观特征

观赏类活动要点具体指人之于景观的视觉效应，而视觉效应又受观景位置和距离两个因子所约束。人与景观的相对位置的改变，会造成视觉的感受的变化。现代道路景观是一个动态的系统，动是其特点和魅力所在。所以说观景者不同的速度会与景观的感受是不同的，根据速度与视觉特性的关系（表1）

速度与视觉特性的关系[4]　　　　表1

速度 /（km/h）	20	40	60
视角 /°	70	55	43
注意力集中点 /m	—	45	180
辨认路边景观最小距离 /m	1.71	3.39	5.09
前方视野中能清晰辨认的距离 /cm	—	180	370
前方视野中能清晰辨认的物体尺度 /cm	—	—	110

对于包括行人，非机动车和机动车三者在内的观景者而言，景观的特征首先应该是具有序列感的。从道路空间中，突出其随城市界面高低起伏的韵律，远近疏密的节奏；在时间维度中，体现四季更替的协调，冷暖变化的回应。其次应突出景观的层次感。从城市界面到临水空间，以不同类型的景观服务于各类人群，充分体现视线的通畅和视野的开朗。

2.2.2 体验类活动与景观特征

体验类活动在这里具体指人和景观的互动关系，凸显与景观近距离的活动和游憩。与观景类活动不同的是，体验类活动更加需要人为地创造开敞的活动空间，游憩流线和特色景观等（表2）。这里强调的是人的参与感，为集聚人气，应要着重体现景观的趣味性和多样性。前者体现在景观空间的视距在近景的范围的集中，以景物遮蔽视线，引导行人或游客进行"探索"；而后者则体现在多种不同类型硬质和软质景观的协调，创造多样的景观界面。

人的行为与景观环境的关系　　　　表2

活动类型	场所特征	距离感	景观特征
观景类活动	视野开阔，视线通达	近、中、远	序列感，层次感
体验类活动	曲径通幽，移步异景	近、临水、水中	多样性，趣味性

3 城市滨水地区的设计思路及解决方案

3.1 梳理路网结构，统筹各交通系统

城市滨水地区以其交通的特殊性，集中了各种交通流，在设计时应注意区别对待。首先，城市土地的开发利用，产业提升，必须以道路建设作为先决条件，要在合理判断城市发展方向的基础上，树立城市中心区交通与滨水交通联系的思路，从而调整滨水地区乃至更大范围的路网结构。所以滨水地区的交通总体原则是正确处理人，车与水系的协调关系。

其次，根据现代城市滨水地区以休闲，娱乐为主的总体定位下，对于交通的要求是便捷安全，多样可达。滨水地区的各交通流相互联系，其交通组织思路应是分流过境交通，便捷集散交通，彰显慢行交通，即尽量简化交通功能，减少机动车流量，加强并鼓励公共交通和慢行交通所构成的绿色出行方式。

在分流过境交通方面，沿河过境交通应使其尽量远离滨水空间界面，至少调整一个街区，在路侧为较大规模居住区等道路位置无法调整时，宜采用地下道路方式设置。若条件不允许，则至少应在道路两侧设置足以形成复合立体绿化的隔离带，不干扰城市的生活。跨河的过境交通要保证一定的间距，但不影响滨水集散和慢行交通。

对于集散交通来说，为保障滨水地区的交通可达性，要合理加密路网，根据相关经验，城市次干路间距约为500m，而以滨水地区的交通特征来看，设计中可将间距适当缩小至400~450m。同时还要注意提倡公共交通的建设，加大公交车覆盖面积，有轨电车以及地铁以点串线等，尽可能地分担集散交通压力。

慢行交通的组织直接影响了滨水地区的环境品质，也是与景观系统衔接最紧密的交通方式。慢行交通方式具有休闲、游憩特征，包括步行、非机动车、观光车和游船等。另外，慢行的交通组织还包括了静态交通设施，如小汽车停车场，自行车停车泊位等。在设计处理中，机动车停车位可设置在滨水界面的外侧，而机动车停车位则较为灵活，具体可结合景观设计进行布设（见图5）。

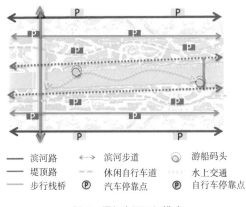

— 滨河路　　⟷ 滨河步道　　◎ 游船码头
— 堤顶路　　⋯⋯ 休闲自行车道　　水上交通
— 步行栈桥　　Ⓟ 汽车停靠点　　自行车停靠点

图5　慢行交通组织模式

3.2　交通与景观一体化设计

城市道路的横断面形式及宽度对道路的通行能力及道路交通对周围的环境有直接的影响，对城市道路的景观也起着决定性的作用[5]。道路断面的设计决定于周边城市的功能，对滨水地区的道路来讲，休闲游憩作为功能的主体，若滨河路断面设计成多路幅的形式，固然有利于交通的通行，但高速的机动车车流会对城市功能起到阻隔的作用，不利于滨水地区的步行可达性。在设计中应注意以交通作为构建滨水地区的骨架，而景观可以看成是表皮，两者虽分工不同，但目标一致。

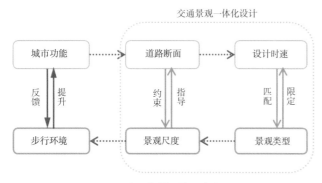

图6　交通与景观的互动关系

景观单元与行驶速度的关系　　　　表3

	行人	非机动车	机动车
时速 /（km/h）	5	15	40
感知时间 /s	—	1～2	3～5
景观单元 /（m/个）	5	15	40

如图6所示，城市功能主宰着道路断面的设计，而道路断面设计中，无论是路幅还是宽度都决定了道路的行驶速度以及其本身的通行能力。这里引入上文提到的景观速度的概念。研究表明，当时速是40km/h的时候，人5s视线经过的距离是55.55m，而时速是10km/h的时候，人5s视线经过的距离是13.92m，根据行人、非机动车和机动车的不同时速，可以判断出景观与行驶速度的对应关系：人行道——慢速景观，非机动车道——中速景观，机动车道——快速景观（表3）。

3.3　交通要素的景观化处理

从人的行为心理学角度看，滨水地区的交通要素可分为两个类型：动态交通要素和静态交通要素。动态交通要素主要指有各种运载工具及在道路上运行的各种交通流，在这里主要针对静态交通要素的景观化处理进行探讨。静态交通要素具体也可分为三类：

桥梁系统：具体包括桥墩、桥跨及桥梁形式等。对滨水地

区来说，桥梁作为跨河设施必不可少，但若对其进行必要的景观化处理[6]，就可将桥梁变成滨水地区的景观节点（见图7）。

图7　桥梁系统的景观化

公共设施系统：包括市政公用设施，道路照明设施，各类广告标志及景观小品等。根据不同的人群的行为特征，并考虑到不同年龄段的人群，提供多种类型的公共服务设施。在此基础上，将景观要素融入其中，如改变路灯的形态材质，设计趣味性的标志标识系统，建设生态停车位最终使其成为道路空间中的局部亮点（见图8）。

图8　公共设施系统的景观化

道路界面系统：主要由机非车道，人行道，分隔带以及路面标志标线组成，是道路的基本要素。下面就标志标线的景观化处理进行举例说明：

2007年在英国肯特郡开展的"Lost O"计划，主旨是通过改变道路上的标志标线，创造步行道和非机动车道之间的共享空间。计划的目标是给予行人充分的路权，提倡绿色交通。由下图9可见，斑马线、停车线和自行车道等不是传统的标志，而被修改成了各种具有艺术美感的图案，这对吸引人流，创造步行环境起着积极作用。

图9　道路标志的景观化

3.4　城市滨水地区的理想组织模式

在提倡慢行交通和景观环境的背景下，滨水地区的理想组织模式城市功能的混合与开放（图10），层次分明，滨河地区着力体现生活功能，合理协调滨水地区各要素间的关系（图11）；对于交通来讲，应实现快慢有致，动静分离，在满足差异化的交通需求的基础上，提倡稳静化，低碳绿色出行。生态景观层面应着力整合资源，实现绿化渗透，突出景观主题，提升滨水地区的品质。

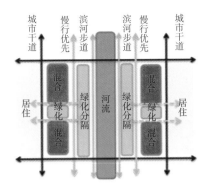

图10　滨河功能公共化模式示意图

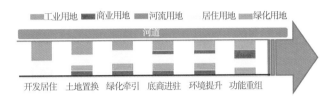

图11　滨河功能综合化模式示意图

4　德州"三河六岸"地区道路交通与景观一体化设计案例简述

4.1　案例背景

德州市位于山东省北部，依托铁路、高速公路、高速铁路实现跨越式发展，自西向东形成了多组团的城市空间结构。这种发展模式在组团交接地带，即"三河六岸"地区（图12），虽为城市的发展提供支撑，但留下大片消极空间。这使"三河六岸"地区发展水平低下，私搭乱建问题严重。本应是城市发展纽带的滨水地区却变成了割裂城市空间，阻碍了城市进一步发展。

4.2　设计手段

4.2.1　梳理全市骨干路网，分流过境交通

根据德州城市向东发展的基本判断，优先保障东西方向

的大运量快速公共交通，快速路的贯通，以此促进城市的互通共融，形成紧密的城市发展结构，为对于三条河所分割的三个城市组团来讲，也要确保相互之间的交通联系。

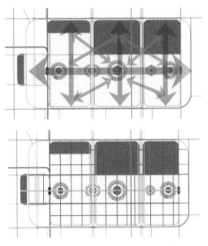

图13　城市骨干道路网优化方案

在方案的构架中，提出了"绕行分流，功能分离，平行分担"的方案思路（图13）。对于过境交通来讲，现阶段将构建普通公路环，而中远期将打造高速的公路环，以提升道路通行效率，以城市外围公路环的形式分散交通流。考虑到城市呈自西向东方向发展，为避免交通功能混杂，实行客流走廊与机动车走廊的分离，并对高速公路出入口进行调整。南北方向城市道路由于多处与河流斜交，给交通组织带来了困难，在设计中强调了南北干道的联系，滨河路将不承担城市主要的交通功能的情况下，分担了滨河路的交通（图14）。

4.2.2　优化滨水地区路网，完善内部交通

对于滨水地区内部交通组织而言，应注意强调近距交通和集散交通，通过提升城市次干路与支路的密度，以完善交通系统，此外还应该注意的是营造由河岸向城市内部渗透的慢行系统，以提升空间环境的品质。下面就减河中段的滨水交通组织方案来加以说明。

图12　规划范围示意图

图14　城市骨干道路网构架方案

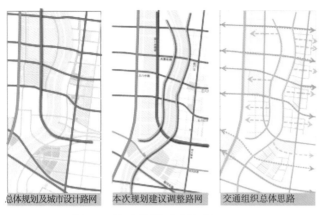

图15 减河中段详细规划与交通组织图

通过对比总体规划和本次规划关于滨水交通组织的调整可以看出（见图15），强调了滨河路的整体性，并以生活功能为核心，兼具集散功能，满足了南北向的可达性和贯通性。东西方向加密了城市次干道，滨水地区内部交通及与其所在组团中心联系基本通过次干路组织，不与交通性的城市道路发生混杂；滨河两侧的慢行廊道向城市内部延伸，并结合滨河绿地设置路网停车场，满足滨河公园的停车需求，为交通换乘提供便利。

4.2.3 交通与景观的结合设计

1）景观速度的应用

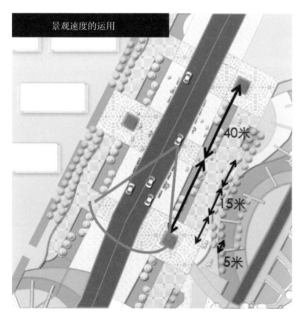

	行人	非机动车	机动车
时速/（km/h）	5	15	40
感知时间/s	/	1~2	3~5
景观单元/（m/个）	5	15	40

图16 景观速度的应用

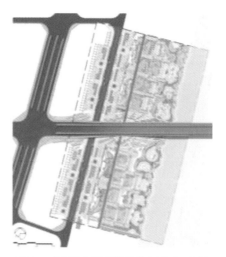

图17 岔河滨河路新华路节点平面示意图

根据上文提到的景观速度的相关理论，设计中将景观速度的概念应用到了德州岔河的新华路节点（见图16）。通常情况下，时速40km/h时，车内的人5s视线所经过的距离为55.55m，而5s为事物能给人留下完整印象的时间。景观单元的大小或变化节奏以此为据才能留下完整明确的印象。将此推论结合在设计中，人行道上基本配置小尺度景观，多利用短距离、小角度的视觉焦点去突出趣味与变化。而道路两侧的绿带中，宜采用50m的景观单元尺度，设置若干标志性的景观构筑物，或进行栽植的变化，以便能为机动车驾驶者所感知，获得宜人的行驶体验。

2）交通设施的美化

图18 交通设施景观化效果

交通设施的设计为体现德州现代化的发展，将跨河桥增设构筑物，形成视觉的焦点。对于各滨水地区的特色也有强调，在以绿色生态为主题的减河"太阳谷"地区，设置带有太阳能装置的路灯；而为衬托岔河中心城区段的活力，人行道上设置了样式多变的休息停留空间，以便集聚人气（见图18）。

5 结论

城市滨水地区现在被国内多个城市所重视，而大量案例表明滨水地区的已渐渐成为城市活动的发生源。在未来的进一步发展中，应着眼于滨水地区的生活功能，注重休闲设施和慢行系统。在具体的规划设计中，强调交通组织的重要性，明确景观营造的地位，并将两者之间的联系进行全面的思考。

一体化的设计不在于同步设计，而是共同设计，即在滨水地区进行交通组织的同时，考虑到城市景观的预留地，而景观设计也能反过来给交通组织作为反馈，这样才能形成交通工程设计与景观设计有机的结合。

参考文献

[1] 郭磊. 城市滨水空间研究——以青岛和厦门为例 [D]. 厦门大学研究生论文，厦门大学，2009.

[2] 朱文一. 空间. 符号. 城市 [M]. 中国建筑工业出版社，2010.10.

[3] 杨盖尔，交往与空间 [M]，中国建筑工业出版社，2002.10.

[4] 李凌岚，张国华，戴继锋. 道路交通一体化设计方法与实践探讨——以苏州人民北路为例 [J]. 国外城市规划，2006，21（4）：104-108.

[5] 芦原义信著，尹培桐译. 街道的美学 [M]. 北京：中国建筑工业出版社，1988.

[6] 蒋育红. 城市道路横断面规划设计 [J]. 安徽工业大学学报，2006，23（2）：209-212.

作者简介

张晓为，男，北京人，硕士，规划师，主要研究方向：城市交通规划设计，E-mail：375885014@qq.com

城市快速路建设先决条件分析

Urban Expressway Development Analysis

欧心泉　周　乐　戴继锋　李德芬

摘　要：如何把握城市快速路的建设时机是众多发展中的大城市在构建面向未来的交通系统过程中正在面对或即将面对的问题。在中国城市交通发展模式转型和创新的背景下，探讨如何针对特定的时间、特定的城市正确决策快速路的建设。首先梳理国内外城市快速路的发展历程，分析快速路区别于一般城市道路的特征。提出将城镇化、机动化和区域化水平作为判定城市快速路建设的先决条件及评判标准。最后，以南昌市为例，依次分析快速路建设的先决条件，指出南昌市应尽快启动城市快速路建设，为城市未来发展提供充分支持。

关键词：交通规划；城市快速路；建设先决条件；城镇化；机动化；区域化

Abstract: How to seize the development opportunity for urban expressway is or will be a challenge facing many urban areas in building/ planning their future metropolitan transportation systems. Considering the transformation and innovation of urban transportation development process in china, this paper discusses how to make effective decision for urban expressway development in different times and for various cities. By reviewing the urban expressway development both at home and abroad, the paper summarizes the characteristics of expressway that are different from other urban roadways. The paper proposes the requirements and evaluation criteria for urban expressway development in three aspects: levels of urbanization, motorization and regionalization. Finally, taking Nanchang as an example, the paper analyzes three urban expressway development requirements and points out that it is necessary for Nanchang to develop urban expressway as soon as possible to sufficiently support the future development of the city.

Keywords: transportation planning; urban expressway; requirements for development; urbanization; motorization; regionalization

0　引言

历经 30 余年的城镇化提速期，中国城市的发展正步入量、质并进的时代。城市规模迅猛扩张、人口急剧增加、机动化水平持续攀升、城镇群聚效应不断涌现等，冲击并考验着中国城市的交通"智慧"，城市交通发展模式的转型和创新迫在眉睫。

城市快速路作为大城市道路网络系统的骨架，被视为引导城市空间结构拓展和影响出行方式转变的关键。然而，城市快速路投资高昂且回报周期长，超前或滞后的规划与建设往往给城市的有序发展带来与之不适的麻烦甚至障碍。因此，在大城市发展过程中，需要分析和判断各项先决条件，把握恰当的时机、选择合适的窗口推动城市快速路的建设。

1　城市快速路的发展历程

1.1　国外

城市快速路最早发源于美国。20 世纪初，机动化的浪潮导致美国城市纷纷陷入交通拥堵的困境。为缓解出行压力、提升城市的通达性，洛杉矶于 1941 年修建了第一条城市快速路。此后，随着经济社会的发展和汽车工业的兴旺，特别是二战结束后的城市复兴计划，兴建快速路成为西方发达国家实现城市发展更新的重要举措。

20 世纪中、后期，随着亚太区域的繁荣，城市快速路也不断在东方涌现。新加坡作为土地集约利用的典范城市，建立了一套高效的城市发展机制，通过有意识地规划和修建城市快速路，形成 150 km 的中心放射快速路网，借此引导并实现城市的多组团空间布局，见图 1。在日本，"太平洋工业带"的高速发展使东京、名古屋等都市区延绵一体，城镇群利用快速路构建区域通道，满足了旺盛的出行需求，将不同地点紧密相连。

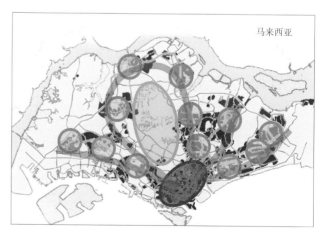

图 1　新加坡城市快速路廊道与多组团的空间布局

1.2　中国

一线城市作为快速路中国化实践的先驱，最早开始了城市快速路建设的探索：1990 年北京市新建二环快速路，1992 年上海市开建内环高架路浦西段，1997 年广州始建内环高架路，见图 2。这些城市快速路的修建背景和条件虽然不尽相同，但却具有共同的特征，即缓解城市交通拥堵、基于原有道路

  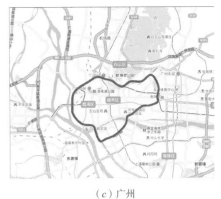

（a）北京　　　　　　　　　（b）上海　　　　　　　　　（c）广州

图 2　中国城市快速路的早期实践

改造、保护既有中心城区等。

之后，其他一些城市也规划并修建了城市快速路，例如南京、苏州、青岛等。在城市扩张的背景下，城市快速路的角色也发生了一些转变，更多体现为引导城市空间拓展、联系城际高速公路、确保核心区域通畅等作用。

2　城市快速路的特征

城市快速路服务城市中的长距离、快速交通，与其他城市道路相比具有鲜明的特征。

1）具有连续、快速通过的优势，能够满足大尺度城市的长距离出行需求。与其他城市道路相比，城市快速路在服务对象、使用主体和联系要素等方面具有较强的针对性和特殊性。

2）作为完全控制出入的"点到点"道路，城市快速路无法直接支撑沿线用地开发[1]，需要借助其他等级道路共同完成交通集散，可达性相对不足，主要服务跨区域和城市组团间的出行。

3）作为高度机动化的道路，通行能力远高于一般城市道路（单车道基本通行能力可达 1800 ~ 2200pcu·h⁻¹），设计行驶速度快（通常为 60 ~ 100km·h⁻¹）[2]，使用主体为机动车，公共交通停靠站以及步行和自行车交通走廊通常布设在辅路或沿线其他道路上。

4）同时承担着联系市内交通与城际交通、扩大城市辐射与吸引能力的职责。通过在城市外围对接城际高速公路，提升城市进出交通效率并屏蔽过境交通，减少外部交通对城市内部核心的干扰。

3　城市快速路建设的先决条件

推动城市快速路建设的因素很多，其中内在原因主要体现为城市交通系统的发展需要满足城市空间结构拓展和出行结构转变的要求，而外在原因主要表现为区域城镇群的协调发展需要统筹城市与城际交通。因此，衡量城市是否具备修

建快速路的条件，应当从城镇化、机动化和区域化三方面展开分析。

3.1　持续城镇化是基本条件

城镇化背景下的大尺度分区和长距离出行是城市快速路建设的基本出发点。工业革命前，城市发展受限于交通工具，通常以居民 1h 平均出行距离计算城市的半径[3]，相应的城市尺度很难突破 4km，此阶段的城市活动大多局限于街坊与邻里之间，道路以巷道为主。工业革命后，公共交通的引入使城市半径急剧增加，部分城市尺度达到 25km 左右，单中心放射的城市格局得到加强，分级道路系统出现。而后，随着个体机动交通工具的普及，城市居民的出行特征与出行方式进一步发生改变，组团式的城市格局成为主流，远距离出行占城市居民整体出行的比例持续增加；在出行时效的约束下，城市快速路成为此阶段支撑城市规模拓展的重要骨架。不同城镇化阶段的城市空间与路网结构见图 3。

考察上海、广州等城市可以发现，城市快速路的开建时期恰是城市空间结构进入大尺度分区亦可称之为组团式发展的时期，城市中心区的平均出行距离普遍达到或超过 4 km，而部分城市的外围平均出行距离甚至突破 10km，见表 1。由此可见，面向中、后期的持续城镇化为快速路的修建确立了基本需求。

各大城市开建快速路的时间点与

出行距离（单位：km）　　　　　　　表 1

城市	开建快速路时间点	中心城尺度	中心城出行距离	外围出行距离
上海	1992 年	7×7（内环浦西）	4	10
西安	1993 年	9×9（二环）	4	
广州	1997 年	4×8（内环）	5	
南京	1999 年	4×9（内环）	4.5	
郑州	2001 年	5×7（核心）	4	7
苏州	2003 年	6×7（内环）	5	

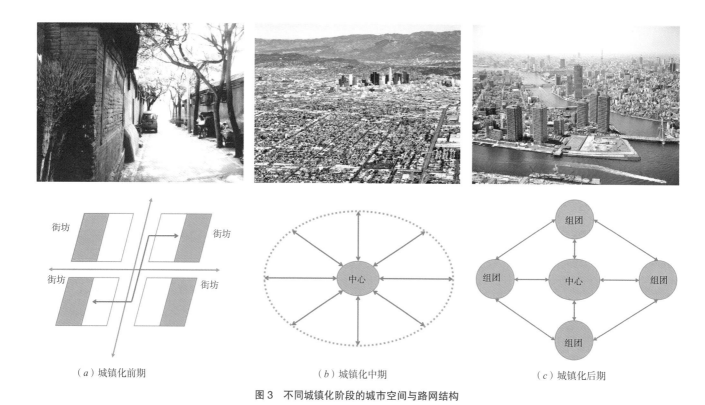

（a）城镇化前期　　　　　　　　　　　　（b）城镇化中期　　　　　　　　　　　　（c）城镇化后期

图3　不同城镇化阶段的城市空间与路网结构

3.2　高速机动化是必要条件

机动化产生的大量车辆出行需求是城市快速路建设的重要动力。随着收入增长和技术进步，舒适、私密、便捷的私人交通工具获得出行者的广泛青睐，城市机动化水平不断攀升。但是，当出行需求与设施供给之间的关系达到临界点时，相对个人出行水平的提高，城市整体出行水平的降低在所难免（表现为城市的边际出行成本高于城市的平均出行成本）[4]。面对交通拥堵的压力，城市自然而然会追逐修建数量更多、速度更快、通行能力更大的道路。

纵观美国百年的机动化历程，快速道路系统的构建时序与小汽车的普及趋势相似，快速路在千人机动化水平达到100辆左右时开始筹备，突破200辆后全面展开建设。中国如北京、上海等城市开建快速路时的机动化水平虽然相比美国城市偏低，但整体的发展趋势颇为相似，皆位于机动化水平快速增长的初始阶段，见图4。据此，城市快速路的建设应当在城市高速机动化的前期启动。

3.3　区域一体化是重要条件

城市交通在时空效率上相对区域交通的短板是快速路建设的现实要求。区域经济的发展使城镇之间的出行需求愈加紧密，而城际高速公路、高速铁路及航空运输系统的出现极大地改变了城镇间出行的特征：相较"风驰电掣"的城际交通，城市交通的"举步维艰"使市内与城际出行在时间与空间上出现倒置，导致出行链整体效率降低。修建与城际高速公路配套的城市快速路、提升城区段的出行速度、改善城区内部的出行质量，已成为众多中心城市推动区域一体发展的不二

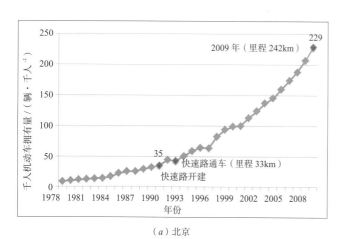

（a）北京

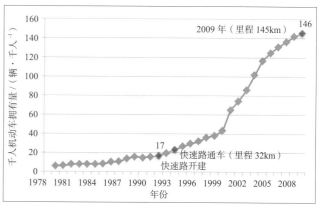

（b）上海

图4　北京、上海的快速路开建时间点与城市机动化趋势

之选。

总结各大城市的发展经验，城市快速路大多紧随城际高速公路的步伐出现，部分城市二者通车的时间差仅为 1 ~ 2 年，个别城市的时间间距较长，但大多为 10 年以内，见表 2。考虑交通设施引导城市发展需要一定的预热期，建议大城市将城际高速公路通车后的 5 ~ 10 年作为城市快速路合适开建的时间点。

各大城市城际高速公路与城市快速道路的建设时序　表 2

城市	高速公路通车时间	快速路通车时间	时间差
上海	1988 年	1994 年	6 年
广州	1989 年	2000 年	11 年
北京	1990 年	1992 年	2 年
南京	1996 年	1999 年	3 年
苏州	1996 年	2003 年	7 年
洛杉矶	1940 年	1941 年	1 年

4　南昌市城市快速路建设时机分析

历史上，南昌一直维持单中心的城市格局，即以昌南老城为中心，依靠赣江东岸，向东、南、北三个方向扩张。而后，随着红谷滩等外围片区的建立，"双心多片"的城市空间结构初步形成（城市尺度现已达 20km，见图 5（a）），横跨赣江的东西向出行逐年增多。近期，随着高铁、空港枢纽的建设，

赣江西岸城市沿江拓展，南北向出行将显著增长，未来将形成"双核拥江，组团发展"的总体空间格局（城市尺度将达 50 km，见图 5（b））[5]。面对城镇化现状与发展的双重压力，从引导城市拓展、缓解交通拥堵、满足越江和跨区的长距离出行等角度考虑，南昌市修建快速路已迫在眉睫。

与国内其他城市类似，南昌市目前处于机动化的高速膨胀期，全市机动车保有量即将突破 60 万辆，机动化水平已超过 100 辆·千人[-1]，见图 6。面对机动化的必然趋势，在坚持公交优先的前提下，必须加强城市道路网体系的构建，启动城市快速路建设，为来势汹汹的机动车提供充足的交通通道。

作为环鄱阳湖城镇群的中心城市，南昌市区位优势明显，自 1996 年昌九高速公路通车后，G60 沪昆和 G70 福银两条国家高速公路在此交汇，高速绕城环路已经建成，区域交通初具规模，而城市内部也亟待建设与之衔接的快速道路系统。

综上所述，不论是出于城镇化的拓展考虑，还是基于机动化的增长需求，抑或是提升区域化的统筹水平，南昌市都需要尽快启动城市快速路建设，为城市未来发展提供充分的支持。

5　结语

目前，中国大城市正面临交通发展模式的转型，其中关于城市快速路的思考得到了城市决策者的高度重视。但是，很多城市在考虑何时修建快速路的问题上，还缺乏系统和清晰的认识。本文通过归纳国内外各大城市的实践经验，从多

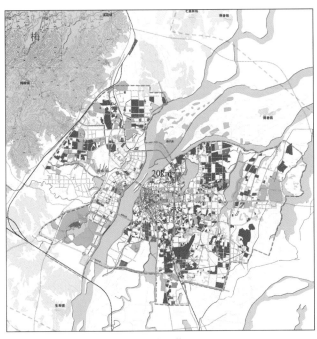

（a）现状

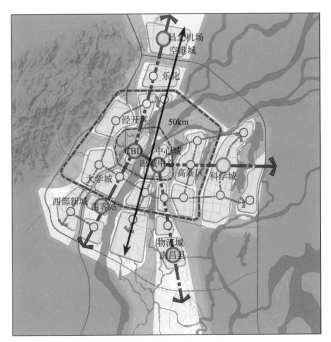

（b）规划

图 5　南昌市城市现状与规划空间结构

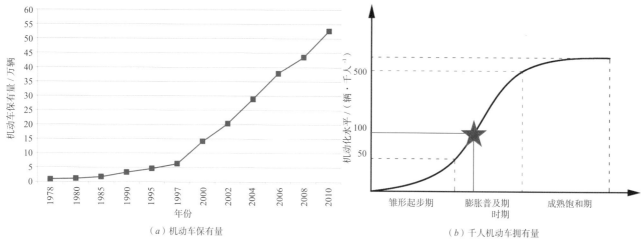

（a）机动车保有量　　　　　　　　　　　　　　（b）千人机动车拥有量

图6　南昌市城市机动化发展历程

个角度分析和解读城市快速路建设所需的先决条件。这仅仅是城市快速路建设的前提性思考，后续关于修建什么样的快速路以及怎样修建快速路等问题还需做很多工作。只有坚持系统、科学的分析思维和决策方法，并将之贯彻于快速路建设过程的始终，才能确保快速路系统真正成为符合发展要求的城市交通系统。

参考文献

[1] 王有为，张国华，赵延峰．特大城市快速路网结构研究：以长沙为例 [C] // 中国大城市交通规划研讨会会议组委会．中国大城市交通规划研讨会论文集．苏州：中国城市规划学会城市交通规划学术委员会，2010：352-357.

[2] CJJ 129—2009 城市快速路设计规程 [S]．住房和城乡建设部．北京：中国建筑工业出版社，2009.

[3] 徐循初．城市道路与交通规划 [M]．北京：中国建筑工业出版社，2007.

[4] O' Sullivan A. Urban Economics（7th ed.）[M].Boston: McGraw-Hill/Irwin, 2009.

[5] 戴继锋，李德芬，王有为，翟宁．南昌市城市一环交通系统规划研究及论证 [R]．北京：中国城市规划设计研究院，2011.

作者简介

欧心泉，男，湖南邵阳人，硕士，助理工程师，交通运输规划与管理，E-mail:unn1986@163.com

带型城市 ❶ 空间形态界定与干线道路 ❷ 特征研究

A study on spatial demarcation and arterial road system of Strip-shaped cities

赵洪彬

摘 要: 带型城市特殊的道路交通需求未能得到相适应的城市道路规划来满足,现实中暴露出较为一致的特殊交通问题,而且带型城市定义又模糊难以划分。因此,研究从城市空间形态角度,采用聚类分析的方法从全国657个设市城市中界定带型城市为建成区长宽之比大于3:1的城市。并对带型城市(组团)的交通需求、路网布局、道路级配进行梳理研究,表明带型城市贯穿性长轴干线道路的数量、等级、分布对带型城市规模、形态以及交通组织具有重要作用,是带型城市路网规划的核心;提出了带型城市常用的三轴干线路网布局模式及相应的道路等级,可作为带型城市路网规划参考依据。

关键词: 交通规划;带型城市;聚类分析;干线道路;路网布局。

Abstract: With the special shape, missing axial arterial roads and heavily mixed transport in strip-shaped cities, there are always similar traffic problems in these cities. What's more, it's difficult to name the strip-shaped city with the obscure definition. So, considering from the city shape, this study defines the strip-shaped city-whose ratio of length and width for the urbanized area is larger than 3:1, from the 657 cities in China by using K-means Cluster Analysis. And, through the analysis of traffic demand, road layout and street hierarchy in strip-shaped city, it turned out that the mileage, hierarchy and layout of the penetrating arterial road are important to the size, shape and traffic organization. Furthermore, the penetrating arterial road should be the core content in the urban road planning of strip-shaped city. According to this, an arterial road system layout mode for the common strip-shaped cities with 3 penetrating arterial roads is proposed at the end, which could be well used in urban road planning of strip-shaped cities.

Keywords: urban transportation planning; strip-shaped city; K-means cluster analysis; arterial road system; road layout

0 引言

带型城市起源于线形城市(Linear City)——由西班牙工程师索里亚·玛塔(Arturo Soriay Mata)于1882年首先提出,玛塔提出的线形城市是沿交通运输线布置的长条形建筑地带,城市平面布局呈狭长带状发展。设计的首要原则是城市交通,以交通干线作为城市布局的主脊骨骼,各要素紧靠交通轴线聚集[1]。然而当时的线形城市过于理想,城市空间的不断变长,加上交通方式速度较低,沿交通干线进行组织的城市活动,出行时间不断攀升,最终导致高交通成本的城市"线状形态"难以为继,城市空间形态又回到自然生长的团状。

与国外产生于线形城市规划理论实践下的带型城市不同,我国的带型城市大多是受地形条件制约而逐渐形成的。我国国土面积2/3的山地地区,分布着相当数量的城市。这些山地城市,在城镇化过程中,城市规模不断扩张,一些城市在空间扩张中逐步受到地形制约,原先自然生长的团状形态在山地、河谷的限制下,逐渐变为"狭长带状" ❸。

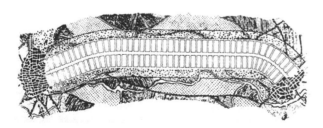

图1 马德里周边线形城市实施片段

图片来源:城市建设艺术史——20世纪资本主义国家的城市建设

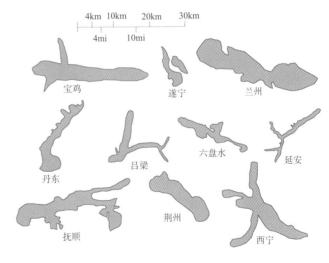

图2 呈狭长带状形态的山地城市

图片来源:根据"谷歌地球"卫星图片绘制

---

❶ 研究从空间形态上对传统的"带形城市(Linear City)"进行界定,完成从"形"到"型"的归类,因此为"带型城市"。

❷ 本次研究中,干线道路包括快速路、主干路和次干路,地方性道路主要包括支路。

❸ 统计结果表明:全国288个地级市级别以上的城市中,有167个位于山地地区,约占58%。其中带型城市数量占到山地城市的约70%。

正是我国带型城市这种被动化的"由团到带"历程，缺乏类似于国外线形城市理论的引导，忽视了交通轴线对带型城市的重要作用，导致了城市初期已经成型的适用于"团状"形态的道路网络在带状形态下难以适应。造成了一些具有一致性的道路交通问题，如：城市内部主要发展方向交通与过境交通高度混合，难以组织；生活性功能与交通性功能相互干扰，拥挤严重[2-4]。在同等规模的带型城市和平团状城市中，带型城市的这些交通问题往往暴露的早且严重[2]。因此，针对带型城市的这些交通问题及其出现的时机，相关研究提出一些规划措施，如：带型城市主干路的规格和指标应该比一般城市略高一些[5]；带型城市主干路、次干路的比例应比一般城市小[6]等等。然而这些研究往往受制于带型城市"狭长带状"的模糊定义，类型化研究困难，结论基于城市个例，定性为主缺少量化，难以应用于带型城市的道路规划工作。

考虑到带型城市数量较多且交通问题突出，定义模糊但交通现象较为一致，个体研究较多而分类量化结论较少，难以形成系统性规划手段。因此，本文从城市形态分析入手，以全国657个设市城市建成区的空间形态为基础，运用聚类分析方法，界定带型城市；依据空间形态的分类准则，选择带型、团状样本城市，分别对其城市基本特征、空间形态特征、道路交通特征进行分析对比；基于带型城市的道路网络以及交通需求特征，对常见带型城市干线路网布局及等级提出相应的建议。

1 带型城市的形态界定

1.1 我国城市空间形态特征

厘清城市边界对判定城市空间形态有重要意义。国外，如美国[6]在全国性质的城市特征研究中对城市边界的划定主要是依据人口密度指标❶，而我国由于缺乏此类数据，并不能依据人口密度做出类似的城市边界。因此，研究采用城市建成区范围作为城市的近似边界❷，据此对全国657个设市城市的空间形态进行梳理。在获取城市建成区范围之后，参考城市的道路走向，测量出建成区的长度和宽度。对于多组团且组团间距离较远的城市，将其各个组团建成区空间进行分别测量，最终获取679个城市（组团）的基本数据。

❶ Federal Highway Administration. Highway functional classification: concepts, criteria and procedures[M]. Washington: U.S. Department of Transportation, 1989：Ⅱ-4—Ⅱ-8.

❷ 根据谷歌卫星地图数据，采用人工识别出城市建成区（谷歌卫星地图中灰色地带）后，对建成区范围进行描绘，并核对范围面积与城市建成区年鉴面积后确定边界。

我国679个城市（组团）基本数据汇总表　表1

		城区人口/万人	城区面积/km²	建成区面积/km²	建成区长度/km	建成区宽度/km
最小值		2.39	7.31	4.83	1.60	0.70
最大值		2347.46	12187.00	1231.30	54.00	35.00
平均值		51.88	282.29	66.89	8.44	5.58
百分位数	10	10.50	28.00	14.40	4.00	1.80
	20	14.24	45.00	18.71	4.80	2.80
	25	15.56	53.58	20.50	5.20	3.20
	30	17.20	67.00	22.07	5.60	3.50
	40	20.61	92.04	27.10	6.00	4.00
	50	25.03	126.00	33.22	6.80	4.50
	60	30.57	174.85	41.60	7.60	5.10
	70	40.26	240.00	55.82	9.00	6.00
	75	47.53	291.00	64.30	9.80	6.60
	80	60.65	342.00	76.08	10.60	7.20
	90	96.30	580.00	124.29	14.20	9.50

现状数据表明，我国城市的城区面积，建成区面积、长度和宽度等多项数据极差较大，这与城市人口规模差异较大有关，因此研究依据城区人口规模进行分类分析。

不同人口规模下城市（组团）基本数据汇总表　表2

城区人口范围/万人	数量	数值	城区面积/km²	建成区面积/km²	建成区长度/km	建成区宽度/km	长宽比
>1000	2	最小值	6340.5	998.75	35	35	1.000
		最大值	12187.0	1231.3	45	35	1.286
		平均值	9263.75	1115.03	40	35	1.143
500~1000	5	最小值	2334.47	506.42	25	15.5	1.000
		最大值	5696.60	1034.92	35	34	1.944
		平均值	3613.84	775.79	30.08	20.9	1.523
300~500	5	最小值	367.14	342.55	22	14	1.008
		最大值	2589.00	483.35	30.8	25.9	1.571
		平均值	909.78	395.54	27.3	21.9	1.285
100~300	53	最小值	130.30	75	6.6	1.6	1.000
		最大值	2465.00	854.31	54	28	6.600
		平均值	717.03	243.64	18.8	12.5	1.887
50~100	96	最小值	67.80	40.00	4.5	1	1.000
		最大值	1773.50	221.29	23.1	16	13.571
		平均值	377.49	87.85	10.8	6.6	2.393
20~50	260	最小值	25.00	14.69	2.5	0.8	1.000
		最大值	1754.00	135.00	15.5	13	10.538
		平均值	182.47	41.92	7.5	5.1	1.829
≤20	258	最小值	7.31	4.83	1.6	0.7	1.000
		最大值	3304.00	55.00	11.3	7.2	10.000
		平均值	111.80	19.70	5.3	3.4	1.835

分类结果表明，随着城区人口规模的降低，城区面积、建成区面积、长度和宽度等数据都相应减小。300万人口规模以上的城市，其建成区长度与宽度数据极差较小，300万人口规模以下的城市，其建成区长度与宽度数据极差较大，特别是建成区宽度数据，最小值较低，仅为1km左右。此外，建成区长度与宽度之比也表现出相似情况，300万人口规模以上城市的长宽比范围在2以内，然而300万人口规模以下城市的长宽比范围最大可到13.571。这些说明了我国城市，尤其是300万城区人口规模以下的城市,其城市空间形态是多样的。

明，有大量城市聚集在斜率1~3的夹角范围内，即长宽比为1:1~3:1，可视为一类形态；除此之外仍有较多的城市聚集在斜率大于3的夹角范围内，即长宽比大于3:1，可视为另一种城市形态。

通过SPSS对建成区长宽比进行频率直方图分析，也得出了较为接近的结论。图5中长宽比1:1~2.5:1的数据频率大幅度下降，并且在2.5:1~7:1这一段保持平稳，最后在大于7:1之后保持更低的水平。

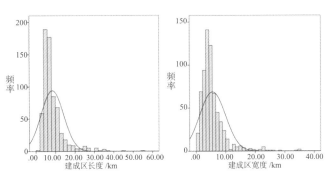

图3　全国679个城市（组团）建成区长度与宽度频率直方图

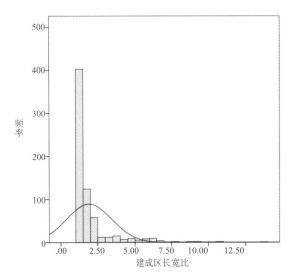

图5　全国679个城市（组团）建成区长宽比频率直方图

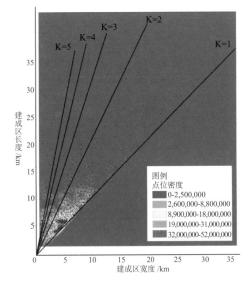

图4　全国679个城市（组团）建成区空间形态分布

图3直观的表明我国有大量城市其建成区长度、宽度在10km范围以内，约占77.5%。图4表明在7km×7km的形态中有更加密集的分布，同时可以发现我国确实有宽度较窄、长度较长的一些城市存在。

再通过SPSS对建成区长宽比数据进行聚类分析，将679组数据按照长宽比分为2类、3类和4类，得出相应的类别分界值。其中出现频率较高的分界值均值有3.12和6.955，表明以此为分界值的分类属于常见大类，其余的分界值是对大类的细化。研究为方便后续应用，将分界值取整定为3和7。

1.2　带型城市空间形态界定

通过对我国679个城市（组团）建成区长度和宽度单独的分析，表明我国确实有"狭长"形态的城市。为了界定"狭长带状"，基于建成区长度与宽度之比[8]对形态再次进行划分，图4中直线的斜率就表明了长度与宽度之比。结果表

全国679个城市（组团）建成区长宽比聚类分析表　　表3

聚类数		分2类	分3类	分4类
类别1	数目	624	601	601
	类中心	1.52	1.44	1.44
分界值	界左	3.9	3.04	3.04
	界右	4.04	3.2	3.2
	均值	3.97	3.12	3.12
类别2	数目	55	65	65
	类中心	6.28	4.72	4.72
分界值	界左		6.7	6.7
	界右		7.21	7.21
	均值		6.955	6.955
类别3	数目		13	12
	类中心		9.29	8.94

续表

聚类数		分2类	分3类	分4类
分界值	界左			10.91
	界右			13.47
	均值			12.19
类别4	数目			1
	类中心			13.57

最终，基于建成区空间分布、建成区长宽比的频率直方分析和聚类分析，认为我国的城市空间形态依据建成区长宽比可以分为3类。这3类空间形态以建成区长宽比3:1和7:1为分界值。在1:1~3:1范围内为团状形态，在3:1~7:1范围内为带状形态，在7:1~∞范围内为线条状形态。研究将形态呈团状的城市称为团状城市，将形态呈带状和线条状的统称为带型城市。

2 带型城市特征

2.1 城市基本特征

按照带型城市与团状城市建成区长宽比3:1的划分标准，在数据库❶中挑选出各项数据较为完整的29个带型城市，相应地选取93个团状城市，两类城市城区人口规模均小于300万。数据情况见表4、表5。

不同人口规模下29个带型城市（组团）基本数据　　表4

城区人口 /万人	建成区面积 /km²	道路里程 /km	道路密度 /(km/km²)	机动车保有量 /万辆	人均出行次数 /次	平均出行时间 /min
100~300	159.54	651.63	4.08	23.06	2.17	27.8
50~100	76.39	215.71	2.49	16.50	2.48	29.44
20~50	35.75	161.07	4.51	10.89	2.54	24.96
≤20	17.94	111.69	6.23	10.83	2.88	27.43

不同人口规模下93个团状城市（组团）基本数据　　表5

城区人口 /万人	建成区面积 /km²	道路里程 /km	道路密度 /(km/km²)	机动车保有量 /万辆	人均出行次数 /次	平均出行时间 /min
100~300	236.52	1030.01	4.35	79.62	2.52	26.74
50~100	88.28	392.07	4.44	27.02	2.62	25.08
20~50	42.25	230.64	5.46	18.98	2.81	22.60
≤20	20.78	105.11	5.06	12.34	2.9	25.16

表4、表5中各项基础数据表明，带型城市在同等城区人口规模下：建成区面积都小于团状城市，主要是由地形限制所引起；道路里程及道路密度也大都低于团状城市；机动车保有量及人均出行次数均低于团状城市；居民平均出行时间高于团状城市，这与其形态狭长密不可分。

不同人口规模下两类城市道路交通供给需求密度之比❷　　表6

团状/带型	道路供给密度	道路需求密度
100~300万人	1.07	2.70
50~100万人	1.57	1.50
20~50万人	1.21	1.63
≤20万人	0.81	0.99

表6中，同等城区人口规模下，带型城市承担的道路需求压力远不如团状城市，然而其交通问题却比同规模平原城市出现的早且严重[2]。以100~300万城区人口规模城市为例，团状城市仅以1.07倍的道路供给承担了2.70倍的道路需求。可见造成带型城市现状交通问题的主要不是道路设施供给，可能与路网布局有关。

2.2 空间形态特征

由于城市空间形态对路网布局影响较大，因此对现有679个城市（组团）中的79个带型城市（组团）的空间形态进行进一步分析。

全国79个带型城市（组团）建成区长度与宽度　　表7

	最小值	最大值	平均值	百分位数											
				10	20	25	30	40	50	60	70	75	80	90
长度 /km	2.9	33	9.71	4.6	6	6	6.4	7	7.7	9.8	10.6	12	13	18
宽度 /km	0.7	6	1.89	1	1.1	1.2	1.2	1.3	1.5	1.8	2	2.5	2.5	3.5

现状我国90%的带型城市，建成区的长度范围较大，在3~20km之间；而建成区的宽度范围则相对较小，在1~4km之间。较小的城市宽度为该方向上城市道路的分布留下较少的可能性，尤其是干线道路，从而造成交通的路径选择相对

---

❶ 交通现状数据来源于能源基金会资助的《城市道路合理级配及相关控制指标研究》项目。

❷ 道路供给密度为道路密度，道路需求密度为根据机动车保有量、人均出行次数、建成区面积计算而得。表中为团状城市与带型城市的数据比值，无量纲。

较少，容易造成多种功能交通的汇集。而团状城市的路网，在各个方向上分布均匀，可选择路径相对较多。例如：同样是面积为16的矩形，4×4形态下对角线两端点间的可选择路径有70种，而2×8形态下对角线两端点间的可选择路径只有45种。

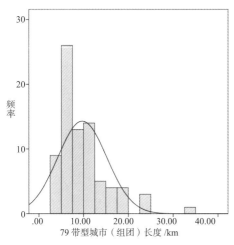

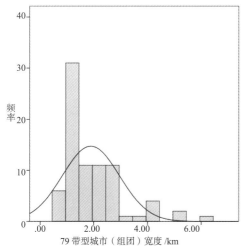

图6 全国79个带型城市（组团）建成区长度与宽度频率直方图

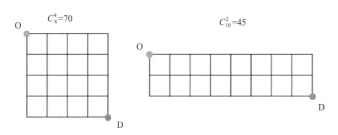

图7 两类城市路径可选择数量举例

2.3 道路交通特征

在交通需求方面，带型城市的交通需求受制于空间形态，跨区域的长距离交通较多，除此之外还有中心区的短距离交通，期望线呈带状，具有明显的方向性。而团状城市交通需求以城市的向心交通为主，期望线呈团状，没有显著的方向性。

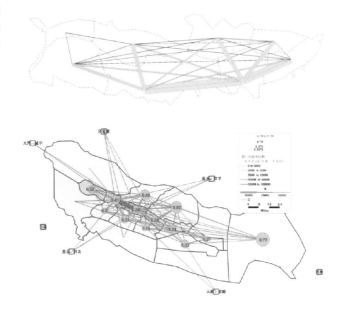

图8 带型城市交通期望线——兰州市和六盘水市

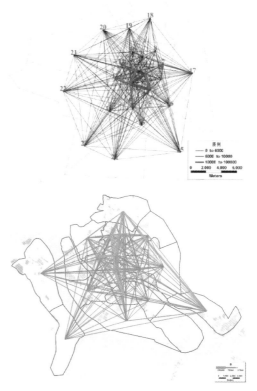

图9 团状城市交通期望线——阜阳市和福州市

在道路设施方面，我国大多数城市的道路网络呈棋盘式布局，干线道路与地方性道路的两极结构较为清晰，干线道路里程比例明显高于地方性道路，在道路交通组织中承担重要作用。表8、表9中，相同城区人口规模下，带型城市的各级道路里程比例与团状城市并无明显差异，干线道路亦如此。

不同人口规模下29个带型城市（组团）道路基本数据　表8

城区人口 / 万人		100 ~ 300	50 ~ 100	20 ~ 50	≤ 20
里程 /km	快速路	26	13	10.35	25
	主干路	216.49	63.39	91.57	45.15
	次干路	174.04	60.34	66.76	31.26
	支路	252.43	74.51	92.33	27.34
	干线道路	416.53	136.73	168.68	101.41
里程比例 /%	快速路	4	6	4	19
	主干路	32	30	35	35
	次干路	26	29	26	24
	支路	38	35	35	21
	干线道路	62	65	65	79

不同人口规模下93个团状城市（组团）道路基本数据　表9

城区人口 / 万人		100 ~ 300	50 ~ 100	20 ~ 50	≤ 20
里程 /km	快速路	67.84	28.2	26.85	20.08
	主干路	311.95	147.42	103.82	43.12
	次干路	236.56	111.20	68.24	33.93
	支路	456.47	127.52	73.48	31.05
	干线道路	616.35	286.82	198.91	97.13
里程比例 /%	快速路	6	7	10	16
	主干路	29	36	38	34
	次干路	22	27	25	26
	支路	43	31	27	24
	干线道路	57	69	73	76

带型城市具有明确的方向性交通需求，但由于可选择路径较少，城市交通汇集在少量干线道路上，形成极大的集散压力，而团状城市则不同。从需求角度，带型城市干线道路的重要性应远高于团状城市，在道路级配、路网布局上应呈现差异性，是城市道路规划的核心。然而在现状两类城市的道路网络特征中并未体现这种差异，这是带型城市特殊交通问题的根本原因。

3 带型城市干线道路特征

3.1 城市干线道路网络特征

通过对两类城市特征的对比，带型城市由于特殊的交通需求，干线道路的核心作用更为明显，其布局往往形成条带

状方格网，具有清晰的路网轴线，且贯穿性的长轴干线道路一般在 1~3 条，这与之前带型城市空间宽度在 1~4km 之间的数据相吻合。如之前研究提到的，这几条为数不多的贯穿性长轴干线道路上汇集了带型城市大量交通且长短距离不一，功能差异大，对整个路网的交通集散起重要作用。

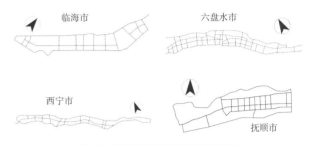

图 10　带型城市干线道路系统举例
图片来源：笔者自绘

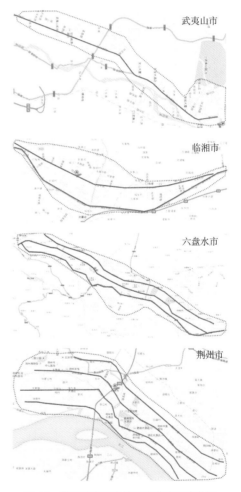

图 11　带型城市贯穿性干线道路系统举例
图片来源：笔者自绘

按贯穿性长轴干线道路数量分类的带型城市基础数据汇总表　表10

贯穿性轴线数	城市数量	城区人口 / 万人	建成区面积 /km²	长度 / km	宽度 / km	长宽比
1	28	14.75	18.46	7.30	1.30	4.13

续表

贯穿性轴线数	城市数量	城区人口/万人	建成区面积/km²	长度/km	宽度/km	长宽比
2	14	19.24	29.79	7.05	1.45	4.71
3	30	29.52	42.70	10.00	1.45	5.63
4	7	70.11	67.80	17.00	3.10	5.39

带型城市路网布局，采用单轴、双轴、三轴贯穿性干线道路的城市居多，分别有28、14和30个，共占比重91%。最为常见的干线路网布局是三轴和单轴。而采用四轴干线路网布局的带型城市较少，仅有7个。随着带型城市贯穿性长轴干线道路数目的逐渐增多，城区人口、建成区面积、建成区长度、建成区宽度数据都同步增长。这主要是由于带型城市贯穿性长轴干线道路对整个城市的空间和交通起重要的支撑作用，长轴干线数目越多，干线道路网络能够承载的城市空间越大，相应的城市人口就越多，建成区的长度和宽度都随之增加，可以承载更多的交通需求。

3.2 城市干线道路交通特征

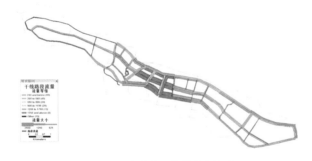

图12　六盘水市干线道路流量图

研究对带型城市中代表性较强的六盘水市干线道路交通流量进行分析，发现带型城市虽然形态为条带状，但在交通需求上大多还是以中心聚集为主，这与我国带型城市的发展历程是密不可分的，带状形态下依旧留存初期团状阶段的城市布局和交通特征。

结合现有带型城市交通需求特征，加上不同贯穿性长轴干线数目的带型城市数量分布及城市的基本特征，总结我国带型城市发展的共同路径：最初沿单一国省道进行单轴线对称式生长，并形成团状或"枣核"状城市形态，交通需求特征也与团状城市无差异；随着城市发展受到两侧空间的制约，城市空间在狭长方向进行突破，"中轴线"所服务的城市内部交通越来越多，与过境交通和城市长距离交通存在极大干扰，因此在城市两侧修建新的贯穿性长轴干线来满足交通需求，城市形态也初步形成了"条带状"；而随着狭长的城市空间不断被填充，交通需求压力越来越大，凭仅有的几条长轴干线远远难以满足。而在这种情况下，规划中依旧采用修建城市

环路的常见于团状城市的规划手段来谋求解决带型城市交通问题，是对"带型城市形态导致交通聚集"这个根本原因的忽视。

3.3 城市干线道路布局级配

从带型城市贯穿性长轴干线道路的数量与带型城市规模、交通需求正相关的关系可以看出带型城市生长对于贯穿性长轴干线道路依赖性很强。然而带型空间宽度的限制导致无法修建过多过密的贯穿性长轴干线，最终导致城市多种功能的交通在仅有的几条贯穿性长轴干线道路上的汇集，供不应求，难以分离。

因此，为了缓解带型城市这种特殊形态带来的交通问题，引导带型城市走出团状城市交通模式的影响，实现带型城市顺畅的轴向交通移动，应超前建设高等级的贯穿性长轴干线道路，并做好贯穿性长轴干线道路之间的功能分配。以常见的三条贯穿性长轴干线的带型城市为例，应确保最高等级的轴线位于城市一侧，并主要服务于过境交通，不对两侧用地服务，可以是高速公路或高等级国道；第二等级的轴线位于城市另一侧，服务于城市内部长距离交通，可适当为两侧用地服务，可以是快速路或者高等级主干路；第三等级的轴线应位于城市中央，为两侧用地服务，应是低等级主干路或者次干路。规模较小的带型城市可相应减少贯穿性轴线数量或者降低道路等级；规模较大的带型城市可适当增加贯穿性轴线数量或者采用其他交通方式以形成复合交通轴线。

图13　常见三轴干线带型城市路网及用地布局模式图

4　结论

在我国，受制于地形因素而形成的带型城市是山地城市中较为常见的一类，是城市规划设计中值得注意的一个对象。其特殊的空间形态导致了特殊的交通需求，从而对交通设施尤其是城市干线道路有较高的要求，这与普通的团状城市间存在较大的差异。然而带型城市定义的模糊导致既有研究中缺乏定量类型化的研究，难以推广用于城市道路规划工作。

因此研究从城市形态角度，采用大数据的手段将建成区长度与宽度之比大于3∶1的城市定义为带型城市。特殊的空间形态，狭窄的城市宽度，导致干线道路尤其是贯穿性长轴干线道路对带型城市的交通集散有重要作用，是路网的核心。

但现有针对带型城市道路交通的规划工作依旧采用团状城市为主导下的"环 + 放射"思想，导致带型城市难以形成高效的轴向交通移动，无法摆脱交通的"向心性"，交通组织越发困难。为此，研究提出了符合常见带型城市的三轴干线路网布局模式，针对过境交通、市内中长距离交通和市内短距离交通的特点在空间上予以分离，功能上进行疏解。以贯穿性长轴干线为基础，构建高级别、差异化的干线道路网络来鲜明地服务于带型城市轴向的各类交通需求，解决带型城市多种交通功能混合，难以组织，轴向交通系统压力大，易发拥堵等常见问题。

城市道路网络规划中，针对符合分类标准的带型城市，都可以应用这种路网布局模式来进行规划，提早布局建设高等级道路设施。

参考文献

[1] 孙施文 . 现代城市规划理论 [M]. 北京 : 中国建筑工业出版社，2007. (Sun Shiwen. Modern urban planning theories[M]. Beijing: China architecture & building press, 2007)

[2] 杨永春 . 中国西部河谷型城市的发展和空间结构研究 [D]. 南京大学，2003.

[3] 杨永春 . 河谷型城市空间跨越式发展及其机制 [J]. 兰州大学学报(自然科学版)，2007，02: 20-24.

[4] 滕丽，杨永春 . 狭义河谷型城市交通问题研究——以兰州市为例 [J]. 经济地理，2002，01: 72-76. (Teng Li，Yang Yongchun. The study on the traffic problems of valley-city——A case study of Lanzhou city[J]. Economic Geography，2002，01: 72-76.)

[5] 杨永春 . 中国河谷型城市研究 [J]. 地域研究与开发，1999，03: 61-65. (Yang Yongchun. Research on the Valley-city of China[J]. Areal Research and Development,1999,03:61-65.)

[6] 广晓平，马昌喜，汪海龙 . 河谷型城市道路交通研究 [J]. 城市道桥与防洪，2006，06: 10-12+194. (Guang Xiaoping, Ma Changxi,

Wang Hailong. Study on traffic in Valley-city[J]. Urban Roads Bridges & Flood Control,2006,06:10-12+194.)

[7] Federal Highway Administration. Highway functional classification: concepts, criteria and procedures[M]. Washington: U.S. Department of Transportation, 1989.

[8] 张小娟 . 带形城市空间结构的演变及发展模式 [J]. 城乡建设，2013，02: 37-39. (Zhang Xiaojuan. The evolution and development in space structure of linear city[J]. Urban and Rural Development，2013，02: 37-39.)

[9] 孔令斌 . 高速机动化下城市道路功能分级与交通组织思考 [J]. 城市交通，2013，03:3-4. (Kong Lingbin. Functional classification and traffic management of urban roadway under rapid motorization[J]. Urban transport of China，2013，03: 3-4.)

[10] GB 50220-95，城市道路交通规划设计规范 [S]. (GB 50220-95, Code for transport planning on urban road[S].)

[11] 钱勇生，汪海龙 . 河谷型城市过河交通问题研究——以兰州市为例 [J]. 交通标准化，2007，05: 215-217. (Qian Yongsheng，Wang Hailong. Research on river traffic in valley city taking example of Lanzhou city[J]. Communications Standardization，2007，05: 215-217.)

[12] 孙有信，钱勇生，汪海龙 . 河谷型城市过境交通规划研究 [J]. 城市道桥与防洪，2007，03:97-99+120. (Sun Youxin Qian Yongsheng, Wang Hailong. Planning research on through traffic in valley city [J]. Urban Roads Bridges & Flood Control,2007,03:97-99+120.)

[13] 杜先汉 . 中小型带形城市交通问题诊断及对策[J]. 大连交通大学学报，2010，06: 11-14+19. (Du Xianhan. Diagnosis and countermeasures on urban traffic problems of small and medium linear cities[J]. Journal of Dalian Jiaotong University,2010,06:11-14+19.)

作者简介

赵洪彬，男，硕士，助理工程师，E-mail: ttbeanbean@126.com

随机需求多阶段离散交通网络设计

Multi-Stage Discrete Network Design Problem under Stochastic Demand

卞长志　蔚欣欣　陆化普

摘　要：为了降低交通规划方案的风险，提高规划方案建设时序选择的整体效益，本文以随机OD需求分布为前提，以随机双层规划理论为基础，建立多阶段网络设计模型，同步优化网络规划最终形态和建设时序。给出了基于Monte Carlo模拟和遗传算法的模型求解算法。Nguyen Dupuis网络的测试分析表明，资金投入的时段分布对网络规划建设决策有重要影响，前期增加预算可以提高规划方案的全局效益；同时需求不确定性以及决策者风险偏好也对最终规划结果有重要影响。

关键词：离散交通网络设计；多阶段；随机需求；双层规划；遗传算法

Abstract: To reduce the risk of transportation planning scheme and improve the whole benefit of project selection in different stages, a multi-stage discrete network design model under stochastic OD demand is set up to determine the optimal project scheduling with stochastic bi-level optimization. The proposed model, a combinatorial optimization problem, is solved using Monte Carlo simulation and genetic algorithm. Numerical results on Nguyen Dupuis network indicate that the distribution of funds has great impact on decision making and the system performance can be improved with more funds in the early days of the whole planning period. Besides, demand uncertainty and planner's preferences are also crucial to the final program.

Keywords: discrete network design; multi-stage; stochastic demand; bi-level optimization; genetic algorithm

0　引言

城市道路等交通设施建设是提高城市交通系统整体发展水平的重要基础性工作，不同的道路建设方案和建设时序，将极大影响城市空间的发展进程。因此，合理选择不同时期的道路建设项目至关重要。

交通网络设计（network design）是道路系统建设项目确定的重要方法，Yang和Bell（1998）对该领域的工作进行了阶段性总结，并根据网络设计变量的类型分为连续交通网络设计、离散交通网络设计以及混合交通网络设计等不同分支，但研究主要集中于确定性交通需求和单一时段网络设计[1]。

由于规划决策中的不确定，确定性交通需求假定存在固有的不足，基于确定性需求假定的网络规划方案抗风险能力相对较低。为了提高规划方案的鲁棒性能，近期国内外开展了需求不确定的交通网络设计理论研究。Yin和Lawphongpanich（2007）、Partriksson（2008）对交通需求不确定性提出了两种不同的处理方法[2,3]。其中Yin和Lawphongpanich的研究假定交通需求属于已知的椭圆凸集，利用变分不等式建立了公路网投资优化模型；Partriksson的研究则假定需求为随机变量，并建立了随机双层规划模型。

单一时段网络设计模型只能确定最终的网络方案，网络建设时序只能采取其它方法确定。在国内交通规划实践中，一般采用项目排序法确定，比较常用的排序方法有全部可能顺序比较法、项目一次性比较法、项目滚动排序法、阶段滚动排序法等。这些方法缺乏与网络规划方案的互动，缺乏方法论层面的一致性。为此研究者基于双层规划模型，同步确定交通网络的最终状态和发展进程。Friesz等（1998）首先

利用网络设计模型研究多阶段交通网络优化，该文以最优控制理论描述连续路网容量随时间变化的轨迹[4]。Lo和Szeto（2004）在网络设计方法的框架下，研究了道路网项目的时序安排，案例分析说明一体化考虑规划方案和时序能够提升项目全时间段的效益[5]。Lo和Szeto（2009）对Lo和Szeto（2004）的研究进行了扩展，重点讨论了交通网络建设的成本回收问题[6]。Kim等（2008）利用离散交通网络设计模型，考虑不同时间段内的预算约束，同时给出了公路网规划项目方案和建设时序[7]。

本论文基于交通网络设计方法，同步考虑决策的不确定性以及决策对阶段性的需求。首先假定OD需求为服从一定概率分布的随机变量，并考虑到交通需求和资金预算的阶段性，建立基于随机OD需求的多阶段离散交通网络设计模型，同时确定交通网络的最终形态和项目建设时序。利用遗传算法，对建立的模型进行了求解，并利用案例网络对模型进行了分析验证。

1　随机需求多阶段离散网络设计模型

1.1　符号定义

N：交通网络的节点集合；

A：交通网络的路段集合；

q_{rs}：OD对rs之间的交通需求；

P_{rs}：OD对rs之间的路径集合；

x_a：路段a的交通流量；

$t_a(x)$：路段a的行程时间阻抗函数；

f_k^{rs}：OD对rs之间路径k的流量；

c_k^{rs}：OD对rs之间路径k的成本；

$\delta_{a,k}^{rs}$：若路段 a 在 OD 对 rs 之间路径 k 上取 1，否则取 0；

$\bar{A}$：新建或扩建路段集合；路段 a 对应的决策变量，$ya \in \{0,1\}$，

ya：其中 $ya=1$ 表示路段 a 采取新建或扩建策略，$ya=0$ 表示维持现状；

C_a：路段 a 的通行能力；

$G_a(ya)$：新建或扩建路段 a 的成本；

B：新建或扩建所有路段的预算；

Ω：不确定交通需求的所有可能情景集；

ω：不确定交通需求的任一实现；

p^{ω}：不确定交通需求情景 ω 的实现概率；

ρ：规划决策者对于网络出行时间均值和方差的权重；

t_{a0}：BRP 函数中路段 a 的自由流程时间；

T 整个规划期限划分的时段数量

相关符号如采用上标 t 或者 ω，表示规划时段 t 以及需求情景 ω 时的变量。

1.2 多阶段约束条件

离散交通网络设计模型中，面临的约束主要有两个方面，一是交通网络的建设资金约束，一是决策变量自然约束。在多阶段问题中，建设资金约束将扩展至各个阶段，以我国交通网络建设为例，一般都会确定每个五年计划的预算额度；网络决策变量约束将必须能够反映前后决策的继承性，即前一期选择的项目在后一阶段成为决策的基础。

本论文将整个规划期限划分为 T 个时段，在规划实践中，规划时段的划分依赖于多种因素，例如数据获取的难易性、规划决策需要等。每个时段的决策变量是 y_{at}，表示路段 a 在时段 t 的规划方案。

根据规划决策的前后继承性，交通网络决策变量 y_{at} 必须满足约束条件式（1）和式（2），条件（1）表示时段 t 路段 a 只能有两种选择，即取值为 1 代表的建设或取值为 0 代表的不建设；条件（2）表示前一时段建设的项目在后续时段将一直保留。

$$y_{at} \in \{0,1\}, \quad \forall a \in \bar{A}, \ \forall t \qquad (1)$$

$$y_{at_1} \geq y_{at_2}, \quad \forall a \in \bar{A}, \ \forall t_1 \geq t_2 \qquad (2)$$

多阶段建设资金约束将包括两个方面，一方面是全部规划期内的资金总量约束，另一方面是各个规划时段的资金约束，可以表达为约束条件式（3）和式（4）。

$$\sum_{t=1}^{T}\sum_{a\in A} G_{at}(y_{at}) \leq B \qquad (3)$$

$$\sum_{a\in A} G_{at}(y_{at} - y_{a(t-1)}) \leq b_t, \quad \forall t \qquad (4)$$

1.3 网络设计模型

考虑交通需求预测的不确定性，本论文假定 OD 需求是满足给定概率分布的随机变量。具体实践中，采用随机抽样技术，形成具有特定概率分布的需求情景集合 Ω，其中规划时段 t 任一需求情景的实现为 ω，对应的 OD 需求量为 $q_{rs}^{t,\omega}$，该情景的发生概率为 $p^{t,\omega}$。一般来说，随着时间的推移，各 OD 需求量将有不同程度的增加，且距离现状越远，预测数据的不确定性程度越高。

本论文的建模框架为随机双层规划，随机规划在决策科学、系统科学、信息科学、金融等领域有众多应用[8]。随机双层规划包括两层规划模型，其中上层规划模型是领导者的决策问题，下层模型是追随者的跟随决策问题。

本论文利用随机双层规划建立了随机需求多阶段离散交通网络设计模型，其中上层规划模型是在各时段资金预算约束下，决策人员如何选择新建和改建路段的建设序列，最小化随机需求在所有情景实现条件下的所有时段系统总出行时间均值和标准差。下层规划模型是在上层规划模型确定的网络建设序列下，每种需求情景对应的用户均衡。此处只考虑新建或者扩建路段的离散交通网络决策问题，不涉及路段改建。

$$\min \ Z(\boldsymbol{x},\boldsymbol{y}) = \rho \sum_t \sum_\omega p^{\omega,t}\left[\sum_{a\in A_t} x_a^{t,\omega} t_a^{t,\omega}(x_a^{t,\omega}, y_a^t)\right] + (1-\rho)$$

$$\sum_t\left[\sum_\omega p^{\omega,t}\left\{\sum_{a\in A_t} x_a^{t,\omega} t_a^{t,\omega}(x_a^{t,\omega}, y_a^t) - \sum_\omega p^{\omega,t}\left[\sum_{a\in A_t} x_a^{t,\omega} t_a^{t,\omega}(x_a^{t,\omega}, y_a^t)\right]\right\}^2\right]^{\frac{1}{2}}$$

$$(5)$$

$$s.t. \quad \sum_{a\in A_t} G_{at}(y_{at} - y_{a(t-1)}) \leq b_t, \quad \forall t \qquad (6)$$

$$\sum_{t=1}^{T}\sum_{a\in A_t} G_{at}(y_{at}) \leq B \qquad (7)$$

$$y_{at} \in \{0,1\}, \quad \forall a \in \bar{A}, \ \forall t \qquad (8)$$

$$y_{at_1} \geq y_{at_2}, \quad \forall a \in \bar{A}, \ \forall t_1 \geq t_2 \qquad (9)$$

其中 $x = x(y)$ 是 y 的隐函数，由下面的问题决定：

$$\min \ T(\boldsymbol{x}) = \sum_{a\in A_t} \int_0^{x_a^{t,\omega}} t_a^{t,\omega}(w, y_a)dw \qquad (10)$$

$$s.t. \quad \sum_{k\in P_w} f_k^{rs,t,\omega} = q_{rs}^{t,\omega}, \quad \forall r \in R, s \in S, t \in T, \omega \in \Omega \qquad (11)$$

$$f_k^{rs,t,\omega} \geq 0, \quad \forall r \in R, s \in S, k \in P_{rs}, t \in T, \omega \in \Omega \qquad (12)$$

$$x_a^{t,\omega} = \sum_{rs\in RS}\sum_{k\in P_{rs}} f_k^{rs,t,\omega}\delta_{a,k}^{rs}, \quad \forall a \in A_t, t \in T, \omega \in \Omega \qquad (13)$$

路段 a 的出行时间使用 BPR 函数表示。

$$t_a^{t,\omega}(x_a^{t,\omega}) = t_{a0} \cdot \left[1 + \alpha \left(\frac{x_a^{t,\omega}}{C_a}\right)^{\beta}\right] \quad (14)$$

2 模型求解算法

由于离散交通网络设计是一个组合优化问题，常规的求解算法很难有效。本文采用基于模拟的遗传算法 GA 进行求解，遗传算法是一种具有自适应能力、全局性的启发式算法[9]。算法具体步骤如下：

步骤 1：初始化

1）定义 GA 参数，主要包括：染色体编码方案，种群规模，代沟，交叉概率，变异概率，种群进化最大代数；

染色体采用二进制编码，每条路段对应的染色体长度为 T，T 为整个规划期限划分的时段数量，每条路段按照时间顺序排列；整个染色体长度为规划时段数和待改进路段数的乘积。

2）确定 OD 需求抽样规模，生成初始种群。

在初始种群个体生成时，首先执行染色体对应个体的概念可行性判断，即对约束（1）和（2）进行判别，对通过概念可行性的解进行预算约束判断，直到获得足够数量的初始可行解。

步骤 2：对每一代种群中的每个个体；

1）根据染色体编码方案，更新交通网络结构和参数；

2）利用 Monte Carlo 方法进行 OD 需求随机抽样，对每个需求情景进行 UE 交通分配；

3）根据所有 OD 需求情景的路段流量和时间计算上层目标函数；

步骤 3：使用 GA 更新种群；

1）根据上层目标函数计算个体适应度；本算法采用基于线性排序的个体适应度函数[10]。

2）根据适应度进行个体选择；此处选择随机遍历采样法进行个体选择操作[10]。

3）执行交叉和变异操作；交叉采用单点式交叉，变异采用随机变异[10]。

4）对产生的中间种群个体，首先执行染色体概念可行性判断，即对约束（1）和（2）进行判别，对通过概念可行性的解进行预算约束判断；

5）形成新一代种群；

步骤 4：生成最优解；

3 案例研究

3.1 数据设定

本论文的测试网络为 Nguyen-Dupuis 网络，该网络拥有 13 个节点，19 条路段，4 个 OD 对。网络基本结构见图 1，

其中节点 1 和节点 4 是交通需求发生点，节点 2 和节点 3 是交通需求吸引点，实线表示现状路段，可以进行规划改扩建，虚线表示待新建路段，共 6 条道路。表 1 是网络的基本属性信息，包括自由流时间、路段现状通行能力、规划通行能力、建设成本等。

本案例将规划周期设定为 20 年，划分为 4 个阶段，每个阶段 5 年。

案例取 OD 需求为截尾正态分布 $TN(\overline{OD}, \mu \overline{OD})$，其中 $\overline{OD}$ 为 OD 需求量的均值，μ 为截尾正态分布的变异系数，$\mu \overline{OD}$ 是 OD 需求量的方差，该分布形态比较接近于实际状况，而且随机抽样相对容易。表 2 是案例网络的 OD 需求信息，包括确定性需求和截尾正态分布交通需求两种情况，此处设定基年每个 OD 对的需求都为 250 标准车 /h。

遗传算法基本参数取值为：种群规模 40，进化代数 300，染色体长度为 24，代沟 0.9，交叉概率 0.8，变异概率 0.1。

	Nguyen Dupuis 网络基本属性		表 1
路段编号	自由流时间 /s	现状通行能力 /（标准车 /h）	规划通行能力 /（标准车 /h）	建设成本 /万元
1	12	250	500	100
2	12	250	500	100
3	12	250	500	100
4	24	150	250	100
5	12	250	500	100
6	12	250	500	100
7	12	250	500	100
8	12	250	500	100
9	12	250	500	100
10	12	250	500	100
11	12	250	500	100
12	12	250	500	100
13	24	150	250	100
14	12	250	500	100
15	12	250	500	100
16	12	250	500	100
17	12	250	500	100
18	36	150	250	100
19	12	250	500	100
20	24	0	250	100
21	24	0	250	100
22	24	0	250	100
23	24	0	250	100
24	12	0	500	100
25	24	0	250	100

OD 交通需求基本情况 表2

OD	起点	终点	需求确定值	需求截尾正态分布
1	1	2	$\overline{q_{12}}$	$TN(\overline{q_{12}}, \mu\overline{q_{12}})$
2	1	3	$\overline{q_{13}}$	$TN(\overline{q_{13}}, \mu\overline{q_{13}})$
3	4	2	$\overline{q_{42}}$	$TN(\overline{q_{42}}, \mu\overline{q_{42}})$
4	4	3	$\overline{q_{43}}$	$TN(\overline{q_{43}}, \mu\overline{q_{43}})$

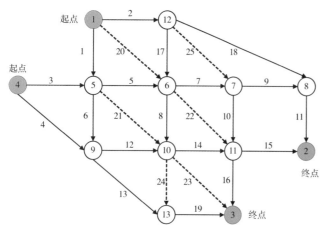

图1 Nguyen–Dupuis 网络示意图

3.2 计算结果

为了分析需求不确定性以及同步考虑建设时序对整体网络运行特征的影响，选取了6种情景进行计算，其中情景I至情景III表示确定性需求网络决策，而情景IV至情景VI是不确定需求网络决策。图2是6种情景遗传算法的计算过程，表4是对应的计算结果。有如下结论：

1）情景I、II和III三者需求和预算总量相同，但由于资金投入阶段分布有差别，导致最终的规划方案不同。且因为情景II、III相对于情景I的前期预算水平高，导致网络整体

运行时间相对较小，说明前期高投入保障了后续几个时段交通网络改善的收益。这一结果表明交通规划实践中，不能仅仅依赖总资金预算，而必须把握预算投入的时间分布情况确定规划方案。

2）情景IV和情景III相比，由于引入交通需求不确定性，网络整体的运行时间有所增加。这主要是由于基于不确定性模型导致最终选择的网络是一个概率意义上的最优，该网络虽然运行时间不一定最低，但其抗风险能力更高，也即考虑不确定性的网络规划方案鲁棒性更好[11]。

3）情景IV、V和VI三者规划方案及建设时序的差异显示了决策者风险偏好对方案的影响，规划方案的平均性能和抗风险变化能力间存在一定的替代关系。最终的规划方案必须由决策者综合考虑多方因素综合决定。

4）情景计算表明，对于该案例参数设置，部分路段的建设时期相对固定，说明这部分路段选择某个特定建设时段的效益最好。实践中这表示在交通需求增长至一定程度后，某些特定道路的建设将很好地改善网络系统性能，而在其他时刻建设其总体效果则有所局限。

基本参数 表3

情景	OD需求增长系数	变异系数 μ	风险系数 ρ	预算水平/百万
I	1.2/1.5/1.8/2	0	1	100/100/100/300
II	1.2/1.5/1.8/2	0	1	300/100/100/100
III	1.2/1.5/1.8/2	0	1	200/100/200/100
IV	1.2/1.5/1.8/2	0.1/0.2/0.3/0.4	1	200/100/200/100
V	1.2/1.5/1.8/2	0.1/0.2/0.3/0.4	0.5	200/100/200/100
VI	1.2/1.5/1.8/2	0.1/0.2/0.3/0.4	0	200/100/200/100

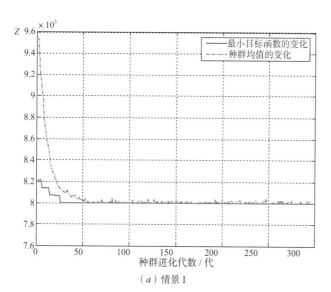

（a）情景 I

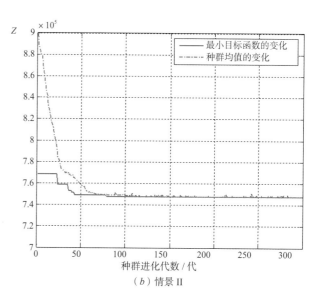

（b）情景 II

图2 种群进化过程（一）

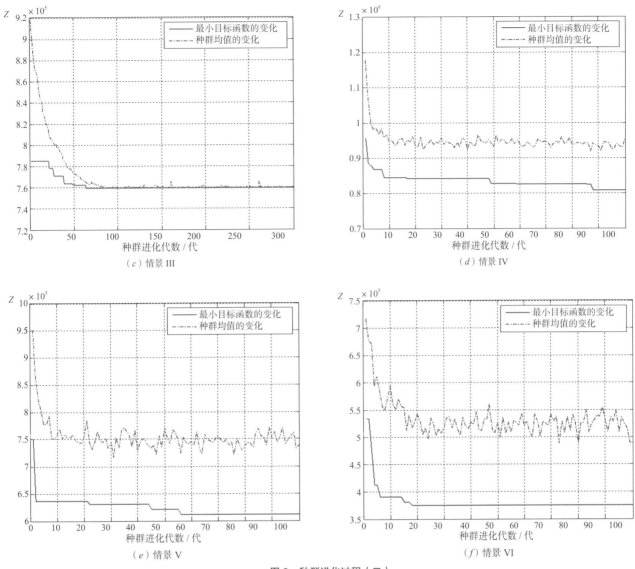

（c）情景 Ⅲ

（d）情景 Ⅳ

（e）情景 Ⅴ

（f）情景 Ⅵ

图 2　种群进化过程（二）

计算结果　　　　　　　表 4

情景	最优染色体编码	阶段 1	阶段 2	阶段 3	阶段 4	目标函数 Z
Ⅰ	000100010100	23	21	22	20,24,25	8.00×10^5
	011100111111					
Ⅱ	011100111100	21,22,23	20	25	24	7.48×10^5
	111101111111					
Ⅲ	010100011100	21,23	22	20,25	24	7.60×10^5
	111101111111					
Ⅳ	010100011100	21,23	22	20,25	24	8.08×10^5
	111101111111					
Ⅴ	010100110100	21,23	20	22,25	24	6.11×10^5
	111101111111					
Ⅵ	011000011010	21,22	24	23,25	20	3.75×10^5
	011111111111					

4 结语

本论文以交通网络设计模型为框架，对交通规划决策中的不确定性以及规划项目的时序性进行了统一的考虑，建立了随机多阶段离散交通网络设计模型。案例分析表明本研究的方法能够在需求随机的条件下，同步确定交通网络的最终形态和建设排序，提高规划方案的抗风险能力和指导分阶段实施的能力。在网络设计模型中引入不确定性和时间尺度，是比较新的研究方向，后续研究可以关注用户差异、决策者目标差异等因素的影响。

基金项目

国家教育部博士点基金资助项目（20070003065）国家高技术研究发展计划（863计划）（2007AA11Z202和2007AA11Z233）

参考文献

[1] YANG H, BELL M G H. Models and Algorithms for road network design: a review and some new developments. Transport Reviews, 1998, 18:257-278.

[2] PARTRIKSSON M. Robust bi-level optimization models in transportation science, Philosophical transactions of the royal society A, 2008, 366:1989 ~ 2004.

[3] YAFENG YIN, SIRIPHONG LAWPHONGPANICH. Estimating Highway investment requirements with uncertain demands. Transportation Research Record. 2007, 1993:16 ~ 22.

[4] FRIESZ T L, SHAH S, BERNSTEIN D. Disequilibrium network design: a new paradigm for transportation planning and control. In: Network infrastructure and the urban environment [M]. Springer, 1998:99-111.

[5] LO H K, SZETO W Y. Planning transport network improvements over time. // Der-Horng Lee, eds. Urban and regional transportation modeling: Essays in honor of David Boyce [M]. Cheltenham: Edward Elgar, 2004:157-176.

[6] LO H K, SZETO W Y. Time-dependent transport network design under cost-recovery [J]. Transportation research B, 2009, 43:142-158.

[7] KIM B J, KIM W, SONG B H. Sequencing and scheduling highway network expansion using a discrete network design model [J]. Annals of Regional Sicience, 2008,42:621-642.

[8] 刘宝碇，赵瑞清，王纲. 不确定规划及其应用 [M]. 北京：清华大学出版社，2003.

[9] HOLLAND J H. Adapation in natural and artificial systems [M]. Ann Arbor: The University of Michgan Press, 1975.

[10] 雷英杰，张善文，李续武，等. Matlab遗传算法工具箱及其应用. 西安：西安交通大学出版社，2002.

[11] 卞长志，关敬辉，陆化普. 鲁棒交通网络设计方法. 城市交通：2011，9（6）：50-55.

作者简介

卞长志，男，江苏省连云港人，博士，工程师，主要研究方向：城市交通规划与设计，E-mail: biancz@caupd.com

停车

城市停车产业化政策的核心问题及对策

Policy on Parking Industrialization: Key Issues & Countermeasures

李长波　戴继锋　王　宇　汤文倩

摘　要：明确各类停车设施的经济属性，是解决目前停车规划实施难的战略性政策研究。针对传统停车规划中停车经济属性不明晰的问题，基于经济学的角度分别研究了建筑物配建停车场、城市公共停车场和路内停车位的经济属性。提出配建停车和路内停车设施具有公共产品和准公共产品属性，而城市公共停车设施偏向私人产品范畴，具有商品的属性。因此应确立以市场化、企业为主的原则推进城市公共停车场的发展。在此基础上，针对城市公共停车设施的产业化发展提出政策建议，提出从政府主导的发展模式转向市场为主体的产业化发展路径，强调停车的土地出让政策、收费政策以及后续的建设政策都应围绕其经济属性制定。

关键词：交通规划；停车政策；停车规划；经济属性；公共停车设施

Abstract: To solve the implementation problems existed between parking planning and actual construction, it is necessary to identify the business character of different parking facilities. Aiming at the vagueness of the business character in traditional parking planning, this paper discusses the business models for parking facilities associated with buildings, urban public parking lots, and on-street parking respectively. The paper points out that parking spaces associated with buildings and on-street parking facilities are public and quasi-public services, while urban parking facilities are more like private services with commercial business characters. Therefore, it is necessary to develop urban parking system based on both market and enterprise-oriented models. The paper provides policy suggestions on the industrialization of urban public parking facilities, stresses the importance of transforming parking industrialization from government control to market-oriented development, and emphasizes that the policies concerning parking, land leasing, fee structure and construction should be made by the corresponding business models.

Keywords: transportation planning; parking policies; parking planning; economic attribute; public parking facilities

当前国家高度重视城市停车设施的建设，频频推出相关支持政策和指导意见，近一年相关部门颁布了多个涉及融资、收费、管理等方面的文件。在此背景下，中国多个城市启动停车规划编制工作，借助国家扶持政策加快停车设施的发展。但从众多城市停车场建设的实际推进来看，仍然普遍存在实施难、落实难的情况，各城市主要关注近期一两年易于实施的停车场建设项目，而对于后续的规划项目仍是难以执行。这一局面与传统停车规划的研究内容存在局限以及对停车设施的属性定位不清晰紧密相关。因此，研究城市停车设施的经济属性对于明确政府和市场的边界至关重要，是解决目前停车规划实施难的基础和前提。

1　城市停车规划工作的挑战

传统的停车规划工作更多地关注远期规划控制，工作内容集中在停车设施用地空间布局和管控上，而对于近期如何实施以及对停车政策、运营、管理等方面关注不足[1]，由此造成规划理念和停车场选址难以落实，沦为"图上画画"的规划。

在规划内容上，传统停车规划考虑了各类停车设施用地的规划、规模的分析、功能的研究。但是从实施效果来看，传统停车规划中起作用最大的是停车配建指标的规定，其他方面如停车用地的规划控制等则很难实施，尤其是中心城区社会公共停车场用地的预留，实际上即使预留也很少成功建

设，大多数规划预留的用地被修改用地性质改作他用。究其根源，核心问题是对停车设施的经济属性认识不清，很多城市将公共停车设施作为城市公共产品，采取政府"大包大揽"的建设方式，即政府主导、自上而下的模式，市场化程度较低，社会资本参与存在障碍或参与热情不高，产生了规划停车用地被占用、建设进程缓慢、运营管理水平低等一系列问题。

2　停车设施的经济属性

不同类型的停车设施究竟应该偏向公共产品范畴还是私人产品范畴？这种定位的不同，会直接带来停车政策层面的一系列差异，同时其经济属性的差异还将直接影响土地的获取方式、建设主体、收益模式、收费方式等。

如果停车设施经济属性偏向公共产品范畴，那么其属性与公共交通接近，相关的土地获取应该以划拨形式为主进行出让，停车设施的建设也应该以政府为主，收费和运营需要管制，政府在停车设施的建设过程中应该起主导作用。事实上，中国很多城市在过去相当长的时期内，一直将缓解停车难问题作为重要的民生工程，大包大揽进行规划和建设，但长期实践下来的效果并不理想。很多城市的停车设施缺口日益增大，停车设施建设永远追不上需求增长的速度。国家发展改革委公布的数据显示，2014年底中国大城市小汽车与停车位的平均比例约为1.0∶0.8，中小城市约为1.0∶0.5，而发达国家约为1.0∶1.3。保守估计，中国停车位缺口超过5000万个。

同期北京市停车位缺口达 250 万个，深圳、上海、广州、南京等城市的停车位缺口均超过 150 万个。停车难还在向三四线城市蔓延[2]。

停车设施的经济属性确定后，与之相关的土地政策、规划建设、运营管理等相关停车政策制定方向会进一步明确。例如有的城市提出停车用地需要作为市政公用基础设施用地无偿划拨，这种政策方向应该鼓励和坚持还是进行调整优化，都需要以停车设施的经济属性判定为基本前提。

停车设施经济属性在中国相关法规、规范中尚未有明确的定性。例如在《物权法》中，仅对建筑区划内停车位的使用对象和权属做出规定；2015 年住房和城乡建设部颁布的《城市停车设施规划导则》中，将停车设施的类型划分为建筑物配建停车场、城市公共停车场、路内停车位三类，但并未明确各类型停车场的经济属性。另外在近期国家相关部门颁布的文件中，仅对近期推进停车设施建设提出规划、建设、融资、收费等方面的指导意见，尚未在国家层面明确停车设施的经济属性。

由于上述的法规、规范没有做出明确的规定，导致停车场设施的属性争议较大，这也直接影响了停车产业的发展和停车设施建设。目前对停车设施经济属性的认识主要有两种观点：一种观点认为停车设施属于城市基础设施，是为社会生产和人民生活提供服务的产品，具有很强的社会公益性，应列入公共产品的范畴内，政府理应免费或低价提供；另一种观点认为停车场仅是服务有车群体，同时停车位作为一种空间资源，具有唯一性，在使用上存在明显的竞争性。因此，停车设施具有较强的私人产品属性，城市停车设施供给和服务是市场化行为而非公益事业，应当坚持用者自付的市场化原则[3]。

对于停车场经济属性的认识，既要追本溯源，从经济学的角度进行分析，又不能简单地对所有停车设施进行单一的判定[4]，应该分停车类型分别进行分析。从经济学角度，社会产品可以区分为三大类：私人产品、公共产品以及准公共产品。私人产品指消费者支付一定费用就取得其所有权，具有竞争性和排他性的物品与服务。公共产品与私人产品相对，指用来为整个社会共同消费的产品，消费或使用上具有非竞争性以及受益上的非排他性。准公共产品通常只具备非竞争性和非排他性两个特性的一个，而另一个特性则表现不充分。同时，在一定条件下存在公共产品与私人产品之间的转变，当公益性带来的效率受到严重影响产生排他性时，公共产品将向准公共产品或私人产品转化[5]；与此相对应，当私人产品公益性逐步凸显时，私人产品将转化为公共产品或准公共产品。

依据公共产品与私人产品的特性，对建筑物配建停车场、城市公共停车场和路内停车位分别进行属性分析。其中配建停车场是按照居住户数"一户一位"或建筑物面积对应一定车位数的原则进行建设，满足居住区、公共建筑正常使用的

刚性要求，一般具有公共产品非竞争性、非排他性的特点；部分配建停车场存在对外开放收费的情况，使其具有消费的独占性和受益的排他性，此时这部分配建停车场则具有准公共产品属性。路内停车位占用道路这一城市公共产品，表现出的属性与其使用者数量有关，当使用者较多会产生竞争性或排他性，因此可归为准公共产品。城市公共停车场的属性在不同条件下存在差异，当将其作为一项城市基础设施，采取以政府投资、政府主导的模式进行建设，停车收费采取政府定价，同时收费价格制定上对投资回报考虑较少，而且较为低廉的价格使其具有非竞争性的特征，此时城市公共停车场具有准公共产品的属性；而当采取以市场化模式建设，停车收费采取企业自主定价，其价格成为影响驾车者是否使用停车设施的主要因素，此时城市公共停车场在使用上具有明显的竞争性和受益的排他性，这种情况下城市公共停车场具有商品的性质，更加偏向私人产品的范畴。

近期颁布的《关于加强城市停车设施建设的指导意见》（发改基础 [2015]1788 号）等文件中，规定了"坚持市场运作，……按照市场化经营要求，以企业为主体加快推进停车产业化；……探索多种合作模式，有效吸引社会资本"，以及"逐步缩小政府定价范围，全面放开社会资本全额投资新建停车设施收费"等基本原则。基于国家文件中确定的市场化、企业为主体、放开定价等原则，将城市公共停车场作为商品属性进行考虑是下一步停车产业化发展的方向。

3 停车产业化政策建议

从多年实践来看，按照公共产品来定位城市公共停车设施的属性不适合中国城市发展的实际情况，公共停车设施更应该偏向于私人产品属性，将其作为商品来考虑。城市公共停车设施的土地应以招拍挂的形式获取，建设应以市场为主体，后期的管理、运营、收费等形式也应按照市场化的规律来考虑。城市公共停车设施的产权应该明确，停车位也可以通过银行抵押贷款、出租、出售等不同的方式参与市场活动，政府的作用不应该是主导作用。例如南京中山路地下机械立体停车库项目，该项目走正常房地产开发建设流程，土地性质为社会停车场用地，土地使用年限为 40 年，出让地下空间，地面及地上原则不属于出让范围，建成后南京市相关部门参照房屋登记条例对车库分割车位并进行产权登记，登记后单个车位可独立上市销售，车位作为不动产也可以进行抵押贷款。已购买车位的业主，在使用车位时，还需交纳车位管理费，停车库由投资开发企业进行操作管理、收费管理以及维修保养[6]。

只有经济属性定位明晰以后，才能有效地确定政府和市场的边界，相关工作才能到位而不越位。以北京市为例，2015 年以前，北京市历年的"为民拟办的重要实事"工作中至少有一项是明确提出以政府为主体为市民建设停车场、停

车位解决停车难问题，而事实上停车设施的缺口逐年加大，停车供需矛盾不但没有减缓，反而有逐渐激化的趋势。基于这种局面，北京市 2015 年不再强调完成多少停车位的建设任务，而是"鼓励居住区停车管理自治，城六区建设完成 12 处停车管理示范小区；规范停车经营行为，巩固 100 条停车秩序管理示范街成果，依法查处非法停车行为"。这种居民区停车自治的政策就是在改变过去的自上而下政府主导解决停车难问题的思路，转而采取由下而上的自治化管理，这是下一步缓解停车问题的重要发展方向和思路。但是这些自治的对策还仅停留在试点阶段，因为这其中涉及对现有规划、管理、审批程序等方面进行改进和完善，因此在较短时间内出台全市普适的统一规定难度很大，可以选择代表性的试点小区，在不断探索小区停车自治经验的基础上逐渐出台适合本地的停车自治政策。再如在德州市城市停车设施规划中积极推动政府引导、自下而上的改造模式，结合"三无小区"（无物业管理、无主管单位、无人防物防设施）改造，提出了德州市推进停车自治政策的工作框架，分为六部分改造内容，包括取得居民认同、拟定改造方案、征询意见、改造实施、运营管理和评估推广等，其中改造方案和运营管理是关键。首先，改造方案是以停车整治为总抓手，实现整个小区环境的优化和改观，而良好的环境改造效果使小区居民认识到自己是受益者，消除毁绿、破坏小区环境的顾虑。在停车设施改造方案中，以增加停车位为依托，方案内容还包括优化道路横断面、美化建筑前区、丰富公共活动空间、消除小区消极空间等内容。其次，在运营管理中应明确街道办或居委会是建设和管理的主体，街道办要加强与政府相关部门的沟通，给予小区资金和人员支持，例如起始阶段由街道办聘用秩序管理员并支付人员工资等[7]。

从政府主导的发展模式转向市场为主体的产业化发展路径，大多数城市需要一定的过渡期，在这个过渡期内需要坚定地以城市公共停车设施的经济属性为根本，制定相关政策。但是对于很多城市在政策尚未完全明确，而停车设施历史欠账较大、近期供需矛盾非常突出的现实情况下，短期内可仍将城市公共停车设施作为准公共产品，政府多承担一些规划、建设等方面的主导责任，尤其是在一些停车供需矛盾突出、民生问题严重的地区，例如医院、学校周边地段等。同时应该尽快完善各城市的顶层制度设计，明确城市公共停车设施建设的市场化、产业化导向政策，引导市场更多地在城市公共停车设施的规划、建设、管理、运营方面发挥主体作用。

在明确经济属性基础上，城市公共停车设施下一步发展的方向指引将更加明确，土地的出让政策、收费政策以及后续的建设政策等都应该围绕经济属性这一核心制定。同时基于经济属性定位，还应该认真审视当前许多城市采取的一些对策和措施，判断哪些是过渡阶段的临时对策，哪些是需要进一步深化并坚持执行的措施。

4　结语

在国家鼓励和支持停车建设的趋势下，以政府为主导的传统推进方式实施难度大、见效慢，需要积极探索停车产业政策的新路径。目前许多城市采取的停车政策均是战术层面的对策，缺乏战略层面的突破，而取得战略性突破的关键在于明确停车的商品属性、遵循市场经济规律、由下而上的探索。

另外，各个城市的停车产业化政策也要结合城市自身发展特点，避免直接套用其他城市的经验。

参考文献

[1] 朱礼."停车难"难在政策 [N]. 中国城市报，2016-04-11（第 13 版）.

[2] 我国停车位缺口超 5 千万个停车设施规划难落地 [EB/OL]. 2015[2016-06-15]. http://auto.163.com/15/1119/10/B8PEBHSS00084IJ2.html.

[3] 张晓东.《城市停车规划规范（报批稿）》编制要点解读 [R/OL]. 2014[2016-06-15]. http://docin.com/p-1128341117.html.

[4] 尚炜，戴帅，刘金广. 城市停车政策与管理 [M]. 北京：中国建筑工业出版社，2014.

[5] 袁潜韬. 论社会公共停车设施的供给与管理 [D]. 上海：复旦大学，2008.

[6] 中华人民共和国住房和城乡建设部. 城市停车设施建设指南 [EB/OL]. 2015[2016-06-15]. http://www.mohurd.gov.cn/wjfb/201509/t20150925_225056.html.

[7] 中国城市规划设计研究院. 德州市城市停车设施规划 [R]. 北京：中国城市规划设计研究院，2016.

作者简介

李长波，男，山东利津人，硕士，高级工程师，主要研究方向：城市交通规划，E-mail: licb@caupd.com

国际停车配建规划策略研究
Overview of International Parking Planning Strategies

叶 敏 盛志前

摘 要:国外经验显示:实施综合的停车政策可有效改善空气质量,减少交通拥堵,减少温室气体排放、减少停车土地消耗,提供更多的公交设施、自行车和步行用地和城市公共空间、改善城市面貌、提高城市宜居性。停车配建指标规划作为停车策略中的重要部分,对交通改善具有长期而根本的影响。本文总结了国内外停车规划配建的部分策略,以期为国内停车规划提供借鉴。

关键词:交通政策;停车策略;配建指标;需求调控

Abstract: International experiments proves comprehensive parking policy effectively mitigates traffic congestion, decrease land consumption, and thus improves air quality and city environment. Parking policy plays an important role in traffic improvement. This article gives overviews of the oversea building accessory parking strategy for the reference of domestic parking planning.

Keywords: transportation policy; parking strategy; building accessory parking requirement; demand management

0 引言

停车是一种资源,停车位占用城市稀缺土地资源,提供竞争性的时空资源消耗。国际经验显示,综合应用停车策略可调节停车需求,从而实现交通需求管理。停车的供给、位置和价格影响了出行者方式的选择、出行地点的变化以及出行频率等,在一定程度上决定了该地块的可达性,经济性,从而在某种程度上影响了城市形态。2010 年北京公布的 28 条治堵措施中,停车交通改善效果超过其他措施位列榜首。有效管理停车位的区位供给策略可以有效调控区域动态交通,合理的停车配建指标可以有效实施长效的综合停车策略,逐渐在社会上取得共识,对交通改善具有长期而根本的影响。

中国城市快速机动化,汽车保有量快速增长,停车需求急剧上升。截至 2011 年底,全国机动车保有量达到 2.25 亿辆,其中,汽车(含三轮汽车和低速载货汽车)保有量达到 1.06 亿辆,占机动车总量的 47.11%,摩托车 1.03 亿辆,其他机动车 0.16 亿量。这是中国汽车保有量首次突破 1 亿辆大关,仅次于美国的 2.85 亿辆,位居世界第二[1],而与快速增长的机动车保有量相伴而来的是急剧增长的停车需求。

我国停车发展尚处于设施短缺、被动配给的阶段。对我国停车发展阶段认识可以总结为:基本不足,局部困难,管理混乱,规划弥补,满足供给,过犹不及。大城市目前普遍处于停车泊位数量远远落后于机动车拥有量的阶段,基本停车位供给不足。中心城区老旧小区和老旧商业区停车位缺失,医院、学校等部分特殊用地和设施配建指标不足,而且配建停车位的使用缺乏指导,配建基本用于满足工作人员,对访客病人等等临时停车需求缺乏考虑。基本不足和局部困难带来了众多的违章占道、秩序混乱、道路堵塞等"乱停车"问题。为缓解"停车难"问题,地方城市政府采取的措施往往是尽可能增加停车泊位,通过建设路外公共停车场以及提高新建筑的停车配建标准来满足停车需求,甚至大量施划路内停车设施。但是,被动满足型停车政策可能带来一系列的问题。本文研究分析了国际部分城市停车政策,特别是停车配建政策的变化对城市交通的影响,总结了国际停车配建政策的部分经验教训,以期为国内停车配建规划提供借鉴。

1 国际停车政策类型

国内外停车政策制定方法通常可分为传统型、管理型和市场性三类。传统型主要考虑满足小汽车停放需求,防止停车需求溢流影响周边区域。管理型主要通过对停车供给制定多种政策在调控停车需求的同时实现引导城市交通或者区域交通等多重目标。市场型则是通过市场价格来作用于停车的供需,最终实现市场平衡。这三种停车政策制定策略在不同阶段或不同城市受到政府的关注度不一样,但在城市停车政策中通常可以见到上述三种类型策略的组合使用。如管理型

国际停车政策制定策略概况 表 1

停车政策制定方式		责任方	目标	溢流的态度	供需的态度	代表城市或国家
传统型	汽车驱动型	政府和房地产商	避免停车不足	自主提供以避免不足	供给满足需求(基于车辆依赖假设,包括零价格)	20 世纪 70 年代前的美国
	供需平衡性		避免停车不足以及过渡浪费	基本避免,改善规划以保障小概率溢流控制在可接受范围内	供给基本满足实际需求	中国

续表

停车政策制定方式		责任方	目标	溢流的态度	供需的态度	代表城市或国家
停车管理型	多目标	主要为政府	规划停车以应对广泛的交通目标	停车资源冲突可由积极的交通政策调控	供需均需调控	旧金山、纽约、波士顿、波特兰、苏黎世、荷兰
	短缺供给型		限制车辆在特定区域的出行		停车短缺供给是机动化管理以及 TDM 的重要手段	
市场型		房地产商，受停车者支付意愿调控	确保供需和价格相互作用，避免市场失效	以市场机制化解	供需由市场决定	东京、中国香港

注：表格根据 Victoria Transportation Policy Institute[2] 停车策略整理

城市在停车政策制定时同样也多考虑停车资源的市场价值和对基本停车位的供给。

2 国际停车政策发展趋势

国际相关研究表明，每个车位消耗 15 ~ 30m² 用地，驾驶者每天使用 2 ~ 5 个车位 [3]。保障停车供给则消耗了大量城市土地资源，而与此同时城市交通却越来越拥堵，部分交通拥堵更是由于车辆寻找低价车位引起。为此，许多城市开始反思停车政策，城市停车政策也开始了从满足供给到需求调控的转变。

20 世纪 60 年代，美国普遍认为停车问题仅仅是停车泊位供应不足导致的，几乎所有城市都遵循上述思想制定了与路外停车最低配建标准相关的政策，充分满足机动车停车需求的停车设施供给，避免溢出的停车需求对周边地区的影响，保证机动车可以与任何建设项目无缝衔接 [4]。宽松的停车供给政策给美国城市带来了多重复杂的社会问题。第一，土地资源消耗量巨大，土地消耗模式松散。美国许多地区，停车设施用地规模巨大，甚至超过了建设项目主要功能所需的用地规模。第二，停车的管理压力增大，同时失去了对停车需求的调控，刺激小汽车出行和停放需求，进而加重城市交通拥堵状况。第三，小汽车成为出行最便捷的方式，而大规模的路内停车降低了其他出行方式的便捷性、舒适性和安全性，其他方式出行不便进一步加剧了对机动车的依赖，形成一个恶性循环，环境和城市公共空间品质降低。

宽松停车政策带来的多重问题促使城市政府开始反思停车政策和策略。70 年代开始，美国交通规划领域越来越重视停车问题对交通拥堵、空气质量、生态环境和步行环境等的影响。1973 年，美国联邦政府出台的清洁空气法（Clean Air Act）对汽车尾气排放等问题进行了严格控制，进一步加速了洛杉矶、费城、华盛顿、西雅图等城市对停车管理政策的修订进程 [5]。同样，越来越多的欧洲城市也纷纷开始重新审视停车政策，城市的停车政策开始从满足供给到调控和限制供给 [2]。

3 国际停车策略简述

国际上以停车策略种类较多，包括停车价格等。本文主要结合停车配建指标调控需求的策略进行分析，以期为国内停车规划提供服务。国际停车配建指标调控停车需求的策略总结起来可以概括为：指标从下限到上限，用地从统一到分区，分布从辐射到递增。

3.1 设定停车配建指标上限

美国和欧洲在放松最小配建值的同时，部分城市开始取消下限、引入停车上限和路外配建和路内停车总量控制等新停车配建指标。实践结果显示，停车各项政策对城市交通需求的调控作用十分显著。旧金山市规定路外停车设施面积不能超过总建筑面积的 7%[4]。英国 TRL 研究结果显示：提高公交服务频率仅减少 1% ~ 2% 私家车辆出行，停车价格翻番减少 20% 私家车辆出行，减少一半的停车位供给导致 30% 的出行者不采用小汽车出行。据此伦敦市在约 10000hm² 的内伦敦停车地区（The Inner London Parking Area，简称为 ILPA）对新建办公楼与商店的配建停车场设置了停车配建上限，限制过多停车供给。

3.2 停车配建上下限指标区域差异化

结合公共交通系统可达性或者根据用地在城市中的不同区位，设定差异化的区域停车配建上下限指标，鼓励小汽车出行者选择公共交通工具出行在欧洲得到了普遍应用。阿姆斯特丹、巴黎、伦敦、苏黎世、安特卫普以及斯特拉斯堡等多个欧洲城市均依据城市开发用地与公共交通的关系对建筑的配建指标进行了折减，下限折减力度甚至达到 100%，完全取消了公交可达性良好建筑物的最小配建要求。

2008 年，斯特拉斯堡开始倡导生态建筑，全市严格执行建筑的配建上限。依靠其公共交通网络，斯特拉斯堡规定了居住用地了其他用地停车配建的上下限制。居住用地的配建下限是一户一位，上限是一户两位，其他非居住用地下限是每 100 建筑平方米 0.5 位，上限每 100 建筑平方米两位。如果开发建筑地点在公共交通车站 500m 范围内，上下限配建指标进行 50% 的折减 [3]。

巴黎对地铁车站 500m 范围内的各种用地设定停车上限。巴黎市内公共交通系统十分发达，平均每 500～600m 布设有一个地铁站，平均每 1.5～2km 布设一个区域铁路站。依据其发达的轨道交通系统，巴黎对停车配建指标进行了倾向支持公交发展的调整。2001 年取消东区公租房一车一位规定，公租房房和车位租售分开。随后进一步取消了停车配建的下限，设定停车配建上限每 100 建筑平方米配建一个车位，在地铁车站周围 500m 内建筑的配建车位数可获得 100% 的折减，即开发商可不予配建停车位或凭其意愿配建不超过上限的停车位数量[3]。

苏黎世对全市土地开发建设设定了最小配建规范，同时根据城市区位、公交可达性对停车指标调整，对位于核心区 0.5km² 的 A 区停车配建上限和下限值严格设定为规范的 10%，大约 3.5km² 的 B 区的上限设定为配建指标的 45%，按照欧盟空气清洁法，该区的最大配建指标也不能超过规范的 50%。C 区和 D 区也进行了相应的规定[3]。实施调控的区域接近 30km²，约为苏黎世整个国土面积的 1/3。

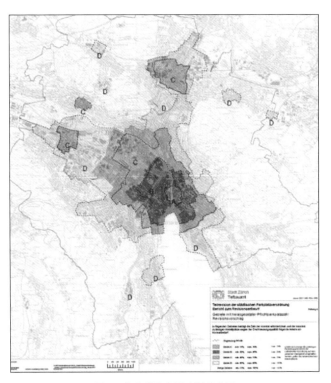

图 1　苏黎世停车配建调整分区

苏黎世停车配建规范　　　　　　　表 2

土地使用	配建指标
居住	1 位 /120 m²
商业	
前 500m²	1 位 /120 m²
500m² 以上面积	1 位 /210 m²
零售	
前 2000m²	1 位 /100 m²
2000m² 以上面积	1 位 /160m²
餐馆酒吧咖啡屋	1 位 /40m²

苏黎世停车配建指标调整　　　　　表 3

区域	最小（%）	最大（%）	最大 2（%）❶
A	10	10	10
B	25	45	50
C	40	70	75
D	60	95	105
其他区	70	115	130

注：❶ 停车配建上限值"最大 2"的制定依据空气清洁法案和道路能力

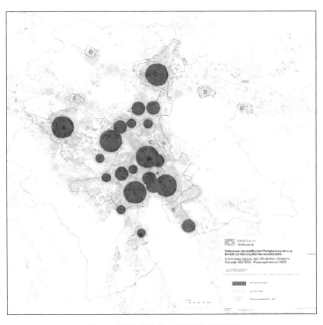

图 2　苏黎世公共交通可达性分析

欧洲部分城市停车配建策略概况　　　　　　　　　　　　　　　　　　　　　　　　　　　表 4

停车配建策略	阿姆斯特丹	安特卫普	巴塞罗那	哥本哈根	伦敦	慕尼黑	巴黎	斯德哥尔摩	斯特拉斯堡	苏黎世
停车总量	*									*
最小配建	*	*	*	*	*	*	*	*	*	*
最大配建			*		*		*		*	*
基于公交的最小 / 最大折减	*	*			*		*		*	*

3.3 配建指标由中心区向外围从辐射到递增。

停车配建指标由城市中心区向外围从辐射到递增是调控中心区动态交通的有效措施。亚洲城市与欧美众多大城市汽车发展前期一致，中心区人口密度高，商业就业高度集中。中心区车辆保有量高，停车配建指标从满足需求的角度出发制定，中心区配建指标多高于外围区域。分区策略对中心区配建指标进行调整，但多数调整力度小，而且中心区配建规划落实度好，城市停车供给实际呈现有中心向外围递减的趋势，从而机动车辆使用也呈现中心吸引态势，中心区机动车保有量和使用量大大高于其他区域。

办公和商业通常是居家出行的目的点，调整商业办公配建指标是实现交通需求调控的重要措施。中心区通常是城市交通较为拥堵的区域，也是城市历史文化保护重点区域，减少中心区配建指标，特别是商业办公配建指标，可缓解中心区交通拥堵。经验显示，部分城市过高估计了小汽车对城市商业的贡献率，严格其配建供给不会影响城市商业发展，经济发达的香港、新加坡、东京、悉尼中心办公楼配建反而低，通过中心区停车配建递减策略实现对车辆拥有以及车辆使用的调控。首尔、悉尼对大幅度调整了中心区配建指标，悉尼取消了中心区办公楼最小配建指标，而外围每 100 建筑平方米配建指标为 3.3 个车位[6]。斯德哥尔摩全市机动车拥有水平为 370 辆 / 千人，而市中心只有 300 辆 / 千人。巴黎机动车保有量同样也呈现中间向外围递增的态势，这与中心区严格停车配建有直接的关系。德国汉堡规定 CBD 每户停车配建最小指标为 0.2 位，而非 CBD 每户达到 0.8 位[3]。2010 年北京城四区户均私人小汽车保有量水平是巴黎同等可比区域的 1.8 倍，纽约同等可比区域的 2.3 倍。

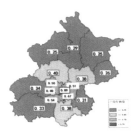

北京市机动车保有量分布图

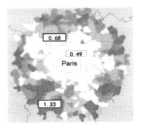

巴黎大区户均小汽车保有量

图 3　城市机动车保有量分布图

亚洲部分城市办公及零售用地最小停车配建概况

（每 100m² 的建筑面积）　　表 5

地区	CBD 办公楼	非中心办公楼	购物中心（非中心区）
北京	0.5	0.5	0.3
东京	0.3	0.3	0.4
新加坡	0.2	0.5	0.5
中国香港	0.4	0.6	0.4
达卡	0.5	0.5	0.5

续表

地区	CBD 办公楼	非中心办公楼	购物中心（非中心区）
广州	0.6	0.6	0.6
中国台北	0.7	0.7	0.7
首尔	0.1	1.0	1.0
河内	1.0	1.0	1.0
马尼拉	1.3	1.4	1.0
雅加达	1.0	1.0	1.7
曼谷	1.7	1.7	2.6
吉隆坡	1.5	2.6	2.7
悉尼	0.0	3.3	4.0

4　小结

停车是一种资源，城市土地资源极其稀缺有限，土地大量用于满足停车需求并不明智，同时，满足供给的停车配建政策同时变相刺激和鼓励车辆使用，停车需求将进一步上升，停车与土地之间将陷入无限需求与有限供给之间不可调和的矛盾！

综合应用各种停车策略，是有效实现车辆区域保有量和使用量最有效的调控措施之一。城市配建停车位是城市停车需求的供给主体，科学合理地制定停车配建指标是实施停车需求调控的重要步骤，支撑城市可持续的机动化发展。

参考文献

[1] http://news.xinhuanet.com/fortune/2012-01/10/c_111409136.htm.

[2] Victoria Transportation Policy Institute, Parking Evaluation: Evaluating Parking Problems, Solutions, Costs, and Benefits [R], 2011.

[3] Institute of Transportation and Development Policy, Europe's Parking U-Turn: From Accommodation to Regulation [R], 2011.

[4] 王家, 张晓东, 美国城市停车政策解析 [J]. 城市交通, 2011 年第 4 期.

[5] Institute of Transportation and Development Policy, U.S. Parking Policies: An Overview of Management Strategies [R], 2010.

[6] Asian Development Bank, Parking Policy in Asia Cities [R], 2011.

[7] TCRP Report 95, Parking Management and Supply Traveler Response to Transportation System Changes [R], 2003.

[8] Deutsche Gesellschaft für Technische Zusammenarbeit（GTZ）, Urban Transport Strategy Review: Experiences from Germany and Zurich, 2001.

作者简介

叶敏, 女, 硕士, 高级工程师, E-mail: yemin@163.com

盛志前, 男, 硕士, 高级工程师, E-mail: 9104278@qq.com

基于停车共享的已建成区停车需求分析方法

Analysis Method of Parking Demand Based On Shared Parking Strategy in Already-built Region

冉江宇　过秀成

摘 要：在大城市中心城区提倡实施停车共享策略的背景下，着重考虑多种停车共享措施组合实施因素，在区域层面提出停车泊位需求分析方法。构建停车规划平衡区，依据地块间的步行距离和动态停车需求互补性，将区内各地块间的共享拓扑关系抽象为两地块共享结构和链式结构、环式结构、混合结构等多地块共享结构。针对各类结构的特点提出共享条件下总泊位需求的分析流程，并重点面向链式结构和环式结构建立双层规划模型，兼顾泊位资源配置的效率和均衡性。将方法应用于南京市中心城区典型区域内，发现考虑多种停车共享措施组合实施的泊位总需求比不实施停车共享措施时减少 20% ~ 25%。该方法适用于估算各地块在实施停车共享措施条件下的静态泊位需求，为已建成区域拟定共享措施和调整停车配建标准提供支持。

关键词：停车共享；停车规划平衡区；组合实施；共享拓扑结构；共享指数；双层规划模型

Abstract: In the context of the shared parking strategy encouraged to be implemented in central urban area, a method of calculating parking space demand in the regional aspect is explored, with the emphasis of the implementation of multi shared parking measures. Within each parking planning balance zone, the relationship between blocks is abstracted to two block shared parking topology structure and multi block shared parking topology structures, such as chain structure, ring structure, and mixed structure, based on the walking distance between multi blocks and complementarity of multi blocks' dynamic parking demand. The total parking space demand analysis procedure is put forward based on the characters of various types of topology structures. A bi-level planning model is constructed for the chain structure and mixed structure, considering both efficiency and balance of the allocation of parking spaces. The application is selected in the typical area of already-built region in Nanjing, and the total regional parking space demand is reduced by 20% ~ 25% under the implementation of multi shared parking measures. This method is suited to estimate each block's parking space demand under the implementation of shared parking measures, and can support the decision of shared parking measures and building parking guidelines in the already-built region.

Keywords: shared parking; parking planning balance zone; combined implementation; shared parking topology structure; shared parking index; bi-level planning model

0 引言

在估算一定区域内多个地块的停车泊位总需求时，通常采用用地生成率模型、回归分析模型和出行吸引模型等[1]。上述分析模型较少考虑地块本身的动态停车泊位需求波动特征和不同地块间停车需求共用车位的情况。随着停车共享策略在大城市中心城区已建成区域的实施，相邻用地可以利用不同业态类型在动态停车泊位需求上的差异性和互补性[2, 3]，在一定程度上对外开放，实现有限停车泊位资源的高效利用。地块所需要的停车泊位数将由于动态停车泊位需求特征间的互补和共同车位现象的存在而小于地块某时刻的最大停车泊位需求。薛行健、欧心泉、晏克非等学者针对新城区停车共享条件下泊位需求的估算，引入共享泊位效用折减率的概念，采用乘客容忍接驳时间作为共享折减率的判断依据[4]。苏靖、关宏志等研究了部分典型用地类型在泊位共享效用最大情况下地停车需求比例关系[5]。西南交通大学的代㵲川针对综合开发地块建立了停车共享行为模型和总停车泊位需求分析模型，基于成都市典型类别用地分时段停车泊位需求的调查数据进行了实例分析[6]。北京工业大学的秦焕美、关宏志等通过对比停车需求共享模型和单一用地类型叠加模型后发现，

采用停车共享模型估算的混合用地高峰停车泊位需求值更加接近实际调查的数据[7]。然而，停车共享措施实施条件下泊位需求的既有分析方法很少涉及更大的区域范围，步行距离等因素的约束使得无法将所有地块各时段动态停车泊位需求总和的最大值作为区域停车泊位总需求。需求分析所涉及的共享措施类型相对单一，分析结果通常以效率最优为目标。

VTPI（Victoria Transport Policy Institute）创立并负责维护更新的 TDM 百科全书网络版将停车共享定义为停车泊位被多个停车者共同使用，以提高停车设施中泊位的利用效率[8]。上述定义所对应的实例中也包含了公共配建停车设施、路外公共停车设施、路内停车设施以及在部分时段对外开放的专用配建停车设施等一切具有对外开放可行性的停车设施。综合停车共享的内涵界定和停车共享策略的实施情况[9,10]，将适用于中心城区已建成区域的停车共享措施归纳为相邻用地配建共享措施、相邻用地配建分享措施、路内停车泊位布设措施、路外公共停车场布设措施等四种，提出在多种停车共享措施组合实施条件下区域停车泊位总需求的分析方法，为已建成区域的近期停车供需矛盾改善提供参考依据。

鉴于中心城区的停车供需矛盾具有时空局限性，本文建议以道路网中的干路、铁路、河川等天然屏障为边界，将大

城市分割形成的地理单元称为停车规划平衡区，以期在每个平衡区内实现停车泊位的供需平衡。这种区域划分方法一方面可以避免停车需求者因穿越快速路、主干路而对干道交通通行效率和自身的步行安全产生影响，另一方面也不受传统交通小区划分原则中同种用地类型的限制，空间尺度较大，所包含的用地类型和数量较多，有利于实现地块间的互助和多种停车共享实施途径间的互补。

1 区域共享拓扑结构

当两地块满足对外开放、彼此临近且动态停车泊位需求特征互补时，即称两地块间存在停车共享关系。区域总停车泊位需求在很大程度上取决于其中每两个地块间的停车共享关系，这些关系共同构成了区域停车共享拓扑结构。该结构的基本组成形式包括两地块共享结构和多地块共享结构，其中多地块共享结构又可划分为链式结构、环式结构和混合结构等三种，具体如图1所示。

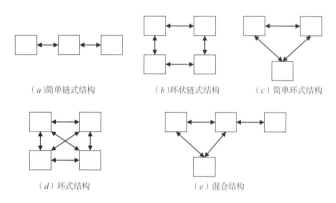

(a)简单链式结构　　(b)环状链式结构　　(c)简单环式结构

(d)环式结构　　　　　(e)混合结构

图1　主要共享拓扑结构基本形式

图中(a)为典型的链式结构，其特点是两端地块的停车需求均能够与中间地块的停车需求共享车位，但两端地块之间由于步行距离远或用地动态停车泊位需求特征相似等原因无法进行停车泊位的共享。(b)结构表面上为环式结构，但其对角地块间无法进行停车泊位需求的共享，是由多条链式结构首尾相连组成的结构。(c)和(d)均为环式结构，其特点是该结构中所有地块的停车泊位需求间均能够实现泊位的共享。(e)为由链式结构和环式结构组成的混合结构，该型式的特点是其内部的环式结构由于整体的互补性较低，不足以独立进行彼此间的共享。链式结构和混合结构主要用来近似表示相邻用地配建分享措施、路内停车泊位布设措施和路外公共停车场布设措施的实施，而环式结构可以描述相邻用地配建共享措施的实施。

与其他共享结构相比，链式结构中地块的动态停车泊位需求存在传递局限性，具体表现为部分地块的动态停车泊位需求受共享关系的限制，无法由结构中的任一地块承载。其

次，链式结构中各地块静态停车泊位需求分配的均衡性和动态停车需求转移成本的控制等因素也将影响泊位总需求的计算结果。以(a)结构为例，设从左至右的三个地块分别为x_1、x_2和x_3，假设三个特征时段的动态停车泊位需求如表1所示。

简单链式结构中三地块的
动态停车泊位需求　　　　　　　　　表1

地块 ＼ 时段	T1	T2	T3
x_1	50	0	0
x_2	0	50	0
x_3	0	0	50

按照环式结构的计算方法，该链式结构的总停车泊位需求为50，当且仅当三个地块的静态停车泊位需求分别为0、50和0时，才能满足该链式结构各时段的停车泊位需求。然而，上述计算结果将导致地块泊位资源配置的不均衡、停车需求转移成本的增加和周边道路负荷分配的失衡。当三个地块的静态停车泊位需求分别为24、26和24时，同样能承载各时段的动态停车泊位需求，此时各地块的停车泊位需求分配相对均衡，总的停车泊位需求也随之增加。

综上可以发现，链式结构和混合结构的停车泊位总需求并非为固定值。当总需求的计算过程中考虑各地块动态停车泊位需求传递的局限性和静态停车泊位需求分配的均衡性时，计算结果会产生较大的差异。

2 共享条件下需求分析流程

本节提出共享条件下各停车规划平衡区内停车泊位总需求的分析方法。该方法主要基于以下假设条件：

1）假设区域中对外开放的地块均能够实现泊位资源的充分共享，不考虑各地块生成的保有停车需求和出行停车需求使用专用泊位的区别；

2）不对外开放地块的停车泊位需求均应由其配建停车设施承担；

3）不考虑停车设施收费管理和泊位供给不足所导致的泊位资源共享障碍，静态停车泊位需求的配置过程仅考虑步行距离的限制；

4）假设各地块静态停车泊位需求的上限和下限和动态停车泊位需求均为已知量；

总需求的分析步骤如下：

1）将区域内的地块划分为不对外开放地块、对外开放地块和路外公共停车场用地等三类，分别记作B1、B2和B3；

2）B1中的各地块相对独立，其停车泊位需求即为其分时段的最大停车泊位需求；

3）在对外开放地块 B2 和路外公共停车场用地 B3 间，依据地块间共享指数和步行距离构建区域的共享拓扑结构。地

块间总的共享指数 K 可采用式（3）进行计算。K 值越小，说明两地块间动态停车泊位需求特征的互补性越强。

$$K_1 = Min\left(\sqrt{Var(D_{x_1 t_1} + D_{x_2 t_1})}\Big/Max_{t_1}(D_{x_1 t_1} + D_{x_2 t_1}), \sqrt{Var(D_{x_1 t_2} + D_{x_2 t_2})}\Big/Max_{t_2}(D_{x_1 t_2} + D_{x_2 t_2})\right) \quad （1）$$

$$K_2 = Var\left(Max_{t_1}(D_{x_1 t_1} + D_{x_2 t_1}), Max_{t_2}(D_{x_1 t_2} + D_{x_2 t_2})\right)\Big/Max\left(Max_{t_1}(D_{x_1 t_1} + D_{x_2 t_1}), Max_{t_2}(D_{x_1 t_2} + D_{x_2 t_2})\right) \quad （2）$$

$$K = Min（K_1, K_2） \quad （3）$$

式中 $D_{x_i t_j}$——地块 x_i 在 t_j 时段的停车泊位需求个数；

t_1, t_2——分别表示工作日和周末的分析时段；

Var, Max, Min——方差、最大值和最小值函数。

4）构建两地块组和环式结构时需满足共享指数的阈值要求，阈值的确定取决于地块间共享指数的统计分析结果。当 B2 集合中的相邻两地块间共享指数 K 小于阈值时，在地块间建立共享关系，同时不考虑两地块和其他地块间的共享关系。同理，当多个相邻地块的共享关系间构成环式结构，且该结构的共享指数 K 小于阈值时，将该环式结构独立出区域的共享拓扑结构。两地块共享结构和环式结构中总停车泊位需求的计算模型如式（4）所示，结构中各地块的静态停车泊位需求可按照式（5）分配获取。

$$D(X) = Max_{t_j}\left(\sum_{i=1}^{n} D_{x_i t_j}\right) \quad （4）$$

式中 $D（X）$——环式结构 X 的静态停车泊位需求个数。

$$D(x_i) = D(X) * Max_{t_j} D_{x_i t_j}\Big/\left(\sum_{k=1}^{n} Max_{t_j} D_{x_k t_j}\right)(i=1,2,\cdots n) \quad （5）$$

式中各变量含义同前。

5）当相邻地块间的共享指数大于阈值，共享关系相对较弱时，将地块间的共享拓扑关系断开，构建链式结构和混合结构，建立模型求解拓扑结构中的链式结构和混合结构地块组的总停车泊位需求；

6）区域内的总停车泊位需求由各地块或地块组的停车泊位总需求叠加汇总；

上述流程不仅可以分析中心城区已建成区域在多种停车共享措施组合实施条件下的停车泊位总需求，还可以获取各地块在该条件下的泊位需求。由于区域内的共享拓扑结构存在多种划分方式，对应不同停车共享措施的多种组合，分析结果通常会随共享拓扑结构的变化而产生一定的差异。

3 面向链式结构和混合结构的泊位需求分析模型

链式结构及混合结构的停车泊位总需求需通过建立下述双层模型进行求解：

$$(U) \quad F = \alpha * f_1 + \beta * f_2$$

其中，$f_1 = \sum_{i=1}^{m} D(x_i), f_2 = Std\left(\dfrac{Max_{t_j}(D_{x_i t_j}) - D(x_i)}{Max_{t_j}(D_{x_i t_j})}\right)(i=1,2,\cdots,n) \quad （6）$

$$s.t. \begin{cases} x_{i1} \le D(x_i) \le x_{i2} \ (i=1,2,\cdots,m) \\ D(x_i) \in Z \ (i=1,2,\cdots,m) \\ \sum\limits_{i=1}^{m} D(x_i) \ge Max\left(\sum\limits_{t_j}^{n} D_{x_i t_j}\right) \\ \sum\limits_{i=g}^{k} D(x_i) \ge Max\left(\sum\limits_{i=h}^{p} D_{x_i t_j}\right)(k,g,p,h 视共享拓扑结构取值) \end{cases} \quad （7）$$

$$(L) \quad Min\sum_{i=1}^{n}\sum_{c=1}^{m} \alpha_{x_i x_c} I_{x_i x_c}^{t_j} \ (j=1,2,\cdots,T) \quad （8）$$

$$s.t. \begin{cases} \sum\limits_{c=1}^{m} I_{x_i x_c}^{t_j} = D_{x_i t_j} \ (i=1,2,\cdots,n) \\ \sum\limits_{i=1}^{n} I_{x_i x_c}^{t_j} = D(x_c) \ (c=1,2,\cdots,m) \\ I_{x_i x_c}^{t_j} = 0, if \ O_{x_i x_c} = 0 \ (i=1,2,\cdots,n;c=1,2,\cdots,m) \\ I_{x_i x_c}^{t_j} \in Z \ (i=1,2,\cdots,n;c=1,2,\cdots,m) \end{cases} \quad （9）$$

模型中的字符含义：

x_{i1}, x_{i2}：分别为地块 x_i 的静态停车泊位需求个数下限和上限；

$I_{x_i x_c}^{t_j}$：地块 x_i 在 t_j 时段的停车泊位需求中由 x_c 地块承担的个数；

$\alpha_{x_i x_c}$：地块 x_i 和 x_c 之间的阻抗值；

$O_{x_i x_c}$：地块 x_i 和 x_c 之间的共享拓扑关系，当存在共享关系时为 1，否则为 0；

m：为 B2 和 B3 中地块总数；

n：为 B2 集合中地块总数。

上述模型是约束条件均为线性模型的单目标双层整数规划模型。上层模型的目标函数由两部分构成，分别表示所有地块的静态停车泊位需求总和以及 B2 集合中各地块静态停车泊位需求配置的均衡性，其中均衡性依据各地块静态停车泊位需求和分时段最大停车泊位需求间差值百分比的标准差 Std 来判断。两部分权重值的设置表示在两目标间进行综合博弈，在实际应用时可分别取 0 和 1，分别获取在完全实现总需求量最小和完全达到泊位需求折减率均衡这两种相对极端的情况

下，各地块的静态泊位需求，进而求得规划平衡区总体的需求区间。

上层模型的四个约束条件中，前两个条件分别限定了各地块静态停车泊位需求值的类型和上下限。第三个约束条件的含义为共享拓扑结构总的静态停车泊位需求应大于其中各地块在每一时段停车泊位需求总和的最大值，确保求解结果能够承载不同时段的动态停车泊位需求。第四个约束条件主要是考虑到链式结构中地块动态停车泊位需求的传递局限性，表示局部多个地块的停车泊位需求之和应大于处于链式结构或混合结构边缘的地块或地块组动态停车泊位需求之和的最大值。

相比较而言，上层模型第四个约束条件中的约束模型数量和形式随着区域内共享拓扑结构的不同而有所差异，具体可采用分割法[11]进行枚举。链式结构或混合结构中的地块可抽象为点，地块间的共享关系可抽象为边，各点集合记作 V，边集合记作 E。将点集 V 任意分成 V_1 和 V_2 两部分，共有 $\sum_{i=1}^{n-1} C_n^i$ 种分割结果。设第 k 种分割中连接 V_{1k} 集合和 V_{2k} 集合的边集为 $E_k \in E$，E_k 中每条边连接的点中属于 V_{2k} 的点集合记作 V_{2ke}，则第 k 种分割结果对应的第四个约束条件可转化为如式（10）所示的形式。将 $\sum_{i=1}^{n-1} C_n^i$ 种分割对应的约束条件进行合并，删除其中重复多余的约束，即可得到有效约束条件组。

$$\sum_{i \in \{V_{1k} \cup V_{2ke}\}} D(x_i) \geq Max_{t_j}(\sum_{c \in V_{1k}} D_{x_i t_j}) \qquad (10)$$

鉴于链式结构和混合结构中不同地块的动态停车泊位需求在资源配置上具有竞争性，下层采用相互独立的最短步行距离分配模型组。其中，模型的目标函数表示各时段地块动态停车泊位需求的配置阻抗总和最小。当下层模型组中任意一个模型无整数解时，即可拒绝上层模型约束条件所确定的可行解；反之，只要下层模型组中每个模型存在可行解，对应的上层模型可行解即为有效解。

由于模型的目标函数不唯一，共享条件下链式结构或混合结构的停车泊位总需求通常也不唯一。

4 实例应用

以南京市中心城区中珠江路 - 太平北路 - 长江路 - 进香河路合围的区域为例。该区域范围内除包含有少量的中小学、医院、娱乐、酒店、商业等类型的地块外，主要为居住和办公类用地。基于区域内各主要用地的使用类型和区位特征，类比同类用地的动态停车泊位需求调查数据，获取主要用地各时段的动态停车泊位需求值。对区域内 26 个对外开放地块应用式（3）计算地块间的共享指数 K，得到的 325 个 K 值分布在 [0.03,0.49] 间，部分 K 值和对应的组合动态停车泊位需

求如图 2 所示。统计分析后发现，当 K 值小于 0.1 时，地块间动态停车泊位需求特征的互补性较强。综合考虑地块间的步行距离，区域内适宜实施相邻用地配建共享措施的地块组及其泊位总需求如表 2 所示。

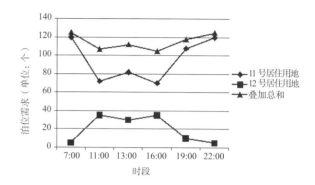

$K=0.045$

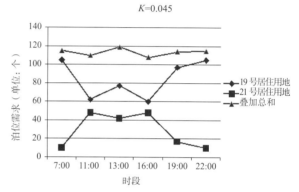

$K=0.061$

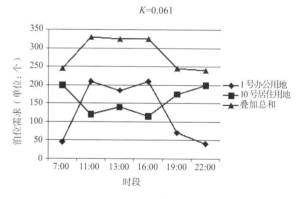

$K=0.139$

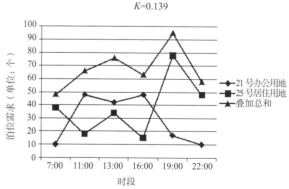

$K=0.212$

图 2 组合动态停车泊位需求曲线和对应 K 值

共享地块组合及泊位总需求汇总表　　表2

地块组合	K 值	共享泊位总需求	独立泊位总需求
11号居住用地	0.061	125	155
12号办公用地			
19号居住用地	0.045	119	153
21号办公用地			
3号商办混合用地	0.066	230	300
10号居住用地			
6号医院用地	0.096	160	190
9号居住用地			
25号酒店用地	0.096	75	125
26号办公用地			

其余16个地块间基于 K 值的计算结果、动态停车泊位需求的叠加计算结果和步行距离构建共享拓扑关系，形成一个

规模较大的混合共享结构。依据该共享结构对应的邻接矩阵和各地块的动态停车泊位需求值，通过matlab编程实现上层模型约束条件的穷举，其中第四个约束条件共对应536个有效约束不等式。

同时，按照双层模型的求解步骤，在matlab平台中编写程序实现了双层规划模型的求解。结果表明，当上层目标倾向于考虑静态泊位需求的配置效率时，将 α 和 β 分别设为1和0，得到该混合结构的停车泊位总需求为2331个；当上层目标仅考虑静态停车泊位需求配置的均衡性时，将 α 和 β 分别设为0和1，得到该混合结构的停车泊位总需求为2519个。上述两种情况下各地块的静态泊位需求以及与最大停车泊位需求相比得到的折减比例分别如表3所示。其余 α 和 β 的组合设定所对应的停车泊位需求结果均在上述两种情况之间。

综合实施相邻用地配建共享措施的地块停车泊位计算结果，该区域在共享条件下的停车泊位总需求约在3040~3228之间。与不考虑组合式停车共享措施的实施相比，区域的停车泊位总需求减少了20%~25%。

各地块静态停车泊位需求及折减比例汇总表　　表3

地块编号	最大停车泊位需求	静态停车泊位需求	折减比例	静态停车泊位需求	折减比例
		$\alpha=1$，$\beta=0$		$\alpha=0$，$\beta=1$	
1	210	153	27.14%	168	20.00%
2	180	170	5.56%	148	17.78%
4	132	96	27.27%	106	19.70%
5	147	107	27.21%	118	19.73%
7	90	66	26.67%	72	20.00%
8	300	219	27.00%	240	20.00%
13	94	68	27.35%	75	19.87%
14	60	44	26.67%	48	20.00%
15	100	73	27.00%	80	20.00%
16	780	570	26.92%	625	19.87%
17	80	58	27.15%	64	19.62%
18	50	37	26.00%	40	20.00%
20	122	89	27.29%	98	19.93%
22	296	216	26.93%	237	19.83%
23	175	128	26.86%	140	20.00%
24	324	237	26.85%	260	19.75%

5 结论与展望

本文针对大城市中心城区已建成区内的各个停车规划平衡区，提出基于停车共享措施组合实施的停车泊位需求分析方法。该方法着重考虑地块所具有的动态停车泊位需求波动

特性、不同用地停车需求间共用停车泊位的情况和步行距离对停车需求分配的约束，将区域内各地块的动态停车泊位需求转化为静态泊位需求进行计算。

模型所得到的结果是在一定的共享拓扑结构下建筑用地需要配置的泊位数，适用于估算实施停车共享措施下各地块须补充配建的泊位数，为停车供需矛盾较为突出的已

建成区域共享措施的实施和停车配建指标的调整提供支持。现状中停车共享措施的实施还与地块管理主体的共享意愿和停车收费价格等因素相关，需求者的步行阈值以及对停车收费价格的敏感性也存在差异，上述因素可在模型的进一步细化过程中予以考虑。此外，该方法所基于的地块动态停车泊位需求特征数据有待各城市建立专用数据库予以定期搜集和更新。

参考文献

[1] 陈峻，周智勇，梅振宇等．城市停车设施规划方法与信息诱导技术 [M]．南京市：东南大学出版社，2007. CHEN Jun, Zhou Zhiyong, Mei Zhenyu, etc.Planning method of urban parking lots and parking guidance technology[M]. Nanjing: Southeast University Press,2007（In Chinese）

[2] SMITH M S,Urban Land Institute, International Council of Shopping Centers. Shared Parking（2Nd Edtion）[M]. N.W.,Washington D.C.: Urban Land Institute, 2005.

[3] 潘驰，赵胜川，姚荣涵．基于出行目的的停车行为差异性分析 [J]．交通信息与安全，2012,30（1）:39-42.Pan Chi, Zhao Shengchuan,Yao Ronghan. Variation Analysis of Parking Behaviors with Different Travel Purposes[J].Journal of Transportation Information and Safety, 2012,30（1）:39-42（In Chinese）

[4] 薛行健，欧心泉，晏克非．基于泊位共享的新城区停车需求预测 [J]．城市交通，2010, 8（5）：52-56.XUE Xingjian, OU Xinquan, YAN Kefei. Parking Demand Forecasting for Space Sharing Facility in New Urban Area[J]. Urban Transport of China, 2010,8（5）:52-56（In Chinese）

[5] 苏靖，关宏志，秦焕美．基于泊位共享效用的混合用地停车需求比例研究 [J]．城市交通,2013, 11（3）:42-46.SU Jing,GUAN Hongzhi, QIN Huanmei. Shared Parking Facility for Mixed Parking Demand Generated by Different Types of Land Use[J]. Urban Transport of China,2013,11（3）:42-46（In Chinese）

[6] 代瀝川．基于"共享停车分析理论"的综合开发地块停车泊位规模研究 [D]：[硕士学位论文]．西南交通大学，2010.DAI Luchuan. Research on the Scale of Comprehensive Developed Block's Parking Space Base on "Shared Parking Analysis Theory"[D].Southwest JiaoTong University,2010（In Chinese）

[7] 秦焕美，关宏志，孙文亮，等．城市混合用地停车共享需求模型——以北京市华贸中心为例 [J]．北京工业大学学报，2011，（8）：1184 ～ 1189.QIN Huanmei, GUAN Hongzhi, SUN Wenliang, etc. Study of the parking shared demand model of urban mixed use lands-Hua Mao Center in Beijing as an example[J].Journal of Beijing University of Technology,2011,（8）:1184 ～ 1189（In Chinese）.

[8] Victoria Transport Policy Institute. Shared Parking——Sharing Parking Facilities Among Multiple Users[EB/OL].（2012-9-10）[2012-9-10]. http://www.vtpi.org/tdm/tdm89.htm.

[9] WEINBERGER R,KAEHNY J,RUFO M. U.S. Parking Policies: An Overview of Management Strategies[R]. New York: The Institute for Transportation and Development Policy, 2010.

[10] MARSDEN G. The Evidence Base for Parking Policies--A Review[J]. transport policy, 2006, 13（6）：447-457.

[11] 胡阿龙，崔智涛．大型图的割集算法研究 [J]．武汉理工大学学报（交通科学与工程版），2005, 29（5）：794-796.HU Along, CUI Zhitao. Research on cut set algorithm of large graph[J].Journal of Wuhan University of Technology（Transportation Science and Engineering）,2005, 29（5）：794 ～ 796（In Chinese）.

作者简介

冉江宇，男，江苏省扬州人，博士，高级工程师，主要研究方向：城市交通规划、交通需求分析，E-mail:jaredhaha@163.com

混合开发用地配建停车泊位共享配置方法研究

Research On Shared Parking Allocation Method For Mixed Land Use Development

冉江宇　　过秀成

摘　要：为了适应国内大城市用地混合开发的发展趋势，本文针对混合开发用地配建停车泊位共享配置方法体系中的适用情境和需求分析等两个关键环节进行了研究。研究结果认为，独立混合开发用地共享配置措施主要适用于建筑物停车配建标准中一类分区的核心片区以及其他分区，混合开发用地群共享配置措施主要适用于各类分区中的核心片区。同时，提出了国内大城市内混合开发用地（群）在共享条件下停车泊位总需求的分析模型和分析步骤，着重介绍了模型中分析时段、单一类型动态停车泊位需求率等要素的确定方法。将方法应用于南京市江宁区老城片区的拟开发地块群，发现共享配置条件下的泊位总需求可减少 25.7%。

关键词：混合开发用地；用地群；分区差异化；动态停车泊位需求率

Abstract: In order to adapt for the mixed land use development trend in domestic big cities, two key parts of suitability and demand analysis in shared parking allocation method are discussed. The research shows that, the shared parking allocation measure for a single mixed land use block is suited in the core area of the first class parking zone and area of other classes in the parking space allocation standard for architectures, while the shared parking allocation measure for mixed land use blocks is adaptive for the core area of every class parking zones. The analysis models and steps are advanced for the total parking space demand calculation of mixed land use development when shared parking allocation measure is taken, in which the calculation of analysis period and dynamic parking space demand ratio is clarified. The whole method advanced is applied in the mixed developing blocks in the core area of Jiangning District in Nanjing, and this area's parking space demand can be decreased by 25.7% under the shared parking condition.

Keywords: mixed land use development; mixed blocks; zonal differences; dynamic parking space demand ratio

0　研究背景

大城市功能日益多样化的发展趋势带来了城市土地开发类型的多元化，土地资源的紧缺现实和集约化开发要求也共同导致城市土地混合开发模式逐渐盛行。鉴于混合开发用地配建停车设施的设计与一般地块有所差异，国内外部分城市均提出了类似的规划设计措施，允许开发者在确保满足停车泊位需求的情况下合理利用动态停车泊位需求特征的差异适当降低配建停车泊位的设计数量，前提是混合用地中各主要开发用地类型的动态停车泊位需求特征间存在差异，彼此之间能形成一定的互补。该类措施的实施有利于减轻配建停车设施的建设负担，集约高效地利用有限的土地空间，提高用地开发者的投资效益。同时，措施的实施也使配建停车设施的设计趋向理性，避免泊位供给设计偏高而诱使地块吸引的出行需求使用小汽车出行方式。本文将该类措施统一概括为混合开发用地配建停车泊位共享配置措施。

广州市、南京市等国内大城市在修订其停车配建标准时均针对混合开发综合楼提出折减比例的配置要求，进一步完善了国内大城市停车配建标准体系。而美国的城市土地研究协会（Urban Land Institute，以下简称 ULI）针对 13个案例进行共享措施调节前后停车泊位需求的对比研究[1]，发现随着混合用地类型组合的不同以及构成比例的差异，配建停车设施设计中总泊位需求的减少比例会产生较大的差异。为此，ULI 提出了共享配置条件下混合开发用地配

建停车泊位的设计流程、调查内容和分析因素等，针对每种类型的地块分别制订动态停车泊位需求波动表，要求地块开发设计者参考表中的推荐值，并结合小汽车出行方式比例调查情况以及用地间的非垄断情况调研结果进行配建停车设施的共享配置设计，而并非采用统一的折减标准。与美国城市不同之处在于，国内大城市对于单一用地类型的动态停车泊位需求特征进行的研究相对零散，很少对主要用地类型的停车需求波动特征等进行系统的归纳。为此，北京工业大学的秦焕美和关宏志[2]、同济大学的晏克非等[3,4]以及西南交通大学的代滢川[5]等提出基于停车泊位需求类比调查数据的混合开发用地共享泊位需求分析方法，并进行了实例应用。

然而，既有的研究成果尚未结合国内大城市停车系统的发展背景系统探讨混合开发用地配建停车泊位共享配置措施的适用性，易导致该类措施在城市的用地开发过程中泛滥使用，无法兼顾大城市停车系统既有的发展历程和未来的发展要求。同时，既有成果也尚未明确该措施实施条件下适用于国内大城市的需求分析流程及所需考虑因素的确定方法。针对上述两点进行的研究是混合开发用地共享配置措施在国内大城市得以规范实施的基础，也是混合开发用地配建停车泊位共享配置方法中的关键环节。本文将重点探讨大城市中心城区内混合开发用地停车泊位共享配置措施的适用对象、适用区域以及需求分析流程中关键要素的确定方法，最后以南京市江宁区老城核心片区的混合开发地块为例进行应用。

1 共享配置措施适用性分析

城市用地的混合开发类型包括纵向混合和横向混合等两种形式[6]。纵向混合用地是指一个建筑用地的不同楼层设置不同的使用功能，横向混合用地是指某一用地内 2 个或多个不同类型的建筑物毗邻而建。配建停车泊位共享配置措施不仅已广泛应用于上述混合开发的单一地块，也逐渐开始应用于混合开发用地群，从泊位共享的角度对多个临近布设的拟开发用地进行的配建停车设施的整体设计。例如，广州市中心城区内的珠江新城中央商务区就通过地下车库联系通道实现了核心区相关地下空间停车场之间的泊位共享[5]。

然而，对于国内大城市中的已建成区域而言，大部分地块配建停车泊位严重滞后，导致供需矛盾已愈发显著，不适宜对所有区域的混合开发地块或地块群均适合实施配建停车泊位共享配置措施。例如，在已建成区进行旧城改造的过程中，许多老街区在空间尺度、空间功能和建筑形态中蕴含有独特的文化，起到传承社会文化风貌的作用，其内部多数配建停车泊位滞后的地块依然被保留[7]。当新建的拟开发混合用地（群）采用共享配置的理念设计停车泊位时，无法缓解周边已开发用地业已加剧的停车供需矛盾。

上海、沈阳、广州等典型国内大城市在其最新的停车配建标准中普遍采取分区差异化的配建停车设施供给方案，其中划定的一类分区均为中心城区已建成区中公共交通基础设施配置相对齐全、用地开发相对完善的区域。区域内采用"限制型"的供给策略，规定了建筑物配建停车泊位的上限和下限，适度约束出行停车需求。一类分区内部通常还包含中央商务区、传统文化区、中心商业区等更加核心的区域，实施更高的停车收费标准和更加严格的违章停车处罚管理。一类分区以外的其他区域采取适度满足或充分满足的配建停车泊位供给标准，使居民到达外围区域时可选择更加多元的出行方式。然而，国内大城市在落实分区差异化的停车发展策略时应当正视已建成区域停车泊位严重缺乏的事实，兼顾弥补泊位供给缺口和调控需求的双重职能。

综合考虑一类分区的覆盖范围、内部配建停车泊位严重滞后的状况和交通出行结构优化的发展要求，本文建议在一类分区内的核心片区，针对新开发混合用地或混合用地群实施配建停车泊位共享配置措施，节省停车泊位配置规模的同时，进一步控制核心区域内的停车设施供给规模，适度提高停车需求者的平均步行距离，和差异化停车收费标准等共同引导居民选择集约化的交通方式进入核心区域。一类分区的其他区域中，以满足停车泊位"上限"配置要求为前提，新开发混合用地或用地群依然采用各类型独立配置泊位的方式，使新建泊位资源在部分时段呈现出闲置状态，为周边已开发用地停车泊位供需矛盾的缓解提供条件。

对于停车配建标准中一类分区外的其他分区，停车供需矛盾相对缓和，建议针对单个混合开发地块推进配建停车泊位共享配置措施的实施，节省拟开发地块用于停车设施的空间和资本，提高地块开发的综合效益。针对混合开发地块群实施的配建停车泊位共享配置措施，仅建议当其他分区内规划有中央商务区等核心片区时实施，为未来新组团中核心区域的出行需求管理奠定基础，而不建议在其他分区中的一般片区内实施。首先，国内大城市正处于城市化和机动化均高速发展的阶段，用地停车泊位需求率还存在较大的增长空间。在配建停车制度存在均一性和滞后性的缺陷下，允许一类分区以外的所有区域中针对拟开发用地群采用共享配置措施规划设计配建停车泊位，将极有可能导致用地配建停车场在未来均无法承担溢出的停车需求。其次，一般片区内的停车设施供给配置应当与核心片区有所区别，以实现差异化的泊位供给，引导车辆的合理使用。此外，配建标准中二、三类分区的面积通常远大于一类分区，分区内存在大量的规划建设用地。这些拟开发地块间共享关系的复杂性和竞争性容易引起地块配建停车泊位设计管理上的混乱。因此，针对二、三类分区中位于一般片区内的混合开发地块群，建议将具备动态停车泊位需求特征互补的多个地块临近混合布局，其中各地块均按照其自身的最大停车泊位需求进行配建停车泊位的设计。这种规划理念为地块配建停车设施在未来承载临近地块溢出的停车需求创造了条件，能够有效避免未来小汽车保有量和使用频率快速增长的情况下地块高峰停车泊位需求溢出到公共空间，使相邻地块有条件利用彼此互补的低峰剩余供给能力化解潜在的停车供需矛盾。当规划区域中缺少路外公共停车用地的布设时，将具有动态停车泊位需求特征互补的地块类型相邻布设，同样可以实现城市停车供给设施的有效预留。在各地块投入使用的前期阶段，主要通过停车管理制度对停车需求间共享泊位的行为进行约束，避免泊位的过渡供给诱增小汽车出行需求。

综上，中心城区内适合实施混合开发用地（群）配建停车泊位共享配置措施的区域如图 1 所示。

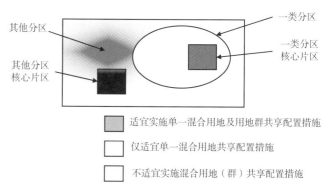

图 1 中心城区混合开发用地（群）停车泊位共享配置措施建议实施区域示意图

2 共享配置条件下混合开发用地停车泊位需求分析

在共享条件下估算混合用地停车泊位总需求时，将各主要使用类型的动态停车泊位需求分时段进行叠加，选择各时段叠加总和的最大值，具体如式（1）所示。

$$D(X^T) = \underset{t}{Max}(\sum_i D_{Xit}^T) = \underset{t}{Max}(\sum_i R_{Xit}^T * P_i) \qquad (1)$$

式中 D_{Xit}^T——混合用地 X 中第 i 种使用类型在目标年 T 第 t 时段的停车泊位需求；

R_{Xit}^T——混合用地 X 中第 i 种使用类型在目标年 T 第 t 时段的停车泊位需求率；

P_i——混合用地 X 中第 i 种使用类型的开发规模；

在应用上述模型估算共享配置条件下混合开发用地停车泊位总需求的分析步骤如下：

1）依据实施条件明确实施停车泊位共享配置措施的对象，搜集混合开发用地中主要使用类型的开发规模。当分析对象为混合用地群时，宜测算各地块间的步行距离，确定实施停车泊位共享配置的地块集合；

2）采集与主要用地类型相似的用地样本的动态停车泊位需求率等信息；

3）依据主要使用类型的构成比例，确定停车泊位总需求的主要分析时段；

4）预测各主要使用类型在各分析时段内的停车泊位需求率；

5）应用式（1）计算该混合用地在共享条件下的停车泊位总需求；

混合用地中各使用类型的规模需超过一定阈值，才可作为主要使用类型纳入式（1）中进行计算。美国土地协会在 Long Beach Towne Center 案例中认为洗车店高峰时段生成的停车泊位需求仅仅为 10 个，不超过总停车需求的 0.1%，因而不必计入总需求的计算[1]。本文建议在确定混合用地中各使用类型的规模下限时，宜确定统一的高峰停车泊位需求下限值，再以各城市建筑用地的高峰停车泊位需求率调查结果或停车配建标准为参考进行规模阈值的反推。设高峰停车泊位需求下限值为 30，基于南京市停车配建标准中一类分区的配建要求，反推得到部分用地类型的规模下限如表 1 所示。

混合用地部分使用类型规模下限　　　　表 1

用地使用类型	规模下限值
零售商业用地	6000m²
商务办公用地	5000m²
旅馆用地	50 间客房
餐饮业用地	1500m²
医疗用地	6000m²

分析时段的选择在很大程度上取决于混合用地中各主要使用类型所占比例的大小。通常情况下，占据混合用地总建筑面积 10% 以下的使用类型对混合用地总泊位需求分析时段的选取影响较小。当混合用地中各主要使用类型的动态停车泊位需求波动特征间存在差异且占有比例接近时，宜确定多个特征日和特征时段，比较不同情境下的停车泊位需求总数。

主要用地类型分时段停车泊位需求率的预测是进行共享配置条件下总需求分析的重要环节。除了基于单一用地类型动态停车泊位需求特征的调查和分析结果外，动态停车泊位需求率的预测还应当考虑城市属性、区位属性、活动链属性等因素的变化对动态停车泊位需求分析的影响。本次研究将建立如下模型估算混合用地中主要用地类型的动态停车泊位需求率。

$$R_{Xit}^T = R_{ait}^0 * f_i(T) * (\frac{\beta_{Xi}^T / \overline{\beta_i^T}}{\beta_{ai}^0 / \overline{\beta_i^0}}) * \gamma_{it} \qquad (2)$$

式中 R_{ait}^0——混合开发用地 X 中第 i 种主要使用类型对应的用地样本 a 在现状第 t 时段的泊位需求率；

β_{Xi}^T——目标年 T 第 i 种使用类型对应的混合开发用地 X 所处交通小区的区位势；

β_{ai}^0——现状第 i 种使用类型对应的用地样本 a 所处交通小区的区位势；

$\overline{\beta_i^T}$，$\overline{\beta_i^0}$——分别为目标年和现状第 i 种使用类型对应的各交通小区平均区位势；

f_i——第 i 种使用类型对应的趋势外推函数；

γ_{it}——第 i 种使用类型在第 t 时段的垄断效应调节系数；

其余变量含义同上。

趋势外推函数 f_i 的选取和用地类型相关。广州市停车配建指标调研报告中的相关数据表明，居住用地停车泊位需求的年均增长速度通常远高于其他用地类型，以吸引商务办公和家务出行目的为主的用地类型也呈现出较快的停车泊位增长趋势[8]。同时，大城市私家车的普及将进一步促进商业类用地等以弹性出行为主的停车需求的增加。随着"优先满足保有停车需求，适度满足弹性出行停车需求，严格限制通勤出行停车需求"等差异化管理策略的实施，居住类用地年均增长率加快的趋势已相对显著，可选取指数函数、生长曲线函数等进行外推，具体参数的确定可参考城市一定范围内小汽车保有量和居住用地面积比值的年均增长率。其余用地类型可选取线性函数、对数函数等进行外推，具体参数的确定可参考小汽车使用比例的年均增长率、用地类型相关产业的年均增长率等因素综合确定。

区位势主要采用地块所处区域的开发强度和可达性来衡量，同时也考虑到不同用地类型受所处区位影响的差异性。本次研究在借鉴多种可达性和开发强度的度量方法[9]后，拟以地块所处的交通小区为单元，采用如下模型来度量地块的区位势：

$$\beta_i = (\frac{1}{Ar_n}\sum_n\sum_m AT_{imn})^{\lambda_1} * (\sum_m(AT_{imn}*dc_{mn}/db_{mn})/\sum_m AT_{imn})^{\lambda_2} \quad (3)$$

式中 β_i——第 i 种使用类型对应的用地样本所属交通小区的区位势；上述模型中，假设用地所属交通小区 n；

Ar_n——交通小区 n 的面积；

AT_{imn}——针对使用类型 i，所需关注的从交通小区 m 到交通小区 n 的分类出行量；对于居住类型用地，上述出行量主要为以家为终点的吸引量；对于其他用地类型，该出行量为不以家为终点的分类吸引量；

db_{mn}，dc_{mn}——分别为交通小区 m 到达交通小区 n 的公交出行阻抗和小汽车出行阻抗，阻抗的计算主要考虑两种出行方式的出行时间和相关费用；

λ_1，λ_2——分别为开发强度和相对可达性的调节参数；

区位势度量模型的第一部分采用交通小区单位面积所吸引的出行量之和来衡量区域的开发强度，第二部分则通过小汽车出行方式和公交出行方式间的加权平均阻抗比，表示采用两种出行方式从其他交通小区到达地块所属交通小区的相对可达性。设同种类型用地样本的高峰停车泊位需求率之比和样本所属交通小区的区位势之比存在如式（4）所示的关系。针对混合开发用地 X 中的每种主要用地类型，基于现状不同区位同种类型地块的高峰停车泊位需求调查结果和居民出行调查结果，标定模型（3）中的参数 λ_1 和 λ_2。

$$R_{aix}^0/R_{bix}^0 = \beta_{ai}^0/\beta_{bi}^0 \quad (4)$$

式中 R_{aix}^0——第 i 种使用类型对应的现状第 a 个用地样本的高峰停车泊位需求率；

β_{ai}^0——第 i 种使用类型对应的现状第 a 个用地样本所属交通小区的区位势；

垄断效应对单一用地类型动态停车泊位需求率的影响主要表现为小汽车使用者活动链模式和活动链占有比例的大小。由于中心城区已建成区域内的多数用地均为混合布局，只要选择的用地样本和其附近的用地在规模、类型和区位等方面与混合开发用地相似，无须对用地样本的出行者抽样调查活动链行为，垄断效应调节系数 γ_{it} 为 1。

此外，相对于出行停车需求而言，保有停车需求属于刚性需求，通常需要使用固定专用的停车泊位。因而，拟开发混合用地中包含有居住等用地类型时，宜在设计配建停车泊位方案前确定保有停车需求的管理方式。当拟开发混合用地的配建停车设施不针对保有停车需求采用包月出租固定车位或出售车位的管理方式，可将保有停车需求的动态波动特征纳入式中估算共享条件下混合用地的停车泊位总需求。当无法确定配建停车设施对保有停车泊位需求的管理方式时，宜将保有停车泊位需求单独考虑，采用车辆保有量作为估算值，仅仅将各使用类型产生的出行停车泊位需求进行分时段叠加，对式（1）进行如下修正：

$$D(X^T) = \sum_i R1_{Xi}^T * P_i + Max_t(\sum_i R2_{Xit}^T * P_i) \quad (5)$$

式中 $R1_{Xi}^T$——混合用地 X 第 i 种用地类型在目标年 T 产生的保有停车泊位需求率；

$R2_{Xit}^T$——混合用地 X 第 i 种用地类型在目标年 T 第 t 时段产生的出行停车泊位需求率；

其余变量含义同上；

将停车泊位共享配置措施实施前后混合开发用地（群）小汽车停车泊位总需求、分时段动态停车泊位需求的平均占有率等分析结果进行对比，以检验共享配置措施的实施效果。其中，总泊位需求折减率的计算如式（6）所示。

$$I = 1 - Max_t(\sum_i R_{Xit}^T * P_i)/(\sum_i (Max_t R_{Xit}^T * P_i)) \quad (6)$$

式中变量含义同上。

3 实例分析

以南京市江宁区老城片区的拟开发混合用地群——天印广场以东府前三期改造项目为例。项目总规划用地面积 122.6 亩（含城市规划道路），平均容积率在 3.3 ～ 3.6 范围内。项目内部被城市支路分隔成六大地块，其中住宅用地主要用于安置 810 户回迁居民，总建筑面积为 110260m² 左右；其余几大地块将主要布设商业办公类混合建筑和少量的酒店式公寓，总建筑面积达到 175802m²。项目中的用地布局及其用地功能设计分别如图 2 和表 2 所示。测量结果表明，各地块间的步行距离均在 350m 范围内，且位于南京市停车配建标准一类分区的核心区域，具备统一实施停车泊位共享配置措施的基本条件。

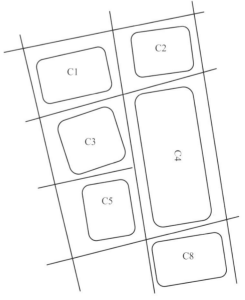

图 2 项目中各地块空间分布图

各地块用地功能设计汇总表		表2
地块编号	用地类型	建筑面积（m²）
C1	商业	7458
	办公	11712
C2	商业	5130
	办公	14400
C3	商业	14526
	办公	16274
C4	商业	19572
	居住	90688
C5	商业	9876
	办公	24654
	酒店式公寓	12969
	办公	22227
C8	高级酒店	26280
	高档商业	10296

表2中数据显示，六个地块中的主要用地类型为居住、商务办公和商业，三种用地类型的建筑面积分别占据总面积的36.23%、31.21%和23.37%。设该地块群不针对保有停车需求实施专用泊位管理，依据上述三类用地的停车泊位需求特征调查结果[11]，宜选择周末的15:00～20:00和工作日的9:00～12:00、19:00～22:00等特征时段，重点分析各用地类型的停车泊位需求率。

鉴于该混合用地群位于江宁老城片区的核心区范围内，分别选取南京市主城核心区域的木马公寓、中央商场、中信大厦和维景国际大酒店等四个地块，采用间歇式停车需求调查法[12]和抽样问卷调查法，获取工作日和周末的动态停车泊位需求如图3和图4所示。

依据建设项目交通影响评价中目标年的设定标准，选取

项目建成后5年，即2015年作为停车泊位需求的分析年限。四种用地类型的动态停车泊位需求率预测过程如下：

1）南京市历年的统计年鉴数据表明，全市私家车拥有量和住宅建筑面积比值的年均增长率为24%[13]。同时，参考南京市交通发展年报的统计结果，居民小汽车出行方式使用比率的年均增长率为11.5%[14]。在考虑目标年时间增长趋势时居住类用地的趋势外推函数为指数函数，其他类用地类型的趋势外推函数为对数函数。

2）由于新建项目中酒店类型用地的建筑面积所占比例较小，因此主要分析居住、商务办公和零售商业等三种用地类型的区位因素调整参数 λ_1 和 λ_2，并假设酒店类型的区位调整参数与商业类型相同。参数 λ_1 和 λ_2 的确定过程主要基于南京市中心城区用地样本的高峰停车泊位需求调查数据和南京市2009年的居民出行调查数据，标定结果如表3所示。

区位属性参数标定结果			表3
用地类型	λ_1	λ_2	拟合度 R^2
商业	0.01	1.44	0.73
办公	0.004	1.32	0.68
居住	0.001	1.63	0.85

3）由于动态停车泊位需求率的调查样本主要选取老城区内的地块，和项目新开发地块的混合类型和区位特点较为相似，因此可以认为调查所获取的动态停车泊位需求率中已经考虑了小汽车使用者的活动链因素，γ_{it} 为1。

综上，拟开发地块中主要用地类型目标年各特征时段的泊位需求率计算结果如表4所示，各地块分时段的停车泊位需求预测结果如表5所示。在配建停车泊位共享配置措施的实施条件下，该项目目标年的停车泊位需求高峰出现在工作日的11:00～12:00时段，所需的停车泊位总需求为2068个。与独立配置条件下的停车泊位总需求相比，共享配置条件下的泊位总需求减少25.7%，为地块开发者减少配建停车设施的建设面积和开发成本提供了有效的依据。

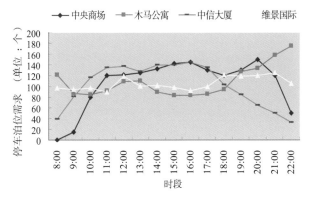

图3　工作日各地块分时段的停车泊位需求

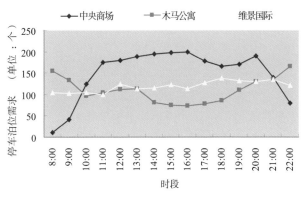

图4　周末各地块分时段的停车泊位需求

目标年各特征时段四种用地类型泊位需求率预测结果 表4

用地类型	工作日						周末				
	10:00	11:00	12:00	20:00	21:00	22:00	16:00	17:00	18:00	19:00	20:00
居住	0.57	0.62	0.73	0.9	1.06	1.17	0.5	0.52	0.58	0.74	0.87
办公	0.61	0.71	0.72	0.34	0.26	0.17	—	—	—	—	—
商业	0.37	0.56	0.57	0.7	0.56	0.23	0.93	0.83	0.77	0.79	0.88
酒店	0.47	0.44	0.58	0.58	0.61	0.51	0.56	0.62	0.67	0.64	0.63

注：居住类地块的泊位需求率单位为"泊位/户"，酒店类地块的泊位需求率单位为"泊位/客房"，其他类地块的泊位需求率单位为"泊位/100m² 建筑面积"

各地块目标年各特征时段停车泊位需求预测结果 表5

地块	工作日						周末				
	10:00	11:00	12:00	20:00	21:00	22:00	16:00	17:00	18:00	19:00	20:00
C1	99	125	127	92	72	37	69	62	57	59	66
C2	107	131	133	85	66	36	48	43	40	41	45
C3	153	197	200	157	124	61	135	121	112	115	128
C4	534	612	703	866	968	993	587	584	621	754	877
C5	187	230	234	153	119	65	92	82	76	78	87
C8	538	569	672	625	634	536	504	532	565	572	594
总和	1618	1864	2068	1978	1984	1728	1435	1423	1470	1618	1796

4 结论与展望

本文针对混合开发用地配建停车泊位共享配置方法中的适用情境和需求分析等两个关键环节进行了研究。结合差异化停车管理政策实施边界的确定，对独立开发地块和混合开发用地群两种对象类型进行了共享配置措施适用范围的分析，为大城市分区分类制定建筑物停车配建标准提供了一定参考。基于上述适用前提，提出了国内大城市内混合开发用地（群）在共享条件下停车泊位总需求的分析模型和分析步骤。模型参数的选择主要以现状相似区位和类型的用地（群）为参考，一定程度上也依托于城市交通需求模型体系的构建和长期维护。

资助项目

住房和城乡建设部课题"基于系统耦合的建筑物机动车停车配建设施规划策略与方法研究"（2010-K5-16）

参考文献

[1] Smith M. S., Urban L. I., International C. O. S. C. Shared Parking（2Nd Edtion）[M]. N.W.,Washington D.C.: Urban Land Institute, 2005.

[2] 秦焕美，关宏志，孙文亮，等．城市混合用地停车共享需求模型——以北京市华贸中心为例 [J].北京工业大学学报，2011, 37（8）: 1184～1189.

[3] 肖飞，张利学，晏克非．基于泊位共享的停车需求预测 [J]．城市交通，2009, 7（3）: 73～79.

[4] 薛行健，欧心泉，晏克非．基于泊位共享的新城区停车需求预测 [J].

[5] 代瀰川．基于"共享停车分析理论"的综合开发地块停车泊位规模研究 [D]：[硕士学位论文]．西南交通大学，2010.

[6] 蒲蔚然，刘骏．关于建立城市用地分类新标准的思考 [J].规划师，2008, 24（6）: 9～12.

[7] 张杰．广州旧城改造中的历史街区整体性保护研究——以 H 街区为例 [D]：[硕士学位论文]．中山大学，2010.

[8] 广州市交通规划研究所，广州置信交通顾问有限公司．广州市停车配建指标实施检讨 [R]．广州：2007.

[9] 陈洁，陆锋，程昌秀．可达性度量方法及应用研究进展评述 [J].地理科学进展，2007, 26（5）: 100～110.

[10] 潘驰，赵胜川，姚荣涵．基于出行目的停车行为差异性分析 [J].交通信息与安全．2012, 30（1）: 39-42,57.

[11] 东南大学交通学院．南京市路外公共停车场选址与布局研究 [R]．南京：2009.

[12] 过秀成．城市停车场规划与设计 [M]．北京：中国铁道出版社，2008.

[13] 南京市统计局．南京统计年鉴 [EB/OL]. [2004-1-1][2011-9-10]. http://www.njtj.gov.cn/file/nj2004/njtjnj.htm.

[14] 南京市城市与交通规划设计研究院有限责任公司．南京市交通发展年度报告 [R]．南京：2011.

城市交通，2010, 8（5）: 52～56.

作者简介

冉江宇，男，工程师，博士．主要研究方向：城市交通规划，停车规划与管理，交通需求分析，E-mail: jaredhaha@163.com

大城市中心城区停车共享策略实施保障对策

Safeguard Countermeasures for Implementing the Shared Parking Strategy in the Central Urban Area
of Large Cities

冉江宇

摘　要：在城市快速机动化发展的背景下，停车共享策略的实施对既有停车系统的规划管理制度提出了更高的要求。本文在界定停车共享策略内涵的基础上，总结了该策略的五种主要实施途径，分析了配建停车泊位共享配置措施、相邻用地配建共享和分享措施、路内停车泊位和路外公共停车场布设措施在实施过程中面临的主要问题，进而对停车场管理办法、城市建筑物停车配建标准、城市停车收费标准、城市停车规划设计规范和停车场建设鼓励政策等制度进行关联性思考，探索改善对策，以期为停车共享策略有效合理的实施提供保障。

关键词：城市停车系统；停车共享策略；实施途径；管理制度；改善对策

Abstract: Against the backdrop of rapid motorization of cities, the implementation of the shared parking strategy puts forward higher requirements for the planning management systems of the existing parking system.On the basis of defining the connotation of the shared parking strategy, this paper summarizes five major implementation approaches of the strategy, and analyzes major issues in implementing the measures for building matched parking space sharing facilities, the measures for sharing accessory neighboring land, and the measures for building curb parking spaces and off-road public parking spaces. The paper then conducts a relevance consideration of the parking space management measures, the standards for constructing parking spaces in urban architectures, the charging standards for urban parking, the urban parking planning and design codes, the incentive policy for parking space construction, and other systems, and explores into improvement countermeasures, in a bid to safeguard the effective and reasonable implementation of the shared parking strategy.

Keywords: urban parking system; shared parking strategy; implementation approaches; management systems; improvement countermeasures

1　停车共享策略主要实施途径

在城市快速机动化发展的趋势下，停车共享作为国内近几年来新提出的一项停车发展策略，在国内各大城市中心城区得到不同程度的实施。该策略实施的三项最基本条件包括用地临近、用地类型间动态停车泊位需求特征互补和停车设施对外开放等。狭义的停车共享策略仅仅是利用不同用地类型在动态停车泊位需求上的互补性，鼓励相邻用地专用配建停车设施在一定程度上对外开放，或鼓励混合开发地块停车设施的集约化配置，实现有限停车泊位资源的高效利用。Stein Engineering 在《波特兰市区停车共享手册》中指出，路内停车泊位和路外公共停车场通常被周边的停车需求者共同使用，是实现停车共享的另一种形式[1]。VTPI（Victoria Transport Policy Institute）创立并负责维护更新的 TDM 百科全书网络版将停车共享定义为停车泊位被多个停车者共同使用，以提高停车设施中泊位的利用效率。上述定义所对应的实例中也包含了公共配建停车设施、路外公共停车设施、路内停车设施以及在部分时段对外开放的专用配建停车设施等一切具有对外开放可行性的停车设施。为此，笔者认为，停车共享策略宜具有更加广泛的内涵，其定义可拓展为利用不同用地类型动态停车泊位需求特征的差异性和互补性，或部分停车设施的对外开放特性，通过政策激励、规划设计等方式有效增加可共用的停车泊位数量或有效提高泊位资源的使用效率，实现停车资源的高效配置和使用。专用停车泊位、

完全不对外开放的专用配建停车设施均不属于停车共享策略的实施对象。

目前，停车共享策略的实施情境主要包括两类。第一类是针对混合开发建筑或建筑群进行配建停车场的规划设计，第二类是针对已建成区域的停车供需矛盾挖掘区域内既有停车设施或用地的时空潜力。

第一类实施途径在国内主要大城市的停车配建标准及规划设计案例中均有所体现。例如南京市 2010 年出台的《建筑物配建停车设施设置标准与准则》针对总建筑面积为 5 万 m² 以上的商办建筑，提出当次功能建筑面积占总面积 20% 的以上的，在充分考虑车位共享的可能后车位总数可按各类建筑性质配建车位需求总和的 85% 计算，而建筑物附属配套餐饮娱乐设施可按照独立指标的 80% 执行。广州市中心城区内的珠江新城中央商务区就通过地下车库联系通道实现了核心区相关地下空间停车场之间的泊位共享[2]。这种规划设计理念不仅有利于节省规划核心区域混合开发地块群中每个地块的配建停车设施建设成本，更有利于提高区域中各配建停车设施的利用率，避免部分时段停车泊位资源的闲置对该区域出行结构的优化产生负面影响。

第二类停车共享策略实施途径可归纳为四种形式，分别为相邻用地配建共享措施、相邻用地配建分享措施、路内停车泊位布设措施和路外公共停车场布设措施[3]。

相邻用地配建设施共享措施主要是指鼓励相邻用地的专用配建停车设施在一定时段内对外开放，满足彼此的高峰停

车泊位需求。同时，尽管公共配建停车设施具有开放属性，但其设置的收费价格通常会影响外来车辆使用其停车泊位资源。当商业等公共配建停车设施和其他相邻的配建停车设施间在管理措施上取得协调，使相邻用地生成的停车需求能够使用彼此的配建停车泊位资源时，也可归属于相邻用地配建共享措施的范畴。不同用地类型间存在四种相对稳定的动态停车泊位需求错时互补类型："周波动＋日波动互补"，"月波动＋周波动互补"，"日波动互补"和"周波动互补"。其中，"周波动＋日波动互补"同时兼顾了不同用地类型间在工作日-周末和一天内不同时段动态停车泊位需求的高峰错时特征，典型代表是"娱乐用地＋商务办公用地"、"餐饮业用地＋中小学用地"、"休闲旅馆用地＋高等院校用地"等。"月波动＋周波动互补"的代表实例是"图书馆用地＋学校用地"，两者凭借寒暑假和周末-工作日的泊位需求差异化特征可以实现稳定性较高的互补。"日波动互补"主要是利用不同用地类型动态停车泊位需求在一天内的错时特点实现互补，典型代表包括"居住用地＋办公用地"、"休闲旅馆用地＋公园绿地"等。"周波动互补"是利用不同用地类型在工作日和周末产生的差异化动态停车泊位需求特征实现互补，典型代表为"工业用地＋零售商业用地"、"公园绿地＋教育科研用地"等。

相邻用地配建分享措施是利用部分用地配建停车设施的富余供给能力为周边建筑用地提供停放服务。这一措施在国内大城市中相对常见。例如，2010年底，城六区共有58处停车场、7750个停车位在单位下班后，可提供给附近居民使用；朝阳区协调尚都国际中心等14处、1482个停车位实施对外开放；丰台区已确定国润大厦等5家单位967个停车位对周边居民错时开放[4]。

路内停车泊位布设措施是通过在道路红线内的两侧或一侧划设带状区域供小汽车停放的场所。这种类型的停车供给设施不仅具有设置灵活、布设成本低廉的特点，而且利用道路公共空间资源作为停车载体，不隶属于任何地块。与该措施相类似，路外公共停车设施是在城市道路用地控制线以外规划专用地块（S42）建设的停车场所，这类停车设施面向社会开放，通常设置在城市出入口、公交枢纽以及大型商业、文化娱乐、旅游等公共设施附近，为周边地块产生的停车需求提供服务。

上述主要实施途径中，配建停车设施共享配置措施、路内停车泊位布设措施和路外公共停车场布设措施等均属于设施规划的范畴，规划方案的拟定相对明确具体，在推进过程中具有一定的可控性。相邻用地配建共享措施和相邻用地配建分享措施的推动实施均需要借助政府主管部门的政策引导，使具备实施条件的地块间通过自组织的方式配合落实。尽管五类主要措施在实施条件、适用范围、作用效果、推进难度、实施稳定性及产生的负外部性等方面有所差异，但彼此相互关联，宜在区域停车供需矛盾发展演变态势及停车发展战略指引的大背景下相互配合，在停车系统规划及管理中统筹考

虑，使停车共享策略落实时能够兼顾满足停车需求和调控停车需求的双重职能。

2 停车共享策略实施潜在问题分析

1）停车共享策略在规划体系中的失位

与停车共享策略相关的城市规划制度主要包括城市综合交通规划和城市停车专项规划。这两类规划通常仅在停车系统发展策略及停车差异化分区中提及停车共享策略，并未考虑五种停车共享措施实施的差异性和关联性，易造成规划方案的不适应或重复冗余。受到小汽车使用者步行距离的制约，停车供需矛盾适宜在较小的片区范围内予以缓解，停车专项规划也应当在综合交通规划的指引下，将分析范围缩小至片区，才能给因地制宜地选择合适的停车共享措施。然而，既有规划导则及规范尚未对停车专项规划的分析范围有所指引，在方案落实过程中更多地关注建筑物配建停车标准的制定和路内外停车场的布设，而忽略建筑物配建停车设施共享和分享措施的可行性分析。在制定配建标准的过程中，较少对适宜实施配建停车设施共享配置措施的范围进行界定，易导致共享理念在泊位配置中的滥用。

2）停车需求入侵效应

实施相邻用地配建共享措施和分享措施时，易发生外来停车需求对配建停车设施的入侵效应，即部分外来停车需求延期停放，占据配建停车设施中泊位资源的现象。在两种措施之中，相邻用地配建共享措施可以指定其准入对象的类型和所属地块，方便设施管理者有效控制外来车辆的构成，有利于减少停车需求入侵效应发生的可能性。而实施相邻用地配建分享措施的地块配建停车设施通常仅仅明确开放时段，对分享对象没有具体限制，导致外来车辆的属性构成相对复杂，不易控制外来停车需求对开放配建停车设施的入侵效应。

3）专用泊位管理方式的影响

专用泊位管理方式是将泊位的所有权或一定期限内的使用权给予特定车辆，确保车辆拥有者在夜间保有或上班出行时使用固定车位满足其停放需求。这种泊位管理方式对停车共享策略实施的影响不仅表现为减少设施的富余供给能力，加重了周边停车设施的负担，当经营性停车设施周边的居住类用地采用专用泊位管理方式时，将导致无专用车位且使用频率较低的小汽车拥有者受到停车设施对外开放时段及差异化收费管理制度等因素的制约而被迫出行，不利于城市居民出行结构的优化；

4）卡特尔效应

停车共享策略的实施促使更多的停车泊位资源参与到市场活动中。当一定范围内的经营性停车设施管理者联合起来形成卡特尔组织[5]，共同提高停车设施的收费价格时，该区域的停车需求者因受到步行距离的限制而不得不付出较高的代价才能获得停车供给服务。与卡特尔组织相类似的是，当

实施配建停车设施共享措施的相邻用地通过协商的方式互相降低外来车辆在开放时段使用配建停车设施的费用时，将促使到达地块的出行者更多地使用小汽车出行方式，由此导致地块出行结构的改变，增加了地块周边道路的运行负荷。

5）实施过程中条件的变更

混合开发用地停车泊位共享配置措施的实施有效减少了混合开发地块（群）的配建停车泊位总数。然而，该项措施的实施还要求开发地块（群）在其使用过程中不宜轻易变更其中的用地类型和使用比例。受到城市宏观用地规划方案的调控影响和市场经济的利益驱动，地块在其使用过程中会不同程度地发生变更。当部分用地类型的变更规模超过一定阈值，将导致共享条件下设计的配建停车泊位数和停车需求特征间无法匹配，停车需求溢出停车供给设施的出现对混合开发用地周边的公共环境也产生负面影响。

为提高路外公共停车场用地在规划预留过程中的使用效益，该类用地也易变更为其他性质的用地。然而，对于路外公共停车场适宜变更的用地类型尚未给予明确的规定，路外公共停车场布设措施因规划用地的变更而无法落实。

6）管理制度的差异化依然不足

国内大城市的规划管理者均意识到，只有承认不同区域间的差异性，实施分区分类差异化的停车发展策略，才能引导小汽车的合理发展与使用。北京、广州、上海、杭州等国内大城市的既有停车管理制度中均不同程度地体现了差异化思想，但对于停车共享策略的实施管理而言，既有制度中的差异化依然存在不足。例如，国内部分大城市停车配建标准尽管针对混合开发用地均提出了统一的折减要求，而并未考虑混合用地类型组合的不同以及构成比例的差异对总泊位需求产生的影响。同时，国内部分大城市专门针对新建路外公共停车场以及改扩建已开发用地的配建停车场出台了鼓励政策，具体可分为差异化补助、关联开发经营、土地划拨和税费减免等四种类型。然而，激励配建停车设施对外开放的政策措施相对较少，不同类型设施在建设和对外开放管理上的差异化激励次序也亟待明确。

3　停车管理制度改善对策

国内大城市目前实施的主要停车管理制度包括城市停车场管理办法、城市建筑物停车配建标准、城市停车收费标准、城市停车规划设计规范和停车场建设鼓励政策等。其中，停车场管理办法涉及各类停车设施的规划、建设、管理等各个环节，对停车设施的经营管理行为和小汽车使用者的停车行为进行了规范，对整个城市停车系统的管理起到了提纲挈领的作用。其余四种制度均是对管理办法中部分内容的具体落实。本节以促进停车共享策略的有效落实为着眼点，针对上述停车管理制度提出相应的改善对策。

1）停车场管理办法应当对配建停车设施经营管理者的行为进行引导和规范，明确管理者的权限和义务，避免入侵效应和实施条件变更的影响

首先，管理办法应当对专用配建停车设施参与市场活动的申请流程和变更流程等予以规范。《物权法》第74条规定：建筑区划内，规划用于停放汽车的车位、车库应当首先满足业主的需求[6]。占用业主共有的道路或者其他场地用于停放汽车的车位，属于业主共有。要决定对外开放，需征得全体业主三分之二以上才可行。当地块管理者有意向实施相邻用地配建共享措施和分享措施时，管理办法不仅应当要求其提交的申报材料说明中明确实施条件，还应对申报前的组织流程、申报审核的管理主体、变更条件和变更流程等进行说明，规范地块配建停车设施间的合作行为和对外经营行为。

其次，管理办法应对实施相邻用地配建共享措施的主体间签订的合同格式、内容及有效期限等予以规范[7]。其中，配建停车设施间签订共享协议的有效期宜以1～2年为限，协议到期后需重新评估配建停车设施的实施前提，决定协议修订的具体内容。

第三，管理办法应明确配建停车设施在对外经营过程中的管理权限和服务义务。当外来车辆的延时停放对配建停车设施正常的服务产生影响时，配建停车设施在超过对外经营时段后，不具备收费经营权，仅保留有处罚权。停车场管理办法中应对管理者的处罚权限进行说明，避免因处罚方式不当所引发的纠纷。同时，停车场管理办法也宜补充明确停车收费的性质，以及停车场管理者的相应义务，为配建停车设施内部管理条例的制订提供依据。

2）停车场管理办法应和停车收费制度、停车场建设管理激励政策等相互配合，共同引导配建停车设施采用停车证管理方式，减少专用泊位对停车共享策略实施的影响

在配建停车设施中采用停车证管理方式替代专用泊位管理方式，将泊位的个体专有使用权转移给停车设施管理者进行支配，有利于管理者在满足本地块停车需求的同时，充分利用设施中有限的停车泊位时空资源为区域其他地块提供服务，城市停车主管部门在引导和协调工作上相对容易。

停车证管理方式主要适用于保有停车需求和上班出行停车需求。每辆小汽车拥有者最多持有一张保有停车证和一张上班停车证。其中，保有停车证上应明确车辆拥有者的居住地所在区域，确保车主能够使用居住地周边的多个停车设施，充分满足其保有停放需求。上班停车证仅可以对应工作地点附近的唯一停车设施或实施共享的有限个配建停车设施，在停车证上宜明确停车设施名称和停放时段。

两种停车证的收费价格也应有所区别，主要表现为上班停车证的收费价格宜远高于保有停车证，在保护小汽车拥有者保有停车需求利益的同时，引导上班出行者采用其他交通方式出行。

停车证的制作和发放由大城市停车系统主管部门统一负责，使城市管理者能够依据局部区域的具体情况对停车需求

和供给进行调控。在上述管理模式下，区域内的停车泊位资源将优先满足使用率较低的小汽车保有停车需求，并逐步将使用率较高的保有停车需求置换到对外开放时段有限的停车设施中，进而减少了外来车辆停放需求对有限时段开放的配建停车设施或路内停车泊位的干扰。

停车场管理办法应对停车证管理方式的适用对象、证件区别、主管部门和定价原则等进行说明。同时，停车场建设管理激励政策和停车收费制度等应当对管理办法中的相关说明进行具体落实。

3）加强建筑物停车配建标准和建设项目交通影响评价标准、用地控制性详细规划管理间的分工和协作

城市建筑物停车配建标准具备的主要功能是规范建筑物配建停车泊位的设计，明确不同区域建筑物泊位配置的下限或上限，以及混合开发用地、交通枢纽附近地块等特殊情况下泊位的配置要求。其中，面向混合开发用地的配建停车设施进行规范时，一方面应就允许实施"混合开发用地停车泊位共享配置措施"的区域和混合开发条件等进行说明，另一方面应汲取国外城市的实施管理经验，明确提出进行交通影响分析的要求，避免采用统一的标准进行粗放式管理，兼顾管理的规范化和灵活性。

建设项目交通影响评价标准应当对混合开发用地泊位需求分析流程给予指导建议，对影响共享式配建停车设计的关键要素进行规范。这些要素主要指各类型用地的高峰停车泊位需求率以及动态停车泊位需求波动比例[8]。大城市在其建设项目交通影响评价标准中应增加用地动态停车泊位需求的调查制度，并依据调查统计结果提供用地类型需求率及相关影响因素的参考值，由此有效避免停车泊位需求率调查工作的重复，并确保需求分析基础数据的权威性。

为防止共享条件下设计的混合开发用地在使用过程中变更其使用类型和使用比例，应在用地控制性详细规划的实施管理过程中予以监管。当混合开发用地中部分用地类型在使用过程中的变更规模超过一定阈值，影响到原有动态停车需求特征的互补性或高峰停车泊位需求，宜重新进行配建停车泊位需求的计算，并在城市建筑物停车配建标准中出台相应的审核与变更补偿管理规定。

此外，路外公共停车场用地的预留和建设也需要建设项目交通影响评价标准和控制性详细规划管理间的协作。其中，为提高预留的路外公共停车场用地在近期的社会效能，可在控制性详细规划中明确其主要变更类型，例如广场、绿地、公共交通用地等。在未来区域停车泊位需求矛盾突出时，将用地变更为路外公共停车场用地。

4）城市停车场规划设计规范宜结合城市各区域特点，为停车共享策略各主要实施途径的差异化应用提供指导

城市停车场规划设计规范是落实停车专项规划的保障性制度，对配建停车设施、路内外公共停车设施的布局、交通组织和工程设计等统一部署。在停车共享策略的实施背景下，

须同时考虑几项主要实施途径的特点、可行性、实施成本和效益，依据城市各区域的特点进行差异化应用。当片区内的停车供需矛盾相对较小时，宜优先从相邻用地配建共享措施、相邻用地配建分享措施或路内停车泊位布设措施中有选择地实施，避免措施的同时实施对停车设施经营效益的影响，也可预防居民小汽车出行方式的诱增。这几种措施实施灵活、投资成本较低且弥补效果适中，具体落实时主要在推进实施难度和负外部性等方面进行比较权衡。当片区内停车供需矛盾逐渐增加时，相邻用地配建共享措施、相邻用地配建分享措施和路内停车泊位布设措施间的竞争关系开始削弱，合作关系逐渐凸现，共同缓解片区停车供需矛盾的同时，互相弥补彼此间的不足。上述三种措施主要起到临时过渡的作用，当片区的停车需求增加到一定程度时，宜采用稳定性好且对实现片区停车供需平衡具有显著效果的路外公共停车场布设措施替代临时过渡措施，尽可能减少停车系统对用地和道路的负外部性影响。城市停车场规划设计规范不仅应当要求在停车专项规划中明确分区分类差异化发展的临界值、空间边界和相关措施，还应当引导停车专项规划在控制性详细规划阶段同步制定，以缩小分析范围，有效指导各类停车设施的布局和相关政策的推进。

同时，停车共享策略的实施使有限的停车设施能够为多个地块提供服务，设施中到发车流量的时间分布趋向均衡，出入口的方向不均匀系数也将减小，服务的停车需求总数将增加。为此，停车场规划设计规范不仅宜区分停车场的服务对象类型，从场地布局、通道连接、标志标线等方面对设施内部的交通工程设计予以指导。例如，在停车场出入口显著位置除了明示停车场名称、服务项目、收费标准、车位数量等信息外，还应补充开放时段、开放对象等信息，使停车需求者在寻找泊位资源时目标更加明确。当停车设施服务于周边多个地块的停车需求时，停车设施内通道的组织流线设计和出入口的流线组织不仅需要考虑多个主要服务对象的动态停车需求特征，还需要考虑多个设计时段中邻接道路的通行能力及交通流特征，尽可能使停车设施内的车辆在任何时段中对邻接道路的影响均较小。相邻用地配建共享措施和分享措施的实施周期相对较短，每进行一次措施的变更，均有必要对通道内部和出入口的组织流线、内部泊位的分配等进行重新设计。

5）停车设施建设管理激励制度宜和停车收费制度相协调，进一步落实差异化的停车系统管理理念

目前，国内部分大城市实施的停车设施建设鼓励政策和停车收费制度中均体现了分区分类差异化的思想。其中，停车设施建设激励制度中的分区方案可与停车收费标准中的分区方案保持一致，具体表现为停车供需矛盾较为突出的区域，激励额度较大，收费标准也相应地提高。两项制度中的分类方案也可在一定程度上进行协同，例如收费标准的制订在保护保有停车需求的利益时，宜在激励政策中对相应停车设施的建设者和经营管理者予以补贴。

尽管卡特尔效应的发生要求大城市停车主管部门加强对停车收费价格的管制，停车收费制度在具体实施过程中应当为停车设施的经营管理者预留弹性，激发各种停车共享措施的实施。不同类型的停车需求者在使用地块自身的配建停车设施、其他地块的配建停车设施、路内停车泊位和路外公共停车设施时，可面对差异化的停车收费价格。针对保有停车需求，宜采用的收费极差依次为自配建＜他配建＜路外公共停车设施＜路内停车泊位，尽可能引导保有停车需求使用配建停车设施，避免其占用公共停车资源，影响公共泊位的周转率。与路内停车泊位和配建停车设施相比，路外公共停车设施与地块间的平均步行距离相对最大，因而针对出行停车泊位需求，宜采用的收费极差依次为自配建＜路外公共停车设施＜他配建＜路内停车泊位，弥补路外公共停车设施平均步行距离较长的劣势，引导小汽车使用者选择路外公共停车设施停放。两种收费极差中，前一种收费极差宜相对较小，满足车辆保有停放需求；后一种收费极差可适当增加，给予停车设施管理者适度的调节空间。上述收费极差宜在停车收费标准中予以说明，明确政府指导价下不同停车设施的自主调节幅度。

在停车系统激励政策中，不仅应当明确停车场建设的鼓励办法，还有必要补充停车场对外开放的鼓励办法，从泊位供给和管理两方面给予激励。例如，北京市西城区政府从社会建设专项资金中拿出一部分，对主动与周边小区共用资源的用地进行奖励，根据单位内部停车资源对外开放的实际数量，区财政一次性奖励 5 万~20 万元不等[9]；英国伦敦市采取税制优惠鼓励自有停车设施向社会开放[10]。与相邻用地配建分享措施不同的是，相邻用地配建共享措施的实施仅仅涉及有限个地块，地块间利益彼此共赢，措施实施的内生动力相对较强，对依靠停车收费增加收入的刺激敏感度较低，激励额度应小于实施配建停车设施对外开放的地块。与既有地块的挖潜建设相比，路外公共停车场通常包含较高的拆迁安置成本，因而投资回收期较长，采用的激励额度宜相对较高。此外，激励政策还应对建筑用地配建停车场的扩建部分和对外开放管理分别制订激励政策。综上，对于同一分区同种停车设施建设形式，激励额度应符合"路外公共停车场建设＞已开发用地配建停车设施改扩建＞已开发用地配建停车设施对外开放＞相邻用地配建停车设施共享"的递减梯度。

4 结语

作为交通大系统的重要组成部分，城市停车系统能否有效调控机动车的保有及使用，对整个城市将起到举足轻重的作用。本文在传统停车系统规划管理思路的基础上，重点分析停车共享策略的实施存在的问题及对既有停车系统管理制度产生的影响，进而从停车场管理办法、城市建筑物停车配建标准、城市停车收费标准、城市停车规划设计规范和停车场建设鼓励政策等角度探索改善对策，以期为停车共享策略有效合理的实施提供保障。

然而，停车共享策略的实施不仅对系统内各要素的一体化规划管理提出了更高的要求，还对城市不同系统间的协同规划管理提出了要求。因此，上述停车管理制度的改善也需要停车管理组织机构在部门设置和职能分工上予以支持。既有停车管理组织架构如何与停车管理制度相协调，是未来的主要研究方向。

参考文献

[1] Howard S. S., John R. Shared Parking Handbook[R]. Beaverton, Oregon: Stein Engineering, 1997.

[2] 代沥川. 基于"共享停车分析理论"的综合开发地块停车泊位规模研究 [D]: [硕士学位论文]. 西南交通大学，2010.

[3] 陈永茂，过秀成，冉江宇. 城市建筑物配建停车设施对外共享的可行性研究 [J]. 现代城市研究. 2010,（1）:21-25.

[4] 北京日报. 北京城六区新增 7750 个错时停车位 [EB/OL].（2011-07-29）[2011-07-29]. http://www.bj.xinhuanet.com/bjpd_sdzx/2011-07/29/content_23343737.htm.

[5] 曼昆. 经济学原理. 宏观经济学分册 [M]. 北京大学出版社，2009.

[6] 陈广华. 城市住宅小区机动车车位(库)产权归属——兼评《物权法》第 74 条 [J]. 经济导刊，2007,（11）: 249 ~ 250.

[7] Marsden G. The Evidence Base for Parking Policies--A Review[J]. transport policy，2006, 13（6）: 447 ~ 457.

[8] 苏靖，关宏志，秦焕美. 基于泊位共享效用的混合用地停车需求比例研究 [J]. 城市交通，2013, 11（3）: 42-46

[9] 汤旸. 单位错时停车最高奖 20 万——北京市西城区再开放 6921 个错时车位 [EB/OL].（2012-7-30）[2012-7-30]. http://newspaper.jwb.com.cn/bhzb/html/2012-06/27/content_822671.htm.

[10] 张泉，黄富民，曹国华，等. 城市停车设施规划 [M]. 北京：中国建筑工业出版社，2009.

作者简介

冉江宇，男，江苏省扬州人，博士，高级工程师，主要研究方向：城市交通规划、交通需求分析，E-mail:jaredhaha@163.com

交通需求分析与管理

交通模型的价值

The Value of Transportation Models

全 波

摘 要：在既有规划编制导则中，已经明确交通模型和交通需求分析是综合交通体系规划、轨道交通线网规划的重要工作内容。交通模型的价值并非仅仅体现在预测结果和精度上，更在于编制过程中对交通特征和供需关系的分析，对战略方案、系统方案的指导、解释、论证的作用上。但在现实规划编制中，模型的地位和价值在丧失，日益成为项目成果中的摆设品，难以支撑交通需求深入分析，并与战略构思、方案制定相脱节。与此同时，规划实践、大数据、交通模型的发展趋势，亟须重新审视模型的价值，提升模型精细化的定量分析水平。最后，从机制保障、应用推广、功能拓展、科研攻关等方面，提出促进模型价值提升的相关建议。

关键词：交通规划；交通模型；交通需求分析；综合交通体系规划；轨道交通线网规划；大数据

Abstract: The importance of transportation models and travel demand analysis in comprehensive transportation system and rail transit network planning has been clearly stated by the existing planning guidelines. The value of transportation model reflects not only the forecasting results and accuracy, but also the analysis of travel characteristics and relationship between supply and demand, which can effectively guide, explain and demonstrate the strategic and system plans. However, the role and functionalities of transportation models are being undermined; the models have been increasingly used as the showing-off tools in the planning preparation stage. Such misusage of the models cannot meet the comprehensive travel demand analysis needs, thus provides no values to the strategic planning and program formulation. The current development trends in transportation planning, big data and transportation models urgently call for reexamining the use of the models and correctly utilizing the models for the accurate quantitative analysis. Finally, this paper provides suggestions on promoting the value of transportation models in several aspects: system regulation, application promotion, functionality expansion, key technology, and etc.

Keywords: transportation planning; transportation models; travel demand analysis; comprehensive transportation system planning; rail transit network planning; big data

交通模型作为各类交通规划编制的主要技术手段和内容，其作用和价值本是不值得讨论的话题，但现实是，交通模型的地位和价值在丧失，日益成为规划编制过程中的累赘、成果中的摆设。同时，有这样的疑惑：交通模型是在简单地追求预测结果和精度吗？我们在不断怀疑模型的预测精度，同时也在不断否认模型的价值。针对这些现实和疑惑，本文首先明晰相关规划编制导则中对交通模型的技术要求，分析交通规划编制中交通模型技术现状及其对整体规划成果的影响；基于交通规划和交通模型发展趋势，重新审视模型的价值；最后为提升模型价值并扩展其应用提出建议。

1 规划编制导则对交通模型的要求

在住房和城乡建设部印发的《城市综合交通体系规划编制导则》（建城 [2010]80 号）中，作为编制原则之一，明确"应遵循定量分析与定性分析相结合的原则，在交通需求分析的基础上，科学判断城市交通的发展趋势，合理制定城市综合交通体系规划方案"；作为技术要点之一，明确需求分析"应综合运用交通调查数据、统计数据、相关规划定量指标，建立交通模型，形成科学的交通需求分析方法"[1]；并对规划方案测试应包括的主要内容予以明确规定。

文献 [2] 中的城市总体规划交通专项规划部分，明确"建立交通模型，I 类城市❶应在交通调查的基础上建立交通模型"；"与城市空间规划（多）方案协同，进行交通发展战略、综合交通系统框架的多方案比选，测试和评价不同空间方案下综合交通系统的运行状况"。同时明确，交通需求预测包括市域交通需求预测和中心城区交通需求预测，对市域交通需求预测，都市化地区应预测交通需求的规模与分布，一般地区预测主要走廊的交通需求规模；对中心城区交通需求预测，"单独编制综合交通体系规划的城市应建立交通模型，其他城市可采取总量控制的方法预测中心城区交通需求、交通工具发展规模、交通结构等，以及主要交通通道与断面的交通需求"。

文献 [2] 中的城市综合交通体系规划部分，明确"采用宏观与微观相结合的分析手段进行交通需求分析，定量分析规划期内城市不同区域在不同发展阶段的交通需求特征"；"城市交通需求分析模型所采用的参数应通过调查数据标定得出"；"规划方案应以交通发展需求预测为基础，结合城市地形、地貌和规划的城市空间形态及功能布局进行制定"；"应采用交通需求分析模型对城市交通发展战略、政策和规划方案进行多

---

❶ 指总体规划由国务院审批的城市，其他中心城区规划人口 100 万人以上的特大城市，或者交通问题复杂的 50 万人口以上的城市，以及需要单独编制综合交通体系规划的城市。

方案测试和评价";规划方案评价应采用定量与定性相结合的方法,包括交通运行预期效果与规划目标的吻合程度等定量内容。

在《城市轨道交通线网规划编制标准》GB/T 50546—2009 中,明确交通需求分析是城市轨道交通线网规划的主要内容之一;"交通需求分析应以交通需求预测模型为基础";"城市轨道交通建设必要性、线网规模和线网方案等论证应以交通需求分析为依据";"线网功能层次应在分析城市交通需求特征的基础上确定";"线网方案应在分析城市空间布局、客运交通走廊和重要交通枢纽的基础上,经方案比选确定"[3]。

由此,相关编制导则、标准对交通模型和交通需求分析的目标、内容要求是清晰、详细的;交通模型和交通需求分析作为城市综合交通体系规划、轨道交通线网规划的重要工作内容,贯穿交通特征和趋势分析、战略方案制定与比选、系统方案规划与评价等规划编制的全过程。交通模型的价值并非仅仅体现在预测结果和精度上,更在于编制过程中对交通特征和供需关系的分析,对战略方案和系统方案的指导、解释、说明、论证的作用上。也就是说,除了最终方案的量化评价,应高度重视模型在规划编制过程中的应用效用。

2 规划编制中交通模型技术现状

根据在规划编制中的角色和作用,交通模型大体可分为两大类。一类是为综合交通体系规划、轨道交通线网规划服务,无预测结果的硬性考核要求,交通模型及需求分析主要体现在规划编制过程中的技术支撑上;另一类是为轨道交通等大型建设项目服务,有格式化的程序和预测结果要求,需要满足规范和行业的相关规定。对第二类项目,模型产出结果和应用指向是明确的,不是本文讨论的重点,这里主要讨论第一类项目。

综合交通体系规划中交通模型的普遍技术现状是:(1)开展大量交通调查,主要用于交通现状分析(如出行特征、道路交通运行、公共交通客流及客运特征等),却与交通模型构建及规划期交通需求分析基本脱离;(2)交通模型为单一项目临时性服务,模型构造简单,精细化程度不足;(3)交通需求分析独立于其他内容之外,并未有机融入特征分析、趋势把握、方案制定的过程中;(4)交通需求分析的内容偏重于宏观性、概略性描述,如车辆发展、出行总量、出行总体分布等,而缺乏针对性的分析展开;偏重于对道路网、轨道交通线网最终方案的测试与评价,而对方案制定过程缺乏实质性的指导。

整体上,交通模型的技术现状可概括为:交通调查声势浩大,而模型产出微小;交通模型有一种摆设、应付的嫌疑,与战略构思、方案制定脱节,对规划编制的整体贡献微小;甚至一些项目只要求使用交通模型,而缺少对模型质量的关注。

由于缺乏交通模型的有效支撑,交通需求分析的深度普遍不足,城市布局特性、居民出行特征、交通网络特性及相互间的内在关系分析不够,交通症结的把握不准,规划方案的制定难以有的放矢。

由于缺乏交通模型的有效支撑,交通需求分析中普遍缺乏"源与流"的特征性分析。在土地利用分析中,难以把握用地、人口、就业三者间的内在关系,未能深入分析城市人口规模及密度分布、就业岗位规模及密度分布、用地及就业岗位结构的区域特性,未能清晰反映就业人口在区域间的流入和流出;在人次出行分析中,难以深入分析出行产生、吸引的空间分布特点,未能诠释出行空间(OD)分布特征并反映出行主要流动方向;在机动车出行分析中,难以深入研究机动车出行发生量、生成强度分布,未能诠释机动车出行空间分布态势及主要车流流向特征。

由于缺乏交通模型的有效支撑,交通需求分析中普遍缺乏"供与需"的典型性和针对性分析。难以应用关键截面交通分析、重点区域交通分析等典型交通分析方法,未能针对城市交通的薄弱环节,展开设施供应与交通结构平衡分析、交通系统负荷分析等内容。不能深入分析包括交通结构、出行时耗与距离分布、出行可达性等在内的交通系统服务特征,难以准确反映交通规划方案所能取得的主要运输效果和优化方向。

脱离交通模型支撑,容易将城市简单化、扁平化地对待,以定性为主导来构筑交通方案,看不到城市密度分布的差异,交通分布和特征的差异,直接导致方案的方向性失误。如道路网规划难以把握潜在的瓶颈在哪里,应该着力改善的地区和节点在哪里,何种组织方式更利于交通流疏导;轨道交通线网规划以全市为尺度讲求覆盖,看不到真正的需求在哪里,真正应讲求密度支撑的地区在哪里,换乘节点在哪里布局更利于全网客流组织。

3 交通模型趋势与价值再审视

1)大数据充实交通模型数据基础,推动交通模型技术提升。

依托覆盖广泛、近乎全样、细致的空间分辨率和时间分辨率等,大数据建立了新的观测能力[4],为交通模型的精细化深入研究提供了条件。目前大数据在交通模型中的应用日趋成熟,如通过手机信令数据能够深入分析城市居民出行活动规律,建立人口和就业岗位之间的链接等,极大拓展了交通模型的技术手段。与传统交通调查补充、结合,大数据对交通模型的标定、检验和精度的提升将发挥事半功倍的效果。基于大数据环境改进交通调查和模型技术,促进大数据与交通模型互动发展,将有助于改变现状交通模型精度不高、针对性分析不强的局面,持续提升模型精准化、精细化的定量分析水平。

2)城市发展由增量为主转向存量提升为主,未来交通模型的可预测性显著增强。

中国大部分大城市中心区的发展正趋于稳定，客观上支撑了交通模型的细化研究。很多城市已建成包括轨道交通、BRT 在内的综合交通系统，为各类交通方式和设施的交通特征把握、交通模型参数标定提供经验数据参考。经过多年的快速城镇化和机动化发展，模型专业技术人员已积累丰富的经验来把握未来出行特征的演变趋势。

3）城市交通规划从单纯的物质性规划向设施供给、服务改善、需求调控并重的方向转变，更需依托交通模型提供精细化的定量支撑。

城市交通的根本目的是服务人的需求，城市交通规划正日趋关注出行需求多样化，推动交通结构持续优化，促进服务导向的公共交通体系建设；需要借助交通模型对乘客进行类别细分，分析相应的活动空间和服务需求。交通需求管理正日益成为交通规划的重要内容，交通模型是交通需求管理政策实施的事先量化评价基础。未来交通规划技术向精细化发展，交通模型及需求分析将在实际问题的解决中发挥愈加关键的作用。

4）恢复、提升交通模型在综合交通体系规划、轨道交通线网规划等规划编制中的价值定位。

有效的城市交通需求分析将极大地增进各类交通规划编制的研究深度，保障并促进规划成果的合理性、实用性。以交通模型构建为基础，交通需求分析应全过程融入综合交通体系规划、轨道交通线网规划编制中，交通模型质量主要体现为对城市及城市交通解析的透彻程度。要避免交通需求分析从数据到数据的罗列，善于揭示隐藏在数据背后的启示和规律，将交通需求特征化、立体化、形象化，增强对特征、趋势的解释力和对规划构思、方案的指导性。

城市交通需求分析遵循系统分析与典型分析相结合的原则，使用城市交通特性把握和供需问题解决为导向的分析方法，并重点在以下方面发挥有效作用：①系统分析土地利用与交通的内在关系，剖析出行特征；②深入分析城市交通发展趋势，预估可能出现的交通问题，有效支撑交通规划方案的构建；③分析、论证、评价城市交通规划方案，指导方案的优化和完善，保障交通规划编制成果的合理性。

4　相关建议

1）建立交通模型长期使用和维护机制，切实提升模型质量。

交通调查耗时耗资，建立交通模型耗时耗精力，还需过硬技术作保障，实属不易；而简单地、程序性地构建交通模型，将交通模型当作摆设品，无助于交通特征和趋势的把握，无助于规划方案构思和评价，无助于实际交通问题的解决。必须寻求机制保障，切实转变交通模型为单一项目临时性服务的态势，促成交通模型与大数据建设纳入城市信息化中长期发展规划，建立长期使用和维护机制。只有建立交通模型持续更新和维护机制，将每年的小更新和周期性的大修正相结合，才能更好地把握城市各阶段的交通发展状况，使得预测结果更为真实、准确，才能更好地发挥模型的价值。

2）推动交通模型通俗化应用，形成交通模型和城市信息平台一体化系统。

交通模型开发是一项专业性很强的工作，同时模型的价值又体现在广泛和精细化的应用上，切忌当成苦涩无味的产品被束之高阁。应用的落脚点应体现在本地化上，为普及交通模型在全国百万人口以上大城市的应用，必须从专业走向通俗。在依靠高水平的专业技术人员开发交通模型时，要切实适应当地规划建设管理需求，构建通俗化的交通模型应用和展示界面，提升地方一般性应用的可操控性，增强模型在实际应用中的响应能力。

同时，加强交通模型与已广泛应用的 GIS 技术全面结合，重视 GIS 在交通模型中的开发，建立交通模型和城市信息平台一体化系统，促进各类交通信息整合和应用。

3）持续拓展模型功能，推动多层次、一体化模型系统建设。

城市交通规划实践正快速从城市到区域，从宏观到中观再到微观拓展，单一层面的综合交通模型难以适应各个层面交通规划的要求，亟须建立多层次、一体化的模型体系[5]，促进模型的可扩展性。各个层次的交通模型使用相同的基础数据库，各模块既能够独立运行，又相互关联、衔接，下一层次模型从上一层次模型中继承相关信息，在此基础上细化、深化，并对上一层次模型形成反馈机制。

4）支撑交通规划技术发展，交通模型还需攻破众多难题。

首先，交通调查、交通模型与大数据的融合。结合传统交通调查和模型体系，探索大数据环境下的交通分析系统仍是一项新的工作。一方面，需要进一步提升大数据处理技术，加强大数据本身的数据挖潜，形成数据之间相互校验、融合处理的技术体系；另一方面，面对大量多元化数据，从现象探究交通行为的本质，合理应用于交通模型，仍是一个极大的挑战。

其次，由中心城区模型拓展到市域（或都市区）模型。在大数据支撑下，交通模型正加快突破传统界限，但四阶段预测模型不宜简单地由中心城区向外延伸，宜结合出行特征、需求强度的差异把握不同类型模型的适用性，灵活选择重力模型、辐射模型等，发展分层组合式的建模技术。

再次，交通政策的量化评价。目前应用交通模型量化分析交通政策的精度不高，针对性不强。特别是当几种交通政策组合使用时，现有交通模型会显得无能为力[6]，亟须深化、细化交通政策的量化分析评价技术。

最后，开发基于活动的交通模型。基于活动的交通模型已经在美国得到广泛应用，中国仍主要采用基于出行的四阶段模型。在大数据支撑下，宜加强对个体出行行为的研究，着力开发具有自主知识产权、基于活动的需求分析模型平台。

参考文献

[1] 中华人民共和国住房和城乡建设部 . 关于印发《城市综合交通体系规划编制导则 》的通知 [R/OL]. 2010[2016-09-10]. http://www.mohurd.gov.cn/zcfg/jsbwj_0/jsbwjcsjs/201006/t20100608_201282.html.

[2] 中国城市规划设计研究院 . 城乡规划设计统一技术措施汇编(2013) [R]. 北京 : 中国城市规划设计研究院，2013.

[3] 中华人民共和国住房和城乡建设部 . 城市轨道交通线网规划编制标准 [M]. 北京 : 中国建筑工业出版社，2010.

[4] 杨东援 . 通过大数据促进城市交通规划理论的变革 [J]. 城市交通，2016，14（ 3 ）: 72-80.

[5] 陈先龙 . 中国城市交通模型现状问题探讨 [J]. 城市交通，2016，14（ 2 ）: 17-21.

[6] 陈必壮，张天然 . 中国城市交通调查与模型现状及发展趋势 [J]. 城市交通，2015，13（ 5 ）: 73-79.

作者简介

全波，男，湖北钟祥人，硕士，教授级高级工程师，城市交通研究分院副总工程师，主要研究方向：交通规划，E-mail: quanb@caupd.com

城市综合交通调查的规范与创新

Regulation and Innovation of Urban Comprehensive Transportation Survey

吴子啸　　付凌峰

摘　要：城市综合交通调查在中国已有 30 余年的广泛实践，当前的信息化和大数据背景下正历经发展与变革。在分析城市综合交通调查现状问题的基础上，提出制定《城市综合交通体系规划交通调查导则》（以下简称《导则》）的必要性。从目标与总体框架、调查项目分类、术语定义、调查内容与问题选项分类、调查流程规范几个层面对《导则》的主要思想与关键内容进行解析。提出城市综合交通调查未来发展方向应是将信息化技术与传统调查手段结合，提高调查效率与质量，关注信息化手段未能涵盖的交通特征。

关键词：城市交通规划；交通调查；居民出行调查；交通模型；大数据

Abstract: Urban comprehensive transportation survey has been extensively practiced for more than 30 years in China. It is experiencing development and changes under the impact from information technology and big data. Based on the analysis of the current situation, this paper discusses the necessity of drafting urban comprehensive transportation survey guideline，and further proposes the primary framework and contents within proposed guideline. Later on, future development trend and innovations of urban comprehensive transportation survey are demonstrated as well.

Keywords: transportation planning; transportation survey; household travel survey; transportation model; big data

0　引言

城市综合交通调查是分析城市交通现状与问题的必要途径，是建立交通模型进行交通需求预测与分析的重要基础。城市综合交通调查随交通工程学的发展而诞生，20 世纪 40 年代欧美一些城市已经开始交通调查工作。在美国，居民出行调查已成为与人口普查、经济普查并列的全国性普查内容，形成了成熟的规范体系和立法保障[1]。从 20 世纪 80 年代开始，城市综合交通调查逐步在中国各城市开展，迄今已有 30 余年的实践积累。

随着中国交通规划行业的发展，交通调查作为交通定量分析的基础工作日趋受到重视。为提升交通调查数据的质量与标准化水平，充分发挥交通调查数据在规划设计、政府决策、城市信息化进程中的应用深度与广度，住房城乡建设部发布《城市综合交通体系规划交通调查导则》（建城 [2014]141 号）（以下简称《导则》）[2]，并在此基础上启动《城市综合交通调查技术规范》（以下简称《技术规范》）的编制工作。本文在分析中国城市综合交通调查发展趋势及主要问题的基础上，重点阐述《导则》的主要思想和重点内容，并对城市综合交通调查的未来发展与创新进行探讨与展望。

1　城市综合交通调查发展趋势与主要问题

1.1　发展趋势

1）城市综合交通调查开始由项目驱动向城市例行调查转变。

最初的城市综合交通调查大多依托于以城市综合交通（体系）规划为主的规划或设计项目，大量城市先后开展了交通调查工作，并呈现由大中城市向中小城市拓展的趋势。然而，

项目驱动的交通调查受项目周期和费用的限制，往往过于简单和粗略，数据质量难以保证。各个交通调查也缺乏协调和针对性，造成大量人力和财力的浪费。在此背景下，一线城市逐渐将城市综合交通调查发展为城市的例行调查项目，而与具体的规划项目相分离。北京、上海、广州等城市已相继形成周期性的调查机制[3]。2014 年和 2015 年，北京和上海分别开展了第五次城市综合交通调查。

2）调查采集困难和数据需求提高的矛盾日益突出。

计算机技术和交通建模技术的发展极大地提升了对更加详细数据的需求，而现代社会广告、推销的泛滥也使人们对交通调查的配合度逐年下降。

3）信息化背景下城市综合交通调查技术处于不断发展和变化之中。

交通信息技术逐步应用于交通调查，信息化数据的大量可获得性吸引了众多学者对其利用的研究，新的数据分析应用方法和新型交通调查手段不断涌现[4]。

1.2　主要问题

1）调查数据及分析结果可比性较低。

城市综合交通调查涉及的术语和指标缺乏统一的定义，使城市间数据统计口径及边界条件各异，数据及分析结果的可比性较低。

2）交通调查质量缺少保障。

不同城市交通调查技术水平差异较大，具体包括调查项目设置不科学、调查方案设计不合理或过于随意、缺少调查质量评估和控制、数据分析方法不科学等方面。

3）交通调查基础数据的价值未得到充分发挥。

众多城市交通调查数据限于规划、设计项目的分析应用，未能形成数据的延续与积累，对于数据的规律解析和拓展研

究不足。多数城市交通调查成果限于调查报告，仅特大城市和少数大城市逐步形成城市交通发展年报制度，且尚无统一的城市交通特征指标发布体系。城市交通调查信息平台尚未建立，交通调查基础数据库缺少与城市其他数据信息系统的共享与交流。

4）交通调查基础数据延续性不足。

中国城市交通调查工作的开展多依附于规划、设计项目，缺乏城市综合交通调查保障体系，受经费和时间周期制约难以形成稳定的综合交通调查与跟踪更新机制。

2 《导则》概要与重点内容解析

《导则》在借鉴国内外城市交通调查经验、参照既有标准和规范、广泛征求各有关方面意见的基础上，提出主要交通调查项目的调查方案设计原则、调查组织实施方法、调查数据处理方法以及调查成果要求，对进行城市综合交通调查、专项交通调查及相应的数据分析与管理工作具有指导意义。

2.1 目标与总体架构

《导则》编制的主要目标：1）了解和掌握中国主要城市综合交通调查工作现状与技术发展水平，总结各地实践经验；2）对城市综合交通调查工作的关键环节提出建议与要求，促进成熟技术的应用推广，确保并提升城市综合交通调查质量；3）规范城市综合交通调查基础数据及其分析应用，使城市间交通特征指标具有可比性，为建设城市综合交通信息平台和建立城市交通指标发布制度奠定基础。

《导则》内容分为总体和分项两个层面：总体层面规定综合交通调查工作中调查流程、调查项目、调查管理与质量控制、调查精度与置信度等基本共性要求；分项层面规定各个具体调查项目的调查内容、方案设计、组织实施、成果内容等基本要求，统一调查抽样方法、指标定义、修正扩样、数据库成果以及基本统计分析等内容（见表1）。

2.2 调查项目分类

《导则》中纳入的交通调查项目主要基于与交通模型开发的最大相关性原则选取，在项目分类上主要考虑交通调查内容及具体实施的差异。例如，居民出行调查和流动人口调查在调查对象、抽样方法和调查方法上均有较大差异，《导则》对此进行了分项描述。出租汽车调查在实施上与公共交通调查中其他内容差异较大，《导则》将其与货车调查合并为商用车辆调查进行描述。货运调查没有作为独立的调查项，货车调查归入商用车辆调查，而货运枢纽调查归入交通生成源调查。

《导则》对8类交通调查项目进行分项说明（见表2）。在实际工作中，调查项目的选择主要取决于交通模型开发和修正要求以及城市综合交通体系规划及各类交通专业规划的基础数据需求。其他考虑因素包括不同类型调查对象、调查可获取的数据、调查实施的成本及复杂性等。当进行交通模型开发和修正以及城市综合交通体系规划时，居民出行调查、城市道路交通调查、出入境交通调查和公共交通调查为必须开展的调查项目。

《导则》总体架构　　　　　　　　　　　　表1

层面	内容	技术要求	规范重点	信息化技术应用指引
总体	调查流程	交通调查流程		交通信息采集与数据挖掘技术应用
	调查项目	调查项目选择与应用	调查项目分类	
	调查监控	调查管理与监控		
		调查质量控制		
分项	调查方案设计	调查内容	术语定义	利用车载GPS数据及公交IC卡刷卡数据对公交客流特征的分析技术；利用车载GPS数据对行程车速的分析技术；利用视频数据对道路机动车流量的分析技术；利用移动信息数据对居民出行特征的分析技术等
		背景资料		
		样本设计		
		调查步骤设计		
	调查组织实施	调查方法		
		调查组织与实施		
		调查监控技术		
	调查数据处理	校核与修正	数据编码	
		数据质量评估	数据录入	
	调查成果要求	成果内容要求（基础数据库、统计分析报告）	基础数据库定义统计分析指标	

资料来源：文献[2]

《导则》调查项目分类　　　　　　　　　　　　　　　　　　　表2

调查类型	调查对象	交通模型应用
居民出行调查	城市居民	出行生成、出行分布、方式划分、出行时段分布、出行行为
城市道路交通调查	城市道路上的车辆、人	出行分布、模型校验
出入境交通调查	城市出入境道路上的车辆、人	出行分布、模型校验
公共交通调查	城市公共交通系统使用者	方式划分
商用车辆调查	商用车辆（出租汽车、货车等）	商用车辆出行（生成、分布、时段分布）
交通生成源调查	选定交通枢纽（包括货运枢纽）、大型公建等的就业者、访客	出行吸引模型、停车费用
停车调查	选定停车场的车辆	停车费用（用于方式划分）、出行分布
流动人口出行调查	住在旅馆中的客人、其他流动人口集中地	流动人口模型（生成、分布、时段分布）

资料来源：文献[2]

2.3 术语定义

统一交通调查领域的术语和定义是保证城市间交通特征指标具有可比性的前提条件。下文以居民出行调查中一次出行和主要交通方式等关键指标的定义为例，阐释《导则》在规范术语、定义方面的作用与意义。

2.3.1 一次出行

各城市的居民出行调查中对于一次出行定义最常见的表述是：居民出行步行超过5min（或距离超过300m、350m、400m、500m），或采用交通工具在市政道路上完成一次有目的的活动。由于各城市对于步行方式是否算作一次出行有时间或空间的不同限制，最终统计得到的人均日出行次数有所不同。

从国内外交通研究的发展历程来看，出行的定义几经变迁，并与交通建模尤其是出行分布模型的机理密切相关[5]。当出行分布模型的标定仅需要那些起讫点处于不同交通小区的出行记录时，将短距离出行排除可以节省调查的工作量。当出行分布模型改进后，模型标定所依赖的样本量大大降低，并且短距离出行也是模型标定的有效样本。在此背景下，国际城市主要的出行调查中对出行的定义已没有对于短距离出行的限制。

因此，《导则》中将出行定义中对于步行方式的时空限制取消，统一定义为："为了一个（活动）目的，采用一种或多种交通方式从一个地方到另一个地方的过程"[2]。出行定义的统一可使各城市的人均日出行次数指标等具有可比性。当一个城市需要对人均日出行次数指标进行纵向比较时，仍然可以在调查统计分析时通过定义和分离短距离出行而实现。

2.3.2 主要交通方式

随着城市规模的扩大和交通方式的多样化发展，人们在一次出行中往往可能采用多种交通方式。例如，在一次通勤出行中，出行者先乘坐公共汽车至地铁站，再乘地铁至工作地点。一次出行可根据所采用的交通工具不同而划分为几个出行段，包含几个出行段（或几种交通方式）的出行通常称为混合方式出行。

如何确定一次混合方式出行的主要交通方式是另一个重要概念。一些城市通过交通方式优先级来定义主要交通方式，即对各种交通方式进行排序，当一次出行采用多种交通方式时，优先级最高的交通方式为其主要交通方式。这种定义存在两个显著缺点：（1）各城市对优先级的次序确定可能不一致，导致所统计的交通结构不具有可比性；（2）定义不能反映各个出行段的距离差异，使得对于出行距离参数的统计与实际有较大出入。

《导则》借鉴国际经验，将主要交通方式定义为："当一次出行使用多种交通工具时，使用距离最长的交通工具为本次出行的主要交通方式；当两种交通工具使用的距离相当时，最后使用的交通工具为主要交通方式"[2]。在上述定义下，当一次上班出行先使用小汽车至地铁站，再乘地铁至工作地点，如果两种交通方式的使用距离相当，本次出行的主要交通方式为轨道交通。但由于在城市中，大多数人的出行具有往返的对称性，所以上述例子中的下班出行将计入小汽车出行。从交通特征统计上讲，这样的定义更符合客观实际。当主要交通方式的定义统一后，各城市调查的交通结构就会具有可比性。

2.4 调查内容与选项分类

《导则》通过给出参考调查表来对调查内容和选项分类进行规范。在居民出行调查内容方面，除传统的住户特征、个人特征和出行特征外，增加了对车辆特征的调查内容。随着中国城市居民私人小汽车拥有量的快速增长以及交通模型用于机动车污染排放方面的要求，对车辆特征的调查变得十分必要。此外，针对日益增多的混合方式出行以及建模的精确性要求，特别设置一次出行中使用交通方式的次序以及主要交通方式的调查内容。

居民出行调查中住户特征和个人特征的选项设置尽量与中国最新的人口普查相一致，以利于对调查数据进行加权与放样。通常，调查样本集的住户属性参数、个人属性参数和母体（人口普查数据）会有差异。为使调查样本集对全体人口具有代表性，需要计算家庭层面、个人层面和出行层面的综合权重并对样本进行调整。家庭综合权重计算应考虑抽样权重、家庭人口规模分类调整权重及其他特征属性;而个人综合权重计算应考虑个人所属住户的综合权重及至少两种个人特征属性分类的调整权重,包括年龄分类调整权重、职业分类调整权重、文化程度分类调整权重等;出行综合权重应继承出行所属个人的综合权重。

2.5 调查流程规范

调查流程规范是保证调查质量的前提条件。《导则》提出调查管理与监控应有组织体系的保证(例如成立城市综合交通调查领导小组),并强调贯彻全程质量控制的原则。以居民出行调查为例,《导则》对于调查组织与培训、试调查和预调查、调查实施和监控、数据编码与录入、数据校核、数据加权与放样、调查质量评价等方面提出具体说明和要求。

2.5.1 调查技术

《导则》立足于对传统、成熟调查技术的总结和推广,但对不同调查方法、调查新技术采取开放的态度。例如,居民出行调查在中国城市通常以调查员入户访问的方式进行,考虑到国际城市的多种调查方式以及未来中国居民出行调查方式的可能变化,《导则》在居民出行调查技术上没有给出限制性要求。另外,《导则》鼓励在具备条件的城市,在应用调查新技术、信息化技术的基础上,对传统调查方法进行适当调整。常见的信息化数据利用技术也在相应的调查项中有所表述(见表1分项"信息化技术应用指引")。

2.5.2 组织实施

在调查组织实施中,《导则》明确规定对调查人员进行培训的要求。鉴于各个城市在调查技术和调查人员专业水平方面存在差异,故对居民出行调查提出试调查和预调查的要求并对相应的抽样率进行规定。试调查和预调查的主要作用是对调查全过程和关键环节进行检验和完善,这对提高调查质量至关重要。

在现场实施方面,《导则》结合城市差异和调查中存在的问题进行了有针对性的规范。例如,居民出行调查应包括一个完整的工作日,但由于各城市气候和夜间活动时间不同,为保证出行记录的完整性,出行记录时段可不以自然日划分,3:00 至次日 2:59 也可作为一个调查日。在一些城市,调查执行单位为节省成本,采用调查员一次入户访问的方式进行调查。这种情形下,由于被调查者事先不清楚调查内容,对已经发生的出行情况进行回忆可能产生较大误差。《导则》通过对现场实施过程的规范来贯彻调查员两次入户的调查方式(即在调查日之前和调查日之后两次入户接洽调查对象),这在实践中被证明是行之有效的方式。

2.5.3 数据处理

在数据编码与录入方面,《导则》提出对一次出行的出发地与到达地优先考虑采用经纬度坐标编码。目前中国城市的大部分调查仍以交通小区编码为主。与交通小区编码相比,经纬度坐标编码更有利于数据存储并适应未来多种数据分析

用途,已成为国际城市的主流编码方式。随着各种辅助电子工具在居民出行调查中的广泛应用,经纬度坐标编码必将被广泛采用。开发专门的数据录入程序进行居民出行调查数据录入,数据间的逻辑错误会被及时发现和纠正,《导则》对此也提出明确要求。

加权与放样是居民出行调查数据处理的重要环节,目的是使小样本的调查数据对全体人口具有代表性,使样本数据在家庭层面、个人层面和出行层面的属性参数与全体人口一致。加权与放样在中国很多交通调查分析中被忽略,因此,《导则》规定居民出行调查数据在分析应用前应进行加权和放样,并将最终确定的权重及加权过程说明文件与调查数据库一并存档。鉴于加权与放样有多种方法可以实现,《导则》并未对具体方法进行规定。

3 信息化背景下交通调查技术发展

随着城市信息化水平的提高,交通信息采集和数据挖掘在综合交通调查中的应用探索备受学术领域的关注,并已在很多城市得到实践。鉴于各地信息化技术水平参差不齐,《导则》并未设立专门的章节针对信息化技术进行规定,而是在相应的调查项中有所表述。信息化背景下传统交通调查技术的发展可概括为改进、演变和更新三个方向。

3.1 传统调查方法的改进

将信息化技术与传统调查手段结合,提高调查效率与质量,是交通调查技术发展的一个重要方向。例如,在居民出行调查中辅以可穿戴设备及车载 GPS 设备样本,通过分析 GPS 设备记录信息与调查采集信息的差异,对整体样本数据进行必要的修正,从而提高整体数据质量,这已成为国际上居民出行调查重要的技术发展方向[6]。此外,使用手持 PDA 等电子设备替代纸质问卷进行入户调查,也已被广泛应用,通过预先设定程序对调查信息的完整性、出行次序的时空轨迹逻辑性进行验证,并实现电子地图中的经纬度坐标定位,可有效提高调查工作效率和数据质量。

近年来,利用移动通信数据进行出行特征分析的技术逐渐成为研究热点。移动通信数据为持续观测个体活动创造条件,在出行特征分析方面显示出大样本和客观真实的优势,但手机用户样本偏差、家庭关系、出行目的、交通方式不能直接获取仅依赖分析判定等方面的不足,需要在应用中予以考虑。移动通信数据分析与调查手段结合,在降低调查样本规模或调查年份后进行短期出行特征修正等方面具有较好的应用前景。

3.2 传统调查方法的演变

一些信息化技术手段可从特定方面完整、准确地提供数据信息,从而使传统交通调查内容与方法发生演变,转而关

注信息化手段未能涵盖的交通特征。例如公共交通调查中借助 IC 卡数据分析技术，可以提供刷卡乘客的详尽公交 OD 及公交出行链信息，使公共交通调查可以转而集中在投币乘客的出行特征获取[7]。

3.3 传统调查方法的更新

一些调查项目借助现有数据分析手段已获得较为全面的数据特征，相应的传统调查方法将逐渐退出历史舞台。例如，道路流量检测器、视频车牌识别以及车辆 ETC 数据等分析技术可以获取交通流量及流向的完整数据，配合模型分析技术，将逐步替代道路流量观测调查以及日益困难的出入口流向调查。

4 结论与展望

依托交通基础数据与需求预测模型的城市交通分析在城市规划、建设与管理中的角色与作用日益重要。在城市交通需求预测模型的方法和理论未发生根本变化的情况下，传统交通调查方法尚无法被信息化技术完全取代，故建立综合交通调查的技术规范具有重要意义。

未来城市交通系统智能化和信息化趋势不可逆转，交通系统将提供大量、及时、多元的高精度交通数据。这些信息化数据与传统调查数据形成互补，为传统交通调查方法的发展变化提供动力。

交通系统数据精度和广度的提高，为传统城市交通需求预测模型的方法和理论创新提供契机。未来，充分利用多元化的数据资源，发展信息化背景下的交通需求理论与方法，将成为城市交通研究的工作重点。模型创新需要数据的支撑和验证，也将对传统交通调查的技术方法和信息化数据应用提出新的要求。

参考文献

[1] 焦国安，杨永强，杨菲，全霞，邹熙. 美国城市交通模型立法的历史背景 [J]. 城市交通，2008，6（2）：73-76.

[2] 中华人民共和国住房和城乡建设部. 城市综合交通体系规划交通调查导则（建城 [2014]141 号）[R]. 北京：中华人民共和国住房和城乡建设部，2014.

[3] 陈必壮，张天然. 中国城市交通调查与模型现状及发展趋势 [J]. 城市交通，2015，13（5）：73-79.

[4] 丘建栋，陈蔚，宋家骅，段仲渊，赵再先. 大数据环境下的城市交通综合评估技术 [J]. 城市交通，2015，13（3）：63-70.

[5] Pisarski A E, Alsnih R, Zmud J P, etc. Standardized Procedures for Personal Travel Surveys[R]. Washington DC: Transportation Research Board, 2008.

[6] Saphores J D, Chesebro S, Black T, Bricka S. Exploring New Directions for the National Household Travel Survey[R]. Washington DC: Transportation Research Board, 2013.

[7] 吴子嘨，付凌峰. 郑州市交通模型开发与应用：困惑与创新 [J]. 城市交通，2012，10（1）：26-31.

作者简介

吴子嘨，陕西岐山人，博士，教授级高级工程师，城市交通研究分院智能交通与交通模型所所长，主要研究方向：交通模型，E-mail：374281035@qq.com

郑州市交通模型开发与应用：困惑与创新

Research and Development of Transportation Planning Models in Zhengzhou: Problem & Innovation

吴子啸　付凌峰

摘　要：由于出行涉及社会、地理、工程、信息等多个领域并且诸多因素相互作用，交通模型的开发和应用往往受制于数据获取、建模理论、时间与费用预算等现实约束。以郑州市为例，探讨交通模型开发和应用中的理论困惑与技术创新。首先对比传统的基于出行的模型和基于活动的模型的优缺点及局限性。然后，针对交通模型开发所采用的基于出行的建模理论和四阶段建模方法，重点阐述建模的困难所在及内在的理论瑕疵，并探讨 OD 反推、生成量模型等新方法在传统需求分析框架中的应用。在此基础上，提出交通模型在短期预测和近期预测方面的应用框架。

关键词：交通规划；交通模型；基于出行的模型；需求预测；OD 反推

Abstract: Because travel demands are affected by a host of factors such as social economic development, geographic layout, infrastructure development and information technology, development of transportation planning models is often restricted by data availability, modeling theory, time, budget, and etc. Taking Zhengzhou as an example, this paper discusses the problems of theoretical complexity and technique innovation in transportation model development and application. The paper first compares the functionalities and limitations of traditional trip-based models with the activity-based models. Focusing on trip-based and four-stage modeling approaches, the paper elaborates the challenges and theoretical drawbacks in model development and discusses how to introduce new methodologies such as OD estimation and traffic gen-eration model in traditional travel demand analysis. Finally, the paper presents the application framework of transportation planning model on forecasting short-term and medium-term travel demand.

Keywords: transportation planning; transportation model; trip-based model; demand forecasting; origin-destination estimation

近半个世纪以来，交通需求分析模型在交通系统设施规划和交通政策评价中得到日益广泛的应用。传统和广为应用的交通模型采用基于出行的建模理论，包含出行产生、出行分布、方式划分和交通分配四个阶段[1]。对于经典四阶段模型的批评和改进贯穿于近年交通模型理论和实践的发展历程中[2]。先进建模理论的不断涌现使模型工程师面临更多的权衡和选择，面对具体的交通系统、不同的需求特征、特定的社会经济发展阶段等众多因素约束，交通模型开发和应用中往往有不少令人困惑的地方。本文以郑州市交通模型开发和应用为例，阐述建模主要环节对于方法技术选择的考量及整体一致性的问题。

1　交通模型的开发

1.1　建模理论

传统交通模型是基于出行的模型，即以一次出行为基本分析单元。一次出行与两个场所相联系，即出行的起讫点。当把出行作为基本分析单元时，一个出行者多次出行相关联的起讫点间的空间次序关系便被忽略。当交通系统中存在众多的链式出行时（如下班途中先去购物然后再回家），传统交通模型的缺陷将被放大。基于活动的模型似乎提供了一个很好的解决方案，此类模型把一个巡回（即从家出发，经过一系列场所后回到家的封闭出行链）作为基本分析单元[3]。然而，这个在理论上更为先进的模型需要更为翔实的数据进行标定，意味着需要进行更为复杂和昂贵的交通调查，数据

质量往往较差。因此，建模理论上的先进程度并不代表更高的精度，也不是建模选择的唯一依据。

显然，当交通系统中的绝大多数出行属于从家出发，进行完一个活动后（即完成一个出行目的）直接回家，那么以上两种模型的结果将趋于一致。传统交通模型对于出行起讫点间的空间次序关系的忽略导致其在描述非基于家的出行时产生较大的误差。当非基于家的出行所占比例很低时，基于出行的模型比基于活动的模型具有更多的优势（如易于实施等）。以郑州市居民出行为例，非基于家的出行仅占总出行的9%，见表1。由此可见，尽管传统交通模型对于非基于家的出行建模存在较大的误差，但对于总体出行产生而言影响甚微。对于非基于家的出行的准确建模和预测取决于对链式出行形成机理的把握，在这一方面，无论是基于活动的模型还是基于出行的模型都或多或少有所欠缺。

郑州市居民出行产生模型值与调查值

回归分析		表 1
出行目的	比例 /%	R^2
基于家的上班出行	37	0.97
基于家的上学出行	8	0.88
基于家的购物、餐饮出行	17	0.90
基于家的其他出行	29	0.92
非基于家的出行	9	0.54
总体	100	0.97

1.2 模型架构

郑州市交通需求分析模型的总体框架如图1所示，涉及出行产生、出行分布、方式划分和交通分配四个阶段。为克服传统四阶段建模流程的显著缺点（即四阶段模型的依序进行，上一阶段模型的输出结果作为下一阶段模型的输入数据，导致最终结果与分析过程中一些参数的不一致），模型引入反馈机制，即将交通分配后的出行阻抗（或服务水平）反馈至出行分布阶段，经过迭代循环确保分配结果的合理性与稳定性[4]。反馈机制为几乎相互独立的模块之间建立了特定的联系，实现了模型的一致性。然而，现实出行决策中许多因素

的相互联系和相互作用，仍然没能或很好地在现有的模型架构中得以描述。

1）出行生成模型。

不同属性（如不同家庭人数、小汽车拥有水平、收入水平）的家庭在出行生成特征上有较大的差异，出行生成模型一般以家庭为基本分析单元[5]。居民出行调查也提供了用以标定按家庭特征进行交叉分类的出行生成模型的数据。然而，大多数城市的人口统计中没有详细的家庭特征信息。因此，许多城市的生成模型（如郑州）选择以个人为单元标定模型参数，忽略了不同家庭属性对于个体出行的影响。

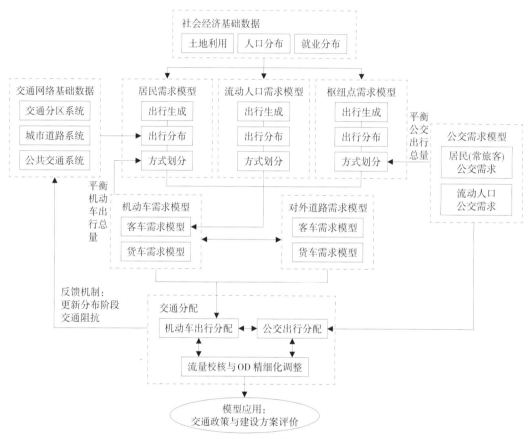

图1　交通需求分析模型总体框架

在缺乏交通小区家庭信息的情况下，一个家庭子模型可纳入到模型架构中，用以从小区平均的家庭属性参数来生成各种属性家庭的分布，如从小区平均的家庭收入（可从调查获得）生成该小区高收入、中等收入、低收入家庭的比例。小区的其他人口统计特征（如年龄结构）可被引入作为家庭子模型的解释变量，以提高该模型的预测精度。家庭子模型的纳入使得出行生成模型能够以家庭为基本分析单位，从而近似地考虑不同家庭属性参数对于个体出行的影响。

在基于家的出行生成模型中，同一家庭属性的个体具有相同的出行参数。然而，更多的研究表明，家庭成员间的出行决策是相互作用的[6]。例如，在一个人口较多的大家庭中，老年人基本承担了该家庭的生活性出行（如购物等），就业者

基本以基于家的上班出行为主；相比之下，在一个一口之家，除了工作出行，户主还需承担所有生活性出行。一些研究开始探索家庭成员间的互动出行决策建模，但迄今为止的成果距离能够在实际上运用尚有很大差距。

2）出行分布模型。

与其他城市类似，郑州市出行分布模型采用重力模型，即小区间的出行量与小区生成量成正比、与小区间出行的困难程度成反比。小区间出行的困难程度通常用阻尼函数表示，其为出行时耗或费用的函数。鉴于出行时耗的可获取性（可从居民出行调查直接得到），通常以出行时耗来标定阻尼函数[7]。另一方面，由于出行时耗具有良好的稳定性，以出行时耗为解释变量可使出行分布模型有很好的应用性（可用

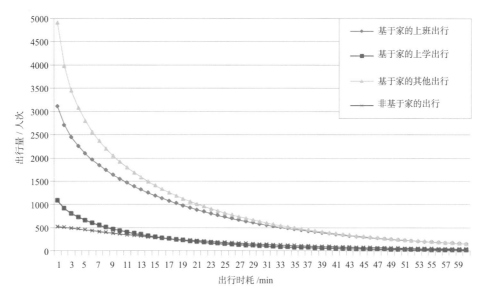

图2　不同目的出行分布模型标定结果

于中长期的出行分布预测）。然而，出行时耗数据仅仅反映了出行在时间上的规律（即不同时耗范围出行的分布情况），出行空间分布规律将无法通过出行分布模型来描述。例如，对于一次耗时15min的出行，采用步行方式或机动化方式，其出行距离的差异性无法反映在模型中。由此可见，以出行时耗标定的阻尼函数仅仅把握了出行的时间分布规律，而忽略了出行的其他规律。图2是郑州市出行分布模型的标定结果。虽然模型预测结果能够"重现"调查的出行距离分布特征，但其对于各个出行时耗段内出行距离分布规律的把握能力仍无法评价。

在重力模型的阻尼函数中引入其他解释变量（如引入社会经济调整 K 系数）不仅会增加数据获取的难度，也会影响模型的应用范围。鉴于重力模型的上述缺陷，有一类出行分布模型——目的地选择模型，近年来被提出并在美国的几个城市得到应用[8]。这类模型引入出行者属性、出行条件及代表出行目的地吸引力的参数等。有些学者认为目的地选择模型是优于重力模型的出行分布模型，但尚没有将这两类模型进行对比评价的研究成果。毋庸置疑的是，在引入了很多变量后，目的地选择模型的预测结果将会在很大范围内变动，这会使模型的实用性大打折扣。另一方面，标定目的地选择模型所需要的数据基础也很庞杂，这往往意味着引入更多的误差。

3）方式划分模型。

由于步行出行对于出行距离非常敏感，所以步行方式可以采用步行转移曲线进行划分。对于竞争性的交通方式，Logit 或内嵌式 Logit 模型被广泛应用于方式划分模型。由于影响方式选择的因素众多，各方式的效用函数有时会非常复杂。另一方面，用来标定效用函数的数据基础往往不甚理想。例如，居民出行调查的抽样率通常不超过4%，在调查小区数目较多的情况下，调查所获得的小区间分出行目的、分方式

OD 的数量将非常有限且十分离散，交通小区间各方式的出行时耗数据也往往十分粗略。对公交出行而言，总行程时间由到离站时间、等车时间和车内时间构成（出行者一般对各部分时间有不同的敏感度），如此详细的数据通常难以获得或精度很低。因此，方式划分模型的预测结果往往很难"重现"现实的方式结构。

在郑州市模型开发过程中，利用公交 IC 卡数据和公共汽车 GPS 数据生成动态的公交 OD[9]。从动态公交 OD 可以获得交通小区间详细的公交出行时耗数据（包括各个时间分项），其他方式的出行时耗矩阵也可以由公交时耗矩阵结合网络模型进行推算，这为方式划分模型标定提供了高精度的数据基础。但由公交系统推算出的公交 OD 不包含出行目的信息，也就无法弥补居民出行调查样本量不足的缺陷。

4）交通分配模型。

交通分配模型分为机动车分配和公交分配两部分。在郑州市交通模型中，机动车采用基于路径的多模式平衡分配方法，而公交采用了基于最优策略的容量限制分配方法。

交通分配是四阶段模型的最后一个阶段，此前三个阶段的建模误差都会引入交通分配阶段。因此，将观测流量与模型模拟流量进行比对不仅仅是对交通分配模型的校验，更是对模型整体的校验。

1.3　模型校验与 OD 调整

即使交通分配前的各阶段模型都经过标定和校验，预测结果也有可能与实际观测值有较大差异。这其中可能有多方面的原因，比如交通流受各种随机因素影响，每天都在变化。而更重要的原因是受数据可获取性、建模可操作性等客观条件制约，各阶段模型只是刻画出行在某些方面的主要规律，而现实中众多出行者的出行决策却是多种因素相互交织、相互作用的结果。

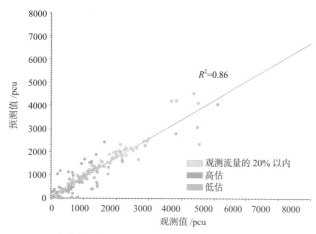

图3 高峰小时路段机动车预测流量与观测值拟合度回归分析

的交通分析)。公交分配面临同样的问题。而与模型能够"重现"实际网络流量分布同等重要的是，模型应能反映土地利用变化、交通政策等对出行的影响。

2 交通模型的应用

2.1 短期预测

在对机动车OD和公交OD进行调整后，交通分配模型具有"重现"网络交通量分布的能力。在短期内，可以认为土地利用不会有显著变化，则模型可用来分析交通设施变动及交通管理措施，如道路设施的年度改造、建设计划、交通组织方案、公交线路的调整等。图4为特定道路建设方案的模型测试分析，模型可以模拟出道路建设前后网络流量的转移与变化情况。图中绿色流量表示新建高架路后诱增的交通量，而红色流量表示由于新建高架路而转移出去的交通量。

虽然OD调整割裂了交通分配与其前面几个阶段的联系，使预测结果无法反映土地利用变化对出行的影响，但将OD反推模块并入交通分配模型后，模型可根据最新的调查数据进行更新（不需要经过烦琐的四阶段过程），而新的调查数据也可以认为是已经体现了最新土地利用变化对出行的影响。在这个意义上，模型更新的过程将模型与最新的土地利用建立了联系。

2.2 近期预测

1）OD差分法的应用。

现状模型OD调整前后的差异可以认为是由四阶段模型无法把握的因素和（或）其内在的缺陷所致。也就是说，四阶段模型预测的OD在追加OD调整前后的差异值后（即等

为了使预测流量与观测值相匹配，可对交通分配前各阶段的模型参数进行调整。这可以称为一种"试试看"的方法，因为每次调整都不一定能保证预测流量与观测值的差距减小。另外一种方法是根据观测值来调整OD，当把调整后的OD在交通网络上进行分配时，能够或在一定程度上"重现"观测值，即OD反推方法[10]。这种方法可被构造为精致的数学模型并采用诸多成熟的算法来确保预测流量接近观测值。大部分交通需求商业软件也提供了进行这项工作的一些程序[11]。

图3为经过机动车OD反推后郑州查核线路段机动车预测流量与观测值拟合度的回归分析。可以看出，尽管用于校核的观测值数据来自一年中不同时期和不同区域的多次交通调查，调整后的机动车OD仍能给出与观测值具有较高拟合度的预测流量。然而，当出行OD不是由方式划分模型获得时，预测结果与土地利用的（单向）联系也就此割断，这也将模型的应用空间限制在一个非常狭小的范围（仅能用于短期内

图4 新建高架路前后网络机动车流量变化

于调整后的 OD）才进一步接近客观现实。在进行近期预测时，由于要考虑土地利用变化对出行的影响，仍然采用四阶段模型进行预测。另外，考虑到四阶段模型本身的缺陷和众多未纳入模型的影响因素，需要对近期预测的 OD 进行调整。那么，切实可行的方法是将现状模型的预测差异值（即调整后的 OD 减去调整前的 OD）叠加到近期预测的 OD 上去，这种方法被称为 OD 差分法[12]。可以预期，这种调整能在一定程度上提高预测的精度。

2）新方法的探索。

由于经过调整的机动车或公交 OD 能够再现观测流量，可以认为其所代表的空间分布状态是相对合理的。聚合调整后的 OD 可得到交通小区机动车或公交生成量。在此基础上，可以标定一种新的生成量模型，将某种方式（机动车或公交）的生成量表达为交通小区土地利用属性（如人口数量、人口密度、就业岗位数、就业岗位密度等）、交通服务水平（如可达性）等的函数。也就是说，直接建立了某种方式的生成量与土地利用、该方式服务水平等因素的关系。实际上，在郑州市交通模型开发中，公交 OD 可以从公交 IC 卡数据和公共汽车 GPS 数据获得，公交生成量模型的成功标定也说明了该方法的有效性。机动车生成量模型可以采用类似的方法建立。显然，这样的生成量模型可应用于近期预测。

借助 OD 差分法的思想，将模型近期预测值减去现状预测值，再与现状生成量（由调整的 OD 聚合而成）相加，就得到近期调整后的生成量，各个小区生成量的增长率也可以得到。于是，采用增长率法对现状 OD 进行调整就可以得到近期 OD。这样的方法简化了出行分布阶段、省略了方式划分阶段，从而最大限度地保留现状调整后的 OD 结构。

3 结语

尽管四阶段需求预测模型在实践中已应用多年并得到持续完善，但面对错综复杂的出行决策，仍需不断引入新的技术。交通分配模型与 OD 反推技术结合可以认为是对之前各个模块不能全面把握出行规律的一种修正，而各个模块以简明的技术把握了出行在某一方面的主要规律，从而为 OD 反推提供了高质量的初始 OD。OD 反推的运用在一定程度上削弱了交通模型与土地利用的联系，从而限制了模型的应用范围。为了能使交通模型广泛用于短期和近期预测，通过 OD 差分法、生成量模型等重新建立交通模型与土地利用的关系是十分必要的。

资助项目

国家自然科学基金项目"基于需求不确定性的 OD 矩阵估算模型与算法研究"（70901073/G0103）

参考文献

[1] William A Martin, Nancy A Mcguckin. HCHRP Report 365: Travel Estimation Techniques for Urban Planning[R]. Washington DC: Transportation Research Board, 1998.

[2] Rick Donnelly, Greg D Erhardt, Rolf Moeckel, et al. NCRP synthesis 406: Advanced Practices in Travel Forecasting[R]. Washington DC: Transportation Research Board, 2010.

[3] Hao Jiangyang, Hatzopoulou Marianne, Miller Eric J. Integrating an Activity-Based Travel Demand Model with Dynamic Traffic Assignment and Emission Models: Implementation in the Greater Toronto, Canada, Area[J]. Transportation Research Record: Journal of the Transportation Research Board, 2010（2176）: 1-13.

[4] 吴子啸，杨建新，蔡润林. 基于出行时耗预算的交通需求预测方法 [J]. 城市交通，2008，6（1）: 23-27.

[5] Kermanshah M, Kitamura R. Effects of Land Use and Socio-Demographic Characteristics on Household Travel Pattern Indicators[J]. Scientia Iranica, 1995, 2（3）: 245-262.

[6] Zhang Junyi, Masashi Kuwano, Backjin Lee, Akimasa Fujiwara. Modeling Household Discrete Choice Behavior Incorporating Heterogeneous Group Decision-making Mechanisms[J]. Transportation Research Part B, 2009, 43（2）: 230-250.

[7] 吴子啸，宋维嘉，池利兵，潘俊卿. 出行时耗的规律及启示 [J]. 城市交通，2007，5（1）: 20-24.

[8] Hannes Els, Janssens Davy, Wets Geert. Destination Choice in Daily Activity Travel: Mental Map's Repertoire[J]. Transportation Research Record: Journal of the Transportation Research Board, 2008（2054）: 20-27.

[9] 吴子啸，任西锋，胡静宇. 基于公交 GPS 和 IC 卡数据的综合交通建模新思路 [J]. 城市交通，2011，9（1）: 47-51.

[10] Yang Hai, Yasunori Iida, Tsuna Sasaki. The Equilibrium-based Origin-destination Matrix Estimation Problem[J]. Transportation Research Part B, 1994, 28（1）: 23-33.

[11] INRO Consultants Inc. EMME 3 User's Manual [R]. Montreal: INRO Consultants Inc., 2010.

[12] Wu Jiahao, Song Bing, Bao Yuanqiu, Wu Jiale. Applications, Issues, and Lessons of Emme ODME Procedure for Highway Design Projects and City General Plans[C] // WEI Heng, WANG Yin-hai, RONG Jian, Weng Jian-cheng. Proceedings of the 10th International Conference of Chinese Transportation Professionals. Beijing: American Society of Civil Engineers, 2010: 155-170.

作者简介

吴子啸，男，陕西岐山人，博士，高级工程师，主要研究方向：多模式交通系统建模与优化，E-mail:wuzx@caupd.com

基于 DAG-SVM 的居民出行方式选择模型

Travel Mode Choice Model Based on DAG-SVM

曹雄赳　贾洪飞　伍速锋　张　洋　康　浩

摘　要：提高居民出行结构的预测精度对于交通规划方案、交通策略的效果评价具有重要意义。首先应用心理学、行为科学的方法分析了出行决策的思维过程，将出行决策过程结构化，建立出行情景库，并采用 pca 主成分法分析了影响方式选择的主要因素，作为支持向量机模型的输入；其次利用统计学习理论分析了支持向量机与神经网络在建模原理上的区别，建立了基于有向无环图 - 支持向量机（DAG-SVM）的方式选择模型，阐述了模型的具体步骤；通过实验对不同核函数的预测效果进行了评价，并采用网格法和遗传算法进行参数寻优。结果表明，核函数选择径向基函数效果较理想，参数寻优方法上遗传算法比网格法效果更好。通过优化后，DAG-SVM 模型的整体预测精度达到了 82.3%，比神经网络提高了近 9%。但出租车的预测准确率略低于其他方式，这主要与出租常作为居民在特殊情况下的备选方式，其出行特性规律性较差有关。

关键词：交通需求管理；出行方式选择；有向无环图；支持向量机；神经网络

Abstract: It is important for the evaluation of traffic planning program and traffic strategy to improve the prediction precision of the resident travel structure. First, the thinking process of travel decision-making is analyzed by using the methods of psychology and behavior science. Based on the structuralization of travel decision process, the trip scene library is established. The main factors influencing the choice of modes are analyzed by principal component analysis（PCA）, which are the inputs of support vector machine（SVM）. Second, the difference between SVM and neural network in modeling principle is analyzed using statistical learning theory. The DAG-SVM mode choice model is built. The prediction results of different kernel functions are evaluated by experiments and the parameters are optimized by the grid method and genetic algorithm. The results show that the radial basis function is more suitable for kernel function and genetic algorithm is better than grid method in parameter optimization. After optimization, the overall prediction accuracy of the DAG-SVM model is 82.3%, which is nearly 9% higher than that of the neural network. But the accuracy of taxi is slightly lower than other modes, which is mainly related to the fact that taxi is often used as an alternative way for residents in special circumstances, and its regularity of travel characteristics is poor.

Keywords: traffic demand management; travel mode choice; directed acyclic graph, support vector machine; neural network

0　引言

随着城市人口及规模地不断扩大，交通需求发生了前所未有的迅速增长，交通供需不平衡导致的交通拥堵、空气污染等问题日益严重。交通需求管理是解决城市交通问题的主要手段。居民出行方式的预测能为交通规划方案、交通管理策略的效果评价提供科学的依据。

出行方式预测的常规方法有集计和非集计模型。集计模型将个体的交通活动以小区进行统计、处理和分析，从而得到以交通小区为分析单位的模型 [1, 2]，但其可移植性不高，需求样本量大，且缺乏明确的行为假说。自 20 世纪 70 年代，以 MNL（Multinomial Logit）为代表的非集计模型出现以来 [3]，因其数据利用率高、可移植性强、具有明确的行为假说等优点而在实践中被广泛应用 [4]。然而，MNL 模型也有其固有的缺点，其将效用函数设定为特性变量的线性函数形式，忽略了选择方式与其影响因素之间的非线性关系 [5]。此外，MNL 模型效用随机项独立的假设并不完全成立 [6,7]。这些不足弱化了 MNL 模型对出行方式选择行为解释的准确性。

针对上述缺陷，一些不需要函数结构的精确设定就能很好描述变量间非线性关系的半参数和非参数的非线性回归模型得到了深入研究。人工神经网络由于具有鲁棒性强、学习能力高等优点率先在居民出行方式预测中得到应用 [8]。然而，神经网络是基于经验风险最小化的学习方法，训练中容易发生过学习现象，导致模型泛化能力的降低 [9]。在此背景下，一种专门针对非线性、维数灾难等问题的预测方法——支持向量机应运而生 [10]。SVM 自建立之初便以统计学习理论中的结构风险最小化为学习准则，较好的克服了神经网络的缺陷。鉴于此，本文首先对居民出行方式决策机理进行了解析并分析了影响方式选择的主要因素；其次，利用统计学习理论分析了 SVM 与神经网络在模型内在原理上的区别，建立了基于 DAG-SVM 的居民出行方式选择预测模型；最后，采用山东省广饶县的居民出行调查数据进行实验，并对比分析了两种方法的预测准确率。

1　方式选择决策机理及主要影响因素

1.1　方式选择决策机理

一般而言，居民在出行前都有一个心理决策过程，共性的心理主要包括：安全心理、经济心理、舒适心理等。由于出行者个体属性不同，各种出行心理的重要程度也不同，如高收入者具有较多的舒适心理而低收入者以经济心理为主。出行者在各自出行心理的影响下，结合每次出行的目的、出行距离等因素选择对自己效用最大的方式出行[11]。随着出行次数的积累，在每个出行者大脑中会形成出行情景库及对应的出行偏好，如表1所示。

出行情景库及偏好　　　　表1

情景编号	出行情景					出行偏好
	个体属性	家庭属性	出行目的	出行距离	…	
1	Value11	Value12	Value12	Value14	…	出行方式1
2	Value21	Value22	Value23	Value24	…	出行方式2
⋮	⋮	⋮	⋮	⋮	⋮	⋮
n	Value $n1$	Value $n2$	Value $n3$	Value $n4$	…	出行方式K

出行情景库形成后，当下次需要选择出行方式时，出行者会首先搜索自己是否有类似的情景，如果存在，且对应的出行偏好满足当时的时空约束，出行者会优先选择偏好的出行方式，如果不存在，则根据效用最大化进行选择。每次出行结束后，会对出行过程进行评价，出行顺利则加强了对该情景使用方式的偏好，出行不顺利则偏好程度降低，当累积到一定程度时，该情景下的偏好便会发生改变。

1.2 方式选择主要影响因素

从上述对出行方式决策机理的解析可以得出，居民出行方式的选择与长期出行过程中形成的出行偏好有较大关系。而出行偏好主要由居民的个体属性、家庭属性及每次的出行特征决定。居民个体属性主要包括性别、年龄、职业等；家庭属性主要包括家庭小汽车、摩托车、自行车拥有量，家庭年收入等；出行特征主要有出行目的、出行距离、出行时间等。为检验上述各变量与方式选择之间的相关关系，可采用pca主成分分析法进行相关性分析，从而得到方式选择的主要影响因素。

2 基于 DAG-SVM 的方式选择模型

支持向量机以统计学习理论的 VC 维和结构风险最小化为基础，在模型复杂性和学习能力之间寻求最佳折中，以期获得更好的泛化能力，能够较好的适应出行方式选择问题的高度非线性、模糊性等特征。

2.1 结构风险最小化

机器学习的目的是在一组函数 $\{f(x,w)\}$ 中寻求一个最优的函数 $f(x,w_o)$，使得期望风险最小。

$$R(w) = \int L(y, f(x,w_o)) dF(x,y) \qquad (1)$$

其中，$F(x,y)$ 是联合概率，$L(y, f(x,w_o))$ 为损失函数。

但已知信息仅有调查样本，并不知其概率分布，所以式（1）的期望风险无法计算。为得到近似解，传统学习方法（如人工神经网络）采用经验风险最小化原则（ERM），用经验风险 R_{emp} 代替期望风险。事实上，这只是直观上合理的做法。经验风险 $R_{emp}(w)$ 和实际风险 $R(w)$ 之间至少 $1-\eta$ 的概率满足下式[12]：

$$R(w) \leq R_{emp}(w) + \phi(h/n) \qquad (2)$$

其中，n 是训练样本量，h 是函数集的 VC 维。这一结论说明，学习机器的实际风险不仅包括经验风险，也和函数集的 VC 维及训练样本数有关，这部分被称为置信范围。对于一个具体问题，样本数是固定的，此时函数集越复杂，VC 维越高，则置信范围越大，导致真实风险和经验风险间的可能差异越大。SVM 把具有不同 VC 维的函数集按大小排列，在每个子集中寻找最小经验风险，在子集间统筹考虑经验风险和置信范围，使得实际风险最小，该思想即为结构风险最小化（SRM）。

2.2 支持向量机分类实现

支持向量机是从线性可分情况下的最优分类超平面发展而来的。如图 1 所示，空心点和实心点代表不同的两类，在线性可分的情况下，机器学习的目的是获得一个超平面 $w \cdot x + b = 0, w \in R^m, b \in R$，能将训练样本分为两类。

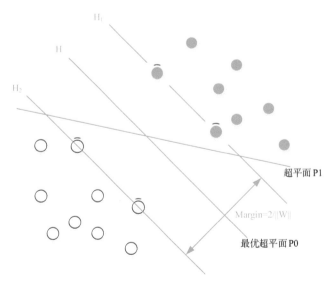

图 1　线性可分情况下的分类超平面

若根据 ERM 原则，这样的超平面有无数个，部分超平面虽然使得经验风险为零，但泛化能力却较低，如图 1 中的

超平面 P1。而按照 SRM 的要求，不仅要使得训练误差为零，还要使分类间隔 $2/\|w\|$ 最大，从而有效控制置信范围，获得最小的真实风险。寻求最优超平面的问题转化为求解式（3）的凸二次规划问题[13]。

$$\begin{cases} \min \dfrac{1}{2}\|w\|^2 \\ s.t. \quad y_i(w\cdot x_i+b)-1\geq 0 \end{cases} \quad (3)$$

该问题可用 Lagrange 乘子法转化为对偶问题求解。最优分类超平面由 Lagrange 乘子不为零的支持向量决定

$$f(x)=\mathrm{sgn}\left(\sum_{i=1}^{n}a_i^* y_i(x\cdot x_i)+b^*\right)\text{。}$$

然而，实际问题多数是线性不可分的。根据 Cover 定理可知，只要将线性不可分样本通过非线性转换 $\phi(x)$ 映射到足够高维的特征空间，线性不可分样本将以极大的可能性变为线性可分[14]。引入松弛变量 ξ_i 和惩罚参数 C，优化问题转化为：

$$\min_{w,b}\dfrac{1}{2}\|w\|^2+C\sum_{i=1}^{n}\xi_i$$
$$s.t.\begin{cases} y_i(w\cdot\phi(x_i)+b)\geq 1-\xi_i \\ \xi_i\geq 0, i=1,\cdots n \end{cases} \quad (4)$$

得到超平面决策函数式：

$$f(x)=\mathrm{sgn}\left(\sum_{i=1}^{n}a_i y_i(\phi(x)\cdot\phi(x_i))+b\right) \quad (5)$$

可以看到式（5）仅涉及内积 $\phi(x)\cdot\phi(x_i)$ 的运算，计算方法有两种。一是先找到这种映射，然后在新空间中去求内积，但当映射空间维数过高时便会造成维数灾难；另一种是找到原空间中的某个函数，它不需要知道具体变换的形式而能直接计算出内积，这样的函数即为核函数。Mercer 定理指出若 $K(x,y)$ 为原空间上的对称函数，且由样本代入计算获得的矩阵 $k=K(x_i,y_i)(i,j=0,1,\cdots n)$ 半正定，则此函数即为核函数[15]。核函数的出现避免了维数灾难。

2.3 基于 DAG-SVM 的出行方式预测模型

传统的支持向量机解决了二分类问题，然而居民出行可选方式众多，是一类多分类问题，可将有向无环图法和支持向量机结合构建居民出行方式预测模型。设出行方式共有 K 类，分别选取两种不同出行方式 a,b 构成一个 SVM 子分类器，共有 $K(K-1)/2$ 个，再将所有分类器构造成一个有根二值有向无环图，如图 2 所示。测试时，样本 x 首先从根节点开始计算判别函数 $\mathrm{sgn}\left(\sum_{i=1}^{n}a_i^{ab} y_i^{ab}(\phi(x)\cdot\phi(x_i^{ab}))+b^{ab}\right)$，若被判为第 a 类，则将所有与第 b 类相关的判别函数删除，然后从剩下的与第 a 类相关的决策函数中任取一个重复上述步骤；若被判为第 b 类，同样操作，直到决出样本 x 最终选择的出行方式。

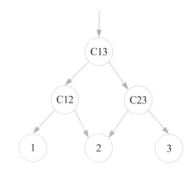

图 2　三分类 DAG-SVM 结构示意图

2.4 核函数选择及参数寻优

核函数决定了样本向高维空间映射后的线性可分程度，是决定预测精度的关键因素。常见的核函数类型有：线性核函数、多项式核函数、径向基核函数 RBF、Sigmoid 核函数等[16]。核函数可分为两类，全局核函数和局部核函数。全局核函数具有全局性，泛化能力强，但是学习能力较弱，如线性核函数、多项式核函数、Sigmoid 核函数；局部核函数具有局部性，学习能力强，但是泛化能力较弱，如径向基核函数 RBF。本文将通过实验，对比线性、RBF、Sigmoid 三类核函数的预测效果。

在核函数确定后，要确定的参数有惩罚系数 C 和核函数参数 g。C 值表示对训练误差的惩罚大小，值小时模型的经验风险较大，随着 C 值的增大，经验风险和泛化能力都会降低，因而该参数的选取总是希望在尽可能高的准确率下取最小的 C 值。通过径向基核函数表达式 $\exp(-g\|x-x_i\|^2)$ 可知，g 相当于样本间欧式距离的归一化参数，其值趋于零时模型泛化能力很差，而当 g 趋于无穷时又会有过大的经验风险。本文实验过程中，同时采用网格法和遗传算法在训练集上进行参数寻优，比较两种方法在交叉验证下的分类准确率。

2.5 DAG-SVM 模型预测步骤

综上，本文 DAG-SVM 模型具体预测步骤如下：

步骤一：数据预处理

首先，在数据库中提取各条出行记录的个体属性、家庭属性、出行特征及对应的出行方式，采用 pca 主成分分析法对各因素与方式选择进行相关性分析，得到模型输入变量；其次，对各变量进行离散化和归一化处理；最后，剔除明显不合理，有矛盾的出行记录，以提高数据的质量。

步骤二：参数寻优

利用测试数据对不同核函数及参数的预测效果进行评价，选择合适的核函数和模型参数。

步骤三：预测过程

预测采用 MATLAB 平台下的 Libsvm 工具箱，并进行二次编程改进[17]。首先将预处理后的训练集、优化后的参数代入 svmtrain 函数，解式（4）的优化问题，得到式（5）所示的 $K(K-1)/2$ 个分类超平面，利用 svmpredict 函数对每个测

试样本根据有向无环图规则，从根节点开始向下进行分类，直到决出最终选择的出行方式。

步骤四：预测效果评价

根据模型特点，本次实验选取的评价指标包括预测精度、各出行方式的预测真正类率和假正类率。预测精度是衡量本文所建模型有效性的重要指标，计算公式如下：

$$预测精度 = \frac{正确划分的样本数}{样本总数} \times 100\% \quad (6)$$

对某种出行方式 k，真正类表示一次出行选择该交通方式而实验预测结果也是该方式，假正类表示居民出行不是选择该方式，而预测结果确为该方式。仿真实验过程中，随着阈值的移动，根据各出行方式的真正类率和假正类率的变化可以画出 ROC 曲线，通过 ROC 曲线可以直观地看出各出行方式的分类效果。

3 实验结果与分析

为检验 DAG-SVM 模型对居民出行方式的预测效果，采用了山东省广饶县 2013 年的居民出行调查数据进行实验。

3.1 数据预处理

根据 pca 主成分分析结果，并对部分连续型变量进行离散化处理，得到模型变量如表 2 所示。

模型变量的选取		表 2
变量属性	特征变量	变量说明
个体属性	性别	1：男 2：女
	年龄	1：6~14 2：15~19 3：20~30 4：31~50 5：51~60 6：>60
	职业	1：学生 2：工人 3：服务人员 4：个体劳动者 5：职员/公务员 6：农民 7：离退休人员 8：其他
家庭属性	小汽车拥有量	实际数值
	摩托车拥有量	实际数值
	电动自行车拥有量	实际数值
	自行车拥有量	实际数值
	家庭年收入	1：<1万 2：1万~3万 3：3万~5万 4：5万~7万 5：7万~10万 6：>10万
出行特征	出行距离	实际数值（km）
	出行目的	1：上班 2：上学 3：公务 4：购物 5：文体娱乐 6：探亲访友 7：回家 8：其他回程 9：其他
因变量	出行方式	1：私家车 2：公交车 3：出租车 4：摩托车 5：电动自行车 6：自行车 7：步行

由于表 2 已将所有特征变量定义在 [0,10] 区间，不再进行归一化处理。最终，经过数据预处理，得到出行记录共

17539 条，从中随机抽取 3000 条作为训练集，1500 条作为测试集。

3.2 核函数选择及参数寻优结果

将训练样本再随机分成两份，用于测试不同核函数的预测效果，结果如表 3 所示。

不同核函数的分类效果		表 3
	训练样本分类精度（%）	测试样本分类精度（%）
线性函数	78.24	74.10
RBF 函数	84.75	80.92
Sigmoid	76.63	70.31

RBF 核函数预测效果最好，这主要由于 RBF 函数是正定核，且参数仅有一个，效果通常比非正定核要好。

参数寻优上，同时采用网格法和遗传算法在训练集上进行，结果如图 3 所示。

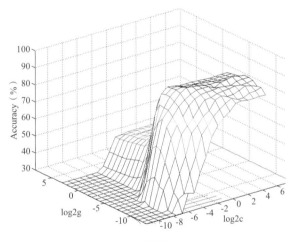

（a）网格法

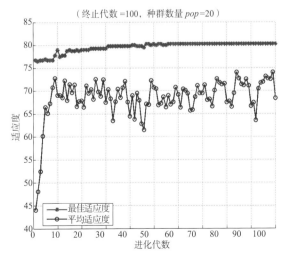

（b）遗传算法

图 3　参数寻优结果

从图3可以看出，两种算法的最终分类准确率差不多，但在得到的最优参数却有较大差别。网格法得到 $C=17.41$，$g=0.1895$，遗传算法 $C=2.51$，$g=0.111$。在同样的分类准确率下，惩罚参数越低说明分类效果越理想，即对错分样本以较低的惩罚却得到了同样的分类准确率。因而选择遗传算法的参数寻优结果。

3.3 预测结果与分析

根据步骤三对测试集中样本选择的出行方式进行预测，结果如表4所示，每个类别的ROC曲线如图4所示。

支持向量机预测结果　　　　　　　表4

样本数	预测结果							预测精度	
	私家车	公交车	出租车	摩托车	电动自行车	自行车	步行	r_{ij}（%）	r（%）
私家车（185）	163	0	12	1	0	2	7	88.1	
公交车（294）	4	216	16	9	12	6	31	73.5	
出租车（167）	4	21	109	0	3	5	25	65.3	
摩托车（174）	0	5	7	159	0	3	0	91.4	82.3
电动自行车（221）	0	10	4	0	193	12	2	87.3	
自行车（214）	0	24	1	0	10	173	6	80.8	
步行（245）	6	3	10	1	0	4	221	90.2	

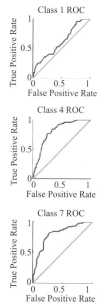
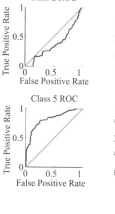
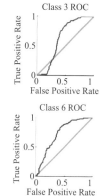

图4　各类别 ROC 曲线

从表4可以看出，模型的整体预测精度达到了82.3%，只有出租方式的预测准确率稍低，这主要是由于出租常作为居民在特殊情况下的备选出行方式，其出行特性规律性较差。从ROC曲线也可以得出类似的结论，总体上各类的真正类率随阈值的移动都较满意。为进一步对比分析 DAG-SVM 模型和神经网络由于建模原理上的不同导致预测精度上的差异，本文建立了3层 BP 神经网络利用同一组数据对居民出行选择方式进行预测，结果如表5所示。

人工神经网络预测结果　　　　　表5

出行方式	私家车	公交车	出租	摩托	电动自行车	自行车	步行	总体
预测精度（%）	79.7	58.7	69.4	86.2	76.4	72.7	78.5	73.5

在预测过程中，神经网络的训练集预测精度达到了87.2%，但测试集的预测精度却只有73.5%，比 DAG-SVM 预测结果低了近9%。说明以经验风险最小化为原则的神经网络忽略了模型的置信范围，导致真实风险和经验风险差异较大，模型的训练精度虽然很高，但失去了泛化能力。

4　结束语

在大数据背景下，机器学习理论得到广泛关注。本文初步探索了将机器学习理论中的支持向量机用于居民出行预测的方法与步骤。应用心理学、行为科学的方法分析出行决策，认为居民在出行前都有一个心理决策过程，且由于出行者个体属性不同，各种出行心理的重要程度也不同。将出行决策过程结构化，建立出行情景库，是支持向量机模型用于出行预测的前提条件。

为了说明支持向量机在建模原理上的优势，详细分析了基于经验风险最小化的传统方法和基于结构风险最小化的 SVM 在建模思想上的不同，ERM 虽然学习能力强，但容易出现过学习现象导致泛化能力低，而 SVM 既要使经验风险最小，也能有效控制置信范围，从而获得最小的真实风险。SVM 的预测精度与核函数及模型参数的选取密切相关，根据实验结果，选择径向基核函数效果较理想，参数寻优方法上遗传算法比网格法效果更好。最终的测试结果表明，DAG-SVM 模型的整体预测精度达到了82.3%，比神经网络提高了近9%。但出租车的预测准确率明显低于其他方式，虽然初步分析了原因，但深入的原因分析及如何进一步提高预测准确性是下一步研究的方向。

参考文献

[1] Carson R T, Cenesizoglu T, Parker R. Forecasting（aggregate）demand for US commercial air travel [J]. International Journal of Forecasting,

2011, 27（3）：923-941.

[2] 朱昕. 基于活动的出行方式选择模型研究 [D]. 上海：上海交通大学，2007.

[3] Bhatta B P, Larsen O I. Errors in variables in multinomial choice modeling: a simulation study applied to a multinomial logit model of travel mode choice [J]. Transport Policy, 2011, 18（2）：326-335.

[4] Miller E J, Roorda M J, Carrasco J A. A tour-based model of travel mode choice [J]. Transportation, 2005, 32（4）：399-422.

[5] 关宏志. 非集计模型：交通行为分析的工具 [M]. 北京：人民交通出版社，2004.

[6] 王正，刘安. 广义 Logit 交通方式划分预测方法 [J]. 同济大学学报：自然科学版，1999, 27（3）：314-318.

[7] Can V V. Estimation of travel mode choice for domestic tourists to Nha Trang using the multinomial probit model[J]. Transportation Research Part A: Policy and Practice, 2013, 49: 149-159.

[8] 殷焕焕，关宏志. 基于 BP 神经网络的居民出行方式选择模型 [J]. 交通信息与安全，2011, 29（3）：47-50.

[9] 马云龙. 基于主成分分析的 RBF 神经网络预测算法及其应用 [D]. 长春：吉林大学，2015.

[10] Cortes C, Vapnik V. Support-vector networks [J]. Machine Learning, 1995, 20（3）：273-297.

[11] 柯友华，云美萍. 城市出行选择行为机理研究 [J]. 交通运输工程与信息学报，2007, 5（2）：95-102.

[12] 汪海燕，黎建辉，杨风雷，等. 支持向量机理论及算法研究综述 [J]. 计算机应用研究，2014, 31（5）：1281-1286.

[13] Tsyurmasto P, Zabarankin M, Uryasev S. Value-at-risk support vector machine: stability to outliers [J]. Journal of Combinatorial Optimization, 2014: 1-15.

[14] Kim K I, Jung K, Park S H, et al. Support vector machines for texture classification [J]. IEEE Transactions on Pattern Analysis and Machine Intelligence, 2002, 24（11）：1542-1550.

[15] Ozer S, Chen C H, Cirpan H A. A set of new Chebyshev kernel functions for support vector machine pattern classification [J]. Pattern Recognition, 2011, 44（7）：1435-1447.

[16] 刘树春. 基于支持向量机和深度学习的分类算法研究 [D]. 上海：华东师范大，2015.

[17] Chang C C, Lin C J. Libsvm: a library for support vector machines [J]. ACM Transactions on Intelligent Systems and Technology（TIST），2011, 2（3）：27.

作者简介

曹雄赳（1989），男，湖南省新化县人，硕士，助理工程师，研究方向：城市交通规划，Email:caoxiongjiu@126.com

城市职住平衡的影响因素及改善对策

Influential Factors and Improvement Measures for Job-Housing Balance

孔令斌

摘　要：从城市职住平衡的影响因素出发，以城市发展政策、土地开发政策、交通系统发展、居民收入与产业发展等视角探讨大城市职住平衡形成的政策与规划因素。然后，从政策和规划两个层面思考促进城市职住平衡实现的途径。指出调整城市发展政策是调整职住平衡的根本，而职住平衡是一个动态过程，必须研究政策对职住平衡发展过程的影响。强调通过大城市活动组织分区来控制出行距离，在这些分区内城市服务配置相对完善、就业与居住平衡。最后指出，在把握职住平衡形成规律的基础上应充分考虑弹性，在城市空间规划与交通规划中坚持城市活动分区组织，同时将发展时序与政策有效结合。

关键词：城市发展政策；土地开发政策；职住平衡；城市活动分区；出行距离控制

Abstract: By analyzing influential factors on job-housing balance, this paper discusses the policies and planning procedures for promoting job-housing balance in large cities from several aspects: urban development policy, land use policy, transportation system development, residents' income, industry development, and etc. Focusing on the policies and planning procedures for promoting job-housing balance, the paper points out that urban development policy is essential to job-housing balance adjustment. It also stresses the importance of urban development policy on job-housing balance and corresponding urban and transportation planning adjustments due to the dynamic nature of job-housing balance. The comprehensive plans on job-housing balance and reasonable travel distance in large cities through providing appropriate service facilities within urban activity zones are proposed. Finally, the paper points out urban planners should have flexibility in developing urban growth plans to achieve job-housing balance while emphasizing the importance of urban activity zoning system under different development stage and policy.

Keywords: urban development policy; land use policy; job-housing balance; activity zones; travel distance control

近年来，在城镇化和机动化的双重推动下，中国城市规模迅速扩张。与此同时，在城市居民住房市场化和城市土地增值的共同作用下，城市职能与土地使用在城市规模扩张的基础上快速调整，计划经济下形成的职住平衡迅速被市场打破，并在机动化的快速发展中迅速转变为城市交通问题显现出来，城市的运行成本也随之迅速上升，城市土地使用规划与开发、城市交通规划与管理也同时开始关注职住平衡。

1　职住平衡主要影响因素

城市的职住分布是城市居住与产业的选址问题。在市场经济环境下，对职住选址影响最大的是土地价格，其决定了土地开发性质，而土地价格又受多种因素的影响，包括城市发展政策、土地开发政策、交通系统发展、居民收入与产业发展等，因此选址并不是一个简单的规划问题。

1.1　城市发展政策与土地开发政策

对中国城市而言，一般城市规模越大，职住分离也愈加明显。究其原因，主要受城市发展政策和土地开发政策的双重影响。

城市职住分离首先是城市发展政策的结果。20世纪90年代以前，城市发展一直采取控制大城市规模、大中小城市协调发展的政策；到国家"十五"计划开始，城市发展政策在集约使用土地和培育有国际竞争力城市的发展前提下，从土地

指标倾斜到各种特定的政策区设立，各种发展机会开始向大城市和城镇密集地区发展倾斜；到"十二五"规划中形成"以大城市为依托，以中小城市为重点，逐步形成辐射作用大的城市群，促进大中小城市和小城镇协调发展"的城市政策。国家层面涉及城市发展的资源也有计划、密集地向大城市和中心城市投放，加之大城市本身具有优越的行政资源，21世纪以来发展机会迅速向大城市集中。

在此政策的主导下，21世纪初的十几年来，大城市空间和人口高速膨胀，部分特大城市在跨入21世纪初期的几年里扩张的速度达到每年 $50km^2$ 以上，有的甚至达到 $70km^2$。而这段时间又恰是城镇化和城市私人机动化高速发展的时期，机动化提供了城市扩张的能力，城镇化保障了大城市创造的发展机会快速转化为城市人口增长。在发展的供需关系下，大城市的土地价格迅速被推高，创造了一、二线城市房价直线上升的记录，"地王"现象在大城市屡现。一方面，这促进了中心城区内的土地置换，在21世纪初的十几年里实施了新中国成立以来最大规模的旧城改造和人口疏散，而在旧城改造中为平衡改造成本，新建建筑的建筑面积相比于拆迁的旧城大幅增加，以应对中心区高企的土地价格，中心区服务业就业密度也随之大幅度增加，更多的就业岗位进入改造后的旧城区，以填充改造后更大规模的建筑面积，城市职能在改造中也更加向中心集中。另一方面，大城市丰富的发展机会促使外来的新移民源源不断地涌入，而在高地价下推高的房价（房屋租金）和新移民的收入差距越来越大，其住房只能

选择距离城市中心越来越远的郊区，甚至大城市周边房价较低的城市居住。目前的城市发展政策因此成为大城市职住分离的主要推手之一。

其次是城市土地开发政策。一方面，各城市土地收入在城市财政收入中的比例居高不下，据相关媒体报道，2010年土地出让金占地方财政收入的比例达到空前的高度，占76.6%[1]，部分一、二线城市甚至达到200%以上，这反映了地方政府对土地财政的极度依赖，希望以高地价支撑城市发展的财政平衡。另一方面，城市之间产业地价的竞争也空前激烈，产业用地严重背离市场。"一般而言，商业用地价格最高，居住用地价格居中，工业用地价格最低，但不会偏离居住用地太多"[2]。而中国很多地方招商引资时以低价甚至零地价出让工业用地，不同的开发用地价格使居住与就业在产业用地、中心区的融合上更加困难。

1.2 城市交通系统发展

城市交通系统也是直接影响城市土地价格的因素之一，"交通先行"、"要想富、先修路"这些朴实的口号就是交通影响地租的总结，城市交通系统通过网络建设和交通服务调整城市中不同地区土地使用的可达性，进而影响土地价格。如北京市轨道交通5号线开通后沿线房地产价格最高涨幅甚至达到1/3。在城市土地财政主导的形势下，大城市交通建设和交通服务与土地紧密地捆绑在一起，并利用交通建设和交通服务提高土地价值，一方面服务于城市扩张，另一方面服务于城市扩张带来的土地财政增长，这已成为近年来城市发展的范式。正是由于交通设施的高强度投入，城市在可开发范围内的交通可达性大幅度提升，城市职住选址的自由度越来越大，新移民可以居住得越来越远，城市中企业的搬迁、旧城改造成本也不再是问题，以上种种都加剧了职住分离。

1.3 居民收入与产业发展

居民和企业的经济收入成为影响职住选址的另一主要因素。居民实际收入长时间低于GDP的增长，并且远远低于房价的增长，收入差距也在不断拉大。这使得城市快速扩张中，新城市居民的居住选址受地价影响越来越大，越来越趋向于城市边缘，甚至在一线城市，所谓的高收入者也难以奢望在中心城区买房。而在城市产业升级背景下，大城市大量劳动密集型的产业迅速转移，服务业就业增长，就业越来越趋向于城市中心，职住分离加剧。

2 职住平衡改善对策

从职住平衡的影响因素看，职住平衡是贯穿城市与交通发展的核心问题，需要城市发展政策、土地开发政策、交通政策、社会政策与城市规划等诸多方面的统筹协调才能达成一致，不可能简单地通过规划图纸上不同性质用地之间的平衡就能达成。因此，要缓解职住分离带来的城市发展与交通问题需要从政策和规划两方面入手。

2.1 政策层面

调整城市发展政策是实现职住平衡的根本。一方面需要从国家和省级行政层面调整城市发展政策，更多地增加中小城市的发展机会，促进城镇化向中小城市倾斜，城市政策由"一部分城市先富起来"尽快过渡到城市之间均衡发展，缓解大城市发展中的资源与交通压力，遏制土地和房价远超过居民收入水平的增长，引导大城市职住逐步在一定的出行区域内走向平衡。另一方面是城市政府层面的土地开发政策调整，城市不能完全依赖市场，必须制定精细的土地开发政策，促进多中心发展，特别是鼓励职住差异大的地区平衡开发，使职住在一定范围内平衡。例如，廉租房建设政策若能考虑居住人群的就业需求，不仅可促进职住平衡，也能提高低收入人群的就业机会。

此外，在政策实施过程中，还要注意到职住平衡是一个发展过程。从城市开发来看，职住关系从规划、开发到形成比较稳定的状态需要很长时间。例如，大城市外围地区居住社区附近的就业岗位培育和公共服务中心形成是一个较长过程；新型的各类产业园区配套居住需要随着公共服务设施逐步完善才能形成，从北京亦庄、天津滨海等产业新区到新城的发展就可以看出职住平衡的建立是一个相对较长的发展过程；大城市中高污染企业的搬迁（如首钢搬迁），搬迁后新的职住关系形成都需要时间。从城市的社会结构变化来看也是如此，中国城市居民收入还处于快速变动阶段，快速城镇化中中低收入的人群占绝大多数，未来将逐步过渡到中产阶层占多数的社会，这将直接影响到产业和分布，即就业分布和职住平衡的状态。由于职住平衡是一个动态过程，不可能在政策调整后很快达成，这就要求城市与交通规划不能是静态的规划蓝图而必须研究政策对职住平衡发展过程的影响，把发展时序与政策有效结合起来。

2.2 规划层面

规划层面需要协调好城市空间与交通系统的关系，在交通规划中职住关系既是变量也是结果。这为利用交通系统调节职住关系以解决由于职住分离带来的交通问题提供了可能。城市的"交通量"是交通参与者的数量与其出行距离的乘积（即周转量），因此对构成交通量的两个因素进行调控就是利用交通影响职住选择、缓解大城市发展中交通问题的主要切入点之一。

出行距离的控制要充分考虑规划和政策双重作用，通过政策和规划有效降低居民的出行距离，这是职住分离问题的交通解决方案之一。目前，城市空间规划与交通规划以及交通组织与运营政策之间脱节严重。城市交通服务随着大城市扩张而延伸已经成为一种默认趋势，这种政策作用下许多大城市外围的"新城"往往徒有虚名。首先是城市交通服务的无差别延伸降低了新开发地区居民至中心区的出行成本，这意味着城市扩张中职住选址的范围也越来越大（即城市职能上的蔓延式扩张，或者说交通系统助长下的摊大饼发展），职住分离越来越严重，出行距离越来越长。可以讲，在一定程度上正是无差别的城市交通服务延伸这种交通政策的泛用加剧了城市扩张中的职住分离。例如，近年来北京市城市交通系统，特别是轨道交通系统快速发展与服务同一化造成居住更快速地向外围集中，就业更加向中心聚集。而城镇密集地区为解决城际协调问题而采取的大城市行政区划扩大和城市之间的"异地同城"又在重复这一过程。首先是交通设施的"同城"，其次是交通服务的"同城"，带来的发展结果必然是就业与居住的更大分离，以至于交通拥堵问题越来越严重，大城市成为发展最不经济的城市，用地追求集约，但交通运行则浪费巨大。

其次在交通系统运营的管理与考核上，往往采用交通运输量作为好的绩效目标，并不考虑量的增长绩效与城市空间发展理想之间是否背离。例如，城市在缓解交通拥堵方面最优先考虑的政策是设施建设、能力扩大（包括城市公共交通能力的扩大），而不是如何控制出行距离，结果导致城市越摊越大，职住分离越来越严重。

要做到对出行距离的控制，大城市的城市活动就需要分区组织，这需要城市空间规划、交通规划之间的良好配合，即根据大城市的空间形态、土地使用、城市职能，考虑交通瓶颈等因素划分为几个相对独立、城市功能完善的城市活动空间，在这些分区内城市服务配置相对完善、就业与居住平衡。城市活动组织分区可以认为是职住平衡的分区，是职住平衡的规划基础。城市活动组织分区在城市空间规划上可以划分为完善的城市服务分区（大城市空间的多中心和"多城"——城市中可以作为一个城市进行活动组织、功能完善的空间区域）和生活服务分区，这是大城市多中心的实质。完善的城市服务分区需要在规划上达到职住平衡，而在生活服务分区则要做到职住的相对平衡。但是，分区必须有交通组织的配合才能形成。城市交通服务在城市服务分区的区内与区间的服务标准、价格和组织上要差别化，要提高区间交通运行的成本，鼓励城市活动在分区内进行，促进职住开发和选址平衡，利用交通服务的差别化阻止城市的蔓延式扩张，当然在城市开发政策上也要秉承同样的政策。

3 结语

城市的职住平衡是一个复杂的空间和交通问题，需要城市发展政策、土地开发政策和城市空间规划、城市交通规划之间的紧密配合。同时，还必须考虑职住平衡是一个过程，调控行为与结果有时间的迟滞，在发展的过程中又充满不确定性。因此，大城市规划中对职住平衡的考虑需要在把握其形成规律的基础上充分考虑弹性，在城市空间规划与交通规划中坚持城市活动分区组织，同时将发展时序与政策有效结合。

参考文献

[1] 南方周末编辑部. 2010 年土地出让金占地方财政收入的比例高达 76.6%[EB/OL]. 2011[2013-09-04]. http://www.infzm.com/content/54644.

[2] 通过市场机制让工业用地价值回归[EB/OL]. 2011 [2013-09-04]. http://news.cnstock.com/news/sns_jd/ szqhzt/qhzttd/tdgd/201311/2811750.htm.

作者简介

孔令斌，男，山西阳泉人，博士，教授级高级工程师，副总工程师，主要研究方向：交通规划，E-mail:konglinb@caupd.com

县域农民工职住关系及通勤交通特征研究

Study on Job-Housing Relationship and Commuting Travel Behavior of Peasant Workers in Rural County Areas

王继峰　陈　莎　姚伟奇　岳　阳

摘　要：农民工在县域城乡融合地区的流动特征是认识城乡关系的重要基础。以山东省高唐县、邹平县和诸城市为对象，采用问卷调查和基于空间的统计分析方法，研究了农民工的职住分布特征和通勤交通特征。研究发现：县域城乡职住空间关系具有差异化特征，存在以县城为核心的单中心模式、以乡镇为核心的多中心模式和县城与乡镇相对均衡的模式，不同的空间模式反映了县域的社会经济组织关系，对通勤行为具有决定性影响；以个体化交通工具为代表的机动性成为县域城乡通勤的主导交通方式，城乡公交的服务水平难以满足通勤需求，需要建立城乡一体的综合性交通发展框架。

关键词：县域；农民工；职住关系；通勤交通

Abstract: The spatial distribution of flows of peasant workers in the urban-rural merging area is a key to recognize the relationship between urban and rural. Aquestionnaire survey was conducted in three counties Gaotang, Zouping and Zhucheng of Shandong Province, in order to study the characteristics of spatial distribution of job-housing relationship and the derived commuting travel behaviors. Three distribution patterns of job-housing relationship were found: single-center pattern, multi-center pattern and the balanced pattern, all of which had decisive influences on the commuting travel distributions. The transport mobility was significantly improved in the rural county areas in terms of personal vehicles, but public transport system was inadequate to accommodate the demand of commuting between urban and rural. Therefore, it should be necessary to establish an integrated transport development framework in the urban-rural merging areas.

Keywords: rural county area; peasant worker; job-housing relationship; commuting travel behavior

0　引言

县域是我国推进城镇化、实现农业转移人口市民化的重要层级[1]。2012 年，全国 2.6 亿农民工中，在县级单元就业的超过 50%[2]，说明县域经济在吸纳农业剩余劳动力方面具有不可替代的作用。在山东省，根据人口普查数据，2010 年全省 1370 万流动人口，其中 85% 在本省内流动，50% 在本县内转移，充分体现了"离土不离乡（县）"、"本地城镇化"的特征[3]。

随着城镇化进程不断推进，城乡之间在空间形态和交通联系方面也发生了变化。在空间上，城市和农村之间原有的边界已经变成过渡地区或融合地区；在交通上，机动性使农业剩余劳动力在城镇的就业岗位和乡村的住所之间产生了日常通勤行为。这些变化都表明二元化的城乡政策已经不再适用。针对城乡融合地区如何发展的问题，加拿大学者 T.G.McGee 总结了城市与乡村两种空间类型在经济发展过程中的相互作用，并指出城市化实质是城乡之间的统筹协调和一体化发展，在此基础上提出了 Desakota 空间模型[4]。国内学者最近的研究认为城乡过渡地区扮演着统筹大都市城乡协调发展的角色，应该积极探索都市边缘区城乡统筹的治理策略[5]。

要制定和完善城乡融合地区的发展政策和治理方式，首要工作是揭示城乡融合地区的基本特征。为此，本文采用空间定量分析方法，对县域农民工的职住关系和流动特征进行了深入研究。由于针对此类问题的基础统计相对薄弱，无法从现有统计资料中找到相关资料，因此采用问卷调查方法，获取以下三个方面的基础数据：（1）农民工在县域内就业的流向及分布；（2）在县城或镇驻地就业的农民工居住地分布及就业比例；（3）农民工在城乡之间的通勤交通特征。

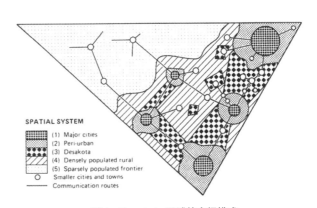

图 1　Desakota 区域的空间模式

资料来源：参考文献 [4]

1　调查方法与数据基础

1.1　调查方法、规模和内容

调查采用发放问卷的方式进行。调查问卷分为两类：一类是针对村庄总体情况的调查，发放给村干部进行统计后填写；另一类是针对农民工个体的调查，入户发放给农民工进行填写。两类问卷都涉及了农民工居住地和就业地的调查内容，区别在于前者用于集计分析，而后者用于个体分析。通过对比两类问卷在同一村庄的调查数据，可以排除差异过大的样本，以此校验数据的有效性。

问卷调查在山东省高唐县、邹平县和诸城市进行，按照到县城、镇驻地距离的不同，采取随机抽样方式选取了208个村庄（其中高唐县60个，邹平县87个，诸城市61个），向村干部发放了村庄总体情况调查表。同时，在上述村庄中随机选取4160位农民工（平均每个村庄20位）发放农民工个体调查表。

1.2 调查样本统计

从调查样本的基本统计指标来看，被调查农民工以30～39岁、40～49岁年龄段的青壮年为主，占样本总量的60%以上。此外，20～29岁、50～59岁年龄段农民工也占有一定比例。被调查农民工收入水平在2000～3000元区间最为集中，占样本总量的40%～50%。收入水平在1000～2000元、3000～4000元的各占样本总量的20%～25%。

问卷调查样本统计　　　　　表1

指标		高唐	邹平	诸城
年龄（岁）	小于20	0.1%	0.2%	0.4%
	20～29	14.5%	21.5%	15.0%
	30～39	28.8%	32.5%	27.7%
	40～49	35.1%	30.8%	36.9%
	50～59	16.5%	11.8%	17.7%
	60及以上	5.1%	3.2%	2.3%
收入（元）	小于1000	2.2%	5.0%	4.3%
	1000～2000	23.4%	20.5%	24.8%
	2000～3000	49.9%	40.2%	45.9%
	3000～4000	20.5%	26.3%	20.8%
	4000～5000	3.2%	5.3%	3.3%
	5000及以上	0.8%	2.7%	0.9%

2 职住空间关系特征

2.1 农民工就业地点选择

农民工在不同空间层次上选择就业地点。总体上，选择在本县内部就业的占绝大多数（高唐88%，邹平90%，诸城92%），在县域以外就业的比例相对较低，体现了山东省"本地城镇化"的特征。

县域内部就业地点的分布情况差异很大。在高唐县，县城是农民工就业的最主要选择，占调查样本的68%。但是在

邹平县，农民工选择在县城就业的比例仅为28%，有28%和21%选择在本镇驻地和本镇农村就业，还有13%在其他镇就业，这表明乡镇层级的企业在邹平具有较强的吸引力。诸城农民工在县城就业的占43%，在本镇就业的占46%，其就业地分布特征介于高唐和邹平之间。上述就业地分布规律在一定程度上反映了县域经济的空间分布特征，符合各县的产业布局和乡镇发展水平。

县域农民工就业地点分布　　　　　表2

工作地点	高唐	邹平	诸城
县城	68%	28%	43%
本镇驻地	9%	28%	27%
本镇农村	7%	21%	19%
其他镇	4%	13%	3%
小计：本县内部	88%	90%	92%
地级市辖区	1%	1%	2%
地级市其他县	2%	1%	1%
山东省其他地市	3%	8%	3%
山东省外	6%	0%	2%
小计：县域以外	12%	10%	8%

2.2 农民工居住空间特征

将以村庄为统计单元的调查数据导入GIS系统中，观察农民工居住空间分布特征。在图2～图4中，以县城为中心的同心圆表示县域的空间尺度，带颜色的圆点表示村庄的位置和本村劳动力在县城或本镇务工的比例。从中可以看到，三个县呈现不同的集聚特征。

在高唐县，如图2（a）所示，距离县城越近的村庄，每天往返县城务工的农民工占全村劳动力的比例越高，并且到县城务工的农民工比例随该村到县城的距离增加而逐步递减。在距离县城5 km范围内的农村中，在县城务工的农民工占全村劳动力的比例平均为23%，5～10 km范围内该比例平均为17%，10～15 km范围内该比例为12%，在20 km范围县城的辐射能力已经很低。在图2（b）中，农民工在本镇就业的比例并未表现出显著的集聚特征，说明高唐县乡镇企业的吸引力相对较弱。

在邹平县，如图3（a）所示，农民工在县城就业的比例总体上不高，其居住地分布与所在村庄到县城的距离并无明显相关性。在图3（b）中，在本镇就业的农民工居住地分布呈现显著的以镇为单元的集聚特征，这与邹平县乡镇企业活力较强有关。

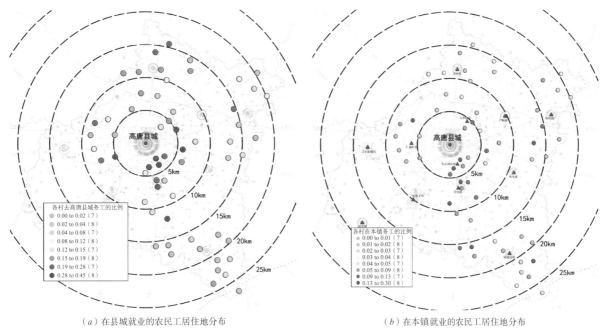

（a）在县城就业的农民工居住地分布　　　　　　　（b）在本镇就业的农民工居住地分布

图 2　高唐县在县城和本镇就业的农民工居住地分布

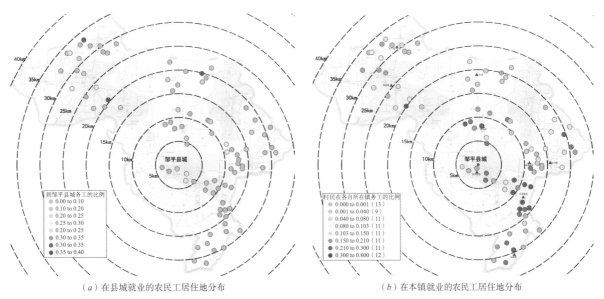

（a）在县城就业的农民工居住地分布　　　　　　　（b）在本镇就业的农民工居住地分布

图 3　邹平县在县城和本镇就业的农民工居住地分布

在诸城市，到县城务工的农民工居住地分布与在本镇务工的农民工居住地分布在空间上具有一定重合，说明县城和乡镇的吸引力总体上持平，既不同于高唐县以县城为核心的单中心分布模式，也不同于邹平县以乡镇为核心的多中心分布模式。

3　通勤交通特征

城乡融合地区的交通出行特征既不同于城市区域，也有别于传统的农村地区，主要体现在出行频度和方式结构这两个方面。

3.1　务工出行频度和距离

由于大量务工活动在本县内部进行，因此有 70%～80% 的农民工每日通勤于城乡之间，其出行频度远高于传统的农村地区。如下图所示，高唐县有 71% 农民工日常通勤，为三县中最低，居住在距离县城较远村庄的农民工选择到县城以外长期务工；邹平县有 81% 农民工日常通勤，为三县中最高，与本镇就业比例较高有关；诸城市有 76% 农民工日常通勤，该比例介于高唐和邹平之间。

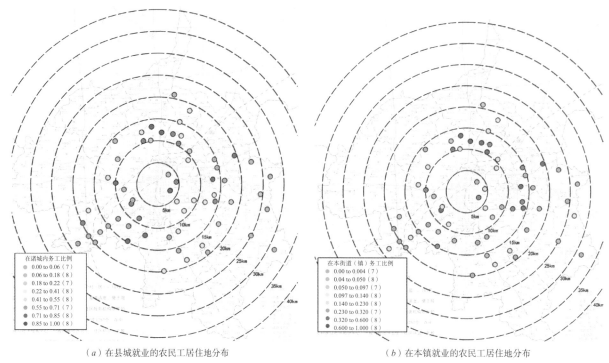

（a）在县城就业的农民工居住地分布　　　　　（b）在本镇就业的农民工居住地分布

图4　诸城市在县城和本镇就业的农民工居住地分布

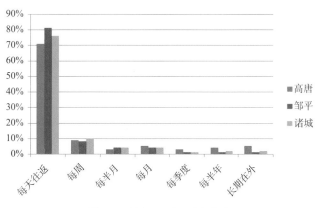

图5　三县农民工务工出行频度

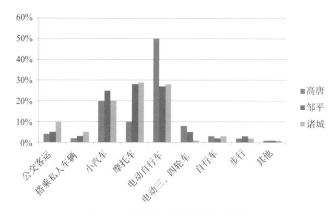

图6　三县农民工通勤交通方式构成

在通勤出行距离上，高唐、邹平和诸城分别是11.2 km、7.7km和10.0km，邹平因镇村务工农民比例较高，因此出行距离相对较短。

3.2　通勤方式构成

城乡融合地区交通出行结构的典型特征是个体机动化出行比例高。如图6所示，个体化交通工具是农民工的主要通勤方式，小汽车、摩托车和电动自行车是最主要的三种交通方式，占总出行的80%左右。高唐县电动自行车出行比例达到50%，远高于其他两县，这与高唐县拥有生产电动车的本地企业有关（图6）。

公交客运在通勤出行中的比例不高。受管理体制、运营模式、财政补贴等因素影响，三县的城乡客运发展水平相差极大。邹平县2012年共投资4000万元用于改善和补贴公共交通，基本实现了村村通公交，并且票价2元封顶。而高唐和诸城的城乡公交主要由民营公司按市场价包线运营，票价最高达6~8元。但是，公交通勤使用率较低的原因并非票价因素，而是由于发车密度、准点率、便利性等服务指标逊于个体交通工具。

3.3　通勤方式与收入的关系

城乡机动化发展已进入较快阶段，小汽车出行比例已经达到20%~25%。农民工的通勤交通方式选择与收入水平具有相关性，如下图所示，低收入农民工骑电动车出行比例较高，经济条件较好的村民（通常月收入在 3000 元以上）对小汽车的使用需求十分显著，高唐、邹平、诸城平均月收入超过3000 元的农民工占总数的比例分别为 24.5%、34.3%、25.0%，使用小汽车通勤的比例分别是 20%、25%、20%，可见，县域城乡交通目前已处于小汽车购买和使用快速增长的阶段。以高唐县为例，近五年载客汽车平均增长率为 26.2%，其中主要是私人小型客车的增长（私人小型客车占全部载客汽车的95%）（图 7）。

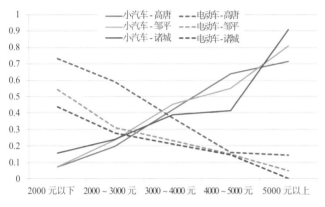

图 7　三县农民工收入与交通方式选择的关系

低成本的电动自行车和电动汽车在县域得到较快发展，但是在管理上存在漏洞。由于生产和管理不规范，电动车没有纳入交警部门的管理系统，驾驶者也不需要取得驾驶证明，对于车辆保险以及事故处理中的责任认定存在盲区。

4　扩展讨论与结论

4.1　阶段性

前文描述的县域城乡空间形态与 McGee 提出的 Desakota 一样，具有鲜明的半城镇化特征，并且只要城市和乡村的差异一直存在，城市的边缘空间或城乡之间的过渡区域就会一直存在。同时，我们还要注意到这些区域中的流动性和流向特征。当前中国正处于城镇化加速发展阶段，城乡关系在流动性上主要表现为人口或地域形态从乡村转向城市的单向流动。OECD 国家的研究表明，城乡关系是从乡村到城市，再从城市到乡村的双向流动[6]。与之对比，我们现在看到的城乡通勤关系具有明显的阶段性特征。

由于这类城乡高度融合的区域，其职住关系和流动性已经不能采用传统的城乡二元政策进行管治，因此必须建立一个既适应目前发展阶段特征，又要为长远发展预留足够弹性的政策框架。本文对此有两点建议：第一，把乡村发展纳入区域规划中。尽管全国各地编制了大量的城乡统筹规划或者一体化规划，但是规划的视角仍以城镇为主。第二，充分认识乡村的潜在价值，保持和培育乡村特色，一方面要顺应目前

从乡村到城市的流动，另一方面也要预留未来从城市到乡村反向流动的发展弹性。

4.2　差异性

尽管城乡融合区域大量存在，但是区域内部的空间形态和特征并不相同。从山东省三县的调查中可以看到，高唐县是以县城为核心的单中心形态，邹平县是以乡镇为核心的多中心形态，诸城市是县城和乡镇较为均衡的形态。由于活动形态是社会经济在空间上的投影，可以判断不同的城乡空间背后是差异化的社会经济发展背景，这些因素对特定地域的城乡关系具有决定作用。因此，在规划（本质上也是公共政策，但是对空间要素考虑得更多）和政策制定中，必须考虑城乡关系的本地差异性，应该因地制宜地进行更加细致的分类，在此基础上提出有针对性的政策。

4.3　机动性

机动性在城乡关系变迁中起到了助推器的作用，并且与城乡流动需求相辅相成。机动性的改善使农村地区与城市的联系更加便利而且紧密，其直接影响是促进了非农就业人口从乡村中转移出来，使乡村与城市和区域更好地连接起来，从而带来经济增长方式的转变以及生活方式的转变。从这个意义上讲，机动性对城镇化进程起到了积极的推动作用。另一方面，城乡交通联系需求的不断加强和出行目的的多元化，对机动性提出了更高的改善要求，但是现有的城乡交通建设和管理已经滞后于这些要求。

在调查中发现，个体化交通工具的广泛使用极大地改善了农民工出行的机动性，但是不加约束的机动化会导致较为严重的外部性后果，例如安全、污染等。公共交通在目前城乡交通中的作用被低估，使其无法成为农村居民享有的基本公共服务。

应该倡导以改善居民机动性和可达性为目标的城乡一体的交通改善计划，一方面对个体化交通工具予以规范化管理和适度引导，落实并改进电动车的生产和使用管理政策，发挥其节能环保、便利可达的优势；另一方面探索公共客运服务在城乡融合区域的合理运营模式，开通定时、准点、适合不同出行需求的班次，保障居民享有交通出行的基本服务。

4.4　可持续性

可持续性是关于农民工职住关系和城乡流动性讨论的一个重要话题。政策的目标应该是保障城乡融合地区的居民能够过上如他们所愿的生活方式，为此，必须制定适合城乡融合区域可持续发展的政策，而不是在空间形态上消除这些区域或者迁离那里的居民。

在促进就业方面，应该给予县和乡镇的中小企业更多关注，以县城、重点小城镇为主要载体，支持涉农产业、优势

制造业和内需型商贸物流产业发展，创造更多就业岗位；在住区建设方面，促进城镇发展建设与自然环境相协调，加大对环境污染的治理，鼓励居民参与绿色社区建设，保持地方景观和文化特色；在政策保障方面，完善基层公共治理模式，设立专项扶持基金和帮扶性财税政策，保障居民享有居住、安全、交通等基本公共服务。

参考文献

[1] 中国城市规划设计研究院 . 中国城镇化的道路、模式和政策（研究报告）. 2013.

[2] 国家统计局 . 2012 年全国农民工监测调查报告 . http://www.stats. gov.cn/tjsj/zxfb/201305/t20130527_12978.html.

[3] 中国城市规划设计研究院，山东省住房和城乡建设厅 . 山东省新型城镇化规划 . 2014.

[4] T G McGee. The Emergence of Desakota Regions in Asia - Expanding a Hypothesis[M]. Honolulu: University of Hawaii Press, 1991.

[5] 杨浩，罗震东，张京祥 . 从二元到三元：城乡统筹视角下的都市区空间重构 [J]. 国际城市规划，2014（04）：21-26.

[6] OECD. The New Rural Paradigm: Policies and Governance. 2006.

作者简介

王继峰，博士，综合交通所副所长，E-mail: wangjifeng@gmail.com

基于 LOGIT 模型的交通费用政策影响分析方法——以贵阳为例
Methodology on Impact Analysis of Transport Cost Policy Based on Logit Model —— A Case Study of Guiyang

陈东光　戴彦欣　黄　伟

摘　要：随着城市社会经济的快速发展，城市交通供需关系发生变化，大城市交通拥堵已经不可避免，交通费用政策在城市交通管理中的作用日益显著。利用交通需求模型预先对交通费用政策实施的效果进行分析，可以节约政策评估成本，避免政策偏差。文章首先研究了进行交通费用政策影响分析的基本思路和方法，并结合 2009 年建立的贵阳市综合交通需求模型进行实际应用分析与评价，最后总结交通费用政策影响分析的未来发展趋势。

关键词：交通需求；LOGIT 模型；方式划分；交通评价；交通费用政策

Abstract: Companied with the rapid socioeconomic development, the supply and demand relationship of the urban transport has been changed, traffic congestion in big cities seems inevitable, and thus the impact of transport policies on development of urban transport becomes more and more revealing. With the use of transport demand model we can effectively simulate the execution impact of policies, save the cost of policy evaluation, and avoid policy failure. This article researches on the technical route and methodology of impact analysis of transportation cost policies, analyses and evaluates the practical utilization by integrating comprehensive transport demand modal of Guiyang in 2009, and summarizes the trend of development of impact analysis of transportation cost policies.

Keywords: traffic demand; LOGIT model; mode split; transport evaluation; transportation cost policy

0　引言

根据现阶段我国城市交通发展的特点，交通政策的制定对缓解城市交通拥堵至关重要。面对越来越严重的交通拥堵问题，城市政府除了投入巨大资金发展交通基础设施外，逐渐开始出台一系列相关的交通需求管理政策，如调整公交票价、限制部分机动车通行等。由于政策的出台具有一定的周期效应，短期内再次调整非常困难，因此，在这些政策实施前进行预估与评价显得非常重要。

1　基本思路与方法

1.1　基本思路

交通需求模型的常用功能是进行目标年交通需求的预测以及方案的测试和评价，其中预测规划年的交通需求量对模型的系统性以及可靠性要求较高。由于现阶段我国城市快速发展的特点，要准确预测规划交通需求的绝对值存在较大难度，而利用交通模型的数学敏感性进行不同方案的对比分析比单纯预测绝对值更为有效。在实际应用中，通过变换输入条件，包括政策方案、路网方案、公交方案等，进行不同输出结果的对比分析，从数据的变化来判断规划方案或者政策实施后的内在影响，从而指导方案的制定。本文提出的对交通费用政策的影响分析就是利用交通模型的这一数学特征进行实际应用研究。

1.2　出行方式选择影响因素

具有某种家庭属性和个人属性的出行者，采用何种交通方式是以下两个方面共同作用的结果，即出行需求特征和交通供给特征。决定出行需求特征的主要因素是出行的目的、距离（城市空间布局）、出行者社会经济水平、时间价值特征等；交通供给水平决定了出行者使用某种交通工具的综合成本，包括可获取的交通状况、停车费用、燃油费、出行时间、可靠性和舒适度等，这些主要受道路网络条件、交通工具购置费用和选择该交通工具的交通费用等多方面的影响。

1.3　LOGIT 模型介绍

20 世纪 70 年代，计量经济学家 Daniel.McFadden[3][4]（ 2000 年诺贝尔奖获得者）提出了"随机效用模型"（ Random Utility Model 或简称 RUM）的 LOGIT 模型，并由 Moshe Ben-Akiva 引入交通需求预测领域：交通方式划分可以从研究出行者或顾客整体转为研究出行者个体，并合理地假定每个出行者交通方式是按自身最大效用来选择的 [1]。效用函数的取值涉及出行时间、交通目的、交通费用、交通距离、舒适程度、私密空间等诸多因素，并表达为可以观测到的效用确定项 $V_{i,q}$ 与不可确定的随机因素项（用以总结所有其他无法观察到的影响）$\varepsilon_{i,q}$ 之和（下标 q 表示出行者，i 表示交通方式）[1]：

$$U_{i,q} = V_{i,q} + \varepsilon_{i,q} \tag{1}$$

其中 $V_{i,q}$ 仅由待选的交通方式特性和出行者自身特性的组成因素决定。在交通方式的选择问题中，不论要选的方式是什么，每一个方式对做选择的个体或出行者来说都有或多或少的效用，一种方式的选定必然是因为该方式能产生出最高的效用。由于效用项中包含了一个随机变量，所以每一种交通方式的效用本身也都是随机的。个体或出行者不会固定的选择某一种方式，只能说某出行者或个体选择某种方式的概率是多少，这一点与实际情况吻合[1]。

交通费用政策的影响分析主要通过四阶段模型中的方式划分来实现，因此建立可靠的，能反映实际交通出行价值特征的方式划分模型是进行交通费用政策影响分析的关键。

1.4 定量化分析方法

首先，建立能够反映多个交通费用影响因子的离散概率LOGIT模型是进行交通费用政策影响分析的前提。另外，不同路径的出行成本也会影响出行目的的选择，在四阶段模型中，需要建立反馈机制来反映这种变化。

因此，交通费用政策影响分析的一般技术路线是：首先通过分析城市交通发展特征确定不同的交通费用政策影响因子，通过方式划分模型计算输出出行成本矩阵，输入到交通分配模型，计算拥挤车流的时间阻抗矩阵，并反馈到出行分布和方式选择模型的计算，进行新一轮的循环，通过迭代计算直到满足精度要求。

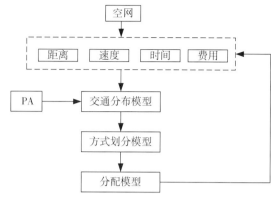

图1　模型反馈机制

2　应用实例

2.1　贵阳交通需求分析模型概况

2008年底，由贵阳世行办牵头组织开展了贵阳市城市综合交通需求分析模型的建立工作，模型研究范围包含市域和城区两个层面，不同层面的模型结构与功能不同，该模型也是贵阳市第一个涵盖全市域范围、系统的、全面的城市综合

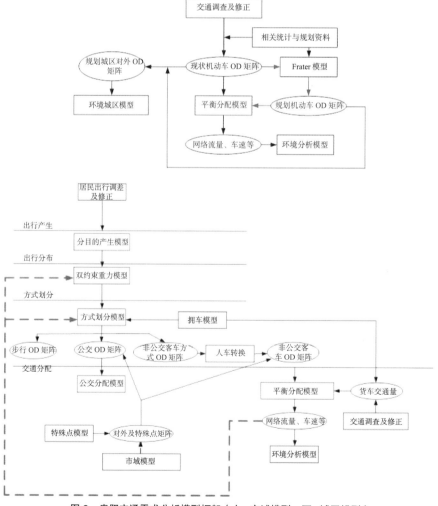

图2　贵阳交通需求分析模型框架（上：市域模型，下：城区模型）

交通需求分析模型。

不同层面的模型体系、内容与深度有不同要求，同时市域模型与城区模型之间进行了比较好的衔接，包括分区系统的衔接，路网的衔接以及 OD 需求矩阵的衔接等，保证了整个模型的系统性与完整性，同时，有利于模型后期的维护与更新。

2.2 LOGIT 模型的构造

2.2.1 函数形式

贵阳市是典型的山地城市，步行和公共交通出行的比例较大，由于地形条件的限制，自行车出行比例最低，因此，在构造方式选择模型时首先利用概率曲线函数把步行和自行车出行比例进行排除，再分别构造有车家庭和无车家庭的多项 LOGIT 方式选择模型，模型函数形式如下：

$$P_k^m = \frac{e^{-U_k^m}}{\sum_\delta e^{-U_\delta^m}} \tag{2}$$

式中　P_k^m——i 小区和 j 小区之间以 m 为出行目的选择交通方式 k 出行的概率；

　　　k——交通方式；

　　　U_k^m——i 小区和 j 小区之间以 m 为出行目的选择交通方式 k 的效用函数。

由于现状综合交通体系并不完善、居民出行方式的可选择性较低，因此，构造了 2 种 MNL 模型：含有常数项和不含有常数项。含有常数项适合于近期政策分析，不含常数项的可用于规划年的方案测试和政策分析，因为现状国内多数城市对于机动化出行方式的选择上，主要取决于自身的经济条件，如有车家庭和无车家庭。两种效用函数形式如下：

效用函数一：$U_k = \mathrm{cost}_k + a \cdot \mathrm{cost}_k + b \cdot time_k$

k 为可选择模式，const_k 为该模式效用函数的常数项，cost_k 为费用矩阵，$time_k$ 为时间矩阵，a、b 为待标定系数。

效用函数二：$U_k = a \cdot \mathrm{cost}_k + b \cdot time_k$

通过现状调查数据分别标定了模型参数，并通过检验。

2.2.2 时间价值的确定

不同个人条件与不同的出行目的对节约时间而产生的价值的判断是不一样的，也会因时、因地而异，因此时间价值的确定是主观和客观相结合的结果[2]。对效用函数的标定其实就是确定不同人群不同出行目的的时间价值的过程，需要基于大量的、可靠的居民出行调查数据。

与东部城市相比，贵阳的经济水平还比较低，人均可支配收入在 1000 元/月左右。根据国内外经验，时间价值与收入成正比。对时间价值的标定可以采用定性与定量相结合，首先通过交通专业软件标定时间价值的初始值，再根据定性判断进行调整，同时，输入方式划分模型进行计算，并利用实际调查值进行校核，通过多次重复以上过程最终确定时间

价值取值。

2.3 交通费用政策分析与评价

根据城市交通发展趋势以及国家政策变化，结合贵阳市城市交通发展特征，构造了多种可能实施的交通费用政策措施，首先确定一个基本政策方案，同时构造多个对比方案，最后进行综合评价分析。

2.3.1 政策方案构造

1）情景 1——基本方案：低停车收费，全市一样，每 OD 平均负担 1 元；不征收排污费；轨道上车票价为 3 元，BRT 上车票价为 2 元，换乘收费。常规公交票价每人次 1 元。

2）情景 2——温和方案：差别化征收停车费，分三个区域（中心、一般地区、外围），分别为 3、2、1 元。按油耗折合征收排污费（通过地方性燃油税形式），小汽车出行每公里增加 0.2 元，出租车乘车费用不增加（由政府补贴或出租车公司消化）。推荐票价轨道上车票价为 3 元，BRT 上车票价为 2 元，免费换乘。常规公交票价每人次 1 元。

3）情景 3——提高停车收费政策：三个区域分别为 6、4、2 元。

4）情景 4——征收排污费政策，小汽车出行每公里增加 0.2 元，出租车乘车出行每公里增加 0.1 元（政府、出租车公司、乘客共同负担）。

5）情景 5——低票价政策：轨道上车票价为 2 元，BRT 上车票价为 2 元，常规公交票价为 0.5 元，免费换乘。

2.3.2 分析评价

通过对各种费用政策的综合性比较，可以看出，由于不同的费用政策对出行者出行方式的选择的影响作用不同，虽然都可以在一定程度上提高公共交通的出行比例，降低小汽车出行量，减少尾气排放，但是，以提高燃油税的形式对小汽车征收排污费，能降低长距离出行小汽车的比例，降低总车公里和大区间出行，同时，尾气排放量也相应最低。降低票价的效果并不是最优，并将大幅度增加政府的财政负担。而提高停车收费是管理上最容易实施的政策。

因此，在实际实施过程中，需要根据城市的实际情况，综合多种费用政策，对缓解城市交通压力，改善环境质量是最为有效的举措。

3　总结与发展趋势

通过实例应用分析，我们可以得出，在制定交通管理或政策措施之前，利用交通需求分析模型进行相关的预测分析与评价，将为政策的制定提供依据，从而最大限度提高政策措施实施后所要获得的效果，并可以节约政策评估的成本。

利用交通需求模型进行交通费用政策影响分析只是作为政策制定的一个依据，分析结果的合理性不但受城市交通需

不同政策方案评价结果 表1

		基本方案	温和方案	提高停车收费	征收汽车排污费	降低票价
情景编号		1	2	3	4	5
公共交通比例	总量 / %	46.1	46.6	47.9	48.2	47.8
	增减 / 百分点	—	0.5	1.8	2.1	1.7
小汽车比例	总量 / %	18.6	18	16.7	16.4	16.8
	增减 / 百分点	—	-0.6	-1.9	-2.2	-1.8
小汽车平均出行距离	总量 / km	7.4	7.4	7.4	7.1	7.5
	增减 / km	—	0	0	-0.3	0.1
总车公里	总量 / 万车公里	286.3	283	275	269.1	274.4
	增减 / 万车公里	—	-3.3	-11.3	-17.2	-11.9
总车小时	总量 / 万车小时	9	8.8	8.4	8.1	8.3
	增减 / 万车小时	—	-0.2	-0.6	-0.9	-0.7
黔灵山截面饱和度	平均值	0.63	0.61	0.58	0.56	0.58
	增减	—	-0.02	-0.05	-0.07	-0.05
黔灵山截面公交出行	总量 / 万人次	100.2	101.3	103.9	105.6	103.7
	增减 / 万人次	—	1.1	3.7	5.4	3.5
黔灵山截面小汽车出行	总交通量 / 万 pcu	27.5	26.3	23.7	22.1	24
	增减 / 万 pcu	—	-1.2	-3.8	-5.4	-3.5
尾气排放	总量 / kg	8994	8851	8511	8284	8480
	增减	—	-143	-483	-710	-514
燃油消耗	总量 / t	2845	2800	2692	2620	2682
	增减	—	-45	-153	-225	-163

求模型可靠性的影响，同时也受城市交通发展的不确定性的影响。由于城市交通需求模型在我国现阶段的应用还处于发展阶段，人们对交通需求模型预测结果的看法各不相同，甚至还有人在为交通需求模型的有用论和无用论争论不休。笔者认为，随着城市发展日趋成熟，交通需求管理技术的应用将越来越广泛，交通费用政策影响分析在城市交通规划与管理工作中将起到越来越重要的作用。

参考文献

[1] 李辰. 交通方式划分的 LOGIT 模型方法 [D]. 南京：河海大学,2004.2-3.

[2] 王海洋, 周伟, 王元庆. 旅客行为时间价值确定方法研究 [J]. 北京：公路交通科技,2004.134-135.

[3] William H.Greene. 经济计量分析 [M]. 北京：中国社会科学出版社,1998.

[4] Jaek Johnston & John DINardo. 计量经济学方法(第四版)[M]. 北京：中国经济出版社,2002.

作者简介

陈东光，男，1980-08-28，汉族，浙江，硕士，工程师，研究方向：交通规划与交通模型，E-mail: cdghxh@163.com

TSM/TDM 策略分类与评价分析

Classification and Evaluating of TSM/TDM Strategies

黄 伟

摘 要：交通系统管理（TSM）和交通需求管理（TDM）是当前城市交通改善的两项主要策略。结合国内外相关研究成果，深入分析了 TSM 和 TDM 的概念，对比研究了 TSM 和 TDM 的关系、分类方法及其主要特征。在此基础上，提出了多视角下定性和定量分析相结合的 TSM/TDM 策略评价的基本思路，并通过两个实际案例探讨了策略评价的定性和定量数据分析方法及评价指标体系。

关键词：交通系统管理；交通需求管理；策略分类；策略评价；规划技术

Abstract: Transportation Systems Management (TSM) and Travel Demand Management(TDM) are currently the two main strategies to improve urban transportation performance. This article analyzes the concept of TSM and TDM, compares the logic relationship between the two systems and the classification methodology. Based on existing research, quantitatively and qualitatively analyzes strategy evaluation techniques are discussed with the data from two case studies, one from a city in China and anther from oversea.

Keywords: transportation systems management; travel demand management; strategy categorization evaluating of strategy; planning technique

在交通供给和交通需求矛盾日益突出、城市交通拥堵日益频繁的今天，城市政府面临着交通设施建设用地空间有限、投资短缺、交通需求快速增长等多方面的挑战。为缓解既有和未来可能出现的交通问题，一些大、中城市开始应用交通系统管理（Transportation Systems Management, TSM）和交通需求管理（Travel Demand Management, TDM）策略。作为交通规划师，首先应对 TSM 和 TDM 概念有清晰的理解，然后通过合理的技术手段，依据对各项策略的评价分析，选择适用于不同城市的 TSM 和 TDM 策略。

1 对 TSM/TDM 的理解

欧美有关 TSM 和 TDM 的研究众多，但对 TSM 和 TDM 的定义并非完全一致，且有广义和狭义之分。例如，在一些文献里，TDM 策略被分为供给导向型策略和需求导向型策略，而在另外一些文献里，诸如 HOV（High Occupancy Vehicle）车道的供给导向型策略则又被认为是 TSM 策略的一种。相对比较严谨的说法是，所有交通问题的解决对策大致可分为扩大供给和控制需求两大类，这也是本文对 TSM 和 TDM 概念理解的出发点。

1.1 TSM

一般来说，TSM 的主要关注对象是交通设施和交通工具，即交通供给一方，其主要目标是提高交通设施的供给能力，包含直接和间接两方面的含义。直接含义是通过规模扩充，增加交通设施或交通工具的运能，比如增加既有道路的宽度和长度，增加公交线路和车辆数量等。间接含义是指利用既有交通设施，通过改进技术和优化管理，增加交通设施的运行效率，从而达到扩充运能的目的。很显然，上述两方面存在巨大的投资差异，大规模的设施建设意味着巨大的基建投

资和较长的建设周期，属于长期性策略，对交通系统影响大且范围广；后者属于低成本、见效快的短期策略，影响局部区域或部分时段的交通供给。

在一般的研究文献中，TSM 更多地指低成本、以提高交通设施运行效率为目标的策略，例如在美国洛杉矶的一项 TSM 研究中，TSM 被定义为：通过非资本密集型策略提高系统能力，以及通过影响出行需求降低高峰期出行强度，来提高既有交通系统的运行效率[1]。

1.2 TDM

TDM 的主要关注对象是交通需求，因此 TDM 更多的是一种管理手段而非设施建设。TDM 主要通过一定的控制或引导手段，在交通生成、交通分布和交通方式选择等方面调整交通需求的规模或改变出行特征，从而达到下述两个目的。

1）可能情况下的交通需求最小化：即在不影响城市正常运转的情况下，通过调整城市用地空间和布局、改变工作方式和出行习惯等，在满足原有出行目的的基础上获得更小的交通需求。

2）各类交通设施使用效率最大化：在既有交通设施供给水平上承担最多的交通需求，其中包含"均衡"和"高效"两个关键词。前者强调交通需求在空间和时间上均匀地分布于交通设施，后者强调单位交通设施承担更多的交通需求，二者都体现了对交通设施使用效率的追求。

2 TSM/TDM 策略的分类与特征分析

2.1 TSM 策略分类

如前所述，TSM 着眼于交通设施，强调的是交通设施的容量与效率，但对交通需求并不敏感。TSM 大致可分为三类：
1）交通设施建设类。包括新建、改建、扩建交通基础设施，

如公路、城市道路、交通枢纽、地面公交及轨道交通线路和车站等，以增加交通流的通行空间。2）交通工具配备类。增加交通运输工具的配备规模，如公交车辆、轨道交通车辆、出租汽车及公共自行车的投放量等，以提高交通工具的运输能力。3）交通运行管理类。通过使用新技术、新设备对既有交通设施挖潜、增效，改进交通运行管理，提高交通设施的使用效率。

一般意义上的 TSM 策略多是指"交通运行管理类"。例如，1984 年洛杉矶奥运会采用的 TSM 计划覆盖当时所有 24 个比赛场馆，该计划由货车转移计划、交通状况实时信息服务、场馆通道交通组织及停车计划、交通监控系统建设、跨部门交通协调中心、改进的奥运公交服务、高速公路入口匝道交通量控制（Ramp metering）、道路交通信号控制系统改进、停车和卸货区限制、施工和维修区管制等部分构成[1]。其中，高速公路入口匝道交通量控制是指通过入口匝道上的交通信号灯来控制进入高速公路的车辆（见图 1），目的是优化高速公路入口匝道交通流，降低主线拥堵，保证车流汇入更加容易，避免交汇点事故发生。

2.2 TDM 策略分类

从实施目的看，TDM 策略可分为以下三类：（1）减少出行生成。即通过引导、控制用地空间结构及居民出行特征等，降低单位面积用地的出行强度或每次出行的距离和时间，从而减少交通需求总量。（2）改变出行分布，均衡交通设施资源的使用，包括空间和时间两方面。空间方面，主要从用地出发，加大用地的混合功能，强化职住平衡，提高区内出行比例，避免类似大规模"卧城"引发的潮汐式交通，同时，通过合理的路网布局和交通组织，均衡使用各级道路资源；时间方面，通过各种措施降低高峰时段过于积聚的交通量，在不同时段均衡使用交通设施，尽量提高交通设施的效率。（3）改变出行结构。在交通总需求不变的情况下，引导出行者尽可能使用公共交通和非机动交通方式，减少单位交通需求对于交通设施的占用率，提高交通设施的运行效率。

从实施过程看，TDM 策略又可分为：（1）自愿性策略。基于出行者出行观念和习惯的改变，使其自愿参加 TDM 计划，如通过长期宣传和教育而不是采用严格的管理手段或价格策略，使出行者放弃使用小汽车而采用公共交通或非机动交通方式上下班。一般来说，自愿性 TDM 策略短期实施效果较差。（2）规定性策略。多数情况下，仅仅依赖出行者的观念或觉悟来改变其出行方式和习惯是不可靠的，因此，部分 TDM 计划需要通过颁布相应的规章或法令才能达到目的，如某些城市每周一天的机动车限号出行，以及某些区域在规定时段禁行货车等。这类 TDM 策略由于具有一定的强制性，其实施效果可以确保达到预定目标，但通常实施难度较大。（3）市场化策略。市场化方式综合了"自愿"和"规定"两方面元素，交通参与者被提供了至少两种选项，而不只是单

图 1　高速公路入口匝道交通量控制策略

一的强制要求。这些选项要么改变人的出行行为，要么需要支付相应的费用，如机动车牌照拍卖、征收交通拥堵费或燃油税等。市场化策略具有技术上的灵活性，但也存在一定的政治风险，如经常涉及的社会公平问题。

2.3　TSM/TDM 策略特征分析

由于 TSM 和 TDM 重点关注的对象分别是交通供给和交通需求，因此 TSM 也可看作交通供给管理。表 1 给出了部分常见的 TSM 和 TDM 策略，并根据实施成本和实施时效进行分类，较为清晰地显示了 TSM 和 TDM 策略的不同特征。

TSM 和 TDM 的特征主要包括：

1）TSM 主要关注作为硬件的交通设施，更注重于投资和风险分析；TDM 主要关注交通参与者的出行特征和交通政策，更注重于分析社会成本、策略的可实施性及公众的可接受性。换句话说，TSM 着眼于交通设施的建设和交通工具的使用，TDM 则强调出行者的组织和管理。

2）一些成本相对较高的 TSM 和 TDM 策略通常属于长期性策略，实施难度较大，需要较长的建设周期或宣传教育过程。但从长期效果看，这类策略的实施效果通常更加显著，部分 TDM 策略某种程度上可能起到根本性解决城市交通问题的作用（如改变城市用地和空间结构，形成以公共交通和非机动交通为主的出行模式）。TDM 的长期性策略要强调出行者观念的转变及全社会的支持和参与。

3）多数情况下，尤其在大城市的中心城区，TDM 往往比 TSM 具有更好的实施效果。文献 [2] 指出："匝道交通量控制、交叉口渠化、信号灯优化等传统的交通工程措施更易于实施，且居民较乐于接受"，但是，在当前的中国大城市，这种以交通工程为主的 TSM 策略早已得到普遍应用，并且在技术上已接近极限，因此，现阶段若要通过传统的 TSM 策略进一步提升交通设施的效率，其难度将大大增加。

4）面对城市交通拥堵不断加剧的现实，一般来说，"设施建设、挖潜增效、结构调整、需求管理"是不同阶段缓解交通拥堵工作的重点[3]，前两个阶段正好以 TSM 策略为核心，后两个阶段则重点实施 TDM 策略。由此可以看出各城市所处的交通发展阶段，以及其实施的具有不同着重点的 TSM 和 TDM 策略。

3 TSM/TDM 评价的基本思路

近年来，TSM/TDM 已成为城市交通拥堵管理对策的核心内容，相关策略的重要性和复杂性大大增强。面对各种各样的 TSM/TDM 策略，通过多视角的评价和比选，搭建出最适合本地城市实施的策略框架，是一项艰巨又不可或缺的工作。

3.1 评价分析中的五个角色

在 TSM/TDM 评价体系中，一个多视角的评价系统有助于得到全面、合理的评价结论。在 TSM/TDM 评价过程中，交通工程师、经济学家、城市规划师、决策者及利益相关者会因其不同的工作职责，而得到不同的评价结论。文献 [4] 对这五个角色做了如下简要描述：(1) 交通工程师。大多数情况下，交通工程师在缓解交通拥堵及提高机动性方面起着主导作用。但需要注意的是，交通工程师往往过于关注工程技术问题而忽视了其他方面。(2) 经济学家。由于多数地方都存在一定程度的资金短缺问题，因此，近年来，经济学家的声音变得越来越大，成本分析在 TSM/TDM 评价中成为越来越重要的指标。(3) 城市规划师——TSM/TDM 的主要倡导者。一般来说，在 TSM/TDM 评价中，城市规划师比交通工程师考虑的问题更加宏观和综合，如 TSM/TDM 对规划目标和土地利用的影响等。(4) 决策者。政治上的可接受性是 TSM/TDM 评价中另一重要因素，而该因素往往被技术工作者忽略。(5) 利益相关者。包括开发商、雇主、社区居民、环保人士及其

TSM 和 TDM 特征分析 表 1

分类	TSM	TDM	
对象	物理设施（硬件）	管理政策（软件）	时效性
目标	相对充足的供给	相对合理的需求	
策略	增加供给	调节需求	
经济成本较高	公路、城市道路的新建和改、扩建 新增交通枢纽和停车场 扩充地面公交和轨道交通的线路与车站 提高公交车辆、轨道交通车辆的配车规模 提高出租汽车、公共自行车的投放量 …	形成多中心的城市空间布局 强化职住平衡，提高区内出行比例 提倡远程办公 公交导向型的用地开发 征收交通拥堵费 设置收费道路 征收燃油税 机动车牌照摇号或拍卖 提高公共交通和非机动交通的出行比例 …	长期
经济成本较低	优化公交线路 减小公交（轨道交通）车辆的发车间隔 设置公交专用车道、自行车专用车道 调节高速公路匝道的交通量 HOV 车道 P&R 设施 交叉口渠化 交通信号控制与优化 路内停车管制 设置单行道 …	弹性工作方式 机动车尾号限行 错峰上下班 邻里合乘 HOT（High-Occupancy Toll）车道 多样化的路内停车费率 停车泊位现金补贴❶ 灵活的公交票制 停车收费分区 实时交通信息发布 …	短期

注：❶ 停车泊位现金补贴：美国加州要求雇主为雇员提供一定数量的现金补贴以代替提供停车泊位，此计划称之为 parking cash-out program，目的是鼓励雇员采用公共交通、自行车、步行或拼车方式上下班，降低上下班时间小汽车交通需求。

他各相关群体和组织，TSM/TDM 应同时反映其诉求，协调其利益。

3.2 评价的基本方法

1）基本过程。

TSM/TDM 的基本评价过程一般分为三个步骤：（1）数据采集和分析，这些数据包含多种形式，如调查数据、监测数据及需求模型的分析数据等；（2）建立针对多个 TSM / TDM 策略的评价标准，并获得评价结论；（3）为决策者提供 TSM / TDM 策略调整的反馈意见和建议。

2）主要评价指标。

大多数情况下，主要评价指标应包含以下几方面：（1）效益。效益显示了交通问题的实际解决效果，也是实施 TSM/TDM 计划最根本的原因，是整个评价指标里最重要的因素。这里的效益应包含多重意义，如设施运行效率、系统整体效能及社会综合效益等。（2）成本。TSM/TDM 计划大多作为一种低成本的解决方案，成本分析是评价体系中不可缺少的因素。除包含直接的投资成本，还可包含时间成本、管理成本等。（3）公众的可接受性。对于强制性 TDM 策略，公众的可接受性是评价中非常重要的因素；对于市场化的 TDM 策略，公平性则是一个重要因素。（4）策略的可实施性。可实施性是个相对模糊但综合性却较强的概念，同样的策略在不同的城市或不同的发展阶段可能有不同的实施难度。

3）数据分析方法。

TSM/TDM 评价中的数据分析包括定量和定性两种方式。目前，对 TSM/TDM 的全面评价还较少有实证研究。部分 TSM/TDM 策略与其可能产生的影响间还缺乏清晰和直接的联系，在某些方面，如放弃使用小汽车对出行者私密性和舒适性的损失及某些 TDM 策略对交通安全的改进等，较难给出直接的量化评价结论。

（1）评价数据的定量分析。

"四阶段"交通需求模拟（见图 2）和微观仿真技术是 TSM / TDM 评价非常实用的定量分析工具，通过建立数学模

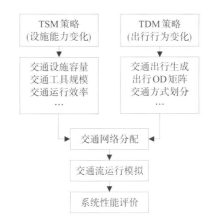

图 2　交通需求模型的模拟流程

型可对所有重要的影响因素进行手动设置和标定。从技术上说，当前各种主流的交通需求模型和微观仿真分析工具，如 TransCAD，Emme3，Cube 及 Vissim/Visum 等，都已广泛应用于交通规划，但在多数情况下，这些软件主要还是为特定的交通设施评价提供数据，这使得大多数 TSM 策略的定量分析技术较为成熟，而针对 TDM 策略的量化分析技术还处于探索和尝试阶段。因此，相对来说，TDM 的量化分析要比 TSM 难，不过，随着交通模型应用的逐步深化，针对 TDM 策略的定量分析案例也在逐步增加。

表 2 是使用交通需求模型对某市 TDM 策略进行量化分析的数据表[5]。该案例以情景 1 为基准方案，在分别实施提高停车费、征收燃油税、降低公交票价三种不同的 TDM 策略时，对全系统出行结构、小汽车出行强度、关键断面饱和度及机动车尾气和燃油消耗的影响程度进行量化分析，相关量化分析数据可用于评价和比较最终的 TDM 策略。

（2）评价数据的定性分析。

TSM/TDM 导致的所有变化并不是都可以量化。对于一些难以量化、以定性为主的数据，通常可通过专家打分或公众意愿调查等进行评价和比较分析。

表 3 是洛杉矶交通改善多策略评级分析案例[6]。研究者首先建立了一个包含以下内容的评价指标体系：策略实施后将交

不同 TDM 策略的政策敏感性分析　　　　　　　　　　　　　　　　　　　　　表 2

分项		推荐战略	提高停车费	征收燃油税	降低公交票价
情景编号		1	2	3	4
公共交通出行比例 /%	总量	46.6	47.9	48.2	47.8
	增减		1.3	1.6	1.2
小汽车出行比例 /%	总量	18	16.7	16.4	16.8
	增减		-1.3	-1.6	-1.2
小汽车单次出行的平均距离 /（km·次$^{-1}$）	总量	7.4	7.4	7.1	7.5
	增减		0	-0.3	0.1
总车公里 / 万车公里	总量	283	275	269.1	274.4
	增减		-8	-13	-8.6

续表

分项		推荐战略	提高停车费	征收燃油税	降低公交票价
情景编号		1	2	3	4
总车小时 / 万车小时	总量	8.8	8.4	8.1	8.3
	增减		-0.4	-0.7	-0.5
黔灵山断面饱和度	平均值	0.61	0.58	0.56	0.58
	增减		-0.03	-0.05	-0.03
黔灵山断面公共交通客运量 / (万人次·d^{-1})	总量	101.3	103.9	105.6	103.7
	增减		2.5	4.3	2.4
黔灵山断面小汽车交通量 / (万 pcu·d^{-1})	总量	26.3	23.7	22.1	24
	增减		-2.6	-4.2	-2.3
尾气排放量 / (kg·d^{-1})	总量	8851	8511	8284	8480
	增减		-340	-567	-371
燃油消耗量 / (t·d^{-1})	总量	2800	2692	2620	2682
	增减		-108	-180	-118

洛杉矶近期交通改善策略定性评级分析表 表3

策略	公共部门成本/收益 高成本　高收益	短期缓堵效果 轻微　明显	长期缓堵效果 轻微　明显	其他交通目标 很差　很好	其他社会目标 很差　很好	实施难度 很大　很小	本地当前实施情况 无　高级
TSM策略							
高速公路匝道流量控制							
信号灯优化控制							
HOV车道							
P&R设施							
交叉口渠化							
左转信号灯							
路内停车管制							
单行道							
高峰小时施工限制							
交通事故管理							
自愿性的TSM策略							
小汽车合乘							
远程办公							
弹性上班							
汽车合用							
出行信息系统							
规定性的TDM策略							
强制性的TDM							
驾驶限制							
价格							
HOT收费车道							
交通拥堵费							
可变的路边停车收费							
停车位现金补贴							
地区性的燃油税							
公共交通							
灵活的公交票价							
高折扣的公交通行证							
快速公交							
公交线路优化调整							
非机动交通							
步行交通策略							
自行车交通策略							

通系统的运行成本和收益、拥堵缓解的短期效果、拥堵缓解的长期效果、可达性、机动车和出行选择的多样性、交通安全、经济效益、环境影响、公平性、利益团体的关注点、一般性的政治风险、制度或管辖权异议、本地当前的实施水平等评价指标进行归并、综合后，形成表3的七个评价子项。然后邀请从州到地方各级交通部门的资深人士及相关社会团体对28个备选TSM/TDM策略进行评定，分析每个策略的优势和不足及其实施后的潜在影响，最终获得相对合理、公平的评价结论。

4 结语

TSM/TDM策略是当前大多数城市进行交通改善的主要技术和管理手段，交通相关策略的研究已成为当前中国城市交通规划的重要课题。但是在实践中却不同程度地存在交通策略与设施规划关联度低、交通策略选择不合理以及对实施效果预判分析不足等问题。本文尝试梳理了TSM和TDM的概念和分类，在此基础上从定性和定量分析两方面提出了TSM/TDM策略评价的基本思路。这种将交通政策研究和空间设施规划尽可能融合的规划技术方法具有一定的积极意义，需要指出的是，适用于中国国情和不同城市交通发展阶段的交通策略分类和评价分析方法还处于初期探索中，有待进一步的验证和改进。

参考文献

[1] Genevieve Giuliano. Testing the Limits of TSM: The 1984 Los Angeles Summer Olympics[R]. Irvine: Institute of Transportation Studies, University of California, 1987.

[2] Erik Ferguson. Travel Demand Management and Public Policy[M]. Burlington: Ashgate- Aldershot, 2000: 24.

[3] 黄伟. 直面城市交通拥堵[J]. 城市交通，2011，9（1）:卷首.Huang Wei. What Can be Done for Urban Congestion[J]. Urban Transport of China, 2011, 9（1）: Preface.

[4] Erik Ferguson. Three Faces of Eve: How Engineers, Economists, and Planners Variously View Congestion Control, Demand Management, and Mobility Enhancement Strategies[J]. Journal of Transportation and Statistics, 2001, 4（1）: 51-73.

[5] 中国城市规划设计研究院. 贵阳可持续交通规划研究报告[R]. 北京：中国城市规划设计研究院，2010.

[6] Paul Sorensen, Martin Wachs, Endy Y Min, et al. Moving Los Angeles: Short- Term Policy Options for Improving Transportation[M]. Santa Monica: RAND Corporation, 2008: 20-21.

作者简介

黄伟，男，湖南澧县人，硕士，高级工程师，主要研究方向：综合交通规划，E-mail:huangw@caupd.com

互联网＋背景下北京市约车平台❶收费标准研究

Study on the Charging Standard of the Car-hailing Platform of Beijing Against the Backdrop of Internet Plus

赵洪彬

摘　要: 互联网＋时代，随着居民出行需求信息和城市交通供给信息在可控范围内的逐步透明，传统的基于出行信息不确定性所制定的出租车收费标准变得不够合理，尤其是在"空驶费"和"等候费"上对出租车的供需两方造成一定的经济损失。研究梳理了北京市传统出租车收费标准的历史，并与网络约车平台的收费标准进行对比，结合城市空间演变与实际交通条件进行分析，认为接入互联网的运营车辆应采用技术手段避免传统收费体系下针对多种不确定性所征收的费用，并针对上述两种费用对网络约车平台的收费标准提出了优化思路。

关键词: 交通运输经济；出租车；空间分析；互联网＋；交通拥堵

Abstract: As the information of residents' travel demands and urban traffic supply information become transparent gradually within the controllable scope in the Internet Plus era, the traditional tax charging standard established based on the uncertainties of travel information appears rather unreasonable, especially the economic losses incurred to the taxi supply and demand parties in terms of "no-occupancy surcharge" and "waiting fee". This paper studies on and explains the history of Beijing's traditional taxi charging standard, compares it with the online car-hailing platform, and analyzes based on urban space evolution and real traffic conditions. The paper points out that operating vehicles connected to the internet shall take technical means to avoid the charges of the traditional charging system collected against multiple uncertainties, and provides optimization ideas for the online car-hailing platform concerning the said two fees.

Keywords: transportation economy; taxi; spatial analysis; internet plus; traffic congestion

0 引言

随着互联网在各个传统行业的不断深入，业已产生许多革命性的成就，交通方面亦是如此。在出租车领域，移动互联网的介入催生了一批打车、拼车、专车软件，从国外的Uber、Lyft到国内的滴滴、快的、神州、易到、首汽约车等等。这些平台借助互联网，利用闲置车辆满足高峰时期打车需求；利用地理化应用让出租车供需两方最优匹配；利用智能化的分析让车辆的行驶效率更高，充分体现其"创新、协调、绿色、开放、共享"的一面。

然而，传统出租车虽也接入了互联网平台，但与网络约车平台较低的补贴后价格相比，费用上的劣势使其客运量下降严重。以杭州市为例，2015年4～7月的出租车客运量连续4个月下滑，其中5月份日均客运量61.38万人次，环比减少20.39%，同比则减少11.34%。[1]相反，网络约车平台则发展迅速。以北京市为例，2015年日均网络约车客运量则占到了传统出租车的35～40%❷。[2]造成该现象的根本原因主要是以价格为主要选择依据的用户群体更倾向于相同行程下价格较低的网络约车平台。

传统出租车的收费标准通常包括起步费、里程费、等候费、空驶费和夜间费等。而网络约车平台的收费标准在传统出租车的基础上，新增了时长费、动态加价等项目，将等候费、空驶费改名为低速费、远途费。然而其并未考虑继承自传统出租车收费标准的项目由来及适用环境，在新时代、新城市、新技术的背景下，部分传统的收费项目有待调整。例如：与城市空间和居民出行距离息息相关的空驶费的收取在城市面积不断扩张，居民活动范围日益增大的趋势下变的不尽合理；与实时交通条件紧密联系的等候费，在拥堵偶发性越来越强的趋势下，"一刀切"的拥堵时段划分给出租车的供给侧造成经济损失。

因此，网络约车平台，完全可以通过信息化手段来减少这些基于信息不确定性设置的收费项目，建立新的收费体系。并且随着网络约车平台补贴的不断减少[3]，约车成本的提高，切实采用新技术消除不适当的费用，真正降低用车成本才是网络约车平台持续发展的保障。

1 北京市出租车收费标准

1.1 传统出租车

迄今为止，北京市的出租车行业已经发展30多年，先后经历5次调价历史[4]。

1984～1996年：出租车主要服务于外地人和外国人，收费较高。10元10km。

1996～1998年：根据车型的不同，价格分别为1.0、1.2、1.4、1.6、1.8、2元/km不等。

1998～2006年：根据车型的不同，价格分别为1.2元/km和1.6元/km。

2006～2013年：1.6元/km车型调整为2元/km，基价里程、

---

❶ 本文中的约车平台是指通过互联网提供约车服务的平台，常见的有滴滴、Uber、神州、易到、首汽等。

❷ 按照网络约车平台60～70万单/日、传统出租车6.6万辆，25单/日、165万单/日计算。

基价、空驶费、夜间收费、等候及低速行驶收费等其他收费标准办法都不变。

2013 年以来，将原有 10 元 3km 起步价调整为 13 元 3km，每公里 2 元提高到 2.3 元。燃油附加费、预约叫车费、

出租车租价费三票合一。

30 多年来，从 1988 年收费标准制定到 2013 年的价格调整，北京市出租车收费标准调整最频繁的是每公里的租价，

北京市出租车 1988 年收费标准[5]

表 1

费别	标准	说明
主要收费项目		
车公里租价	小轿车：0.8 ~ 1.2 元 /km 面包车、大轿车：1.8、3.5 元 /km	根据汽车排量和设施区分，越大越贵
起租费	2 元 / 次	小轿车每次收取，不含里程
基价公里	小轿车：4km 面包车：10km 大轿车：15km	不足基价公里的按基价公里收费，超过基价公里按实际行驶公里收费。
条件收费项目		
空驶费	小轿车：> 20km 面包车、大轿车：> 基价公里	超出后每公里加收 50%；起终点 ≤ 2km 和包车不收
调空费	临时租用面包车、大轿车往返载客行驶，允许按停车场到客人用车地点的单程调车公里数收取百分之五十的调空费。单程载客行驶和包车不得收取调空费	
夜间收费	加收 10% 的车公里租价	[23:00，5:00）
等候费	小轿车：每 5min 加收 1km 租价 面包车、大轿车每 10min 加收 1km 租价	租用汽车时根据乘客要求停车等候的可以收取
合乘费	不在同一地点下车，按照每人下车地点计价器 70% 收费，如同一地点下车则均摊	小轿车原则上不得同时租给两位或两位以上雇主使用。特殊情况下，两位或两位以上雇主同时同地租用一辆车时，应事先征得第一雇主的同意。合乘路线必须顺路，绕行不得超过 2km

北京市出租车 2013 年收费标准[6]

表 2

费别	标准	说明
主要收费项目		
车公里租价	2.3 元 /km	
起租费基价公里	13 元 / 次	含 3km 里程
条件收费项目		
空驶费	> 15km	超出后每公里加收 50%；起终点 ≤ 2km 不收
夜间收费	加收 20% 的车公里租价	[23:00，5:00）
等候费	早晚高峰（7:00 ~ 9:00，17:00 ~ 19:00）每 5min 加收 2km 租价，其他时段加收 1km 租价	根据乘客要求停车等候或由于道路条件限制，时速 < 12km/h 时
合乘费	合乘里程部分，按非合乘情况下应付金额的 60% 付费	
预约叫车费	提前 4h 以上预约每次 6 元，4h 以内预约每次 5 元	

而有关于基价、基价里程、空驶费、夜间收费、等候及低速行驶收费等其他收费项目则变化较小。从中可以发现出租车收费的基本逻辑：以起步费和里程费为主要收费项目，以空驶费、夜间费、等候费等条件收费项目为补充，形成的收费体系足以应对传统状态下由于各项信息不确定性造成的风险。并且该体系随着时间的推移也在不断地调整，优化了起租价格、空驶费、等候费和合乘费，提高了车公里租价、夜间费、

高峰期间等候费等等，使得出租车市场的供需双方在价格上受到的损失尽量减少。

1.2 网络约车平台

北京市网络约车平台中，占据市场份额较高的有滴滴出行、Uber、神州专车、易到用车和首汽约车。这 5 家平台的收费标准，都是以传统出租车的收费标准为基础进行了部分

的改变。移动互联网平台下，采用手机 APP 取代了传统的计价器，结合精确的 GPS 定位系统和路线规划系统，使得收费变得多样化、精细化。

表 3 中的 6 种收费项目可以分为主收费项目（包括起步费、时长费、里程费）和条件收费项目（包括低速费、远途费、夜间费在一定条件下收取）。这些收费标准可以分为两类：一类以起步费、里程费为主要收费项目，主要是滴滴专车，这

与传统出租车较为接近；另一类以起步费、里程费和时长费为主要收费项目，增加的时长费这一主收费项目，可以算是传统低速费的升级。互联网平台中，后一类是使用较多的收费标准。

北京市网络约车平台收费标准（单位：元）❶ 表 3

项目 \ 平台	滴滴		Uber		易到	神州	首汽
	快车	专车	人民	专车	专车	专车	专车
起步费	10	12 ~ 20	—	10	10 ~ 30	15 ~ 23	16 ~ 20
时长费	0.35	—	0.25	0.4	0.3 ~ 2	0.5 ~ 0.8	0.5 ~ 0.7/1 ~ 1.5（平峰 / 高峰）
里程费	1.5	2.9 ~ 4.6	1.5	2.6	2 ~ 6	2.8 ~ 4.6	2.8 ~ 4.5
低速费 / 等候费	—	0.6 ~ 1.8	—		—	—	—
远途费	0.8	1.5 ~ 2.3	50%		50%	1.4 ~ 1.6	1
夜间费	0.4	1 ~ 2.3	0.5		0.5	0	1
补充说明	新增动态加价，高峰或者偏僻时促进成交	里程费：计价单位 0.1km；低速费：高峰取高值，平时及等候取低值；远途费：超过 15km 加收，50% ~ 52%；夜间费：23:00 ~ 5:00 加收 35% ~ 50%	远途费：超过 20km 收取		远途费：超过 20km 加收；高峰特殊时段适当加价	远途费：超过 15km 加收；实际费用可能因为交通、天气或其他原因不同	远途费：超过 10km 收取 夜间费：22:00 ~ 6:00 收取 时长费：分时段收取，平日早高峰 7:00 ~ 9:00，晚高峰 16:00 ~ 19:00；周末晚高峰 14:00 ~ 19:00

2 网络约车平台收费标准的优化

网络约车平台收费标准中的主要收费项目基于客观的空间移动和时间消耗，可由每个平台自行设定，然而其自传统收费标准中继承而来的条件收费项目——远途费、低速费则存在优化的空间。

2.1 空驶费的变革

网络约车平台的远途费源自传统出租车收费标准中的空驶费或返空费。在城市规模较小，出租车需求主要集中在一定范围时，若某次出行距离超出了该范围，出租车供给方则面临较大的空驶风险，造成一定的经济损失。因此传统收费标准中针对此种情况，对用户收取了空驶费用，合于情理。空驶费中对于远途范围的划定对其费用的收取至关重要，从 1988 年收费标准中的 20km 以上收取到 2013 年的 15km 以上

收取，该标准一直是以受影响用户的比例较少为准则来决定的 [7]，并没有明确标准。

根据北京交通发展研究中心 2014 年 10 月份的抽样数据，按照北京市现行出租车收费标准对"远途"的定义，15km 以上的出租车出行占 15% 左右。按照单车日均 20 ~ 25 运次，全市 6.6 万辆出租车来计算，每日收取的远途费用为 214 万 ~ 267 万元，年收入 7.8 亿 ~ 9.8 亿元；单车日均远途收入 32 ~ 40 元，全月远途收入 1000 元左右。无论是对企业还是对出租司机而言，远途费收入都极为可观，是无法忽视的利益。

然而对于消费者而言，随着城市空间的扩张，城市外围重点基础设施的使用，居民出行范围的日渐增大，原先定义的远途出行距离已经低于北京中心城的当量半径，也逐渐低于北京居民平均出行距离。据最新数据显示北京市平均通勤距离为 18.9km[9]，超出"远途"定义 15km 的 26%。也正是如此，出租车远途费的影响人群也越来越广，并非可以忽视的群体。

---

❶ 数据来源于各平台的手机应用中的计价规则详情。

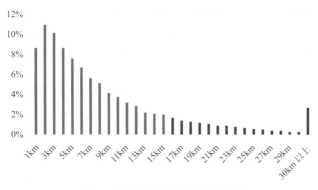

图 1　北京市出租车运距样本分布[8]

（图片来源：北京交通发展研究中心）

北京市历次交通调查年城市基础资料[10]　表 4

年份	全市建成区 /km²	中心城建成区 /km²	中心城当量半径 /km	平均出行距离（除步行）/km	出行距离/当量直径
1987 年	653	396	11.2	—	—
2000 年	1512	612	13.9	8	29%
2005 年	1993	704	14.9	8.2	27%
2010 年	2483	823	16.2	10.6	33%

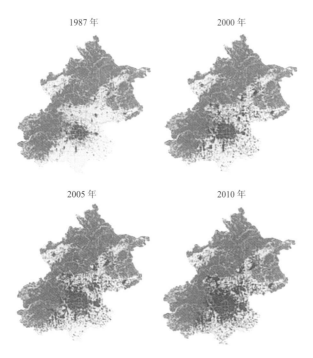

图 2　北京市建成区规模演变过程[10]

通过多个城市的对比研究发现，北京市建成区当量半径、平均通勤距离与出租车远途定义差距最大。广州、上海、杭州都在城市建成区当量半径接近或超过远途定义时对其进行了调整。以广州市为例，在 2004 年，随着城区范围的不断扩

大，特别是广州白云机场、大学城、番禺新火车站等重点工程的建设和投入使用，将当时 15km 的远途费收取标准调整为 35km。[11]

各城市出租车远途收费定义及基础数据汇总　表 5

城市	建成区面积 /km²	当量半径 /km	通勤距离 /km	远途定义 /km	收费标准 /%	调整历史
北京	1306.45	20.4	18.9	15	50	—
广州	1023.63	18.0	18	35	50	2004 年，670.48km²，当量半径 14.6km，由 15km 调整为 35km
上海	998.75	17.8	17.2	15	50	2015 年，由 10km 调整为 15km
成都	528.9	13.0	10.8	10	50	—
杭州	462.48	12.1	8.7	10	50	2006 年，327.45km²，当量半径 10.2km，由 8km 调整为 10km，收费 20% 提升为 50%

因此，在北京市建成区面积不断扩大，城市重要功能不断向外疏解，城市当量半径和通勤距离都已远超远途费的标准时，远途费应科学调整。表 6 中对远途费的调整影响进行了试算，当远途费收取标准定为目前北京市当量半径 20km 时，各项费用下降 43%；当标准定为基础设施如首都机场的服务距离 30km（保守估计）时，各项费用下降 81%。因此，结合北京市出租车运距分布，参照广州市做法，建议北京市出租车远途收费标准可调整为 30km。

北京市远途费调整计算表　表 6

远途标准 /km	远途比例 /%	单日总收费 /万元	全年总收费 /亿元	单车日收费 /元	单车月收费 /元	调整影响 /%
15	15.2	240	8.77	36	1093	—
20	8.5	135	4.96	20	618	-43
25	4.6	78	2.85	12	354	-68
30	2.7	46	1.68	7	210	-81

网络约车平台下远途费的收取应考虑其与传统出租车的差异。传统出租车在客源信息不确定情况下，为了避免远途行程带来的返空风险，可以维持现行收费标准。而接入互联网平台的车辆，可以实时获取客源分布信息，其返空风险相对较小，应采用新的标准，并且其收费手段可采用更人性化

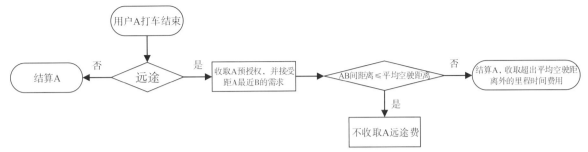

图3 网络约车平台远途费收取流程

的方式。采用如图3所示的流程：用户A打车结束后，先进行是否属于远途出行的判定，如果不是则直接结算，如果属于远途出行，则收取A预授权，并接受距离最近用户B需求。若AB间行驶距离不超过平均空驶距离，则不应对A收取远途费用，若AB间行驶距离超出平均空驶距离，则收取用户A超出平均空驶距离的里程和时间费用。

当前应用新技术的网络约车平台，在消除了居民出行需求信息和城市交通供给信息的不透明后，依然采用传统平台下基于信息不确定性建立的远途费收取体系显然是不合适的，造成了两大平台的不公平竞争。网络约车平台更应该采用新的远途费收费标准，并运用新的远途费收费规则，来切实降低用户的出行费用，减少出租车供给方空驶风险。

2.2 等候费的变革

网络约车平台的低速费源自传统出租车收费标准中的等候费。等候费设立之初主要为出租车应乘客要求停下等候的费用，并非如今的收费标准中拥堵情况下的低速行驶费用。随着北京市拥堵的常态化，为确保高峰期间出租车运营不至于亏损，2013年北京市将早晚高峰时期等候费（低速费）调高为每5min收取2km租价。

根据表3，网络约车平台的收费体系中，增加了时长费，并借鉴了传统出租车低速费的高峰时段划分，对时长费进行分时段收取。然而随着交通拥堵的偶发性越来越强，非高峰时段某些路段、区域的拥堵往往对出租车的供给方造成经济上的损失。网络约车平台中针对此种情况实行了动态加价等类似的手段，但该项非透明的收费方式，受到了多方质疑。

现实中，出租车辆行驶的状态可分为三种：交通条件良好路段中的正常行驶及等候；交通拥堵路段中的低速行驶及等候；车辆的主动等候。传统出租车收费标准中通过时间段来判断交通状态的好坏，会产生一定的错判，如：非高峰时段的拥堵行驶，高峰时段的正常行驶，这些都会带来出租车供需双方的经济损失。而网络约车平台在充分获取实施路况的基础上，可以准确判断车辆所处的交通状态来收取相应的费用，将因拥堵带来的收费回归到拥堵本质而非其表象——早晚高峰时间段。

3 结论

北京市传统的出租车收费标准中包括起步费、里程费两种主要收费项目和空驶费、等候费等一定条件下收取的项目。而后者主要是出于对传统情况下出租车供需信息不透明、实时交通情况不确定所造成出租车供给方经济损失的考虑所收取的费用。然而随着城市的扩张，移动互联网、GPS等新技术的应用，空驶费和等候费的收取变得不够合理和人性化。尤其是接入互联网平台的车辆，在多种信息已经足够明确的条件下，依然采用传统的基于不确定性建立的出租车收费标准，收取不合理的费用，造成不当的竞争，是亟待改变的。

通过研究，北京市目前城市建成区规模较大，居民活动范围变广，平均出行距离增长，原先15km的空驶费收取标准已不尽合理。参照其他城市的做法，建议北京市出租车空驶费的收取标准应至少提高到30km，并且网络约车平台应充分利用出租车供需两方的地理信息，用新规则来尽量少地收取空驶费用。此外，目前网络约车平台中实时路况信息的使用不够深入，应将准确的路况判断作为等候费收取的基础，一方面给出租车需求方科学合理的收费预估，另一方面给出租车供给方应有的低速补偿。

互联网＋背景下，应对多种多样的需求，应建立更为合理人性化的供给侧，出租车行业也是如此。新技术的应用不该仅停留在完成"有车可用"这一传统目标上，而应该深入到打车的整个环节，提高新技术的应用价值。

参考文献

[1] 沈正玺. 5月杭州出租车客运量暴跌2成，的哥转行的士数量减少 [DB/OL]. http://zjnews.zjol.com.cn/system/2015/06/16/020700246. shtml,2015-6-16.

[2] 窦明,王溪. 网络约车加剧北京拥堵 每天六七十万单在路上跑 [DB/OL]. http://auto.people.com.cn/n1/2016/0126/c1005-28086336. html,2016-1-26.

[3] 林劲榆. 约车平台：取消补贴是"必须的" [DB/OL]. http://tech. sina.com.cn/i/2015-08-05/doc-ifxfpcxz4747485.shtml,2015-8-5.

[4] 云默. 北京市出租车走过30年——五次调价历史盘点 [DB/

OL]. http://news.china.com.cn/txt/2013-06/07/content_29054451. htm,2013-6-7.

[5] 关于调整北京市出租汽车收费标准的通知 [DB/OL]. http:// www.chinalawedu.com/news/1200/22016/22019/22077/2006/3/ sh736675416236002384-0.htm,1988-6-20.

[6] 北京市发展和改革委员会北京市交通委员会关于调整本市出租汽车价格有关事项的通知 [DB/OL]. http://zb.bjpc.gov.cn/2013czctjtzh/czqctj/201306/t6226380.htm,2013-6-6.

[7] 万国君 . 返空费，重庆多数市民不知道其计价标准 [DB/OL]. http:// www.cqtimes.cn/news/cq/20141126/67542.shtml,2014-11-26.

[8] 毕丹 . 打车软件对北京市出租汽车运营影响分析 [DB/OL]. http:// www.crtm.cn/industryhot/14700.html,2015-1-20.

[9] 茅敏敏 . 全国上班距离排行榜：北京 18.9 公里居首 [DB/OL]. http:// news.sina.com.cn/c/2016-01-03/doc-ifxncyar6226471.shtml,2016-1-3.

[10] 北京市交通委员会 . 北京市第四次交通综合调查简要报告 [R]. 北京：北京市交通发展研究中心 ,2012,1.

[11] 关于调整出租车空驶费起收里程标准问题的通知 [DB/OL]. http:// sfzb.gzlo.gov.cn/sfzb/file.do?fileId=54CDD23F2C8446A1B24B47F4 2D21A9D4,2004-10-22.

[12] 上海市出租车调整运价 [DB/OL].http://business.sohu. com/20150930/n422445729.shtml

[13] 新华 . 北京出租车的变迁 [J]. 工会博览 ,2013,01:52-54.

[14] 钱舒婷，朱家明，夏慧萍，汪雅倩 . 互联网时代下北京出租车补贴方案的评价 [J]. 商丘师范学院学报 ,2015,12:1-7.

[15] 沈尘 ."互联网＋出行"模式对传统出租车行业的影响 [J]. 对外经贸 ,2015,09:76-77.

[16] 宗刚，王键 . 出租车低速行驶费对司机福利的影响研究——基于北京市出租车市场 [J]. 价格理论与实践 ,2015,10:65-67.

作者简介

赵洪彬，男，硕士研究生，中国城市规划设计研究院，助理工程师。
电子信箱 : ttbeanbean@126.com

附录

规划设计主要获奖项目

项目名称	获奖名称
深圳特区道路交通规划	国家科技进步三等奖 1986 年度城乡建设环境保护部科技进步二等奖；城乡建设优秀设计优质工程一等奖
汕头市交通规划	1996 年度建设部科技进步二等奖
哈尔滨中央大街核心区交通项目	1998 年度建设部优秀设计二等奖
南京市中心区道路交通系统改善对策研究	1999 年度建设部科学技术进步三等奖
北京市王府井步行街二期交通设计与研究	2000 年度国家级优秀规划设计金奖 2000 年度建设部优秀设计一等奖
珠海市城市交通规划	2003 年度建设部优秀规划设计一等奖
天津中心城区综合交通规划——城市交通需求分析	2003 年度建设部优秀城市规划设计二等奖
罗湖口岸 / 火车站地区综合规划	2005 年度建设部优秀城市规划设计一等奖；2006 年城市土地学会（Urban Land Institute，简称 ULI）亚太卓越奖
济南经十路及沿线地区道路交通系统整体规划设计	2005 年度建设部优秀城市规划设计二等奖
上海虹桥综合交通枢纽地区规划	2009 年度全国优秀城乡规划设计一等奖
苏州市综合交通规划	2009 年度全国优秀城乡规划设计二等奖
三亚市综合交通规划及老城区综合交通整治	2011 年度全国优秀城乡规划设计二等奖
贵阳市可持续发展交通规划研究	2011 年度全国优秀城乡规划设计二等奖
福州市城市综合交通规划	2011 年度全国优秀城乡规划设计二等奖
珠海市综合交通运输体系规划	2013 年度全国优秀城乡规划设计一等奖
长沙市城市综合交通规划	2013 年度全国优秀城乡规划设计二等奖
西安市城市综合交通体系规划	2015 年度全国优秀城乡规划设计一等奖
兰州市城市综合交通规划	2015 年度全国优秀城乡规划设计二等奖
柳州市城市综合交通规划修编（2013 ~ 2020 年）	2015 年度全国优秀城乡规划设计二等奖

科研标准主要获奖课题

课题名称	获奖名称
提高天津市综合客运交通运输能力的研究	国家科学技术进步三等奖
我国城市交通运输的发展方向问题	1985 年度建设部科技进步二等奖
天津市货物流动规律的综合研究	1988 年度建设部科技进步三等奖
大城市综合交通体系规划模式研究	国家科学技术进步二等奖
发展我国大城市交通的研究	1999 年度建设部科技进步三等奖
大城市停车场系统规划技术	"九五"国家重点科技攻关计划优秀科技成果 1999 年度建设部科技进步二等奖
城市智能公共交通管理系统研究	2008 年华夏建设科学技术二等奖
城市综合交通系统功能整合与规划设计关键技术	2012 年华夏建设科学技术一等奖
大型高铁综合交通枢纽功能设计关键技术方法研究	2014 年华夏建设科学技术一等奖